QUALITÄTSSICHERUNG IN DER MOTORENPRODUKTION

Beispiel eines Prüffeldes

Die gestiegenen Qualitätsansprüche in der Produktion von Verbrennungsmotoren erfordern zunehmend einen Heißtest im Anschluss an die Motorenmontage.

FEV Motorentechnik liefert für diese Aufgabe weltweit schlüsselfertige Anlagen.

Motorenentwicklung ▪ Applikation ▪ Fahrzeugintegration ▪ Mess- und Prüfsysteme

Wir kennen jede Schraube, jeden Tropfen, jede Faser jedes Autos.

Dieseleinspritzdüse - Unit-Injektor - Bosch

Und – was mindestens ebenso wichtig ist – wir kennen natürlich auch unsere Leser. Als Spezialist im Bereich Automobil- und Motorenentwicklung wollen Sie rundum informiert sein über die neuesten Trends aus Forschung und Entwicklung.

All diese Aspekte finden Sie in unseren Fachmedien, die mehr als nur Fakten und Zahlen bieten: Aktuelle Forschungsergebnisse, Branchen-News, wissenschaftlich fundiertes Detailwissen...

Dieses Konzept macht ATZ und MTZ zu den Fachmagazinen, von denen Sie täglich profitieren können!

Wollen auch Sie jede Schraube, jeden Tropfen, jede Faser jedes Autos kennen lernen? Wir freuen uns darauf, Sie beeindrucken zu können – und Ihnen den entscheidenden Wissensvorsprung zu verschaffen!

Fordern Sie jetzt Ihr kostenloses Probeheft an!

Vorsprung in Sachen Technik

Vieweg Verlag · Leserservice · Postfach 1546 · 65173 Wiesbaden
Telefon 06 11.78 78 151 · Telefax 06 11.78 78 423
abo@vieweg.de · www.all4engineers.com

www.all4engineers.com
Das Wissensportal für Automobil-Ingenieure

Erfahren Sie heute, was die Automobiltechnik morgen bewegt: aktuelle News zu Branchentrends, Technologie, Visionen. Das Wissensportal für Automobil-Ingenieure informiert einfacher und schneller denn je. Dank einer erstklassigen Suchmaschine haben Sie per Mausklick Zugriff auf den gesamten Wissensschatz der Automobil-Fachzeitschriften ATZ, MTZ, AutoTechnology und Automotive Engineering Partners.

Und damit Ihnen kein Branchen-Highlight entgeht, senden wir Ihnen auf Wunsch regelmäßig einen Newsletter zu. Mit allen Top-Infos, Trends und Terminen, die Ingenieure interessieren, motivieren und inspirieren. Jede Woche neu. Jede Woche Wissen pur. Bestellen Sie jetzt Ihr persönliches Newsletter-Abo – kostenlos. Per Internet: www.all4engineers.com oder per E-Mail: all4engineers@vieweg.de.

Jürgen Stoffregen

Motorradtechnik

Aus dem Programm
Kraftfahrzeugtechnik

Handbuch Verbrennungsmotor
herausgegeben von R. van Basshuysen und F. Schäfer

Lexikon Motorentechnik
herausgegeben von R. van Basshuysen und F. Schäfer

Vieweg Handbuch Kraftfahrzeugtechnik
herausgegeben von H.-H. Braess und U. Seiffert

Bremsenhandbuch
herausgegeben von B. Breuer und H. H. Bill

Nutzfahrzeugtechnik
herausgegeben von E. Hoepke

Verbrennungsmotoren
von E. Köhler

Passive Sicherheit von Kraftfahrzeugen
von F. Kramer

Automotive-Software-Engineering
von J. Schäuffele und T. Zurawka

Omnibustechnik
von O.-P. A. Bühler, herausgegeben vom VDA

Kurbeltriebe
von S. Zima

Die BOSCH-Fachbuchreihe:
- **Ottomotor-Management**
- **Dieselmotor-Management**
- **Autoelektrik/Autoelektronik**
- **Fahrsicherheitssysteme**
- **Fachwörterbuch Kraftfahrzeugtechnik**
- **Kraftfahrtechnisches Taschenbuch**

herausgegeben von Robert Bosch GmbH

vieweg

Jürgen Stoffregen

Motorradtechnik

Grundlagen und Konzepte von
Motor, Antrieb und Fahrwerk

5., überarbeitete und erweiterte Auflage

Mit 328 Abbildungen und 21 Tabellen

ATZ/MTZ-Fachbuch

Bibliografische Information Der Deutschen Bibliothek
Die Deutsche Bibliothek verzeichnet diese Publikation in der Deutschen Nationalbibliografie;
detaillierte bibliografische Daten sind im Internet über <http://dnb.ddb.de> abrufbar.

1. Auflage 1995
2., verbesserte Auflage 1996
3., überarbeitete und erweiterte Auflage 1998
4., überarbeitete und erweiterte Auflage Februar 2001
5., überarbeitete und erweiterte Auflage August 2004

Alle Rechte vorbehalten
© Friedr. Vieweg & Sohn Verlag/GWV Fachverlage GmbH, Wiesbaden 2004

Der Vieweg Verlag ist ein Unternehmen von Springer Science+Business Media.
www.vieweg.de

Das Werk einschließlich aller seiner Teile ist urheberrechtlich geschützt. Jede Verwertung außerhalb der engen Grenzen des Urheberrechtsgesetzes ist ohne Zustimmung des Verlags unzulässig und strafbar. Das gilt insbesondere für Vervielfältigungen, Übersetzungen, Mikroverfilmungen und die Einspeicherung und Verarbeitung in elektronischen Systemen.

Konzeption und Layout des Umschlags: Ulrike Weigel, www.CorporateDesignGroup.de
Technische Redaktion: Hartmut Kühn von Burgsdorf, Wiesbaden
Druck und buchbinderische Verarbeitung: Lengericher Handelsdruckerei, Lengerich
Gedruckt auf säurefreiem und chlorfrei gebleichtem Papier.
Printed in Germany

ISBN 3-528-44940-3

Vorwort zur 5. Auflage

Auch im Zeitalter virtueller Welten bleibt die Faszination des Motorradfahrens, der Mechanik und der seh- wie hautnah spürbaren Technik ungebrochen. Die Unmittelbarkeit und die Dynamik der Bewegungsabläufe, sowie die enge Koppelung zwischen Mensch und Maschine machen das Erlebnis auf einem Motorrad einzigartig wie bei keinem anderen Landfahrzeug. Dieses Buch möchte Einblicke in den technischen Aufbau von Motorrädern geben, die Technik und ihre Hintergründe in einem Gesamtzusammenhang erläutern.

Die erste Auflage des Buches Motorradtechnik kam 1995 auf dem Markt, und dieses Buch hat sich mittlerweile als Standardwerk etabliert. Leserzuschriften zeigen, dass sein Konzept die Leser begeistert und die Zielsetzung erreicht hat: Die Technik moderner Motorräder *verständlich* darzustellen und neben Fachleuten auch interessierte Motorradfahrer anzusprechen. Dieses war und bleibt dem Autor ein besonderes Anliegen.

Nach fast 10 Jahren auf dem Markt wurde das Buch mit der vorliegenden **5. Auflage** in nahezu allen Kapiteln überarbeitet, aktualisiert und seine Anschaulichkeit weiter verbessert. Nicht nur die Zahl der Abbildungen wurde deutlich erhöht, sie wurden darüber hinaus modernisiert, und es wurde dem Wunsch vieler Leser nach farbigen Bilder und Fotos entsprochen. Neueste Entwicklungen bei Motoren und Fahrwerken, wie zum Beispiel das Duolever-System von BMW zur Vorderradführung, wurden ebenso integriert wie die Weiterentwicklungen bei den Bremsen und ABS sowie bei Einspritzsystemen und Motorelektronik. Ebenfalls neu ist ein Kapitel über Design und die Karosserie- und Areodynamikentwicklung von Motorrädern.

Der in der 4. Auflage neu hinzugekommenen Abschnitt über Motorentuning wurde ergänzt und erweitert um das neue Kapitel „Technische Verbesserung und Zubehör". Unverändert blieb der Abschnitt über Kraftstoff und Öl, der bereits mit der 4. Auflage wesentlich erweitert wurde.

Das Motorrad vereint auf engstem Bauraum modernste Motoren-, Fahrwerks- und Werkstofftechnologie. In vielen Bereichen des Fahrzeugbaus hat das Motorrad Schrittmacherfunktionen für die Einführung neuer Technologien geleistet. Erinnert sei hier an die Mehrventiltechnik, die, im Motorrad seit fast 20 Jahren Standard, erst vor wenigen Jahren Einzug in die Großserienmotoren des Automobils gefunden hat. Ein weiteres Beispiel ist der Rahmenbau. Geschweißte Verbundkonstruktion aus Aluminium-Strangpressprofilen und Aluminium-Gussteilen sind im Motorradbau längst auf breiter Basis eingeführt, während beim Automobil diese Technik nach wie vor nur in Einzelfällen angewandt wird.

Auch die moderne Forschung befasst sich seit Jahren aufgrund der Initiative einiger Hochschulinstitute intensiver mit der Technik des Motorrades. Wichtige Fragen der Fahrdynamik und der Fahrinstabilitäten konnten dadurch aufgeklärt werden, was wesentlich dazu beigetragen hat, die Hochgeschwindigkeitsstabilität moderner Motorräder zu perfektionieren.

Die Erkenntnisse moderner Forschungs- und Entwicklungarbeiten dringen über den Kreis der damit befassten Fachleute immer noch nur wenig hinaus. Gleichwohl besteht bei vielen, die sich beruflich oder auch nur privat mit dem Motorrad beschäftigen der Wunsch, die technischen Zusammenhänge näher kennenzulernen. Dieses Buch wurde geschrieben, um dem interessierten Leser das aktuelle Wissen neuzeitlicher Motorradtechnik zugänglich zu machen. Abgeleitet aus den theoretischen Grundlagen werden die Konstruktionsprinzipien von Motor, Antrieb und Fahrwerk ausführlich erläutert und die praktische Entwicklung moderner Motorräder dargestellt. Aus dem Blickwinkel der industriellen Praxis heraus, werden dabei auch die Zielkonflikte zwischen dem technisch Möglichen und wirtschaftlich Sinnvollen nicht ausgeklammert.

Das Buch ist entstanden aus der gleichnamigen Lehrveranstaltung, die der Autor an der Fachhochschule München seit über 15 Jahren hält. Hauptberuflich ist er, nach vielen Jahren in der Motorradentwicklung, heute als Pressesprecher für den Unternehmensbereich Motorrad bei BMW tätig.

Das Buch wendet sich gleichermaßen an Studierende von Fach- und Hochschulen, wie an Zweiradmechaniker und Meister, sowie an alle technikinteressierten Motorradfahrer. Durch den Verzicht auf schwierige mathematische Herleitungen zugunsten anschaulicher Zusammenhänge und ausführlicher Erläuterung bleibt es auch für den Motorradfahrer mit physikalischem Grundverständnis gut lesbar. Wichtige technisch-physikalische Grundlagen können auch im *Glossar technischer Grundbegriffe* am Ende des Buches nachgeschlagen werden.

Es ist dem Verfasser als begeistertem Motorradfahrer ein besonderes Anliegen, dass statt trockener Theorie anwendbares Praxiswissen im Vordergrund steht und damit das Lesen auch Freude bereitet. Dass das gewählte Konzept eines lesbaren Fachbuchs beim Leser ankommt, zeigt sich daran, dass die bisherigen Auflagen jeweils rasch vergriffen waren. Studierende und Fachleute der Fahrzeugtechnik und verwandter Fachrichtungen, die sich an manchen Stellen vielleicht eine strenger wissenschaftliche Darstellung wünschen, seien auf die zahlreichen Literaturstellen verwiesen. Eine tiefere Einarbeitung in die Problemstellungen wird damit leicht möglich.

Für die Überlassung von Bildmaterial und Unterlagen bedanke ich mich wiederum bei allen Institutionen und Unternehmen der Motorradindustrie. Mein Dank gilt ebenso allen Kollegen, Studenten und Motorradfahrern, die in Gesprächen und Diskussionen mit vielen Ideen und Gedanken zur Gestaltung dieses Buches beigetragen haben. Namentlich erwähnen möchte ich Herrn Dipl.-Ing. Thomas Ringholz, Herrn Dipl.-Ing. Claus Polap und Herrn Dipl.-Ing. Gert Fischer, die bei der Konzeption der ersten Auflage wichtige Beiträge zu einigen Kapiteln geleistet haben. Nicht vergessen möchte ich meine Frau, ohne deren Verständnis für meinen Zeitaufwand dieses Buch nie hätte entstehen können.

Wie von Beginn an, hat Herrn Dipl.-Ing. Ewald Schmitt auch die 5. Auflage wieder mit großem persönlichen Engagement gefördert. Dem Verlag danke ich für die fachliche Unterstützung und Beratung.

München und Olching, September 2004 *Jürgen Stoffregen*

Inhaltsverzeichnis

Gesamtfahrzeug

1   Einführung 1
   1.1   Verkehrsmittel Motorrad und wirtschaftliche Bedeutung......................... 1
   1.2   Charakteristische Eigenschaften von Motorrädern 6
   1.3   Baugruppen des Motorrades und technische Trends................................ 7

2   Fahrwiderstände, Leistungsbedarf und Fahrleistungen 10
   2.1   Stationäre Fahrwiderstände 10
      2.1.1   Rollwiderstand 10
      2.1.2   Luftwiderstand 12
      2.1.3   Steigungswiderstand 14
   2.2   Instationäre Fahrwiderstände 15
      2.2.1   Translatorischer Beschleunigungswiderstand............................. 15
      2.2.2   Rotatorischer Beschleunigungswiderstand 15
   2.3   Leistungsbedarf und Fahrleistungen 16

Motor und Antrieb

3   Arbeitsweise, Bauformen und konstruktive Ausführung von Motorradmotoren .. 21
   3.1   Motorischer Arbeitsprozess und seine wichtigsten Kenngrößen 21
      3.1.1   Energiewandlung im Viertakt- und Zweitaktprozess.................. 22
      3.1.2   Reale Prozessgrößen und ihr Einfluss auf die Motorleistung 28
   3.2   Ladungswechsel und Ventilsteuerung beim Viertaktmotor 32
      3.2.1   Ventilöffnungsdauer und Ventilsteuerdiagramm......................... 33
      3.2.2   Ventilerhebung und Nockenform... 36
      3.2.3   Geometrie der Gaskanäle im Zylinderkopf 46
   3.3   Ladungswechsel und Steuerung beim Zweitaktmotor 48
      3.3.1   Grundlagen des Ladungswechsels bei der Schlitzsteuerung....... 49
      3.3.2   Membransteuerung für den Einlass... 55
      3.3.3   Schiebersteuerung für Ein- und Auslass 57
      3.3.4   Externes Spülgebläse 59
      3.3.5   Kombinierte Steuerungen und Direkteinspritzung...................... 61
   3.4   Zündung und Verbrennung im Motor 63
      3.4.1   Reaktionsmechanismen und grundsätzlicher Verbrennungsablauf............. 64
      3.4.2   Beeinflussung der Verbrennung durch den Zündzeitpunkt 66
      3.4.3   Irreguläre Verbrennungsabläufe 72
      3.4.4   Bildung der Abgasschadstoffe 76
   3.5   Gas- und Massenkräfte im Motor.. 77
      3.5.1   Gaskraft.. 78
      3.5.2   Bewegungsgesetz des Kurbeltriebs und Massenkraft 79
      3.5.3   Ausgleich der Massenkräfte und -momente................................ 83

	3.6	Motorkonzeption und geometrische Grundauslegung	103
	3.7	Konstruktive Gestaltung der Motorbauteile	107
		3.7.1 Bauteile des Kurbeltriebs und deren Gestaltung	107
		3.7.2 Gestaltung von Kurbelgehäuse und Zylinder	124
		3.7.3 Gestaltung von Zylinderkopf und Ventiltrieb	132
		3.7.4 Beispiele ausgeführter Gesamtmotoren	156
	3.8	Kühlung und Schmierung	160
		3.8.1 Kühlung	160
		3.8.2 Schmierung	164
	3.9	Systeme zur Gemischaufbereitung	166
		3.9.1 Vergaser	166
		3.9.2 Einspritzung	172
	3.10	Abgasanlagen	177
		3.10.1 Konventionelle Schalldämpferanlagen	177
		3.10.2 Abgasanlagen mit Katalysatoren	179
4	**Motorleistungsabstimmung im Versuch**	**184**
	4.1	Grundlagen der Gasdynamik beim Ladungswechsel	184
	4.2	Einfluss der Steuerzeit	186
	4.3	Auslegung der Sauganlage	188
	4.4	Auslegung der Abgasanlage	193
5	**Motorentuning**	**195**
6	**Kupplung, Schaltgetriebe und Radantrieb**	**207**
	6.1	Kupplung	207
	6.2	Schaltgetriebe	212
	6.3	Radantrieb	216
7	**Kraftstoff und Schmieröl**	**221**
	7.1	Erdöl als Basis für die Herstellung von Kraft- und Schmierstoffen	221
		7.1.1 Kettenförmige Kohlenwasserstoffe	222
		7.1.2 Ringförmige Kohlenwasserstoffe	225
		7.1.3 Weitere in der Petrochemie gebräuchliche Bezeichnungen	226
	7.2	Rohölverarbeitung	227
		7.2.1 Destillation	227
		7.2.2 Konversionsverfahren	229
		7.2.3 Entschwefeln im Hydrotreater	230
	7.3	Ottokraftstoffe	230
		7.3.1 Zusammensetzung von Ottokraftstoffen	230
		7.3.2 Unerwünschte Bestandteile im Ottokraftstoff	231
		7.3.3 Kraftstoffzusätze (Additive)	231
		7.3.4 Wesentliche Eigenschaften von Ottokraftstoffen	232
		7.3.5 Rennkraftstoffe	236
	7.4	Motorenöle	236
		7.4.1 Grundöle	239

   7.4.2 Additive.. 240
   7.4.3 Viskositätsindexverbesserer... 242
   7.4.4 Klassifizierung von Motorenölen.. 244
   7.4.5 Zweitaktöle 248
   7.4.6 Rennöle 249
 7.5 Getriebeöle 251
 7.6 Ölzusätze 253

Fahrwerk

8 Konstruktive Auslegung von Motorradfahrwerken 254

 8.1 Begriffe und geometrische Grunddaten 254
 8.2 Kräfte am Motorradfahrwerk 256
 8.3 Rahmen und Radführungen... 260
   8.3.1 Bauarten und konstruktive Ausführung von Motorradrahmen...... 260
   8.3.2 Bauarten und konstruktive Ausführung der Vorderradführung..... 274
   8.3.3 Bauarten und konstruktive Ausführung der Hinterradführung...... 289
   8.3.4 Federung und Dämpfung 304
 8.4 Lenkung 310
   8.4.1 Steuerkopflenkung 311
   8.4.2 Achsschenkellenkung 311
   8.4.3 Radnabenlenkung.. 312
 8.5 Räder und Reifen... 314

9 Festigkeits- und Steifigkeitsuntersuchungen an Motorradfahrwerken 319

 9.1 Betriebsfestigkeit von Fahrwerkskomponenten 319
 9.2 Steifigkeitsuntersuchungen 323
 9.3 Dauererprobung des Gesamtfahrwerks 324

10 Fahrdynamik und Fahrversuch 326

 10.1 Geradeausfahrt und Geradeaustabilität 326
   10.1.1 Kreiselwirkung und Grundlagen der dynamischen Stabilisierung.... 326
   10.1.2 Fahrinstabilitäten Flattern, Pendeln und Lenkerschlagen 332
 10.2 Kurvenfahrt 337
   10.2.1 Einlenkvorgang und Grundlagen der idealisierten Kurvenfahrt 338
   10.2.2 Reale Einflüsse bei Kurvenfahrt 340
   10.2.3 Handling.. 342

11 Bremsen 344

 11.1 Grundlagen... 344
 11.2 Bremsenregelung (ABS) und Fahrstabilität beim Bremsen 348
 11.3 Kurvenbremsung... 361

Karosserie und Gesamtentwurf

12 Design, Aerodynamik und Karosserieauslegung 364

    12.1 Design als integraler Bestandteil der Motorradentwicklung 364
    12.2 Aerodynamik und Verkleidungsauslegung 373
    12.3 Fahrerplatzgestaltung und Komfort 379

Individualisierung

13 Zubehör und Technikverbesserung 381

    13.1 Technische Verfeinerungen am Serienmotorrad 381
    13.2 Zubehör 388

14 Trends und mögliche Zukunftsentwicklungen 391

Literaturverzeichnis 398

Anhang – Glossar technischer Grundbegriffe 400

Sachwortverzeichnis 408

Gesamtfahrzeug

1 Einführung

Motorräder und Motorradfahren üben auf viele Menschen eine große Faszination aus. Sie beruht im wesentlichen auf der Unmittelbarkeit des Fahrerlebnis, der Dynamik und der Intensität der Sinnenbeanspruchung. Motorradfahren bedingt ein sehr enges Zusammenspiel aller Sinne und des Körpers und eine permanente Rückkoppelung und Interaktion zwischen dem Fahrer und der Technik seiner Maschine. Man kann es als sinnliches Technikerleben beschreiben und Bernt Spiegel spricht in seinem sehr interessanten Buch [1.1] von hoch entwickeltem Werkzeuggebrauch. Diese Emotionalität und die Vielfalt des Erlebens sind wesentliche Gründe, dass sich trotz einer Zeitströmung, die den Individualverkehr kritischer als früher betrachtet, Motorräder zunehmender Beliebtheit erfreuen.

Obgleich sich dieses Buch mit der Technik befasst, soll zu Beginn das Motorrad kurz in seinem wirtschaftlichen und gesellschaftlichen Umfeld sowie in seiner Rolle als Verkehrsmittel betrachtet werden. Denn das Umfeld wirkt zusammen mit den emotionalen Faktoren auf die technische Entwicklung unmittelbar ein. Von erheblicher Bedeutung für die Technik des Motorrades sind auch seine ganz speziellen Eigenschaften, die sich z.T. erheblich von denen anderer Straßenfahrzeuge unterscheiden. Auch diese muss man sich bewusst vor Augen führen, wenn man technische Entwicklungen im Motorradbau verstehen will.

1.1 Verkehrsmittel Motorrad und wirtschaftliche Bedeutung

Die Bedeutung des Motorrades als Verkehrmittel hat einem stetigen Wandel unterlegen, und dies wird auch zukünftig der Fall sein. Von den Anfangsjahren bis etwa Ende der 20er Jahre waren Motorräder exklusive Fahrzeuge, die von wohlhabenden Leuten vornehmlich für Sport- und Freizeitzwecke eingesetzt wurden, **Bild 1.1**.

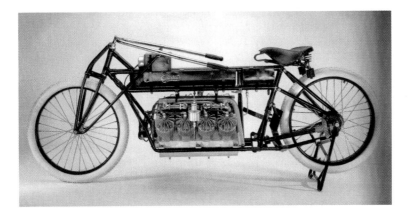

Bild 1.1 Renn-Motorrad der 20er Jahre (Curtiss V-8 von 1907)

In der 30er Jahren avancierten sie aber bereits zum Individualverkehrsmittel, das einzige, dass sich eine größere Bevölkerungsschicht überhaupt leisten konnte. Ein Auto war für die meisten Menschen in Europa gerade auch in der Nachkriegszeit bis gegen Ende der 50er Jahre unerschwinglich. Die verbreitetsten Motorräder jener Zeit waren zumeist einfach gebaute, leichte Maschinen mit häufig nicht mehr als 200 cm³ Hubraum, **Bild 1.2**.

Bild 1.2
Motorrad als Individualverkehrsmittel der 50er Jahre, DKW RT 125

Die Bestandszahlen von Motorrädern und PKW in der Bundesrepublik Deutschland von den 50er Jahren bis heute spiegeln dieses eindrucksvoll wider, **Bild 1.3**. Die Grafik zeigt im oberen Teil den Fahrzeugbestand und darunter die Aufteilung der Fahrzeuge auf die erwachsene Bevölkerung (älter als 18 Jahre) als Maßstab für die Motorisierung. Der Bestand war 1955 bei Motorrädern um 50 % höher als bei Autos. Das Motorrad war das Individualfahrzeug breiter Schichten, das die Massenmotorisierung in Deutschland (West wie Ost) in der Zeit des Wiederaufbaus einleitete. Nach Motorrädern bestand ein Bedarf, sie waren nützlich und hatten ein positives soziales Prestige. Dies änderte sich bekanntermaßen rapide mit dem Anstieg des Wohlstandes in den 60er Jahren, gegen deren Ende das Motorrad in Westdeutschland ganz vom Markt zu verschwinden drohte.

Es spielte mit nicht einmal mehr 2 % des PKW-Bestandes nur noch eine Außenseiterrolle. Von den ehemals sieben großen und bedeutenden Herstellern von Motorrädern über 125 cm³ in Westdeutschland überlebten zunächst noch vier (BMW, Maico, Zündapp und die Sachs-Gruppe), wobei BMW als einziger noch großvolumige Motorräder fertigte. Durch die besonderen Verhältnisse in der damaligen DDR vollzog sich die Entwicklung dort vollkommen anders. Das Motorrad behielt eine dominierende Stellung bis zur Wiedervereinigung bei. Der Hersteller MZ gehörte mit Produktionszahlen zwischen 80.000-100.000 Einheiten zu den großen Herstellern, **Bild 1.4**. Im übrigen Europa vollzog sich eine etwas weniger dramatische, grundsätzlich aber ähnliche Entwicklung wie in Westdeutschland.

1.1 Verkehrsmittel Motorrad und wirtschaftliche Bedeutung

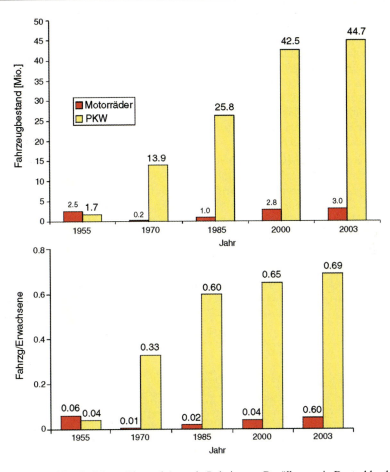

Bild 1.3 Bestandszahlen für Motorräder und Autos in Relation zur Bevölkerung in Deutschland

Bild 1.4
MZ ETS 250

Die bekannte, unerwartete Renaissance anfangs der 70er Jahre ging von den USA aus, wo das Motorrad als Sport- und Freizeitgerät neu entdeckt wurde und auch zum Symbol der individuellen Freiheit wurde. Die Entwicklung ist bekannt, es kam zu einem Motorradboom ungeahnten Ausmaßes, der, mit den üblichen zyklischen Schwankungen, bis heute anhält. Motorräder sind zu einem Konsumartikel einer kapitalkräftigen Freizeitgesellschaft geworden, mit dem man auch seinen Lebensstil ausdrückt. Sie werden gekauft von Leuten, die ihre Faszination von der Technik mit dem unmittelbaren Fahrvergnügen verbinden, und zunehmend auch von Menschen, die keine besondere „persönliche Ideologie" mit dem Motorrad verbindet, sondern einfach nur das Fahren genießen.

Trotz dieser insgesamt erfreulichen Entwicklung werden die Bestandszahlen der 50er Jahre erst in jüngster Zeit überschritten. Aufgrund der angestiegenen Gesamtbevölkerung bleibt die Motorisierungsquote in Bezug auf Motorräder niedrig. Immerhin erreichen Motorräder inzwischen rund 7 % der Bestandszahlen von PKW, so dass das Motorrad seine ehemalige Außenseiterrolle verloren hat. Auswirkungen hat dieses auch auf die Gesetzgebung, die hinsichtlich Abgas- und Geräuschemissionen Motorräder zunehmend ins Visier nimmt.

Die fortschreitende Verstopfung der Innenstädte bringt seit geraumer Zeit das Motorrad als Lösung des Verkehrproblems für den individuellen Kurzstreckenverkehr ins Gespräch. Seine Vorteile werden in der großen Wendigkeit, im geringeren Verkehrsflächenbedarf bei niedrigen Geschwindigkeiten (und nur dort!) und insbesondere beim Parken gesehen, **Bild 1.5**.

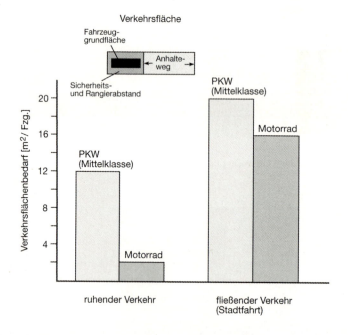

Bild 1.5 Verkehrsflächenbedarf von Auto und Motorrad im Vergleich

In einigen europäischen Großstädten wie London und Paris, oder traditionell in Italien spielen motorisierte Zweiräder inzwischen wieder eine Rolle für die Fahrt zur Arbeit. Dieses könnte

1.1 Verkehrsmittel Motorrad und wirtschaftliche Bedeutung

positive Impulse bei den aufkeimenden Diskussionen hinsichtlich der Umweltbelastungen durch Motorräder geben. Ob zukünftig neben dem Sport- und Freizeitmotorrad eine neue Motorradkategorie, möglicherweise auf Basis der bekannten Roller entsteht, kann derzeit noch nicht abschließend beurteilt werden. Fortschrittliche und richtungsweisende Lösungen wie der C1 von BMW mit seinem einzigartigen Sicherheitskonzept, **Bild 1.6,** wurden zwar anfänglich begeistert von Markt und Medien aufgenommen, konnten sich aber letztlich nicht wie erhofft durchsetzen. Auf weitere Aspekte und mögliche Zukunftsentwicklungen wird am Schluss des Buches im Kapitel 13 ausführlicher eingegangen.

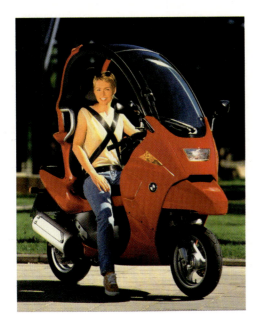

Bild 1.6: BMW C1

Der wirtschaftlichen Bedeutung des Motorrades wird aus Unkenntnis häufig nur ein geringer Stellenwert zugemessen. Unmittelbar mit der Entwicklung und Herstellung von Motorrädern haben zwar in Deutschland nur wenige tausend Menschen zu tun, doch gehen die Beschäftigungszahlen in der gesamten Motorradbranche in die Zehntausende. Dazu gehören die Beschäftigten der Bekleidungs- und Zubehörindustrie, die Händler und Reparaturbetriebe, die Reifenindustrie, Fahrschulen und die Hersteller von Kraftstoffen, Schmier- und Pflegemitteln. Hinzu kommen die Versicherungen und die Banken. Auch der Motorradrennsport bietet Arbeitsplätze, von der Organisation bis über Werbemittel und Fernsehübertragungen. Insgesamt erreicht der Umsatz dieses gesamten Bereiches allein in Deutschland pro Jahr eine Größenordnung von rund 10 Milliarden €.

Die Wissenschaft nimmt sich ebenfalls des Motorrades an. Im deutschsprachigen Raum (Deutschland, Schweiz, Österreich) forschen und lehren mindestens 6 Hochschulen und Fachhochschulen direkt auf dem Gebiet der Motorradtechnik; nimmt man Randgebiete (Unfallmedizin und Psychologie) hinzu, sind es noch einige mehr. Eine Vielzahl weiterer Institutionen (DEKRA, IfZ, TÜV Rheinland und Bayern-Sachsen, Versicherungen etc.) beschäftigen sich intensiv mit speziellen Problemstellungen rund um das Motorrad.

1.2 Charakteristische Eigenschaften von Motorrädern

Motorräder sind mit Ausnahme von Beiwagengespannen, die hier nicht behandelt werden, Einspurfahrzeuge und damit nicht eigenstabil. Das Motorrad befindet sich immer im *labilen* Gleichgewicht und neigt, wie jeder weiß, zum Umfallen. Es wird rein dynamisch durch die Kreiselkräfte der drehenden Räder stabilisiert. Mit der dynamischen Stabilisierung hängt auch die Eigenart der Lenkung bei der Kurvenfahrt zusammen. Motorräder werden, mit Ausnahme sehr niedriger Geschwindigkeiten, nicht durch einen Lenkeinschlag im herkömmlichen Sinne gelenkt, sondern der Lenkeinschlag dient lediglich zum Einleiten der für die Kurvenfahrt notwendigen Schräglage. In der Kurve kompensiert die Schräglage die auftretenden Fliehkräfte, d.h. Fliehkraft und Schwerkraft halten sich das Gleichgewicht. Diese besonderen Bedingungen der Stabilisierung bringen es mit sich, dass der Fahrer, anders als beim Automobil, in jegliche fahrdynamische Betrachtung mit einbezogen werden muss. Immerhin trägt schon der Fahrer allein mit über 20 % zum Gesamtgewicht bei. Fahrer wie Beifahrer sind darüber hinaus nicht bloß tote Masse. Sie beeinflussen durch ihr Gewicht, ihre Sitzposition, ihre Bewegungen und die Feder-Dämpfer-Eigenschaften des menschlichen Körpers aktiv das Fahrverhalten.

Auch bei der rein konstruktiven Auslegung des Fahrwerks spielt der Fahrer eine wichtige Rolle. Denn durch die Belastung mit Fahrer/Beifahrer ändert sich die Fahrwerksgeometrie infolge der Einfederung merklich, und der Schwerpunkt wandert durch die Masse der aufsitzenden Personen nach oben. Die dynamischen Radlastveränderungen sind beim Motorrad viel stärker ausgeprägt als beim Automobil, weil das Verhältnis von Schwerpunkthöhe und Radstand ungünstiger ist. Der Schwerpunkt liegt aufgrund der relativ hohen, aufrechten Sitzposition von Fahrer/Beifahrer gewöhnlich höher als beim Auto, und der Radstand ist deutlich kleiner. Zudem ändern sich die aerodynamischen Verhältnisse und die daraus resultierenden Kräfte am Motorrad gravierend mit der Sitzhaltung und Kleidung von Fahrer und Beifahrer.

Ein weiteres besonderes Merkmal von Motorrädern ist die freie Zugänglichkeit der Aggregate, die deshalb auch nach stilistischen Kriterien entworfen werden müssen. Darüber hinaus gelten für sie besondere Anforderungen hinsichtlich Verschmutzungs-unempfindlichkeit und Korrosionsschutz. Generell ist der Bauraum für alle Aggregate sehr eingeschränkt, weshalb oft Sonderkonstruktionen notwendig werden.

Leichtbau hat beim Motorrad einen hohen Stellenwert, weil das Fahrzeuggewicht viel mehr als beim Automobil Einfluss auf die Handlichkeit und Agilität nimmt. Dafür spielen der Kraftstoffverbrauch und Umweltverträglichkeit (noch) nicht eine so dominierende Rolle wie beim Automobil; zumindest ist eine besonders gute Erfüllung von Umweltanforderungen für die Mehrzahl der Motorradfahrer kein entscheidendes Kaufkriterium. Der Bewusstseinswandel vollzieht sich hier erst langsam, hohe Priorität haben nach wie vor überlegene Fahrleistungen.

Im Gegensatz zum Automobil (auch dort gibt es allerdings Ausnahmen) richtet sich die konstruktive Ausführung von Motorrädern nicht nur vorrangig nach technischen und wirtschaftlichen Kriterien. Die rein technische Unterscheidung zum Wettbewerb und die Tradition spielen bei der Gestaltung von Motorrädern eine außerordentlich wichtige Rolle. Beispiele dafür sind die Boxermotoren von BMW, die V-Motoren von Moto Guzzi und Ducati, die Chopper von Harley-Davidson, **Bild 1.7**, und sicher auch schon manche Reihen-Vierzylindermotoren japanischer Hersteller.

Bild 1.7 Harley-Davidson V-Rod

Das Bauprinzip ist teilweise Selbstzweck, gewünscht von vielen Käufern mit Interesse und Begeisterung für die Technik. Dies erklärt die Vielfalt, besonders auf dem Motorensektor, die man in dieser Form bei kaum einer anderen Fahrzeugkategorie findet und die rein technisch auch nicht immer begründbar ist.

Die nachstehende Tabelle fasst die wichtigen, charakteristischen Eigenschaften von Motorrädern noch einmal kurz zusammen.

Tabelle 1.1: Wichtige charakteristische Eigenschaften von Motorrädern

- fehlende Eigenstabilität, rein dynamische Stabilisierung
- Fahrereinfluss auf die Fahrwerksauslegung
- Fahrereinfluss auf die Aerodynamik
- Fahrer stellt über 20 % des Gesamtgewichts
- ungünstiges Verhältnis Schwerpunkthöhe zu Radstand
- Leichtbau
- eingeschränkte Bauraumverhältnisse
- freie Zugänglichkeit der Aggregate
- Technik als Selbstzweck

1.3 Baugruppen des Motorrades und technische Trends

Motorräder bestehen aus einer Vielzahl von Bauteilen, die üblicherweise funktional in Gruppen zusammengefasst werden, **Bild 1.8**.

Antrieb	
Motor	**Kraftübertragung**
Grundmotor	Kupplung
Zylinderkopf	Getriebe
Kühlsystem	Hinterradantrieb
Motorschmierung	
Sauganlage	
Gemischaufbereitung	
Abgasanlage	

Fahrwerk

Rahmen
Radführungen
Feder-Dämpfersysteme
Lenkung
Bremsen
Räder und Reifen

Karosserie	
Verkleidung	Kotflügel
Tank	Sitzbank
Blenden	Lenker
Handhebel	Fussrasten
Gepäckhalterungen und Gepäcksysteme	

Elektrik und Elektronik

Energieversorgung
Bordnetzsysteme
Instrumente
Leuchten
Hardware- und Software Regelsysteme

Bild 1.8 Funktionale Baugruppen am Motorrad

Elektrische Funktionen mit elektronischen Komponenten gewinnen auch bei Motorrädern an Bedeutung. Elektronische Regelungen für Bremsen (ABS) und Motor (Einspritzung, Zündung, Leerlaufregelung) werden mit den mechanischen oder hydraulischen Betätigungen zu Gesamtsystemen vernetzt. Elektrik und Elektronik bilden mittlerweile eine eigenständige Funktionsgruppe.

1.3 Baugruppen des Motorrades und technische Trends

Im Gegensatz zu früher sind die meisten Motorräder heute mit Teil- oder Vollverkleidungen ausgerüstet, die mehr und mehr integraler Bestandteil des Fahrzeugs geworden und nicht mehr nachträglich adaptiert sind. Abdeckungen, Blenden und Stylingelemenete haben an Bedeutung gewonnen, so dass man heute zu Recht auch bei Motorrädern von *Karosserieumfängen* sprechen kann.

Haupttrends, die den Motorradbau dominieren sind die Modellverschiebungen zu größeren Hubräumen, mehr Leistung und Leichtbau. Die Leistungen wie auch das Leistungsgewicht in den jeweiligen Hubraumklassen haben sich in 30 Jahren mehr als verdoppelt, **Bild 1.9**. Die Leistungsgewichtssteigerung ist umso beeindruckender, wenn man bedenkt, dass heutige Fahrzeuge sehr viel steifer dimensionierte Fahrwerke mit aufwändigeren Hinterradführungen, Großdimensionierte Bremsen sowie sehr viel breitere Räder und Reifen aufweisen und in der Regel mit Verkleidungen und erheblich mehr Ausstattung versehen sind.

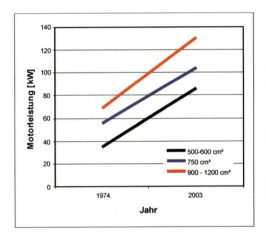
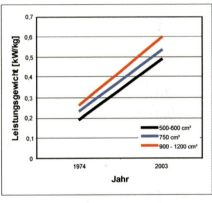

Bild 1.9 Entwicklung von Motorleistung und Leistungsgewicht von 1974 bis 2003

Die Modellvielfalt nimmt weiterhin zu. Auf dem deutschen Markt werden von insgesamt 19 namhaften Herstellern aus Europa, Japan und USA heute rund 180 verschiedene Motorradmodelle im Hubraumsegment ab 125 cm^3 angeboten. Diese Zahlen umfassen nur die in Serie produzierten Maschinen mit Straßenzulassung. Würde man die Hersteller und Angebote aus Russland, China, Korea und Brasilien hinzuzählen, sowie die Motorräder von Kleinherstellern, Spezialumbauten und Maschinen für Sport- und Rennzwecke, wäre die Zahl der angebotenen Modelle noch erheblich größer.

2 Fahrwiderstände, Leistungsbedarf und Fahrleistungen

Bei der Geradeausfahrt eines Motorrades treten wie bei jedem Fahrzeug Widerstände auf, die die Fortbewegung hemmen wollen und überwunden werden müssen. Die zusätzlichen Widerstände bei der Kurvenfahrt werden üblicherweise vernachlässigt, weil sie insbesondere beim Motorrad betragsmäßig klein sind und ihre genaue Berücksichtigung unverhältnismäßig kompliziert wäre. Die Höhe der Fahrwiderstände bestimmt die Motorleistung, die zur Erzielung einer bestimmten Fahrgeschwindigkeit erforderlich ist. Man unterscheidet zwischen den Widerständen, die bei stationärer Fahrt (Fahrt mit konstanter Geschwindigkeit) und instationärer Fahrt (Beschleunigung) auftreten, **Bild 2.1**.

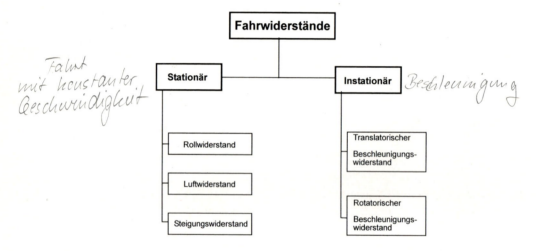

Bild 2.1 Fahrwiderstände

2.1 Stationäre Fahrwiderstände

Die Fahrwiderstände für die stationäre Geradeausfahrt sind, mit Ausnahme des Steigungswiderstandes, geschwindigkeitsabhängig. Die Fahrwiderstände werden in der Dimension einer Kraft (also in *Newton*) angegeben. Rollwiderstand, Luftwiderstand und Steigungswiderstand addieren sich zum gesamten stationären Fahrwiderstand.

2.1.1 Rollwiderstand

Der Rollwiderstand eines luftbereiften Rades setzt sich aus mehreren Anteilen zusammen. In der Hauptsache entsteht Rollwiderstand, weil sich der Luftreifen (und theoretisch auch die Fahrbahn) unter dem Gewicht des Fahrzeugs in der Aufstandsfläche elastisch verformt. Es bildet sich ein sogenannter Anlaufwulst, der überwunden werden muss. Hinzu kommen Adhä-

2.1 Stationäre Fahrwiderstände

sionskräfte, die beim Ablauf des Reifens versuchen, das Abheben der Profilteilchen von der Fahrbahn zu verhindern (der Reifen klebt an der Fahrbahn). Die fortlaufende Verformung des Reifens in der Aufstandsfläche bei der Raddrehung stellt den größten Anteil des Rollwiderstandes dar (*Walkwiderstand*). Damit ist der Rollwiderstand vor allem eine konstruktive Kenngröße des Reifens (Bauart, Karkassensteifigkeit, Gummihärte, Profilform usw.), und er hängt in hohem Maße vom Reifenfülldruck ab.

Zum Rollwiderstand tragen in weit geringerem Maße auch noch die Reibung zwischen Reifen und Fahrbahn, die Dämpfungsverluste beim Überfahren von Unebenheiten und, bei nasser Fahrbahn, die Verluste aus der Verdrängung des Wasserfilms bei. Der Anteil durch den Reifenschräglauf ist beim Motorrad vernachlässigbar.

Die Fahrbahnverformung spielt für den Rollwiderstand bei normalen, festen Straßenbelägen keine messbare Rolle. Bei weichem Untergrund im Geländebetrieb allerdings, nimmt der Widerstand beträchtliche Größen an. Die Anstrengung beim Schieben eines Motorrads im Gelände gibt einen spürbaren Eindruck von dieser Widerstandserhöhung. Bei weichem Boden, der sich plastisch verformt, tritt zusätzlich noch die seitlich an der Reifenflanken angreifende Spurrillenreibung auf.

Auch die Ventilationsverluste, die das drehende Rad verursacht, kann man dem Rollwiderstand zurechnen, da sie von Reifenform, Profil, usw. abhängen. Je nach Sichtweise könnte man sie aber auch dem Luftwiderstand zurechnen (sie sind dann allerdings messtechnisch im normalen Windkanal nicht ohne weiteres zu ermitteln!). Auch diese Verluste sind vergleichsweise klein gegenüber dem Walkwiderstand.[1]

Der Rollwiderstand F_R wird nach folgender Gleichung berechnet:

$$F_R = f_{Ro} \cdot G_{ges} \qquad (2-1)$$

G_{ges} Fahrzeuggesamtgewicht [N]
f_{Ro} Rollwiderstandsbeiwert [-]

Im Rollwiderstandsbeiwert sind die Reifeneigenschaften und alle weiteren Einflussfaktoren für den Rollwiderstand zusammengefasst. Der Rollwiderstandsbeiwert kann näherungsweise als konstant angesehen und auf der Straße im Wertebereich zwischen 0.015 - 0.02 angenommen werden. Bei weichem Untergrund im Gelände kann der Rollwiderstandsbeiwert bis über den 20fachen Wert ansteigen.

Für genauere Betrachtungen muss der Rollwiderstandsbeiwert in aufwendigen Versuchen am Reifen oder am Komplettfahrzeug ermittelt werden. Der Rollwiderstand steigt bei höheren Geschwindigkeiten an. Dies hängt damit zusammen, dass die Verformungsarbeit im Reifen in Wärme umgewandelt wird und diese Eigenerwärmung naturgemäß mit der Fahrgeschwindigkeit zunimmt. Dadurch ändern sich einige temperaturabhängige, physikalische Eigenschaften der verwendeten Reifenmaterialien.

Vereinfacht, und unter Vernachlässigung der Geschwindigkeitsabhängigkeit, lässt sich der Rollwiderstand eines Fahrzeugs durch Schleppversuche in der Ebene ermitteln. Es wird dabei einfach bei niedrigen, konstanten Geschwindigkeiten (zur Ausschaltung des Luftwiderstandes)

---

[1] In der Literatur wird manchmal noch eine Unterscheidung zwischen dem Radwiderstand und dem Rollwiderstand getroffen. Der Radwiderstand ist dann die Summe aller am Rad angreifenden Widerstände, also alle oben beschriebenen Anteile des Rollwiderstandes, die Ventilationsverluste und die Reibung in den Radlagern. Da wie oben beschrieben der Rollwiderstand und insbesondere der Walkwiderstand die dominierende Rolle spielt, wird hier in zulässiger Vereinfachung nur der Rollwiderstand betrachtet.

die notwendige Schleppkraft gemessen. Bei gleichzeitiger Kenntnis des Fahrzeuggewichts kann mittels Gleichung (2-1) der Rollwiderstandsbeiwert leicht errechnet werden.

$$f_{Ro} = F_R / G_{ges} \tag{2-1a}$$

2.1.2 Luftwiderstand

Der Luftwiderstand ist aus der Erfahrung jedermann geläufig und wird nach folgender Gleichung berechnet

$$F_L = c_w \cdot A \cdot \rho/2 \cdot v^2 \tag{2-2}$$

- ρ Luftdichte [g/cm³]
- v   Anströmgeschwindigkeit der Luft [m/s]
- A   Querspantfläche des Fahrzeug (Projektionsfläche) [m/s]
- c_w Luftwiderstandsbeiwert [-]

Die Anströmgeschwindigkeit wird gebildet aus der Differenz von Fahrzeuggeschwindigkeit und Geschwindigkeit der Luft. Gegen- bzw. Rückenwind müssen also beachtet und entsprechend zur Fahrzeuggeschwindigkeit hinzu- bzw. abgerechnet werden. Wegen der quadratischen Abhängigkeit des Widerstandes von der Geschwindigkeit führt die Vernachlässigung dieser Windeinflüsse zu besonders großen Fehlern. Das Produkt aus halber Luftdichte und quadratischer Anströmgeschwindigkeit wird auch als *Staudruck* bezeichnet.

Bild 2.2 Luftwiderstandsmessung im Windkanal

Die sogenannte Querspantfläche des Fahrzeugs ist die vom größten Fahrzeugumriss inkl. Fahrer gebildete Frontfläche (vgl. Anhang A). Der dimensionslose Luftwiderstandsbeiwert ist

2.1 Stationäre Fahrwiderstände

nichts anderes als eine Formzahl, die die Strömungsgüte des Fahzeugs kennzeichnet. Der Luftwiderstandsbeiwert hängt von der Fahrzeuggrundform und der Feingestaltung der Fahrzeugaußenhaut ab. Wegen der Vielfalt der Einflussfaktoren kann der c_W-Wert nicht vorherbestimmt werden, sondern muss aus Messungen ermittelt werden. Dazu wird im Windkanal, **Bild 2.2**, die Luftwiderstandskraft F_L gemessen (mittels einer Messeinrichtung für Längskräfte in der Bodenplatte, auf der das Fahrzeug steht, vgl. Kap. 12) und der c_W-Wert aus den Messgrößen nach Gl. (2-2) wie folgt bestimmt:

$$c_W = \frac{F_L}{A \cdot \rho/2 \cdot v^2} \qquad (2\text{-}2a)$$

Mittels des c_W-Wertes wird es möglich, verschiedenartige und unterschiedlich große Fahrzeuge hinsichtlich ihrer Form- bzw. Strömungsgüte zu vergleichen. Wegen der zerklüfteten Außenkontur haben Motorräder meist schlechtere c_W-Werte als Automobile. Vollverkleidungen bringen eine deutliche Verbesserung, doch bleibt als unvermeidbarer Nachteil der Strömungsabriss hinter Fahrer und Verkleidung bzw. an den Verkleidungsrändern. Für den Luftwiderstand ist nach Gl. (2-2) das Produkt aus Projektionsfläche und c_W-Wert maßgebend. Durch ihre kleinere Projektionsfläche wird der Nachteil der Motorräder im c_W-Wert kompensiert, so dass ein Luftwiderstand ähnlich oder sogar besser als beim Auto erreicht wird. **Tabelle 2.1** zeigt beispielhaft Messwerte für den Luftwiderstandsbeiwert und den Luftwiderstand einiger Fahrzeuge. Weil die Fahrerhaltung beim Motorrad sowohl den c_W-Wert als auch die Fläche beeinflusst, sind in der Tabelle Werte für zwei Fahrerpositionen angegeben.

Neben der Verbesserung des Luftwiderstands und des Fahrkomforts kommt die Verkleidung beim Motorrad auch der Fahrsicherheit zugute. Bei entsprechender Gestaltung kann der aerodynamische Auftrieb am Vorderrad vermindert werden, wodurch sich die Geradeaus-Fahrstabilität im Hochgeschwindigkeitsbereich erheblich verbessert. Die Möglichkeiten der aerodynamischen Beeinflussung werden im Kapitel 12 behandelt.

Tabelle 2.1 Messwerte für Luftwiderstandsbeiwerte und Luftwiderstand

Fahrzeug	c_W-Wert Fahrer liegend	c_W-Wert Fahrer aufrecht sitzend	Luftwiderstand $c_W \times A$ [m²] Fahrer aufrecht sitzend
BMW K 1 (Modelljahr 1998)	k.A.	k.A.	0,38
BMW K 1200 RS (Modelljahr 1998)	0,521	0,523	0,424
BMW K 1200 S (Modelljahr 2004)	–	–	0,4
YAMAHA FZ 750 (Modelljahr 1992)	k.A.	k.A.	0,52
YAMAHA YZF 1000 (Modelljahr 1998)	0,506	0,545	0,414
SUZUKI GSX-R 750 (Modelljahr 1998)	0,508	0,582	0,442
SUZUKI GSF 1200 (Modelljahr 1998)	0,627	0,704	0,549
Ducati 916 (Modelljahr 1998)	0,485	0,571	0,394
Moderner Mittelklasse PKW	0,31 … 0,28		0,683

k.A. = keine Angabe

Wegen der aufwendigen Ermittlung der Querschnittsfläche wird in vielen Veröffentlichungen oft nur der im Windkanal direkt gemessene Luftwiderstand ($c_w \times A$) angegeben. Die Querschnittsfläche bei verkleideten Motorrädern mit Fahrer liegt etwa bei 0,6 – 0,8 m². Wegen unvermeidbarer Unterschiede in den Messbedingungen (u.a. Fahrerpositionierung) weichen veröffentlichte Angaben über den Luftwiderstand voneinander ab.

Aufgrund des dominanten Einflusses und der großen Unterschiede im Luftwiderstand sind die benötigten Motorleistungen zum Erreichen einer bestimmten Geschwindigkeit sehr unterschiedlich. Legt man die Werte aus der vorstehenden Tabelle zugrunde, so liegt die rechnerisch notwendige Hinterradleistung für eine Geschwindigkeit von 200 km/h zwischen 37 und 50 kW (50 – 69 PS), vgl. auch Kapitel 2.5. Umgekehrt unterstützt natürlich der Luftwiderstand auch einen gewünschten Geschwindigkeitsabbau. Jenseits von 200 km/h bedeutet bereits „Gaswegnehmen" schon eine erhebliche Verzögerung und diese Verzögerung addiert sich zur Radverzögerung beim Bremsen, was bei einer Vollbremsung aus diesen Geschwindigkeiten höchst willkommen ist.

2.1.3 Steigungswiderstand

Der Steigungswiderstand ist eine Komponente der Schwerkraft, die beim Befahren einer Steigung oder eines Gefälles zusätzlich auf das Fahrzeug einwirkt. Er nimmt im Gefälle negative und in der Steigung positive Werte an und errechnet sich wie folgt:

$$F_{st} = m_{ges} \cdot g \cdot \sin \alpha_{st} = G_{ges} \cdot \sin \alpha_{st} \tag{2-3}$$

G_{ges} Fahrzeuggesamtgewicht [N]
m_{ges} Fahrzeuggesamtmasse [kg]
g Erdbeschleunigung = 9,81 [m/s²]
α_{st} Steigungswinkel [°]

Der Steigungswiderstand steigt demnach unabhängig von der Fahrgeschwindigkeit mit dem Fahrzeuggewicht und dem Steigungswinkel an, **Bild 2.3**. Da für kleine Steigungswinkel die Beziehung $\sin \alpha_{st} \approx \tan \alpha_{st}$ gilt, kann im Straßenbetrieb mit kleinen Winkeln (bei 20 % Steigung ist $\alpha_{st} = 11°$) vereinfacht mit folgender Beziehung gerechnet werden

$$F_{st} = G_{ges} \cdot \tan \alpha_{st} = G_{ges} \cdot q \tag{2-3a}$$

q   Steigung in Prozent (15 % Steigung $\Rightarrow$ q = 0.15)

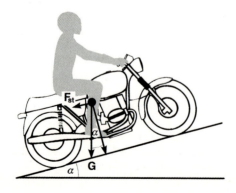

Bild 2.3
Steigungswiderstand

2.2 Instationäre Fahrwiderstände

Um ein Fahrzeug aus dem Stand oder einer gleichmäßigen Geschwindigkeit heraus zu beschleunigen, müssen ebenfalls Kräfte aufgewendet werden, weil das Fahrzeug aufgrund seiner Massenträgheit das Bestreben hat, in seinem ursprünglichen Fahrzustand zu beharren. Diese Kräfte werden als instationäre Fahrwiderstände oder auch als Beschleunigungswiderstände bezeichnet. Es wird unterschieden zwischen dem *translatorischen* Widerstand für die geradlinige Beschleunigung des gesamten Fahrzeugs und dem *rotatorischen* Widerstand zur Beschleunigung aller drehenden Teile im Antrieb. Beide Widerstände überlagern sich und müssen addiert werden.

2.2.1 Translatorischer Beschleunigungswiderstand

Der translatorische Widerstand zur geradlinigen Fahrzeugbeschleunigung entlang der Fahrbahn berechnet sich wie folgt:

$$F_{a,tran} = m_{ges} \cdot a \tag{2-4}$$

a   Beschleunigung [m/s²].

(Mit dieser Gleichung kann auch die Verzögerungskraft bei der Bremsung berechnet werden, wenn man die Beschleunigung negativ ansetzt, was aber an dieser Stelle nicht weiter interessieren soll).

2.2.2 Rotatorischer Beschleunigungswiderstand

Wenn das Motorrad beschleunigt wird, müssen auch die Bewegungen aller Teile des Antriebsstrangs, also Kurbelwelle, Kupplung, Getrieberäder, Kettenräder, etc., sowie die Drehung der Räder beschleunigt werden. Dazu ist ein Drehmoment erforderlich, das allgemein folgendermaßen berechnet wird:

$$M_a = \sum \Theta_i \cdot \alpha_i \quad \text{(Summe der Einzeldrehmassen bzw. -beschleunigung)} \tag{2-5}$$

Θ_i Massenträgheitsmoment (Drehmasse) [kgm²]
α_i Winkelbeschleunigung [1/s²]

Da die drehenden Teile von Motor und Antriebsstrang unterschiedliche Massenträgheitsmomente und wegen der Übersetzungen (Getriebe) unterschiedliche Winkelgeschwindigkeiten aufweisen, muss die Drehmomentberechnung für jedes Bauteil einzeln vorgenommen werden, was durch den Index i in der Gleichung symbolisiert wird. Man kann jedoch Massenträgheitsmomente unter Berücksichtigung der unterschiedlichen Winkelbeschleunigungen zu einem einzigen Ersatz-Trägheitsmoment (reduziertes Trägheitsmoment Θ_{red}) auf einer Ersatzdrehachse zusammenfassen:

$$M_{a,red} = \Theta_{red} \cdot \alpha_{red} \tag{2-5a}$$

Zweckmäßigerweise werden die Trägheitsmomente von Motor- und Antriebsstrang so zusammengefasst, dass deren Ersatz-Trägheitsmoment ($\Theta_{red,AS}$) um die Hinterradachse wirkt. Bezieht man dieses Ersatz-Massenträgheitsmoment auf den dynamischen Hinterradradius $R_{dyn,H}$, ergibt sich aus dem Drehmoment eine Kraft im Berührpunkt zwischen Reifen und Fahrbahn. Dies ist dann der rotatorische Beschleunigungswiderstand von Motor und Antriebsstrang:

$$F_{a\,As} = \frac{\Theta_{red,AS} \cdot \alpha_{red}}{R_{dyn,HR}} \qquad (2\text{-}6)$$

Damit errechnet sich der gesamte rotatorische Beschleunigungwiderstand des Motorrades zu

$$F_{a,rot} = \frac{\Theta_{red,AS} \cdot \alpha_{red}}{R_{dyn,HR}} + \frac{\Theta_{HR} \cdot \alpha_{HR}}{R_{dyn,HR}} + \frac{\Theta_{VR} \cdot \alpha_{VR}}{R_{dyn,VR}} \qquad (2\text{-}7)$$

Da in die Berechnung des reduzierten Trägheitsmomentes die Übersetzung eingeht, ist der rotatorische Beschleunigungswiderstand abhängig von der gewählten Getriebestufe bzw. der wirksamen Gesamtübersetzung. Mit der allgemein gültigen Beziehung

$$a = \alpha \cdot R_{dyn} \qquad (2\text{-}8)$$

wird der Zusammenhang zwischen Winkelbeschleunigung und translatorischer Beschleunigung für das rollende Rad beschrieben, so dass Gl. (2-7) umgeschrieben werden kann

$$F_{a,rot} = \frac{\Theta_{red,AS} \cdot a}{R_{dyn,HR}^2} + \frac{\Theta_{HR} \cdot a}{R_{dyn,HR}^2} + \frac{\Theta_{VR} \cdot a}{R_{dyn,VR}^2} \qquad (2\text{-}9)$$

Nach dieser Umrechnung lassen sich translatorischer und rotatorischer Beschleunigungswiderstand leicht addieren, und der gesamte Beschleunigungswiderstand kann errechnet werden:

$$F_{a\,ges} = F_{a\,tran} + F_{a\,rot} \qquad (2\text{-}10)$$

bzw. als ausführliche Gleichung

$$F_{ages} = a \cdot \left[m_{ges} + \frac{\Theta_{redAS}}{R_{dyn,HR}^2} + \frac{\Theta_{HR}}{R_{dyn,HR}^2} + \frac{\Theta_{VR}}{R_{dyn,VR}^2} \right] \qquad (2\text{-}10a)$$

Die rotatorischen Massen wirken beim Beschleunigen demnach so, als ob die Gesamtmasse des Motorrades sich erhöhen würde. Dies bedeutet in der Praxis, dass eine Gewichtsreduzierung der drehenden Teilen im Antriebsstrang sowie der Räder sich bezüglich der Beschleunigung zweifach auswirkt. Es vermindert sich die Motorradgesamtmasse als solches und zusätzlich der Beschleunigungswiderstand.

2.3 Leistungsbedarf und Fahrleistungen

Aus der Kenntnis aller Fahrwiderstände des Motorrades lassen sich Fahrleistungen und der Bedarf an Motorleistung ermitteln. Bei der unbeschleunigten Geradeausfahrt muss die Summe der stationären Fahrwiderstände überwunden und als Kraft vom Motor an das Hinterrad geliefert werden:

$$F_{ges} = F_R + F_L + F_{st} \qquad (2\text{-}11)$$

Die Auftragung des gesamten Fahrwiderstandes über der Fahrgeschwindigkeit ergibt wegen der Geschwindigkeitsabhängigkeit (vgl. Kap. 2.1) einen progressiv ansteigenden Verlauf, das sogenannte Fahrwiderstandsdiagramm, **Bild 2.4**. Die Anteile der Einzelwiderstände am Gesamtwiderstand sind mit unterschiedlich grau gefärbten Flächen im Diagramm gekennzeichnet.

2.3 Leistungsbedarf und Fahrleistungen

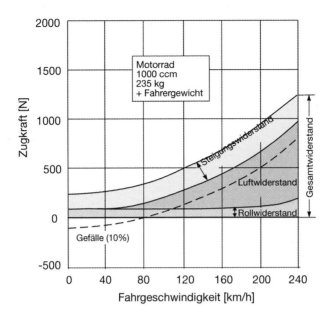

Bild 2.4 Fahrwiderstände in Abhängigkeit von der Fahrgeschwindigkeit

Man erkennt, dass der Rollwiderstand nur bei geringen Geschwindigkeiten eine Rolle spielt, aber natürlich nie Null wird (die Verformung der Aufstandsfläche ist auch im Stillstand vorhanden). Bei Geschwindigkeiten ab ca. 40 km/h wirkt sich der Luftwiderstand spürbar aus. Er übersteigt den Rollwiderstand ab ca. 60 km/h und wird zum dominierenden Widerstand bei höheren Fahrgeschwindigkeiten. Der Steigungswiderstand schließlich addiert sich zu den anderen Widerständen als konstante Größe. Er wird bei Gefälle negativ, d.h. er wirkt als antreibende Kraft und ist anfänglich deutlich größer als die anderen Fahrwiderstände („Hangabtriebskraft").

Die Antriebskraft am Hinterrad, die sogenannte Zugkraft zur Überwindung der Fahrwiderstände, kann aus dem Drehmoment des Motors leicht errechnet werden:

$$Z = M_{mot} \cdot i_{ges} / R_{dyn,\,HR} \tag{2-12}$$

i_{ges} Gesamtübersetzung [-]

Die Gesamtübersetzung errechnet sich aus dem jeweiligen Getriebegang und der Hinterradübersetzung. Das Motordrehmoment muss aus der Drehmomentkurve nach Umrechnung der Fahrgeschwindigkeit in Motordrehzahl entsprechend abgelesen werden.

Die Zugkraft ist damit gangabhängig. Trägt man die nach Gl. (2-12) berechnete Zugkraft des Motors für jeden Getriebegang in das Fahrwiderstandsdiagramm ein, **Bild 2.5**, erhält man das Zugkraftdiagramm. Wegen der größeren Übersetzung steigt die Zugkraft mit dem jeweils nächstkleineren Gang an, gleichzeitig nimmt der nutzbare Geschwindigkeitsbereich wegen der Drehzahlgrenzen des Motors ab. Der Fahrwiderstand ist nur für die Konstantfahrt in der Ebene (Steigung = 0) dargestellt.

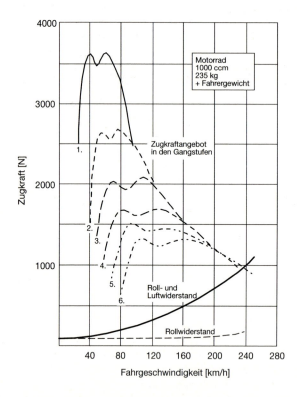

Bild 2.5
Fahrwiderstand und Zugkraft in Abhängigkeit von Fahrgeschwindigkeit und Gangstufe

Aus dem Zugkraftdiagramm läßt sich leicht ablesen, dass in weiten Geschwindigkeitsbereichen und besonders in den niedrigen Gängen, die *Zugkraft* (nicht die Leistung!) erheblich größer ist als der Fahrwiderstand. Dieser Zugkraftüberschuss kann für die Bergfahrt und die Beschleunigung ausgenutzt werden. Diese ist, wie aus der Erfahrung geläufig, in den unteren Gängen besonders groß und nimmt in höheren Gängen und mit steigender Geschwindigkeit ab. Würde man in das Diagramm zusätzlich noch die Beschleunigungswiderstände in Abhängigkeit verschiedener Beschleunigungswerte eintragen, könnte man am Schnittpunkt der Widerstandskurve mit den Zugkraftkurven die möglichen Beschleunigungen im jeweiligen Gang ablesen. Aus Gründen der Übersichtlichkeit soll an dieser Stelle darauf verzichtet werden und sich die weitere Betrachtung auf den stationären Fall beschränken.

Mit Zunahme der Fahrgeschwindigkeit nähern sich Zugkraftangebot und Fahrwiderstand einander an und schneiden sich bei einer bestimmten Geschwindigkeit. Dieser Schnittpunkt kennzeichnet die erreichbare Höchstgeschwindigkeit des Motorrades. Bei einer weiteren Geschwindigkeitssteigerung wird der Fahrwiderstand größer als die angebotene Zugkraft. Für eine exakte theoretische Ermittlung der Höchstgeschwindigkeit muss noch der Reifenschlupf berücksichtigt werden (vgl. Anhang und Kap. 9.2). Dieser nimmt bei hohen Geschwindigkeiten Werte bis zu 20 % an, wodurch die erreichbare Höchstgeschwindigkeit etwas absinkt. Dies soll jedoch hier vernachlässigt werden.

Anhand des Zugkraftdiagramms lassen sich die Auswirkungen von Variationen an Motor, Getriebe und Hinterradübersetzung sowie am Fahrzeug vorhersagen. Die Übersetzungs-

2.3 Leistungsbedarf und Fahrleistungen

abstimmung sowohl der einzelnen Getriebegänge als auch die Hinterrad- und damit die Gesamtübersetzung wird mit Hilfe des Zugkraftdiagramms vorgenommen. Die Schaltstufen im Getriebe sollten beispielsweise so gelegt werden, dass möglichst keine Zugkraftsprünge nach dem Gangwechsel auftreten, d.h. die Zugkraftkurven der einzelnen Gänge sollten sich idealerweise schneiden. Die Hinterradübersetzung sollte so mit dem letzten Getriebegang und der Drehmomentcharakteristik des Motors abgestimmt werden, dass beim Absinken der Fahrgeschwindigkeit infolge einer leichten Steigung ein genügend großer Zugkraftanstieg auftritt, um die Steigung ohne Zurückschalten zu bewältigen.

Bisher wurden nur die zur Fahrzeugbewegung notwendigen Kräfte betrachtet. In vielen Fällen ist eine Leistungsbetrachtung zweckmäßiger. Die Fahrwiderstandsleistung (Bedarfsleistung) für die Stationärfahrt erhält man aus dem Fahrwiderstand durch Multiplikation mit der Fahrgeschwindigkeit:

$$P_{FW} = F_{ges} \cdot v = (F_R + F_L + F_{st}) \cdot v \tag{2-13}$$

v   Geschwindigkeit [m/s]

Sie muss vom Motor an das Hinterrad geliefert werden (Radleistung). Entsprechend errechnet sich die Leistung, die der Motor an der Kupplung abgeben muss zu:

$$P_{mot} = (F_R + F_L + F_{st}) \cdot v / \eta_{AS} \tag{2-13a}$$

η_{AS} mechanischer Wirkungsgrad des Antriebsstrangs [-]

Der mechanische Wirkungsgrad berücksichtigt die gesamten Reibungsverluste, die bei der Leistungsübertragung zum Hinterrad durch das Getriebe und den Ketten- bzw. Kardanantrieb verursacht werden. Er liegt üblicherweise zwischen 90 und 96 %. Der Leistungsbedarf in Abhängigkeit von der Fahrgeschwindigkeit ist im **Bild 2.6** dargestellt.

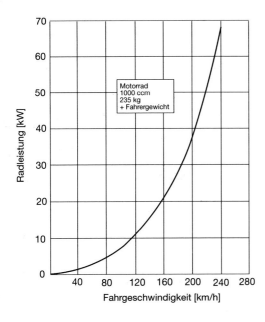

Bild 2.6
Leistungsbedarf am Hinterrad (Radleistung) in Abhängigkeit der Fahrgeschwindigkeit

Die dargestellten Werte wurden an einem Supersportmotorrad mit Verkleidung ermittelt. Der Leistungsbedarf bei Geschwindigkeiten unter 100 km/h ist überraschend gering, steigt dann aber zu hohen Fahrgeschwindigkeiten steil an. Der Grund ist sofort erkennbar, wenn man in Gl. (2-13) die komplette Berechnungsformel (Gl. 2-2) für den Luftwiderstand einsetzt. Dann ergibt sich, dass die Bedarfsleistung in der 3. Potenz mit der Fahrgeschwindigkeit ansteigt. Für eine Verdoppelung der Geschwindigkeit ist demnach, wenn man nur den Luftwiderstand betrachtet, die achtfache Motorleistung erforderlich. Im realen Fall, d.h. bei Berücksichtigung der gesamten Fahrwiderstände, beträgt der Leistungsbedarf bei einer Geschwindigkeitsverdoppelung etwa das 5 bis 6fache des Ausgangswertes (die Bedarfsleistung ist ja wegen des Rollwiderstands anfänglich größer).

Motor und Antrieb

3 Arbeitsweise, Bauformen und konstruktive Ausführung von Motorradmotoren

Nachdem im vorigen Kapitel der Leistungsbedarf für das Motorrad betrachtet wurde, soll nun auf den Motor als Leistungserzeuger eingegangen werden.

Motorradmotoren zeichnen sich gegenüber allen anderen Fahrzeugmotoren durch höchste Leistungsdichte, kompakteste Bauart und geringes Gewicht aus. Sie zeigen darüber hinaus eine große Vielfalt und Variantenreichtum in der konstruktiven Bauausführung. Zusatzanforderungen, die in der heutigen Zeit an Motorradmotoren gestellt werden müssen, sind Umweltverträglichkeit, d.h. Schadstoff- und Geräuscharmut, geringer Kraftstoffverbrauch, Zuverlässigkeit und Wartungsarmut. Dennoch ist beim Motorradmotor nach wie vor die maximale Hubraumleistung ein vorrangiges Entwicklungsziel, weil der Wunsch des Motorradfahrers nach höchsten Fahrleistungen ungebrochen ist.

Alle Faktoren, die Einfluss auf die Leistungsentwicklung eines Verbrennungsmotors haben, lassen sich aus einer theoretischen Betrachtung des motorischen Arbeitsprozesses ableiten. Diese wird daher allen weiteren Kapiteln zum Thema Motor vorangestellt und mündet in einer Formel, mit der die Motorleistung grundsätzlich vorausberechnet werden kann. Eine solche Vorgehensweise hat sich als sehr nützlich erwiesen, weil sie zum Grundverständnis der komplexen Zusammenhänge und Wechselwirkungen beim Verbrennungsmotor beiträgt. Es schließt sich eine Betrachtung der Ladungswechselvorgänge an, die für die Leistung des Motors von ausschlaggebender Bedeutung sind. Danach wird auf die grundsätzlichen Vorgänge und Mechanismen bei der Verbrennung im Motor eingegangen.

Gas- und Massenkräfte bestimmen wesentlich die Bauteilbelastung im Motor. Auf sie wird ausführlich eingegangen, bevor dann die konstruktive Gestaltung der wichtigsten Motorbauteile ausführlich und anhand ausgeführter Beispiele erläutert wird.

Der zweite große Themenbereich, die versuchsseitige Leistungsauslegung des Motors, wird in einem separaten Kapitel abgehandelt. Dabei wird auf die Grundlagen, die im nachfolgenden Abschnitt erarbeitet werden, zurückgegriffen.

3.1 Motorischer Arbeitsprozess und seine wichtigsten Kenngrößen

Der Verbrennungsmotor ist eine Wärmekraftmaschine, in der durch Verbrennen eines Kraftstoff-Luft-Gemisches die im Kraftstoff chemisch gebundene Energie in mechanische Arbeit umwandelt und als Leistung an der drehenden Kurbelwelle abgegeben wird. Die Umwandlung kann prinzipiell nach verschiedenen Verbrennungs- und Arbeitsverfahren (Otto- und Dieselverfahren im Zwei- und Viertaktprozess) und thermodynamischen Kreisprozessen erfolgen [3.1, 3.2]. Moderne Motorradmotoren sind, von ganz wenigen Ausnahmen in Entwicklungsländern abgesehen, ausschließlich Ottomotoren. Obwohl die Zweitaktmotoren eine erfolgreiche Historie aufweisen und seit Jahrzehnten im Rennsport dominieren, sind sie bei serienmäßigen Straßenmotorrädern über 125 cm³ auf dem Rückzug. Heute werden hier aus Abgas- und Verbrauchsgründen überwiegend Viertaktmotoren verwendet. Im Rahmen dieses Buches nimmt der Viertaktmotor daher den größeren Raum ein, doch auf die Grundlagen und Funktionsweise des Zweitakters wird ebenso eingegangen wie auf besonders interessante Konstruktionen.

3.1.1 Energiewandlung im Viertakt- und Zweitaktprozess

Der Energiewandlungsprozess im Motor soll zunächst rein schematisch betrachtet werden, **Bild 3.1**.

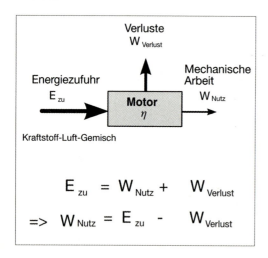

Bild 3.1
Schema der Energiewandlung im Motor

Dem Motor wird mit dem Gemisch Energie zugeführt, und er gibt nach der Energiewandlung Nutzarbeit ab. Aus naturgesetzlichen Gründen kann die Umwandlung der chemischen Energie in einer realen Maschine niemals vollständig erfolgen. Die unvermeidlichen Verluste der Energiewandlung kennzeichnet der Prozesswirkungsgrad η, der das Verhältnis von abgegebener mechanischer Arbeit zur zugeführten (chemischen) Energie angibt. Verluste entstehen im Verbrennungsmotor beispielsweise durch unvollständige Verbrennung, durch die Wärmeabgabe an die Umgebung (Kühlung und Abgaswärme), durch die Art der Verbrennungsprozessführung und schließlich durch mechanische Reibung.

Der Energiewandlungsprozess im Motor lässt sich auch formelmäßig leicht beschreiben:

$$W = (H_{Kr} \cdot m_{Kr} \cdot \eta) - W_{reib} \tag{3-1}$$

W Arbeit an der Kurbelwelle [J oder W]
H_{Kr} Heizwert des Kraftstoffes [J/g]
m_{Kr} - zugeführte Kraftstoffmasse [g]
η - Prozesswirkungsgrad [-]
W_{reib} - Mechanische Reibarbeit im Motor [J]

Die zugeführte chemische Energie ergibt sich aus dem Produkt von Heizwert und Kraftstoffmasse, wobei der Heizwert eine Stoffgröße ist, die von der chemischen Zusammensetzung des Kraftstoffs abhängt. Diese sehr allgemein gehaltene Energiebilanz kann nun weiter an die

3.1 Motorischer Arbeitsprozess und seine wichtigsten Kenngrößen

realen Gegebenheiten des Motorbetriebs angepasst werden. Dazu ist es zweckmäßig, zunächst kurz den Viertakt-Arbeitsprozess zu betrachten, **Bild 3.2**, auch wenn dieser weitgehend als bekannt vorausgesetzt werden kann.

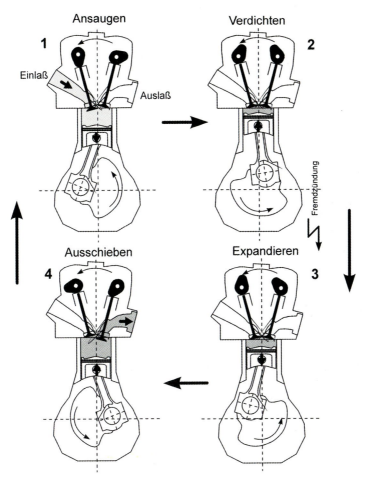

Bild 3.2 Viertakt-Arbeitsprozess beim Ottomotor

Beim *Viertaktverfahren* werden für die Arbeitserzeugung jeweils zwei Umdrehungen der Kurbelwelle benötigt. Der Prozess beginnt mit dem Ansaugen eines Kraftstoff-Luftgemisches, sobald der Kolben sich aus seiner obersten Stellung (oberer Totpunkt, OT) nach unten bewegt. Das Gemisch strömt über ein Hubventil in den Motor, das über eine von der Kurbelwelle angetriebene Nockenwelle geöffnet wird.

Im Bereich der untersten Kolbenstellung (unterer Totpunkt UT), wenn die Sogwirkung des Kolben nachlässt, schließt das Einlassventil und der Kolben verdichtet das angesaugte Gasgemisch bei seinem Aufwärtsgang. Kurz vor Erreichen des oberen Totpunktes wird durch einen

Hochspannungsfunken an der Zündkerze die Entflammung des Gemisches eingeleitet. Der Kolben bewegt sich derweil weiter und überschreitet den oberen Totpunkt. Die Verbrennung breitet sich jetzt nahezu schlagartig im Brennraum aus, so dass beim Abwärtsgang des Kolbens der volle Explosionsdruck auf den Kolben wirkt. Es wird dabei Arbeit geleistet, indem das Gas expandiert und der Gasdruck über den Kolben und das Pleuel auf die Kurbelwelle wirkt und diese antreibt. Im Bereich des unteren Totpunktes öffnet dann das Auslassventil, und das verbrannte Abgas wird beim nachfolgenden Aufwärtsgang des Kolbens aus dem Zylinder verdrängt. Damit ist der Arbeitszyklus vollendet, und der Prozess kann erneut mit dem Ansaugen von Frischgas starten.

Genaueren Aufschluss über den Arbeitsprozess gewinnt man, indem man das sogenannte p-v-Diagramm aufzeichnet, **Bild 3.3**. Dabei wird über dem Hubvolumen, das proportional zur Kurbelwellenstellung ist, der jeweils im Zylinder herrschende Druck aufgetragen.

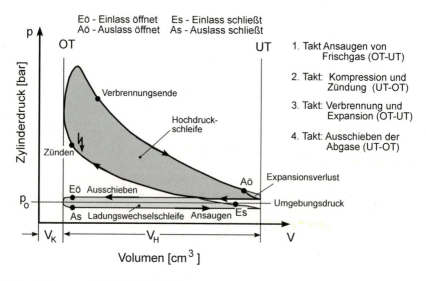

Bild 3.3 p-v-Diagramm des Viertakt-Arbeitsprozesses

Beim Ansaugvorgang erzeugt der abwärtsgehende Kolben einen geringen Unterdruck im Zylinder, weil im Ansaugrohr und am Einlassventil Strömungswiderstände auftreten, die den Frischgasstrom drosseln. Für den Ansaugvorgang muss also Arbeit aufgewendet werden. Umgekehrt erfolgt das Ausschieben des Abgases gegen einen Überdruck, weil das Auslassventil ebenfalls eine Drosselstelle darstellt und sich im Abgasrohr und Auspuffsystem ein Gegendruck aufstaut. Auch das Ausschieben bedeutet also einen Arbeitsaufwand. Beide Arbeitsaufwände zusammen werden als Ladungswechselarbeit bezeichnet und sind im Diagramm durch die schmale umschlossenen Fläche der *Ladungswechselschleife* gekennzeichnet. Gemäß der Definition der Arbeit als Kraft entlang eines Weges entspricht der Flächeninhalt der Ladungswechselschleife dem Betrag der aufzuwendenden Arbeit. Je größer also die Strömungswiderstände beim Ansaugen und Ausschieben werden, um so größer werden Unterdruck bzw. Überdruck, und damit steigt der Arbeitsaufwand für den Ladungswechsel.

Auch für die Kompression des Frischgases muss Arbeit ins System hineingesteckt werden, doch wird diese Arbeit bei der Expansion teilweise zurückgewonnen (Gasfeder). Der eigentliche Arbeitsgewinn ergibt sich aus der Expansion des Gases im Motor nach der Verbrennung. Der Flächeninhalt der sogenannten Hochdruckschleife ist das Maß für die Arbeit, die aus der Verbrennung gewonnen wird. Man erkennt unmittelbar, dass der Arbeitsgewinn um so größer wird, je höher der Verbrennungsdruck ausfällt. Es wird darüber hinaus deutlich, dass die Verbrennung im Motor nicht zu früh erfolgen darf, weil sonst der Kolben gegen den sich entwickelnden Verbrennungsdruck arbeiten muss. Sie darf aber auch nicht zu spät einsetzen, weil bis zur vollen Ausbildung des Gasdrucks eine gewisse Zeit vergeht, in der Kolben sich ja weiter bewegt. Zu späte Verbrennung bedeutet, dass der Kolben schon wieder abwärts geht, bevor der Verbrennungsdruck sein Maximum erreicht hat. Damit wird dann Expansionsweg verschenkt. Die nutzbare Arbeit an der Kurbelwelle ergibt sich durch Abzug der Ladungswechselarbeit vom Arbeitsgewinn des Hochdruckprozesses.

Auf eine Besonderheit im Arbeitsprozess soll bereits an dieser Stelle hingewiesen werden, weil sie auch im Diagramm erkennbar ist, nämlich die Öffnungs- und Schließzeitpunkte der Ventile. Sie liegen nicht genau in den Totpunkten, sondern etwas davor bzw. dahinter. Der Grund dafür sind Eigenschaften der Ventilsteuerung und die Ausnutzung von gasdynamischen Effekten. In den Kapiteln 3.2 und 4.1 wird darauf ausführlich eingegangen. Für den Arbeitsprozess bedeutet die verschobene Lage dieser Zeitpunkte, dass die Expansion mit Beginn der Auslassventilöffnung, d.h. einige Zeit *vor* dem UT, beendet ist. Durch den Druckabfall, der sich bei Ventilöffnung sofort einstellt, ergibt sich ein Verlust an Arbeit (Expansionsverlust). Infolge positiver Effekte aus der Gasdynamik (Kap. 4.1) wird dieser Nachteil jedoch überkompensiert.

Beim *Zweitaktverfahren* wird bei jeder Kurbelwellenumdrehung Arbeit erzeugt. Ladungswechsel und Verbrennung finden also während einer einzigen Umdrehung der Kurbelwelle statt. Theoretisch könnte der Zweitaktmotor damit bei gleichem Hubraum die doppelte Leistung wie der Viertaktmotor entwickeln. Da aber für Ladungswechsel und Verbrennung eine kürzere Zeit als beim Viertakter verbleibt und aufgrund später noch zu erläuternden Gründen, fällt der realisierbare Leistungsvorteil beim Zweitaktmotor deutlich geringer aus. Zunächst soll der grundsätzliche Arbeitsprozess des Zweitakters in der gleichen Weise wie beim Viertakter erklärt werden, **Bild 3.4**.

Betrachtet wird die einfachste Ausführung des Zweitaktmotors mit Schlitzsteuerung und Kurbelkastenspülung. Die Steuerung des Ladungswechsels erfolgt dabei allein über Fenster am Zylinderumfang, die durch den Kolben bei seiner Auf- und Abwärtsbewegung wechselweise verschlossen und wieder freigegeben werden. Die Kolben*unterseite* saugt beim Aufwärtsgang des Kolbens Frischgas in das *Kurbelgehäuse*. Gleichzeitig wird das oberhalb des Kolbenbodens befindliche Kraftstoff-Luftgemisch verdichtet und kurz vorm Erreichen des oberen Totpunktes (OT) gezündet. Die Verbrennung setzt ein und während der Expansionsphase beim Abwärtsgang des Kolbens (von OT nach UT) wird Arbeit geleistet. Bei der Abwärtsbewegung des Kolbens wird das zuvor angesaugte Frischgas im Kurbelgehäuse verdichtet. Sobald der Kolben die Überströmschlitze am Zylinderumfang überfahren und freigegeben hat, kann das vorverdichtete Gas aus dem Kurbelgehäuse durch sogenannte Überströmkanäle, die das Kurbelgehäuse mit dem Brennraum verbinden, in den Brennraum strömen. Dabei verdrängt das einströmende Frischgas das im Zylinder befindliche Abgas aus der vorherigen Verbrennung. Es strömt aus dem vom Kolben freigegebenen Auslassschlitz in den Auspuff. Durch entsprechende Gestaltung der Überströmkanäle wird versucht, die Frischgasströmung so zu führen, dass das Abgas möglichst vollständig verdrängt wird ohne sich mit dem Frischgas zu vermischen. Beim anschließenden Aufwärtsgang verschließt der Kolben den Auslassschlitz und die

Überströmkanäle wieder, so dass das Frischgas verdichtet werden kann. Gleichzeitig wird der Einlassschlitz freigegeben, so dass infolge des sich unterhalb des Kolbens aufbauenden Unterdrucks erneut Frischgas ins Kurbelgehäuse einströmen kann. Detailliert wird auf die Vorgänge beim Ladungswechsel des Zweitakters im Kapitel 3.3 eingegangen.

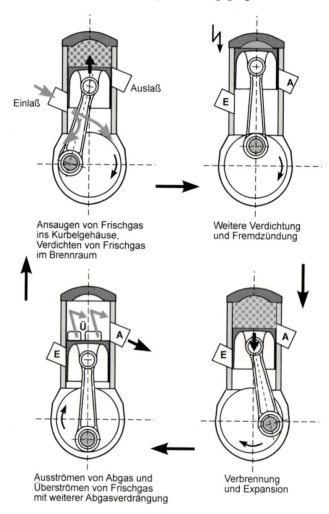

Bild 3.4 Zweitakt-Arbeitsprozess beim Ottomotor

Lage, Größe und Anordnung der Steuerschlitze nehmen naturgemäß großen Einfluss auf den Ladungswechsel und die Funktionsgüte von Zweitaktmotoren. Wegen der zwangsläufig kurzen Öffnungsdauern der Steuerschlitze müssen diese große Querschnitte aufweisen, um trotz der kurzen Zeit einen ausreichenden Gasdurchsatz zu ermöglichen. Da es strömungstechnisch nicht gelingt, die zeitgleich am Zylinder ein- und austretenden Gasströme vollständig zu trennen, kommt es zu einer teilweisen Vermischung von Frischgas und Abgas und zum Übertritt

3.1 Motorischer Arbeitsprozess und seine wichtigsten Kenngrößen

von Frischgas in den Auspuff. Dies und einige weitere Effekte verschlechtern die Energieausbeute des Zweitaktmotors, so dass ein Teil seines Leistungsvorteils gegenüber dem Viertakter verlorengeht. Das p-v-Diagramm des Zweitaktprozesses zeigt **Bild 3.5**.

Der grundlegende Unterschied zum Diagramm des Viertaktmotors besteht im Fehlen der sogenannten Ladungswechselschleife. Sie fehlt, weil beim schlitzgesteuerten Zweitakter das Frischgas zunächst ins Kurbelgehäuse gesaugt wird und erst nach der dortigen Vorkompression in den Brennraum überströmt. Dieser Teil des einlassseitigen Ladungswechsels wird vom klassischen p-v-Diagramm nicht erfasst, weil dieses nur die Vorgänge im Brennraum darstellt. Daraus darf jedoch *nicht* geschlossen werden, dass beim Zweitakter für den Ladungswechsel keine Arbeit aufgewendet werden muss. Der Aufwärtsgang des Kolben erzeugt im Kurbelgehäuse Unterdruck, der auf die Unterseite des Kolbens einwirkt, was bedeutet, dass Arbeit aufgewendet werden muss (Ansaugarbeit). Der Auslass des Abgases erfordert zwar keinen direkt erkennbaren Arbeitsaufwand, weil das Abgas anfänglich aufgrund seines restlichen Überdrucks aus dem Zylinder strömt und gegen Ende des Ladungswechsels vom einströmenden Frischgas verdrängt wird. Allerdings muss der abwärtsgehende Kolben den notwendigen Überdruck im Kurbelgehäuse für das Überströmen des Frischgases erzeugen. Damit ergibt sich dann doch ein Arbeitsaufwand (Überströmarbeit), der die Nutzarbeit des Kolbens bei der Expansion verringert.

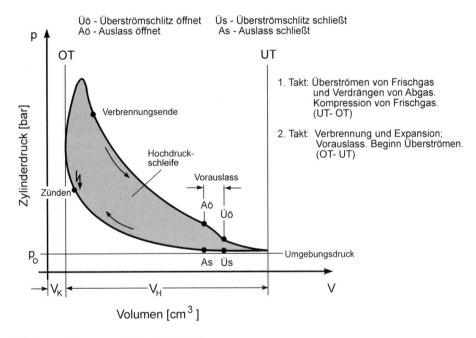

Bild 3.5 p-v-Diagramm des Zweitakt-Arbeitsprozesses

Für den gesamten Ladungswechsel des Zweitakters, müsste also der Druckverlauf im Kurbelgehäuse zusätzlich erfasst werden, worauf an dieser Stelle aber verzichtet wird. Zylinderseitig herrscht, wie man bei genauer Betrachtung des Diagramms feststellt, beim Zweitakter immer geringer Überdruck (bezogen auf die Umgebung).

Wir kehren nun zu der anfänglichen Energiebetrachtung zurück und arbeiten die neuen Erkenntnisse in die Berechnungsformel der Energiewandlung ein, wobei der Betrachtungsschwerpunkt auf dem Viertaktprozess gelegt wird.

3.1.2 Reale Prozessgrößen und ihr Einfluss auf die Motorleistung

Da der Ottomotor pro Arbeitstakt ein *Gemisch* aus Luft und Kraftstoff ansaugt (auch bei Saugrohreinspritzung), ersetzen wir in der Gleichung (3-1) den Kraftstoffheizwert durch den Heizwert des angesaugten Gemisches. Das angesaugte Gemischvolumen entspricht dabei näherungsweise dem Hubraum des Motors (bei vollständiger Restgasausspülung kommt noch das Volumen des Kompressionsraumes hinzu). Dieser sogenannte *volumetrische Gemischheizwert* kann aus dem Kraftstoffheizwert unter Berücksichtigung der Dichte leicht berechnet werden.

Die *allgemeine* Gleichung für den Gemischheizwert lautet:

$$H_{gem} = H_{Kr} \frac{m_{Kr}}{m_L / \rho} \tag{3-2}$$

H_{gem} Volumetrischer Gemischheizwert [J/cm³]
m_{Kr} zugeführte Kraftstoffmasse [g]
m_L zugeführte Luftmasse [g]
ρ Gemischdichte [g/cm³]

Die Gasausdehnung und die Tatsache, dass das Gemischvolumen mit zunehmender Temperatur weniger Luft- und Kraftstoff*masse* enthält, ist damit berücksichtigt. Weil der Kraftstoff beim Ottomotor weitgehend dampf- bzw. gasförmig im Kraftstoff-Luftgemisch enthalten ist und dadurch ein nicht vernachlässigbares Volumen einnimmt, muss beim Ottomotor die Berechnungsgleichung für den Gemischheizwert erweitert werden. Die korrekte Gleichung für den Gemischheizwert beim Ottomotor lautet dann:

$$H_{gem,Otto} = H_{Kr} \frac{m_{Kr}}{m_{Kr}/\rho_{oK} + m_L/\rho_{oL}} \tag{3-2a}$$

In dieser Gleichung stehen die Ausdrücke ρ_{oL}, ρ_{oK} für die Dichte der Luft, bzw. des gasförmigen Kraftstoffs bei Umgebungszustand.

Der Gemischheizwert nimmt mit zunehmender Temperatur ab und mit zunehmendem Umgebungsdruck zu. In **Tabelle 3.1** sind für verschiedene Kraftstoffe die reinen Heizwerte und die Gemischheizwerte der entsprechenden Kraftstoff-Luft-Mischungen angegeben.

Interessant ist bei dem Vergleich von Gemisch- und Kraftstoffheizwerten in der Tabelle, dass Wasserstoff, obwohl er einen fast dreifachen Heizwert gegenüber Benzin aufweist, in Mischung mit Luft einen geringeren Gemischheizwert hat als das entsprechende Benzin-Luft-Gemisch (ca. 86 %). Eine Umstellung auf Wasserstoffbetrieb würde also eine 14%ige Leistungseinbuße des Motors bedeuten. Die Verwendung von Alternativkraftstoffen in Motorradmotoren ist allerdings in absehbarer Zeit nicht zu erwarten, denn sie ist auch beim Automobil nur sehr vereinzelt oder in Forschungs- bzw. Prototypenfahrzeugen verwirklicht.

3.1 Motorischer Arbeitsprozess und seine wichtigsten Kenngrößen

Tabelle 3.1 Heizwerte von Kraftstoffen und stöchiometrischen Gemischen mit Luft

Kraftstoff bzw. Gemisch	Benzin	Methan (Erdgas)	Methanol	Wasserstoff
unterer Heizwert [J/g]	42 700	50 011	19 510	119 973
Gemischheizwert [J/cm³] bei 15 °C und 1,013 bar	ca. 3,5	3,22	3,30	3,03
Dichte [g/cm³] bei 15 °C und 1,013 bar	0,73	0,717	0,80	(bei 0 °C) 0,0899

Anmerkung: Zwischen verbleiten und unverbleiten Kraftstoffen besteht kein nennenswerter Unterschied im Heizwert. Ein Leistungseinfluss zwischen diesen Kraftstoffsorten ist nicht festzustellen.

Durch Einfügen der Motordrehzahl, des Gemischheizwertes und der tatsächlichen Reibung gewinnen wir jetzt aus der allgemeinen Energiegleichung (3-1) die angestrebte Formel zur *Leistungsberechnung* des Verbrennungsmotors:

$$P_e = \left(H_{gem} \cdot V_{h,k} \cdot \eta_{pr} \cdot \lambda_l\right)\frac{n}{i} - \left(M_{reib} \cdot 2 \cdot \pi \cdot n\right) \quad (3\text{-}3)$$

Neue Größen sind:

P_e effektive Motorleistung [W]
$V_{h,k}$ Summe aus Motorhubvolumen und Kompressionsvolumen [cm³]
λ_l Luftliefergrad [-]
n   Motordrehzahl [1/s]
i   Faktor für den Arbeitsprozess (Viertakt i = 2, Zweitakt i = 1)
M_{reib} Gesamtreibungsmoment, an der Kurbelwelle gemessen

Die dem Motor pro Arbeitshub zugeführte Energie wird in obiger Gleichung durch das Produkt aus Gemischheizwert und Hubraum angegeben. Der Faktor i berücksichtigt mit dem Wert 2, dass beim Viertaktmotor nur bei jeder zweiten Umdrehung Arbeit geleistet wird. Der Luftliefergrad λ_l (vgl. Gl. 3-3) gibt an, welcher Gasvolumenanteil ausgehend vom theoretischen Optimum (= Hubvolumen + Kompressionsvolumen) nach Abschluss des Ladungswechsels tatsächlich für die Verbrennung im Zylinder verbleibt. Er berücksichtigt damit sämtliche Frischgasverluste, die beim Motorbetrieb auftreten.

Damit ist die Leistungsformel komplett, und mit ihrer Hilfe können jetzt sämtliche Faktoren, die die Motorleistung beeinflussen, abgeleitet werden. Grundsätzlich gilt, dass zur Erzielung hoher Motorleistung alle Größen mit Ausnahme der Reibung möglichst hohe Werte annehmen sollten.

Die erste Größe in der Leistungsformel, der Kraftstoffheizwert, bietet bei Serienmotoren, die mit *handelsüblichen Kraftstoffen* betrieben werden, keinen praktisch nutzbaren Ansatzpunkt für eine merkliche Leistungsbeeinflussung. Die Heizwertstreuungen handelsüblicher Kraftstoffe sind derart gering, – auch zwischen Normal- und Superbenzin ist der Unterschied bedeutungslos –, dass sie keine unmittelbaren Auswirkungen auf die Leistungsabgabe eines realen

Motors haben. Ausnahmen bilden hier lediglich im Handel nicht erhältliche, speziell hergestellte Kraftstoffgemische für den Einsatz in Renn- und Rekordfahrzeugen. Durch die höhere Klopffestigkein von Superbenzin ist allerdings in manchen Fällen über den Nebeneffekt einer günstigeren Zündeinstellung eine leichte Leistungssteigerung möglich, darauf wird detailliert im Kapitel 3.4 eingegangen. Der *Gemischheizwert* hingegen nimmt in der Praxis unmittelbaren Einfluss auf die Motorleistung, wie man anhand der Gl. 3-2a leicht einsieht. Mit sinkender Gemischtemperatur steigt die Gemischdichte an und damit der auch der Gemischheizwert. Letztlich wird dem Motor bei niedriger Temperatur eine größere Luft- und damit auch Kraftstoff*masse* zugeführt, d.h. der Energiegehalt der Frischladung vergrößert sich und damit auch die abgegebene Leistung.

Beachtet werden muss auch, dass die sich rein formelmäßig ergebende Steigerung des Heizwertes bei willkürlicher Erhöhung nur der Kraftstoffmasse im Gemisch nicht genutzt werden kann. Es fehlt in diesem Fall die zur Verbrennung notwendige Luft. Die Anzahl der in der Verbrennungsluft vorhandenen Sauerstoffmoleküle legt in Abhängigkeit der chemischen Zusammensetzung des Kraftstoffs das Mengenverhältnis zwischen Luft und Kraftstoff genau fest. Bei handelsüblichem Benzin beträgt das Massenverhältnis für die angestrebte vollständige Verbrennung rund 14,8:1 (stöchiometrisches Gemisch). Zur vollständigen Verbrennung von 1 kg Kraftstoff werden also rund 14,8 kg Luft benötigt. Das entspricht bei Raumtemperatur etwa 10000 ltr. Luft für 1 ltr. flüssigen Kraftstoff. Ein Mehr an Kraftstoff kann also wegen Sauerstoffmangels nicht verbrennen, damit auch keine Nutzarbeit erzeugen und wird mit dem Abgas unverbrannt wieder ausgestoßen. Allerdings bewirkt in der Praxis ein geringer Kraftstoffüberschuss eine Abkühlung des Gemisches (Verdampfungskälte), die zu einer höheren Gemischdichte (siehe oben) und damit höherer Leistung führt. Dies wird bei den meisten Motoren in der Vollast auch ausgenutzt (Vollastanfettung).

Dass die Leistung unmittelbar von der Motorgröße, d.h. dem Hubvolumen abhängt, bedarf keiner näheren Erläuterung. Aber bereits die Frage, auf wie viele Zylindereinheiten sich der Hubraum verteilen soll, ist unter Leistungsaspekten von Bedeutung. Aus thermodynamischen Gründen (s.u.) ist der Prozesswirkungsgrad bei Hubräumen zwischen etwa 200 und 400 cm^3 pro Zylinder am günstigsten. Daher (und aus Gründen, auf die später noch eingegangen wird) können z.B. bei 1000 cm^3 Hubraum mit Vierzylindermotoren prinzipiell höhere Leistungen erzielt werden als mit entsprechenden Zweizylindermotoren. Die größere Anzahl bewegter Teile mit entsprechend höherer Reibarbeit mindern zwar in gewisser Hinsicht den Leistungsvorteil. Durch entsprechende Grundauslegung (kurzhubig) und konstruktiven Maßnahmen zur Reibungsminimierung wird dieser Effekt aber überkompensiert.

Der Prozesswirkungsgrad wird neben einigen anderen Faktoren maßgeblich vom Verdichtungsverhältnis, dem Oberflächen-Volumenverhältnis des Brennraums bzw. Zylinders und der Verbrennungsgeschwindigkeit beeinflusst. Günstig ist hierbei ein schnelles Durchbrennen des Kraftstoff-Luftgemisches, wozu eine kompakte Brennraumform mit zentraler Zündkerzenposition und allseitig kurzen Flammwegen zu den Brennraumwänden notwendig ist. Von der Konstruktion des Zylinderkopfes lässt sich hier Einfluss nehmen. Heutige 4-Ventilkonstruktionen mit flachen, dachförmigen Brennräumen bieten in der Regel gute Voraussetzungen für einen guten Prozesswirkungsgrad und damit für hohe Leistung.

Der Luftliefergrad λ_l ist die wichtigste Größe, mit der die Leistung eines Verbrennungsmotors beeinflusst werden kann. Wie schon erwähnt, kennzeichnet sie die Güte des Ladungswechsels, man könnte auch sagen die Ausnutzung des Hubraums.

Die Definition des Luftliefergrades lautet:

3.1 Motorischer Arbeitsprozess und seine wichtigsten Kenngrößen

$$\lambda_l = \frac{m_{FZ}}{\rho_0 \cdot V_H} \tag{3-4}$$

m_{FZ} verbliebene Frischgasmasse im Zylinder nach dem Ladungswechsel
ρ_0 Frischgasdichte beim Normzustand (1,013 bar und 15 °C)

Im Zahlenwert des Luftliefergrades sind also folgende Verluste beim Ladungswechsel enthalten:

- Drosselung des Frischgasstroms durch Strömungswiderstände und Reibung in der Saugleitung (z.B. am Ventil oder durch schroffe Querschnittsänderungen).
- Frischgas gelangt beim Ladungswechsels in den Auslass (z.B. aufgrund ungünstiger Ventilsteuerzeiten) und steht nicht mehr für die Verbrennung zur Verfügung.
- Abgasreste bleiben im Kompressionsraum und verringern das Frischgasvolumen.

Um also einen hohen Luftliefergrad und damit maximale Motorleistung zu erzielen, müssen die o.a. Verlustquellen so klein wie möglich gehalten werden. Konkret kann dies durch folgende Maßnahmen am Motor erreicht werden:

- wenig gekrümmte Saugleitungen mit gleichmäßigen, ausreichenden Querschnitten
- größtmögliche Ventildurchmesser
- optimierte Ventilsteuerzeiten, großer Ventilhub und füllige Öffnungscharakteristik
- strömungsgünstige Abgasleitungen mit widerstandsarmem Schalldämpfer

Der Luftliefergrad ist keine konstante Größe, sondern er hängt von der Motordrehzahl ab, **Bild 3.6**.

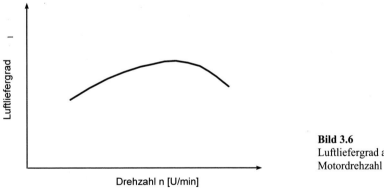

Bild 3.6
Luftliefergrad als Funktion der Motordrehzahl

Diese Drehzahlabhängigkeit ergibt sich aus der Steuerzeitenauslegung und den gasdynamischen Vorgängen während des Ladungswechsels. In den Kapiteln 3.2 und 4.1 werden diese Zusammenhänge ausführlich behandelt.

Es fehlen in der Betrachtung der Leistungsformel noch zwei Größen, die Motordrehzahl und die Reibarbeit. Aus der physikalischen Definition von Leistung als Arbeit pro Zeit ergibt sich rein rechnerisch immer ein Anstieg der Leistung mit Zunahme der Drehzahl, dennoch ist eine differenzierte Betrachtung notwendig. Der Erfolg einer Leistungssteigerung mittels der Erhöhung der Motordrehzahl hängt davon ab, inwieweit es gelingt, den auftretenden Liefergradabfall bei hohen Drehzahlen in Grenzen zu halten.

Da sich mit der Drehzahl auch die Reibleistung erhöht, muss die Reib*arbeit* W_{reib} möglichst klein gehalten werden. Daraus erwächst ein klassischer Zielkonflikt. Die mechanische Beherrschbarkeit sehr hoher Motordrehzahlen erfordert wegen der Massenkräfte kleine und damit leichte Bauteile im Kurbel- und Ventiltrieb. Das erzwingt eine mehrzylindrige Bauart, die aber durch die größere Anzahl bewegter Bauteile eine höhere Reibung mit sich bringt. Die Kompensation muss über einen kleinen Hub, d.h. ein kleines Hub-Bohrungsverhältnis (niedrige Kolbengeschwindigkeit und Sekundäreffekte), und eine Reibungsminimierung aller Bauteile erfolgen. Man erkennt also, dass bereits die Wahl des Motorkonzepts und die konstruktive Grundauslegung eine entscheidende Rolle spielt, wenn höchste spezifische Motorleistungen erzielt werden sollen. Es sei an dieser Stelle erwähnt, dass der Zweitaktmotor wegen der geringeren Anzahl bewegter Teile (fehlende Ventilsteuerung) prinzipielle Vorteile in der Reibarbeit aufweist.

In der Reibarbeit werden übrigens nicht nur die klassischen mechanischen Reibungsverluste an allen Gleitstellen zusammengefasst, sondern auch sämtliche Strömungsverluste. Dazu zählen die Pumparbeit der Kolbenunterseiten, die Ventilationsarbeit der umlaufenden Bauteile, die Ölplanscharbeit und auch die Ladungswechselarbeit[1] (vgl. **Bild 3.3**, p,v-Diagramm). **Tabelle 3.2** fasst alle leistungsbestimmenden Faktoren nochmals kurz zusammen.

Tabelle 3.2 Übersicht der wichtigsten leistungsbestimmenden Faktoren

Faktor	Leistungs-einfluss	praktisch umsetzbar	Bemerkung
Kraftstoffheizwert	(ja) *indirekt*	nein	wäre nur mit Spezialkraftstoffen umsetzbar
Gemischheizwert	ja	ja	Einfluss über die Dichte (Temperatur des Frischgases)
Hubraum	ja	ja	
Zylinderzahl	ja	ja	Thermodynamik, Reibung
Bohrung/Hub	ja	ja	Ladungswechsel, Reibarbeit, Thermodynamik
Prozesswirkungsgrad	mäßig	ja	Verbrennung, Kühlverluste
Motordrehzahl	ja	ja	

3.2 Ladungswechsel und Ventilsteuerung beim Viertaktmotor

Im vorigen Kapitel wurde der Luftliefergrad zusammen mit der Motordrehzahl als dominierender Faktor für die Motorleistung erkannt. Die Höhe des Luftliefergrades und seine Drehzahlabhängigkeit werden im wesentlichen von den Ventilsteuerzeiten (Öffnungsdauer) und

---

[1] In der Literatur wird die Verlustarbeit des Ladungswechsels häufig im sogenannten Gütegrad mit erfasst. Der Gütegrad setzt sich aus mehreren Einzelfaktoren zusammen und berücksichtigt weitere reale Einflussgrößen auf den Arbeitsprozess (z.B. den Expansionsverlust, unvollständige Verbrennung, Brennverlauf, etc.). Diese Faktoren sind in der vorliegenden Darstellung aus Vereinfachungsgründen im Prozesswirkungsgrad η_{Pr} berücksichtigt. Eine ausführliche Darstellung des Arbeitsprozesses findet sich in [3.1] und [3.2].

den Ventilquerschnitten zusammen mit der gasdynamischen Gesamtauslegung bestimmt. Letztere wird, wie bereits dargelegt, vorrangig im Kap. 4 behandelt.

3.2.1 Ventilöffnungsdauer und Ventilsteuerdiagramm

Einleitend wurde schon gezeigt, dass der Ladungswechsel im Motor durch den Ansaug- bzw. Ausschubhub des Kolbens initiiert wird. Die Kolbenbewegung bewirkt dabei zweierlei, einmal die reine Volumenverdrängung des Arbeitsgases und zum anderen eine Anfachung dynamischer Effekte in der Gasströmung.

Die Gaswechselsteuerung über nockenbetätigte Ventile beim Viertaktmotor, **Bild 3.7**, erfordert große Öffnungsquerschnitte und Öffnungszeiten für die Ventile, die an den Ansaug- und Ausschubvorgang und die Drehzahl angepasst sind. Nur dann lässt sich ein hoher Luftliefergrad über einen weiten Drehzahlbereich erzielen.

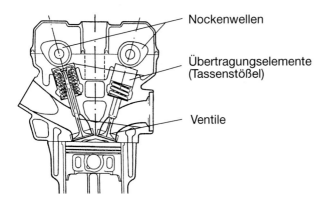

Bild 3.7
Ventilsteuerung beim 4-Taktmotor

Den Verlauf der Ventilöffnung in Relation zur Kurbelwellenstellung für einen kompletten Arbeitszyklus von 720° Kurbelwinkel zeigt das sogenannte Ventilsteuerdiagramm, **Bild 3.8**. Das Diagramm beginnt bei 0° KW mit dem *Zünd-OT* (Oberer Totpunkt der Kolbenbewegung, der kurz nach dem Einleiten der Zündung folgt).

Aufgetragen ist der Ventilquerschnitt, der sich aus den geometrischen Verhältnissen am Ventilsitz nach **Bild 3.9** näherungsweise wie folgt errechnen lässt:

$$A_{Ventil} = \pi \cdot d_i \cdot h_v \cdot \sin\alpha \tag{3-5}$$

A_{Ventil} Ventilquerschnitt [mm²]
h_v Ventilhub [mm]
d_i innerer Ventiltellerdurchmesser [mm]
$\sin\alpha$ Ventilsitzwinkel [°], (meist 45°)

Diese Berechnungsgleichung berücksichtigt nicht die ganz genauen geometrischen Verhältnisse am Ventilsitz. Strenggenommen muss die Berechnungsformel in Abhängigkeit vom Ventilhub modifiziert werden [3.3]. Da der Unterschied zwischen exakter und näherungsweiser Berechnung nur wenige Prozent beträgt und die exakten Gleichungen sehr komplex sind, genügt an dieser Stelle die einfache Gleichung.

Anhand des Steuerdiagramms sollen nun der genaue Ablauf des Ladungswechsels und die Kriterien für eine optimale Ventilöffnungsdauer erläutert werden.

34   3 Arbeitsweise, Bauformen und konstruktive Ausführung von Motorradmotoren

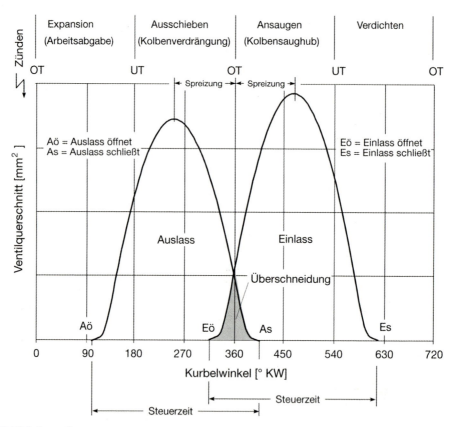

Bild 3.8 Steuerdiagramm

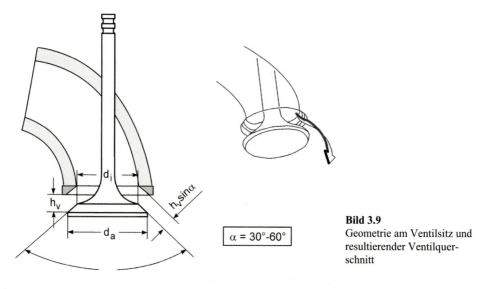

Bild 3.9
Geometrie am Ventilsitz und resultierender Ventilquerschnitt

3.2 Ladungswechsel und Ventilsteuerung beim Viertaktmotor

Zunächst fällt auf, dass der maximale Einlassventilquerschnitt größer als der Querschnitt am Auslassventil ist. Dies ergibt sich, weil bei gleichem Ventilhub die Einlassventildurchmesser üblicherweise größer als die der Auslassventile ausgeführt werden (siehe dazu Kap. 3.6). Die Ventilöffnung selbst steigt über dem Kurbelwinkel kontinuierlich an, denn naturgemäß kann der maximale Ventilquerschnitt nicht schlagartig zu Beginn der Ventilöffnung zur Verfügung stehen. Das Öffnen und Schließen der Ventile muss stetig erfolgen, um die mechanischen Belastungen des Ventiltriebs in Grenzen zu halten.

Die Öffnungs- und Schließzeitpunkte der Ventile liegen nicht in, sondern vor bzw. nach den jeweiligen Totpunkten. Durch diese Maßnahme wird erreicht, dass die Ventile schon weit geöffnet sind, wenn der Kolben in den Totpunkten seine Ausschub- bzw. Ansaugbewegung beginnt. Während der gesamten Phase der Kolbenverdrängung zwischen den Totpunkten sind dann die Ventilquerschnitte groß. Das gewährleistet geringste Strömungswiderstände und einen verlustarmen, vollständigen Ladungswechsel. Der größte Öffnungsquerschnitt der Ventile wird etwa in der Mitte des Kolbenwegs, also im Bereich maximaler Kolbengeschwindigkeit und damit beim größten Volumenstrom erreicht. Darüber hinaus verlängert die Verlagerung der Öffnungs- und Schließzeitpunkte den effektiven Ausschub- und Ansaugvorgang durch Ausnutzung dynamischer Effekte. Für den Auslass bewirkt das vor dem UT geöffnete Auslassventil, dass schon bei geringer Ventilöffnung erhebliche Mengen Abgas in den Auspuff strömen, entgegen der noch abwärtsgehenden Kolbenbewegung (Überdruck im Zylinder). Nach dem OT kann aufgrund der kinetischen Energie der Strömung weiterhin Abgas zum geöffneten Auslassventil ausströmen, wiederum entgegen der Kolbenbewegung.

Wenn, wie im Diagramm dargestellt, bei noch offenem Auslass bereits das Einlassventil geöffnet wird (*Ventilüberschneidung*), übt die Strömung des Abgases eine Rückwirkung auf die Einlassseite aus. Es stellt sich eine Sogwirkung ein, die eine Strömung zum Einlassventil anregt, so dass die Effektivität der Ansaugung durch den abwärtsgehenden Kolben gesteigert wird. Beide Effekte zusammen unterstützen auch die Auspülung des Abgasrestes im Kompressionsraum, der von der reinen Volumenverdrängung des Kolbens beim Ausschieben nicht erfasst wird.

Auch der Einlass wird erst beträchtlich nach dem UT geschlossen. Dadurch kann die in den Ansaugleitungen angefachte Gasströmung, die bei hoher Motordrehzahl eine beachtliche kinetische Energie enthält, entgegen der beginnenden Aufwärtsbewegung des Kolbens weiter in den Zylinder strömen. Dieser Vorgang hält so lange an, bis die kinetische Energie „aufgezehrt" ist und nicht mehr ausreicht, der Verdrängungswirkung des Kolbens entgegenzuwirken. Genau dann muss idealerweise das Einlassventil geschlossen werden. Es wird also eine dynamische Nachladung erzielt, d.h. der Zylinder wird über sein nominelles Volumen hinaus mit Frischgas gefüllt. Ohne diesen dynamischen Effekt wären die hohen spezifischen Motorleistungen moderner Motorradmotoren überhaupt nicht möglich. Der Einlassschluss ist damit der wichtigste Faktor für die Motorleistung.

Da die kinetische Energie der Gasströme von der Kolbenanregung (Kolbengeschwindigkeit) und damit von der Motordrehzahl abhängig ist, sind die optimalen Öffnungs- und Schließzeitpunkte der Ventile ebenfalls drehzahlabhängig. Weil diese Zeitpunkte normalerweise durch die Nockenwellen fest vorgegeben sind, ist die Güte des Ladungswechsels über der Motordrehzahl unterschiedlich. Damit erklärt sich auch die Abhängigkeit des Luftliefergrads (und damit des Drehmoments) von der Motordrehzahl. Beispielsweise führt ein auf hohe Drehzahlen abgestimmter später Einlassschluss bei niedrigen Motordrehzahlen zu einem Ausschieben von bereits angesaugtem Frischgas, weil die geringe kinetische Energie des Frischgasstroms die einsetzende Verdrängungsbewegung des Kolbens nicht mehr überwinden kann. Damit fällt der

Liefergrad dann bei dieser Drehzahl ab. Beim Auslass ist zu beachten, dass eine zu frühe Öffnung den Zylinderdruck vorzeitig abbaut, wodurch Expansionsarbeit verloren geht (Expansionsverlust). Somit kann eine Nockenwellenauslegung optimal nur für eine Drehzahl ausgeführt werden und erfordert in der Praxis Kompromisse bei der Wahl der Öffnungs- und Schließzeitpunkte der Ventile, vgl. auch dazu Kap. 4.

Im Ventilsteuerdiagramm wird die Lage der Öffnungs- und Schließzeitpunkte eindeutig durch Angabe der beiden Größen *Steuerzeit* (gebräuchliche Bezeichnung, korrekter wäre Ventilöffnungsdauer) und *Spreizung* festgelegt. Die Steuerzeit wird in unserem Fall ohne Ventilspiel angegeben.[2] Die Spreizung der Nockenwelle(n) legt die Größe der Ventilüberschneidungsfläche fest. Je größer die Spreizung, desto kleiner wird die Überschneidung, aber natürlich ändern sich bei Veränderung der Spreizung ebenfalls die Öffnungs- und Schließzeitpunkte der Ventile.

Noch nicht betrachtet wurde die Öffnungs*charakteristik* der Ventile, also der Verlauf der Ventilöffnung über dem Kurbelwinkel. Ein optimaler Ladungswechsel erfordert nicht nur eine große Maximalöffnung der Ventile, sondern große Ventilquerschnitte während der gesamten Ladungswechseldauer. Man spricht in diesem Zusammenhang vom *Zeitquerschnitt*, dem Produkt aus Ventilquerschnitt und Öffnungszeit (= Kurbelwinkel). Er ist gleichbedeutend mit der Fläche unter der Ventilerhebungskurve, **Bild 3.8**. Erreicht wird ein großer Zeitquerschnitt durch große Ventildurchmesser und Ventilhübe zusammen mit einem steilen Anstieg des Ventilhubs ab Öffnungsbeginn. Bei der konstruktiven Auslegung des Motors werden daher zunächst die Ventildurchmesser so groß gewählt, wie es die Platzverhältnisse im Zylinderkopf zulassen. Gleiches gilt grundsätzlich für den Ventilhub und dessen Anstieg, doch unterliegen diese beiden Größen gewissen Grenzen, auf die nachfolgend eingegangen wird.

3.2.2 Ventilerhebung und Nockenform

Der Ventilhub und sein Anstieg über dem Kurbelwinkel wird von der Nockenwelle, d.h. von der Nockenform vorgegeben, **Bild 3.10**. Anforderungen an den Ventilhub sind also Anforderungen an die Nockenform, und das Steuerdiagramm ist ein Abbild dieser Nockenform.

Die rechnerische Auslegung der Nockenform wird beeinflusst von vielfältigen mechanischen, kinematischen und mathematischen Randbedingungen. Ausgangspunkt der Nockenberechnung ist immer die gewünschte Leistungscharakteristik des Motors. Sie wird, wie anfangs schon erwähnt, wesentlich von der Öffnungsdauer der Ventile bestimmt. Daher sind die gewünschten Steuerzeiten zu Beginn der Nockenberechnung festzulegen. Innerhalb vorgegebener Steuerzeiten wird die theoretische, obere Grenze für den Zeitquerschnitt durch einen rechteckigen Ventilhubverlauf beschrieben, **Bild 3.11**.

---

[2] In Reparaturhandbüchern werden oft Steuerzeiten bei einem bestimmten *Ventilhub* (1-3 mm) angegeben, die nicht mit realen Steuerzeit verwechselt werden dürfen! Diese „Einstellsteuerzeit" dient lediglich dazu, die Nockenwelleneinstellung in Bezug zur Kurbelwelle zu erleichtern. Im Hubbereich von einigen mm bewirken nämlich schon kleinste Verdrehungen der Nockenwelle deutlich messbare Ventilhubänderungen. Wollte man die Nockenwelle(n) im Reparaturbetrieb bei realen Steuerzeiten einstellen, wären Fehler unvermeidlich. Denn zu Anfang der Nockenerhebung ändert sich der Ventilhub über einen Drehbereich von mehr als 10° nur weniger als 1/10 mm. Die Einstellsteuerzeiten sind deutlich kürzer als die reale Steuerzeiten und eine Umrechnung oder ein Rückschluss auf die reale Steuerzeit ist ohne ergänzende Angabe nicht möglich.

3.2 Ladungswechsel und Ventilsteuerung beim Viertaktmotor

Bild 3.10
Nockenwellen bei einem
DOHC-Tassenstößel-Motor

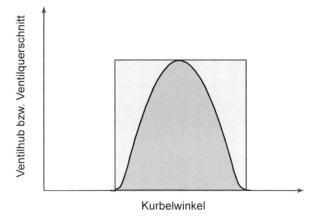

Bild 3.11
Rechteckiger Ventilhubverlauf als theoretische Grenze

Dieser Rechteckverlauf würde einen konstanten, maximalen Ventilquerschnitt während der gesamten Öffnungsdauer ermöglichen.

Für den Maximalhub gibt es dabei eine natürliche Grenze, sie ist näherungsweise der Hubwert, bei dem der Ventilquerschnitt genauso groß wie der freie Querschnitt des Ansaug- bzw. Auslasskanals im Zylinderkopf wird. Eine weitere Öffnung des Ventils über diesen Wert hinaus ist dann sinnlos, weil der Gasstrom bereits im Kanal gedrosselt würde. Theoretisches Ziel der Nockenauslegung ist es nun, eine Nockenform zu finden, die den realen Ventilhubverlauf möglichst nahe an die Rechteckform annähert. Es ist unmittelbar einsichtig, dass mit Hubventilen eine Rechteckform nicht verwirklicht werden kann, weil eine schlagartige Ventilöffnung eine unendliche Beschleunigung mit unendlichen Kräften zur Folge hätte. Es muss also ein möglichst steiler, aber dennoch kontinuierlicher Hubverlauf gefunden werden.

Um die Zusammenhänge besser zu verstehen, soll zunächst am Beispiel der Tassenstößelsteuerung eines realen Motors der Öffnungs- und Schließvorgang des Ventils gemeinsam mit dem dazugehörigen Nockenprofil betrachtet werden, **Bild 3.12**.

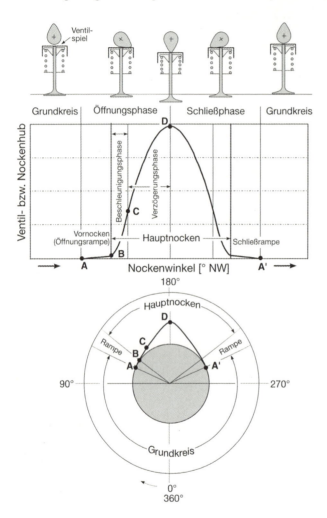

Bild 3.12
Öffnungs- und Schließvorgang des Ventils

Ausgangspunkt ist der Nockengrundkreis (A-A'). Solange sich dieser über den Tassenstößel hinwegdreht, bleibt das Ventil geschlossen. Zwischen Tasse und Nocken besteht ein Spiel von ca. 0,03-0,15 mm (Ventilspiel), das dafür sorgt, dass das Ventil auch bei Wärmeausdehnung geschlossen bleibt und immer voll im Ventilsitz aufliegen kann. Im weiteren Verlauf der Nokkendrehung läuft zunächst der Vornocken (Öffnungsrampe A-B) auf die Tasse auf und überbrückt mit einem sehr kleinen, langsam ansteigenden Hub das Ventilspiel, bis Kraftschluss zwischen allen Ventiltriebsbauteilen herrscht. Bereits innerhalb der Rampe erfolgt die Einleitung der Öffnungsbewegung des Ventils, die dann mit schnellem Anstieg der Öffnung durch den Hauptnocken (B-D) fortgesetzt wird. Ohne die sanfte Ventilspielüberbrückung durch den

3.2 Ladungswechsel und Ventilsteuerung beim Viertaktmotor

Vornocken würde die extrem schnelle Ventilanhebung im Hauptnockenbereich ein Aufeinanderschlagen von Nocken und Tasse bewirken. Nocke und Tassenstößel würden in kürzester Zeit beschädigt, und zudem ergäbe sich ein unakzeptables Geräusch.

Nach der Nockenspitze setzt die Schließbewegung des Ventils ein, deren Phasen umgekehrt, ansonsten aber analog zur Öffnungsbewegung ablaufen. Die Rampe am Ende der Schließbewegung dient dazu, das Ventil mit niedriger Geschwindigkeit in seinen Ventilsitz zurückzuführen und damit ein Nachspringen, d.h. ein kurzzeitiges Wiederöffnen des Ventils zu vermeiden. Nachspringer bewirken einen empfindlichen Verlust an Frischgas und damit an Motorleistung und führen zu raschem Verschleiß am Ventilsitz. Eine richtig ausgebildete Schließrampe beugt nicht nur dem Verschleiß am Ventilsitz vor (Verlängerung der Nachstellintervalle für das Ventilspiel!), sie vermindert durch das sanfte Aufsetzen des Ventils auch die Geräuschemission.

Wenn man die rechnerische Nockenauslegung in ihren Grundzügen verstehen will, muss die Ventilbewegung noch detaillierter betrachtet werden. Da die Zusammenhänge sehr komplex sind und im Rahmen dieses Buches nicht ausführlich dargestellt werden können, müssen einige Sachverhalte ohne nähere Begründung als gegeben hingenommen werden. Für einen tieferen Einstieg in das Thema Nockenberechnung wird auf die Literatur [3.4 - 3.8] verwiesen.

Zur Einleitung der Öffnungsbewegung muss das Ventil zunächst einmal eine positive Beschleunigung erfahren. Dies geschieht am Vornocken und in der Beschleunigungsphase des Hauptnockens (B-C im Bild 3.9). Anschließend muss das Ventil wieder abgebremst werden (Verzögerungsphase C-D), weil sich seine Bewegung genau an der Nockenspitze umkehren soll und ab dort die Schließbewegung beginnt. Zwingende Voraussetzung für die Bewegungsumkehr ist natürlich eine vorherige Verzögerung des Ventils bis zum Stillstand. Aus diesen Zusammenhängen ergibt sich für das Ventil ein grundsätzlicher Beschleunigungsverlauf nach **Bild 3.13** (oberes Diagramm a).

Die Öffnungsphase des Ventils in diesem Diagramm ist gekennzeichnet durch den Beschleunigungsverlauf vom Punkt B nach D. Die hohe, impulsartige positive Beschleunigung (B-C) hat einen steilen Nulldurchgang und geht in eine rund doppelt so lang dauernde, aber betragsmäßig niedrigere Verzögerung über, die bis zur Nockenspitze (Punkt D) andauert.

Der Wechsel von der Beschleunigungs- in die Verzögerungsphase beim Öffnen ist in der Ventilhubkurve (unteres Diagramm c) an ihrem Wendepunkt C zu erkennen (aus der Linkskurve wird eine Rechtskurve). Entsprechend dem Ventilbeschleunigungsverlauf wird die Ventilgeschwindigkeit (mittleres Diagramm b) im Nulldurchgang der Beschleunigung maximal und an der Nockenspitze, bei maximaler Verzögerung, genau Null.

Die Schließbewegung des Ventils nach der Nockenspitze wird eingeleitet, indem die vorangegangene Verzögerung fortwirkt (mathematische Bedingung der Stetigkeit). Wegen der jetzt umgekehrten Bewegungsrichtung des Ventils bewirkt sie eine Beschleunigung der Schließbewegung. Analog dazu erfolgt dann das Abbremsen der Schließbewegung durch den positiven Beschleunigungsimpuls. Die kurzen Beschleunigungsbuckel ganz am Anfang und am Ende der Ventilbewegung stammen vom Vornocken und der Schließrampe.

Ausgeklammert wurde bei diesen Betrachtungen bisher die Ventilfeder. Sie liefert zum einen in der Schließphase des Ventils die Antriebsenergie für die Schließbewegung, die in ihr durch das Zusammendrücken beim Öffnen gespeichert wurde. In der Öffnungsphase kommt der Ventilfeder die Aufgabe zu, das Ventil nach dem positiven Beschleunigungsimpuls abzubremsen und einen ununterbrochenen Kontakt aller Ventiltriebsbauteile zu gewährleisten. Ohne Feder würde die Ventilöffnung unkontrolliert bis zu irgendeinem mechanischen Anschlag (quasi im Freiflug) erfolgen. Der vom Nocken vorgegebene Verzögerungsverlauf (negativer Beschleunigungsanteil) ist ja zunächst nur ein Wunschverlauf, der sich nicht von selbst einstellt, sondern sich aufgrund einer Krafteinwirkung (der Ventilfeder) ergibt. Das Ventil wird ihm nur dann folgen, wenn ihm die Bewegung durch die Nockenkontur aufgezwungen wird. Dies macht den ständigen Kontakt zum Nocken unabdingbar und erfordet damit eine Ventilfederkraft, die theoretisch mindestens so groß sein muss (in der Praxis größer, s.u.), als die notwendige Verzögerungskraft für das Ventil (errechnet aus neg. Ventilbeschleunigung multipliziert mit der Masse der bewegten Ventiltriebsbauteile).

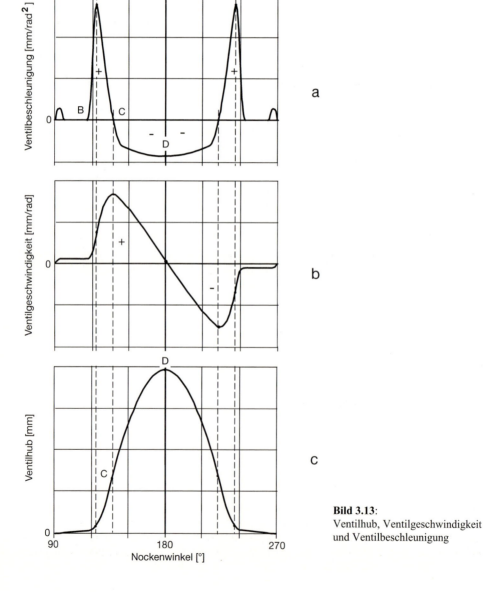

Bild 3.13: Ventilhub, Ventilgeschwindigkeit und Ventilbeschleunigung

3.2 Ladungswechsel und Ventilsteuerung beim Viertaktmotor

Man erkennt, entscheidend für den gesamten Ablauf der Ventilbewegung ist der *Beschleunigungsverlauf am Ventil*, der damit zum Ausgangspunkt einer jeden Nockenberechnung wird. Er wird festgelegt aufgrund spezifischer Randbedingungen und Erfahrungen mit ähnlichen Motoren und Nockenprofilen. Nocken heutiger Motoren, die nach modernen mathematischen Verfahren berechnet werden, weisen in der Regel stetige und differenzierbare Beschleunigungsverläufe auf (ohne Sprünge bzw. Knicke). Dadurch erreicht man in der Regel laufruhige Nockenprofile, die den Ventiltrieb nicht zu Schwingungen anregen.

Sehr wichtig für die Güte des Nockens und des gesamten Ventiltriebs ist der Kurvenverlauf des positiven und negativen Beschleunigungsanteils und auch die Steilheit des Nulldurchgangs. So hat es sich als günstig erwiesen, die positive Beschleunigung impulsartig kurz zu gestalten, weil sich dann eine niedrige negative Beschleunigung ergibt. Dies folgt aus der Bedingung des Flächengleichgewichts. Es besagt, dass die Flächen, die der positive und der negative Beschleunigungsverlauf jeweils umschließen, gleich groß sein müssen (vgl. auch Bild 3.11). Das Flächengleichgewicht ist eine rein geometrische Bedingung, damit die Nockenkontur an der Spitze rund bleibt (ohne Flächengleichgewicht würde die Ventilgeschwindigkeit an der Nockenspitze keinen stetigen Nulldurchgang haben, sondern sprunghaft ihr Vorzeichen wechseln und der Nocken damit spitz werden). Je kürzer die positive Beschleunigung dauert, umso kleiner wird die Fläche unter ihrer Kurve und umso kleiner dann auch die negative Beschleunigung.

Die große Bedeutung der negativen Ventilbeschleunigung ergibt sich daraus, dass sie die notwendige Ventilfederkraft festlegt. Diese soll aber, wie wir noch sehen werden, möglichst gering werden. Die tatsächliche Federkraft muss aus Sicherheitsgründen immer größer sein als die Verzögerungskraft, dies ist im **Bild 3.14** dargestellt.

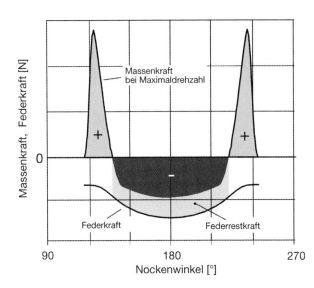

Bild 3.14
Ventilbeschleunigung und Ventilfederkraftverlauf

Der Abstand zwischen Verzögerungskraft und tatsächlicher Ventilfederkraft wird als Federrestkraft bezeichnet. Je größer diese ist, umso sicherer ist der Ventiltrieb gegen ein evtl. Überdrehen des Motors (vorausgesetzt der Ventiltrieb ist steif genug!) und gegenüber Toleranzen in der Fertigung der Ventiltriebsbauteile. Ein unterer, noch zulässiger Grenzwert für die Federrestkraft kann aber nicht allgemeingültig angegeben werden, weil dieser von der Gesamtsteifigkeit des Ventiltriebs und seinem dynamischen Verhalten abhängt.

Es liegt nun nahe, aus Sicherheitsüberlegungen einfach die Federkraft durch entsprechende Wahl der Federsteifigkeit und der Federvorspannung großzügig zu bemessen. Abgesehen davon, dass dadurch die Reibung im Ventiltrieb erhöht wird, sind hohe Federkräfte äußerst unerwünscht, weil sie große Kräfte in der Kontaktfläche zwischen Nocken und Übertragungselement hervorrufen. Dies führt zu hohen Flächenpressungen (Hertz'sche Pressung), die an der Nockenspitze, wo die höchste Federkraft (max. Ventilhub) mit dem kleinsten Krümmungsradius zusammentrifft, maximal werden. Besonders kritisch sind die Pressungen im Leerlauf, weil wegen der sehr kleinen Massenkräfte keine Entlastung eintritt. Ein Überschreiten der zulässigen Flächenpressung kann in kurzer Zeit zu Werkstoffausbrüchen an den Oberflächen von Nocke und Übertragungselementen (sog. Pittingbildung) und Zerstörung dieser Bauteile führen. Damit begrenzt die Flächenpressung die zulässige Federkraft.

Man erkennt, dass der negative Ventilbeschleunigungsverlauf durch die Festlegung der Ventilfederkraft eine sehr wichtige Größe für die Nockenauslegung darstellt. Über das Flächengleichgewicht bestimmt er auch den positiven Ventilbeschleunigungsanteil mit. Einen weiteren wichtigen Einfluss hat die Öffnungsrampe, von deren Form der Übergang in die Hauptbeschleunigung und damit der weitere Verlauf der positiven Ventilbschleunigung wesentlich abhängt. Der Maximalwert der positiven Ventilbeschleunigung hat dagegen einen weit geringeren Stellenwert, als man vermuten könnte. Zwar bestimmt er die maximalen Kräfte im Ventiltrieb und die Steilheit der Ventilöffnung. Um die angestrebte Motorleistung zu erreichen, ist jedoch das dynamische Verhalten des Ventiltriebs, das sich im realen Motorbetrieb schlussendlich einstellt, wichtiger (der nockengetreue Ventilhubverlauf). Dieses wird aber vom *Verlauf* der Ventilbeschleunigung und weniger von seinen Maximalwerten bestimmt. Unabhängig davon tragen natürlich bei *ideal steifen* Ventiltrieben mit gutem dynamischen Verhalten hohe positive Ventilbeschleunigungswerte zu größeren Zeitquerschnitten am Ventil und damit zu hohen Motorleistungen bei und sind dann selbstverständlich anzustreben.

Neben der Flächenpressung und der Federrestkraft gibt es noch weitere Randbedingungen, die von dem Nockenprofil bzw. seinem zugrundeliegenden Beschleunigungsverlauf einzuhalten sind. Es sind dies die Schmierzahl, die Auswanderung der Kontaktlinie zwischen Nocken und Gegenläufer (Übertragungselement) und die sogenannte Hohlgrenze des Nockens.

Die Schmierzahl und ihr Verlauf erlauben Rückschlüsse auf die Güte des Schmierfilmaufbaus zwischen Nocke und Übertragungselementen (Tassenstößel oder Hebel). Aus der Erfahrung mit ähnlichen Nocken und geometrischen Verhältnissen lässt sich das Verschleißverhalten abschätzen. Die Schmierzahl ist letztlich ein angenäherter Kennwert für die sogenannte hydrodynamisch wirksame Geschwindigkeit. Durch intensive Forschungsarbeiten auf diesem Gebiet [u.a. TU Clausthal, Prof. Holland, 3.16] ist es möglich geworden, die Vorgänge der Schmierung am Nocken rechnerisch zu erfassen. So lassen sich mittlerweile aus Berechnungen Aussagen über Reibungs- und Verschleißerscheinungen zwischen Nocken und Übertragungselementen ableiten, und es sind mit Hilfe entsprechender Rechenprogramme gezielte Optimierungen möglich. Damit können Nockentriebe schon im Konstruktionsstadium weitgehend betriebssicher ausgelegt werden.

Die Auswanderung gibt die Wegstrecke an, die der Kontaktpunkt des Nockens auf dem Tassenstößel bei einer Nockenumdrehung zurücklegt, **Bild 3.15** und **Bild 3.10**. Wandert der Kontaktpunkt über den Tassenrand hinaus, muss entweder der Tassendurchmesser vergrößert werden, oder es muss, wenn der Platz im Zylinderkopf für größere Tassen nicht ausreicht, eine geänderte Nockenkontur berechnet werden.

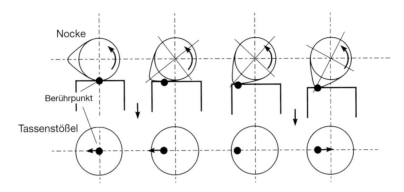

Bild 3.15 Schematische Darstellung der Auswanderung

Die Hohlgrenze hat nur bei Hebelsteuerungen (Kipphebel oder Schlepphebel) mit nach außen gewölbter Gegenfläche eine Bedeutung. Für höchste Ventilbeschleunigungen werden hier hohle Nockenflanken benötigt, die aus Gründen der Fertigung bestimmte Krümmungsradien nicht unterschreiten dürfen. Für alle anderen Ventilsteuerungen (Flachstößel) muss die Nockenflanke immer nach außen gekrümmt („bauchig") sein, so dass dieser Punkt entfällt.

Für die eigentliche Nockenberechnung gibt es nun verschiedene Vorgehensweisen und Berechnungsverfahren. Eine grundsätzliche Möglichkeit des Berechnungsablaufs, bei der die o.a. Randbedingungen in die Berechnung integriert sind, ist schematisch im **Bild 3.16** wiedergegeben. Neben den Eingangsgrößen (siehe Bild) ist für die Erstauslegung bereits auch ein Beschleunigungsverlauf vorzugeben. Dieser kann z.B. durch eine Polynomfunktion höherer Ordnung mathematisch beschrieben sein, wobei die verschiedenen Koeffizienten des Polynoms den Kurvenverlauf und die Höhe der Beschleunigungen beeinflussen. Diese Koeffizienten sind aufgrund der konstruktiven Ventiltriebsauslegung und anhand der Erfahrung sinnvoll vorzugeben. Eine Rolle spielen dabei auch herstellerspezifische Auslegungsphilosophien für den Ventiltrieb.

Das Programm errechnet mit den eingegebenen Geometrie- und Werkstoffdaten aus dem Beschleunigungsverlauf zugleich die Federrestkraft, Flächenpressung, Schmierzahl und Auswanderung (ggf. auch Hohlgrenze) und gibt diese zusammen mit den Verläufen für Beschleunigung, Geschwindigkeit und Hub des Ventils aus. Es folgt eine Beurteilung des errechneten Nockens anhand der zulässigen oder erfahrungsmäßigen Grenzwerte.

Durch Variation der Berechnungsparameter, d.h. der Koeffizienten des Polynoms und/oder der Eingabedaten, wird dann in einem iterativen Prozess mit mehreren Berechnungsdurchgängen der Beschleunigungsverlauf optimiert, bis ein geeignetes Nockenprofil gefunden ist. Die endgültige Bewertung der Güte des Nockens ergibt sich danach im Motorversuch anhand der Leistungs- und Drehmomentwerte, die der Motor erzielt und aufgrund von Standfestigkeitsversuchen, die der Ventiltrieb absolvieren muss.

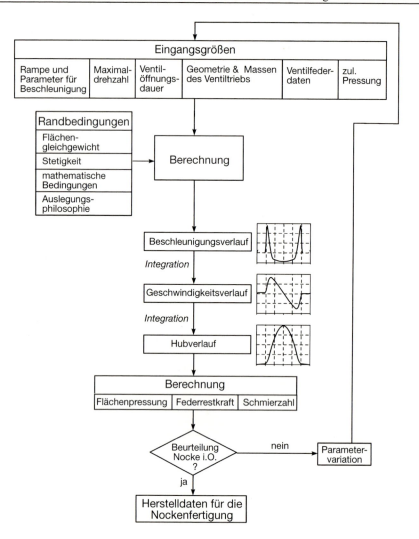

Bild 3.16 Schematischer Ablauf einer Nockenberechnung

Der Variation von Konstruktions- und Rechenparametern sind in der Praxis oft Grenzen gesteckt, weil die Motorbauart und die Platzverhältnisse im Zylinderkopf die konstruktiven Freiheiten stark einengen. So bleibt die wichtigste Konstruktionsanforderung bei der Ventiltriebsauslegung das Kleinhalten der bewegten Massen im Ventiltrieb. Nur mit kleinen Massen können bei den angestrebten hohen Ventilbeschleunigungen die Kräfte minimiert und damit die Federkräfte begrenzt werden. Leider ermöglichen nicht alle Ventiltriebskonstruktionen geringe Masse und darüber hinaus bedingt Massenreduktion oftmals einen Steifigkeitsverlust. Hohe Steifigkeit ist für eine kontrollierte Ventilbetätigung aber unverzichtbar, siehe dazu Kapitel 3.4.

3.2 Ladungswechsel und Ventilsteuerung beim Viertaktmotor

Wenn die dargestellten Maßnahmen zu keiner befriedigenden Nockenkontur führen, bleiben noch die Möglichkeiten, die Vorgaben für die Berechnung, also Ventilbeschleunigung, Drehzahl und Steuerzeit zu verändern. Setzt man die maximale Ventilbeschleunigung herab, verringern sich die Belastungen im Ventiltrieb drastisch, und die Ventilfedern können deutlich schwächer ausgeführt werden. Zwar ergibt sich auch ein weniger fülliger Ventilquerschnittsverlauf, doch kann versucht werden, diesen Nachteil durch den Einsatz größerer Ventildurchmesser zu kompensieren. Die größere bewegte Ventilmasse ist dabei kein Nachteil, weil sie im Vergleich zum Querschnittsgewinn nur unterproportional ansteigt und durch die niedrigere Beschleunigung überkompensiert wird. In der Praxis hat sich diese Methode vielfach bewährt.

Ein Herabsetzen der zulässigen Drehzahl ist lediglich das letzte Mittel, um einen Ventiltrieb standfest zu bekommen. Die Drehzahl bestimmt ja nicht nur die Motorleistung und die Lage des Leistungsmaximums, von ihr hängt auch die Auslegung des Getriebes und der Hinterachsübersetzung ab. Sie bestimmt zusammen mit der Leistung die Höchstgeschwindigkeit des Fahrzeugs (bei vorgegebener Übersetzung). Als Möglichkeit bleibt hier höchstens die Absenkung der Höchstdrehzahl, d.h. die Verkleinerung der Sicherheitsspanne gegen ein Überdrehen. Wurde diese (d.h. der Abstand zu Nenndrehzahl) anfangs bereits knapp gewählt, kann dieser Wert nicht mehr verändert werden.

Vielfach ergeben sich auch im Leerlauf Probleme, die eine Überarbeitung der Nockenauslegung erforderlich machen. Bei manchen leistungsgünstigen Nockenprofilen werden im Leerlauf (keine Entlastung durch Massenkräfte) an der Nockenspitze die zulässigen Flächenpressungen überschritten. Es kommt dann zu Werkstoffermüdung (Pittingbildung) und vorzeitigem Verschleiß, der nicht toleriert werden kann.

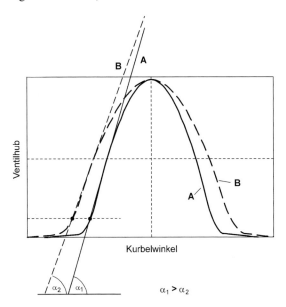

Bild 3.17
Schematischer Vergleich verschiedener Nockenauslegungen

Wirkungsvoll ist bei vielen Auslegungsproblemen die Veränderung der Ventilöffnungsdauer, wie schematisch im **Bild 3.17** gezeigt wird. Ausgehend vom Nocken A wird bei gleichem Ventilhub der Öffnungswinkel vergrößert, Nocken B. Man erkennt sofort, dass nicht nur der

Zeitquerschnitt (= Fläche unter der Hubkurve) sich vergrößert hat, gleichzeitig hat auch die Steilheit des Ventilhubs (Tangentenwinkel α) und damit letztlich die Ventilbeschleunigung deutlich abgenommen. Damit wird die Verlängerung der Ventilöffnungsdauer (Steuerzeit) zu einem wirkungsvollen Mittel, trotz geringer Ventilbeschleunigungen große Zeitquerschnitte zu erzielen. Nachteilig an dieser Methode ist die Drehmomentenschwäche der Motoren, die sich aufgrund der langen Steuerzeiten zwangsläufig ergibt, siehe dazu auch Kapitel 4.

Die oft vertretene Ansicht, lange Steuerzeiten seien gewissermaßen ein Qualitätskriterium, das einen sportlichen Motor auszeichnet, ist als Pauschalwertung falsch. Für die Güte des Ventiltriebs ist kennzeichnend, dass er hohe Ventilbeschleunigungen und eine füllige Öffnungscharakteristik zulässt. Dann werden kurze Steuerzeiten möglich und damit hohe Drehmomentwerte im unteren Drehzahlbereich bei gleichzeitig genügender Spitzenleistung bei hohen Drehzahlen. Dennoch sind für reine Rennmotoren, die bei höchsten Drehzahlen in einem relativ schmalen Bereich ihre maximale Leistung entfalten, lange Steuerzeiten wegen des Gewinns an Zeitquerschnitt natürlich unverzichtbar.

Um eine Vorstellung zu bekommen, welche Beschleunigungen und Kräfte im Ventiltrieb moderner Motorradmotoren auftreten, sind in **Tabelle 3.3** beispielhaft Werte für zwei unterschiedlich ausgelegte 1000 cm³-Motoren aufgeführt. Wie man sieht, beträgt die maximale Beschleunigung weit mehr als das 1000fache der Erdbeschleunigung (1g = 9,81 m/s²). Die drehzahlbezogene Angabe der Ventilbeschleunigung in mm/rad² ist sinnvoll, um verschiedene Auslegungen vergleichen zu können. Sie errechnet sich wie folgt:

$$a_V[\text{mm}/\text{rad}^2] = \frac{a_V[\text{mm}/\text{s}^2]}{\omega^2} = \frac{a_V[\text{mm}/\text{s}^2]}{(2\pi n_{NW})^2} = \frac{a_V[\text{mm}/\text{s}^2]}{(\pi n_{KW})^2} \quad (3\text{-}6)$$

Es bedeuten:

a_{Ventil} Ventilbeschleunigung
n_{NW} Nockenwellendrehzahl [1/s]
n_{KW} Kurbelwellendrehzahl [1/s]

Tabelle 3.3 Auslegungsbeispiel zweier Ventiltriebe

	Grenzdrehzahl [U/min]	Reduzierte Masse (bezogen aufs Ventil) [Gramm]	max. Ventilbeschleunigung [mm / rad²]	max. Kraft im Ventiltrieb [N]
Beispielmotor 1 (Sportmotor)	9000	90	76 (=1720 g)	1500
Beispielmotor 2 (Tourenmotor)	7500	230	35 (=550 g)	1260

3.2.3 Geometrie der Gaskanäle im Zylinderkopf

In den vorangegangenen Kapiteln wurde dargelegt, dass grundsätzlich größtmögliche Querschnitte für die Gasströmungen in den Ansaug- und Auspuffleitungen des Motors vorzusehen sind. Auch die Ventildurchmesser des Motors sollten daher so groß wie konstruktiv darstellbar

3.2 Ladungswechsel und Ventilsteuerung beim Viertaktmotor

gewählt werden. Diese Grundregel gilt allerdings nicht uneingeschränkt, wie Erfahrungen mit ausgeführten Motoren zeigen, sondern oft liegt der optimale Querschnitt etwas unterhalb des maximal Möglichen.

Eine Hilfsgröße zur Bestimmung der optimalen Querschnitte im Ansaugkanal ist die sogenannte mittlere Gasgeschwindigkeit w_{mGas}. Sie ist eine reine Rechengröße (ähnlich der mittleren Kolbengeschwindigkeit) und dient als Vergleichsmaß für die Geschwindigkeit des in den Motor einströmenden Gases, **Bild 3.18**. Sie entspricht nicht der tatsächlich herrschenden Gasgeschwindigkeit (diese ist instationär, vgl. Kap.4).

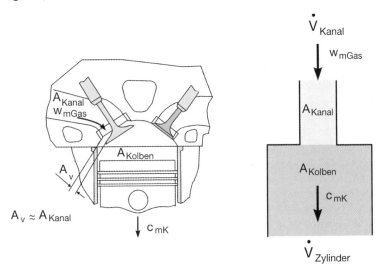

Bild 3.18 Bestimmung der mittleren Gasgeschwindigkeit

Für den Motor gilt die Kontinuitätsgleichung der Strömungsmechanik, die besagt, dass der auf das Ventil zuströmende Volumenstrom genausogroß sein muss, wie der Volumenstrom im Zylinder (Satz von der Erhaltung der Masse). Sie lautet für den im Bild schematisch dargestellten Fall:

$$\dot{V}_{Kanal} = \dot{V}_{Zyl}$$

$$\Rightarrow A_{Kanal} \cdot w_{mGas} = A_{Kolben} \cdot c_{mK} \tag{3-7}$$

$\dot{V}_{Kanal}, \dot{V}_{Zyl}$ Volumenströme Einlasskanal bzw. Zylinder [m³/s]

A_{Kanal}, A_{Kolben} Querschnitt Einlasskanal bzw. Kolben [m²]

w_{mGas} mittlere Gasgeschwindigkeit [m/s]

c_{mK} mittlere Kolbengeschwindigkeit [m/s].

Die mittlere Kolbengeschwindigkeit errechnet sich in der angegebenen Dimension [m/s] z:

$$c_{mK} = \frac{2 \cdot h \cdot n}{60} = \frac{h \cdot n}{30} \tag{3-8}$$

h   Kolbenhub [m]
n   Kurbelwellendrehzahl [1/min]

Durch Umformen erhält man aus beiden Gleichungen:

$$w_{mGas} = \frac{A_{Kolben}}{A_{Kanal}} \cdot c_{mK} = \frac{A_{Kolben} \cdot h \cdot n}{A_{Kanal} \cdot 30} \tag{3-9}$$

Die mittlere Gasgeschwindigkeit ist demnach im Verhältnis von Kanal- und Kolbenfläche abhängig von der Kolbengeschwindigkeit bzw. der Motordrehzahl. Es hat sich gezeigt, dass für sportliche Motoren 100 - 130 m/s (360 - 470 km/h) ein optimaler Wert für die mittlere Gasgeschwindigkeit im Einlasstrakt darstellt. Die allermeisten Hochleistungsmotoren weisen bei Nenndrehzahl Werte auf, die innerhalb des angegebenen Bereichs liegen. Wird die mittlere Gasgeschwindigkeit höher, kommt es zu verstärkter Wirbelbildung mit Strömungsablösung und Drosselung an Umlenkstellen im Kanal und am Ventil; bei niedrigeren Geschwindigkeiten sind die gasdynamischen Effekte nur gering ausgeprägt, so dass die resultierenden Aufladeeffekte (vgl. Kapitel 4.1) nicht voll ausgenutzt werden.

Setzt man für die erste Auslegung den entsprechenden Wert für w_{mGas} in Gleichung (3-7) ein, so ergibt sich nach Umstellung der Gleichung der anzustrebende Querschnitt für den Einlasskanal. Der gleiche Querschnitt sollte auch am Einlassventil (A_{Ventil}) vorhanden sein. Setzt man der Einfachheit halber für den Ventilquerschnitt einem Kreisquerschnitt an, kann der notwendige Ventildurchmesser (d_V) auf einfache Weise berechnet werden:

$$A_{Kanal} = A_V = z \cdot \frac{\pi \cdot d_V^2}{4} \tag{3-10}$$

$$\Rightarrow d_V \sqrt{\frac{4 \cdot A_{Kanal}}{z \cdot \pi}} \tag{3-10a}$$

Mit z wird die Anzahl der Einlassventile gekennzeichnet. Mit dieser Grundauslegung der Einlassventilgröße können zunächst alle Berechnungen einschließlich der Nockenberechnungen durchgeführt werden. Die endgültige Ventilgröße wird dann später anhand von Versuchen und Leistungsabstimmungen auf dem Motorenprüfstand festgelegt, vgl. Kapitel 4.

Es sei an dieser Stelle nochmals darauf hingewiesen, dass die mittlere Gasgeschwindigkeit lediglich eine theoretische Vergleichsgröße zur schnellen, rechnerischen Dimensionierung des Einlasskanals ist. Die Strömungsgeschwindigkeit ist in Wirklichkeit zeitlich veränderlich, damit ist die mittlere Gasgeschwindigkeit zur korrekten Beschreibung der Strömung ungeeignet und die Angabe dieser konstanten Geschwindigkeit streng physikalisch gesehen falsch.

Die Dimensionierung der Auslassventile bzw. des Auslasskanals erfolgt noch einfacher. Beide werden pauschal etwa 15 % kleiner im Durchmesser als der Einlass ausgeführt. Strömungsmäßig ist das kein Nachteil, denn das Abgas strömt aufgrund des größeren Druckgefälles zwischen Zylinder und Abgasleitung auch bei den kleineren Ventilen problemlos aus. Eine Vergrößerung der Auslassventile bringt im Ladungswechsel keine Vorteile. Aufgrund ihrer kleineren Fläche wird die Wärmeaufnahme der Auslassventile reduziert, wodurch sich ihre Temperaturbelastung verringert.

3.3 Ladungswechsel und Steuerung beim Zweitaktmotor

Beim Ladungswechsel des Zweitaktmotors wirken grundsätzlich die gleichen Mechanismen wie beim Viertaktmotor. Nur spielen beim Zweitakter die Druck- und Strömungsverhältnisse in den Saug- und Abgasleitungen und im Zylinder eine viel größere Rolle, weil die Ansaug-

und Ausschubvorgänge nicht strikt getrennt sind, sondern sich zeitlich überlappen und im wesentlichen durch die Verdrängungswirkung der Gase bewirkt werden. Durch zusätzliche Steuerorgane im Saug- und teilweise auch im Abgassystem wird versucht, diesen generellen Nachteil des Zweitaktmotors zu minimieren.

Abweichend von der übrigen Systematik des Buches werden Beispiele für die konstruktive Ausführung von Zweitaktmotoren zusammen mit den Grundlagen bereits in diesem Kapitel vorgestellt. Der Grund liegt darin, dass der Schwerpunkt der Betrachtung von Zweitaktmotoren auf dem Ladungswechsel und der Gasdynamik liegt und diese Funktionen wesentlich von der konstruktiven Detailausführung geprägt sind.

3.3.1 Grundlagen des Ladungswechsels bei der Schlitzsteuerung

Auch beim Zweitaktmotor wird der Ladungswechsel durch die Kolbenbewegung initiiert. Der Kolben übernimmt hier neben der Volumenverdrängung des Arbeitsgases aber noch die Aufgabe der Steuerung der Gasströme. **Bild 3.19** zeigt beispielhaft die Lage und Anordnung der Steuerschlitze am Zylinderumfang für einen einfachen, schlitzgesteuerten Zweitaktmotor.

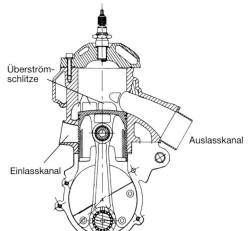

Bild 3.19
Anordnung und Bezeichnung der Steuerschlitze beim Zweitaktmotor

Während der Ein- und Auslass in der Regel durch jeweils einen Schlitz mit zugehörigem Kanal gebildet wird, werden für die Spülung mindestens zwei oder aber mehrere mehrere Überströmkanäle verwendet. Unmittelbar erkennbar wird, dass durch die Höhe und die Position der Steuerschlitze die Öffnungs- und Schließzeitpunkte und die Öffnungsdauer festgelegt sind.

Der Ladungswechselvorgang lässt sich am einfachsten verstehen, wenn man bei verschiedenen Kurbelwellenstellungen betrachtet, wie der Kolben die Schlitze am Zylinderumfang freigibt bzw. verschließt, **Bild 3.20**.

Zu Beginn der Abwärtsbewegung des Kolbens ist während der Verbrennung und Expansion der Auslassschlitz durch den Kolbenschaft vollständig verschlossen, während der Einlassschlitz zum Kurbelgehäuse offen ist. Der Brennraum ist über die Kolbenringe zum Kurbelraum abgedichtet. Beim weiteren Abwärtsgang verschließt der Kolben zunehmend den Einlassschlitz, der Auslassschlitz bleibt immer noch durch den Kolbenschaft verschlossen. Im Bereich von etwa 90° Kurbelwellendrehung nach OT gibt die Kolbenoberkante den Auslassschlitz frei und das Abgas kann in den Auspuff strömen. Dieser Ausströmvorgang ist zu Beginn impulsartig, weil das Abgas aufgrund der frühen Auslassöffnung noch nicht vollständig expandieren konnte und daher noch unter relativ hohem Druck steht. Der Druckabbau im Zylinder erfolgt jedoch wegen der sich rasch vergrößernden Auslassöffnung recht schnell.

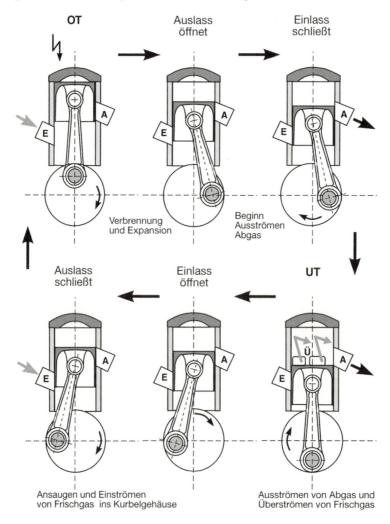

Bild 3.20 Ladungswechselphasen des schlitzgesteuerten Zweitaktmotors

Wenn der Auslassschlitz schon weit geöffnet ist, gibt die Kolbenoberkante die Überströmkanäle frei und es setzt überlappend mit dem weiteren Ausströmen des Abgases das Einströmen von Frischgas in den Zylinder ein. Die Frischgase wurden beim vorherigen Aufwärtsgang des

3.3 Ladungswechsel und Steuerung beim Zweitaktmotor

Kolbens über den Einlassschlitz in das Kurbelgehäuse gesaugt, und werden dann durch den Kolben bei dessen Abwärtsgang verdichtet (bei noch geschlossenen Kanälen). Aufgrund dieser Vorverdichtung ergibt sich ein positives Druckgefälle zum Zylinder, wodurch das Frischgas beim Freigeben der Überströmkanäle in den Zylinder einströmen kann, obwohl dieser teilweise noch mit Abgas gefüllt ist. Der Frischgasstrom verdrängt dann das restliche Abgas aus dem Zylinder. Dieser gesamte Vorgang wird natürlich bis zum UT durch die abwärtsgerichtete Kolbenbewegung unterstützt, die ihrerseits weiter Frischgas aus dem Kurbelgehäuse in die Überströmkanäle drückt. Aufgrund der Trägheitswirkung der Gasströme hält das Überströmen auch nach dem UT noch an.

Der Aufwärtsgang des Kolbens nach dem UT erzeugt, sobald die Überströmkanäle durch die Kolbenoberkante verschlossen werden, im Kurbelgehäuse einen Unterdruck. Der Einlasskanal bleibt dabei zunächst noch durch den Kolbenschaft verschlossen. Im weiteren Bewegungsverlauf verschließen Kolbenoberkante und Kolbenschaft zuerst den Auslassschlitz, bevor die Kolbenunterkante dann den Einschlassschlitz zum Kurbelgehäuse freigibt. Infolge des aufgebauten Unterdrucks strömt schlagartig Frischgas in das Kurbelgehäuse ein. Oberhalb des Kolbens wird das zuvor übergeströmte Frischgas bei jetzt verschlossenen Kanälen für die nachfolgende Verbrennung verdichtet. Die beschleunigte Gassäule behält aufgrund der Massenträgheit ihre Strömungsrichtung auch nach der Kolbenumkehr im oberen Totpunkt bei, so dass eine gewisse Zeit noch weiteres Frischgas auch gegen die Kolbenbewegung ins Kurbelgehäuse strömen kann.

Das Steuerdiagramm zeigt die Abfolge der Schlitzöffnungen in Relation zur Kurbelwellenstellung, **Bild 3.21**. Es sind der Übersichtlichkeit halber nur Ein- und Auslass, nicht aber das Öffnen und Schließen der Überströmschlitze dargestellt. Im Gegensatz zum Viertaktmotors (vgl. Bild 3.6) ist der Verlauf der jeweiligen Öffnungs*querschnitte* nicht dargestellt, sondern nur Öffnungs- und Schließzeitpunkte sowie die jeweilige Öffnungsdauer. Die jeweiligen Querschnitte lassen sich wegen der einfachen, meist rechteckigen Schlitzgeometrien aus der Kolbenstellung und Schlitzbreite sehr leicht ermitteln. Das Diagramm beginnt bei 0° KW mit dem OT. Die jeweiligen Öffnungsphasen für Einlass und Auslass sind durch die Graufärbung im Diagramm gekennzeichnet.

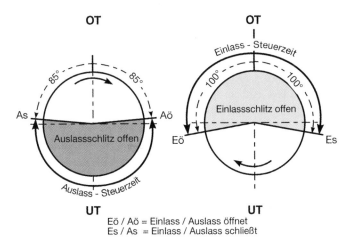

Bild 3.21 Steuerdiagramm des Zweitaktmotors

Durch die vorgegebene feste Position der Steuerschlitze und die Öffnungsteuerung über den Kolben ergibt sich zwangsläufig eine Symmetrie der Öffnungs- und Schließzeitpunkte zu den Totpunkten und zueinander. Da der Auslassschlitz immer als erstes und relativ früh öffnen muss, wird er zwangsläufig auch erst spät, und damit eigentlich zu spät, geschlossen. Der Auslassschlitz bleibt länger geöffnet als der Überströmschlitz, was dazu führt, dass Frischgas aus dem Zylinder in den Abgaskanal strömen kann. Dieses Frischgas geht für den Arbeitsprozess verloren und erhöht den Schadstoffausstoß (Kohlenwasserstoffe) des Zweitaktmotors erheblich. Auch der relativ hohe Kraftstoffverbrauch einfacher Zweitaktmotoren resultiert aus diesem Frischgasverlust. Ein analoger Effekt tritt beim Einlass auf. Auch hier kann es beim Abwärtsgang des Kolben nach dem OT wegen des noch geöffneten Einlassschlitzes zum unerwünschten Rückschieben von Frischgas aus dem Kurbelgehäuse ins Saugrohr kommen, was die Frischgasmasse und damit die Leistung verringert. Es wäre also vorteilhaft, wenn sich die Lage bzw. die Öffnungs- und Schließzeitpunkte der Steuerschlitze verändern ließen.

Dies sind nicht die einzigen Nachteile im Ladungswechsel des Zweitaktmotors. Das Überströmen von Frischgas in den Zylinder kann nur bei positivem Druckgefälle erfolgen, d.h. der Zylinderdruck muss möglichst rasch unter das Druckniveau des Kurbelgehäuses abgesenkt werden. Um das zu erreichen, muss der Auslassschlitz möglichst groß dimensioniert werden. Die Möglichkeiten dazu sind aber begrenzt, aufgrund der am Zylinderumfang zur Verfügungs stehenden Fläche. Einer Querschnittsvergrößerung über die Auslassschlitzhöhe sind Grenzen gesetzt, weil mit der Schlitzhöhe die Auslasssteuerzeit vergrößert wird. Außerdem steigt mit Vergrößerung des Auslassschlitzes die Gefahr von Frischgasverlusten gegen Ende des Überströmens.

Nicht ganz zu verhindern ist auch eine Vermischung des einströmenden Frischgases mit dem Abgas beim Überströmen, wodurch die Füllung und damit die Leistungsausbeute des Motors beeinträchtigt werden. Durch eine ausgeklügelte Formgebung am Eintritt des Überströmkanals in den Zylinder versucht man dem zu begegnen. Seit Jahrzehnten durchgesetzt hat sich die *Umkehrspülung*, bei der der Frischgasstrom von schräg unten in den Zylinder einströmt, sich dann an der Zylinderwand gegenüber dem Auslass zum Zylinderkopf hin aufrichtet, um dann in Form eines langgezogenen Wirbels von oben zum Auslassschlitz zu strömen, **Bild 3.22**. Dabei wird das Abgas vor dem Frischgasstrom hergeschoben und so eine gründliche Ausspülung des Zylinders bei minimaler Vermischung erreicht. Diese Strömungsform ist hinreichend stabil und bietet durch ihre Führung weitgehende Sicherheit gegen eine Kurzschlussströmung (vom Überströmkanal direkt zum Auslass).

Durch eine detaillierte Untersuchung des Spülvorgangs konnten deutliche Verbesserungen erzielt werden. Dies führte Anfang der 70er Jahre bei YAMAHA zur Fünfkanalspülung (Mehrkanalspülungen gab es allerdings bei europäischen Herstellern in den 50er Jahren auch schon), die im Bild prinzipiell dargestellt ist. Die Zusatzkanäle bewirken eine Stabilisierung der Strömung und verhindern, dass sich in Zylindermitte ein Abgaskern festsetzt, der nicht ausgespült wird.

Generell nachteilig beim Spülvorgang ist die Wärmeübertragung vom heißen Abgas an das Frischgas, wodurch dessen Dichte herabgesetzt wird, was sich leistungsmindernd auswirkt. Eine Aufheizung der Frischgase findet darüberhinaus auch im Kurbelgehäuse und infolge der Vorverdichtung statt.

3.3 Ladungswechsel und Steuerung beim Zweitaktmotor

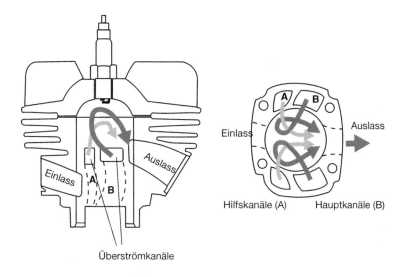

Bild 3.22 Umkehrspülung mit mehreren Kanälen (YAMAHA-Fünfkanalspülung)

Aussagen zur Wirkung der Steuerzeiten sind beim Zweitaktmotor schwieriger zu treffen als beim Viertakter. Durch die eingeschränkte Anordnungsmöglichkeiten von Schlitzen am Zylinderumfang und die Symmetrie der Steuerzeiten bestehen immer unerwünschte Abhängigkeiten. Eine lange Einlasssteuerzeit z.B. ist nur durch eine große Schlitzhöhe zu erzielen. Diese führt zwangsläufig zu einer Verschiebung der Überström- und Auslassschlitze, wodurch der Auslass ensprechend früh öffnet. Dies aber ist ungünstig, weil dann der Expansionsweg für den Kolben kürzer wird (Arbeits- und damit Leistungsverlust) und der Auslass wegen der Symmetrie ungünstig spät schließt.

Wegen dieser Effekte kommt den Strömungsverhältnissen und der Gasdynamik beim Zweitakter eine viel höhere Bedeutung zu als beim Vietakter. Moderne Hochleistungszweitakter verdanken ihre überlegene Leistungsausbeute überhaupt nur der konsequenten Ausnutzung dynamischer Strömungseffekte. Die komplizierten Sachverhalte sind hier des besseren Verständnisses wegen vereinfacht dargestellt und auf die wesentlichen Grundlagen reduziert. Dem Leser wird empfohlen, bei offenen Fragen auch im Inhalt des Kapitels 4 dieses Buches nachzuschauen, wo die grundsätzlichen Mechanismen der Gasdynmik ausführlicher beschrieben sind.

Ziel der gasdynamischen Abstimmung des Zweitaktmotors ist es, die schwankenden Druckverhältnisse in den Saug- und Abgasleitungen für den Ladungswechsel zu nutzen. Durch die rasche Öffnung der relativ großen Steuerschlitze am Zylinder werden in die angeschlossenen Saug- und Abgasrohren impulsartig Unterdruck- bzw. Überdruckstöße eingeleitet. Diese breiten sich mit Schallgeschwindigkeit als Unterdruck- bzw. Überdruckwellen in den Leitungen aus. Durch Reflexion an Verengungs- oder Erweiterungsstellen laufen diese Wellen in den Saug- bzw. Abgasrohren teilweise zum Zylinder zurück und rufen dadurch zeitliche Druckveränderungen an den Steuerschlitzen hervor. Da die Ausbreitungsgeschwindigkeit der Wellen praktisch konstant ist,[3] hängt die Lauf*zeit* dieser Wellen nur von der Wegstrecke, d.h. von der Länge der Saug- und Abgasrohre ab und kann durch diese beeinflusst werden.

Beim Öffnen des Auslassschlitzes pflanzt sich der erste Auslassstoß in der Auspuffanlage als Druckwelle fort. Durch eine geeignete konstruktive Auslegung wird diese Druckwelle im Inneren der Auspuffanlage so reflektiert, dass sie zum Auslassschlitz zurückläuft und gegen Ende des Auslassvorgangs bei noch offenem Auslassschlitz dort ankommt. In den Auspuff gelangtes Frischgas (s.o.) wird von dieser Druckwelle größtenteils in den Zylinder zurückgespült. Dies minimiert die Frischgasverluste und erhöht die Zylinderfüllung bzw. die Leistung. Legt man den gesamten Ansaug- und Überströmvorgang bewusst auf einen übergroßen Volumenstrom aus, der bis in die Auspuffanlage einströmt, kann man mit Hilfe dieses Druckwelleneffekts eine Zylinderfüllung erreichen, die über dem nominellen Zylindervolumen liegt. Mit daraus resultieren die sehr großen Literleistungen moderner Zweitaktmotoren.

Einen übergroßen Frischgasvolumenstrom erreicht man allerdings nur bei hohen Drehzahlen, weil nur dann die kinetische Energie der strömenden Gase hoch genug ist. Hierbei wirken weitere Effekte mit. Bei richtiger Auslegung der Auspuffanlage liegt am Auslassschlitz zum Beginn des Auslassvorgangs ein möglichst niedriger Druck an., was zum schnellen Abströmen der Abgase beiträgt. Der energiereiche Abströmvorgang hat über die bereits geöffneten Überströmschlitze dann Rückwirkungen auf das Frischgas. Es wird eine Sogwirkung erzeugt, die das Überströmen unterstützt und letztlich gegen Ende des Überströmvorgangs zum Aufbau eines Unterdrucks im Kurbelgehäuse beim Schließen der Überströmkanäle führt. Dieser Effekt ist erwünscht, weil dadurch der anschließende Ansaugvorgang unterstützt und eine Füllungssteigerung im Kurbelgehäuse erreicht wird.

Gasdynamische Effekte wirken direkt auch auf der Einlassseite. Mit Freigabe des Einlassschlitzes wird die Verbindung zwischen Kurbelgehäuse und Einlasskanal hergestellt. Der Unterdruck im Kurbelgehäuse wirkt schlagartig auf das Saugsystem. Die ausgelöste Unter-

---

[3] Die Schallgeschwindigkeit ist eine charakteristische Größe und im jeweiligen Medium (Luft, Wasser, etc.) konstant. Sie ist allerdings abhängig von der herrschenden Temperatur. Durch die vergleichsweise geringen Temperaturunterschiede im Einlasssystem von Motoren kann die Schallgeschwindigkeit hier als konstant angenommen werden. In der Auspuffanlage herrschen allerdings größere Temperaturunterschiede, so dass sich die Schallgeschwindigkeit längs des Abgasweges in größerem Maße ändert.

druckwelle breitet sich im Saugrohr in Richtung Luftfilterkasten aus. Durch die Reflexion am offenen Ende des Saugrohres läuft die Welle als *Überdruck*welle zum Einlassschlitz zurück. Wenn jetzt der Einlassschlitz und damit seine Öffnungsdauer so bemessen wird, dass er auch bei abwärtsgehendem Kolben noch eine Zeitlang offen bleibt (lange Steuerzeit), kann diese Überdruckwelle zur Füllungssteigerung ausgenutzt werden. Dazu muss mittels der Saugrohrlänge die Laufzeit der Welle so gesteuert werden, dass der Überdruck gegen Ende des Einlassvorgangs, d.h. so lange wie der Einlassschlitz noch geöffnet ist, dort anliegt. Dann herrscht ein entsprechendes Druckgefälle zum Kurbelgehäuse und es kann weiterhin Frischgas einströmen, obwohl der Kolben beim Abwärtsgang schon beginnt, die Strömungsrichtung umzukehren.

Alle gasdynamischen Effekte haben nur in definierten, schmalen Drehzahlbereichen eine positive Wirkung auf den Ladungswechsel. Das rührt daher, dass die effektive zeitliche Öffnungsdauer der Steuerschlitze drehzahlabhängig, die Laufzeit der Wellen bei festen Rohrlängen aber konstant ist. Aufgrund der großen zeitlichen Überlappung der Gaswechselvorgänge und der doppelten Arbeits- bzw. Gaswechselfrequenz hat die Gasdynamik einen überragenden Stellenwert beim Zweitaktmotor. Es ist daher durchaus gerechtfertigt, wenn moderne Hochleistungszweitakter manchmal als Strömungsmaschinen und nicht mehr als intermittierend arbeitende, klassische Kolbenmaschinen aufgefasst werden.

Die Erkenntnis, dass aus dem symmetrischen Steuerdiagramm beim schlitzgesteuerten Zweitakter seine größten Nachteile resultieren, ist fast so alt wie der Zweitaktmotor selbst. In der Entwicklungsgeschichte wurde daher von Beginn an versucht, mit zusätzlichen Steuerorganen eine asymmetrische Steuerung und eine drehzahlabhängige Variation der Öffnungs- und Schließzeitpunkte darzustellen. Einige Entwicklungen auf diesem Sektor haben sich nach anfänglichen Fehlschlägen in der Serie bewährt. Auf diese Systeme soll nachfolgend eingegangen werden. Allerdings ist die Vielfalt auf diesem Sektor so groß, dass eine erschöpfende Behandlung in einem Grundlagenbuch nicht möglich ist. Die Darstellung muss daher auf die wichtigsten Grundprinzipien der Zweitakt-Steuerung und ausgewählte, typische Beispiele beschränkt bleiben.

3.3.2 Membransteuerung für den Einlass

Ein naheliegender Gedanke zur Steuerung des Gaswechsels sind selbsttätig schließende Membranventile im Einlasskanal, **Bild 3.23**.

Diese Ventile bestehen aus einem dachförmigen Grundkörper mit rechteckigen Durchbrüchen auf beiden Seiten. Diese Durchbrüche sind mit elastische Zungen, die im Ruhezustand auf dem Grundkörper aufliegen, verschlossen. Wenn sich ein Unterdruck im Kurbelgehäuse aufbaut, öffnen die Zungen selbsttätig und Frischgas kann widerstandsarm in das Kurbelgehäuse einströmen. Die Zungen wirken als Blattfeder, deren Elastizität so gewählt wird, dass schon geringe Druckdifferenzen zwischen Kurbelgehäuse und Saugrohr ausreichen, um sie offen zu halten. Sobald der Druck im Kurbelgehäuse auf das Niveau des Saugrohrdrucks ansteigt, schließen die Zungen selbsttätig und dichten auch bei Überdruck aus dem Kurbelgehäuse zuverlässig ab. Das ermöglicht lange Einlassöffnungsdauern und eine kompromisslose Ausnutzung der zuvor beschriebenen gasdynamischen Effekte bei hohen Drehzahlen ohne die typischen Nachteile im unteren Drehzahlbereich. Das sonst bei niedrigen Drehzahlen unvermeidliche Rückströmen von Frischgas aus dem Kurbelgehäuse in das Saugrohr wird jetzt durch die sich schließenden Membranen verhindert. Damit wird die Füllung auch bei niedrigen Drehzahlen verbessert und insgesamt eine fülligere Leistungscharakteristik des Motors erzielt mit einem breiten nutzbaren Drehzahlband.[4]

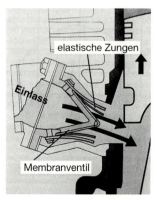
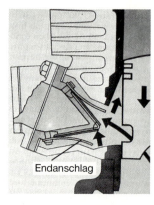

Bild 3.23
Membranventil für Zweitaktmotoren

Unverzichtbar sind Membranventile für moderne Hochleistungszweitakter mit Direkteinlass, bei denen der Einlasskanal unterhalb des Kolbens direkt ins Kurbelgehäuse geführt ist. Da der Kolben hier keine Steuerungsfunktion mehr hat, würde ohne Membranventile das Frischgas ungehindert in den Einlasskanal zurückströmen. Der Vorteil dieser Bauweise liegt in der geringeren Umlenkung des Gasstroms und in seiner geringeren Aufheizung.

Die ersten Versuche mit selbsttätigen Ventilen an Motoren reichen bis zum Beginn des Jahrhunderts zurück. In der 20er und 30er Jahren gab es Zweitakt-Motorradmotoren u.a. von DKW mit Membransteuerungen im Einlasskanal. Große Verbreitung fanden die Membraneinlässe bei Motorradzweitaktern dann seit etwa Mitte der 70er Jahre. Anfangs waren die Membranzungen noch aus Federstahl und es gab besonders bei hohen Drehzahlen Haltbarkeitsprobleme. Schwingungsresonanzen führten zum Abbrechen der Zungen und zu teuren Motorschäden. Erst die Entwicklung von Membranzungen aus faserverstärkten Kunstoffen und eine Wegbegrenzung der Zungen durch speziell geformte Endanschläge brachten dauerhafte Abhilfe. Heute sind Membranventile ein problemloses Standardbauteil von Zweitaktmotoren, das in Großserien vergleichsweise preiswert hergestellt wird.

Eine Besonderheit findet sich beim sogenannten *torque induction system* von YAMAHA. Hierbei wird die herkömmliche Kolbensteuerung mit einem Membraneinlass in besonderer Weise kombiniert. Der Einlassschlitz ist so angeordnet, dass ihn der Kolben solange verschließt, bis sich im Kurbelgehäuse ausreichender Unterdruck aufgebaut hat. Bei Freigabe des Schlitzes öffen sich dann die Lamellen schlagartig auf einen großen Querschnitt. Dadurch sinkt die Drosselung und der Unterdruckstoß regt eine gewünschte Gasschwingung im Ein-

---

[4] Membranventile lassen sich prinzipiell auch am Viertaktmotor verwenden. Bei langen Steuerzeiten verbessern sie dort ebenfalls die Füllung und das Drehmoment bei niedrigen Drehzahlen. Versuche führten zu einer mehr als 30-prozentigen Drehmomentverbesserung. Problematisch ist aber der große Bauraumbedarf der Ventile, die im Einlaßkanal von Viertaktmotoren kaum unterzubringen sind. Die Verwendung entsprechend kleiner Ventile scheitert an deren hohen Durchflußwiderstand. Die Drosselung wird dann so groß, daß der notwendige Gasdurchsatz für hohe Leistungen bei hohen Drehzahlen nicht mehr erreicht wird.

3.3 Ladungswechsel und Steuerung beim Zweitaktmotor

lasssystem an. Beim Abwärtsgang des Kolbens bilden ein Fenster im Kolben und eine Anschrägung im Einlasskanal einen zusätzlichen Überströmkanal und verbessern so die Zylinderfüllung.

Es gibt weitere konstruktive Varianten der Membransteuerung auf dem Markt. So ordnet SUZUKI eine Membranzunge in einem Nebenkanal, die direkt zum Kurbelgehäuse führt, an. Der Haupteinlass wird weiterhin vom Kolben gesteuert. Ziel dieser Anordnung ist eine Verbesserung des Drehmomentenverlaufs im unteren Drehzahlbereich, da sich die Membranöffnung drehzahl- und damit druckabhängig verändert. Auf Einzelheiten soll an dieser Stelle nicht näher eingegangen werden.

3.3.3 Schiebersteuerung für Ein- und Auslass

Eine weitere Möglichkeit zur gezielten Beeinflusssung und Steuerung des Gaswechsels sind Drehschieber im Einlass- bzw. Auslasskanal. Mit Drehschiebersteuerungen wurde schon sehr früh bei Rennzweitaktern experimentiert (u.a. SCOTT ab 1912). Grundsätzlich können Einlassdrehschieber als Rohr- oder als Plattenschieber ausgebildet werden, wobei Rohrdrehschieber mit axialer Durchströmung und radialer Ausströmung den Nachteil einer Strömungsumlenkung um 90° aufweisen und generell im Öffnungsquerschnitt begrenzt sind. Durchgesetzt haben sich für Hochleistungszweitakter axial durchströmte Plattendrehschieber, **Bild 3.24**.

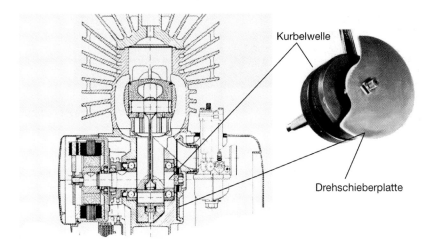

Bild 3.24 Plattendrehschieber zur Einlasssteuerung

Ihre großen Vorteile sind die verlustarme Durchströmung, der einfache Aufbau mit direktem Antrieb von der Kurbelwelle und die Darstellung nahezu beliebiger Steuerdiagramme.

Auch zur Steuerung des Auslasses werden Schieber verwendet. Die bekannteste Konstruktion ist das YAMAHA-Power-Valve-System (YPVS), **Bild 3.25**.

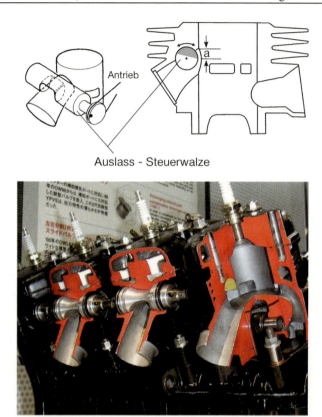

Bild 3.25 Auslasssteuerung mittel Walzendrehschieber (YAMAHA-Power-Valve-System)

Im Gegensatz zu den Einlasssystemen wird bei dieser Auslasssteuerung der Kanal nicht vollständig vom Schiebersystem geöffnet und verschlossen, sondern es wird lediglich die wirksame Auspuffschlitzhöhe durch die rotierende Walze variiert. Das Öffnen und Schließen übernimmt nach wie vor der Kolben. Dadurch wird nicht nur der Schieber thermisch entlastet, es entfällt auch die konstruktiv aufwendige und im Dauerbetrieb sehr anfällige Abdichtung des thermisch stark beanspruchten Schiebers. Der Antrieb der Steuerwalze erfolgt entweder mechanisch oder mittels eines Elektromotors. Letzteres hat den immensen Vorteil einer völlig frei wählbaren Steuercharakteristik.

Vom österreichischen Motorhersteller ROTAX stammt die Entwicklung eines druckgesteuerten Auslassschiebers. Das System zeichnet sich durch seine Einfachheit aus. Ein Flachschieber ist mit einer Feder und einem Membransystem verbunden, das vom Druck im Auslasskanal beaufschlagt wird. Bei niedrigem Gasdurchsatz und ensprechend niedrigem Druck wird der Flachschieber von der Feder von oben in den Auslasskanal geschoben. wodurch sich die Steuerzeit verkürzt. Bei Erhöhung von Last und Drehzahl steigt mit dem Gasdurchsatz der Druck im Auspuffsystem und zieht den Schieber mittels der Membrane aus dem Kanal zurück, wodurch sich die Steuerzeit zunehmend verlängert. Es wird ein Füllungsgewinn zwischen 20 und 40 % durch das System angegeben.

3.3.4 Externes Spülgebläse

Neben den zuvor beschriebenen Steuerorganen lässt sich der Ladungswechsel auch steuern, indem man zur Spülung ein externes Pumpenaggregat bzw. einen Lader verwendet. Bis in die 50er Jahre bauten einige Firmen Zweizylindermotoren (überwiegend), bei denen ein Zylinder „zweckentfremdet" und als Kolbenpumpe zur Frischgasspülung des eigentlichen Arbeitszylinders eingesetzt wurde (Ladepumpenmotoren). Nachteilig an diesen Konstruktionen war neben der vielfachen Umlenkung des Frischgasstromes vor allem das Gewicht für einen Zweizylindermotor und der konstruktive Aufwand, denn letztlich leistete ja nur ein Zylinder Arbeit. Diese Konstruktionen konnten sich auch nicht durchsetzen und sind seit den 60er Jahren vollständig vom Markt verschwunden. Effizienter ist der Einsatz eines externen Laders („Spülgebläse"). Für Zweitakt-Motorradmotoren wird diese, grundsätzlich sinnvolle Konstruktion, jedoch auch in Zukunft wohl nicht eingesetzt werden, weil die Kosten zu hoch sind und das Motorpackage recht ungünstig ist.[5]

Es soll dieser Stelle eine Konstruktion aus der Historie vorgestellt und näher erläutert werden, der modifizierte DKW Gegenkolbenmotor aus der GS250 (1947). Dieser Motor ist in seiner Ausführung so interessant, dass hier ausnahmsweise von der Grundorientierung dieses Buches, sich nur mit zeitgemäßen Serienkonstruktionen zu beschäftigen, abgewichen wird.

Das **Bild 3.26** zeigt einen Schnitt und **Bild 3.27** Innensichten des Motors im teilzerlegten Zustand.[6]

Gemäß seiner Auslegung als Gegenkolbenmotor besitzt der Motor zwei Zylindereinheiten (Zweizylindermotor) in denen insgesamt 4 Kolben laufen, die paarweise gegeneinander arbeiten. Die Verbrennungskammer wird im Bereich des oberen Totpunktes vom Kolbenpaar jedes Zylinders jeweils in der Mitte des Zylinderrohres gebildet. Zur Kühlung ist das Zylinderrohr in diesem Bereich stark verrippt. Der Motor benötigt zwei Kurbelwellen, die über Zahnräder gekoppelt sind. Der konstruktionsbedingt große Achsabstand der Kurbelwellen wird von einem zwischengeschalteten Zahnradpaar überbrückt.

Der Motor wird wie jeder Einfach-Zweitakter ausschließlich von seinen Kolben und den Schlitzen am Zylinderumfang gesteuert. Die Besonderheit liegt im Spülverfahren, denn es kommt die Gleichstromspülung zur Anwendung. Das Frischgas strömt durch die Steuerschlitze an einem Ende des Zylinderrohres ein, und nach der Verbrennung und Expansion verlässt es den Zylinder durch die Steuerschlitze am gegenüberliegenden Ende. Mit diesem Spülverfahren wird eine nahezu perfekte Ausspülung der Abgase und die geringste Durchmischung zwischen Frisch- und Abgas erreicht, weil das Frischgas ohne Richtungsumkehr in den Zylinder einströmt und als quasi stabile Gassäule das verbrannte Abgas vor sich her zum Auslass schiebt.

---

[5] Zweitaktmotoren für Automobile, die vor einigen Jahren von verschiedenen Firmen als möglicherweise erfolgversprechende Zukunftsentwicklungen vorgestellt wurden, sind ausnahmslos mit externen Spülgebläsen ausgerüstet. Für Zweitakt-Dieselmotoren (Schiffsantriebe), die mit höchstem Wirkungsgrad arbeiten (>50%), ist der Einsatz von Spülgebläsen ein etablierter Standard.

[6] Diese Gegenkolbenmotoren wurde Anfang der 40er Jahren bei DKW entworfen und nach Kriegsende in einigen Exemplaren auch gebaut. Es entstanden daraus Rennmotorräder, die DKW GS250/350. In den 50er Jahren wurde der Motor modifiziert, und zusammen mit Fahrgestellteilen einer DKW SS-350 entstand ein Rennmotorrad mit der Bezeichnung DKW KS1. Der abgebildete Motor stammt aus einer solchen Rennmaschine, die sich heute im Besitz von Hermann Herz befindet. Im Rahmen von Studien- und Diplomarbeiten an der TH Darmstadt wurde am Lehrstuhl für Fahrzeugtechnik unter der Leitung von Prof. Dr.-Ing. B. Breuer dieser Motor völlig neu wieder aufgebaut. Die Restaurierungsarbeiten umfaßten neben der Neuanfertigung des Motorblocks, der Zylinder, Kolben und Kurbelwellen auch die Erneuerung des mechanischen Laders. Eine ausführliche Beschreibung des Motors und der Restaurationsarbeiten findet sich in [3.17]. Federführend bei diesen Arbeiten war Herr Dr.-Ing. J. Präckel, der dem Verfasser auch das Bildmaterial überlassen hat. Dafür sei ihm an dieser Stelle ganz herzlich gedankt.

60   3 Arbeitsweise, Bauformen und konstruktive Ausführung von Motorradmotoren

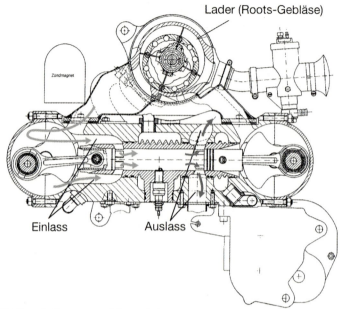

Bild 3.26 DKW Gegenkolbenmotor – Motorschnitt

Bild 3.27 DKW Gegenkolbenmotor – Motorinnenansichten

3.3 Ladungswechsel und Steuerung beim Zweitaktmotor

Einlass und Auslass beider Zylinder liegen sich jeweils diagonal gegenüber. Jede Kurbelwelle trägt einen Kolben zur Frischgas- und einen Kolben zur Abgassteuerung. Das Frischgas durchstömt vor Eintritt in die Einlasskanäle die beiden Kurbelkammern und schmiert dabei die Kurbelwellen- und Pleuellager, sowie die Kolben (Mischungsschmierung). Auch wird eine gewisse Kühlwirkung im Motor durch das Frischgas erzielt. Der Spüldruck wird allein vom mechanischen Spülgebläse aufgebracht, in den Kurbelkammern wird keine Kompressionsarbeit geleistet. Erreicht wird dies durch eine Verbindung zwischen den beiden Kurbelkammern jeder Kurbelwelle, so dass ein Volumenausgleich zwischen dem aufwärts- und abwärtsgehenden Kolben stattfindet.

Die prinzipielle Möglichkeit, eine weitgehend beliebige Asymmetrie der Steuerzeiten zueinander darzustellen, ist einer der Hauptvorteile des Gegenkolbenprinzips. Beim dargestellten Motor sind die Hubzapfen an den Kurbelwellen nicht, wie bei Zweizylindermotoren üblich, um genau 180° versetzt, sondern für die auslassseitigen Kolben jeweils um 15°KW verdreht, so dass der Auslass dem Einlass entsprechend voreilt. Damit kann der Auslass 15°KW *vor* dem Einlass *schließen*, obwohl er, wie bei allen Zweitaktern notwendig, vor dem Einlass geöffnet wird. Damit wird das sonst unvermeidliche Überströmen von Frischgas in den Auslasskanal weitestgehend verhindert, wodurch die Leistungsausbeute steigt und der Verbrauch absinkt.

3.3.5 Kombinierte Steuerungen und Direkteinspritzung

Es liegt auf der Hand, dass die größten Vorteile hinsichtlich Leistungsentfaltung und Verbrauch mit einer Kombination von Auslass- und Einlasssteuerungssystemen erzielt werden könnten. Zusammen mit einem externen Spülgebläse wären theoretisch alle Möglichkeiten zur gezielten Beeinflussung der Gaswechselvorgänge gegeben, allerdings bei erheblichem Bauaufwand und Zusatzgewicht. Die einstige Grundidee des Zweitakters, einen leistungsfähigen und dennoch einfachen und preiswerten Motor zu verwirklichen, hätte man damit verlassen.

Um künftige Abgasgesetze zu erfüllen, werden Steuerungssysteme für Ein- und Auslass allein auch nicht ausreichen. Denn vollständig lassen sich die Frischgasverluste und damit die Emission von Kohlenwasserstoffen selbst mit aufwendigen Steuerungssystemen nicht eliminieren. Eine Lösung dieses Problems lässt sich zufriedenstellend nur erreichen, wenn man die herkömmliche äußere Gemischbildung mittels Vergaser durch eine Kraftstoffeinspritzung direkt in die Zylinder ersetzt und den Motor mit reiner Luft spült. Die italienische Firma BIMOTA hat 1996 im Modell *BIMOTA 500 Vdue* einen völlig neu entwickelten Zweitaktmotor vorgestellt, der erstmals in der Geschichte des Motorrad-Motorenbaus mit einer solchen direkten Benzineinspritzung arbeitet. Die Schnittdarstellung, **Bild 3.28**, lässt die wesentlichen Konstruktionsmerkmale erkennen.

Der Zweizylinder-V-Motor mit einem Zylinderwinkel von 90° hat zwei Kurbelwellen, wodurch die für die Kurbelkastenspülung notwendige Trennung des Kurbelraums erreicht wird. Durch die (im Bild nicht sichtbare) Koppelung beider Wellen über Zahnräder wird Gegenläufigkeit erreicht, dies ermöglicht einen Massenausgleich I. Ordnung. Die Einlasssteuerung erfolgt über Membranventile, im Auslass sind Steuerzungen zur Querschnittsveränderung angeordnet, die mechanisch über Seilzug und Hebel betätigt werden. Für die Kraftstoffeinspritzung werden pro Zylinder jeweils 2 Einspritzdüsen verwendet, die den Kraftstoff erst nach dem Schließen der Auslassschlitze etwa in Höhe der Überströmkanäle direkt in die Zylinder einspritzen. Der genaue Einspritzzeitpunkt und Menge des eingespritzten Kraftstoffs werden in Abhängigkeit von Drosselklappenstellung und Motordrehzahl von einer elektronischen Steuereinheit vorgegeben. Es wird reiner Kraftstoff eingespritzt, die Schmierung des Motors erfolgt getrennt über eine separate Ölversorgung direkt zu den Lagerstellen. **Bild 3.29** zeigt eine Motoransicht, aus der auch die Lage der Einspritzdüsen erkennbar wird.

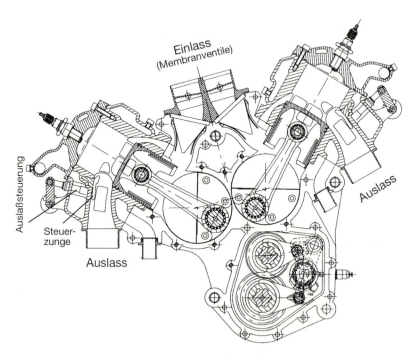

Bild 3.28 Zweitaktmotor der BIMOTA 500 Vdue im Schnitt

Durch die Direkteinspritzung ist dem einströmenden Frischgas kein Kraftstoff mehr beigemischt, die Zylinderspülung erfolgt also mit reiner Luft. Gasverluste während der Spülphase (Überschneidung) führen somit nicht mehr zu der zweitakttypischen Anreicherung von Kohlenwasserstoffen im Abgas. Grundsätzlich nachteilig bei der Direkteinspritzung ist allerdings die stark verkürzte Zeitspanne, die für die Kraftstoffverdampfung und Gemischbildung nur noch zur Verfügung steht (die gesamte Zeit vom Ansaugen bis zur Durchströmung des Kurbelgehäuses fällt für die Gemischbildung ja weg). Der Kraftstoff muss daher mit vergleichsweise hohem Druck eingespritzt werden, damit er fein zerstäubt und ein homogenes, zündfähiges Kraftstoff-Luftgemisch erzielt wird. Allererste Fahrtests, die von Fachzeitschriften mit Vorserienfahrzeugen durchgeführt wurden, lassen erkennen, dass der Motor hinsichtlich der Feinabstimmung sensibel reagiert.

Bezüglich der Leistungsdaten erfüllte der Motor bei Erscheinen zwar die Erwartungen und mit 144 kW/l (=200 PS/l) in der Ausführung für Deutschland liegt seine spezifische Leistung sehr hoch. Mittlerweile liegen aber die besten Viertakter der 600er-Klasse auf gleichem spezifischen Niveau und erfüllen dabei sicher die EU-2-Abgasnorm. Beeindruckend ist allerdings immer noch der Vorteil im maximalen Drehmoment (Werksangabe), das hubraumbezogen höher ausfällt, als das der besten Viertaktmotoren. Man erkennt aber, dass der theoretischen

3.4 Zündung und Verbrennung im Motor   63

Leistungsvorteil (rein rechnerisch doppelte Leistung wie hubraumgleiche Viertakter, vgl. Kap. 3.1) unter Serienbedingungen auch bei modernster Konstruktion nicht gegeben ist.

Bild 3.29 Ansicht des BIMOTA 500 Vdue Zweitaktmotors

3.4 Zündung und Verbrennung im Motor

Der die Arbeit bzw. Leistung liefernde Verbrennungsvorgang wurde in den bisherigen Betrachtungen ausgeklammert und soll nun behandelt werden. Grundsätzlich ist die Verbrennung im Motor, wie jede andere Verbrennung auch, eine Oxidation, d.h. eine chemische Reaktion des Kraftstoffs mit dem Sauerstoff der Luft. Die wesentlichen Bestandteile des Kraftstoffs – Wasserstoff und Kohlenstoff – werden dabei durch Bindung an Sauerstoff zu Kohlendioxid (CO_2) und Wasser (H_2O) umgewandelt. Bei diesem Vorgang wird Energie in Form von Wärme und Druck frei, die im Motor über Kolben und Kurbelwelle in mechanische Arbeit umgewandelt wird.

Der genaue Ablauf der motorischen Verbrennung ist jedoch ein höchst komplexer Vorgang, der chemisch betrachtet über ein Vielzahl von Zwischenreaktionen abläuft. Zugunsten eines leichteren Gesamtverständnisses werden die im Detail komplizierten Vorgänge vereinfacht dargestellt und nur die elementaren Zusammenhänge erläutert. Für ein tiefergehendes Studium sei auf die entsprechende Literatur über Verbrennungsmotoren verwiesen (z.B. Bücher aus der Reihe *Die Verbrennungskraftmaschine*, herausgegeben von H. List, Springer Verlag, oder auch [3.1]).

3.4.1 Reaktionsmechanismen und grundsätzlicher Verbrennungsablauf

Die gesamte Verbrennung im Ottomotor läuft für einen Beobachter sehr schnell ab. Sie dauert z.B. bei 6000 U/min weniger als $^2/_{1000}$ Sekunden, dennoch lassen sich zwei unterschiedliche Phasen unterscheiden.

Die erste Phase wird als *Entflammungsphase* bezeichnet. Sie leitet die eigentliche Verbrennung ein und beginnt mit der Auslösung der Zündung (Zündzeitpunkt) und dem Funkenüberschlag an der Zündkerze. Dieser ist auch der Startzeitpunkt für alle chemischen Reaktionen, die zunächst nur im Lichtbogen des Zündfunkens und in seiner unmittelbaren Umgebung ablaufen.[7] Ein nennenswerter Energieumsatz im Brennraum findet aufgrund des kleinen Reaktionsvolumens nicht statt.

Die anschließende *Umsetzungsphase* wird durch den ersten messbaren Anstieg des Verbrennungsdruckes angezeigt, dieser markiert den eigentlichen Brennbeginn. Während dieser Phase erfolgt die Verbrennung, die durch eine schnelle Flammenausbreitung im Brennraum gekennzeichnet ist. Die im Kraftstoff enthaltene Energie wird nahezu schlagartig umgesetzt und es entstehen Drücke bis zu 80 bar und Temperaturen im Gasgemisch von über 2000 °C. Die gesamte Umsetzung erfolgt im Bereich der obersten Kolbenstellung. Während der anschließenden Expansionsphase wird die mechanische Arbeit geleistet.

Auf die Reaktionsmechanismen während der Entflammungs- und Umsetzungsphase soll nun noch etwas ausführlicher eingegangen werden.

Zur Einleitung der motorischen Verbrennung müssen, wie allgemein bei chemischen Reaktionen, die beteiligten Moleküle (Luft und Kraftstoff) durch Energiezufuhr in einen reaktionsbereiten Zustand versetzt werden. Diese Anfangs- oder Aktivierungsenergie wird im Motor zunächst als Druck und Wärme bei der Kompression zugeführt. Für die Entflammung des Kraftstoff-Luft-Gemisches im Motor reicht das allein aber nicht aus. Benzin für Ottomotoren ist aufgrund seiner chemischen Zusammensetzung – trotz der leichten Entflammbarkeit seiner Dämpfe an der Luft – ein relativ reaktionsträger Brennstoff. Es bedarf hier einer hohen Energiedichte, um die Kraftstoff- und Luftmoleküle so zu aktivieren, dass eine Verbrennung eingeleitet wird.

Diese hohe Energiedichte wird beim Ottomotor beim Funkenüberschlag an der Zündkerze bereitgestellt. In dem kurzzeitig zwischen den Kerzenelektroden brennenden Lichtbogen (Temperatur rund 5000 °C) werden chemische Bindungen[8] der Gasmoleküle aufgespalten und es entstehen unter Beteiligung des Luftsauerstoffs z.T. instabile Zwischenprodukte (Peroxyde), die in weiteren Reaktionsschritten sofort wieder zerfallen. Beim diesem Zerfall und der Aufspaltung von Molekülen werden extrem reaktionsfreudige Molekülbruchstücke gebildet, so genannte *Radikale*, **Bild 3.30**.

Deren Molekülzustand ist instabil, sie haben daher das starke Bestreben, durch Reaktionen mit anderen Molekülen selbst wieder einen stabilen Zustand einzunehmen. Sie sind so reaktiv, dass sie sogar Bindungen intakter Moleküle aufspalten. Dadurch entstehen aus Molekülen

---

[7] Es wurde nachgewiesen, dass erste chemische Reaktionen im Kraftstoff-Luft-Gemisch auch schon während der Verdichtung, also vor dem Funkenüberschlag, stattfinden. Bei Ottomotoren mit ihrem relativ niedrigen Verdichtungsverhältnis ist das Ausmaß dieser Vorreaktionen jedoch klein und von eher untergeordneter Bedeutung.

[8] Die innermolekulare Bindung zwischen den Atomen wird normalerweise aus zwei Elektronen gebildet, die sich paarweise „zusammenlagern" (Elektronenpaarbindung). Bei der Spaltung dieser Bindung entstehen Molekülbruchstücke mit freien, ungebundenen Elektronen, die als *Radikale* bezeichnet werden.

3.4 Zündung und Verbrennung im Motor

fortlaufend neue Radikale und über eine Vielzahl von Zwischenreaktionen kommt die Verbrennung in Gang.

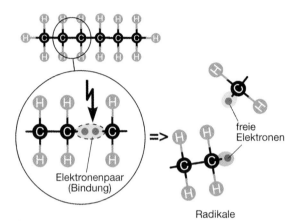

Bild 3.30 Bildung von Radikalen im Lichtbogen

Diese Reaktionen beschränken sich anfangs weitgehend auf die unmittelbare Zündkerzenumgebung. Die Vorreaktionen und das Flammenvolumen müssen zunächst eine gewisse Größenordnung erreicht haben, damit ein stabiler weiterer Verbrennungsablauf sichergestellt ist. So erstreckt sich die *Entflammungsphase* je nach Betriebspunkt über mehr als 30° Kurbelwinkel. Dabei ist der Energieumsatz mit ca. 2 % so gering, dass noch keine merkliche Druckerhöhung im Brennraum registriert werden kann. Erst danach beginnt die eigentliche Energieumsetzung (Umsetzungsphase).

Die *Umsetzungsphase* beginnt damit, dass durch die Wärmeentwicklung im Lichtbogen und die ersten Verbrennungsreaktionen die Gaswolke an der Zündkerze expandiert. Die weitere Reaktionsausbreitung erfolgt nach allen Richtungen und erfasst zunächst Gemischbereiche in unmittelbarer Umgebung. Die Reaktionswärme nimmt stetig zu, was die Bildung reaktiver Teilchen fördert. Es bildet sich eine heiße, bläulich gefärbte Flamme aus, in deren Umfeld die Reaktionsprozesse durch Wärmeleitung und Wärmestrahlung weiter beschleunigt werden. Die Anzahl reaktiver Teilchen wächst exponentiell (Kettenreaktion) und die Verbrennung greift so auf die nächstliegende Reaktionszone über. Ausgehend vom Flammenkern bildet sich eine schalenförmige Flammenfront aus.

Unterstützt durch Turbolenzen, die aktive Teilchen ins Unverbrannte transportieren und zugleich unverbranntes Gemisch an die Flammenfront heranführen dehnt sich die Reaktionszone kontinuierlich aus. In einem sich durch Temperatur- und Druckerhöhung selbst beschleunigenden Prozess erfasst die Flammenfront somit weitere Gemischbereiche und schreitet als geordnete Verbrennung in kürzester Zeit durch den Brennraum. Diese Flammenausbreitung ist schematisch im **Bild 3.31** dargestellt.

Das gesamte Durchbrennen der Zylinderladung (ohne Entflammungsphase) dauert bei 6000 U/min nur rund 0,5 Millisekunden (!) und ist ca. 20° - 30° KW nach dem oberen Totpunkt abgeschlossen. In dieser Zeit wird rund 97 % der im Kraftstoff enthaltenen Energie in Wärme und Druck umgesetzt. Dieser rasche Energieumsatz spiegelt sich beim beispielhaft dargestellten Zylinderdruckverlauf am steilen Anstieg des Drucks mit Beginn der Umsetzungsphase wider.⁹ Die Brenngeschwindigkeit erreicht bei leichter Gemischanfettung ($\lambda \approx 0{,}9$) ein Maximum und verringert sich mit zunehmender Abmagerung bis schließlich Entflammungsaussetzer auftreten und die Zylinderladung nicht mehr vollständig durchbrennt. Im Motorbetrieb wird dies durch ein ausgeprägtes Ruckeln im Motorlauf spürbar.

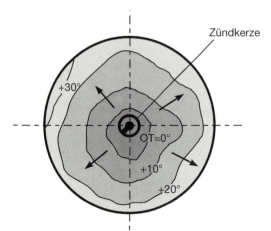

Bild 3.31
Schematisch dargestellter Flammenfortschritt

Der Umsetzungsphase schließt sich noch eine so genannte Nachbrennphase an, in der kleine unverbrannte Gemischreste endgültig verbrennen. Diese Nachverbrennung erfolgt schleppend, weil diese Frischgasreste bereits stark mit Abgas durchmischt sind. Der Energieumsatz der Nachbrennphase (ca. 1 %) ist bedeutungslos.

3.4.2 Beeinflussung der Verbrennung durch den Zündzeitpunkt

Um eine maximale Effizienz der Energiewandlung im Motor zu erreichen, muss die Verbrennung in der Umsetzungsphase möglichst schnell ablaufen; nur so wird ein hohes Druckniveau erreicht. Das Druck*maximum* muss für einen optimalen Wirkungsgrad *kurz nach dem OT liegen*, was auch der Anschauung entspricht, denn nur so kann der volle Brennraumdruck ab Beginn der Expansion voll auf den Kolben wirken, **Bild 3.32**.

Bei zu frühem Druckmaximum (also vor dem OT) würde der aufwärts gehende Kolben vom Zylinderdruck abgebremst, bei zu spätem Maximum würde bereits während der Verbrennung wieder expandiert (ab dem OT) und damit sowohl der Spitzendruck kleiner als auch der nutzbare Expansionsweg geringer. Beides verschlechtert den Wirkungsgrad.

Maximaler Verbrennungsdruck und Kolbenstellung müssen also richtig koordiniert werden. Da der Verbrennungsablauf weitgehend durch die chemischen Reaktionsmechanismen vorbestimmt ist, kann nur die Verbrennung als Ganzes an die Kolbenbewegung angepasst werden und zwar über den Zeitpunkt der Zündung. Dieser legt den Startzeitpunkt für alle chemischen

---

⁹ Der Energieumsatz erfolgt für einen Beobachter praktisch schlagartig, aber trotz der hohen Verbrennungsgeschwindigkeit ist die Verbrennung im Motor keine Explosion im strengen Sinne. Der Energieumsatz bei der Explosion von Sprengstoffen erfolgt u.a. aufgrund des im Sprengstoff gebundenen Sauerstoffs nochmals deutlich schneller, ein geordneter Flammenfortschritt wie im Motor kann dort nicht beobachtet werden.

3.4 Zündung und Verbrennung im Motor

Reaktionen fest und bei Kenntnis aller übrigen Einflussfaktoren kann sehr einfach über die Wahl des Zündzeitpunktes die Verbrennung für jeden Motorbetriebspunkt in die gewünschte Übereinstimmung mit der Kolbenbewegung gebracht werden.

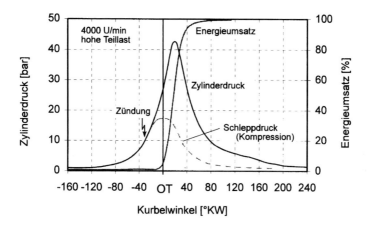

Bild 3.32 Druckverlauf während der Verbrennung

Grundsätzlich ist eine Anpassung des Zündzeitpunktes bei Last- *und* Drehzahländerung notwendig. Eine *lastabhängige* Zündzeitpunktverstellung muss wegen der Beeinflussung der *zeitlichen Dauer der Entflammungsphase* vorgenommen werden. Je höher die Last, d.h. je weiter die Drosselklappe geöffnet ist, umso *kürzer* wird die Entflammungsphase. Denn mit steigender Last wird mehr Gemisch angesaugt, und somit wird die Gemischdichte im Bereich der Zündkerze größer. Größere Gemischdichte ist gleichbedeutend mit höherer Molekülzahl, wodurch sich beim Funkenüberschlag mehr reaktive Teilchen bilden und zudem die Häufigkeit von Molekülzusammenstößen zunimmt. Dadurch werden die Reaktionen begünstigt, der erste Flammenkern wird größer, und die Entflammung in der ersten Phase wird insgesamt beschleunigt. Auch die Umsetzungsphase verläuft tendenziell schneller, doch ist hier die Verkürzung weniger ausgeprägt.

Als Folge muss der Zündzeitpunkt bei Lasterhöhung nach „spät", d.h. näher in Richtung auf den oberen Totpunkt gelegt werden. Andernfalls würde durch die zeitlich deutlich verkürzte Entflammungsphase das Druckmaximum aus der Verbrennung unerwünscht früh auftreten, d.h. im oder sogar vor dem oberen Totpunkt. **Bild 3.33** zeigt Druckverläufe für zwei unterschiedliche Lastzustände.

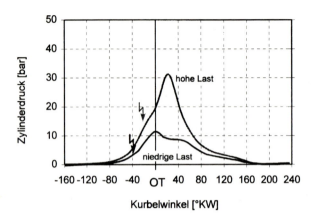

Bild 3.33 Druckverläufe bei niedriger und hoher Last

Weil eine *Drehzahländerung* die chemischen Reaktionsmechanismen und damit die zeitliche Dauer der Entflammungsphase kaum beeinflusst, die Kolbengeschwindigkeit aber direkt von der Drehzahl abhängt, muss der Zündzeitpunkt zwangsläufig auch bei Drehzahländerungen verstellt werden. Im **Bild 3.34** wird dieser Zusammenhang verdeutlicht.

Ausgangspunkt sei eine Drehzahl von 3000 U/min und eine optimalen Zuordnung des Verbrennungsdrucks zur Kolben- bzw. Kurbelwellenstellung. Der gesamte Verbrennungsablauf ab dem Funkenüberschlag erstreckt sich über knapp 60° Kurbelwinkel und dauert bei dieser Drehzahl rund 3 ms. Davon beansprucht die Entflammungsphase rund 1,2 ms. Wird die Drehzahl auf den doppelten Wert gesteigert (6000 U/min), verdoppelt sich die Kolbengeschwindigkeit und der Kolben legt die 60° Kurbelwinkel (seinen Weg) in der *halben* Zeit, also in ca. 1,5 ms zurück. Bei konstanter *Zeit*dauer der Entflammungsphase (also 1,2 ms) läge, wenn die Zündung nicht verstellt würde, der maximale Verbrennungsdruck *bezogen auf die Kolbenstellung* zu spät, d.h. zu weit nach dem oberen Totpunkt (gestrichelter Druckverlauf). Zwar verkürzt sich bei genauerer Betrachtung auch die Umsetzungsphase mit steigender Drehzahl, – die intensivere Turbolenz der Zylinderladung beschleunigt den Verbrennungsvorgang –, dies wirkt sich jedoch wegen der vergleichsweise kurzen Umsetzungsphase nur wenig aus.

Daraus folgt, dass mit steigender Motor*drehzahl* der Zündzeitpunkt nach *früh* (weiter *vor* den oberen Totpunkt) verlegt werden muss. Dadurch steht wegen des jetzt größeren Weges (in °Kurbelwinkel), den der Kolben nach der Zündungsauslösung durchlaufen kann, die notwendige Zeit (in ms) für die Entflammungsphase zur Verfügung. Somit gelingt es, das Maximum des Verbrennungsdrucks wie gewünscht kurz hinter den oberen Totpunkt zu legen.

Zusammenfassend halten wir fest:

– Mit *steigender Drehzahl* muss der Zündzeitpunkt nach *früh* verlegt werden.
– Mit *steigender Last* muss der Zündzeitpunkt nach *spät* verlegt werden.

Bei jedem Betriebspunktwechsel muss daher ein neuer Zündzeitpunkt für den Motor eingestellt werden. Trägt man den jeweils optimalen Wert in Abhängigkeit von Last und Drehzahl auf, ergibt sich ein Kennfeld für den Zündzeitpunkt, wie es beispielhaft im **Bild 3.35** dargestellt ist.

3.4 Zündung und Verbrennung im Motor

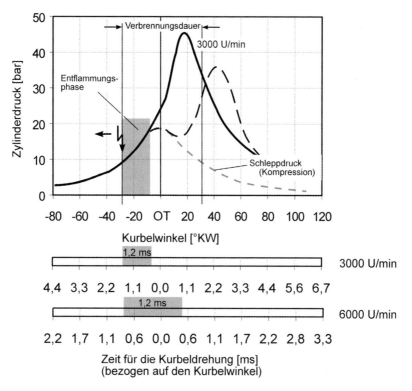

Bild 3.34 Änderung der Drucklage bei Drehzahländerung ohne Zündverstellung

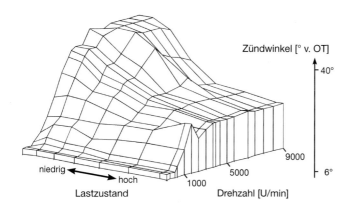

Bild 3.35 Kennfeld für den Zündzeitpunkt

Ein solches Kennfeld wird im Versuch auf dem Motorenprüfstand ermittelt, indem bei jedem Betriebspunkt des Motors der Zündzeitpunkt schrittweise verändert wird. Der optimale Zündzeitpunkt ist dann erreicht, wenn der Motor im jeweiligen Betriebspunkt seinen besten Drehmomentwert abgibt. Es genügt bei diesen Messungen im Allgemeinen eine Schrittweite von 500 U/min bei der Drehzahl und 10 Nm bei der Last. Immerhin ergeben sich somit für einen großvolumigen Hochleistungsmotor rund 200 Messpunkte. Bei Bedarf wird in einigen kritischen Betriebsbereichen die Rasterung der Stützpunkte enger gewählt. Rechnet man nur 5 Zündzeitpunktvariationen pro Messpunkt, ergeben sich bereits rund 1000 Einzelmessungen und ein Zeitbedarf von über 40 Stunden. Dieser Aufwand vervielfacht sich dann noch durch das Testen unterschiedlicher Motorvarianten und weiterer Absicherungsversuche.

Aus Vereinfachungs- und Kostengründen wurde beim Motorrad lange Zeit auf die Lastanpassung des Zündzeitpunktes verzichtet und man begnügte sich mit einer drehzahlabhängigen Verstellung. Hierbei sind die Werte für den Zündzeitpunkt als Funktion der Drehzahl in Form einer Kennlinie gespeichert, **Bild 3.36**. Da entsprechend dem Fahrwiderstand hohe Drehzahlen vorwiegend mit hohen Lasten und niedrige Drehzahlen eher mit niedrigen Lasten verknüpft sind, ist der Motor für den durchschnittlichen Fahrbetrieb brauchbar abgestimmt. Die Verschlechterung des Motorwirkungsgrades, d.h. die Erhöhung des Kraftstoffverbrauchs in den übrigen Kennfeldbereichen, nimmt man zugunsten der einfacheren und billigeren Zündanlage in Kauf.

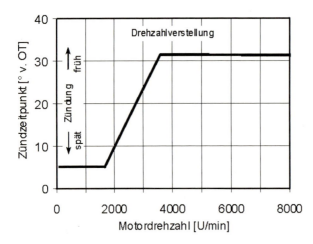

Bild 3.36
Zündkennlinie mit drehzahlabhängiger Verstellung des Zündzeitpunktes

Eine Verbesserung stellen Zündanlagen dar, bei denen auf eine zweite (ggf. auch eine dritte) Kennlinie umgeschaltet wird, sobald eine vorstimmte Lastschwelle über- bzw. unterschritten wird. Die Lasterkennung erfolgt dabei über die Drosselklappenstellung oder den Unterdruck. Ein Beispiel für eine kombinierte Last- und Drehzahlverstellung zeigt das **Bild 3.37**.

Mit zunehmend schärfer werdenden Anforderungen bezüglich der Schadstoffemission und steigendem Kundeninteresse an niedrigeren Kraftstoffverbräuchen wird bei Motorrädern eine Kennfeldzündung mit Last- und Drehzahlverstellung unumgänglich.

Abschließend soll noch darauf hingewiesen werden, dass im realen Motorbetrieb die Verbrennung keineswegs so ideal und gleichmäßig verläuft, wie vorstehend beschrieben. Es treten vielmehr zyklische Schwankungen im Verbrennungsablauf auf, das heißt von Verbrennung zu

3.4 Zündung und Verbrennung im Motor

Verbrennung gibt es z.T. erhebliche Unterschiede im Maximaldruck und in der Drucklage. Beispielhaft ist dies im **Bild 3.38a** dargestellt. Die Ursachen für die Zyklenschwankungen liegen in der Entflammungsphase, weil der Gaszustand (u.a. Menge, Homogenität des Gemisches) und die Ausbildung des Lichtbogens in dem kurzen Moment des Funkenüberschlags Zufälligkeiten unterworfen ist [3.15].

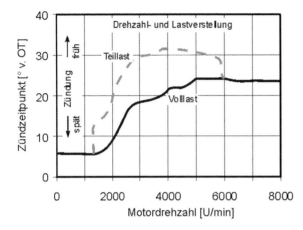

Bild 3.37
Kennlinien mit Last- und Drehzahlverstellung für den Zündzeitpunkt

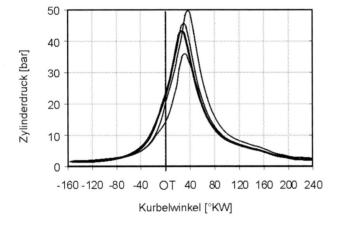

Bild 3.38a
Änderung des Druckverlaufs infolge zyklischer Schwankungen der Verbrennung

Bei Zweizylindermotoren mit großen Einzelhubräumen können die Zyklenschwankungen bei Konstantfahrt mit niedriger Last und Drehzahl als leichte Laufunruhe spürbar werden und den Fahrkomfort mindern („Konstantfahrruckeln"). Bereits durch minimale Änderungen der Betriebsbedingungen, also etwas mehr Last und Drehzahl, verschwindet diese Erscheinung. Aber Zyklenschwankungen können sich auch ungünstig auf die Schadstoffemission auswirken. Eine Doppelzündung mit zwei Zündkerzen erhöht die Entflammungssicherheit in diesen Betriebszuständen und trägt dazu bei, die Zyklenschwankungen zu minimieren, **Bild 3.38b**.

Bild 3.38b Doppelzündung beim Vierventilboxer von BMW

Bei Einzylindermotoren werden Zyklenschwankungen von der normalen Drehungleichförmigkeit überdeckt, bei Mehrzylindermotoren treten sie aufgrund des kleineren Zündabstandes normalerweise nicht störend in Erscheinung.

3.4.3 Irreguläre Verbrennungsabläufe

Unter bestimmten Betriebsbedingungen treten im Motorbetrieb Abweichungen vom geordneten Verbrennungsablauf auf. Bei diesen irregulären Verbrennungen kommt es zu erheblichen Druck- und Temperaturüberhöhungen, die zu schweren Schädigungen von Bauteilen bis hin zum Motortotalschaden führen können. Typische Schäden sind z.B. verbrannte Auslassventile und Zylinderkopfdichtungen, Kolbenfresser und/oder an- bzw. durchgeschmolzene Kolben. Bei weitgehend ähnlichen Schadensbildern muss jedoch bezüglich der Mechanismen der irregulären Verbrennungen, der Ursachen und deren Verhütung sorgfältig unterschieden werden.

Grundsätzlich gibt es zwei Arten von irregulären Verbrennungen, das so genannte *„Klopfen"* (oft auch als „Klingeln" bezeichnet) und die *Glühzündungen*.

Beim Klopfen verbrennt ein Teil des Gasgemisches praktisch schlagartig, nachdem zuvor eine normale Verbrennung durch den Zündfunken eingeleitet wurde. Die Entflammungs- und Umsetzungsphasen verlaufen dabei zunächst vollkommen regulär und der Verbrennungsdruck und die Gastemperaturen steigen entsprechend dem Flammenfortschritt kontinuierlich an. In dem noch nicht von der Flammenfront erfassten Gemischrest fördern der Temperatur- und Druckanstieg die chemischen Vorreaktionen und die Radikalbildung. Laufen diese Prozesse zu schnell ab, oder steht bis zur Ankunft der Flammenfront übermäßig Zeit zur Verfügung, nehmen die Vorreaktionen ein solches Ausmaß an, dass es in diesem Gemischrest zu einer spontanen Selbstentflammung kommt, bevor die Flammenfront dieses unverbrannte Gemisch erreicht hat. Der Gemischrest verbrennt dann nicht mehr geordnet, sondern explosionsartig mit einer vielfach höheren Verbrennungsgeschwindigkeit, **Bild 3.39**.

3.4 Zündung und Verbrennung im Motor

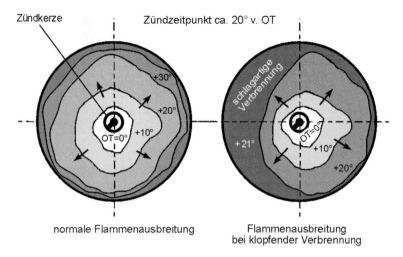

Bild 3.39 Schematischer Ablauf und Flammenfortschritt bei regulärer und klopfender Verbrennung

Dies führt dazu, dass der Druck im Brennraum übermäßig ansteigt und sich hochfrequente Druckwellen ausbilden. Die Druckschwingungen, **Bild 3.40**, wirken über den Kolben auf das ganze Triebwerk und führen zu mechanischen Geräuschen, die dieser Verbrennungsform ihren Namen (Klingeln, Klopfen) gegeben haben. Auch die Gastemperatur steigt wegen der sehr raschen und intensiven Energieumsetzung stark an und zudem bewirken die Druckwellen einen erhöhten Wärmeübergang vom Gas auf die umgebenden Bauteile. Örtlich steigen dadurch die Temperaturen von Kolben und Zylinderkopf, teilweise bis über den Schmelzpunkt der verwendeten Leichtmetalle, so dass es zum Schaden und Ausfall dieser Bauteile kommt („Loch im Kolben").

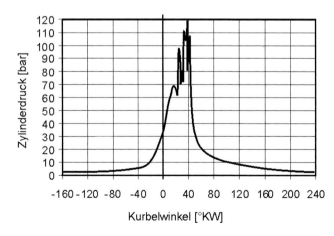

Bild 3.40
Druckverlauf bei klopfender Verbrennung

Die Ursachen für den beschleunigten Ablauf der Vorreaktionen im unverbrannten Gemischrest können vielfältig sein. Haupteinflussgröße ist die Ansauglufttemperatur, die die Temperatur des Gasgemisches bei der Verdichtung mitbestimmt. Je höher die Temperatur im Gas, umso rascher und intensiver laufen die Vorreaktionen ab (Erhöhung der kinetischen Energie der Gasmoleküle, größere Anzahl von Molekülzusammenstößen). In diesem Sinne wirkt auch eine Anhebung des geometrischen Verdichtungsverhältnisses begünstigend für das Klopfen. Damit leuchtet auch unmittelbar ein, dass Klingeln nur bei hoher Last bzw. Volllast auftreten kann (von ganz wenigen Ausnahmen unter spezifischen Bedingungen abgesehen). Nur dann sind die Verdichtungstemperatur und die Drücke und Temperaturen während des Verbrennungsablaufs hoch genug, dass in Gemischresten umfangreiche und intensive Vorreaktionen ablaufen können. Ein weiterer Faktor, der das Auftreten einer klopfenden Verbrennung begünstigt, sind heiße Stellen im Brennraum, z.B. hervorgerufen durch mangelhafte und ungleichmäßige Kühlung (stark verschmutzte Kühlrippen, ungleichmäßige Wasserführung im Zylinderkopf, zu niedriger Kühlwasserstand), oder eine überhitzte Zündkerze mit zu geringem Wärmewert.

Eine wichtige Rolle bezüglich der klopfenden Verbrennung spielt natürlich der Kraftstoff. Dieser muss eine genügende „Klopffestigkeit" aufweisen. Ein Maß dafür ist die Oktanzahl (ROZ). Sie gibt als Vergleichswert an, wie groß die Neigung des Kraftstoffs zu Vorreaktionen und Radikalbildung unter Druck- und Temperatureinfluss ist, die dann zur Selbstentzündung führt. Je größer der ROZ-Wert ist, desto höher die Klopffestigkeit. Motoren werden für eine bestimmte Oktanzahl abgestimmt, so dass klopfende Verbrennung im Normalfall nicht auftritt. Wenn aufgrund irgendwelcher äußerer Einflüsse der Motor dennoch zum Klopfen neigt, kann dies durch die Verwendung eines klopffesteren Kraftstoffs (Super bzw. Super Plus statt Normalbenzin) verhindert werden. Auf die Kraftstoffspezifikationen und die Mechanismen der Klopfverhinderung durch den Kraftstoff wird im Kapitel 7 eingegangen.

Auch die Zeit für den Flammenfortschritt entscheidet über die Auslösung einer klopfenden Verbrennung. Je länger Druck und Temperatur auf die unverbrannten Gemischanteile im Brennraum einwirken, desto umfangreichere Vorreaktionen können ablaufen. Daraus ergibt sich, dass große Brennräume (große Bohrung, großvolumige Ein- und Zweizylindermotoren) das Klopfen begünstigen, denn hier verstreicht entsprechend längere Zeit, bis die Flamme ausgehend von der Zündkerze den Brennraumrand erreicht. In gleichem Maße ungünstig ist eine unsymmetrische, dezentrale Zündkerzenposition im Brennraum, wie sie bei Zwei- und Dreiventil-Brennräumen häufig unvermeidbar ist.

Damit erklärt sich auch der Einfluss des Zündzeitpunktes auf die Klopfneigung des Motors. Ein früher Zündzeitpunkt und damit eine frühe Entflammung bewirkt eine potentiell längere Einwirkdauer von Druck- und Temperatur auf das unverbrannte Gemisch, da zusätzlich zur sich entwickelnden Verbrennung noch die Kompression des aufwärts gehenden Kolbens wirkt. Dies ermöglicht aber zugleich eine Einflussnahme. Über eine Spätverstellung des Zündzeitpunktes lässt sich dem Klopfen entgegenwirken. Denn je weiter der Verbrennungsschwerpunkt hinter den oberen Totpunkt gelegt wird, umso stärker wirkt sich die beginnende Expansion aus und senkt Spitzendruck und -temperatur im Gas. Erkauft wird dies dann natürlich mit Wirkungsgradverlusten. Somit ist die im vorangegangenen Kapitel beschriebene Zündzeitoptimierung immer ein Kompromiss aus bestmöglichem Wirkungsgrad und einem sicheren Abstand zur Klopfgrenze des Motors.

Niedrige Drehzahlen erhöhen prinzipiell die Klopfgefahr, denn mit steigender Drehzahl nehmen auch die Ladungsbewegungen im Brennraum zu, so dass die Verbrennung schneller wird. Ein gegenläufiger, das Klopfen begünstigender Effekt ergibt sich aber dadurch, dass mit der Drehzahl auch die umgesetzte Leistung und damit die Brennraumtemperatur steigen. Da niedrige Drehzahlen gepaart mit hoher Last meist nur kurzzeitig, z.B. beim Anfahren am Berg, auftreten, führt das Klopfen in diesem Bereich in der Regel zu keinen Bauteilschäden. Ebenso wenig schadet das Klopfen beim Beschleunigen (hellklingendes Geräusch beim Gasgeben,

3.4 Zündung und Verbrennung im Motor

„Beschleunigungsklingeln") dem Motor, weil es nur kurz andauert und damit keine Überhitzungsschäden zu befürchten sind. Gefährlich ist im wesentlichen nur das Hochgeschwindigkeitsklopfen. Das Geräusch der klopfenden Verbrennung wird hier verdeckt von den mechanischen Motorgeräuschen und den Fahrgeräuschen, so dass es vom Fahrer nicht wahrgenommen wird. Die ersten klopfenden Verbrennungszyklen beschleunigen infolge der resultierenden Temperatur- und Druckerhöhungen weitere Vorreaktionen und setzen damit einen sich selbst verstärkenden Ablauf in Gang, der schließlich unbemerkt zur Überhitzung von Bauteilen und damit zum Motortotalschaden führt.

Fassen wir noch einmal die wichtigsten Faktoren zusammen; klopfende Verbrennung tritt nur im oberen Lastbereich auf und erst *nachdem* eine normale Verbrennung eingeleitet wurde und diese anfangs auch normal abgelaufen ist. Klopfen wird begünstigt durch:

– niedrige Oktanzahl des Kraftstoffs
– (zu) frühen Zündzeitpunkt
– große Brennräume und nicht-zentrale Zündkerzenlage
– unzureichende Kühlung und heiße Stellen im Brennraum
– hohe Verdichtung
– hohe Ansauglufttemperatur

Im Umkehrschluss ergibt sich, dass durch Vermeidung der o.a. Faktoren der Klopfneigung entgegengewirkt wird.

Die zweite Hauptform unregelmäßiger Verbrennungen ist die so genannte *Glühzündung*. Glühzündungen werden von heißen Stellen im Brennraum ausgelöst, die eine so hohe Aktivierungsenergie liefern, dass intensive Vorreaktionen im umgebenden Gasgemisch stattfinden können. Es kommt dann an diesen heißen Oberflächen zur Entflammung und einem regulären Flammenfortschritt wie bei einer normal ausgelösten Verbrennung. Dadurch dass die Entflammung aber an mehreren Stellen im Brennraum ausgelöst wird, findet ein sehr rascher Energieumsatz statt, der zu einem hohen Druckanstieg und zu überhöhten Verbrennungstemperaturen führt, **Bild 3.41**.

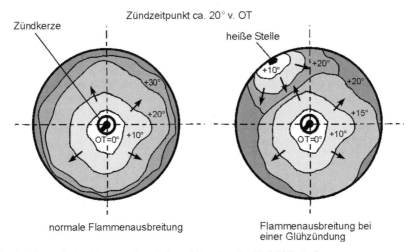

Bild 3.41 Schematischer Flammenfortschritt und Druckverlauf bei Glühzündungen

Auch dieser Vorgang verstärkt sich selbst, wodurch die Temperatur der heißen Stellen so groß wird, dass es zum Anschmelzen und „Verbrennen" der entsprechenden Bauteile kommt. Durch den erhöhten Verbrennungsdruck kann es darüber hinaus zur Überlastung und längerfristig zur irreversiblen Schädigung der Gleitlager im Motor kommen.

Typische Auslöser von Glühzündungen sind heiße Auslassventile. Bei zu gering eingestelltem Ventilspiel schließen diese nicht mehr vollständig und heißes Abgas strömt mit hoher Geschwindigkeit während der Verbrennung durch den engen Restspalt zwischen Ventil und Sitzring. Dadurch kann das Ventil soweit aufgeheizt werden bis es glüht und dann zum Auslöser einer Verbrennung, d.h. einer Glühzündung, wird. Ebenso wie das Auslassventil kann auch eine überhitzte Zündkerze zum Glühzündungsauslöser werden. Zündkerzen werden generell sehr heiß bei der Verbrennung und bei zu geringem Wärmewert stellt sich schnell eine Überhitzung ein. Weitere Auslöser sind z.B. auch Ölkohleablagerungen im Brennraum. Durch ihre meist poröse Struktur fangen sie relativ leicht an zu glühen, was in Zusammenwirken mit katalytischen Effekten (besonders bei bleihaltigen Ablagerungen) die Verbrennungsreaktionen initiiert.

Das charakteristische Merkmal von Glühzündungen ist, dass sie vollkommen unabhängig von der Zündungsauslösung an der Zündkerze sind. Sie können also vor, während oder nach der Zündung an der Zündkerze entstehen, so dass die Verbrennung vollkommen unkoordiniert zur Kolbenstellung abläuft. Somit ist es auch möglich, dass ein Motor selbst nach Abstellen der Zündung einfach weiterläuft („nachdieseln") und nur durch „Abwürgen" zum Stillstand gebracht werden kann. Die heißen Stellen als Zündquelle können die mehrfachen Entflammungen gleichzeitig oder auch nacheinander auslösen.

Es sind auch Mischformen zwischen Glühzündungen und klopfender Verbrennung möglich. So kann eine Glühzündung zum Auslöser einer klopfenden Verbrennung werden oder umgekehrt eine klopfende Verbrennung Brennraumstellen soweit aufheizen, dass sie zum Ausgangspunkt einer Glühzündung werden. Anhand des Motorschadensbildes lässt sich dann auch für den Fachmann nachträglich nur sehr schwer zwischen Ursache und Folgewirkung unterscheiden.

Glühzündungen sind nur sehr schwer zu beeinflussen, dürften allerdings bei sorgfältig ausgelegten Motoren (Kühlung/Wärmehaushalt) und korrekter Motoreinstellung (Ventilspiel, Wärmewert der Zündkerze) gar nicht auftreten. Sind Ölkohleablagerungen der Auslöser, helfen letztlich nur deren Entfernung und eine Analyse, woher der Ölkohleaufbau kommt (z.B. hoher Ölverbrauch infolge von Bauteilverschleiß an Zylinder, Kolbenringen und Ventilführungen). Der Kraftstoff spielt in der Regel keine Rolle, es sei denn, es bilden sich aus dem Kraftstoff (bleihaltiger oder auch minderwertiger Kraftstoff) zusammen mit Bestandteilen des Motoröls Ablagerungen. Dies kann auftreten, wenn der Motor über sehr lange Zeit unterkühlt betrieben wird, wie z.B. andauernder extremer Kurzstreckenbetrieb oder dauernder Einsatz des Motorrades als Begleitfahrzeug.

3.4.4 Bildung der Abgasschadstoffe

Theoretisch sollten bei der Verbrennung von Kohlenwasserstoffen mit Luft nur das gesundheitsunschädliche Kohlendioxid (CO_2) und Wasser (H_2O) entstehen. Aufgrund der hohen Verbrennungstemperaturen bilden sich aber aus dem in der Luft enthaltenen Stickstoff (N_2) und dem Sauerstoff in geringem Umfang gesundheitsschädliche Stickoxide (NO_x). Da die Verbrennung nicht vollkommen ist, kommen als weitere schädliche Bestandteile im Abgas unverbrannte Kohlenwasserstoffe (C_xH_y) und das giftige Kohlenmonoxid (CO) hinzu. Zwar ist die Konzentration dieser Schadstoffe im Abgas äußerst gering (<< 1 %) und wird durch den Einsatz geregelter Katalysatoren weiter (teilweise bis zu 90 %) verringert. Dennoch muss aufgrund des stetig zunehmenden Fahrzeugbestandes alles getan werden, um die Schadstoffkonzentrationen weiter zu verringern.

Grundsätzlich ist aber die Entstehung von Schadstoffen im Abgas trotz modernster Technik nicht vollkommen zu verhindern. Der Grund dafür liegt in den naturgesetzlich vorgegebenen Reaktionsmechanismen und den spezifischen Randbedingungen bei der motorischen Verbrennung. Die Verbrennung der Kohlenwasserstoffe des Kraftstoffs erfolgt über eine vielstufige chemische Reaktion mit dem Luftsauerstoff unter teilweiser Beteiligung des Luftstickstoffs. Die Schadstoffe werden in dieser Reaktionskette teilweise zunächst nur als Zwischenprodukte gebildet. Im weiteren Reaktionsverlauf ändern sich dann aber die ursprünglichen Reaktionsbedingungen, z.B. dadurch, dass im Motor die Verbrennung periodisch verläuft und sich das Gas während bzw. kurz nach der Verbrennung durch die Expansion des Kolbens im Zylinder abkühlt. Durch die geänderten Bedingungen können dann diese Zwischenprodukte nicht mehr vollständig weiterreagieren und verbleiben als unvollständig verbrannte Gase im Abgas. Zudem brennt die Flammenfront im Motor auch nicht bis ganz an die Brennraumwand heran. Durch die Kühlung des Brennraums tritt ganz nahe der Wand ein so genannten Flammenerlöschen ein, wodurch in einer sehr schmalen Ringzone teil- bzw. unverbranntes Gemisch verbleibt, das als unverbrannte Kohlenwasserstoffe mit dem Abgas ausgestoßen wird. Weitere Effekte, die zur Schadstoffbildung beitragen, sind Inhomogenitäten im Gemisch, die innerhalb der Verbrennungszone zu unvollständiger Verbrennung führen.

Der Forschung ist es unter Einsatz modernster Messverfahren gelungen, die Vorgänge bei der Verbrennung im Motor und die Mechanismen der Schadstoffentstehung in ihren Grundzügen zu verstehen. Dennoch sind weiterhin viele Fragen offen und längst nicht alle Reaktionsstufen aufgeklärt. Eine detailliertere Darstellung der Reaktionsmechanismen bei der Verbrennung und der Schadstoffbildung würde weit über den Rahmen des Buches hinausgehen und erweiterte Kenntnisse in der Chemie erfordern, so dass hier auf die Fachliteratur verwiesen werden muss.

3.5 Gas- und Massenkräfte im Motor

Die bisherigen Betrachtungen bezogen sich auf den Arbeitsprozess des Motors und die leistungsbestimmenden Faktoren. Es wurde gezeigt, dass sich daraus Anforderungen an die konstruktive Ausführung der verschiedenen Motorbauteile ableiten lassen. Für die Motorkonstruktion ist aber auch die Kenntnis der Kräfte und Momente, die im Betrieb auftreten, wichtig. Die betragsmäßig größten Kräfte wirken dabei am Kurbeltrieb, der beim konventionellen Verbrennungsmotor aus folgenden Bauteilen (vgl. auch **Bild 3.43**) besteht:

– Kurbelwelle mit ihren Lagern
– Pleueln mit Lagern
– Kolben mit Kolbenbolzen und Kolbenringen

Im Kurbeltrieb wird die geradlinige Auf- und Abbewegung, die der zwangsgeführte Kolben im Zylinder ausführt, in eine Drehbewegung überführt. Die Bewegung des Kolbens ist dabei ungleichmäßig, und zwar wegen der periodischen Umkehr seiner Bewegungsrichtung in den Endpunkten der Bahn (Totpunkte).

Sie bedingt jeweils ein Abbremsen und Beschleunigen des Kolbens und des Pleuels, so dass *Massenkräfte* (Trägheitskräfte) auftreten. Diese können berechnet werden, wenn man die Massen von Pleuel und Kolben und das Bewegungsgesetz des Kurbeltriebs kennt und daraus die auftretenden Beschleunigungen ermittelt. Bei hohen Drehzahlen sind diese Massenkräfte dominierend für die mechanischen Beanspruchungen der Kurbeltriebsbauteile.

Die zweite große Kraftwirkung am Kurbeltrieb ergibt sich aus dem Verbrennungsdruck, der durch Umwandlung in ein Drehmoment an der rotierenden Kurbelwelle die eigentliche Nutzarbeit erzeugt. Diese Kraft aus der Verbrennung wird allgemein als *Gaskraft* bezeichnet.

3.5.1 Gaskraft

Durch die Gaskraft, die gleichermaßen auf den Kolbenboden und den Zylinderkopf wirkt, werden die Motorbauteile auf vielfältige Weise mechanisch beansprucht. Da die Kolbenfläche mit dem Bohrungsdurchmesser quadratisch ansteigt, ist die Gaskraft umso höher, je größer die Zylinderbohrung ist (bei jeweils gleichem Zylinderinnendruck). Bei gleichem Zylindervolumen ist daher die Gaskraft bei kurzhubigen Motoren größer als bei langhubigen. Im Kapitel 3.4 wird auf die einzelnen Bauteilbeanspruchungen durch die Gaskraft detaillierter eingegangen.

Die Gaskraft tritt nach außen als Nutzdrehmoment an der Kurbelwelle in Erscheinung. Als Reaktionsmoment ergibt sich ein gleichgroßes, entgegengesetztes Moment, das sich in den Aufhängungspunkten des Motors abstützt (Momentengleichgewicht). Ansonsten wirkt die Gaskraft nur als *innere Kraft*, wie **Bild 3.42** schematisch zeigt. Die Gaskraft wird über Kolben, Pleuel und Kurbelwelle in den Motorblock eingeleitet und von dort über die Zylinderkopfschrauben wieder zurückgeführt, so dass ein geschlossener Kraftfluss innerhalb des Motors ohne weitere Kraftwirkungen nach außen entsteht[10].

Eine genaue Betrachtung des Kurbeltriebs zeigt allerdings, dass am Kolben durch die Schrägstellung des Pleuels mehrere Kraftkomponenten wirken, **Bild 3.43**. Die am Kolben angreifende Kraft, bei der momentanen Betrachtung also die Gaskraft, wirkt als *Stangenkraft* F_{St} über das Pleuel auf die Kurbelwelle. In ausgelenkter Lage des Pleuels tritt eine Seitenkraft N auf (Normalkraft aus Kraftzerlegung der Stangenkraft), die je nach Kurbelstellung den Kolben wechselseitig nach rechts oder links gegen die Zylinderwand drückt. Als *periodisch veränderliche* Kraft ruft sie Erschütterungen des ganzen Motors um die Kurbelwellenlängsachse hervor und stützt sich als Wechseldrehmoment (Stützmoment) in den Motoraufhängungspunkten ab. Letztlich entspricht dieses Stützmoment wiederum dem Motordrehmoment (Momentengleichgewicht). Beim Leerlauf von Einzylindermotoren, die weich in Gummi gelagert sind, kann das Wechseldrehmoment und das resultierende Schütteln des Motors gut beobachtet werden. Zwar gibt der Motor im Leerlauf kein Nutzdrehmoment ab, es wird aber ein Moment erzeugt, um die innere Reibung des Motors zu überwinden.

Bei Mehrzylindermotoren ist das Schütteln aufgrund von Kraftüberlagerungen geringer und wegen der höheren Arbeitsfrequenz nicht so gut wahrnehmbar, ebensowenig bei höheren Drehzahlen. Spürbar wird die Seitenkraftwirkung aber, wenn die Drosselklappensynchronisation der Einzylinder nicht korrekt eingestellt wurde. Durch dann ungleiche Zylinder-

---

[10] Als Hilfsvorstellung für die Wirkung der Gaskraft als innerer Kraft kann folgende Überlegung dienen: Eine geschlossene Blechdose, die unbewegt auf einem Tisch steht und durch Wärmezufuhr erhitzt wird, bewegt sich trotz des steigenden Gasdrucks im Inneren nicht und zeigt keinerlei Kraftwirkung nach außen. Der Gasdruck beansprucht lediglich die Blechwände der Dose.

3.5 Gas- und Massenkräfte im Motor

füllungen sind die Verbrennungskräfte und damit auch die Seitenkräfte in den Zylindern unterschiedlich. Dies kann bei entsprechender Sensibilität des Fahrers als rauher Motorlauf und verstärkte Vibration wahrgenommen werden. Allerdings sind diese Vibrationswirkungen bezüglich ihrer Ursache streng von denen aus den Massenkräften (siehe nächstes Kapitel) zu trennen.

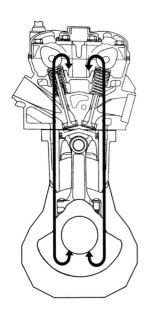
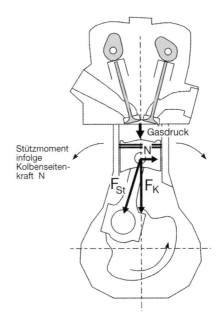

Bild 3.42
Geschlossener Kraftfluss der Gaskraft im Motor

Bild 3.43
Zerlegung der Kolbenkraft und resultierendes Moment

Seitenkräfte am Kolben resultieren natürlich nicht nur aus der Gaskraft, sondern aus *allen* am Kolben angreifenden Kräften. Die Massenkräfte rufen also ebenfalls Seitenkräfte und damit ein Wechseldrehmoment in der Motoraufhängung hervor. Dessen Vibrationswirkung wird aber bei hohen Drehzahlen (nur dort sind die Massenkräfte groß und überwiegen) nicht mehr wahrgenommen, weil dann die Massenkräfte andere, ungleich größere Auswirkungen haben. Auf diese soll im nachfolgenden Kapitel ausführlich eingegangen werden.

3.5.2 Bewegungsgesetz des Kurbeltriebs und Massenkraft

Wie einleitend erwähnt wurde, treten Massenkräfte als Folge der beschleunigten Kolbenbewegung auf. Für deren Ermittlung benötigt man die Kolbenbeschleunigung, genauer gesagt die Beschleunigungen in Abhängigkeit von der Kurbelwellenstellung. Diese ergibt sich aus dem Bewegungsgesetz, das den Zusammenhang zwischen der geradlinigen Kolbenbewegung und der Kurbelwellendrehung beschreibt. Leser, die sich für die mathematische Herleitung nicht interessieren, können den folgenden Abschnitt übergehen und auf S.82 die praktischen Folgewirkungen nachlesen.

Wir vernachlässigen den normalerweise üblichen Mittenversatz des Kolbens beim realen Motor (siehe auch Kap. 3.4) und betrachten den einfacheren Fall des ungeschränkten Kurbeltriebs, bei dem die Zylinderachse die Drehachse der Kurbelwelle schneidet, **Bild 3.44**.

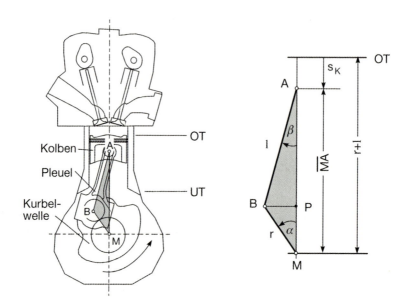

Bild 3.44 Realer Kurbeltrieb mit geometrisch relevanten Größen

Dieser Kurbeltrieb stellt ein sogenanntes *ebenes Schubkurbelgetriebe* dar. Reduziert auf die kinematisch relevanten Elemente bildet der Kurbeltrieb in der gezeichneten Stellung das ebene Dreieck ΔMAB. Darin bildet die Strecke AB die Pleuellänge l, die Strecke MB den Kurbelradius r und die Strecke MA beschreibt die jeweilige Kolbenentfernung von der Drehachse der Kurbelwelle. Der Winkel α gibt den Drehwinkel der Kurbelwelle an und der Winkel β kennzeichnet die Auslenkung des Pleuels. Die beiden Extremstellungen des Kolbens werden mit OT (oberer Totpunkt) und UT (unterer Totpunkt) gekennzeichnet. Der Kolbenweg s_k wird ausgehend vom OT gezählt, und wir definieren den Kolbenhub h und das Pleuelstangenverhältnis λ:

$$h = 2 \cdot r \tag{3-11}$$

$$\lambda = \frac{r}{l} \tag{3-12}$$

Mit diesen Festlegungen ergibt sich der Kolbenweg s_k rein geometrisch zu

$$s_k = r + l - \overline{MA} \tag{3-13}$$

Teilt man das Dreieck ΔMAB mittels der Strecke $\overline{PB}$ in zwei rechtwinklige Teildreiecke, ergeben sich als weitere geometrische Beziehungen

$$\overline{MA} = r \cdot \cos\alpha + l \cdot \cos\beta \tag{3-14}$$

3.5 Gas- und Massenkräfte im Motor

$$\overline{PB} = r \cdot \sin\alpha = l \cdot \sin\beta \tag{3-15}$$

$$\Rightarrow \sin\beta = \frac{r}{l} \cdot \sin\alpha = \lambda \cdot \sin\alpha \tag{3-15a}$$

Durch Einsetzen in Gl. (3-13) erhält man dann den gesuchten Zusammenhang zwischen dem Kolbenweg s und dem Kurbelwinkel α:

$$s_k = r + l - (r \cdot \cos\alpha + l \cdot \cos\beta) \tag{3-16}$$

Da für den Kolbenweg nur die Abhängigkeit vom Kurbelwinkel gesucht wird und der Winkel β nicht bekannt ist, muss dieser aus der Gleichung eliminiert werden. Setzt man die allgemein gültigen Beziehung (vgl. mathematische Formelsammlung)

$$\cos^2\beta = 1 - \sin^2\beta \tag{3-17}$$

in (3-16) ein und formt um, so erhält man als Berechnungsgleichung für den Kolbenweg:

$$s_k = r(1 - \cos\alpha) + l(1 - \sqrt{1 - \lambda^2 \sin^2\alpha}) \tag{3-18}$$

Dies ist die mathematisch exakte Beziehung zwischen Kolbenweg und Kurbelwinkel. Da dieser Ausdruck unübersichtlich und aufwendig in der Berechnung ist, wird üblicherweise der Wurzelausdruck durch eine binomische Reihe ersetzt, die man nach der zweiten Ordnung abbricht. Man erhält dann als ausreichend genaue Näherungsgleichung für den Kolbenweg

$$s_k \approx r(1 - \cos\alpha + \frac{\lambda}{2} \sin^2\alpha) \tag{3-19}$$

Bildet man die Ableitung des Kolbenwegs nach der Zeit, so erhält man die Kolbengeschwindigkeit v und bei nochmaliger Ableitung die Kolbenbeschleunigung a

$$v_k \approx r \cdot \omega (\sin\alpha + \frac{\lambda}{2} \sin 2\alpha) \tag{3-20}$$

$$a_k \approx r \cdot \omega^2 (\cos\alpha + \lambda \cos 2\alpha) \tag{3-21}$$

$$\text{mit } \omega = \frac{d\alpha}{dt} \tag{3-22}$$

Wie man leicht einsieht, tritt die *maximale* Beschleunigung für den Kolben bei 0° Kurbelwinkel, also im OT auf:

$$a_{k,\,max} = r \cdot \omega^2 (1 + \lambda) \tag{3-23}$$

Im **Bild 3.45** ist der Zusammenhang zwischen Kurbelwinkel und Kolbenweg, -geschwindigkeit und -beschleunigung für eine Kurbelwellenumdrehung grafisch dargestellt.

Der Bewegungsstillstand und die relativ langsame Kolbenbewegung in Totpunktnähe wirken sich thermodynamisch günstig aus. Innerhalb der kurzen Zeitspanne, die die Verbrennung zur Ausbreitung benötigt, legt der Kolben relativ zur Kurbelwellendrehung nur sehr geringe Wege zurück. Der Verbrennungsdruck kann sich daher voll entfalten und wird nicht vorzeitig durch eine Kolbenbewegung abgebaut. Zudem steht für die Expansion noch der volle Kolbenweg zur Verfügung steht, wodurch maximale Arbeit erzielt wird.

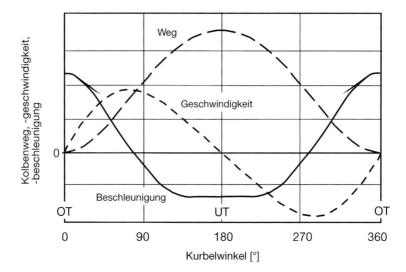

Bild 3.45 Kolbenweg, -geschwindigkeit und -beschleunigung in Abhängigkeit von der Kurbelwellenstellung

Bei der Kolbengeschwindigkeit werden die positiven und negativen Maxima im ersten bzw. letzten Drittel des Kolbenwegs zwischen den Totpunkten erreicht. Die Phasenverschiebung der Extremwerte gegenüber der reinen Sinusfunktion resultiert aus dem Pleuelstangenverhältnis λ und dem additiven Glied in Gleichung (3-20). Die Extremwerte der Kolbenbeschleunigung müssen naturgemäß in den beiden Totpunkten liegen. Da sich der Kurbeltrieb im OT in gestreckter Lage, im UT hingegen in geknickter Lage befindet, ergeben sich unterschiedliche kinematische Verhältnisse, so dass die Beschleunigung im OT größer als im UT ist.

Der Einfluss des Pleuelstangenverhältnis λ soll nachfolgend noch etwas genauer beleuchtet werden. Im Grenzfall des unendlich langen Pleuels wird der Wert von λ zu Null (Gl. 3-12). In allen Bewegungsgleichungen für den Kolben fällt das additive Glied dann weg und man erhält die reinen Sinus- bzw. Cosinusfunktionen des Kurbelwinkels α. Umgekehrt wird, je kürzer das Pleuel und je größer der Hub der Kurbelwelle ist, der Wert von λ größer. Als Resultat nehmen die Verzerrungen der Kurvenverläufe für Kolbenweg, -geschwindigkeit und -beschleunigung zu. Zudem steigen auch die jeweiligen Maximalwerte für die Kolbengeschwindigkeit und die Kolbenbeschleunigung an, **Bild 3.46**. Es erhöht sich die gesamte Triebwerksbelastung (Massenkraft!), und es ergeben sich ungünstigere Verhältnisse z.B. für die Kolbenschmierung und bezüglich des Verschleißverhaltens.

Obwohl also möglichst lange Pleuel wünschenswert wären, kann dies in der Praxis nicht immer umgesetzt werden, weil die Bauhöhe des Motors mit der Pleuellänge ansteigt und der entsprechende Platz im Motorrad nicht zur Verfügung steht. Auf diese Zusammenhänge wird später bei der konstruktiven Bauausführung des Motors näher eingegangen.

3.5 Gas- und Massenkräfte im Motor

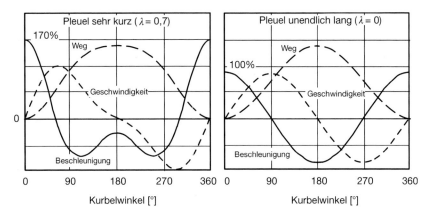

Bild 3.46 Kolbenweg, -geschwindigkeit und -beschleunigung in Abhängigkeit vom Pleuelstangenverhältnis λ.

3.5.3 Ausgleich der Massenkräfte und -momente

Wenn man zunächst nur den Kolben betrachtet, dann erzeugt die Beschleunigung infolge seiner Masse an ihm eine Trägheitskraft. Sie wird, weil sie als hin- und hergehende Kraft in Zylinderachsrichtung verläuft, als *oszillierende Massenkraft* bezeichnet:

$$F_{osz} = m_k \cdot a_k = m_k \cdot r \cdot \omega^2 (\cos\alpha + \lambda \cos 2\alpha) \qquad (3\text{-}24)$$

m_k Kolbenmasse [kg]

Diese Massenkraft erreicht bei hohen Drehzahlen Werte bis zu 10.000 N (Gewichtskraft einer Masse von 1000 kg). Das führt zu erheblichen mechanischen Beanspruchungen des Kolbens und des Kurbeltriebs. Darüberhinaus wirkt die Massenkraft über die Kurbelwellenlager und das Motorgehäuse auch als Kraft nach *außen*. Sie erzeugt eine periodische Schwingungsanregung von Fahrzeugbauteilen, die als Vibrationen von Lenkerenden, Fußrasten, Sitzbank und Tank auf den Fahrer/Beifahrer einwirken und deren Fahrkomfort deutlich einschränken. Die Vibrationen können auch zu Schäden am Fahrzeug, z.B. in Form eingerissener Bleche und Halterungen, defekter Instrumente, Glühlampen, usw. führen. Daraus ergibt sich die Notwendigkeit, die Massenkraft zu eliminieren bzw. auszugleichen.

Um die Wirkmechanismen der Kräfte am Kurbeltrieb genauer zu verstehen, betrachten wir zunächst den Einzylindermotor, **Bild 3.47**, und reduzieren den realen Kurbeltrieb auf ein vereinfachtes mechanisches Ersatzmodell. In diesem Modell besteht die Kurbelwelle aus einer gleichmäßigen Kreisscheibe mit exzentrischem Hubzapfen, der als Unwuchtmasse wirkt. Das Pleuel sei sehr lang im Verhältnis zum Kurbelradius, so dass $\lambda \approx 0$ wird und wir den Term $\lambda \cos 2\alpha$ in Gleichung (3-24) vorläufig vernachlässigen können.

Am Kolben greift dann die Massenkraft F_{osz} an, die nur in Zylinderachsrichtung wirkt. In der gezeichneten Aufwärtsbewegung des Kolbens wirkt die Massenkraft nach oben (Zugkraft). Etwa 90° KW nach der Bewegungsumkehr im OT wird aus der Zugkraft eine Druckkraft, entsprechend dem Beschleunigungsverlauf (vgl. Bild 3.20). Die aus der Verbrennung resultierende Gaskraft braucht, da sie als innere Kraft im Motor ausgeglichen wird (Kap. 3.3.1), bei unseren Betrachtungen nicht mehr berücksichtigt werden. An der Kurbelwelle ruft der außermittige Hubzapfen eine radial nach außen gerichtete, umlaufende Fliehkraft $F_{rot,1}$ hervor.

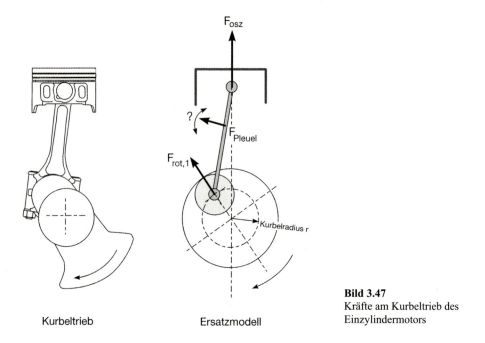

Bild 3.47
Kräfte am Kurbeltrieb des Einzylindermotors

Kurbeltrieb   Ersatzmodell

Die Kraftwirkungen am Pleuel sind zunächst nicht unmittelbar zu erkennen, denn das Pleuel führt eine komplexe Bewegung aus. Während der untere Pleuelabschnitt zusammen mit dem Hubzapfenlager und der Kurbelwelle eine Drehbewegung ausführt, vollführt das obere, kleine Pleuelauge zusammen mit dem Kolben eine rein oszillierende Bewegung entlang der Zylinderachse. Das Mittelteil des Pleuel führt Schwenkbewegungen aus, die sich aus einer Drehung und Auf- und Abbewegungen zusammensetzen. Das Pleuel und seine Bewegungen werden daher aufgeteilt, in einen rotatorischen und einen oszillierenden Anteil. Dazu wird ein gleichschweres Ersatzpleuel bestimmt, dessen Masse an beiden Enden konzentriert ist, wobei die Verbindung zwischen diesen beiden Massepunkten masselos ist, **Bild 3.48**.

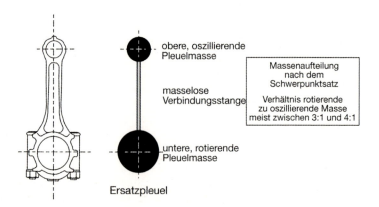

Bild 3.48 Bestimmung des Ersatzpleuels

3.5 Gas- und Massenkräfte im Motor

Die größere, untere Masse bewegt sich dann rein rotatorisch zusammen mit dem Hubzapfen der Kurbelwelle auf einer Kreisbahn, und die obere Masse bewegt sich zusammen mit dem Kolben rein oszillierend. Die Aufteilung der Pleuelmassen erfolgt nach dem Schwerpunktsatz. Bezüglich der Kraftwirkung wird der rotatorische Anteil der Pleuelmasse zur Hubzapfenmasse hinzugerechnet und der oszillierende Anteil zur Kolbenmasse.

Die Bauteile des Kurbeltriebs, an denen aufgrund ihrer Beschleunigung äußere Massenkräfte angreifen, sind in **Tabelle 3.4** noch einmal zusammengefasst.

Tabelle 3.4 Rotierende und oszillierende Massenanteile beim Kurbeltrieb

Rotierende Massen $\Rightarrow$ Rotierende Massenkraft F_{rot}	**Oszillierende Massen** $\Rightarrow$ Oszillierende Massenkraft F_{osz}
Hubzapfen der Kurbelwelle	Kolben
Kurbelwellenkröpfung	Kolbenringe
Hubzapfenlager	Kolbenbolzen
rotierender Pleuelanteil	Kolbenbolzensicherung
	oszillierender Pleuelanteil

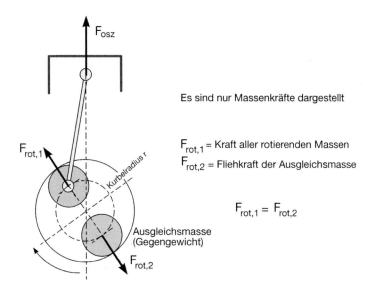

Bild 3.49 Ausgleich der rotierenden Massenkraft durch ein Gegengewicht an der Kurbelwelle

Vereinigt man die *rotierenden* Massen zu einer Gesamtmasse mit Schwerpunkt im Hupzapfen, so kann die *rotierende* Massenkraft leicht ausgeglichen werden, indem auf der Gegenseite des Hubzapfens ein Ausgleichsgewicht angeordnet wird. Dessen Masse und Schwerpunkt (wirksamer Radius) müssen so abgestimmt sein, dass die entstehende Fliehkraft die Massenkraft am Hubzapfen gerade ausgleicht, **Bild 3.49**. Diesen *Unwuchtausgleich* bezeichnet man als den *rotatorischen Massenausgleich*. Durch die gegenseitige Aufhebung im System werden $F_{rot,1}$ und $F_{rot,2}$ zu inneren Kräften und brauchen zunächst nicht mehr betrachtet werden. Im Vorgriff sei an dieser Stelle bereits erwähnt, dass alle Mehrzylindermotoren, deren Kurbelwellen symmetrisch aufgebaut sind, hinsichtlich der rotierenden Massenkräfte immer ausgeglichen sind.

Als äußere Kraft greift jetzt nur noch die *oszillierende Massenkraft* am Kolben an, wobei alle oszillierenden Massen aus Tabelle 3.4 in einer oszillierende Gesamtmasse m_K zusammengefasst werden. Da der oszillierenden Massenkraft keine Kraft entgegenwirkt, wird sie über den Kurbeltrieb und den Motorblock in den Rahmen des Motorrads eingeleitet. Dort regt sie Schwingungen an, die als Vibrationen spürbar werden. Man bezeichnet sie deshalb auch als *freie Massenkraft*.

Zum Ausgleich der *oszillierenden* Massenkraft liegt der Gedanke nahe, diesen analog zum rotatorischen Ausgleich mittels einer Ausgleichsmasse zu bewerkstelligen. Wie sich dies bei verschiedenen Kurbelwellenstellungen auswirkt, ist im **Bild 3.50** dargestellt.

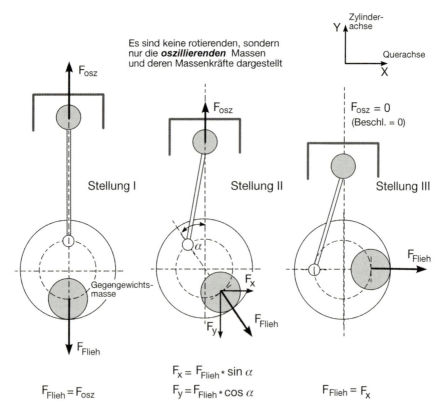

Bild 3.50 Ausgleich der oszillierenden Massenkraft beim Einzylindermotor mittels Gegengewicht

In der *OT-Stellung* des Kolbens (I), also bei maximaler Massenkraft, gelingt zunächst ein vollständiger Ausgleich, wenn man die Gegenmasse und ihre Anordnung auf der Kurbelwelle so wählt, dass die resultierende Fliehkraft genausogroß wird wie die maximale Massenkraft am

3.5 Gas- und Massenkräfte im Motor

Kolben. Bei einer *ausgelenkten Lage* der Kurbelwelle (Kurbelstellung II) hingegen, funktioniert dieser Ausgleich nicht mehr in der gewünschten Weise. Die oszillierende Massenkraft nimmt jetzt analog zum Kurbelwinkel α (Gl. 3-24) ab. Die Fliehkraft, die ja immer radial nach außen gerichtet ist, ändert aber ihre Richtung. Zerlegt man sie in die beiden Hauptachsrichtungen, so gleicht zwar ihre Y-Komponente genau die oszillierende Massenkraft am Kolben aus, es bleibt aber die X-Komponente der Fliehkraft als neu entstandene Kraftkomponente *unausgeglichen* übrig.

In der 90°-Stellung (III) der Kurbelwelle wird (Pleuellänge → ∞) gemäß Gl. (3-24) die oszillierende Massenkraft zu Null, dafür erreicht jetzt die X-Komponente der Fliehkraft ihren Maximalwert. Rechnet man die oszillierende Massenkraft und die Fliehkraft am Gegengewicht für alle Kurbelstellungen eines Umlaufs durch, so ergeben sich die im **Bild 3.51** gezeichneten Verläufe für die jeweiligen Kraftkomponenten.

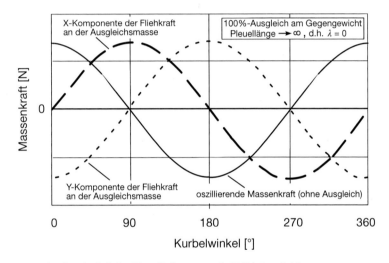

Bild 3.51 Massenkraftverläufe beim Einzylindermotor mit 100%-Ausgleich

Bei einer Überlagerung aller Kraftverläufe bleibt die X-Komponente der Ausgleichsmassenkraft übrig. Sie ist damit die resultierende, *freie Massenkraft* des Einzylindermotors mit Ausgleichsgewicht an der Kurbelwelle (100%-Ausgleich). Man erkennt, dass der vollständige Massenausgleich beim Einzylinder mittels eines einfachen Gegengewichts an der Kurbelwelle *nicht möglich* ist und zu keiner Verminderung der Kraftamplitude führt. Das Gegengewicht bewirkt lediglich eine Phasenverschiebung der Massenkraft um 90°, was in der Praxis (vgl. **Bild 3.50**) bedeutet, dass sich die Wirkrichtung der oszillierenden Massenkraft von der Zylinderachse zur Querachse der Kurbelwelle verlagert hat. Diese Änderung der Kraftrichtung kann sich allerdings durchaus vorteilhaft auswirken. Die Richtungsänderung einer Erregerkraft für Bauteilschwingungen führt infolge des richtungsabhängigen *Übertragungsverhaltens* u.U. zu einer spürbaren Verminderung der Schwingungsintensität, d.h. die spürbaren Vibrationen können verringert werden.

In der Praxis wird bei Einzylindermotoren meist der 50%-Ausgleich angewandt. Das Gegengewicht wird nur so groß gewählt, dass der halbe Maximalbetrag der im OT auftretenden oszillierenden Massenkraft ausgeglichen wird. Damit bleibt die Größe der Gegenmasse und damit das Gesamtgewicht der Kurbelwelle noch in akzeptablen Grenzen, und die Amplituden der Massenkraft in Zylinderrichtung und quer zur Kurbelwelle werden immerhin halbiert. Bei ausgeführten Konstruktionen setzt sich dann das Gegengewicht an der Kurbelwelle aus der Masse zum Ausgleich der rotatorischen Massenkräfte und der Masse für den Ausgleich der oszillierenden Massenkräfte zusammen.

Viele Beispiele im Motorradbau beweisen, dass der einfache 50%-Ausgleich bezüglich Vibrationsverhalten, Bauaufwand, Kosten und Gewicht einen günstigen Kompromiss darstellt. Es sei hier aber nochmals betont, dass ein Ausgleich der freien (oszillierenden) Massenkraft im eigentlichen Sinn nicht stattfindet, denn die Summenamplitude der Massenkraft bleibt bei dieser Art des Massenausgleichs unverändert.

Bislang wurde der Einfluss des realen Pleuels ausgeklammert, weil das Pleuel als unendlich lang angenommen wurde. Bevor wir aber zum echten Ausgleich der Massenkräfte beim Einzylindermotor kommen, muss dieser Einfluss noch betrachtet werden. Wie schon erwähnt, berücksichtigt die Berechnungsgleichung für die oszillierende Massenkraft die reale Pleuellänge durch den Ausdruck $\lambda \cos 2\alpha$ (Gl. 3-24). Bei üblichen Pleuellängen in ausgeführten Motoren erhöht sich die Massenkraft gegenüber dem unendlich langen Pleuel um ca. 25%. Weiterhin geht der Kurbelwinkel α in die Massenkraftberechnung mit dem Faktor 2 ein. Wir führen als Abkürzung für die Kraftamplitude in Gl. (3-24) den Ausdruck

$$A = m_k \cdot r \cdot \omega^2 \qquad (3\text{-}25)$$

ein und formen Gl. (3-24) um in

$$F_{osz} = A \cos\alpha + \lambda \cdot A \cdot \cos 2\alpha \qquad (3\text{-}26)$$
$$\quad\;\; \text{I. Ordnung} \quad\;\; \text{II. Ordnung}$$

Die oszillierende Massenkraft setzt sich beim realen Motor also aus zwei Komponenten zusammen, die wir *oszillierende Massenkraft I. Ordnung* und *oszillierende Massenkraft II. Ordnung* nennen. Diese Bezeichnungen leiten sich aus der Reihenentwicklung der Bewegungsgleichung für den Kolben ab. Sie kennzeichnen, dass die Massenkraft bei der ersten Ordnung mit dem Kurbelwellendrehwinkel und bei der II. Ordnung mit dem doppelten Drehwinkel (2α) bzw. mit doppelter Frequenz umläuft.

Die zweite Ordnung hat Konsequenzen für den Massenausgleich mittels Gegengewicht, wie er im **Bild 3.50** dargestellt ist. Da die Y-Komponente der Fliehkraft am Ausgleichsgewicht eine Cosinusfunktion des Kurbelwinkel α ist, die zweite Ordnung aber mit doppeltem Kurbelwinkel umläuft (2α), kann diese durch das Gegengewicht nicht beeinflusst oder ausgeglichen werden. Für den Massenausgleich II. Ordnung müßte ein Gegengewicht ebenfalls mit *doppeltem* Kurbelwinkel (=doppelter Drehzahl) umlaufen. Für den Einzylindermotor lautet daher das Gesamtergebnis unserer Betrachtungen:

> Der Einzylindermotor ist mittels eines einfachen Gegengewichts an der Kurbelwelle bezüglich der Massenkräfte I. und II. Ordnung nicht ausgleichbar. Bei der I. Ordnung gelingt ein teilweiser Ausgleich, der aber eine neue Kraftkomponente quer zur Kurbelwelle hervorruft.

Einen echten Ausgleich für die Massenkräfte *I. Ordnung* bietet ein Bauprinzip, wie es im **Bild 3.52** dargestellt und bei modernen Einzylinderkonstruktionen weit verbreitet ist. Gegensinnig zur Kurbelwelle rotiert im Motor eine Ausgleichswelle mit einer Unwuchtmasse. Diese ist so ausgelegt, dass die entstehende, senkrechte Fliehkraftkomponente gerade 50 % der oszillieren-

3.5 Gas- und Massenkräfte im Motor

den Massenkraft ausgleicht. Die verbleibenden 50 % werden durch das Gegengewicht an der Kurbelwelle ausgeglichen. Die waagerechten Komponenten der Fliehkräfte an Kurbelwelle und Ausgleichswelle sind jeweils entgegengesetzt und heben sich damit auf.

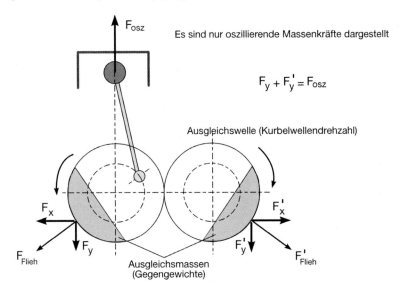

Bild 3.52 Massenkräfte und Ausgleich I. Ordnung beim Einzylindermotor mit Ausgleichswelle

Bild 3.53 Konstruktive Lösung zum Massenausgleich I. Ordnung beim Einzylindermotor

Bild 3.53 zeigt die konstruktive Verwirklichung dieses Massenausgleichs am Beispiel eines Einzylindermotors. Ein Nachteil dieser Lösung mittels einer Ausgleichswelle ist das unausgeglichene Massenmoment, das durch den Abstand zwischen Ausgleichswelle und Zylinderachse entsteht. Die Ausgleichswelle ist daher so anzuordnen, dass dieser Abstand und damit der Hebelarm a für das Moment möglichst gering wird. Soll das Entstehen eines Massenmomentes vermieden werden, muss man die Ausgleichsmassen auf zwei Ausgleichswellen mit je 25% Massenausgleich verteilen und diese symmetrisch zur Zylinderachse anordnen, **Bild 3.54**. Der Platzbedarf für zwei Wellen und der konstruktive Aufwand für den Antrieb sind jedoch erheblich, weil beide Wellen zueinander gleichsinnig, aber gegensinnig zur Kurbelwelle rotieren müssen.

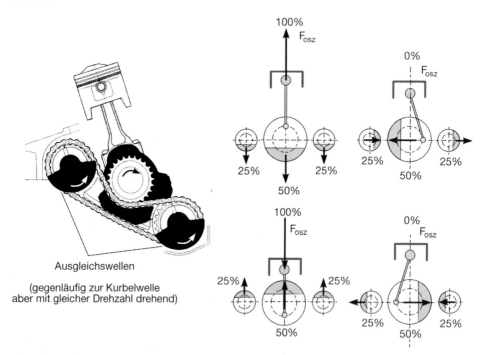

Bild 3.54 Massenausgleich I. Ordnung mit zwei Ausgleichswellen beim Einzylindermotor

Unausgeglichen bleibt bei allen Systemen immer noch die Massenkraft II. Ordnung. Obwohl sie wegen der höheren Frequenz der resultierenden Vibrationen häufig als sehr störend empfunden wird, verzichtet man beim Einzylindermotor auf diesen Ausgleich, weil sie betragsmäßig nur etwa $1/4$ der Massenkraft I. Ordnung ausmacht. Wollte man die Massenkraft II. Ordnung ebenfalls ausgleichen, bräuchte man zwei weitere Ausgleichswellen im Motor, die mit doppelter Kurbelwellendrehzahl rotieren müßten, um Fliehkräfte doppelter Frequenz zu erzeugen. Der Aufwand für diesen Vollausgleich mit dann insgesamt 4 Ausgleichswellen wäre größer als der Bau eines Zweizylindermotors, bei dem ein weitgehender Massenausgleich allein durch die Bauart erreichbar ist.

Es sei an dieser Stelle auch erwähnt, dass die zusätzlichen Wellen nicht nur das Motorgesamtgewicht erhöhen, sondern aufgrund ihres Massenträgheitsmoments auch das dynamische Ansprechverhalten des Motors (trägeres Hochdrehen) verschlechtern und damit das Beschleunigungsvermögen (Kap. 2.2.2). Zudem erzeugen die mit hoher Drehzahl im Motor rotierenden Wellen einen erheblichen Ventilationswiderstand und vermindern damit die effektive Motorleistung.

Die Kraftverhältnisse am Zweizylindermotor sind im **Bild 3.55** dargestellt.

3.5 Gas- und Massenkräfte im Motor

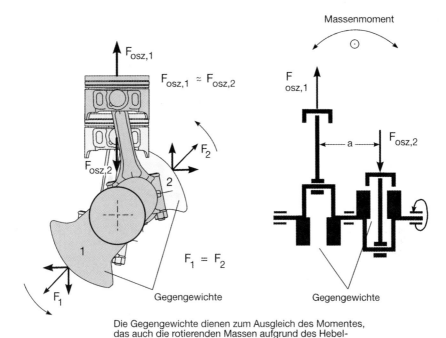

Bild 3.55 Oszillierende Massenkräfte beim Zweizylindermotor mit 180°-Kröpfung

Durch einen Versatz der Kurbelwellenkröpfungen um 180° wird erreicht, dass die Kolben entgegengesetzte Laufrichtungen haben, wodurch die oszillierenden Massenkräfte I. Ordnung gegensinnige Richtungen bekommen und sich aufheben. Da aber nach **Bild 3.45** und Gl. (3-24) die oszillierenden Massenkräfte zwischen Aufwärts- und Abwärtsgang des Kolbens unterschiedlich sind, gelingt der Ausgleich nicht vollständig, und es bleibt eine kleine, allerdings unbedeutende, Restkraft übrig.

Eine Massenwirkung nach außen ergibt sich aber dennoch, weil die oszillierenden Massenkräfte (Kräftepaar) infolge des Zylinderabstandes a (Hebelarm) ein Drehmoment erzeugen, das den gesamten Motor um eine senkrecht zur Kurbelwelle verlaufende Achse zu drehen versucht. Dieses *Massenmoment I. Ordnung* läuft mit Kurbelwellendrehzahl um und führt ebenso wie eine freie Massenkraft zu einer Schwingungsanregung am Motorrad. Dieses Moment ist mit Gegengewichten nicht ausgleichbar, daher ist ein möglichst geringer Zylinderabstand anzustreben, um über einen kleinen Hebelarm das Moment zu minimieren. Die im Bild gezeichneten Gegengewichte an der Kurbelwelle werden beim Zweizylindermotor benötigt, um das Moment, das sich aus den *rotierenden* Massenkräften (nicht eingezeichnet) ergibt, auszugleichen. Die rotierenden Massenkräfte selbst sind ja durch den Hubzapfenversatz ausgeglichen, nicht aber deren Momente. Die Gegengewichte verringern auch die Kräfte in den Kurbelwellenhauptlagern und die Biegebeanspruchung der Kurbelwelle. Denn ohne Gegengewichte würden die Kräfte aus den rotierenden Massen über die Lagerstellen der Kurbelwelle geleitet, während sie mit Gegengewichten am Entstehungsort kompensiert werden.

92   3 Arbeitsweise, Bauformen und konstruktive Ausführung von Motorradmotoren

Am Beispiel des Zweizylindermotors soll nun das sehr anschauliche Verfahren der Zeigerdarstellung zur Ermittlung der Massenkräfte bei Mehrzylindermotoren erläutert werden. Damit können auf einfache Weise auch die Massenkräfte II. Ordnung betrachtet werden. Es kann angewendet werden bei allen gebräuchlichen *Reihen*motoren mit einem Hubzapfen für jeden Zylinder. Dem Verfahren liegt zugrunde, dass man sich jeden Mehrzylindermotor auch zusammengesetzt aus separaten Einzylindertriebwerken vorstellen kann. Man trägt die Massenkräfte nacheinander für jedes Einzeltriebwerk in Zylinderachsrichtung auf, verdreht dabei aber die Kraftrichtungen des jeweils nächsten Zylinders um den Winkel, den seine Kurbelkröpfung gegenüber dem ersten Zylinder versetzt ist. **Bild 3.56** veranschaulicht diese Vorgehensweise, die oft auch Aufzeichnen des Kurbelsterns genannt wird.

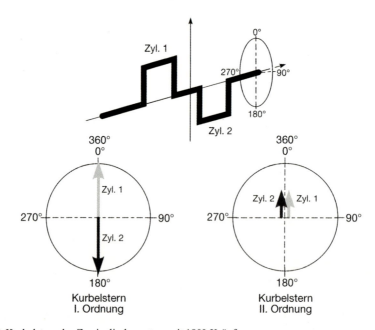

Bild 3.56 Kurbelstern des Zweizylindermotors mit 180°-Kröpfung

Man zeichnet in einen Kreis die Kurbelwellenkröpfungen aller Zylinder mit ihren Winkelabständen bezogen auf den ersten Zylinder ein. Begonnen wird bei 0° mit dem ersten Zylinder. Pfeile in Richtung der Kurbelwellenkröpfung symbolisieren die Massenkräfte I. Ordnung (Kraftvektoren).[11] Die Überlagerung der Richtungspfeile, d.h. die Vektorsumme der Massenkräfte der Einzelzylinder, ergibt dann die gesamte freie Massenkraft I. Ordnung, die nach außen wirkt. Im gezeichneten Beispiel des Zweizylindermotors mit 180° Kurbelwellenkröpfung müssen also zwei Richtungspfeile genau entgegengesetzt eingetragen werden. Sie heben sich auf, d.h. der vorliegende Zweizylindermotor hat keine freien Massenkräfte I. Ordnung.

---

[11] Durch ihre Länge geben die Pfeile den Betrag der Massenkraft an. Da in der Regel die oszillierenden Massen bei allen Zylindern gleich groß sind, sind auch die Pfeillängen gleich, so dass die Beträge der Massenkraft normalerweise keine Rolle spielen. Der erläuterte Unterschied zwischen Auf- und Abwärtsbewegung des Kolbens, der beim vorliegenden Zweizylindermotor für eine Restkraft sorgt, wird meist vernachlässigt.

3.5 Gas- und Massenkräfte im Motor

Analog zur I. Ordnung werden zur Bestimmung der freien Massenkräfte II. Ordnung wiederum Richtungspfeile für die Kurbelwellenkröpfungen eingetragen. Weil aber die Massenkräfte II. Ordnung mit doppeltem Kurbelwinkel umlaufen, müssen jetzt die Winkel zwischen den Kröpfungen verdoppelt werden. Das heißt in unserem Beispiel, dass der Richtungspfeil für die erste Kröpfung bei 0° bleibt (2 · 0° = 0°), der der zweiten Kröpfung aber bei 360° (2 · 180° = 360°) eingetragen werden muss. Als Resultat aus der Überlagerung ergibt sich, dass dieser Zweizylindermotor eine doppelt so große freie Massenkraft II. Ordnung aufweist, wie das entsprechende Einzeltriebwerk. Wegen der gleichen Richtung der Massenkräfte II. Ordnung ist das resultierende Moment aus beiden Kräften Null.

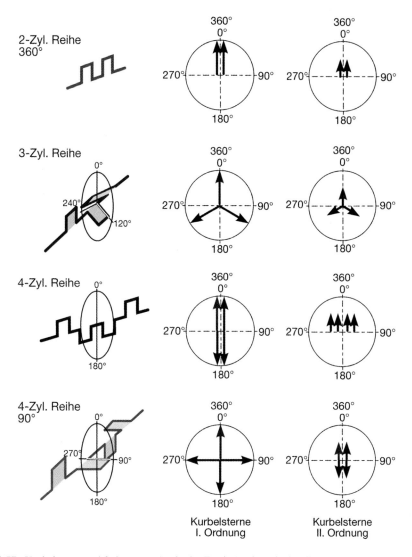

Bild 3.57 Kurbelsterne und freie Massenkräfte für Zwei-, Drei- und Vierylindermotoren

Die weitere Anwendung dieses Verfahrens für die gebräuchlichsten Reihenmotoren beim Motorrad sowie die Ergebnisse bezüglich der freien Massenkräfte zeigt **Bild 3.57**. Mit den unterschiedlichen Richtungspfeillängen für die I. und II. Ordnung wird in der Darstellung berücksichtigt, dass die Massenkräfte II. Ordnung entsprechend dem Faktor λ nur etwa 25% der Massenkräfte I. Ordnung betragen. Wie man sieht, weist der beim Motorrad weitverbreitete Vierzylinderreihenmotor die vierfache Massenkraft II. Ordnung des Einzeltriebwerks auf. Dies resultiert aus der gleichen Richtung der Einzelkräfte der Zylinder. Die Massenkraft II. Ordnung wird damit nach außen deutlich spürbar. Die aus dieser Kraftanregung resultierenden Vibrationen in Lenker und Fußrasten des Motorrades werden als besonders unangenehm empfunden, weil sie im Vergleich zur I. Ordnung eine höhere Frequenz aufweisen. Hinzu kommt, dass Vierzylindermotoren in der Regel hochdrehend ausgelegt werden, was von Haus aus hohe Massenkräfte hervorruft, weil die Drehzahl in die Berechnung der Massenkräfte quadratisch eingeht, vgl. Gl. (3-24).

Für derartige Motoren ist es daher äußerst wichtig, die Kurbeltriebsbauteile leicht zu gestalten und das Pleuelstangenverhältnis klein zu halten durch kurzen Hub und große Pleuellänge.

Vielfach werden auch Ausgleichswellen verwendet. Da diese unwuchtigen Wellen mit doppelter Drehzahl rotieren müssen, begnügen sich manche Hersteller mit einem Teilausgleich, um die Lagerkräfte für diese Wellen und damit die Dimensionierung und den Platzbedarf klein halten zu können, **Bild 3.58**.

Bild 3.58
Teilweiser Ausgleich der Massenkräfte II. Ordnung beim Vierzylinderreihenmotor durch eine Ausgleichswelle

Wegen des Abstands zwischen Ausgleichswelle und Zylinderachse wird wiederum ein freies Massenmoment zweiter Ordnung erzeugt. Das kann nur eliminiert werden, wenn *zwei* Ausgleichswellen verwendet werden, die beidseitig und symmetrisch zur Kurbelwelle angeordnet werden, **Bild 3.59**. Mit zwei Wellen heben sich auch die Horizontalkomponenten der Fliehkraft, die jede Ausgleichswelle erzeugt, auf.

3.5 Gas- und Massenkräfte im Motor

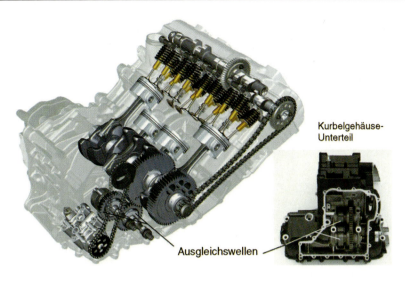

Bild 3.59 Vollständiger Ausgleich der Massenkräfte II. Ordnung beim Vierzylinderreihenmotor durch zwei Ausgleichswellen

Eine elegante Lösung für den Massenausgleich beim 4-Zylinderreihenmotor bietet die nichtebene Kurbelwelle mit 90°-Kröpfung. Wie im **Bild 3.57** gezeigt, ist dieser Motor bezüglich der Massenkräfte I. und II. Ordnung vollständig ausgeglichen. Trotzdem wird diese Bauart im allgemeinen nicht für Serienmotoren verwendet, weil sie beim Viertakter einen ungleichmäßigen Zündabstand erzwingt. Dieser hat einen ungleichmäßigen Drehkraftverlauf mit Drehschwingungsanregung der Kurbelwelle zur Folge und weist i.a. auch Nachteile im Ladungswechsel auf. Einen ungleichmäßigen Zündabstand hat im übrigen auch der eingangs behandelte Zweizylindermotor mit 180°-Kröpfung. Deshalb werden Zweizylinderreihenmotoren sehr oft als sogenannte Paralleltwins mit gleichläufigen Kolben (Kröpfungs- und Zündabstand von 360°) gebaut, trotz der damit verbundenen Nachteile für den Massenausgleich.

Die *Massenmomente* können mit dem Kurbelstern allein nicht ermittelt werden, weil zusätzlich die räumliche Lage der Kraftvektoren bekannt sein muss. Dies ist nur bei ebenen Kurbelwellen einfach. Bei nichtebenen Kurbelwellen mit mehr als drei Zylindern wird die Vektoraddition im Raum und deren zeichnerische Darstellung aufwendig. Daher entnimmt man die freien Massenmomente, wie auch die freien Massenkräfte, üblicherweise aus entsprechenden Tabellen [3.9, 3.10].

Massenmomente lassen sich analog zu den Kräften mittels Ausgleichswellen eliminieren. Ein Ausführungsbeispiel für den Momentenausgleich bei einem Dreizylindermotor mit 120° Kröpfungswinkel zeigt **Bild 3.60**.

Das Massenmoment I. Ordnung wird durch eine unterhalb der Kurbelwelle liegende Welle mit zwei versetzten Gegengewichten, die ein gegensinniges Moment erzeugen, vollständig ausgeglichen. Das (kleinere) Massenmoment II. Ordnung bleibt unbeeinflusst. Das Gesamtgewicht des Motors wird durch die Ausgleichswelle bei dieser Konstruktion übrigens nur unwesentlich erhöht, weil diese zugleich als Abtriebswelle dient, die das Drehmoment von der Kurbelwelle an die Kupplung weiterleitet.

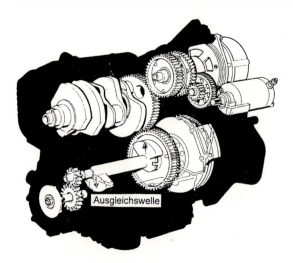

Bild 3.60
Ausgleich des Massenmomentes
I. Ordnung beim Dreizylinderreihenmotor

Neben den bisher ausschließlich behandelten Reihenmotoren sind im Motorradbau auch Motoren mit auseinanderliegenden Zylindern, vorzugsweise in Boxer- und V-Anordnung, weit verbreitet. Für diese ist die unmittelbare Angabe von freien Massenkräften und Massenmomenten anhand der Kurbelsterne nicht möglich, sondern es muss jeweils die Zylinderanordnung berücksichtigt werden. Für die Motorbauarten Zweizylinder-Boxermotor und Zweizylinder-V-Motor sollen daher die Massenkräfte und Massenmomente näher betrachtet werden.

Der Zweizylinder-Boxermotor, **Bild 3.61**, weist mit 180° Kröpfungswinkel der Kurbelwelle gleiche Verhältnisse wie der Zweizylinderreihenmotor auf. Nur laufen durch die gegenüberliegenden Zylinder beide Kolben gleichsinnig – beide bewegen sich gleichzeitig zum OT hin oder vom OT weg –, aber mit genau entgegengesetzter Kraftrichtung. Den Zweizylinder-Boxermotor kann man sich daher auch zusammengesetzt aus zwei Einzylindermotoren denken, die gegenüberliegend angeordnet wurden. Infolge dieser Anordnung sind alle auftretenden Kräfte am Einzeltriebwerk spiegelsymmetrisch zur Kurbelwellenachse und heben sich damit vollständig auf.

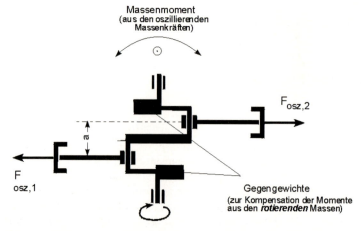

Bild 3.61 Kräfte und Momente beim Zweizylinder-Boxermotor

3.5 Gas- und Massenkräfte im Motor

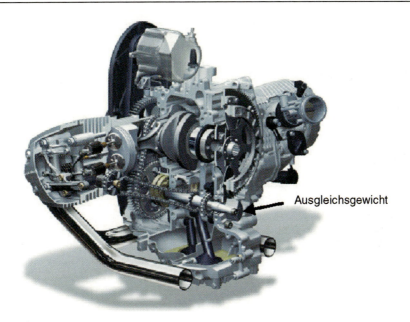

Ausgleichsgewicht

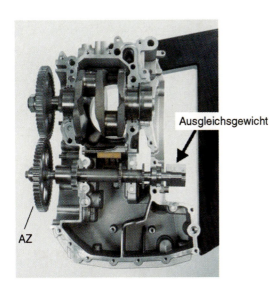

Ausgleichsgewicht

AZ

Das zweite Ausgleichsgewicht ist im Antriebszahnrad (AZ) der Welle als Unwuchtmasse integriert.

Bild 3.62
Ausgleichswelle Zweizylinder-Boxermotor, BMW R 1200 GS

Der Zweizylinder-Boxermotor hat damit keine freien Massenkräfte I. und II. Ordnung. Durch den Zylinderversatz erzeugen die Kräfte am Einzeltriebwerk jedoch Massen*momente* I. und II. Ordnung. Da die gegenüberliegende Anordnung der Zylinder aber nur einen Versatz um die Pleuelbreite und die Breite der Mittelwange der Kurbelwelle erfordert, sind die Massenmomente erheblich kleiner als beim Zweizylinderreihenmotor. Ein drittes Lager (Mittellager) ist daher für den Zweizylinder-Boxermotor nicht nur wegen der größeren Baulänge ungünstig, es vergrößert unnötig den Zylinderversatz und damit die Massenmomente. Die gestiegenen Komfortansprüche der Kunden führten bei BMW zu der Überlegung, auch beim Boxermotor eine Ausgleichswelle zur weitgehenden Tilgung der Massenmomente erster Ordnung einzuführen. Für die Boxer der neuen Generation (R 1200 GS) wurde eine einfallsreiche und besonders Platz sparende Lösung gefunden, **Bild 3.62**.

Die Ausgleichswelle läuft innerhalb der Nebenwelle (zuständig für den Ölpumpen- und Nokkenwellenantrieb) und die Ausgleichsgewichte sind nach aussen vesetzt. Das vordere Ausgleichsgewicht ist dabei als Unwuchtmasse im Antriebszahnrad integriert. Der Antrieb (Übersetzung 1:1) innen liegenden Ausgleichswelle erfolgt per Zahnrad von der Kurbelwelle (die Nebenwelle wird weiterhin über eine Kette im Verhältnis 1:2 angetrieben).

Gegengewichte an der Kurbelwelle benötigt der 2-Zylinder-Boxermotor, analog zum Reihenmotor, nur zum Ausgleich der Momente, die die *rotierenden* Massen erzeugen. Es kann aber auch das aus den *oszillierenden* Massenkräften I. Ordnung resultierende *Moment* über die Gegengewichtsgröße beeinflusst werden. Dies ist im **Bild 3.63** dargestellt (Motor ohne Ausgleichswelle). Hier wurden drei verschiedene Gegengewichtsmassen jeweils so groß gewählt, dass nicht nur die rotierenden Massen ausgeglichen werden, sondern zusätzliche Fliehkräfte in der Größe von 10%, 50% und 90% der maximal im OT auftretenden oszillierenden Massenkräfte enstehen.

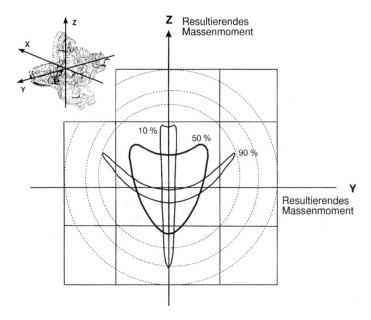

Bild 3.63 Freie Massenmomente beim Zweizylinderboxermotor mit verschiedenen Gegengewichtsgrößen (ohne Ausgleichswelle)

Bei Auslenkung aus dem OT ergibt sich an diesen Gewichten eine Kraftkomponente quer zur Kurbelwellenachse, und sie erzeugen über einen Kurbelwellenumlauf sowohl Momente um die Motorhochachse (Z-Achse, Ebene X-Y) als auch um die Motorquerachse (Y-Achse, Ebene X-Z). Das Diagramm stellt in einer Polarkoordinatendarstellung die Momentenverläufe um beide

3.5 Gas- und Massenkräfte im Motor

Achsrichtungen dar. Der geschlossene Kurvenzug entspricht dabei einer Kurbelwellenumdrehung, der radiale Abstand der Kurve vom Koordinatennullpunkt gibt den momentanen Wert des Momentes an. Beim 10%- und beim 90%-Ausgleich sind naturgemäß die Momente um die jeweiligen Achsen sehr ausgeprägt und erreichen hohe Spitzenwerte. Beim 50%-Ausgleich sind die Momente um beide Achsen gleich groß, dafür sind aber die Momentenhöchstwerte um 20 bis 40% reduziert. Durch diese geringere Anregungsamplitude können je nach Rahmenbauart, Übertragungsverhalten und Motoraufhängung die Vibrationen, die vom Motor verursacht werden, wirkungsvoll gemindert werden.

Die Verhältnisse am Zweizylinder-V-Motor zeigt **Bild 3.64**. Im Gegensatz zu den bisher behandelten Motoren sitzen beim V-Motor zwei Pleuel auf einem Hubzapfen, wodurch die Kolben sich gegensinnig bewegen.

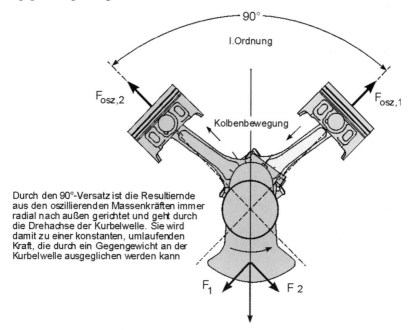

Bild 3.64 Freie Massenkräfte beim Zweizylinder-V-Motor mit 90° Zylinderwinkel

Bei einem Zylinderwinkel von 90° ist die Massenkraft I. Ordnung, wie im Bild dargestellt, vollständig mittels eines Gegengewichts an der Kurbelwelle ausgleichbar. Wegen des Versatzes der Zylinderachse um lediglich eine Pleuelbreite, sind die Massenmomente bei diesem Motor unbedeutend klein, bzw. sie werden bei Motoren mit Gabelpleueln zu Null. Bei kleineren Zylinderwinkeln als 90° ist die Massenkraft beim V-Motor durch ein Gegengewicht an der Kurbelwelle nicht mehr ausgleichbar. Dennoch werden engere Zylinderwinkel (z.B. 45° bei Harley-Davidson und 60° bei Aprilia) bei längseingebauten V-Motoren vorgesehen, weil nur damit eine raumsparende Motorbauweise möglich wird. Zur Vibrationseindämmung und Massenkrafteliminierung werden auch hier teilweise Ausgleichwellen eingesetzt. Aprilia verwendet zur Vermeidung eines neu Massenmomentes zwei Ausgleichswellen beim 60°-V-Motor der Aprilia Mille, **Bild 3.65**.

100   3 Arbeitsweise, Bauformen und konstruktive Ausführung von Motorradmotoren

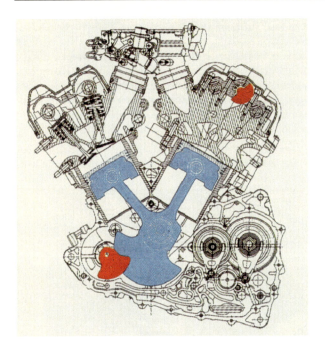

Bild 3.65
Massenausgleich der Aprilia Mille, Zweizylinder-V-Motor mit 60° Zylinderwinkel

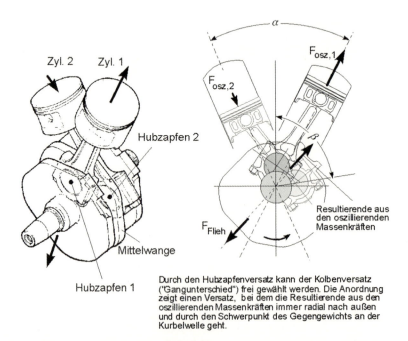

Durch den Hubzapfenversatz kann der Kolbenversatz ("Gangunterschied") frei gewählt werden. Die Anordnung zeigt einen Versatz, bei dem die Resultierende aus den oszillierenden Massenkräften immer radial nach außen und durch den Schwerpunkt des Gegengewichts an der Kurbelwelle geht.

Bild 3.66 Ausgleich der freien Massenkräfte I. Ordnung beim HONDA VT500 Motor

3.5 Gas- und Massenkräfte im Motor

Eine einfallsreiche Lösung, die einen Ausgleich der oszillierenden Massenkraft I. Ordnung trotz eines kleinen Zylinderwinkels ermöglicht, hat HONDA erstmals im Modell VT 500 vorgestellt, **Bild 3.66**. Es handelt sich dabei um einen unechten Zweizylinder-V-Motor, mit einem eigenen Hubzapfen für jeden Zylinder. Durch den Versatzwinkel β zwischen beiden Hubzapfen kann bei vorgegebenem Zylinderwinkel α ein Gesamtmassenkraftverlauf für die erste Ordnung erzeugt werden, der einen Ausgleich durch Gegengewichte an der Kurbelwelle ermöglicht.

Anhand der Berechnungsgleichung für die Massenkraft, Gl. (3-24), kann gezeigt werden, dass sich der notwendige Versatzwinkel β bei vorgewähltem Zylinderwinkel α nach folgender, einfacher Beziehung errechnet:

$$\beta = 180° - 2\alpha \qquad (3\text{-}27)$$

Auf die Ableitung dieser Formel soll an dieser Stelle verzichtet werden. Der interessierte Leser kann dies anhand der angegebenen Gleichungen selber nachvollziehen.

Als letztes Beispiel für einen unkonventionellen Massenausgleich bei einem Einzylindermotor soll ein System vorgestellt werden, das die Firma DUCATI für einen Rennmotor verwirklicht hat. Dieser Motor, der aus der serienmäßigen DUCATI 851 mit Zweizylinder-V-Motor und 90° Zylinderwinkel entwickelt wurde, ist mit zwei Pleueln ausgerüstet, von denen eines einen Schwinghebel mit Zusatzmasse betätigt, **Bild 3.67**. Diese Zusatzmasse bewegt sich auf einer Kreisbahn um den festen Lagerpunkt und erzeugt damit eine (geringe) radiale Fliehkraft und, bedingt durch die Zwangsbewegung mittels des angelenkten Pleuels, eine tangentiale Massenkraft.

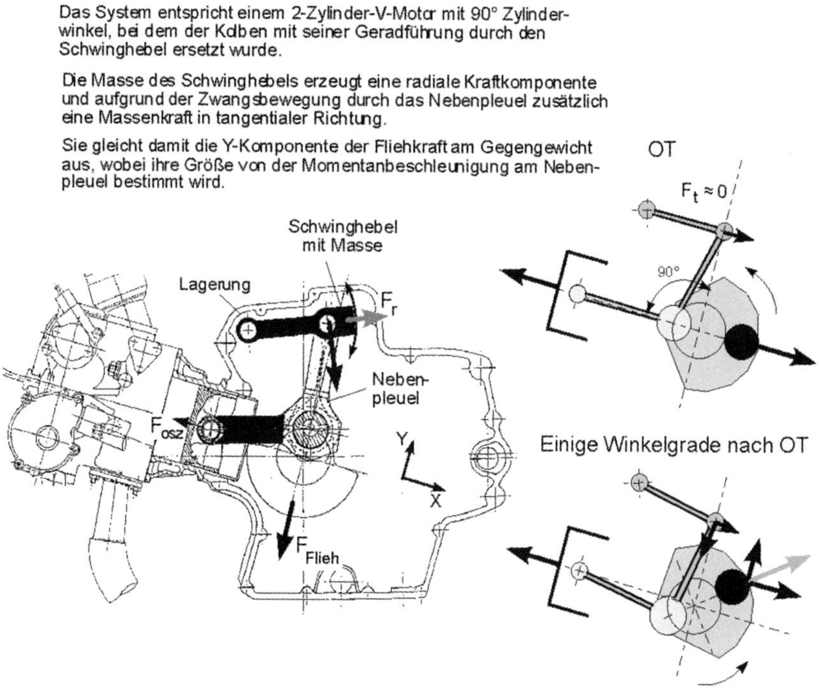

Bild 3.67 Massenausgleich mittels Schwinghebel und Zusatzmasse beim DUCATI Einzylindermotor

Durch entsprechende Wahl von Anlenkpunkten, Hebellängen und Größe der Zusatzmasse kann das System so ausgelegt werden, dass zusammen mit dem Gegengewicht an der Kurbelwelle ein nahezu vollständiger Ausgleich der Massenkraft I. Ordnung erzielt wird. Der Vorteil dieses Systems ergibt sich aber lediglich daraus, dass der Ausgleich nach dem Baukastenprinzip aus einem vorhandenen Motor abgeleitet werden konnte. Bauaufwand und Gewicht sind vergleichbar mit dem einer Ausgleichswelle, so dass dieses System für eine Motorneukonstruktion, bei der keine Rücksicht auf vorhandene Bauteile genommen werden muss, keine Vorteile bietet. Vorstellbar wäre höchstens eine geringfügige Verringerung der Ventilationsverluste im Kurbelgehäuse, weil der Hebel statt der vollständigen Rotation einer Ausgleichswelle nur Schwenkbewegungen ausführt.

Zum Abschluss der Betrachtungen zum Massenausgleich sind für die häufigsten Bauarten von Motorradmotoren die freien Massenkräfte- und Massenmomente in **Tabelle 3.5** noch einmal in übersichtlicher Form zusammengestellt. Ausführliche Tabellen sind in [3.9] und [3.10] enthalten.

Tabelle 3.5 Oszillierende (freie) Massenkräfte und Massenmomente gebräuchlicher Motorbauarten für Motorräder

Zyl.-Zahl	Bauart Kröpfungswinkel	Massenkraft I.Ordnung	Massenkraft II.Ordnung	Massenmoment I.Ordnung	Massenmoment II.Ordnung
1	-	ja	ja	nein	nein
2	Reihe 180°	nein	ja	ja	nein
2	Reihe 360°	ja	ja	nein	nein
2	Boxer	nein	nein	ja	ja
2	V 90°	ja aber durch Gegengewicht ausgleichbar	ja	nein bzw. vernachlässigbar klein	nein bzw. vernachlässigbar klein
2	V 45°	ja	ja	nein	nein
3	Reihe 120°	nein	nein	ja	ja
4	Reihe 180°	nein	ja	nein	nein
4	Reihe 90°	nein	nein	ja	ja
4	Boxer	nein	nein	nein	ja
4	V 90°	ja aber durch Gegengewicht ausgleichbar	ja	nein bzw. vernachlässigbar klein	nein bzw. vernachlässigbar klein

Es sei an dieser Stelle darauf hingewiesen, dass der Massenausgleich für Motorradmotoren insgesamt einen größeren Stellenwert als für Automobilmotoren hat. Im Automobil kann die Einleitung der Massenkräfte und -momente in die Karosserie über speziell abgestimmte Motorlager wirkungsvoll beeinflusst werden. Zudem sind die Massenkräfte und -momente, die als Erregerkräfte für Karosserieschwingungen wirken, klein im Verhältnis zur Karosseriemasse. Beim Motorrad ist nicht nur das Verhältnis von Erregerkraft und Fahrzeugmasse ungünstiger, häufig ist auch der Motor direkt und starr mit dem Rahmen verschraubt, weil der Motor als tragendes Element bzw. zur Versteifung des Fahrwerks benutzt wird. Damit herrschen ideale Bedingungen für die Einleitung der Massenkräfte und Massenmomente in den Rahmen. Selbst Fahrwerkskonzepte, die den Motor nicht in die tragende Struktur einbinden, bieten kaum ausreichend Bauraum für eine effektive Motorlagerung. Die Entkoppelung zwischen Motor und Fahrwerk beschränkt sich meist auf simple Gummilagerungen.

Neben dem Kostengesichtspunkt (wirksame Motorlagerungen sind teuer) spielt eine weitere Rolle, dass aufgrund der größeren Drehzahlspanne eine gezielte Abstimmung der Motorlager sehr schwierig ist. Wie wirksam dagegen ein guter innerer Massenausgleich allein aufgrund der Bauart die Kräfte in den *Motoraufhängungspunkten* reduziert, zeigt ein Vergleich zwischen einem Zweizylinder-Boxermotor und einem hubraumgleichen Vierzylinderreihenmotor, jeweils *ohne* Ausgleichswellen, **Bild 3.68**. Die Kräfte aus der II. Ordnung und damit die Schwingungsanregung in der Motoraufhängung steigen beim Reihenmotor steil an. Seine Kräfte I. Ordnung sind aufgrund von Restunwuchten im Kurbeltrieb bei höheren Drehzahlen nicht völlig verschwunden (theoretisch wären sie Null). Beim Boxermotor ergeben sich die Kräfte als Folge der freien Massenmomente I. und II. Ordnung (Pleuelversatz) sowie aus Restunwuchten.

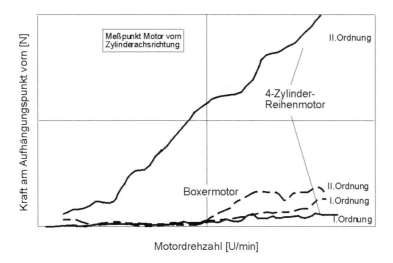

Bild 3.68 Kräfte in den Motoraufhängungspunkten für zwei unterschiedliche Motorkonzepte

3.6 Motorkonzeption und geometrische Grundauslegung

Wenn mit der Entwicklung eines Motorradmotors begonnen wird, liegt seine Hubraumklasse in der Regel bereits fest. Sie wird wesentlich bestimmt von der angestrebten Marktposition und vom Marktsegment, in der das Motorrad positioniert werden soll.

Bei der Wahl der Bauart spielen neben rein technischen Gesichtspunkten auch die Unternehmensphilosophie und Traditionen eine wesentliche Rolle. So wäre beispielsweise kaum denkbar, dass BMW auf seine Boxermotoren oder Harley-Davidson auf Zweizylinder-V-Motoren verzichtet, denn diese Motorenkonzepte sind fest in der jeweiligen Tradition der Firmen und Marken und damit auch im Bewusstsein der Stammkunden verankert.

Nachfolgend geht es um die technischen Kriterien und die Festlegung der geometrischen Grundauslegung von Motorradmotoren. Dabei erweist sich eine Betrachtung von Auslegungsdaten ausgeführter Motoren als sehr nützlich.

Bild 3.69 zeigt in einer Trendanalyse wie sich die spezifischen Motorleistung („Literleistung") von Motorradmotoren mit Hubräumen über 500 cm^3 in den letzten 30 Jahren entwickelt hat.

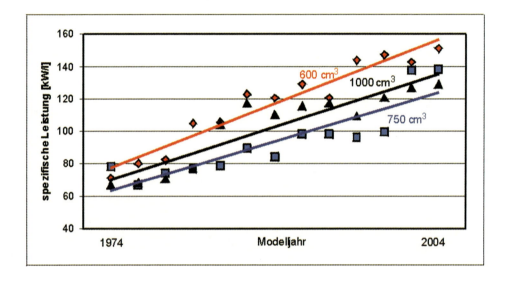

Bild 3.69 Entwicklung der Literleistung im Zeitraum von 1974 bis 2004

Bei grundsätzlich ähnlicher Steigerung ist bei den Motoren der Supersportmotorräder im Hubraumbereich um 600 cm^3 der größte Fortschritt erzielt worden. Die prozentuale Darstellung der Leistungszunahme bei der 600er-Motoren, **Bild 3.70**, zeigt, dass deren spezifische Leistung auf mehr als das Doppelte erhöht wurde.

Mit Werten von rund 90 kW liegen die sportlichsten 600er des Modelljahres 2004 auf dem Leistungsniveau, das käufliche 500er Grand-Prix-Rennmaschinen (!) Mitte der 80er Jahre aufwiesen. Und jene Motorräder waren teure Productionracer (Stückpreis 1987 > 60.000 €) mit Zweitaktmotoren. Diese Entwicklung ist umso erstaunlicher, weil die Grenzwerte für Geräusch- und Abgasemissionen für Serienmotorräder von Mitte beziehungsweise Ende der 80er Jahre bis heute um mehr als die Hälfte gesenkt wurden.

Der Übergang zu Vierventil-Zylinderköpfen mit ihren größeren Strömungsquerschnitten (vgl. Kapitel 3.7.3) war eine notwendige Voraussetzung für diese Entwicklung. **Bild 3.70** zeigt aber, dass zu Beginn die Vierventiler kaum höhere spezifische Leistungen als die Zweiventilmotoren aufwiesen.

3.6 Motorkonzeption und geometrische Grundauslegung

Die enormen Leistungen moderner Motorradmotoren basieren auf der genauen Kenntnis des Ladungswechsels sowie auf den modernen Möglichkeiten zur computergestützten Berechnung und Simulation der Strömungenvorgänge im Saug- und Abgastrakt (vgl. Kapitel 4).

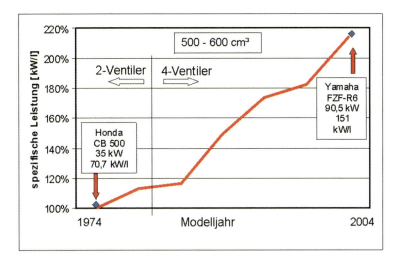

Bild 3.70 Prozentuale Steigerung der Literleistung bei 500/600 cm³ Motoren von 1974 bis 2004

Eine wesentliche Voraussetzung ist jedoch die konsequente Auslegung der Motoren hinsichtlich der Motormechanik und der geometrischen Grunddaten bei der Motorkonzeption. Denn die Basisauslegung des Motors, hier im wesentlichen Hub und Bohrung beziehungsweise das Hub-/Bohrungsverhältnis nehmen direkt und indirekt erheblichen Einfluss auf das spätere Leistungspotenzial des Motors. In den Kapiteln 3.2 und und 3.5 wurde bereits kurz darauf verwiesen. Die Reibleistung und damit die inneren Motorverluste nehmen mit steigendem Kolbenhub zu, da die Kolbengeschwindigkeit ansteigt. Ein kurzer Hub ermöglicht bei gleicher Motorbauhöhe lange Pleuel, die sich wiederum günstig auf die Seitenkräfte am Kolben (geringe Reibarbeit) und auf die Kolbenbeschleunigung (geringere innere Kräfte im Motor, damit leichtere Bauteile) auswirken. Eine große Bohrung schafft Platz für große Ventile im Zylinderkopf und sorgt für günstige Einströmverhältnisse. Daher ist für moderne Hochleistungsmotoren eine kurzhubige Bauweise und ein kleines Hub-Bohrungsverhältnis anzustreben. Da aus thermodynamischen Gründen der Bohrungsdurchmesser wiederum nicht zu groß werden darf, müssen Hochleistungsmotoren zwingend mehrzylindrig ausgeführt werden. Aus diesem Grunde sind bereits alle 600 cm³ Motoren der Supersportler als Vierzylindermotoren konzipiert.

Eine von HONDA im Jahre 1991 veröffentlichte Studie [3.18] zeigt den prinzipiellen Einfluss der Bohrung und des Hubes auf die gesamthaften Motorverluste (Reibung, Pump- und weitere innere Verluste), **Bild 3.71**.

Aus **Bild 3.72** ist ersichtlich, dass das Hub-Bohrungsverhältnis in der 600er-Klasse mit Steigerung der Literleistung stetig abgesenkt wurde. Deutlich wird aber auch, dass es offenbar ein Minimum für die Kurzhubigkeit gibt. Modernste Motoren höchster Literleistung zeigen bereits wieder einen moderaten Anstieg. Unterhalb eines bestimmten Absolutwertes (hier 42,5 mm) wirkt sich offenbar der dann sehr kurze Expansionsweg thermodynamisch ungünstig aus.

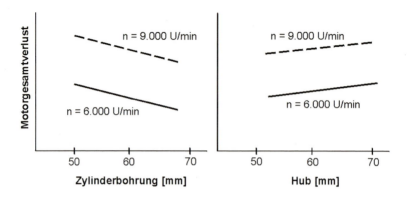

Bild 3.71 Einfluss (schematisch) von Bohrung und Hub auf die Motorverluste (nach [3.18])

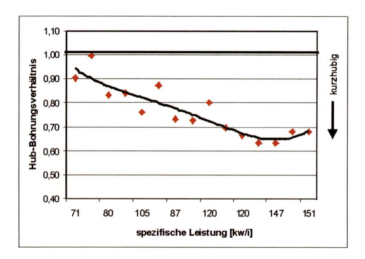

Bild 3.72 Hub-Bohrungsverhältnis ausgeführter Motoren mit hoher Literleistung

Auf den grundsätzlichen Zusammenhang zwischen hohen Motordrehzahlen und hoher Motorleistung wurde schon im Kapitel 3.1 eingegangen. Während die Drehzahl einerseits für die entsprechende Dynamik des Ladungswechsels und hohe Füllung sorgt (Kapitel 3.2 und 4), steigt natürlicherweise die Reibleistung an. Wie bereits vorstehend erwähnt, wirkt die kurzhubige Bauweise dem entgegen. Die Steigerung der Nenndrehzahl bei den 600 cm³-Motoren (Supersportler, Reihenvierzylinder) in Abhängigkeit von der spezifischen Leistung wird aus **Bild 3.73** deutlich.

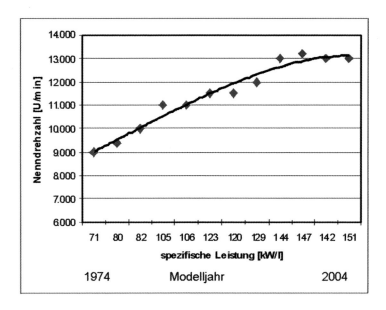

Bild 3.73 Steigerung der Nenndrehzahl in Abhängigkeit von der Literleistung

3.7 Konstruktive Gestaltung der Motorbauteile

Der Kurbeltrieb und damit der gesamte Motor wird, wie im Kapitel 3.5 gezeigt wurde, durch wechselnde Gas- und Massenkräfte hoch beansprucht. Neben der selbstverständlichen Forderung, dass die Bauteile diesen mechanischen Belastungen standhalten müssen, gibt es weitere, allgemeingültige Anforderungen an die konstruktive Gestaltung, die grundsätzlich für alle Bauteile des Motors gelten:

- ausreichende Steifigkeit zur Minimierung elastischer Verformungen
- geringstmögliches Gewicht
- fertigungs- und montagegerechte Konstruktion
- kostengünstig
- fehlertolerant
- einfach aber funktionsgerecht

Es soll im Rahmen dieses Buches das Schwergewicht auf diese Kriterien gelegt werden und auf die festigkeitsmäßige Auslegung und Berechnung der Bauteile höchstens fallweise am Rande eingegangen werden. Ausführliche Berechnungsgrundlagen finden sich in Konstruktionshandbüchern für Verbrennungsmotoren, z.B. in [3.11] und [3.12].

3.7.1 Bauteile des Kurbeltriebs und deren Gestaltung

Betrachten wir zunächst die Kurbelwelle, die prinzipiell aus drei Teilen besteht, dem Hubzapfen, den Kurbelwangen und den Hauptlagerzapfen, **Bild 3.74**.

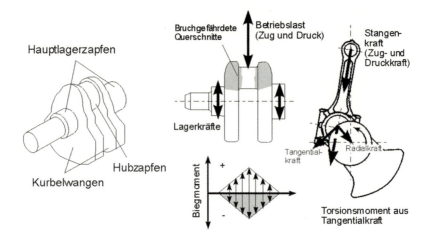

Bild 3.74 Krafteinwirkung und Beanspruchung der Kurbelwelle

Am Hubzapfen greift über das Pleuel die Stangenkraft an, die sich aus Gaskraft und Massenkraft zusammensetzt und sich letztlich in den beiden Hauptlagern abstützt. Es ergeben sich für die Kurbelwelle zusammengesetzte Wechselbeanspruchungen auf Scherung, Biegung und Torsion. Die Tangentialkraftkomponente der Stangenkraft bewirkt eine Verdrillung der Kurbelwelle über ihre gesamte Länge. Aus der Radialkraft ergeben sich die Biegebeanspruchungen mit entsprechender Verformungen der Kurbelwelle, **Bild 3.75**.

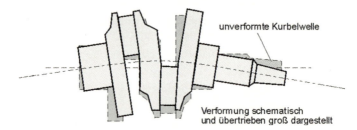

Bild 3.75 Verformung einer Kurbelwelle unter Biegebeanspruchung bei maximaler Gaskraft

Bild 3.76 zeigt, wie die Gegengewichte (Massenausgleich) an den Kurbelwangen die Biegebeanspruchung der Kurbelwelle reduzieren. Die Fliehkräfte kompensieren im OT die Gesamtmassenkraft (rotierend und oszillierend). Neben der Biegebeanspruchung werden auch die resultierenden Kräfte in den Kurbelwellenlagern vermindert. Die Zusatzbelastung aus den Fliehkräften bei Kurbelstellungen, in denen die oszillierende Massenkraftkomponente sehr klein bzw. Null wird, ist kein Nachteil. Denn die Beanspruchung der Kurbelwelle aus diesen Fliehkräfte ist bei richtiger Auslegung der Gegengewichtsmassen kleiner, als diejenige, die sich im OT ganz ohne Gegengewichte ergäbe.

3.7 Konstruktive Gestaltung der Motorbauteile

Die Entlastung bezüglich der Biegebeanspruchung und Lagerkräfte durch Gegengewichte ist besonders bei Mehrzylinderkurbelwellen wichtig. Aus dem Angriff der Massenkräfte (oszillierend und rotierend) längs der Kurbelwelle (Zylinderabstand als Hebelarm) resultieren innere Biegemomente, die sich aufgrund der Lagerspiele und infolge elastischer Verformungen auch über die Hauptlager hinaus fortsetzen können. Ohne die Entlastung durch die Gegengewichte gäbe es stärkere Verformungen der Kurbelwelle, die zu Unwuchten mit unruhigem Lauf (Schwerpunktsauswanderung) und höheren Spannungen in den bruchgefährdeten Querschnitten führen würden. Deshalb weisen alle Mehrzylinder-kurbelwellen, auch wenn sie symmetrisch aufgebaut sind und deshalb für den oszillierenden Massenausgleich keinerlei Gegengewichte benötigen (Kap. 3.3), dennoch Gegengewichts-massen auf. Sie sind so bemessen, dass sie neben den rotierenden Massenkräften auch einen Teil der oszillierenden Massenkräfte (ca. 30 bis max. 50%) kompensieren. Höhere Kompensationsgrade sind nicht sinnvoll und scheiden aus Gewichtsgründen aus. Kleinere Gegengewichte werden bei Rennmotoren verwendet, um Gewicht zu sparen, teilweise wird sogar fast ganz auf sie verzichtet.

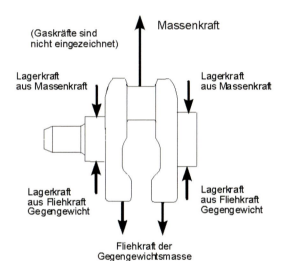

Bild 3.76
Verringerung der Biegebeanspruchung der Kurbelwelle durch Gegengewichte

Es gibt zwei Grundbauarten von Motorradkurbelwellen, die einteilige Kurbelwelle und die mehrteilige Kurbelwelle, auch als gebaute Kurbelwelle bezeichnet. Für Serien-Mehrzylindermotoren werden inzwischen ausschließlich einteilige Kurbelwelle verwendet, die aus einem Stück als Gesenkschmiedeteil gefertigt werden. Allerdings sind die Werkzeugkosten für ein Schmiedegesenk nicht unerheblich, so dass derartige Kurbellwellen erst bei entsprechenden Stückzahlen wirtschaftlich zu fertigen sind. Bei nichtebenen Kurbelwellen, wie sie z.B. für Dreizylinderreihenmotoren mit 120°-Kröpfung erforderlich sind, war die Schmiedefertigung früher sehr aufwendig und teuer, weil die Kurbelwelle aufgrund ihrer räumlichen Struktur mehrere Arbeitsgänge erforderlich machte. Das seit vielen Jahren etablierte Verfahren des *Twistens* erlaubt heute die kostengünstige Fertigung in nur zwei Arbeitsschritten. Dazu wird die Kurbelwelle in einem einzigen Arbeitsgang im Gesenk in einer Ebene fertiggeschmiedet, und unmittelbar danach werden im noch rotglühenden Zustand die Kurbelkröpfungen gegeneinander bis zum gewünschten Winkel verdreht.

Gegossene Kurbelwellen, die in großer Stückzahl kostengünstiger herzustellen sind, können derzeit aufgrund der hohen spezifischen Beanspruchungen und der geforderten Leichtbauweise bei Motorradmotoren nicht eingesetzt werden.

Bild 3.77 zeigt eine einteilige Kurbelwelle für einen Vierzylinderreihenmotor im fertig bearbeiteten Zustand. Zur Gewichtserleichterung sind die Kurbelwangen im Bereich der Hauptlager ausgenommen. Ohne die Gestaltfestigkeit und die Steifigkeit nennenswert zu beeinträchtigen, erreicht man dadurch eine Reduzierung des Kurbelwellengewichts gegenüber einer Welle mit vollen Wangen um mehr als 10 % (über 1 kg). Auf die Ausgleichsmassen haben die Ausnehmungen aufgrund ihrer Anordnung in Kurbelwellenmitte ebenfalls keinen Einfluss.

Bild 3.77 Kurbelwelle für einen 4-Zylinder-Reihenmotor

Bei nahezu allen Motorradkurbelwellen ist nach jeder Kröpfung ein Hauptlager angeordnet (Ausnahme Zweizylinderboxermotor), um die Durchbiegung der Welle bei hohen Kräften kleinzuhalten. Eine Durchbiegung der Kurbelwelle kann nicht nur, wie vorher schon erwähnt, zu Festigkeitsproblemen führen, sie überlastet auch durch starke Beanspruchung der Lagerrandflächen (Kantenträger) die Hauptlager. Ein weiteres Problem liegt im Geräuschverhalten. Denn eine periodisch wechselnde Durchbiegung regt Luftschwingungen im Kurbelgehäuse an und kann Axialschwingungen der gesamten Kurbelwelle auslösen. Die Kurbelwelle läuft dann rhytmisch gegen ihr Axiallager an, wodurch Schallimpulse erzeugt werden, die großflächig über das Motorgehäuse abgestrahlt werden. Der Motor wird mechanisch laut, was bei den strengen gesetzlichen Geräuschgrenzwerten nicht mehr vernachlässigt werden darf. Zur Minimierung der Durchbiegung, d.h. für eine maximale Steifigkeit der Kurbelwelle, ist die sogenannte Überdeckung das entscheidende Konstruktionsmaß. Als Überdeckung bezeichnet man die Überschneidungsflächen von Hauptlagerzapfen und Hubzapfen. Wie man unmittelbar einsieht, erhöhen große Lagerdurchmesser ebenso wie ein kleiner Kurbelradius, d.h. kurzhubige Bauweise, die Überdeckung. Da durch große Lagerdurchmesser aber unmittelbar die Reibungsverluste und das Gewicht der Kurbelwelle ansteigen (besonders beim Hubzapfen wegen der notwendigen größeren Gegengewichte zum Ausgleich der rotierenden Massen), sind dieser Maßnahme Grenzen gesetzt.

Bei Kurbelwellen mit geringer Überdeckung, wie sie langhubige Motoren zwangsläufig aufweisen, muss durch entsprechend dick dimensionierte Kurbelwangen für ausreichende Steifigkeit gesorgt werden. Dies ist ein Nachteil der langhubigen Bauweise. Durch das meist geringere Drehzahlniveau sind die Massenkräfte, und durch die kleinere Zylinderbohrung (geringe Kolbenfläche) auch die Gaskräfte nicht so groß, wie bei den kurzhubigen Motoren. Die Steifigkeit der Kurbelwelle bekommt für diese Motoren daher einen etwas kleineren Stellenwert.

3.7 Konstruktive Gestaltung der Motorbauteile

Gewicht kann an der Kurbelwelle auch gespart werden, wenn die Übergänge zwischen Hubzapfen und Kurbelwange beanspruchungsgerecht konstruiert werden. Moderne Berechnungsverfahren mit Finiten Elementen ermöglichen es, diesen besonders bruchgefährdeten Bereich ohne wesentliche Einbußen an Dauerhaltbarkeit und Steifigkeit dünnwandiger als früher zu gestalten, **Bild 3.78**.

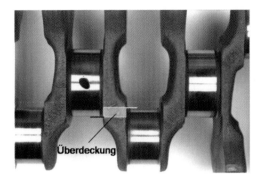

Bild 3.78
Gestaltungsbeispiele für der Übergang zwischen Hubzapfen und Wange

Die Gleitlagerung der Kurbelwelle hat inzwischen auch bei Motorradmotoren, von Ausnahmen abgesehen, die früher gebräuchliche Wälzlagerung mit Rollen-, Kugel- und Nadellagern abgelöst. Sie ist darüber hinaus für einteilige Kurbelwellen die einzig sinnvolle Lösung. Das Funktionsprinzip eines öldurchströmten Gleitlagers beruht darauf, dass sich in ihm bei Drehung zwischen Lagerschale und Lagerzapfen ein tragfähiger Schmierfilm ausbildet, **Bild 3.79**.

Seine Dicke beträgt nur wenige tausendstel Millimeter. Er bildet sich, weil der Lagerzapfen unter Last (es reicht sein Eigengewicht) eine exzentrische Lage einnimmt und sich ein keilförmiger Schmierspalt einstellt. In diesen strömt das Öl hinein. Die Drehbewegung des Zapfens fördert ständig neues, am Zapfen anhaftendes Öl in diesen Schmierspalt. Unter Wirkungs der Last baut sich im Schmierspalt ein Druck auf, der den Zapfen von der Lagerschale abhebt und der äußeren Last das Gleichgewicht hält. Es findet also keinerlei metallische Berührung im Lager mehr statt, sondern der Lagerzapfen schwimmt auf einem Ölpolster. Damit herrscht im Lager reine Flüssigkeitreibung.

Voraussetzung für eine ordentliche Lagerfunktion ist, dass dem Lager von außen genügend Öl zugeführt wird, weil ständig Öl seitlich aus dem Lager abfließt. Dabei wird aber der Öldruck in den Leitungen lediglich zur Ölförderung und Überwindung der Leitungswiderstände benötigt, nicht aber dazu, das Ölpolster aufzubauen. Der Druckaufbau im Ölpolster des Lagers, der letztlich die Tragfähigkeit bestimmt, geschieht allein durch die sogenannten hydrodynamischen Effekte, die sich aus der Drehbewegung ableiten. Bei Motoren, deren Pleuellager von den Hauptlagern durch Bohrungen mit Öl versorgt werden und das Öl zu den Hauptlagern von außen (gehäuseseitig) zugeführt bekommen, muss der Öldruck in allen Betriebszuständen groß genug sein, um die gegen die Fliehkraft in der Lagerzapfen gelangen zu können. Der dazu notwendige Öldruck beträgt je nach Zapfendurchmesser und Drehzahl mehr als 3 bar. Bei Motoren, deren Ölversorgung der Lager über eine zentrale Einspeisung am Kurbelwellenende erfolgt (viele Einzylinder, Rennmotoren, BMW K 1200 S), **Bild 3.80**, fördert die Fliehkraft das Öl selbständig nach außen, so dass deutlich geringere Öldrücke ausreichen (theoretisch, ohne Reibung und Verluste würde knapp über 1 bar genügen).

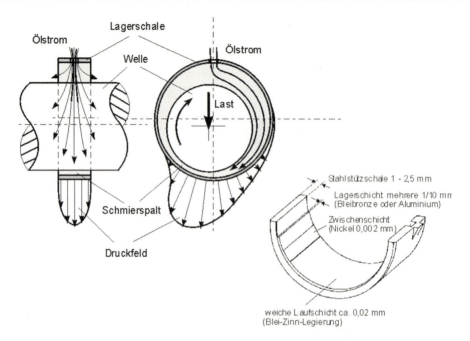

Bild 3.79 Funktionsprinzip des hydrodynamischen Gleitlagers und Aufbau eines modernen Dreistoff-Gleitlagers

Bild 3.80 Kurbelwelle mit zentraler Öleinspeisung (BMW K 1200 S)

3.7 Konstruktive Gestaltung der Motorbauteile

Bei Mehrzylindermotoren sind die notwendigen Bohrungen in der Kurbelwelle nur bei einer ausgeklügelten Gestaltung fertigungstechnisch machbar, im Bild sieht man die Anschrägung der Kurbelwangen bei der K 1200 S, die zugleich die Ventilationsverluste minimieren.

Moderne Berechnungsverfahren unterstützen die betriebssichere Auslegung von Gleitlagern. Bei geometrisch einwandfreiem Lagersitz, d.h. genügend steifer Kurbelgehäusekonstruktion, sind Gleitlager auch unter höchsten Belastungen und Drehzahlen im Dauerbetrieb praktisch verschleißfrei. Der mehrschichtige Aufbau, bei der das eigentliche Lagermaterial von einer relativ weichen Lauffläche mit Notlaufeigenschaften überzogen ist, sorgt auch bei Betriebszuständen mit unzureichender Schmierölzufuhr (z.B. kurz nach dem Kaltstart) für problemlosen Betrieb. In der weichen Laufschicht können sich kleine Fremdkörper leicht einbetten, so dass auch bei kurzfristigem Schmutzanfall im Schmieröl kein Verschleiß oder eine Beschädigung der Lagerzapfen der Kurbelwelle eintritt. Weitere Vorteile von Gleitlagern sind ihr geringes Gewicht, ihr minimaler Platzbedarf, die gute Geräuschdämpfung durch das Ölpolster, ihre leichte, automatisierbare Montage, sowie ihr geringer Preis.

Nachteilig ist der gegenüber Wälzlagern erheblich größere Schmierölbedarf, der eine entsprechend dimensionierte Ölpumpe, große Ölumlaufmengen sowie die individuelle Versorgung aller Lagerstellen mit Öl durch entsprechende Kanäle oder Ölleitungen erforderlich macht. Neben dem Konstruktions- und Fertigungsaufwand dafür, erhöhen sich auch die Motorverluste wegen der hohen Antriebsleistung der Ölpumpe. Zudem erfordern Gleitlager sehr enge Fertigungstoleranzen (Maß- und Formtoleranz) aller Bauteile. Die Lagerspiele müssen im Bereich weniger hundertstel Millimeter liegen und allein über die Paarung von Lagersitz, Durchmesser des Lagerzapfens und Lagerschalendicke eingestellt werden. Für die Gleitlager selber bedeutet dies, dass die Lagerschalendicke nur im Bereich weniger tausendstel Millimeter (!) schwanken darf. Wegen des damit verbundenen, aufwendigen Herstellungs- und Prüfverfahrens ist nur die Produktion großer Stückzahlen rentabel.

Aus diesen Gründen wird für manche Motorradmotoren immer noch die Wälzlagerung des Kurbeltriebs bevorzugt. Für preisgünstige Enduromotorräder mit kleinvolumigen Einzylindermotoren spielt die einfachere Ölversorgung der Wälzlager, die durch Spritzöl ausreichend versorgt werden können, eine wichtige Rolle. Man spart damit nicht nur eine teure Ausführung der Ölpumpe und deren Antriebsleistung, sondern kommt insgesamt mit einem geringeren Ölvolumen aus (Gewicht). Bei einer Unterbrechung der Ölversorgung nach einem Sturz, nicht ungewöhnlich bei einer Enduro, werden bei Wälzlagerung auch schwerwiegende Lagerschäden der Kurbelwelle vermieden. Wie hoch dieser Vorteil tatsächlich zu wichten ist, sei dahingestellt, wenn andere Gleitstellen im Motor bei einem derartigen Ölmangel trotzdem beschädigt werden.

Ein Argument für die Wälzlagerung sind auch die geringeren Anforderungen an die Fertigungsgenauigkeit (Oberflächengüte) und die Möglichkeit, standardisierte Lager ohne aufwändige Auslegung einsetzen zu können. Bei Einzylindermotoren, die in geringen Stückzahlen gefertigt werden und insgesamt nur zwei Kurbelwellenhauptlager sowie ein Pleuellager haben, ist eine Fertigung von speziell angepaßten Gleitlagerschalen nicht wirtschaftlich zu realisieren.

Aus Montagegründen muss bei einer Wälzlagerung die Kurbelwelle immer mehrteilig ausgeführt sein. Zwar gibt es als Sonderbauform auch geteilte Wälzlager, doch scheiden diese wegen ihrer geringen Belastbarkeit und Lebendauer sowie ihrer Anfälligkeit als Kurbelwellenlager im Motor aus. Zudem wären sie sehr teuer. Im **Bild 3.81** ist eine gebaute Kurbelwelle dargestellt. Sie besteht aus den beiden Kurbelwangen mit den Hauptlagerzapfen (geschmiedet oder in Sonderfällen aus dem Vollen gefertigt) und dem Hubzapfen, der mittels Übermaßpassung in die Kurbelwangen eingepresst wird. Wegen der einfachen Form sind die Werkzeugkosten für das Gesenk auch bei geschmiedeten Kurbelwangen gering.

Es gibt aus früherer Zeit auch Beispiele für gebaute, wälzgelagerte Kurbelwellen für Vierzylindermotoren (SUZUKI GS1000). Der Montage- und Fertigungsaufwand für solche Kurbelwellen mit entsprechender Anzahl von Presspassungen ist beachtlich. Nach dem Zusammenpressen der Einzelteile muss eine solche Welle genauestens ausgerichtet werden, damit sie schlagfrei läuft. Bei hohen Belastungen ist die Verdrehsicherheit des Pressverbandes nicht mit letzter Sicherheit gewährleistet.

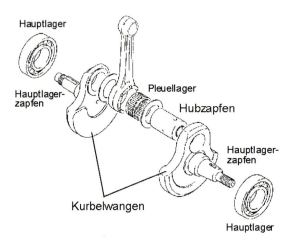

Bild 3.81
Gebaute Einzylinderkurbelwelle

Theoretisch könnte allerdings eine gebaute Kurbelwelle leichter sein, als ein einteiliges Schmiedeteil. Wegen der Einzelteilfertigung können alle Hauptlager- und Hubzapfen als dünnwandige Hohlkörper ausgeführt werden, was bei einer einteiligen Welle mangels Zugänglichkeit nicht möglich ist. Dafür müssen aber wegen der Presssitze die Kurbelwangen zumindest teilweise dicker sein. Im Motorgesamtgewicht dürfte aber mit Wälzlagerung kein Vorteil zu erzielen sein, weil die sehr schweren Wälzlager das Mindergewicht der Welle überkompensieren. Bei Gleitlagerung wäre eine Gewichtseinsparung zu realisieren, doch insgesamt steht dies in keinem Verhältnis zum Gesamtaufwand einer gebauten Kurbelwelle.

Die Ansicht, wälzgelagerte Kurbelwellen hätten im Vergleich zur Gleitlagerung Reibleistungsvorteile, muss differenziert betrachtet werden. Sie leitet sich aus der Erfahrung ab, dass sich wälzgelagerte Motoren von Hand viel leichter durchdrehen lassen. Bei hoher Belastung allerdings, werden sowohl Wälzkörper als auch die Wälzbahn in den Lagerringen elastisch verformt. Dadurch steigt das Reibmoment an, und es ist nicht mehr vergleichbar mit dem leichten Durchdrehen eines leerlaufenden Wälzlagers. Dennoch dürfte die Rollreibung im Lager etwas geringer ausfallen als die Flüssigkeitsreibung im Gleitlager. Problematisch bei der Wälzlagerung bleibt aber die geringere Tragfähigkeit der Lager, die Empfindlichkeit bei stoßartiger Belastung und daraus resultierend die geringe Verschleißsicherheit.

Als Zusammenfassung der konstruktiven Auslegung von Kurbelwellen sind in **Tabelle 3.6** beispielhaft die konstruktiven Hauptdaten der Kurbelwelle eines Vierzylinderreihenmotors mit 1000 cm^3 Hubraum aufgeführt.

3.7 Konstruktive Gestaltung der Motorbauteile

Tabelle 3.6 Konstruktionsdaten einer Vierzylinderkurbelwelle

Bauart	einteilig, geschmiedet	
Kurbelradius [mm]	35	
Wangendicke [mm]	15	
Werkstoff	Vergütungsstahl	
Oberflächenbehandlung	nitriert	
Masse [kg]	8,1	
	Hauptlagerzapfen	Hubzapfen
Durchmesser	45	38
Lagerbreite	17	17

Das nächste hochbelastete Bauteil des Kurbeltriebs ist das Pleuel. Es wird im wesentlichen wechselnd auf Zug und Druck beansprucht. In den meisten Fällen überwiegt die Zugbelastung, denn wegen der hohen Drehzahlen der Motorradmotoren sind die Massenkräfte meist größer als die Gaskräfte. Nur bei großvolumigen Ein- und Zweizylindermotoren mit ensprechend großer Zylinderbohrung kann die Gaskraft die Massenkraft übersteigen, so dass bei dieser Motorbauart die Druckkräfte aus der Verbrennung die maximale Pleuelbeanspruchung darstellen. Entsprechend ihrer Hauptbeanspruchungen sind die Pleuel konstruktiv gestaltet, **Bild 3.82**.

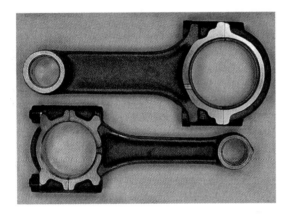

Bild 3.82
Konstruktive Ausführung verschiedener Pleuel

Da der rotierende Pleuelanteil (unterer Pleuelabschnitt) entsprechende Ausgleichsmassen an der Kurbelwelle erfordert, also sein Gewicht quasi doppelt zählt, und die oszillierenden Pleuelmassen die Lagerbelastung des Kurbeltriebs und die Vibrationen des Motors erhöhen, ist eine möglichst leichtbauende Pleuelkonstruktion sehr wichtig. Die genaue Untersuchung des Kraftflusses im Pleuel hat gezeigt, dass der Schaftbereich relativ schlank gestaltet werden kann, wenn die Zugkräfte überwiegen, weshalb alle modernen Leichtbaupleuel eine ähnliche Formgebung wie das Pleuel unten im Bild aufweisen. Bei hohen Druckkräften muss der Pleuelschaft u.a. aus Gründen der Knicksicherheit kräftiger ausgeführt werden (Pleuel oben im Bild).

Wichtig ist beim Pleuel noch die Gestaltung des Übergangsbereichs vom Schaft zu den beiden Pleuelaugen, weil diese Stellen hochbelastet und wegen der erforderlichen Kraftumlenkung bruchgefährdet sind. Ein allmählicher Übergang mit steifer Anbindung besonders des großen Auges und die Vermeidung abrupter Querschnittssprünge sind hier zu berücksichtigen.

Kritisch ist die Teilung des Pleuels bzw. seine Verschraubung, die hochbelastet ist. Die Pleuelverschraubung ist bei Tuningmaßnahmen am Motor, die auf das Erreichen höherer Drehzahlen abzielen, oft eine wenig beachtete Schwachstelle! Überhaupt wird die mechanische Drehzahlgrenze von Motoren nicht allein von der Drehzahlfestigkeit des Ventiltriebs bestimmt, sondern ganz wesentlich von der Gestaltfestigkeit des Pleuels und der Pleuelverschraubung.

Für die Funktion des unteren Pleuel*lagers* ist auch die *Formtreue* der unteren Pleuelbohrung unter Last sehr wesentlich. Versteifungsmaßnahmen durch ein Rippen am Lagerdeckel sind hier hilfreich wie auch breite Flächen im Bereich der Teilfuge. Alternativ wurde auch schon versucht, den Pleuellagerdeckel eher weich zu gestalten, so dass er sich unter hoher Belastung an den Lagerzapfen anlegt und sich dessen runder Form anpasst.

Während früher eine Bronzebuchse im oberen Pleuelauge zur Lagerung des Kolbenbolzens als unverzichtbar angesehen wurde, haben viele modernen Motorkonstruktionen gezeigt, dass man darauf gänzlich verzichten kann. Die Laufpaarung Stahl auf Stahl hat sich bewährt, Voraussetzung ist jedoch eine Feinstbearbeitung (Honen) der kleinen Pleuelbohrung mit hoher Oberflächengüte. Dem Nachteil, dass bei Verschleiß oder Beschädigung der Lauffläche das ganze Pleuel ausgetauscht werden muss, stehen als Vorteile geringere Fertigungskosten und reduzierte oszillierende Massen gegenüber. Nicht nur der Entfall der Buchse spart Gewicht, sondern es kann ja auch der Außendurchmesser des Pleuelauges um die Buchsenwandstärke kleiner werden.

Pleuel für Motorradmotoren werden fast ausschließlich als Gesenkschmiedeteile aus Vergütungsstahl gefertigt. Gegossene Pleuel, im Automobilmotorenbau verbreitet, halten den Belastungen, wie sie in Hochleistungsmotorradmotoren auftreten, nicht stand. Bei BMW wurde mit Einführung der Vierventil-Boxergeneration im Jahre 1993 das Sinterschmiedepleuel erstmals im Motorradmotorenbau verwendet, **Bild 3.83**.

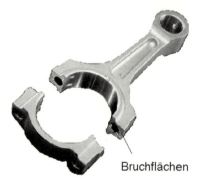

Bruchflächen

Bild 3.83
Sinterschmiedepleuel mit Schaft-Deckel-Bruchtechnik

Die Besonderheit dieses Pleuels war neben dem Sinterverfahren die *Schaft-Deckel-Bruchtechnik* (*gecrackte* Pleuel). Dabei erfolgt die Abtrennung der unteren Pleuelaugenhälfte nicht mehr nach der Vorbearbeitung durch Sägen oder Schlagen, sondern durch gezieltes Auseinanderbrechen des fertig bearbeiteten Teils genau in der Mittenebene der Bohrung. Mit diesem

3.7 Konstruktive Gestaltung der Motorbauteile

Verfahren kann die mechanische Bearbeitung der Trennflächen entfallen, und es braucht keine separate Zentrierung der Teile durch Buchsen oder Passschrauben mehr vorgesehen zu werden. Die Zentrierung erfolgt allein über die Struktur der Bruchflächen. Sie garantieren, dass Pleuelstange und Lagerdeckel nach Montage der Lager exakt und passgenau wieder zusammengefügt werden können. Durch den Entfall von Zentrierung und Bearbeitungskosten ist das Pleuel sehr wirtschaftlich. Das Bruchverfahren wurde inzwischen so weit verfeinert, dass heute auch normale Stahl-Schmiedepleuel mit diesem Herstellverfahren gefertigt werden. Dazu wird in der Pleuelbohrung mittels eines Lasers eine Bruchlinie eingebracht, die als Kerbe wirkt. In einer Maschine wird das Pleuel dann in der Bohrung hydraulisch auseinandergezogen und entlang der Bruchlinie „gesprengt", **Bild 3.84**.

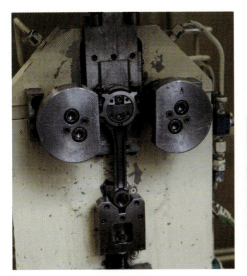

Bild 3.84 Herstellverfahren Schaft-Deckel-Bruchtechnik für Schmiedepleuel

Wegen des hohen Rohteilpreises des teuren Sinterwerkstoffs ist das Stahl-Schmiedepleuel wirtschaftlicher als das Sinterpleuel. Der Vorteil des Sinterpleuels ist die endformnahe Rohteilkontur mit hoher Form- und Volumenkonstanz, die keinerlei Nachbearbeitung wie Entgraten erforderlich macht. Dadurch sind die Gewichtsunterschiede der einzelnen Pleuel sehr gering, was sich positiv auf die Laufruhe im Motor auswirkt.

Das für hochdrehende Motoren besonders wichtige Streben nach Leichtbau und Verringerung der oszillierenden Massen verstärkt das Bemühen um leichtere Werkstoffe für das Pleuel. Für Rennmotoren wird Titan eingesetzt, das mit einem spezifischen Gewicht von rund 4,5 g/cm^3 bei gleicher Festigkeit wie Stahl um mehr als 40% leichter ist. Unter anderem wegen des sehr hohen Rohstoffpreises und der teueren, schwierigen Bearbeitung (Titan ist sehr zäh) scheidet Titan als Pleuelwerkstoff für Motorradmotoren, die in großer Serienstückzahl gebaut werden, aus. Hinzu kommt, dass Titan ähnlich wie Aluminium keine ausgeprägte Dauerfestigkeit aufweist, sondern nur zeitfest ist. Ein weiteres Problem ist die ungünstige Gleitpaarung zu Stahl, die eine Beschichtung der axialen Anlaufflächen notwendig macht. In sehr exklusiven und teuren Motorrädern, als Beispiele seien hier Supersportmotorräder von MV AGUSTA, DUCATI oder APRILIA genannt, werden Titanpleuel in Kleinserie verbaut, **Bild 3.85**.

Bild 3.85
Titanpleuel

Als Alternative zum Titanpleuel wird hin und wieder das Aluminiumpleuel genannt, das bereits in den 50er Jahren von verschiedenen englischen und deutschen Herstellern (BMW R26, Einzylinder, 250 cm^3) eingesetzt wurde. Wie schon damals, werfen auch heute noch Leichtmetallpleuel aus Aluminiumlegierungen viele Probleme auf. Die Festigkeit und Steifigkeit dieser Pleuel ist immer noch unzureichend, bzw. wenn sie dauerhaltbar dimensioniert sind, bieten sie kaum noch Gewichtsvorteile. Zudem wirkt sich die Wärmeausdehnung mit entsprechender Spielvergrößerung am Pleuellager ungünstig auf dessen Laufverhalten und Geräuschemission aus. Faserverstärkte Aluminiumpleuel, wie sie vielfach propagiert werden, sind derzeit nicht wirtschaftlich herstellbar und werden technologisch noch nicht befriedigend beherrscht. Die Hauptschwierigkeit bereitet die Pleuelteilung, weil dadurch der Kraftfluss in den Fasern unterbrochen wird.

Die Frage, ob der Aufwand und die Kosten für Leichtmetallpleuel im angemessenen Verhältnis zur erwarteten Verringerung von Motorgesamtmasse und oszillierenden Triebwerksmassen und damit auch zum Gewinn an Laufruhe stehen, kann im derzeitigen Entwicklungsstadium noch nicht endgültig beantwortet werden. Wenn heute konventionelle Stahlpleuel in Motorradmotoren Drehzahlen bis weit über 13.000 U/min problemlos erreichen, die Laufruhe auch

3.7 Konstruktive Gestaltung der Motorbauteile

durch Verlängerung der Pleuel verbessert werden kann und aus Gründen der Geräuschreduzierung sich das Drehzahlniveau von Motorenmotoren zukünftig eher hin zu niedrigen Drehzahlen entwickeln wird, ergibt sich eigentlich wenig Handlungsbedarf.

Als letztes Bauteil des Kurbeltriebs soll der Kolben behandelt werden. Der Kolben besteht immer aus folgenden Einzelteilen:

- Kolbengrundkörper
- Kolbenbolzen mit Bolzensicherungen
- Kolbenringen

Im üblichen Sprachgebrauch wird unter Kolben meist der Zusammenbau dieser Einzelteile verstanden. Die Hauptmaße und die wichtigsten Bezeichnungen des Kolbens gehen aus **Bild 3.86** hervor.

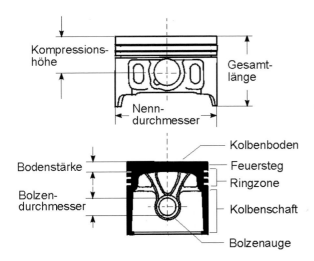

Bild 3.86 Bezeichnungen und Hauptmaße des Kolbens

Die Funktionen des Kolbens im Motor sind:

- Geradführung des Kurbeltriebs
- Aufnahme des Verbrennungsdrucks und Weiterleitung der resultierenden Gaskräfte
- Abdichtung des Brennraums
- Regulierung des Ölhaushalts an der Zylinderlaufbahn
- Abführen der Verbrennungswärme

Entsprechend komplex sind die Beanspruchungen, denen der Kolben unterliegt:

- Druckkräfte (Gaskraft) aus der Verbrennung
- Zugkräfte infolge der Massenkraft
- Druck- und Zugkräfte aus thermischen Dehnungen
- Temperaturbelastung
- Reibkräfte an Kolbenschaft und Kolbenringen
- Angriff korrosiver Gase aus der Verbrennung

Im Motorbetrieb treten diese Belasten kombiniert auf. Die betriebssichere Auslegung von Kolben für Hochleistungsmotoren kann nur in engster Zusammenarbeit zwischen Motorhersteller und Kolbenlieferant erfolgen, denn die Festigkeitseigenschaften des Kolbens hängen in entscheidendem Maße von der Werkstoffwahl in Verbindung mit dem Herstellungsprozess ab. In der konstruktiven Auslegung der Kolben steckt sehr viel herstellerspezifisches Know-how, so dass hier nur sehr allgemeine Gestaltungsregeln angegeben werden können.

Wichtigstes Kriterium für den Kolben ist neben der Haltbarkeit der Leichtbau, denn der Kolben hat mit über 7% den größten Anteil an den oszillierenden Massen des Motors. Das Kolbengewicht bestimmt daher maßgeblich die Größe der Massenkräfte, die auf das Pleuel, den Hubzapfen der Kurbelwelle und die Kurbelwellenlager einwirken und damit letztlich auch die Dimensionierung und das Gewicht all dieser Bauteile. Der Minimierung der Kolbenmasse ist daher die zentrale Aufgabe der Kolbenentwicklung.

Welche Fortschritte dabei in den vergangenen 30 Jahren erzielt wurden, zeigt das **Bild 3.87**. Dargestellt sind zwei Kolben nahezu gleicher Bohrung (67 und 68 mm) für 250 cm³ Zylindervolumen. Der linke Kolben ist eine Vollschaft-Konstruktion, wie sie bis weit in die 60er Jahre hinein verwendet wurde, der Rechte ein Leichtbaukolben aus dem Jahre 1988. Aussagefähiger als der reine Gewichtsfortschritt, der rund 16% beträgt, wird der Vergleich, wenn man die auf die Kolbenfläche bezogene Motorleistung betrachtet.

Bild 3.87
Entwicklungsfortschritt beim Kolben

Diese hat sich um mehr als 70% erhöht, d.h. die spezifische Belastung des Kolben ist entsprechend angewachsen! Vor diesem Hintergrund ist die 16%ige Gewichtsreduzierung eine beeindruckende Entwicklungsleistung. Bezieht man jetzt noch die Motorleistung auf die Kolbenfläche und das Kolbengewicht, so kann man ein *Kolbenflächen-Leistungsgewicht* definieren:

$$KFL = \frac{\text{Zylinderleistung}}{\text{Kolbenfläche} \cdot \text{Kolbenmasse}} \tag{3-28}$$

Es kann als griffiger und sinnvoller Vergleichsmaßstab für die Ausnutzung des Kolbenwerkstoffs und den Fortschritt in der Kolbenentwicklung herangezogen werden. Bezogen auf das vorangegangene Beispiel ist die spezifische Leistungsfähigkeit des Kolbens in 30 Jahren auf mehr als das Doppelte angestiegen.

Eine wesentliche Gewichtseinsparung kann am Kolben an dem aus Stahl gefertigten Kolbenbolzen, der allein 20% des Kolbengesamtgewichts ausmacht, erzielt werden. Da sein Durch-

3.7 Konstruktive Gestaltung der Motorbauteile

messer durch die Belastung bestimmt wird, kann nur seine Länge und seine Gestaltung optimiert werden. Ein Beispiel für eine beanspruchungsgerechte, gewichtssparende Konstruktion ist das konische Ausdrehen der Kolbenbolzenenden, **Bild 3.88**.

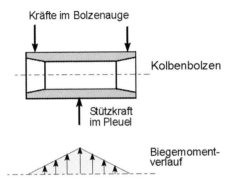

Bild 3.88
Beanspruchungsgerechte Kolbenbolzenkonstruktion

Eine weitere Möglichkeit bietet die Verkürzung des Kolbenbolzens, die charakteristisch für alle modernen Leichtbaukolben ist, allerdings eine Abkehr vom Vollschaftkolben erfordert. Der Kolbenschaft ist bei dieser Konstruktion im Bereich der Kolbenbolzennabe weit nach innen gezogen (Kastenkolben), so dass der Kolben nicht mehr über seine gesamte Mantelfläche führt, sondern nur noch über zwei schmale Flächen, **Bild 3.89**. Die weiter innenliegende Bolzennabe dieser Kolbenbauart erfordert eine sehr sorgfälte Anbindung und Abstützung des Kolbenbodens, da dieser an den beiden Schmalseiten des Kolbenschaft übersteht, woraus sich Biegebelastungen im Übergangsbereich Kolbenboden-Schaft ergeben. Die Verkürzung des Kolbenhemds (Kurzschaft oder Slipperkolben) hat auf die Gewichtsreduzierung übrigens nur wenig Einfluss, denn die Wandstärke in diesem Bereich beträgt nur ca. 2 mm und der Massenanteil somit nur wenige Gramm.

Bild 3.89
Vollschaftkolben und Leichtbau-Kastenkolben im Vergleich

Die größten Materialkonzentrationen liegen beim Kolben zwischen Kolbenboden und Bolzennabe, so dass hier das zweite große Gewichtssparpotential liegt. Der Gewichtsvorteil von 20%, den der moderne Kolben des 4-Ventil-Boxermotors von BMW (**Bild 3.89**) trotz seines größeren Durchmessers gegenüber dem des Vorgängermodells hat, ist neben der Verkürzung des Kolbenbolzens auf die Materialeinsparungen in diesem Bereich durch Verringerung der Kompressionshöhe und eine Reduzierung der Kolbenbodendicke zurückzuführen. Extreme Leichtbaukolben für Hochleistungsserienmotoren kommen heute mit Bodenstärken von knapp 5 mm aus, was in Anbetracht von Verbrennungsspitzendrücken von rund 80 bar und Kolbentemperaturen von über 300 °C erstaunlich wenig ist. Es darf ja nicht vergessen werden, dass diese Extrembeanspruchungen bis zu 70mal pro Sekunde auftreten und pro Kolben eine Leistung bis über 80 kW (Leistung aufgrund der Verbrennung, nicht Nutzleistung!) umgesetzt wird.

Die Kompressionshöhe bestimmt neben dem Gewicht auch unmittelbar die Bauhöhe des Kolbens, und sie geht damit auch in die Gesamtbauhöhe des Motors ein. Damit bietet sich eine elegante Möglichkeit über die Minimierung der Kompressionshöhe des Kolbens, das Pleuel um einige Millimeter verlängern zu können, ohne die Bauhöhe des Motors vergrößern zu müssen. Bestimmt wird die minimale Kompressionshöhe letztlich von der Anzahl der Kolbenringe, deren Breite (Höhe), und den notwendigen Zwischenräumen in der Ringzone des Kolbens. Der Kolben trägt normalerweise drei Ringe, zwei Kompressionsringe und einen Ölabstreifring. Versuche zeigen, dass für Serienmotoren auf den zweiten Kompressionsring meist nicht verzichtet werden kann, wenn Abdichteigenschaften und Ölverbrauch über die Motorlebensdauer nicht nachlassen sollen. Die Ringhöhen sollten für Kompressionsringe 1 mm und für den Ölabstreifring 2,5 mm nicht unterschreiten, weil sonst ein Verdrillen der Ringe auftreten kann und sie ihre Abdichtfunktion nicht mehr ausreichend erfüllen können. Zählt man die Maße zusammen und berücksichtigt noch einen Minimalabstand zwischen Kolbenunterseite und Pleuel, so ergibt sich, dass für Dreiringkolben mit Durchmessern in der Größenordnung von 70 mm (gängiges Bohrungsmaß für Vierzylindermotoren) eine Kompressionshöhe von 30 mm nicht wesentlich unterschritten werden kann. Aus all diesen Gründen dürften heutige Kolbenkonstruktionen weitgehend ausgereizt sein, und es sind weitere deutliche Gewichtsreduzierungen ohne Einschränkung der Dauerhaltbarkeit wohl nicht machbar. Fortschritte könnten ggf. zukünftig mit neuen faserverstärkten Leichtmetallwerkstoffen erzielt werden

Neben diesen Haltbarkeits- und Gewichtskriterien muss der Kolben auch noch seine Führungsaufgaben im Zylinder optimal erfüllen können. Betrachtet man die Kolbenbewegung genauer, so erkennt man, dass der Kolben im Zylinder hin- und herkippen kann (Kolbensekundärbewegung), denn innerhalb seines Laufspiels ist seine Lage unbestimmt, **Bild 3.90**.

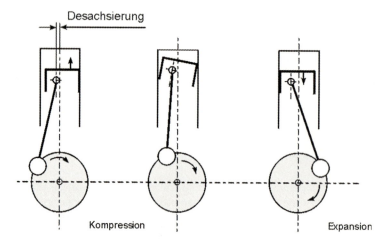

Bild 3.90 Kippbewegung (Kolbensekundärbewegung) des Kolbens im Zylinder

3.7 Konstruktive Gestaltung der Motorbauteile

Dieses Kippen wird umso größer, je größer das Laufspiel und je kürzer die Kolbenschaftlänge ist. Deshalb wird bei fast allen Motoren der Kolben desachsiert, d.h. die Mittelachse des Kolbenbolzens verläuft um wenige mm versetzt zur Zylinderachse. Damit soll eine definierte Anlage des Kolbens an die Zylinderwand erreicht werden. Genaue Untersuchungen zeigen aber, dass trotz Desachsierung während der Auf- und Abbwegung ein mehrfacher Anlagewechsel des Kolben stattfindet [3.13]. Jeder Anlagewechsel führt zu einem harten Anschlag der Kolbenkanten an den Zylinder mit entsprechender Geräuschanregung. Besonders bei luftgekühlten Motoren mit Kühlrippen und guter Schallabstrahlung wirkt sich dies deutlich messbar auf die Geräuschemission des Motors aus.

Deshalb muss das Laufspiel der Kolben im Zylinder insbesondere bei Kurzschaftkolben so klein wie möglich gehalten werden. Generell benötigen luftgekühlte Motoren ein etwas größeres Kolbenlaufspiel als wassergekühlte (vgl. nächstes Kapitel). Beschichtete Aluminiumzylinder mit gleichem Dehnungsverhalten wie die Kolben sind vorteilhafter als Graugusszylinder bzw. Aluzylinder mit Graugusslaufbuchse, wobei allerdings Grauguss bezüglich der Schallübertragung bessere Dämpfungseigenschaften hat. Durch genaue Anpassung der Kolbenkontur an seine Temperaturbelastung und sein Dehnungsverhalten, **Bild 3.91**, kann eine weitgehende Laufspielminimierung und befriedigendes Kippverhalten auch bei Kurzschaftkolben erreicht werden. Übliche Kalt-Einbauspiele für den Kolben betragen bei motorradüblichen Kolbendurchmessern (60-80 mm) rund 0,05 mm am unteren Schaftende und 0,25-0,35 mm im Bereich des Feuerstegs.

Im **Bild 3.92** sind zwei weitere Ausführungsbeispiele von Kolben, wie sie in Motorradmotoren eingesetzt werden, dargestellt. Der Ovalkolben, von HONDA als einzigem Motorenhersteller zur Serienreife entwickelt und im Modell NR750R eingesetzt, stellt eine Novität dar, die aber nicht zuletzt wegen der sehr aufwendigen Fertigung der Kolbenringe eine exotische Ausnahme geblieben ist. Der Kolben der BMW K 1200 S ist der typische Vertreter eines modernen Leichtbau-Kolbens.

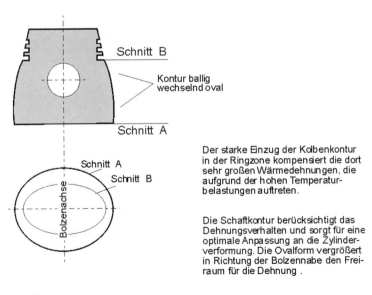

Bild 3.91 Kolbenkontur

Ovalkolben (Honda)   Leichtbaukolben (BMW K 1200 S)

Bild 3.92 Ovalkolben und Standardkolben

3.7.2 Gestaltung von Kurbelgehäuse und Zylinder

Kurbelgehäuse und Zylinder gehören eng zusammen; zunehmend werden auch beide Bauteile konstruktiv im sogenannten *Zylinderkurbelgehäuse* zusammengefasst. Während der Zylinder zusammen mit dem Kolben für die Geradführung des Kurbeltriebs sorgt, nimmt das Kurbelgehäuse als Fundament des Motors alle Bauteile des Kurbeltriebs sowie alle im und am Motor wirkenden inneren und äußeren Kräfte auf. Auf den geschlossenen Kraftfluss der *Gaskräfte* wurde schon früher verwiesen, vgl. **Bild 3.42** und Kap. 3.5.1. Diese inneren Kräfte beanspruchen selbstverständlich das Kurbelgehäuse, indem sie versuchen, dieses zwischen Zylinderkopf und Kurbelwellenebene auseinanderzuziehen.

Die *Massenkräfte* aus dem Kurbeltrieb werden ebenfalls aufgenommen und, soweit sie als freie Kräfte nach außen wirksam werden, an die Motoraufhängungspunkte weitergeleitet. Werden sie durch den Massenausgleich zu inneren Kräften, wirken sie innerhalb des Kurbelgehäuses über die Kurbelwelle als Biegebeanspruchung. Ist der Motor tragendes Element im Fahrwerkskonzept, muss das Kurbelgehäuse auch noch Fahrwerkskräfte aufnehmen und weiterleiten.

Es wird deutlich, dass das Kurbelgehäuse ein hochbelastetes Bauteil ist, das kombinierten Zug-, Druck-, Biege- und Torsionsbeanspruchungen unterliegt. Als größtes Einzelteil des Motors bestimmt seine Konstruktion wesentlich das Motorgesamtgewicht; Leichtbau hat daher auch beim Kurbelgehäuse hohe Priorität. Kurbelgehäuse für Motorradmotoren werden daher schon seit Jahrzehnten ausnahmslos aus Leichtmetall gefertigt. Wegen der Präzision, die eine Kurbelwellenlagerung erfordert, muss das Kurbelgehäuse ganz besonders im Bereich der Hauptlagergasse höchste Steifigkeit aufweisen und darf sich unter der Einwirkung äußerer und innerer Kräfte wie auch infolge thermischer Dehnungen nur unwesentlich verziehen. Erreicht wird dies generell durch entsprechende Wandstärken im Bereich der Lagerungen und durch aufwendige Verrippungen innerhalb der Gehäusestruktur.

Analog zu den unterschiedlichen Motorbauarten gibt es eine große Vielfalt in der Bauausführung der Kurbelgehäuse. Die Übersicht im **Bild 3.93** zeigt eine systematische Einteilung in mögliche Bauprinzipien. Anhand ausgewählter Beispiele sollen die konstruktiven Besonderheiten sowie die Vor- und Nachteile der verschieden Kurbelgehäusebauformen näher erläutert werden.

3.7 Konstruktive Gestaltung der Motorbauteile

Die im Automobilbau zum Standard gewordene Bauart eines ungeteilten *Zylinderkurbelgehäuses* wird im Motorradbau bis heute nur von BMW in den K-Modellen mit liegendem, wassergekühlten Reihenmotor angewandt. Bei dieser Konstruktion sind Zylinder und Kurbelgehäuse in einem gemeinsamen Gussteil ausgeführt; sie zeichnet sich durch hohe Steifigkeit bei geringem Gewicht aus. Durch zusammengegossene Zylinder kann der Zylinderabstand minimiert und das Kurbelgehäuse optimal kurz gehalten werden. Dies ist beim Längseinbau des Motors dann besonders wichtig, wenn – wie bei BMW – das Getriebe hinter dem Motor angeflanscht wird. Die Länge der Motor-Getriebeeinheit bestimmt in diesem Fall nämlich wesentlich den Radstand, und dieser soll nicht zu lang werden. Zusätzlich trägt die kompakte Zylindereinheit zur Steifigkeitserhöhung des Motorblocks bei. Auf die Kühlung haben die zusammengegossenen Zylinder wegen der hervorragenden Wärmeleitfähigkeit von Aluminium keinen nachteiligen Einfluss.

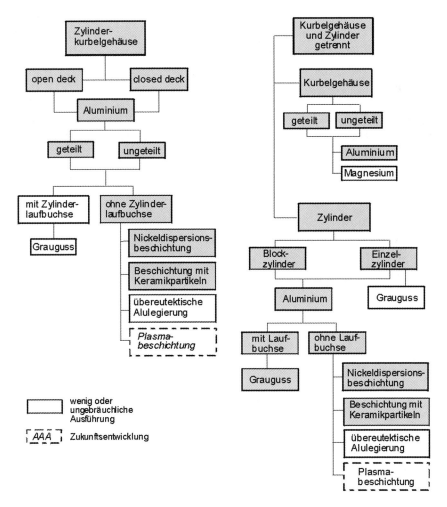

Bild 3.93 Systematische Einteilung der möglichen Bauarten von Kurbelgehäusen

Der Gewichtsvorteil eines Zylinderkurbelgehäuses ergibt sich aus dem Entfall von (dickwandigen) Flanschflächen für die Zylinderbefestigung und der Einsparung entsprechender Schrauben und Dichtungen. Es sind damit auch weniger mechanische Bearbeitungen am Gehäuse notwendig, wodurch die Fertigung dieses Kurbelgehäusetyps insgesamt recht wirtschaftlich wird. **Bild 3.94** zeigt das Zylinderkurbelgehäuse der BMW K100, das in seiner Grundkonstruktion auch bei den Modellen K 1200 GT und K 1200 LT noch verwendet wird. Das dargestellte Gehäuse ist eine *open-deck*-Konstruktion, bei der der Kühlwasserraum der Zylinder nach oben offen und nicht durch eine Deckplatte (closed deck) verschlossen ist. Dadurch wird die Entfernung des Wassermantelkerns nach dem Gießen sehr vereinfacht. Die Steifigkeit ist allerdings gegenüber einer closed-deck-Konstruktion etwas geringer.

 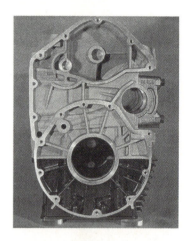

Bild 3.94 Ungeteiltes Zylinderkurbelgehäuse des BMW K 100 Motors

Das Gehäuse wird im Niederdruck-Kokillengussverfahren aus einer Aluminiumlegierung (ALSi10Mg) hergestellt und wiegt einschließlich der Hauptlagerböcke, die aus Grauguss bestehen, rund 16 kg. Ein gewisser Nachteil des Kokillengusses ist die Mindestdicke von rund 4 mm, die für alle Wände eingehalten werden muss. Das führt zu einer gewissen Gewichtserhöhung, weil nichttragende Zwischenwände und Versteifungsrippen im Gehäuse dicker als nötig ausgeführt werden müssen.

Aufgrund der komplexen Gehäusestruktur und der großvolumigen Gussteile ist eine Fertigung ungeteilter Zylinderkurbelgehäuse im Druckgussverfahren oft gar nicht oder nur mit großem Aufwand möglich. Das ist unvorteilhaft, denn Druckguss erlaubt minimale Wandstärken bis etwa 1 mm und damit Gewichtsoptimierungen. Allerdings werden mit diesem Gussverfahren gegenüber Niederdruck-Kokillenguss geringere Festigkeitswerte im Werkstoff erzielt, weil infolge der hohen Gießgeschwindigkeit und schnelleren Abkühlung ein gashaltiges Gefüge geringerer Dichte entsteht.

Die meisten Motorradhersteller setzen mittlerweile bei den Hochleistungs-Reihenmotoren für ihre Sportmotorräder horizontal *geteilte* Zylinderkurbelgehäuse ein, die auch Druckgussverfahren möglich machen. Bei diesen Konstruktionen bilden das Kurbelgehäuseoberteil und der Zylinderblock eine Einheit. Mit nur einer Trennebene bieten sie gute Voraussetzungen für

Advanced MLS-Technology by VICTOR REINZ.

Die Anforderungen an Zylinderkopfdichtungen in modernen Motorradtriebwerken: Anspruchsvoll und komplex.

Die Antwort von VICTOR REINZ:
Einfach innovativ.

Hard-Coating®VR und Wellen-Stopper

Zwei Stopper-Konzepte für optimale Anpassung der Zylinderkopfdichtung an die umgebenden Bauteile und für reduzierte Bauteilverzüge.

Perfekt!

VICTOR REINZ®

REINZ-Dichtungs-GmbH
Reinzstr. 3-7 89233 Neu-Ulm
Tel. +49 (0)731 70 46-0
Fax +49 (0)731 71 90 89
www.reinz.com
Erstausrüstung
Original Ersatzteile
Industrielle Anwendungen
Brennstoffzellen Komponenten

People Finding A Better Way

Die ATZ/MTZ-Fachbuchreihe

van Basshuysen, Richard /
Schäfer, Fred
Handbuch Verbrennungsmotor
Grundlagen, Komponenten, Systeme,
Perspektiven
2., verb. Aufl. 2002. XLII, 888 S., mit
1.254 Abb. Geb. € 99,00
ISBN 3-528-13933-1

van Basshuysen, Richard /
Schäfer, Fred (Hrsg.)
Lexikon Motorentechnik
Der Verbrennungsmotor von A-Z
2004. XVIII, 1.078 S. mit 1.742 Abb.,
Geb. € 99,00
ISBN 3-528-03903-5

Breuer, Bert /
Bill, Karlheinz H. (Hrsg.)
Bremsenhandbuch
Grundlagen, Komponenten, Systeme,
Fahrdynamik
2., verb. u. erw. Aufl. 2004. XX, 416 S.
Geb. € 49,90
ISBN 3-528-13952-8

Hoepke, Erich / Brähler, Hermann /
Gräfenstein, Jochen/Appel, Wolfgang/
Dahlhaus, Ulrich / Esch, Thomas
Nutzfahrzeugtechnik
Grundlagen, Systeme, Komponenten
Hoepke, Erich (Hrsg.)
2., überarb. Aufl. 2002. XXXII, 507 S.
mit 560 Abb. Geb. € 44,90
ISBN 3-528-13898-X

Köhler, Eduard
Verbrennungsmotoren
Motormechanik, Berechnung und
Auslegung des Hubkolbenmotors
3. verb. Aufl. 2002. XXIV, 463 S. mit
241 Abb. Geb. € 62,90
ISBN 3-528-23108-4

Schäuffele, Jörg / Zurawka, Thomas
Automotive Software Engineering
Grundlagen, Prozesse, Methoden und
Werkzeuge
2003. XIV, 334 S. Mit 278 Abb.
Geb. € 39,90
ISBN 3-528-01040-1

Abraham-Lincoln-Straße 46
65189 Wiesbaden
Fax 0611.7878-400
www.vieweg.de

Stand Juli 2004.
Änderungen vorbehalten.
Erhältlich im Buchhandel oder im Verlag.

3.7 Konstruktive Gestaltung der Motorbauteile

Leichtbau und wirtschaftliche Montage. Ein grundlegender Vorteil der Gehäuseteilung ist die einfache Montage von Hauptlagerschalen und Kurbelwelle, die auch automatisch erfolgen kann. Auf weitere Konstruktionsmerkmale dieser verbreiteten Bauart soll kurz eingegangen werden. Beispielhaft betrachten wir dazu das in den **Bildern 3.95** gezeigte Zylinder-Kurbelgehäuse der 2004 neu vorgestellten BMW K 1200 S.

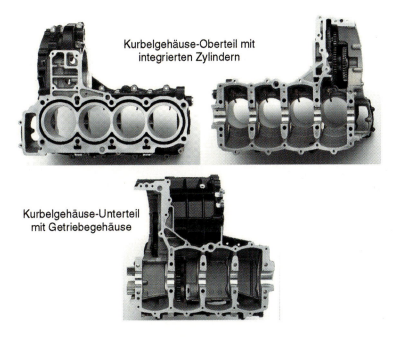

Bild 3.95 Kurbelgehäuseteile der BMW K 1200 S

Die in das Oberteil integrierten Zylinder machen das gesamte Bauteil sehr steif. Die tragenden Strukturen, also der der Hauptlagerbereich mit seiner Anbindung ist großzügig dimensioniert und sichert durch seine Steifigkeit die Formtreue der Hauptlager unter Belastung. Im Kurbelgehäuse-Unterteil sind die Lagerbrücken über die Kurbelgehäusewände verbunden. Das Unterteil trägt auch das Getriebe, das hier als Kassettengetriebe ausgeführt ist. Deutlich erkennbar sind die unterschiedlichen Wandstärken. Das gesamte Kurbelgehäuse wiegt xx kg. Eine Besonderheit ist, dass das Kurbelgehäuse-Oberteil mit den Zylindern im Niederdruck-Kokillen-Gussverfahren gefertigt wurde und das Unterteil in Druckguss. Damit sind im Unterteil für die nichttragenden Bereiche dünne Wandstärken möglich. Für den Kokillenguss des Oberteils spricht dessen bessere Beschichtbarkeit im Bereich der Zylinderbohrung (vgl. nächsten Abschnitt).

Das Kurbelgehäuse der YAMAHA FZ 750 (Modelljahr 1988) ist ein Beispiel für die grundsätzlich andere Bauart des geteilten Gehäuses, nämlich Kurbelgehäuse und Zylinder *getrennt* auszuführen, **Bild 3.96**. Das war früher Standard bei den japanischen Herstellern. Die tragenden Strukturen sind auch bei diesem Gehäuse entsprechend dimensioniert, während die Wandstärke bei Zwischenwänden ohne tragende Funktion sehr klein gehalten wurde.

3 Arbeitsweise, Bauformen und konstruktive Ausführung von Motorradmotoren

Bild 3.96 Kurbelgehäuseteile der YAMAHA FZ 750 (Modelljahr 1988)

Gas- und Massenkräfte haben bei diesem Motor wegen der um 45° geneigten Zylinder eine Kraftkomponente quer zur horizontalen Gehäuseteilung, deshalb ist das Gehäuse im Bereich der Kurbelwellenhauptlager zusätzlich verschraubt. Die durchgehendern Stiftschrauben (Zuganker), mit denen Zylinderblock und Zylinderkopf gemeinsam verschraubt werden, leiten die Gaskräfte auf geradem Wege sehr günstig in das Kurbelgehäuse ein. Seine Steifigkeit erhält das Gehäuse durch die vielfache Verschraubung von Ober- und Unterteil. Trotzdem liegt sie unterhalb der Werte, die mit Zylinderkurbelgehäusen erreicht werden.

Die hohe Oberflächengüte des Kurbelgehäuses und die filigrane Gestaltung wurden durch das Druckgussverfahren möglich. Trotz des filigranen Aussehens weist das dargestellte Gehäuse (zusammen mit dem Zylinderblock) gegenüber dem massiver erscheinenden Zylinderkurbelgehäuse der BMW K100 von 1983 keinen signifikanten Gewichtsvorteil auf (der Gewichtsanteil für das Getriebegehäuse bei YAMAHA wurde bei diesem Vergleich berücksichtigt). Der Grund für dieses überraschende Ergebnis liegt einerseits in den Graugusslaufbuchsen des YAMAHA-Motors (Baujahr 1988) und in der Vielzahl der Schrauben zum Zusammenfügen des Motors. Berücksichtigt man noch, dass der K100-Motor Hauptlagerdeckel aus Grauguss hat und bei gleicher Bohrung mehr Hubraum aufweist (1000 cm^3 statt 750 cm^3), wird der konstruktionsbedingte Gewichtsvorteil der Zylinderintegrierung beim Zylinderkurbelgehäuses besonders deutlich.

Für die Trennung von Zylindern und Kurbelgehäuse gab es einige Gründe. Solange preiswerte Graugusszylinder den Anforderungen genügten, ergab sich automatisch die getrennte Bauweise von Gehäuse und Zylindern. Beim zunehmenden Übergang auf Aluminiumzylinder wurde diese bewährte Bauweise dann von vielen Herstellern beibehalten. Ein weiterer Grund ist die Integration des Getriebes in das Kurbelgehäuse. Die zusätzliche Integration der Zylinder führt zu größeren, komplexen Gussstücken. Diese sind teurer und können u.U. auch im Gieß- und

3.7 Konstruktive Gestaltung der Motorbauteile

Fertigungsprozess zu Schwierigkeiten führen (Ausschussquoten beim Guss, Aufspannen für die Bearbeitung, Steifigkeit bei der Bearbeitung, Teilehandhabung, etc.). Schließlich spielt auch eine Rolle, dass bei Beschädigungen am Gehäuse bzw. Zylinder nur preiswerte Einzelteile ersetzt werden müssen, statt teurer Teileumfänge. Weil diese Gehäusebauart aus den erwähnten Gründen den Anforderungen an modernen Leichtbau nur unzureichend genügt, wird sie kaum noch angewendet.

Bei allen Konstruktionen von Zylinderkurbelgehäusen ergibt sich die Notwendigkeit, die Zylinderlaufbahnen mit einer abriebfesten Oberfläche zu versehen, denn Kolben und Kolbenringe können nicht direkt auf dem weichen Aluminium laufen. Für den Auftrag verschleißfester, harter Schichten auf das Aluminium gibt es verschiedene Möglichkeiten. Bewährt haben sich Nickeldispersionsbeschichtungen, besser bekannt unter den Handelsnamen NIKASIL® oder GALNIKAL®. Bei diesen Verfahren wird in einem galvanischen Prozess eine dünne Nickelschicht auf der Zylinderoberfläche abgeschieden, in die feinst verteilt mikroskopisch kleine Partikel von Siliziumkarbid (SiC) eingelagert sind. Diese Partikel, die extrem hart und verschleißfest sind, werden durch ein anschließendes Honen der Zylinderbohrung an der Oberfläche der Beschichtung freigelegt und bilden die eigentliche Laufbahn für Kolben und Kolbenringe, **Bild 3.97**. Das Nickel dient lediglich als Bindemittel für das Siliziumkarbid und stellt im galvanischen Prozess die elektrische Leitfähigkeit der Dispersion her.

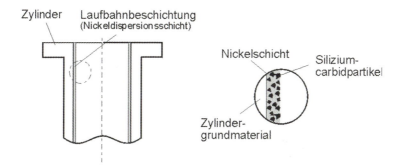

Bild 3.97 Nickeldispersionsschicht auf der Zylinderlaufbahn

Die Vorzüge dieser Beschichtung liegen in der extremen Abriebfestigkeit und in der großen Fresssicherheit auch bei ungünstigen Schmierverhältnissen am Kolben. Diese kommt neben den Materialeigenschaften auch durch die Ölhaltefähigkeit der Beschichtung (Öl hält sich in den Zwischenräumen der Partikel) zustande. Wegen der geringen Schichtstärke ist der Wärmedurchgangswiderstand zum Aluminium gering, so dass beschichtete Zylinder eine hervorragende Wärmeabfuhr aufweisen. Nachteile des Verfahrens sind die aufwändige Prozesstechnologie, die eine sichere Beherrschung einer Vielzahl von Parametern des galvanischen Verfahrens erfordert und der hohe Aufwand für den Umweltschutz (Nickelverbindungen sind problematisch). Daher wurden weitere Beschichtungsverfahren zur Serienreife entwickelt. Japanische Hersteller propagieren Beschichtungen mit keramischen Partikeln, die in einem elektrochemischen Prozess aufgebracht werden (z.B. YAMAHA, im Modell YZF-R1). Untersuchungen zeigen jedoch, dass diese Beschichtungen den Nickeldispersionsschichten ähneln. Als Alternative zur Galvanik wird bei PKW Motoren auch der Direktauftrag harter Laufschichten mittels Plasmaverfahren angewendet, bisher jedoch nicht in serienmäßigen Motorradmotoren.

Eine weitere Möglichkeit zur Erzeugung harter Laufschichten im Zylinderkurbelgehäuse ist die Verwendung übereutektischer Aluminiumlegierungen (*ALUSIL*-Verfahren, siehe Anhang). Dabei wird das gesamte Gehäuse aus einer Aluminiumlegierung mit einem Siliziumanteil von 17% hergestellt. Diese Legierung wird nach dem Gießen gezielt so abgekühlt, dass sich sogenannte Primärsiliziumkristalle hoher Härte an der Zylinderlaufbahn ausbilden. Diese werden bei der nachfolgenden Bearbeitung und durch ein spezielles Ätzverfahren freigelegt und bilden dann den Verschleißschutz für die Zylinderlaufbahn. Derartige Kurbelgehäuse wurden bei Motorradmotoren bisher noch nicht angewandt, finden sich aber bei Automobilmotoren aus Leichtmetall (BMW 12-Zylinder, Porsche V8-Motor, Daimler-Benz V8-Motoren). Aufgrund der Umweltproblematik des Nickeldispersionsverfahrens könnten in Zukunft aber Kurbelgehäuse nach dem ALUSIL-Verfahren auch bei Motorradmotoren zur Anwendung kommen.

Prinzipiell könnten natürlich beim Zylinderkurbelgehäuse auch Graugusslaufbuchsen in die Zylinder eingegossen oder eingepresst werden, doch würde dies beim Reihenmotor zu größeren Zylinderabständen und damit größerer Baulänge bzw. Baubreite führen. und bei allen Bauarten zu höherem Gewicht und schlechterer Wärmeabfuhr. Wesentliche bauartbedingte Vorteile wären dann nicht mehr gegeben.

Nur noch historische Bedeutung hat das ungeteilte Gehäuse mit separaten Zylindern, auch Tunnelgehäuse genannt, **Bild 3.98**.

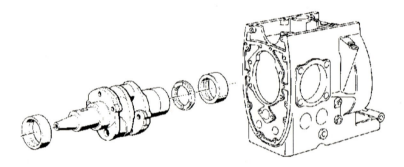

Bild 3.98 Tunnelgehäuse des BMW Zweizylinder-Boxermotors (1000cm^3, 2-Ventiler)

Es weist fertigungstechnische Nachteile auf, die vom schwierigen Guss über die ungünstige mechanische Bearbeitung bis zur Kurbelwellenmontage reichen. Diese ist nicht automatisierbar, sondern die Kurbelwelle muss von Hand in das Kurbelgehäuse eingeführt werden. Die oft angeführte, höhere Steifigkeit dieser Gehäusebauart im Vergleich zum geteilten Gehäuse ist nicht in jedem Fall gegeben.

Eine seltene Variante stellt das Kurbelgehäuse aus Magnesium dar. Da das spezifische Gewicht von Magnesium nur etwa 60% von Aluminium beträgt, ergeben sich attraktive Leichtbaumöglichkeiten. Da Magnesiumlegierungen aber teuer, korrosionsanfällig und u.U. problematisch hinsichtlich der Dauerhaltbarkeit sind, ist die breite Verwendung fraglich. Bei sehr sportlichen Motorrädern wird Magnesium jedoch entweder komplett (z.B. APRILIA V2-Motor im Modell Mille), oder teilweise in Form von Deckeln (z.B. Ventildeckel BMW Boxer) und Abdeckungen eingesetzt. Bemerkenswert ist, dass bereits Ende der 60er Jahre in der MÜNCH das Kurbelgehäuse aus Magnesium bestand.

3.7 Konstruktive Gestaltung der Motorbauteile

Es soll nun noch auf die Anforderungen und die speziellen Eigenheiten der Zylinder eingegangen werden. Diese lassen sich den beiden Kategorien Blockzylinder und Einzelzylinder zuordnen. Beim Blockzylinder sind mehrere Zylinder zu einem einzigen Block zusammengegossen. Diese Bauart bietet sich bei Mehrzylinderreihenmotoren an, ein Beispiel zeigt **Bild 3.99**.

Bild 3.99   Blockzylinder eines wassergekühlten Vierzylinderreihenmotors

Einzelzylinder wären bei diesen Motoren teurer, der Zylinderabstand würde sich zwangsläufig vergrößern und der Motor schwerer und größer werden. Die Blockbauweise hat darüber hinaus eine höhere Eigensteifigkeit und versteift dadurch im Verbund das gesamte Kurbelgehäuse. Nur bei luftgekühlten Mehrzylinder-Reihenmotoren könnte man sich noch Einzelzylinder vorstellen, um durch entsprechende unterschiedliche Kühlrippengestaltung den Wärmehaushalt der innenliegenden Zylinder zu verbessern. Wegen der notwendigen Kühlrippen spielt hier der Vorteil der Blockzylinder, den Zylinderabstand kleinhalten zu können, keine Rolle. Da neuentwickelte Reihenmotoren heute ausschließlich wassergekühlt sind, spielen diese Überlegungen keine Rolle mehr.

Als Werkstoffe für Zylinder werden heute nur noch Aluminiumlegierungen verwendet, während bei früheren Motorkonstruktionen auch Grauguss den Anforderungen genügte. Derartige Zylinder waren preisgünstig herzustellen, weil der Werkstoff billig war und die Kolben direkt auf dem Grauguss laufen konnten. Die vergleichsweise geringe Wärmeabfuhr bei Grauguss reichte für die geringen Zylinderleistungen aus. Wegen der Zylinderzahl – es wurden fast ausschließlich Ein- und Zweizylindermotoren gebaut – spielte der Gewichtsnachteil von Grauguss keine so große Rolle. Als letzter bedeutender Hersteller rüstete HARLEY-DAVIDSON seine Motoren noch bis vor einigen Jahren mit Graugusszylindern aus, ging dann aber ebenfalls auf Aluminium über.

Als Laufbahn für die Kolben werden entweder Graugussbuchsen in die Zylinder eingesetzt oder Beschichtungen, wie sie schon beim Zylinderkurbelgehäuse vorgestellt wurden, verwendet. Für die Laufbuchsen existieren zwei Bauarten, die direkt in das Aluminium eingegossene Buchse und die eingepresste Laufbuchse. Letztere wird beim Motorrad in vielen Fällen als *nasse Laufbuchse*, die direkt vom Kühlwasser umspült wird, ausgeführt. Die Verwendung von Laufbuchsen statt einer Beschichtung hat im wesentlichen Kostengründe. Die Vorteile von Aluminiumzylindern, geringes Gewicht, kleineres Kolbeneinbauspiel und gute Wärmeabfuhr, werden durch Graugusslaufbuchsen gemindert.

Bei der konstruktiven Auslegung aller Zylinderbauarten muss auf hohe Steifigkeit geachtet werden. Ein großes Problem sind die Zylinderverzüge, die durch die Schraubenkräfte bzw. den Druck der Zylinderkopfdichtung sowie durch ungleichmäßige Dehnung bei Erwärmung der Zylinder erzeugt werden, **Bild 3.100**.

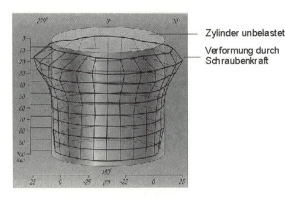

Bild 3.100
Schematische Darstellung der Zylinderverzüge

Die Kräfte der Zylinderkopfverschraubung wirken über die Zylinderkopfdichtung auch als Druckkraft auf den oberen Zylinderrand und bewirken, dass der Zylinder im oberen Bereich ausbeult. Grundsätzlich sollten die Zylinderkopfschrauben für einen günstigen Kraftfluss und eine gleichmäßige Druckverteilung der Zylinderkopfdichtung möglichst nahe am Zylinder verlaufen. Ist der Zylinderkopf jedoch nicht mit durchgehenden Zugankern im Kurbelgehäuse befestigt, sondern mit dem Zylinder direkt verschraubt, bewirkt die Gewindeanbindung dieser Schrauben ebenfalls Verformungen der Zylinderbohrung. Im Bild sind diese Verformungen im Verhältnis übertrieben groß dargestellt. Sie betragen bei ausgeführten Zylinderkonstruktionen mehrere hundertstel Millimeter. Durch Wärmedehnungen im Betrieb können sich diese Zylinderverzüge verlagern, verstärken, in (seltenen) günstigen Fällen aber auch abschwächen. Bei der Auslegung des Laufspiels zwischen Kolben und Zylinder müssen diese Verzüge berücksichtigt werden. Je größer diese sind, umso größer muss auch das Kolbenlaufspiel sein. Wie bereits im Abschnitt über die Kolben dargelegt wurde, muss aus Geräuschgründen jedoch das kleinstmögliche Kolbenlaufspiel angestrebt werden.

Eine möglichst verzugsarme, steife Zylinderkonstruktion ist daher sehr wichtig. Generell neigen luftgekühlte Zylinder zu größeren Verzügen, weil die Wärmeabfuhr zwischen den direkt vom Kühlluftstrom beaufschlagten und den im Windschatten liegenden Zylinderflächen sehr unterschiedlich ist. Folglich differieren auch die Wärmedehnungen relativ stark. Dies ist mit ein Grund für die größeren Kolbenlaufspiele bei luftgekühlten Motoren. Bei der Auslegung der Kühlrippen kann versucht werden, durch die Rippenlängen und Rippenausführungen eine gleichmäßigere Wärmeabfuhr herbeizuführen. Bei wassergekühlten Zylindern ist durch eine geeignete Wasserführung auf eine gleichmäßige Durchströmung des Kühlwasserraums zu achten.

3.7.3 Gestaltung von Zylinderkopf und Ventiltrieb

Dem Zylinderkopf kommt beim Verbrennungsmotor besondere Bedeutung zu, weil seine konstruktive Gestaltung wesentlich das Betriebsverhalten bestimmt und er damit – beim Motorradmotor besonders wichtig – wesentlichen Einfluss auf die Motorleistung hat. Die Aufgaben und Funktionen des Zylinderkopfes beim Viertaktmotor können wie folgt zusammengefasst werden:

– Abschluss und Abdichtung des Zylinders
– Ausbildung des Brennraums
– Abführen der Verbrennungswärme

3.7 Konstruktive Gestaltung der Motorbauteile

- Aufnahme und Umleitung der Verbrennungskräfte (Gaskräfte)
- Führen der Frischgas- und Abgasströme
- Aufnahme der Ventile und des Ventiltriebs

Hauptfunktionsbereiche des Zylinderkopfes sind der Brennraum, die Gaskanäle und die Ventilsteuerung, beim wassergekühlten Motor kommt noch der Kühlwasserraum hinzu, **Bild 3.101**.

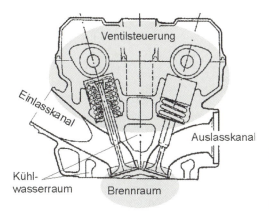 

Bild 3.101 Funktionsbereiche am Zylinderkopf

Obwohl der Zylinderkopf strenggenommen nur einen Teil des Brennraums bildet (Brennraumkalotte) und der Kolbenboden sowie der oberste Zylinderabschnitt mit zum Brennraum gehören, bestimmt überwiegend der zylinderkopfseitige Teil die Eigenschaften des Brennraums. Die Form der Brennraumkalotte beeinflusst zusammen mit der Lage der Zündkerze den Verbrennungsablauf und bestimmt über ihr Oberflächen-Volumenverhältnis die thermodynamischen Verluste. Je kleiner die Kalottenoberfläche in Relation zu ihrem Volumen ist, umso weniger Wärme wird dem Verbrennungsprozess entzogen. Damit verbessert sich der innere Wirkungsgrad. Das theoretisch geringste Oberflächen-Volumenverhältnis weist der Halbkugelbrennraum (hemisphärischer Brennraum) auf, **Bild 3.102**.

Dieser Brennraum hat jedoch den Nachteil, dass hohe Verdichtungsverhältnisse, die für einen hohen thermodynamischen Wirkungsgrad notwendig sind, sich nur mittels eines gewölbten Kolbenbodens verwirklichen lassen. Dieser führt aber seinerseits zu einer Vergrößerung der wärmeabgebenden Fläche und erhöht das Kolbengewicht. Daher wird für moderne Motoren der flachere Linsenbrennraum bevorzugt, der bei noch günstigem Oberflächen-Volumenverhältnis eine hohe Verdichtung auch mit flachen Kolbenböden ermöglicht. Am Beispiel dieser beiden Brennräume erkennt man auch den Einfluss des Ventilwinkels, der für flachere Brennräume kleiner werden muss. Ein kleiner Ventilwinkel ist auch die Grundvoraussetzung für einen schmal bauenden, kompakten Zylinderkopf.

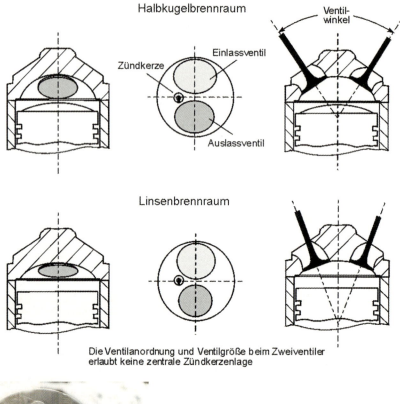

Bild 3.102
Halbkugelbrennraum und Linsenbrennraum

Auch die Ventilanzahl nimmt starken Einfluss auf die Brennraumform. Beim Zweiventiler wird nur etwa die Hälfte der Brennraumoberfläche von den Ventilen gebildet, somit sind linsenförmige bis halbkugelige Brennräume in verschiedensten Variationen möglich und auch notwendig, um die gewünschten Ventildurchmesser unterbringen zu können. Bei vier Ventilen pro Zylinder machen die Ventilteller aber schon rund 80% der Brennraumoberfläche aus, so dass die Brennraumgestaltung weitgehend von der Ventilanordnung vorbestimmt wird. Eine der Halbkugel angenäherte Form kann beim Vierventiler daher nur mit einer radialen Ventilanordnung verwirklicht werden. Diese wiederum erfordert eine entsprechend aufwändige Ventilbetätigung, **Bild 3.103**. Theoretisch ergeben sich mit der radialen Ventilanordnung Vorteile beim Einströmen und der Spülung, praktisch bestätigt sich dieses nicht.

3.7 Konstruktive Gestaltung der Motorbauteile

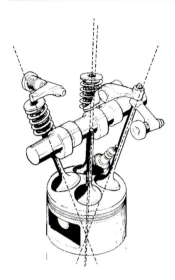

Bild 3.103
Radiale Ventilanordnung

Beim konventionellen Vierventiler sind die Ventile jeweils paarweise in zwei gegenüberliegenden Ebenen angeordnet, **Bild 3.104**, was einen dachförmigen Brennraum ergibt. Auch hier wird der Brennraum, wie man unmittelbar einsieht, umso flacher, je kleiner der Ventilwinkel wird. Die thermodynamischen Eigenschaften derartiger Brennräume, die bei sehr vielen Motoren zum Standard geworden sind, sind günstig. Ein kleiner Ventilwinkel wirkt auch einem Spülungskurzschluss, also dem direkten Überströmen von Frischgas in den Auslass während der Überschneidung, entgegen. Unter Leistungsgesichtspunkten kann ein solcher Kurzschluss zwar erwünscht sein (Restgasauspülung), er verbietet sich aber aus Abgas- und Verbrauchsgründen.

Kawasaki

Bild 3.104 Dachförmige Brennraumkontur beim konventionellen Vierventilzylinderkopf

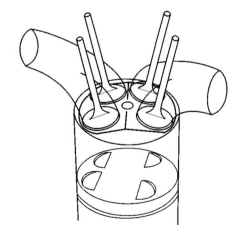

Sowohl Zwei- als auch Vierventiler erlauben eine weitgehend zentrale Anordnung der Zündkerze. Weil die Verbrennung von der Zündkerze aus etwa kugelschalenförmig durch den

Brennraum fortschreitet, werden bei einer zentralen Zündkerzenanordnung die Flammwege bis zu den Brennraumwänden alle gleichlang, wodurch theoretisch die kürzestmögliche Verbrennungszeit erzielt wird. Und dies ist erwünscht, weil dadurch ein hoher Druckanstieg bei der Verbrennung und maximale Arbeit erreicht wird.

Beim Dreiventiler, üblicherweise mit zwei Einlassventilen, erzwingt das große Auslassventil in den meisten Fällen eine seitlich außenliegende Zündkerzenlage, **Bild 3.105**. Um die Nachteile der langen Flammwege zu kompensieren, werden hier oft zwei Zündkerzen verwendet. Die zweite Zündkerze und die notwendige Bearbeitung der Zündkerzenbohrung mindern etwas den Kostenvorteil, den der Dreiventiler gegenüber dem Vierventiler hat.

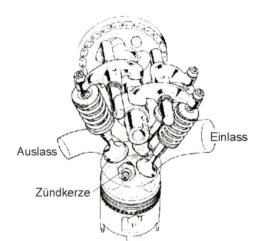

Bild 3.105
Brennraum beim Dreiventil-Zylinderkopf

Bei fünf Ventilen pro Zylinder (drei Einlass-, zwei Auslassventile) füllen diese den Brennraum noch vollständiger aus als beim Vierventiler, **Bild 3.106**. Die Brennraumform ist prinzipiell dachförmig, jedoch ergibt sich auf der Einlassseite eine Eindrückung, weil das mittlere Ventil soweit geschwenkt wurde, dass sein Schaftende in einer Ebene mit den Ventilschäften der äußeren Ventile liegt. Damit wird eine direkte Betätigung über eine gemeinsame Einlassnockenwelle und konventionelle Tassenstößel möglich. Am Schluss dieses Kapitels wird noch eine alternative Möglichkeit der Ventilbetätigung beim Fünfventiler gezeigt. Auch der Fünfventiler erlaubt eine perfekte zentrale Zündkerzenlage, so dass der Brennraum bezüglich der thermodynamischen Güte mit dem Vierventilbrennraum vergleichbar ist.

Hinsichtlich der möglichen Ventilquerschnitte ergibt sich rein rechnerisch eine Zunahme mit der Ventilanzahl. Der Fünfventiler weist hier theoretische Vorteile gegenüber dem Vierventiler auf. In der Praxis läßt sich aber sein größerer Querschnitt oft nicht mehr nutzen, weil sich die einströmenden Gasströme gegenseitig beeinflussen. Bessere Zylinderfüllung beim Vierventiler gegenüber dem Fünfventiler konnte nicht nachgewiesen werden, zumindest nicht bei den Zylinderdurchmessern, wie sie im Motorradbau üblich sind. Für die Richtigkeit dieser Untersuchungen sprechen auch die Motorleistungen der auf dem Markt befindlichen Motorräder. Fünfventilmotoren weisen keinen Leistungs- oder Drehmomentvorteil gegenüber hubraumgleichen Vierventilmotoren auf.

3.7 Konstruktive Gestaltung der Motorbauteile

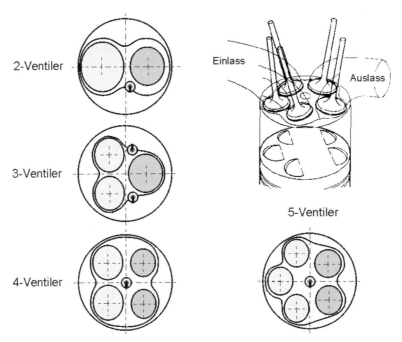

Bild 3.106 Vergleich der Brennräume von Zwei-, Drei-, Vier-, und Fünfventilmotoren

Die Ventilanordnung gibt nicht nur die Brennraumform vor, sie bestimmt weitgehend auch den Verlauf der Gaskanäle. Moderne Motorradzylinderköpfe sind ausnahmslos nach dem Querstromprinzip aufgebaut. Einlass- und Auslasskanäle liegen sich gegenüber, so dass der Gasstrom den Zylinderkopf auch quer durchspült, und damit das Abgas vollständig vom Frischgas verdrängt werden kann. Grundsätzlich muss auf eine widerstandsarme Führung der Gasströmungen geachtet werden. Insbesondere bei einer Auslegung des Motors auf höchste spezifische Leistung erfordert dies möglichst gerade Einlasskanäle im Zylinderkopf und gerade Ansaugrohre.

Bild 3.107 macht deutlich, wie bei geraden Einlasskanälen der Ventilwinkel die Steilheit der Gaskanäle bestimmt und damit auch die Anordnung der Sauganlage (Luftfilterkasten) im Fahrzeug. Eine Vergrößerung des Ventilwinkels ergibt flachere Kanäle, was vorteilhaft sein kann, wenn fahrzeugbedingt die Position der Sauganlage nicht frei gewählt werden kann. Dann kann u.U. eine starke Krümmung im weiteren Saugweg vermieden werden. Die Krümmung des Einlasskanals unmittelbar vor dem Ventil ist wegen der Ventilführung und des Platzbedarfs der Ventilfeder im Zylinderkopf unvermeidbar.

Als generelle Gestaltungsregel für die Gaskanäle im Zylinderkopf gilt, dass unvermeidbare Krümmungen in möglichst großen Radien verlaufen sollten. Querschnittsveränderungen im Kanalverlauf sollten nur allmählich und keinesfalls sprunghaft erfolgen. Die Ermittlung der notwendigen Kanalquerschnitte im Zylinderkopf erfolgt für die konstruktive Auslegung nach den Gleichungen im Kapitel 3.2.3. Anhand von Prüfstandsversuchen mit dem fertigen Motor werden sie später optimiert. Beispiele für die Geometrie und eine optimale, gerade Kanalgestaltung moderner Hochleistungsmotoren zeigt **Bild 3.108** am Beispiel der SUZUKI Hayabusa 1300 und der HONDA CBR 600 (Modelljahr 2004).

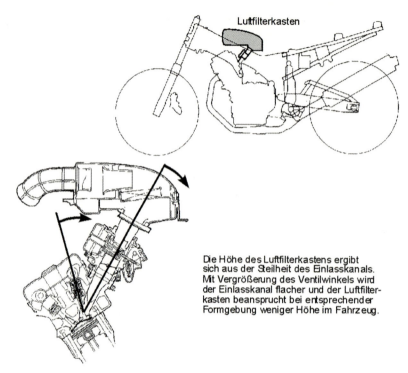

Bild 3.107 Lage von Einlasskanal, Saugrohr und Luftfilterkasten

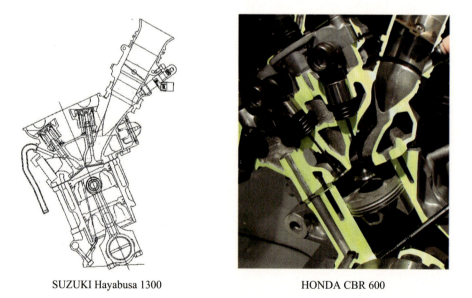

SUZUKI Hayabusa 1300   HONDA CBR 600

Bild 3.108 Einlasskanäle moderner Hochleistungsmotoren

3.7 Konstruktive Gestaltung der Motorbauteile

Es hat sich in vielen Fällen als günstig erwiesen, wenn sich der Einlasskanal zum Ventil hin leicht verjüngt und damit die Strömung stetig beschleunigt wird. **Bild 3.109** zeigt an einem älteren Beispiel eine Analyse eines solchen Querschnittsverlaufs.

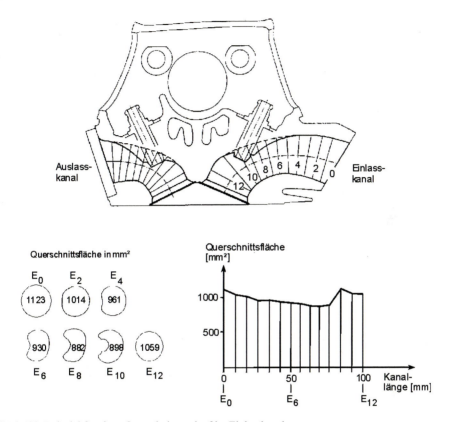

Bild 3.109 Beispiel für einen Querschnittsverlauf im Einlasskanal

Man erkennt die Erweiterung im Bereich der Ventilführung und des Ventilschaftes (im Bild ab Querschnitt 10) um deren Volumen zu kompensieren. Bei moderenen Motoren werden kurze Ventilführungen verwendet, die kaum mehr in den Kanal hineinragen, **Bild 3.108**. Zusammen mit den heute sehr dünnen Ventilschäften (Minimum Ø 4 mm) werden damit die Querschnittseinengungen und Störungen der Strömung minimiert.

Häufig findet man auch die Empfehlung, den Einlasskanal unmittelbar vor dem Ventilsitz zu erweitern, um die Strömungseinschnürung, die sich aus der Kanalumlenkung ergibt, zu kompensieren. Ein Nutzen dieser Maßnahme kann aber nicht immer nachgewiesen werden. Sehr wichtig ist hingegen eine sorgfältige Gestaltung des Übergangs Kanal-Ventilsitzring einschließlich der Krümmung zum Sitzring an der Kanalinnenseite. Mangelnde Verrundung oder gar Kanten in diesem Bereich wirken sich unmittelbar auf die Einlassströmung aus und führen zu messbaren Leistungseinbußen. Ursache ist oft ein leichter Versatz des Sandkerns für den Kanal beim Gießen. Die anschließende Nacharbeit des Einlasskanals mittels eines Fräsers von der Brennraumseite her führt bei stärker gekrümmten Kanälen oft zu neuen Kanten im Krümmungsbereich. Hier kann manuelle Nacharbeit und nachträgliches Verrunden tatsächlich eine geringe, aber merkbare Leistungssteigerung bewirken. Durch sorgfältige Nacharbeit lassen sich auch andere, unvermeidliche Gusstoleranzen beseitigen, die messbare Unterschiede im Luftdurchsatz zwischen den Kanälen eines Motors bewirken können. Weitgehend nutzlos hingegen ist normalerweise ein Polieren der Ansaugkanäle. Die Oberflächenrauhigkeit heutiger Serienzylinderköpfe ist so klein, dass sie nicht über die Grenzschicht der Gasströmung an der Kanalwand hinausgeht. Eine Verringerung der Wandreibung wird daher für die Strömung nicht erzielt. Die theoretisch vorstellbare Verkleinerung der Grenzschicht wirkt sich in der Praxis nicht leistungserhöhend aus. Denkbar, aber nur unter besonderen Bedingungen nachweisbar, ist eine Verbesserung der Gemischaufbereitungsgüte.

Großen Einfluss auf die Zylinderkopfkonstruktion nimmt der Ventiltrieb. Für die Art der Ventilbetätigung gibt es Vorgaben, die sich aus der Leistungsanforderung und dem Drehzahlniveau des Motor ableiten. Hohe spezifische Motorleistung und hohe Nenndrehzahlen führen zu hohen Ventilbeschleunigungen und damit zur Notwendigkeit, die bewegten Massen im Ventiltrieb klein zu halten, vgl. dazu Kapitel 3.2.1 und 3.2.2. Zugleich muss der gesamte Ventiltrieb sehr steif sein, wozu auch dessen steife Lagerung in Zylinderkopf gehört. Es sollen daher jetzt die verschiedenen Grundbauarten der Ventilsteuerung bezüglich ihrer Konstruktionsmerkmale und Eigenschaften vorgestellt und bewertet werden.

Jede Ventilsteuerung besteht aus den fünf Baugruppen Nockenwellenantrieb, Nockenwelle, Übertragungselemente, Ventil, Ventilfeder (bzw. in Sonderfällen Ventilschließmechanik). Man unterscheidet grundsätzlich zwischen Ventilsteuerungen, bei denen die Nockenwelle im Zylinderkopf liegt (obenliegende Nockenwelle, ohc-Steuerung ⇒ *o*ver*h*ead *c*amshaft) und den Steuerungen mit der Nockenwelle im Kurbelgehäuse (untenliegende Nockenwelle, ohv-Steuerung ⇒ *o*ver*h*ead *v*alves).

Die vier häufigsten Grundbauarten sind im **Bild 3.110** schematisch dargestellt. Sie unterscheiden sich deutlich in ihren Eigenschaften und im Betriebsverhalten. Bei der untenliegenden Nockenwelle (*ohv*-Steuerung) erfolgt die Ventilbetätigung indirekt über Stößel, Stoßstangen und Kipphebel. Dadurch sind die bewegten Massen hoch und die Steifigkeit recht gering (Hintereinanderschaltung von Einzelelastizitäten), so dass mit dieser Steuerung keine hohen Ventilbeschleunigungen und Drehzahlen erreicht werden können. Ihr Vorteil liegt auf der konstruktiven Seite. Der Entfall der Nockenwelle im Zylinderkopf ermöglicht nicht nur einen unproblematischen Nockenwellenantrieb, sondern vor allem eine einfache und sehr kompakte Zylinderkopfgestaltung. Letzteres ist z.B. für quereingebaute Boxermotoren sehr wichtig, weil dort die Zylinderkopfabmessungen die Bodenfreiheit des Motorrades bei Schräglage bestimmen. Generell ist die ohv-Steuerung für Motoren mit auseinanderliegenden Einzelzylindern (V-Motoren und Boxermotoren) immer eine besonders kostengünstige und gewichtssparende Lösung, weil nur eine einzige Nockenwelle und ein Nockenwellenantrieb benötigt wird.

Bei der *ohc*-Steuerung gibt es verschiedene Möglichkeiten zur Ventilbetätigung. Die Lösung mit einer gemeinsamen Nockenwelle für die Ein- und Auslassventile und deren Betätigung über Kipphebel erfordert den geringsten konstruktiven Aufwand, ist kostengünstig und platzsparend. Wegen der, besonders bei großen Ventilwinkeln, langen Kipphebelarme, ist die Steifigkeit für höchte Ventilbeschleunigungen unbefriedigend. Die bewegten Massen sind zwar kleiner als bei der ohv-Steuerung, aber wegen der relativ schweren Kipphebel immer noch recht groß. Die ohc-Steuerung mit nur einer Nockenwelle ist bei Einzylindermotoren recht häufig anzutreffen (niedrige Drehzahlen), bei Mehrzylinder-Motorradmotoren eher die Ausnahme.

3.7 Konstruktive Gestaltung der Motorbauteile

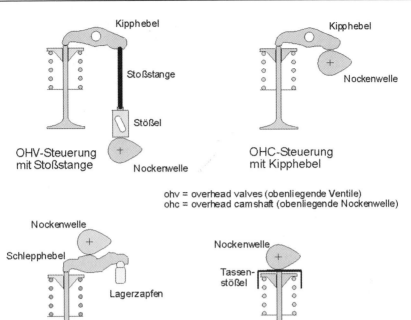

Bild 3.110 Grundbauarten der Ventilsteuerung

Prädestiniert für höchste Drehzahlen und höchste Ventilbeschleunigungen sind Ventilsteuerungen mit direkter Ventilbetätigung über Tassen oder Schlepphebel. Durch die geringe Anzahl bewegter Teile zwischen Nockenwelle und Ventil bleiben die Massen klein, und es sind beste Voraussetzungen für eine maximale Steifigkeit des Ventiltriebs geschaffen. Das Querstromprinzip mit gegenüberliegenden Ein- und Auslasskanälen erfordert allerdings grundsätzlich getrennte Nockenwellen für die Einlass- und Auslasssteuerung. Man nennt derartige Ventilsteuerungen häufig auch *dohc*-Steuerung (*d*ouble *o*verhead *c*amshaft).

Eine Wertung, ob die Tassenstößelsteuerung oder die Schlepphebelsteuerung bezüglich Masse und Steifigkeit günstiger ist, kann pauschal nur schwer abgegeben werden und hängt von den konstruktiven Details ab. Summarisch weist wohl die Schlepphebelsteuerung die geringste bewegte Masse und Steifigkeit auf, wenn sie so konzipiert ist, dass Nockenwelle und Schlepphebel jeweils direkt über den Ventilen angeordnet ist, **Bild 3.111**. Denn dann unterliegt der Schlepphebel (Übersetzung 1:1) keiner Biegebeanspruchung und kann sehr filigran und leicht gestaltet werden. Ist dies aber aus konstruktiven Gründen nicht möglich und es liegt die Nockenwelle zwischen Ventilschaft und Schlepphebeldrehpunkt, ist oft die Tassenstößelsteuerung im Vorteil.

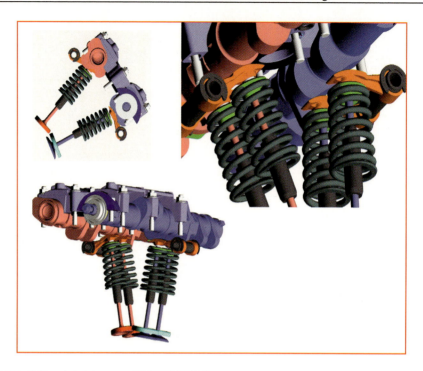

Bild 3.111 Schlepphebelsteuerung (BMW K 1200 S)

Bei prinzipbedingt hoher Steifigkeit hat die Tassenstößelsteuerung den Nachteil, dass die Tassen bei großen Durchmessern relativ schwer werden und eine Durchbiegung des Tassenbodens auftritt. Dies setzt die Steifigkeit herab und kann nur durch entsprechende Bodendicken (Gewicht!) kompensiert werden kann. Man darf nicht vergessen, dass der Nockenaufstandspunkt während der Hubbewegung zum Rand der Tasse wandert, vgl. Kap. 3.2, **Bild 3.15**. Diese Auswanderung des Berührpunktes der Nocke auf der Tasse bestimmt den Tassendurchmesser in Anhängigkeit vom Ventilhub. Besonders bei Zweiventilmotoren, die mit Hilfe großer Ventilhübe auf hohe Leistung ausgelegt werden sollen, kann die Auswanderung hier häufig eine Grenze vorgeben. Entweder findet die notwendige Tassengröße im Zylinderkopf keinen Platz oder das Gewicht der Tasse für die angestrebte Ventilbeschleunigung wird zu groß. Durch den Durchmesser und den Bauraumbedarf für die Tassen wird auch die Wahl eines engen Ventilwinkels eingeschränkt. Für einen optimal kompakten, schmalen Zylinderkopf ist deshalb die Schlepphebelsteuerung oft die bessere Lösung. Die Motoren der Formel 1 greifen heute alle auf Schlepphebelsteuerungen zurück.

Es gibt noch eine Reihe weiterer Kriterien, mit denen die verschiedenen Bauprinzipien der Ventilsteuerung bewertet werden können. Eine Zusammenstellung aller wichtigen Beurteilungskriterien für Ventiltriebe wird in **Tabelle 3.7** gegeben. Der Vergleich ist in Relation zueinander zu verstehen. Auf Einzelheiten wird bei der Behandlung ausgeführter Konstruktionen eingegangen.

3.7 Konstruktive Gestaltung der Motorbauteile

Tabelle 3.7 Vergleichende Betrachtungen der Ventilsteuerungen

Eigenschaft	OHV	OHC Kipphebel	OHC Schlepphebel	DOHC Tassenstößel	DOHC Schlepphebel
Bewegte Massen	−	O	O	+	+
Steifigkeit	−	O	O	+	+
Drehzahlfestigkeit	−	O	O	+	+
Ventilspieleinstellung	+	+	+	−	(+)
HVA-Tauglichkeit	−	−	+	−	(+)
Nockenwellenantrieb	+	O	O	−	−
Kosten	+	+	+	−	−
Baubreite/Bauhöhe ZK	+	+	+	−	(+)

+ günstig − ungünstig O neutral ( ) eingeschränkt bzw. konstruktionsabhängig

Man erkennt an dieser Stelle, dass die optimale Erfüllung aller Hauptfunktionen die Grundkonzeption des Zylinderkopfes schon weitgehend festlegt. Wir fassen nochmal zusammen:

> Die Leistungsanforderung und Nenndrehzahl bestimmen weitgehend das Bauprinzip der Ventilsteuerung. Außerdem legen sie die Ventilgröße und -anzahl sowie die Anordnung und Gestaltung der Gaskanäle fest. Letztere wiederum haben Einfluss auf den Ventilwinkel (oder umgekehrt), der dann die Grundform des Brennraums vorgibt.

Für die reale Konstruktion des Zylinderkopfes kommt nun noch hinzu, dass eine gute Wärmeabfuhr aus dem Brennraum gewährleistet werden muss. So müssen bei wassergekühlten Zylinderköpfen ausreichende Querschnitte im Kühlwasserraum für eine intensive Kühlwasserdurchströmung vorhanden sein. Luftgekühlte Zylinderköpfe erfordern eine günstige Gestaltung der Kühlrippen und entsprechende Materialstärken der Wände zwischen Brennraum und Kühlrippen, damit ein ausreichender Wärmeabfluss vom Brennraum möglich wird. Für die Anordnung der Zylinderkopfschrauben gibt es Vorgaben durch die Art des Kurbelgehäuses, dem Wunsch nach optimalem Kraftfluss und die Art der Zylinderbefestigung, und sie müssen für die Montage gut zugänglich sein!

Über all diesen Faktoren steht natürlich die grundsätzliche Forderung, dass der Zylinderkopf den vielfältigen Belastungen gewachsen sein muss. Es sind dies kombinierte Zug-, Druck-, und Biegebeanspruchungen sowohl als direkte Folge des Verbrennungsdrucks als auch resultierend aus dem Wärmeanfall mit seinen thermischen Dehnungen. Hinzu kommen Zug- und Druckbelastungen als Reaktionskräfte aus dem Ventiltrieb. Größere Bedeutung als die Festigkeit, die meist nur im Bereich der Ventilstege Probleme aufwirft, hat beim Zylinderkopf die Erzielung einer ausreichend hohen Steifigkeit. Diese ist unabdingbar für eine gleichmäßige Pressungsverteilung an der Zylinderkopfdichtung, für die nockengetreue Übertragung der Ventilbewegung und um Verzugsfreiheit der Ventilsitzringe und Dichtheit der Ventile zu gewährleisten. Der geringe Gestaltungsfreiraum, der aufgrund aller Vorgaben noch übrig bleibt, macht die Konstruktion eines steifen Zylinderkopfes zu einer sehr anspruchsvollen und schwierigen Aufgabe. Schließlich sollen alle Einzelfunktionen optimal erfüllt werden.

Es ist daher von grundlegender Wichtigkeit, zu Beginn der Zylinderkopfkonstruktion dessen Konzeption und Grundgeometrie sorgfältig zu überlegen und sämtliche Auswirkungen zu überprüfen. Wie die Fülle aller Anforderungen in die Praxis umgesetzt werden kann, welche Zielkonflikte dabei auftreten und welche Vor- und Nachteile sich ergeben, soll nun anhand ausgewählter Konstruktionsbeispiele von Motorradzylinderköpfen und Ventiltriebsausführungen gezeigt werden.

Bild 3.112 zeigt einen wassergekühlten Vierventilzylinderkopf für einen Vierzylinderreihenmotor (BMW K1100). Entsprechend der sportlichen Motorauslegung auf hohe Drehzahlen und Leistung erfolgt die Ventilsteuerung mit zwei Nockenwellen über Tassenstößel. Durch den Längseinbau und die liegende Zylinderkopfanordnung, die *BMW* früher bei der K-Modellreihe gewählt hat, ergibt sich die Notwendigkeit einer 90°-Umlenkung der Einlass- und Auslasskanäle, damit der Luftfilterkasten oberhalb des Motors angeordnet werden kann. Der Ventilwinkel ist mithin ein Kompromiss aus dem Wunsch nach geringstmöglicher Kanalkrümmung (das hieße großer Ventilwinkel) und schmaler Zylinderkopfbauweise (das hieße kleiner Ventilwinkel) zusammmen mit der Forderung nach einem kompakten Brennraum mit hoher Verdichtung.

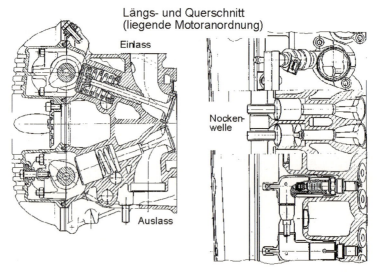

Bild 3.112 Zylinderkopf der BMW K1100

Um geringste bewegte Massen im Ventiltrieb zu erreichen, wird bei dem gezeigten Motor auf die normalerweise üblichen, auswechselbaren Einstellplättchen für das Ventilspiel oben in den Tassenstößeln verzichtet. Stattdessen erfolgt die Ventilspieleinstellung über Tassenstößel mit unterschiedlicher Bodendicke, die im Bedarfsfall ausgetauscht werden. Möglich ist dies nur, wenn das Ventilspiel über die Motorlaufzeit praktisch kaum nachgestellt werden muss. Dies wird am Beispiel des K1100-Zylinderkopfes erreicht durch eine stabile Einbettung der Ventilsitze in den Zylinderkopf zusammen mit einer guten Kühlung, so dass im Ventilsitzbereich weder thermische Verzüge noch Setzerscheinungen auftreten. Eine weitere Voraussetzung ist eine sorgfältige Nockenauslegung besonders der Schließrampe, die für ein sanftes Aufsetzen

3.7 Konstruktive Gestaltung der Motorbauteile

des Ventils in seinen Sitz sorgt und damit einem Verschleiß an dieser Stelle, der sich auf das Ventilspiel auswirken würde, vorbeugt.

Im Unterschied zu luftgekühlten Zylinderköpfen, werden bei Wasserkühlung, wie man unschwer im Bild erkennt, eher kleinere Wanddicken im Zylinderkopf vorgesehen, um den Wärmedurchgangswiderstand klein zu halten und die Wasserräume nahe an den Brennraum legen zu können. Kompromisse in der Wandstärke sind aber aus Stabilitätsgründen erforderlich. Immerhin treten bei Vollast in der Brennraumwand zwischen Einlass und Auslassventil auf einer Strecke von 25 mm durchschnittlich mehr als 50 °C Temperaturdifferenz auf. Direkt an den Ventilsitzringen und unmittelbar an der Brennraumoberfläche dürften diese Unterschiede noch weit höher sein. Die Dehnungen und Wärmespannungen, die lokal konzentriert auftreten, führen leicht zu Rissen zwischen Ventilsitzringen und Zündkerzenbohrung und zu Verzügen im Bereich der Ventilsitzringe. Hinzu kommen die Spannungen im Material, die sich aufgrund der hohen Pressung, mit der die Ventilsitzringe im Zylinderkopf eingeschrumpft sind, ergeben. Nicht vergessen werden darf dabei der rasche Temperaturwechsel der Zylinderladung, der zwischen Verbrennungstakt und Ladungswechseltakt auftritt; bei 6000 U/min immerhin hundertmal pro Sekunde! Um diesen Beanspruchungen gewachsen zu sein, müssen im Bereich der Ventilsitzringe ausreichende Wandstärken vorgesehen werden. Hilfreich ist auch der zusätzliche Kühlwasserraum, der bei der K1100 unterhalb des Auslasskanals angeordnet ist.

Beispiele für Zylinderköpfe, die kompromisslos auf Höchstleistung und höchste Drehzahlen (Nenndrehzahl 10.000 U/min) ausgelegt wurden, zeigt **Bild 3.113** mit dem Zylinderkopf der *HONDA* CBR 900 RR (hier Modelljahr 1995) als Zeichnung und dem Kopf der CBR 600 RR (Modelljahr 2004) als Schnittmodell.

Der Ventilwinkel (32° bei der CBR 900 RR) ergibt steile, weitestgehend gerade Einlasskanäle, die für eine verlustarme Gasströmung sorgen. Man erkennt am Beispiel des 600er Motors, dass die modernere Konstruktion einen noch engeren Ventilwinkel hat. Zur hohen Ventiltriebssteifigkeit trägt nicht nur die Tassenstößelsteuerung bei, sondern auch die großen Nockenwellendurchmesser und ihre fünffache Lagerung. Bemerkenswert ist dabei die Gestaltung der oberen Nockenwellenlagerbrücken, die in den Ventildeckel integriert wurden und die Hauptbelastung aus den Ventiltriebskräften aufnehmen müssen. Durch den Verbund aller Lagerbrücken wird eine hohe Grundsteifigkeit erzielt und gleichzeitig Gewicht gespart, weil durch die gemeinsame Verschraubung von Nockenwellenlagern und Ventildeckel die sonst üblichen, separaten Schrauben für die Lagerdeckel entfallen können.

Zur Gewichtsminimierung der bewegten Ventiltriebsteile tragen die mit nur 4,5 mm bzw. 4 mm Durchmesser sehr schlanken Ventilschäfte ebenso bei, wie die Einstellplättchen für das Ventilspiel (Shims), die zwischen Ventilschaft und Tassenstößelunterseite angeordnet und damit klein und leicht sind. Vom Serviceaufwand nachteilig ist dabei, dass zur Ventilspieleinstellung die Nockenwellen und Tassen ausgebaut und dafür die Steuerkette bzw. die Kettenräder abgenommen werden müssen. Bei den üblichen Einstellplättchen zwischen Tasse und Nockenwelle werden dagegen lediglich die Tassen niedergedrückt und die Plättchen ausgewechselt.

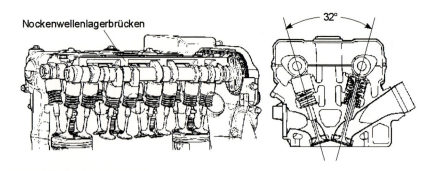

CBR 600 RR

Bild 3.113
Zylinderkopf der HONDA CBR 900 RR und CBR 600 RR

Als letztes Detail sei noch auf die Verschmälerung der Nocken im Bereich ihres Grundkreises hingewiesen. Die senkt, wenn auch eher unbedeutend, das Nockenwellengewicht und vermindert theoretisch (wenn wohl auch kaum messbar), die Reibleistung der Nockenwelle während der Grundkreisphase (da im Grundkreis der Nocken unbelastet läuft, ist die Reibung nahe bei Null). Bedeutsamer dürfte die Verbesserung der Schmierung zwischen Nocke und Tassenstößel sein, weil der schmale Nocken während der Grundkreisphase eine größere Tassenoberfläche freigibt, die dann großflächiger von Öl benetzt wird und beim anschließenden Auflaufen der Nockenflanke mehr Öl am Schmierspalt zur Verfügung steht. Diese Nockengestaltung ist übrigens nicht neu, sie wurde nach Wissen des Autors erstmals gegen Ende der 80er Jahre von KAWASAKI beim Modell GPX750 vorgestellt, siehe **Bild 3.114**.

Ähnliche Zylinderkopfkonstruktionen, wie die vorgestellte von HONDA, finden sich bei allen Herstellern sportlicher Hochleistungsmotorräder. Gemeinsames Merkmal ist stets der enge Ventilwinkel und die steile, gerade Form des Einlasskanals als Grundvoraussetzung für beste Strömungsverhältnisse und hohe Leistung. Die Unterschiede in der Ventilsteuerung haben sich ebenfalls verwischt. Mittlerweile setzen die japanischen Hersteller bei ihren Hochleistungsmotoren ausnahmslos auf die Tassenstößelsteuerung. Möglicherweise sind Kostengründe für den Übergang auf eine solche Standardlösung ausschlaggebend. Früher wurde häufiger auch die Schlepphebelsteuerung verwendet, beispielsweise von KAWASAKI im Modell GPX 750, **Bild 3.114**.

3.7 Konstruktive Gestaltung der Motorbauteile

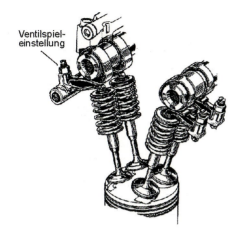

Bild 3.114
Schlepphebelsteuerung (KAWASAKI GPX 750)

Hier ist die Ventilspieleinstellung sehr elegant gelöst, denn die Einstellschraube befindet sich gut zugänglich am Lagerpunkt des Schlepphebels. Dort spielt auch das Gewicht der Einstellschraube keine Rolle (nicht bewegte Masse). Somit ist eine servicefreundliche, schnelle Justierung des Ventilspiels möglich, ohne dass der Ventiltrieb zerlegt werden muss.

Bild 3.115 Zylinderkopf der BMW K 1200 S

BMW geht bei seinem neuesten Hochleistungsmotor gegen den Trend zur Tassenstößelsteuerung. Der Vierzylinderreihenmotor der 2004 vorgestellten K 1200 S hat eine hochmoderne Schlepphebelsteuerung, **Bild 3.115**.

Sie sorgt, wie weiter oben schon erwähnt, für einen bemerkenswert schmalen Zylinderkopf und gestattet einen sehr engen Ventilwinkel von 22°. Man erkennt die steife und zugleich kompakte Bauweise. Charakteristisch ist die Anordnung der Nockenwellen direkt über den

Ventilschäften. Damit unterliegt der Schlepphebel praktisch keiner Biegebelastung, so dass trotz zierlicher Gestaltung allerhöchste Steifigkeit der Ventilbetätigung erzielt wird.

Eine Schlepphebelsteuerung mit anderer Zielsetzung bietet HONDA in der CB750 an, **Bild 3.116**.

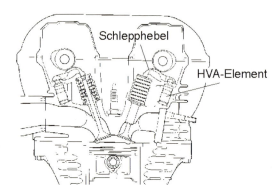

Bild 3.116
Schlepphebelsteuerung mit Ventilspielausgleich (HONDA CB750, Modelljahr 1992)

Als unverkleidete Sportmaschine mit hoher Alltagstauglichkeit konzipiert und unter Verzicht auf maximale Leistungsausbeute, war hier ein wartungsfreier Ventiltrieb Ziel der Entwicklung. Demzufolge sind die Lagerzapfen der Schlepphebel als hydraulische Elemente zum automatischen Ventilspielausgleich ausgebildet (HVA-Elemente = *h*ydraulischer *V*entilspiel-*A*usgleich). Diese Elemente werden vom Motorölkreislauf mit Öl befüllt und beinhalten einen mit dem Lagerzapfen verbundenen Innenkolben, der von einer Hilfsfeder unterstützt soweit ausfährt, bis das Ventilspiel überbrückt ist. Ein Ventilsystem im Innern des HVA-Elements sperrt den Ölrückfluss, sobald Kräfte auf den Zapfen wirken, so dass während der Öffnungs- und Schließphase des Ventils der Lagerzapfen starr bleibt.

Der Nachteil derartiger HVA-Elemente ist, dass sie gegenüber einem starren Ventiltrieb eine verminderte Steifigkeit aufweisen. Denn Motoröl ist bei hohen Kräften, wie sie im Ventiltrieb auftreten, nicht völlig inkompressibel. Durch geringfügige Luftaufnahme während des Motorbetriebs erhöht sich seine Kompressibilität weiter. Deshalb sind HVA-Steuerungen nie ideal steif, was sie für die Erzielung höchster Ventilbeschleunigungen ungeeignet macht. Motoren für höchste spezifische Leistungen und Drehzahlen können daher nicht mit einem hydraulischen Ventilspielausgleich versehen werden. Es ist somit auch kein Nachteil, dass bei der gezeigten Konstruktion die Nockenwellen mittig zwischen Ventil und Kipphebel angeordnet wurden.

Wegen des hohen Gewichts der HVA-Elemente können sie beim Motorrad nur in der gezeigten, ruhenden Anordnung zusammen mit Schlepphebeln eingesetzt werden. In Tassenstößel integrierte HVA-Elemente, wie bei Automobilmotoren üblich, sind aufgrund der höheren Drehzahlen und Ventilbeschleunigungen bei Motorradmotoren nicht verwendbar.

Wenden wir uns nun noch den ohv-Steuerungen zu. Es wurde anfangs des Kapitels bereits darauf hingewiesen, dass diese Steuerungsbauart für Motoren mit auseinanderliegenden Zylindern Kostenvorteile bietet (nur eine Nockenwelle) und zudem eine kompakte Zylinderkopfkonstruktion ermöglicht. **Bild 3.117** zeigt den konstruktiven Aufbau dieser Steuerungsbauart am Beispiel des BMW Zweiventil-Boxermotors. Die zentrale, unterhalb der Kurbelwelle angeordnete Nockenwelle betätigt die Ventile über Stößel, Stoßstangen und Kipphebel. Die

3.7 Konstruktive Gestaltung der Motorbauteile

Übertragungswege erfordern lange Stoßstangen, bei deren Dimensionierung ein Kompromiss zwischen Knicksicherheit und Gewicht gefunden werden muss. Um größere Ventilspieländerungen durch die Ausdehnung der Aluminiumzylinder im Betrieb zu vermeiden, sind die Stoßstangen aus einer Aluminiumlegierung gefertigt, in die Kugelendstücke aus Stahl eingepresst sind.

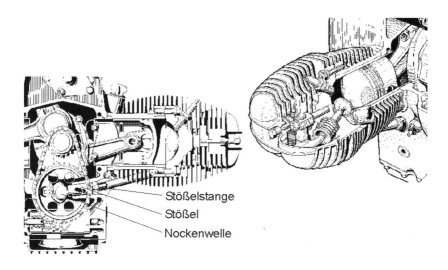

Bild 3.117 OHV-Steuerung des BMW Boxermotors mit zwei Ventilen pro Zylinder

Die horizontale Lage der Gaskanäle im Zylinderkopf bedingt gekröpfte Kipphebel zur Ventilbetätigung, die gewichts- und steifigkeitsmäßig nicht ganz ideal sind. Von daher eignet sich der Ventiltrieb nur für mäßige Drehzahlen und niedrige Ventilbeschleunigungen. Mit maximal 51 kW (=70 PS) aus 1000 cm^3 Hubraum ist für diesen Motor unter Serienbedingungen die Leistungsgrenze erreicht. Das mechanische Drehzahllimit liegt etwa bei 7500 U/min. Die vergleichsweise hohen Massen und das unvermeidbare Spiel zwischen den Übertragungselementen bedingen ein ungünstiges akustisches Verhalten der ohv-Steuerungen; sie sind relativ laut. Dass ohv-Steuerungen mit Stoßstangen bei entsprechender Konstruktion aber auch hohe Drehzahlen erreichen können, hat HONDA schon Ende der 70er Jahre mit dem Zweizylinder-V-Motor im Modell CX 500 bewiesen, **Bild 3.118**.

Hier betätigt die zentrale Nockenwelle kurze *Schlepphebel*, die dann über Stoßstangen und Kipphebel den Nockenhub auf die Ventile übertragen. Diese Schlepphebel können sehr leicht gestaltet werden, wodurch sich eine erhebliche Reduktion der bewegten Massen gegenüber der von BMW verwendeten Lösung mit Stößeln ergibt. Die nähere Positionierung der Nockenwelle zu den Zylinderköpfen, die wegen der V-Anordnung der Zylinder möglich wird, ergibt kürzere und damit steifere und leichtere Stoßstangen. Zusammengenommen ergibt dies einen Ventiltrieb, dessen Drehzahlgrenze nur knapp unterhalb 10.000 U/min liegt. Die spezifische Motorleistung, als Vierventiler, erreicht den beachtlichen Wert von 74 kW/ltr.

150   3 Arbeitsweise, Bauformen und konstruktive Ausführung von Motorradmotoren

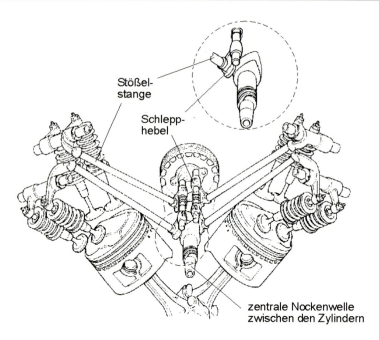

Bild 3.118 Stoßstangensteuerung der HONDA CX 500

Es wird deutlich, dass Motoranordnung und Motorbauart die Auswahl der Ventilsteuerung und des Zylinderkopfes wesentlich mitbestimmen und sogar die Funktionsgüte der gewählten Lösung beeinflussen können. Am Beispiel des quereingebauten Boxermotors soll diese Problematik vertieft aufgezeigt werden. Dies ist ein sehr anschauliches Beispiel dafür, dass die Auswahl und Beurteilung von konstruktiven Lösung nie anhand von Einzelkriterien erfolgen darf, sondern immer daran, wie gut sie die Summe *aller* Anforderungen erfüllt.

Bei Boxermotoren besteht ein besonders ungünstiger Zusammenhang zwischen Motorbaubreite und Bauart der Ventilsteuerung, denn aufgrund der gegenüberliegenden Zylinderanordnung vergrößern *obenliegende Nockenwellen* die Motorbaubreite gleich zweifach. Große Baubreite ist aber unerwünscht, da sie bei tief eingebautem Motor die Schräglage des Motorrades bestimmt. Dennoch ist diese Nockenwellenanordnung aus Leistungs-, Geräusch-, und nicht zuletzt wohl auch aus Imagegründen für ein modernes, sportliches Motorrad nahezu unverzichtbar. Ein höherer Einbau des Motors ist kein sinnvoller Ausweg, weil dadurch der Vorteil der niedrigen Schwerpunktlage der Boxerbauart aufgegeben würde.

Untersucht man Lösungen mit obenliegenden Nockenwellen und direkter Ventilbetätigung über Tassenstößel, so ergeben sich neben der Baubreite eine Reihe weiterer Probleme bei Boxermotoren. Sie lassen sich aus den skizzierten Ventiltriebskonzepten, **Bild 3.119,** ableiten und anhand verschiedener Kriterien bewerten.

3.7 Konstruktive Gestaltung der Motorbauteile 151

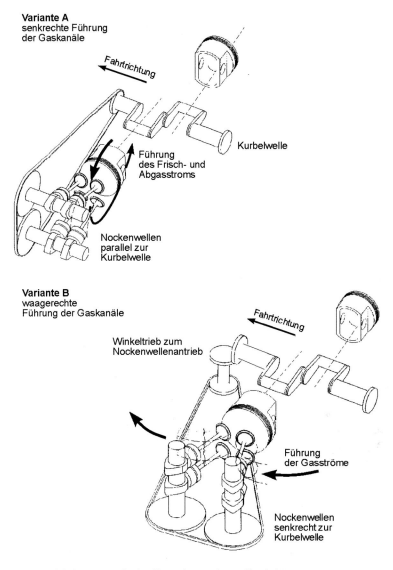

Bild 3.119 Ventiltriebskonzepte mit obenliegenden Nockenwellen bei Boxermotoren

Die *senkrechte* Führung der Ansaug- und Auslasskanäle im Zylinderkopf ermöglicht wegen der parallelen Lage der Nockenwellen zur Kurbelwelle einen problemlosen und kostengünstigen Antrieb der Nockenwellen über Kette oder Zahnriemen. Ungünstig hingegen ist die Kühlung des Auslassbereichs des Zylinderkopfes bei Luftkühlung, weil dieser Bereich nicht mehr frei im Fahrtwind steht. Nachteilig ist weiterhin, dass die notwendige Saug- und Auspuffrohrlänge, wie sie für einen günstigen Drehmomentverlauf erforderlich ist, sich am Motorrad nicht sinnvoll verwirklichen lässt.

Die *waagerechte* Durchströmung des Zylinderkopfes erfordert beim Boxer eine Winkelumlenkung für den Nockenwellenantrieb. Neben den reinen Kosten für Bauaufwand und Fertigung ist eine solche Lösung vor allem aus akustischer Sicht abzulehnen, weil schnellaufende Winkelgetriebe ein hohes Verzahnungsgeräusch aufweisen. Vorteile bringt die waagerechte Durchströmung allerdings in der Kühlung für den Auslassbereich des Zylinderkopfes, weil er im direkten Luftstrom liegt. Zudem ermöglicht sie genügend lange Rohrleitungen für Ansaugluft und Abgas und damit günstige Möglichkeiten zur Ladungswechselauslegung.

Es wird aber deutlich, dass keine dieser Konstruktionen eine befriedigende Gesamtlösung bietet, ebensowenig wie der Nockenwellenantrieb über Königswellen. Neben dem Bauaufwand kann diese, für Boxermotoren zweifellos elegante Lösung, heute aus Geräuschgründen zu vertretbaren Kosten nicht mehr verwirklicht werden.

Diese Überlegungen führten bei der Neuentwicklung des Vierventil-Boxermotors von BMW, der 1993 neu in den Markt eingeführt wurde, zu einer Konstruktion, die als *High Camshaft* Ventilsteuerung bezeichnet wird. Sie ist ein Beispiel, wie selbst sehr gegensätzliche Anforderungen durch eine geschickte Anordnung des Ventiltriebs optimal erfüllt werden können.

Im **Bild 3.120** ist die Gesamtanordnung dieses Ventiltriebs mit seinem Antrieb im Zylinderkopf dargestellt.

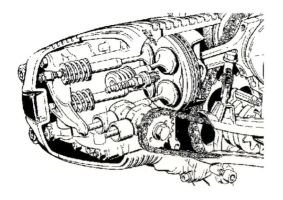

Bild 3.120
Zylinderkopf und Ventiltrieb des
Vierventil-Boxermotors von BMW

Als Entwicklungsziel für den Motor war ein ausgewogener Drehmomentenverlauf mit hohen Werten schon bei niedrigen Drehzahlen vorgegeben. Der Motor sollte Potenzial für Leistungen über 70 kW aufweisen, aber kein ausgeprägtes Sporttriebwerk für höchste Drehzahlen sein. Die dafür notwendige Öffnungscharakteristik der Ventile erforderte eine ohc-Steuerung, die zudem auch der Forderung nach einem leisen Ventiltrieb Rechnung trägt. Gleichzeitig sollte aus stylistischen Gründen und wegen der besseren Kühlung des Auslassbereichs die traditionelle, horizontale Ansaugrohr- und Abgaskrümmerführung des Motors beibehalten werden. Das Problem, mit diesen Vorgaben einen Ventiltrieb mit obenliegender Nockenwelle zu verwirklichen, ohne die Baubreite des Motors gegenüber dem Vorgängermodell zu vergrößern, wurde mit der im Bild dargestellten Konstruktion gelöst. Durch die seitliche Lage der Nockenwelle wird Bauhöhe im Zylinderkopf gespart, und zugleich kann dieser im oberen Bereich, der die Bodenfreiheit bei Schräglage mitbestimmt, genügend schmal gehalten werden. Dazu trägt auch der Nockenwellenantrieb über Rollenketten bei. Da dieser über eine, von der Kurbelwelle angetriebene und im Verhältnis 2:1 untersetzte Zwischenwelle erfolgt, können die Kettenräder im Zylinderkopf entsprechend klein gehalten werden.

3.7 Konstruktive Gestaltung der Motorbauteile

Die halbhohe Nockenwellenanordnung sorgt für ausreichend kurze Wege zu den Ventilen. Die gewählte Übertragung der Nockenerhebung mittels einseitig offener Stößelbecher, kurzer Stoßstangen und Kipphebel, **Bild 3.121**, ist steifer und leichter als alternative Lösungen mit längeren Kipphebelarmen bzw. Kipphebeln, die direkt auf geschlossene Tassenstößel wirken. Sie hat zudem den Zweck, die Tassendrehung mechanisch von der Einwirkung der Kipphebelkräfte zu entkoppeln (zentrische Lage der Stoßstangen) und eine freie Tassendrehung zu ermöglichen. Diese freie Tassendrehung ist für einen ordentlichen Schmierfilmaufbau zwischen Nocke und Tasse und aus Gründen des Verschleißschutzes, übrigens bei allen Tassenstößelsteuerungen, unverzichtbar.

Bemerkenswert ist noch die Lagerung aller Ventiltriebsbauteile in einem gemeinsamen Aluminium-Gussteil, dem sogenannten Steuerungsträger, **Bild 3.122**. Durch seine Verschraubung zusammen mit Zylindern und Zylinderkopf über Zuganker wird ein optimaler Kraftfluss der Ventiltriebskräfte ins Kurbelgehäuse gewährleistet.

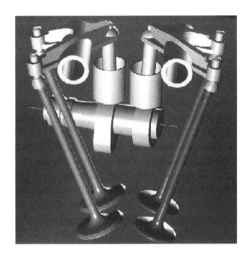

Bild 3.121
Anordnung der Ventiltriebsbauteile

Bild 3.122
Steuerungsträger

Mit drei weiteren Konstruktionsbeispielen sollen die Betrachtungen zum Zylinderkopf und Ventiltrieb abgeschlossen werden. **Bild 3.123** zeigt die Ventilsteuerung des 650 cm³ Einzylindermotors der Fa. ROTAX mit fünf radial angeordneten Ventilen. Durch die räumliche Lage der Ventile und die Betätigung über Tassen müssen die Nocken der Auslassventile und der beiden äußeren Einlassventile konisch sein. Das mittlere Einlassventil liegt außerhalb der Nockenwellenebene und muss daher mit einem Kipphebel betätigt werden. Gegenüber der Lösung von YAMAHA hat der ROTAX-Motor einen weniger zerklüfteten Brennraum, dafür ist aber die Ventilsteuerung aufwendiger, teurer und schwerer.

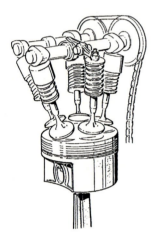

Bild 3.123
Ventilsteuerung und Brennraum des ROTAX Einzylindermotors mit fünf Ventilen

Eine heute nur von DUCATI exklusiv verwendete Ventilsteuerung ist die Desmodromik, **Bild 3.124**. Sie ist dadurch gekennzeichnet, dass die Schließbewegung des Ventils zwangsweise erfolgt und eine Ventilfeder entfallen kann. Dazu wird das Ventil mit einem Gabelhebel geführt, auf den ein Öffnungs- und ein Schließnocken wirken. Theoretisch können mit dieser Ventilsteuerung allerhöchste Drehzahlen und Ventilbeschleunigungen verwirklicht werden, weil durch die Zwangsführung das Ventil keine unkontrollierten Bewegungen, wie z.B. Abheben vom Nocken, mehr ausführen kann.

In der Praxis allerdings ergeben sich ebenso wie beim konventionellen Ventiltrieb Drehzahl und Auslegungsgrenzen infolge der Massenkräfte. Werden diese zu groß, kommt es zu elastischen Verformungen der Betätigungshebel und infolge unzulässiger Flächenpressungen zu Verschleiß an den Kontaktstellen zwischen Betätigungshebel, Ventilschaft und Nocken. Die desmodromische Ventilsteuerung ist ursprünglich aus Anforderungen im Rennsport erwachsen. Vor Jahrzehnten stellten Ventilfederbrüche bei Rennmotoren ein großes Problem dar, weil zum einen die Auslegung des Ventiltriebs samt der Federn unvollkommen war, und zum anderen Ventilfederwerkstoffe in der erforderlichen Festigkeit und Reinheit nicht zur Verfügung standen. Inhomogenitäten im Werkstoff führten bei höchstbelasteten Ventilfedern zum Bruch. Diese Probleme sind heute durch Fortschritte in der Berechnung und Werkstoffentwicklung überwunden und wie viele Beispiele zeigen, lassen sich Drehzahlen von über 13.000 U/min mit herkömmlichen Ventilsteuerungen und Ventilfedern problemlos beherrschen. Dennoch ist die Desmodronik eine interessante und mechanisch einzigartige Lösung, die viel zur Faszination der DUCATI Motoren und Motorräder beiträgt.

3.7 Konstruktive Gestaltung der Motorbauteile 155

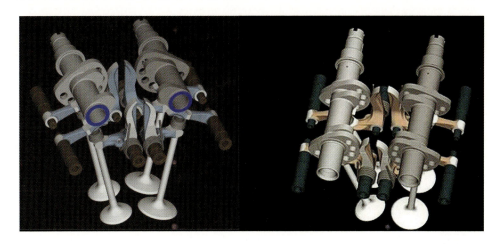

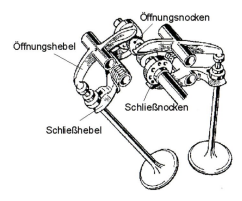

Bild 3.124
Desmodromische Ventilsteuerung bei DUCATI Motoren

Alle bisher behandelten Ventiltriebe waren solche mit festen Steuerzeiten. In Automobil-Motorenbau sind in den letzten Jahren Ventiltriebe mit Variabilitäten bezüglich Spreizung und Steuerzeit zur Serienreife entwickelt worden. Problematisch für den Motorradeinsatz all dieser Automobillösungen sind der Bauaufwand, der Platzbedarf, das Gewicht und die Systemkosten. Bei Motorradmotoren gibt es ausser dem V-Tech-System von HONDA im Modell VFR keinen variablen Ventiltrieb in Serie. Beim V-Tech-System wird jedoch lediglich drehzahlabhängig zwischen zwei unterschiedlichen Nocken mit jeweils festen Steuerzeiten umgeschaltet.

SUZUKI stellte erstmals auf der Tokyo Motor Show 2003 eine sehr interessante Konstruktion eines vollvariablen Ventiltriebs vor. Auf der Basis des Zylinderkopfes des bekannten Zwei-zylinder-V-Motors (aus der TL 1000, bzw. V-Strom) wurde eine Lösung erarbeitet, die vom Bauraum und der Grundkonstruktion serienfähig erscheint, **Bild 3.125**. Sie beeindruckt durch die saubere Integration in den Serien-Motor.

 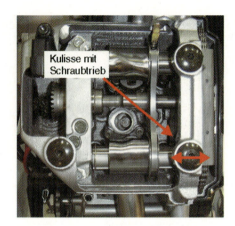

Bild 3.125 Variable Ventilsteuerung von SUZUKI

Verwendet werden räumliche Nockenkonturen. Durch eine axiale Verschiebung der Raumnocken auf ihren Wellen wirken unterschiedliche Profile auf den darunterliegenden Tassenstößel (wegen der Nockenkontur als Rollenstössel ausgeführt), wodurch unterschiedliche Ventilerhebungen und Steuerzeiten realisiert werden. Die Axialverschiebung geschieht über eine Kulisse mit einem elektromotorisch angetriebenen Schraubtrieb.

Nachteilig für eine Leistungsauslegung eines solchen Motors ist sicher die höhere Masse des notwendigen Rollen-Tassenstössels. Inwiefern die Nockengeometrie fertigstechnischen Einschränkungen unterliegt kann ebensowenig beurteilt werden, wie beispielsweise die Schmierverhältnisse und die Flächenpressungen zwischen Stößel und Nockenfläche. Herkömmliche Motoren beweisen, dass alle Drehmoment- und Leistungsanforderungen auch mit konventionellen, starren Ventiltrieben erfüllt werden können. Hinsichtlich der Schadstoffemission und des Laufkomforts im Teillastbereich bieten variable Ventiltriebe jedoch zusätzliche Möglichkeiten, so dass sie zukünftig möglicherweise in die Serie einfließen.

3.7.4 Beispiele ausgeführter Gesamtmotoren

Mit Beispielen ausgeführter Motoren soll das Kapitel über die konstruktive Gestaltung von Motoren abgeschlossen werden. Der Motor der *SUZUKI TL 1000 S*, **Bild 3.126**, der in abgewandelter Form auch im Modell *DL 1000 V-Strom* weiter verwendet wird, steht stellvertretend für die modernste Generation von Zweizylindermotoren.

Mit einem Zylinderwinkel von 90° bietet die Konstruktion eine günstige Voraussetzung für einen guten Massenausgleich. Zwar ist die Baulänge des Motors wegen des Zylinderwinkels relativ groß, dafür ergeben sich aber ausreichende Platzverhältnisse im V-Winkel zwischen den Zylindern für die Drosselklappenstutzen. Somit kann der Einlasskanal ohne größere Krümmung sehr strömungsgünstig gestaltet werden und es ergibt sich über dem Motor Platz für eine voluminöse Sauganlage. Bemerkenswert ist der Nockenwellenantrieb über eine Zahnkette und eine Zwischenwelle, die wiederum über Zahnräder die Nockenwellen antreibt. Dies ergibt vorteilhaft kurze Steuerketten (geringe Kettenschwingungen), einen steifen Nockenwellenantrieb für präzise Einhaltung der Steuerzeiten und einen relativ schmal und niedrig bauenden Zylinderkopf. Zum kompakten Zylinderkopfdesign trägt auch der enge Ventilwinkel bei.

3.7 Konstruktive Gestaltung der Motorbauteile

Erkennbar sind die optimierten Leichtbaukolben mit geringstmöglicher Kompressionshöhe und sehr kurzem Kolbenhemd.

Bild 3.126
Motor der SUZUKI TL1000S

Bild 3.127
Motor der YAMAHA YZ/WR400F

Bis ins Detail gewichtsoptimiert ist der Einzylindermotor für das Enduro-Motorrad *YZ/WR400R* von *YAMAHA*, **Bild 3.127**. Mit diesem Motor bzw. seiner weiter entwickelten Variante mit 250 cm³ Hubraum wird nach derzeitigem Stand der Technik die Grenzen der Machbarkeit im Serienmotorenbau demonstriert. Der Motoraufbau ist sehr kompakt, die Abmessungen entsprechen bei 450 cm³ denen früherer 250er-Motoren. Extremer Leichtbau ist im Bild beispielsweise am Kolben erkennbar, der praktisch nur noch einen Ringträger darstellt (Gewicht 340g bei ⌀ 92 mm).

Bei den Vierzylinder-Reihenmotoren waren die Konstruktionen der japanischen Hersteller über Jahrzehnte das Maß der Dinge, wenn es um Leistung und Drehfreude ging. Ein Beispiel für diesen Hochleistungs-Motorenbau ist der Motor der *YAMAHA YZF-R1,* **Bild 3.128**. Man erkennt die kompakte Gesamtkonstruktion mit seinem hoch hinter der Kurbelwelle angeordnetem Getriebe. Dieses gibt eine zentrale Massenkonzentration, aber auch einen relativ hohen Motor-Schwerpunkt. Die Schnittdarstellung zeigt die filigrane Gestaltung der mechanischen Motorteile.

Bild 3.128
Motor der YAMAHA YZF-R1 (Modelljahr 2002)

Mit dem Triebwerk des 2004 vorgestellten neuen Sportmotorrades *K 1200 S* untermauert *BMW* seine motorenbauerische Kompetenz nun auch bei leistungsstarken Vierzylinder-Motorradmotoren. Dieser ausgeklügelte Motor stellt mit seiner konsequent konstruierten Technik zum Zeitpunkt der Markteinführung sicher den modernsten Motorradantrieb der Welt dar, **Bild 3.129**.

3.7 Konstruktive Gestaltung der Motorbauteile

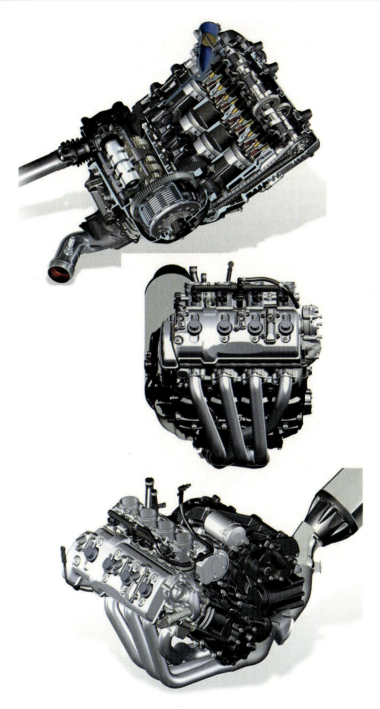

Bild 3.129 Motor der BMW K 1200 S

Mit einem Winkel von 55° ist die Zylinderbank extrem weit nach vorn geneigt, was wesentlich zum angestrebten niedrigen Schwerpunkt beiträgt. Der sehr enge Ventilwinkel von 22° ermöglicht zusammen mit der bereits zuvor erwähnten Schlepphebelsteuerung einen sehr kompakten Zylinderkopf. Zur geringen Baubreite des Zylinderkopfes trägt der Nockenwellenantrieb bei, bei dem die Zahnkette von der Kurbelwelle aus nur die Auslass-Nockenwelle antreibt, während die Einlass-Nockenwelle über ein Zahnrad von der Einlasswelle angetrieben wird. Das ergibt Vorteile im Geräuschverhalten und Präzision in der Ventilsteuerung durch eine kurze Kette.

Die Frontansicht zeigt, dass der Motor in Kurbelwellenrichtung sehr kurz baut, was für eine hohe Schräglagenfreiheit für das Motorrad trotz tiefer Motoreinbaulage sorgt. Die Baubreite des 1200 cm³ Motors liegt nahezu auf dem Niveau der modernsten 600er-Motoren. Erreicht wurde diese kurze Baulänge durch minimierten Zylinderabstand und besonders schmale Kurbelwellenhauptlager (vgl. Kap. 3.7.1, Kurbelwelle). Nebenaggregate und Lichtmaschine wurden hinter die Kurbelwelle verlegt, die Wasserpumpe sitzt am Zylinderkopf und wird von der Auslassnockenwelle angetrieben. Durch eine Trockensumpfschmierung entfällt die Ölwanne, wodurch der Motor schwerpunktgünstig weit unten im Rahmen platziert werden kann. Weitere mechanische Details des Motors wurden in den vorngegangenen Abschnitten bereits beschrieben. Als erster und einziger Motor dieser Klasse ist die Motorsteuerung mit einer Klopfregelung ausgestattet (vgl. Kap. 3.4).

3.8 Kühlung und Schmierung

Über den Wärmehaushalt hängen Kühlung und Schmierung des Motors eng zusammen. Das Schmieröl übernimmt neben seiner Hauptaufgabe zugleich die wichtige Funktion der Wärmeabfuhr aus den hochbeanspruchten Zonen des Motors. Im Gegenzug erfolgt ein ständiger Wärmeaustausch zwischen Schmieröl und Kühlmedium, wodurch die Öltemperaturen gesenkt werden und somit die Schmierung auch bei hoher Belastung sichergestellt wird. Kühlung und Schmierung spielen für die Zuverlässigkeit, Standfestigkeit und Verschleißarmut des Motors eine sehr wichtige Rolle.

3.8.1 Kühlung

Nur rund ein Drittel der mit dem Kraftstoff zugeführten Energie wird im Motor in verwertbare mechanische Arbeit umgewandelt. Der Rest ist Verlustarbeit, die man verschiedenen Kategorien zuordnen kann, z.B. Kühlungswärme, Abgaswärme, mechanische Reibung, usw. Letztlich wird die gesamte Verlustarbeit in Wärme umgewandelt, die aus dem Motor abgeführt werden muss. Untersuchungen zeigen, dass die häufig angegebene Drittelung der Energiebilanz ($1/3$ Nutzarbeit, $1/3$ Kühlung und $1/3$ Abgaswärme) bei Hochleistungs-motoren differenziert betrachtet werden muss. Der Anteil der Abgaswärme ist zum Beispiel nicht konstant, sondern nimmt bei hohen Drehzahlen erheblich zu. **Bild 3.130** zeigt beispielhaft die Aufteilung der Energieströme für einen wassergekühlten Vierzylinder-Motorradmotor (ohne separaten Ölkühler) bei Nennleistung.

Man erkennt, dass nach Abzug der mechanischen Leistung und des Abgasenergiestroms immer noch ca. 40% des zugeführten Energiestroms als Verlustwärmestrom übrigbleibt. Davon wiederum wird nur rund die Hälfte über den Wasserkühler abgeführt. Der verbleibende Rest, im betrachteten Fall eine Wärmeleistung von über 30 kW (!), ist Wärme, die z.B. im Motoröl

3.8 Kühlung und Schmierung

steckt und der Wärmestrom, der vom Kühlwasser schon vor dem Kühler z.B. über die Motorwandungen abgegeben wird. Enthalten ist in diesem aus einer Differenzbetrachtung gewonnenen Wärmerest allerdings auch die Energie von unverbrannt gebliebenem Kraftstoff und die kinetische Abgasernergie. Die genaue Aufteilung des Restwärmestroms soll hier nicht weiter betrachtet werden. Wichtig ist die Erkenntnis, dass auch bei Wasserkühlung ein nicht unerheblicher Wärmestrom bleibt, der direkt von den Motoraußenflächen an die vorbeiströmende Luft abgegeben wird. Dies bedeutet in der Praxis, dass *ohne* eine *Luftumströmung* des Motors eine betriebssichere Motorkühlung auch bei Wasserkühlung nur schwer zu gewährleisten ist (die „Umlenkung" des Restwärmestroms ins Kühlwasser und die Abfuhr am Wasserkühler gelingt auch bei Vergrößerung des Wasserumlaufs und Kühlers nur unvollständig). Bei der Verkleidungsgestaltung muss daher auch auf eine ausreichende Luftzirkulation für den Motor geachtet werden. Die Möglichkeiten einer Motorvollkapselung sind durch diese Tatsache spürbar eingeschränkt.

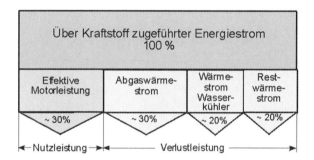

Bild 3.130 Energiestrom (Wärmeleistung) für einen 4-Zylinder-Motorradmotor bei Nennleistung

Die Aufgabe der Kühlung, durch Wärmeabfuhr für erträgliche Bauteiltemperaturen zu sorgen, trifft besonders für Brennraum und Zylinder zu, die unmittelbar den über 2000 °C heißen Verbrennungsgasen ausgesetzt sind. So sollte die Zylinderwandtemperatur aus Schmierungsgründen deutlich unter 200 °C liegen und im Zylinderkopfbereich liegt die vertretbare Grenze für die Brennraumwandtemperatur zwischen 250 und 300 °C (Festigkeitsgrenze der Aluminiumlegierungen).

Die früher beim Motorrad fast ausschließlich verwendete Luftkühlung wurde mit dem fortwährenden Anstieg der spezifischen Leistung der Motoren weitgehend von der Wasserkühlung verdrängt. Der Vorteil der Wasserkühlung liegt nicht allein in der besseren Gesamtkühlleistung, sondern vielmehr im besseren Abtransport der Wärme aus den hochbelasteten Zonen im Motor. Am Beispiel der Brennraum-Wandtemperatur im Zylinderkopf zeigt ein Vergleich zwischen Wasser- und Luftkühlung die Vorteile hinsichtlich Temperaturniveau und -verteilung, **Bild 3.131**. Ein weiterer Vorteil der Wasserkühlung liegt in der geräuschdämmenden Wirkung des Kühlwassermantels.

Bild 3.132 zeigt das Funktionsschema einer modernen Wasserkühlung, wie sie in den meisten Motorrädern in dieser oder ähnlicher Form zum Einsatz kommt. Die Wasserpumpe fördert das Kühlmittel (Wasser-Glycol-Gemisch) zunächst zum Kurbelgehäuse und von dort über den Zylinderkopf zum Wasserkühler und dann zurück zur Pumpensaugseite. In den Kreislauf ist ein Thermostat mit einer Bypassleitung geschaltet, die den Kühler umgeht (Rückfluss aus

Kühler verschlossen), solange der Motor noch nicht betriebswarm ist. Damit wird eine schnellere Motorerwärmung erreicht. Hat dieser seine Betriebstemperatur erreicht, verschließt der Thermostat die Bypassleitung, und das Kühlmittel durchströmt bei zugleich geöffnetem Kühlerrückfluss den Kühler. Ein Ausgleichsbehälter nimmt überschüssiges Kühlmittel infolge der Wärmeausdehnung auf und dient zugleich als Anzeige für den Kühlmittelstand.

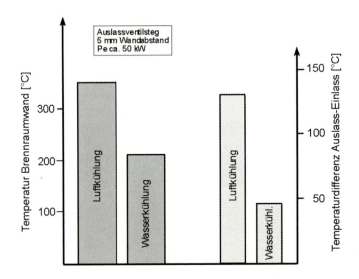

Bild 3.131 Brennraumwandtemperaturen an den Ventilstegen bei Luft- und Wasserkühlung

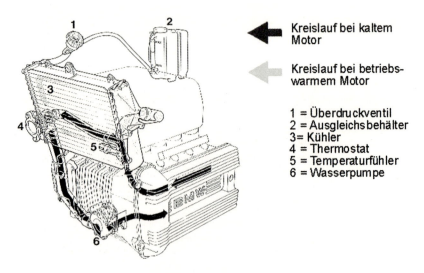

Bild 3.132 Funktionsschema eines Flüssigkeits-Kühlsystems

3.8 Kühlung und Schmierung

Alle modernen Kühlsysteme sind als geschlossene Überdrucksysteme ausgeführt. Ein Druckventil im Kreislauf lässt einen Überdruck zwischen 1,2 bis 1,5 bar zu, so dass die Siedetemperatur des Kühlmittels bei über 120 °C liegt. Damit wird eine höhere Sicherheit gegen Kochen des Kühlsystems auch bei extrem hohen Außentemperaturen und höchster Motordauerbelastung erzielt. Die Wasserumwälzmenge liegt etwa zwischen 75 und 100 l/min. Bestandteil eines jeden Flüssigkeitskühlsystems ist der Zusatzlüfter, der den notwendigen Luftstrom durch den Kühler auch im Stillstand und bei langsamer Fahrt erzeugt. Bei allen Motorrädern wird der Lüfter elektrisch angetrieben und in Abhängigkeit der Kühlmitteltemperatur, meist knapp oberhalb 100 °C, zugeschaltet.

Die Luftkühlung findet man noch bei vielen Enduromotorrädern bzw. bei Motoren mit einer spezifischen Leistung unter 74 kW/l (100 PS/l). Ihre Vorteile sind die vollkommene Störunanfälligkeit und der geringere Bauraumbedarf durch das Fehlen des Wasserkühlers. Bei Reihenmotoren ergibt sich als Nachteil allerdings ein größerer Zylinderabstand durch die Kühlrippen. Der Gewichtsvorteil der Luftkühlung liegt bei rund 3-5 kg.

Besondere Sorgfalt muss der Ausbildung der Kühlrippen gewidmet werden, die zur Vergrößerung der wärmeabgebenden Flächen dienen. Bei zu großer Länge bilden sich Schwingungen aus, die die Schallemission des Motors stark vergrößern. Zudem entsteht bei langen Rippen ein Luftpolster am Rippengrund, das die Wärmeabfuhr verschlechtert. Als Anhaltswert gilt eine maximale Rippenlänge von 50 mm bei einem Rippenabstand nicht unter 8 mm. Die Kühlrippendicke hängt vom Gussverfahren für Zylinder und Zylinderkopf ab, es sind möglichst dünne Rippen anzustreben (Richtwert 3 mm am Rippengrund). Eine genaue Untersuchung des Einflusses der Kühlrippen bei Luftkühlung und weitere Konstruktionshinweise finden sich in [3.14].

Eine bedeutende Verbesserung ergibt sich, wenn man die Luftkühlung mit einer inneren Ölkühlung für hochbelastete Brennraumstellen kombiniert. Diese Art der Kühlung wird von BMW und SUZUKI in einigen Modellen eingesetzt. Zylinder und Zylinderkopf führen dabei die Wärme konventionell über ihre Verrippung ab; der Brennraum selbst wird durch eine gezielte Ölzufuhr gekühlt. BMW verwendet einen öldurchströmten Kühlölkanal, **Bild 3.133**. Dieser liegt in der Auslasszone des Zylinderkopfes und wird von einer separaten Ölpumpe, die für einen hohen Volumenstrom bei geringem Druck ausgelegt wurde, gespeist.

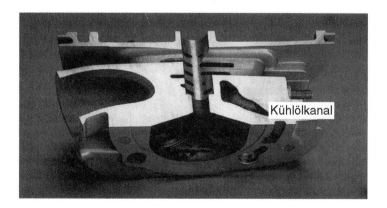

Bild 3.133 Kühlölkanal im Zylinderkopf des Vierventil-Boxermotors von BMW

Es gelingt damit gegenüber einer Zylinderkopfvariante ohne Ölkühlung eine Temperaturabsenkung im Ventilstegbereich um rund 20%. Bei SUZUKI erfolgt die Kühlung durch eine Ölanspritzung heißer Brennraumzonen. Diese zusätzliche Ölkühlung ist so wirkungsvoll, dass sie bis 1992 in den Supersportmodellen der Baureihe GSX-R mit einer spezifischen Leistung von rund 100 kW/l eingesetzt wurde.

3.8.2 Schmierung

Der Motorschmierung und dem Motoröl kommen zusammen folgende Aufgaben zu:
– Schmierfilmaufbau zwischen allen gleitenden Teilen zur Reibungs- und Verschleißminimierung (Berührungsvermeidung der Gleitflächen)
– Wärmeabfuhr und Wärmeverteilung
– Feinabdichtung an den Kolbenringen Geräuschdämpfung durch Ausbildung von Ölpolstern
– Oberflächenschutz vor Korrosion

Moderne Motorradmotoren verfügen ausnahmslos über eine Druckumlaufschmierung mit Ölpumpe, wie sie beispielhaft im **Bild 3.134** dargestellt ist. Die beiden meistverwendeten Bauarten der Ölpumpen sind Zahnradpumpen und Verdrängerpumpen (sogenannte Eatonpumpen), **Bild 3.135**. Letztere bauen auch schon bei niedrigen Drehzahlen hohe Drücke auf, dafür ist bei Zahnradpumpen die Antriebsleistung kleiner.

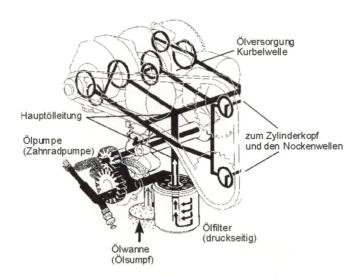

Bild 3.134 Ölkreislauf einer Druckumlaufschmierung aus dem Ölsumpf

Neben der im Bild dargestellten Ölsumpfschmierung, bei der die Pumpe das Öl direkt aus der Ölwanne (Ölsumpf) ansaugt, wird bei einigen Motorrädern auch die Trockensumpfschmierung verwendet, **Bild 3.136**. Bei dieser erfolgt die Ölversorgung aus einem separaten Vorratstank, eine Ölwanne im herkömmlichen Sinn gibt es nicht. Das in den Motor herabtropfende Öl wird

3.8 Kühlung und Schmierung

lediglich im Kurbelgehäuse gesammelt und von dort mittels einer zweiten Pumpe in den Öltank gefördert. Die Druckpumpe saugt dann das Öl direkt aus diesem Tank an.

Bild 3.135 Eatonpumpe

Bild 3.136 Trockensumpfschmierung, BMW K 1200 S

Der Aufwand mit zwei Ölpumpen ist zwar größer als bei der Ölsumpfschmierung, dafür arbeitet die Ölversorgung aber praktisch lageunabhängig. Bei Enduromotorrädern ist dies ein großer Vorteil, weil die Ölförderung bei Extremfahrzuständen wie Steilauffahrten, Wheelie und sogar nach einem Sturz nicht unterbrochen wird. Zudem spart der Entfall einer voluminösen Ölwanne Bauhöhe für den Motor. Dadurch knn man den Motor weiter unten im Rahmen platzieren, was für einen günstigen, tiefen Schwerpunkt sorgt. Die Ölfüllmengen betragen je nach Motorgröße und Bauart zwischen 2 und 4 *l*. Die *theoretische* Fördermenge gebräuchlicher Ölpumpen liegt bei Nenndrehzahl etwa zwischen 20 und 60 *l*/min; je nach Lagerspiel, Öldruck und Öltemperatur fließen real um die 20 *l*/min durch den Motor. Der Öldruck, der sich in Abhängigkeit von Pumpengröße, Schmierstellenanzahl, Schmierspaltgrößen, Leitungswiderständen, Drehzahl und Öltemperatur einstellt, beträgt zwischen 4 und 6 bar. Er dient nicht nur zur Überwindung der Leitungswiderstände, sondern wird auch benötigt, um das Öl gegen die Fliehkraft von außen in die Ölbohrungen der Kurbelwelle zur Versorgung der Pleuellager (Gleitlager!) zu drücken. Auf den Aufbau des Druckpolsters im Lager selber hat der Öldruck allerdings keinen Einfluss, darauf wurde früher schon hingewiesen.

3.9 Systeme zur Gemischaufbereitung

Alle heutigen Ottomotoren verbrennen Kraftstoff-Luftgemische, die außerhalb des Motors aufbereitet werden (äußere Gemischbildung). Als Gemischbildungssysteme haben sich beim Motorrad verschiedene Bauarten von Vergasern und vereinzelt auch die elektronische Benzineinspritzung etabliert. Da das Gemisch nur innerhalb sehr enger Grenzen enflammbar ist, muss die Zumessung des Kraftstoffs zur Luft sehr genau sein. Für vollständige Verbrennung beträgt das theoretische Volumenverhältnis rund 10.000 : 1, d.h. zur Verbrennung von 1 l Kraftstoff werden 10.000 l Luft benötigt, **Bild 3.137**. Umgerechnet auf den Betrieb eines 1000 cm^3-Motors bedeutet dies eine Zumischung von rund 0,1 cm^3 Kraftstoff je Arbeitsspiel. Bei höchstens 1% zulässiger Abweichung des Gemisches bedeutet dies einen zulässigen Absolutfehler von nur 0,01 cm^3 in der Kraftstoffzumessung und macht die Präzisionsanforderungen deutlich, die an Vergaser und Einspritzanlagen zu stellen sind. Bei der Verwendung von geregelten Katalysatoren liegt der zulässige Fehler sogar unter %.

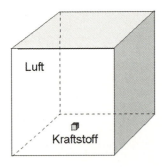

Bild 3.137
Schematische Darstellung des Volumenverhältnisses Luft-Kraftstoff

3.9.1 Vergaser

Der Vergaser ist beim Motorrad derzeit das am weitesten verbreitete Gemischbildungssystem. Sein Grundprinzip und seine Funktionsweise gehen aus **Bild 3.138** hervor. Ein Vergaser besteht im einfachsten Fall aus den Bauteilen Lufttrichter, Schwimmerkammer, Kraftstoffdüse und Drosseleinrichtung. Die Funktion des Vergasers beruht auf dem Prinzip des Venturirohres, mit dem durch eine Querschnittsverengung in einer Strömung eine Erhöhung der Strömungsgeschwindigkeit und resultierend daraus ein Unterdruck erzeugt wird. Der Unterdruck ergibt sich gemäß der *Bernoulligleichung* der Strömungsmechanik; die physikalischen Zusammenhänge werden im Anhang dieses Buches ausführlich erläutert.

Der Unterdruck im Lufttrichter wirkt an der Kraftstoffdüse und saugt Kraftstoff an, der von Luftstrom mitgerissen, fein zerstäubt und aufgrund des niedrigen Druckes teilweise auch verdampft wird. Das passende Mischungsverhältnis zwischen Luft und Kraftstoff stellt sich in Abhängigkeit von Düsengröße, Kraftstoffstand in der Schwimmerkammer und Lufttrichtergröße automatisch ein. Die Funktion der Schwimmerkammer ist dabei für das Mischungsverhältnis sehr wichtig. Da der Kraftstofftank höher als der Vergaser liegt, muss der Kraftstoffzufluss zum Vergaser in der Schwimmerkammer reguliert werden. Dies geschieht durch ein Nadelventil, das vom Schwimmer je nach Kraftstoffstand in der Schwimerkammer geöffnet oder geschlossen wird. Die angesaugte Kraftstoffmenge ergibt sich bei konstantem Kraftstoffstand dann aus dem Unterdruck und der Saughöhe für den Kraftstoff.

3.8 Kühlung und Schmierung

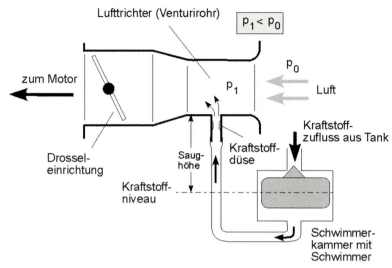

Bild 3.138 Funktionsprinzip des Vergasers

Der Vergaser ist vom Wirkprinzip her selbstregulierend. Das grundsätzliche Mischungsverhältnis ist, wie vorstehend erläutert, festgelegt und wird in der Praxis eingestellt durch Variation der Düsengröße für den Kraftstoff (in Ausnahmen auch durch Veränderung des Schwimmerstandes). Bei niedrigem Luftdurchsatz des Motors (kleine Drehzahl und Last) ist die Strömungsgeschwindigkeit im Lufttrichter klein und demzufolge auch der Unterdruck gering. Entsprechend wenig Kraftstoff, passend zur kleinen Luftmenge, wird an der Düse angesaugt. Mit steigendem Luftdurchsatz steigen Strömungsgeschwindigkeit und Unterdruck, damit wird auch die an der Düse geförderte Kraftstoffmenge größer.

Die Regulierung der gesamten, angesaugten Gemischmenge erfolgt im Vergaser mit einer separaten Drosseleinrichtung. Diese vergrößert oder verkleinert je nach Gasgriffstellung und Fahrerwunsch den Gesamtquerschnitt im Vergaser und lässt damit nur jeweils die gewünschte Menge Kraftstoff-Luft-Gemisch zum Motor. Auf das Mischungsverhältnis hat dies aber keinen Einfluss.

Alle Serienvergaser für Motorräder arbeiten nach dem erläuterten Grundprinzip. Die steigenden Anforderungen an die Gemischqualität und das Laufverhalten der Motoren führte im Laufe der Jahre jedoch zur Ausbildung von Zusatzeinrichtungen, deren wichtigste nachfolgend erläutert werden sollen.

Man kann die Vergaser zunächst in drei Hauptgruppen untergliedern, in die *Drosselklappenvergaser*, die *Schiebervergaser* und die *Gleichdruckvergaser*, **Bild 3.139**. Der hauptsächliche Unterschied liegt in der Art der Drosselung des Gemischstroms.

Beim reinen Drosselklappenvergaser, der beim Motorrad ungebräuchlich ist, erfolgt die Regulierung der Gemischmenge über eine schwenkbare Drosselklappe, die in Strömungsrichtung nach dem Lufttrichter angeordnet ist und je nach ihrer Drehstellung einen bestimmten Querschnitt im Vergaser freigibt. Der Schiebervergaser drosselt den Gemischstrom, indem der Lufttrichter durch einen senkrecht zur Strömungsrichtung beweglichen Schieber verengt wird. Dieser Schieber ist meist als zylindrischer Körper, manchmal auch als flache Platte (Flachschieber) ausgeführt und wird im Lufttrichter auf- und abbewegt. Der Gleichdruckvergaser stellt eine Kombination aus Schieber- und Drosselklappenvergaser dar, auf seine Funktionsweise wird unten gesondert eingegangen.

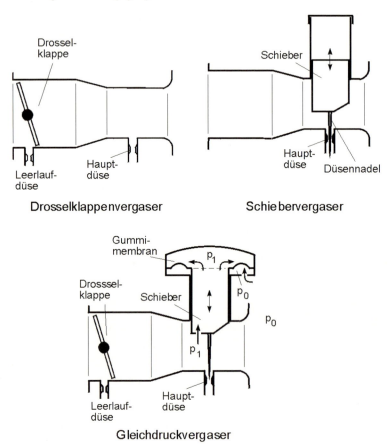

Bild 3.139 Haupttypen von Vergasern

Bei niedrigem Gemischdurchsatz, also bei Teillast und niedriger Drehzahl bis hinab zum Leerlauf, ist bei allen Vergasern der Durchflussquerschnitt an den Drosseleinrichtungen sehr klein. Aufgrund des geringen Unterdrucks im Lufttrichter ergeben sich beim Drosselklappenvergaser Probleme mit der Kraftstoffförderung und der Gemischaufbereitungsqualität. Denn die Kraftstoffdüse ist für maximalen Kraftstoffbedarf bei Vollast des Motors bemessen, so dass an ihr relativ große Kraftstofftöpfchen austreten. Diese können vom geringen Unterdruck und der langsamen Strömung nicht fein genug zerstäubt werden. Bei diesem Vergasertyp wird daher ein separates Leerlaufsystem mit eigener Leerlaufdüse vorgesehen, die nahe dem engen Spalt an der Drosselklappe angeordnet wird. Örtlich herrschen dort auch bei kleinem Luftstrom hohe Strömungsgeschwindigkeit und Unterdruck, so dass zusammen mit der kleinen Leerlaufdüse eine gute Kraftstoffzerstäubung erreicht wird.

3.8 Kühlung und Schmierung

Der Schiebervergaser würde an sich kein separates Kraftstoffsystem für Teillast und Leerlauf benötigen, weil bei geschlossenem Schieber Strömungsgeschwindigkeit und Unterdruck im Lufttrichter für eine funktionierende Kraftstofförderung und Gemischaufbereitung ausreichen. Zur besseren Einstellbarkeit des Vergasers und aus Verbrauchs-, Abgas- und Komfortgründen werden dennoch getrennte Düsen für Leerlauf/niedrige Teillast und hohe Teillast/Volllast verwendet. Trotz der Aufgabentrennung von Leerlaufsystem und Hauptdüsensystem wirken im Motorbetrieb beide zusammen. Die Größe der Leerlaufdüse spielt besonders im Übergangsverhalten von Leerlauf/niedriger Teillast zur höheren Teillast eine Rolle und bestimmt die Güte der Gasannahme des Motors wesentlich mit. **Bild 3.140** zeigt ein ausgeführtes Beispiel eines Schiebervergasers.

Bild 3.140
Ausgeführter Schiebervergaser

Die verschiedenen Vergaser beinhalten noch eine Reihe weitere Einrichtungen zur Optimierung der Gemischaufbereitung. So gibt es Zusatzluftkanäle mit kalibrierten Korrekturluftdüsen, die dem Kraftstoff vor Eintritt in die Hauptdüse definiert Luft zumischen. Es wird damit die Zerstäubungsqualität verbessert und eine noch exaktere Anpassung des Kraftstoff-Luft-Gemisches erreicht. Wegen der Vielfalt der konstruktiven Lösungen kann darauf im einzelnen nicht eingegangen werden. Zusatzsysteme zur Gemischanreicherung für den Warmlauf des Motors sollen hier ebenfalls nicht behandelt werden.

Erwähnt werden muss aber noch ein System zur Kraftstoffregulierung, das beim Schiebervergaser notwendig wird. Die Drosselung des Gemischstroms durch den Schieber im Lufttrichter, führt dort zu einer Erhöhung der Strömungsgeschwindigkeit. Der resultierende Anstieg des Unterdrucks vergrößert bei konstantem Hauptdüsenquerschnitt die angesaugte Kraftstoffmenge, was infolge des gedrosselten Luftstroms zu einer Überfettung des Kraftstoff-Luft-Gemisches führt. Daher ist bei allen Schiebervergasern eine konisch geformte Düsennadel am Luftschieber angebracht, die in den Hauptdüsenstock (Nadeldüse) hineinragt. Bei schließendem Schieber verkleinert sie den Austrittsquerschnitt für den Kraftstoff analog zur Abnahme des Luftstroms, **Bild 3.141**. Die Verstellmöglichkeit der Nadelposition ergibt eine weitere Möglichkeit, die Gemischzusammensetzung den Erfordernissen anzupassen.

Für die meisten Vergaser notwendig ist noch eine Einrichtung, die das Gemisch während eines Beschleunigungsvorgangs anreichert. Dem schnellen Öffnen des Schiebers oder der Drosselklappe beim Beschleunigen kann nämlich der Luftstrom aufgrund der Trägheit nicht unmittelbar folgen. Dadurch sinkt schlagartig der Unterdruck im Lufttrichter (d.h. der Absolutdruck steigt), und es wird zu wenig Kraftstoff angesaugt. Die Folge ist ein Abmagern des Gemisches, eine schlechte Verbrennung im Motor und damit eine ungenügende und verzögert einsetzende Beschleunigung des Fahrzeugs (der Motor verschluckt sich). Um diesem Abmagern entgegenzuwirken, wird kurzzeitig Zusatzkraftstoff in den Lufttrichter gefördert, z.B. mittels eines kleinen Hubkolbens, der mechanisch mit der Gasbetätigung gekoppelt ist.

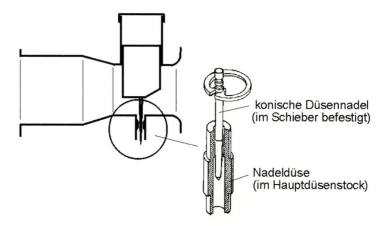

Bild 3.141 Zusammenspiel von Düsennadel und Nadeldüse beim Schiebervergaser

Deutliche Fortschritte im Übergangsverhalten und beim Beschleunigen werden mit Gleichdruckvergasern erzielt, die bei modernen Serienmotorrädern heute Standardausrüstung sind. Anhand der Schnittdarstellungen in den **Bildern 3.139** und **3.142** kann die Funktionsweise dieser Vergaserbauart erläutert werden.

Neben der Drosselklappe, die mit dem Gasgriff mechanisch verbunden ist und zur Regulierung der Gemischmenge dient, ist im Lufttrichter dieses Vergasers zusätzlich ein Gasschieber angebracht. Dieser wird aber nicht mechanisch betätigt, sondern die Schieberposition stellt sich selbsttätig aufgrund der Druckverhältnisse im Vergaser ein. Dazu ist der Schieber an einer Gummimembran beweglich aufgehängt. Seine obere Fläche einschließlich der Membranfläche wird über eine Bohrung mit dem Unterdruck im Lufttrichter beaufschlagt. Die untere Membranfläche hingegen steht über eine Außenbohrung mit dem Umgebungsdruck in Verbindung. Bei weitgehend geschlossener Drosselklappe und niedriger Strömungsgeschwindigkeit ist auch den Unterdruck im Lufttrichter und damit die Druckdifferenz zum Umgebungsdruck klein. Der Schieber sinkt dann aufgrund seines Eigengewichts, unterstützt von einer schwachen Hilfsfeder, nach unten. Die sich einstellende Verengung des Lufttrichterquerschnitts lässt die Strömungsgeschwindigkeit und den Unterdruck aber ansteigen. Infolge der Druckdifferenz zwischen Ober- und Unterseite der Membran wird der Schieber leicht angehoben, wodurch der Unterdruck im Lufttrichter wiederum etwas nachlässt, bis sich der Schieber schließlich in einer Gleichgewichtslage eingependelt hat.

Wird die Drosselklappe zum Beschleunigen geöffnet, bleibt die Schieberposition zunächst unverändert. Erst die etwas verzögert einsetzende Änderung der Luftströmung bewirkt eine Bewegung des Gasschiebers. Der mit ansteigendem Luftstrom wachsende Unterdruck hebt den

3.8 Kühlung und Schmierung

Schieber jeweils soweit an, bis Gleichgewicht zwischen Gewichts- und Federkraft am Schieber und den aus den Druckdifferenzen resultierenden Kräften herrscht. Damit ist die Schieberposition allein abhängig vom Luftdurchsatz und sorgt als erwünschte Folge dafür, dass der Unterdruck im Lufttrichter nahezu konstant und unabhängig vom Luftdurchsatz ist. Der in jedem Betriebszustand etwa gleich Druck im Vergaser hat ihm seinen Namen gegeben.

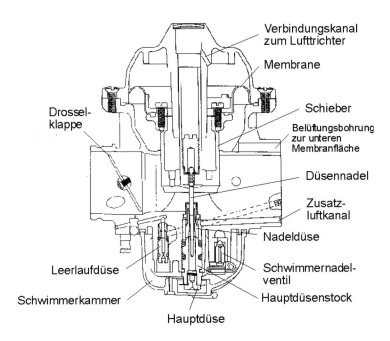

Bild 3.142 Gleichdruckvergaser (BING Typ 64)

Für die Kraftstoffförderung an der Hauptdüse und die Güte der Gemischaufbereitungsqualität sind die konstanten Druckverhältnisse sehr vorteilhaft. Das gesamte Kraftstoffsystem des Vergasers lässt sich sehr gut abstimmen. Vom Prinzip her bräuchte der Gleichdruckvergaser kein eigenes Leerlaufsystem. In der Praxis wird jedoch die Strömung an den Schieberkanten gestört, wodurch bei geringem Schieberhub die Zerstäubung und Gemischbildung beeinträchtigt wird. Daher verwenden auch die Gleichdruckvergaser ein eigenes Leerlaufsystem mit Kraftstoffaustritt nahe der Drosselklappe in einer Zone hohen Unterdrucks. Notwendig ist weiterhin eine Nadeldüse, denn konstanter Druck auch bei niedrigen Luftdurchsätzen bedeutet konstante Kraftstoffförderung und würde ohne eine Regulierung des Kraftstoffs wie beim Schiebervergaser zur Überfettung führen. Auf eine Beschleunigungsanreicherung hingegen kann verzichtet werden, weil ein Ausmagern infolge des konstanten Drucks im Lufttrichter nicht eintreten kann.

Nachteile hat der Gleichdruckvergaser, vom Preis einmal abgesehen, nur bei Wettbewerbsmotorrädern. Sein Ansprechverhalten ist aufgrund des zusätzlichen Schiebers, der dem Luftstrom folgt, etwas träge. Reine Schiebervergaser mit mechanischer Schieberbetätigung und mechanischer Beschleunigungsanreicherung bieten hier Vorteile, allerdings um den Preis eines deutlich höheren Krafstoffverbrauchs, was im Rennbetrieb keine Rolle spielt. Hingewiesen werden soll noch auf den Flachschiebervergaser, **Bild 3.143**.

Bild 3.143 Flachschiebervergaser

Bei dieser Konstruktion werden Störkanten, die bei einem zylindrischen Schieber zwangsläufig im Lufttrichter enstehen, vermieden und ein strömungsgünstigerer, glatter Luftdurchgang im Vergaser erzielt. Eher theoretisch ist der Vorteil des geringeren Schiebergewichts. Im Rennsport spielt die kurze Baulänge von Flachschiebervergasern eine gewisse Rolle, weil sich damit kürzere Gesamtsaugwege verwirklichen lassen.

3.9.2 Einspritzung

Die elektronische Kraftstoffeinspritzung wird bei Motorrädern zunehmend eingesetzt. Die Vorteile der Einspritzung liegen in der besseren Gemischanpassung für die unterschiedlichen Betriebszustände des Motors und der Möglichkeit, eine echte Regelung der Gemischzusammensetzung verwirklichen zu können; die Voraussetzung für den Einsatz eines Drei-Wege-Katalysators zur Abgasreinigung. Leistungsmäßig bietet die Einspritzung gegenüber Vergaseranlagen mit je einem Vergaser pro Zylinder keine Vorteile. Mit noch strenger werdenden Abgasvorschriften beim Motorrad in den nächsten Jahren und mit aufkommenden Forderungen nach geringerem Kraftstoffverbrauch wird die Einspritzung den Vergaser, ähnlich wie beim Automobil, allmählich verdrängen.

Jede Kraftstoffeinspritzung besteht grundsätzlich aus vier Systemkomponenten:
- einer Kraftstoffpumpe zur Erzeugung des notwendigen Kraftstoffdrucks
- einer Einrichtung zur Erfassung der angesaugten Luftmenge
- dem elektronischen Steuergerät
- den Einspritzdüsen zur Gemischbildung

Die Unterschiede zwischen den Einspritzanlagen liegen in der Ausführung dieser Systembausteine. **Bild 3.144** zeigt das Funktionsschema der Einspritzanlage, die BMW weltweit als erster Hersteller (1983) eingesetzt hat.

3.8 Kühlung und Schmierung

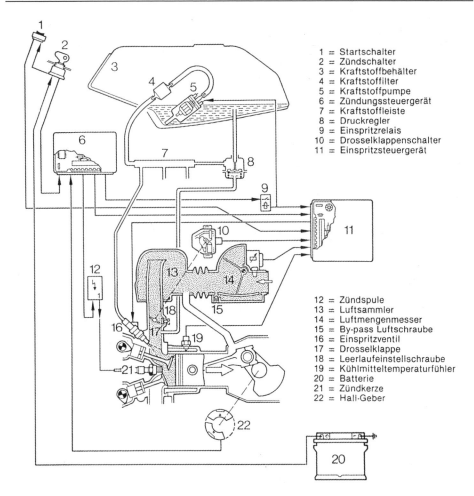

Bild 3.144 Einspritzanlage (L-Jetronic, BMW, 1983)

Zur Erfassung der angesaugten Luftmenge dient eine Stauklappe, deren proportionale Auslenkung im Luftstrom ein Maß für die vom Motor angesaugte Luftmenge ist (Stauklappenluftmengenmesser). Die Auslenkung wird elektrisch mittels Potentiometer erfasst und dessen Signal im Steuergerät verarbeitet. Die zweite Eingangsgröße für das Steuergerät ist die Motordrehzahl. Aus beiden Größen errechnet das Steuergerät unter Berücksichtigung von Korrekturfaktoren, die aus den gemessenen Temperaturen für Ansaugluft und Kühlwasser gewonnen werden, die Ansteuersignale für die Einspritzdüsen.

Eingespritzt wird bei allen Systemen in der Regel in den Einlasskanal vor das Einlassventil (Saugrohreinspritzung), **Bild 3.145**, d.h. der Kraftstoff wird dem Einlassventil vorgelagert und beim Saugtakt angesaugt.

Bild 3.145
Saugrohreinspritzung
(HONDA CBR 600)

Die Eingriffsgröße zur Regulierung der Gemischzusammensetzung ist normalerweise die Öffnungsdauer der elektromagnetischen Einspritzventile, also die Einspritzzeit. Zusammen mit der Düsengröße und dem Kraftstoffdruck ergibt sie die insgesamt pro Arbeitsspiel eingespritzte Kraftstoffmenge. Der Kraftstoffdruck muss daher im System konstant gehalten werden (hier 2,5 bar), wofür ein Druckregler im Kraftstoffkreislauf sorgt. Erzeugt wird der Druck von der Kraftstoffpumpe, die den Kraftstoff ständig vom Tank zur Einspritzleiste mit den angeschlossenen Düsen und von dort über eine Ringleitung zurück zum Tank fördert. Die Einspritzleiste ist so dimensioniert, dass sie einen Vorratsbehälter für den Kraftstoff bildet und somit für alle Düsen gleiche Bedingungen für die Einspritzung herrschen.

Die Einspritzung wird über den Zündimpulsgeber ausgelöst, es wird bei den meisten Systemen einmal pro Kurbelwellenumdrehung für alle Düsen gleichzeitig in die Saugrohre des Motors eingespritzt. Bei der aufwändigeren *sequentiellen* Einspritzung wird der Kraftstoff zylinderindividuell der jeweiligen Ansaugphase zugeordnet.

Die Variation der Einspritzzeit abhängig von den Motorbetriebsparametern gewährleistet eine optimale Gemischzusammensetzung in allen Betriebszuständen des Motors. Die notwendige Gemischanreicherung jeweils für Warmlauf und Beschleunigung wird über eine entsprechend verlängerte Einspritzdauer erreicht.

Eine Weiterentwicklung dieser Einspritzung stellt die Digitale Motorelektronik (DME) dar, oft auch als MOTRONIC bezeichnet (MOTRONIC ist die Bezeichnung des Herstellers BOSCH). Bei dieser sind die Steuerungsfunktionen für Einspritzung und Zündung in einem einzigen Steuergerät mit digitaler Verarbeitung der Daten zusammengefasst. **Bild 3.146** zeigt ein vereinfachtes Signalschema der MOTRONIC. Anlagen dieser Art kommen seit dem Jahr 2000 bei BMW Motorrädern der Boxer- und K-Baureihe zur Anwendung.

3.8 Kühlung und Schmierung

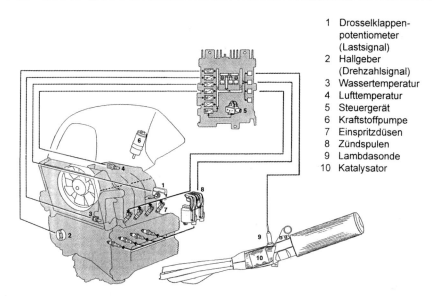

1 Drosselklappen-
   potentiometer
   (Lastsignal)
2 Hallgeber
   (Drehzahlsignal)
3 Wassertemperatur
4 Lufttemperatur
5 Steuergerät
6 Kraftstoffpumpe
7 Einspritzdüsen
8 Zündspulen
9 Lambdasonde
10 Katalysator

Bild 3.146 Funktionsschema der Digitalen Motorelektronik der BMW Motorräder

Ein entscheidender Unterschied zum Vorgängersystem ist der Entfall des Luftmengenmessers. Stattdessen wird die angesaugte Luftmenge indirekt über den Drosselklappenwinkel und die Motordrehzahl erfasst. Zusammen mit der Ansauglufttemperatur, der Kühlmitteltemperatur und dem Umgebungsdruck, der mittels eines speziellen Sensors aufgenommen wird, errechnet das Steuergerät aus diesen Daten die angesaugte Luftmasse und die notwendige Einspritzzeit. Die übrigen Komponenten, wie z.B. der Kraftstoffkreislauf gleichen prinzipiell dem Vorgängersystem.

Als Besonderheit der digitalen Motorelektronik von BMW ist die integrierte λ-*Regelung* zu erwähnen, die das Gemisch mit einem geschlossenen Regelkreis und einer λ-Sonde im Abgas, **Bild 3.147**, unter allen Bedingungen auf seine Idealzusammensetzung ($\lambda = 1$) einregelt. Damit sind die Voraussetzungen für einen 3-Wege-Katalysator zur Abgasreinigung geschaffen, mit dem die entsprechenden BMW Motorräder auch ausgerüstet sind. Eine ausführliche Beschreibung der λ-Regelung im Zusammenspiel mit der katalytischen Abgasreinigung wird in [3.19] gegeben.

Die neueste Generation der digitalen Motorelektronik von BMW zeichnet sich durch höhere Rechenleistung, schnellere Regelung, mehr Speicher (damit mehr und feinere Stützstellen für die Zündwinkel- und Einspritzkennfelder) und die Integration von Zusatzfunktionen aus. Verwirklicht wurde eine automatische Kaltstartanreicherung und Warmlaufregelung, die entweder durch eine Drosselklappenanhebung (über einen Stellmotor) oder durch ein spezielles Zusatzluftsystem die notwendige Leerlaufanpassung bewirkt.

Mittlerweile ist die Einspritzung bei den neuesten BMW Motorrädern (Boxer mit 1200 cm^3 und K 1200 S) vollsequentiell. In jedem Zylinder wird individuell zum Ansaugtakt eingespritzt. Die Motorsteuerung wurde bei diesen Motorrädern um eine Klopfregelung erweitert. Zur Erkennung klopfender Verbrennung dient jeweils ein Körperschallsensor, der an den Zylindern adaptiert ist. Auf entsprechende Signale reagiert die Motorelektronik mit Zündwinkelrücknahme (Verstellung in Richtung „spät") und schützt damit den Motor vor möglichen Schäden.

Bild 3.147 Lambdasonde
1 Sondengehäuse, 2 keramisches Stützrohr, 3 Anschlusskabel, 4 Schutzrohr mit Schlitzen, 5 aktive Sondenkeramit, 6 Kontaktteil, 7 Schutzhülse, 8 Heizelement, 9 Klemmanschlüsse für Heizelement

Bild 3.148 Einspritzung in den Lufttrichter

3.10 Abgasanlagen

Für Rennmotorräder gibt es noch eine Besonderheit bei der Einspritzung. Die Einspritzdüsen sind hier hinter dem Lufttrichter angeordnet, **Bild 3.148**. Durch die Verdampfung des Kraftstoffs kühlt sich die Luft im Saugrohr schon ab dem Lufttrichter ab. Die dadurch höhere Dichte des Luftstroms führt zu entsprechend größerer Luftmasse im Zylinder, so dass entsprechend mehr Kraftstoff eingespritzt werden kann, was wiederum zu einer Erhöhung der Motorleistung führt.

3.10 Abgasanlagen

Die Abgasanlage erfüllt drei Aufgaben. Sie beeinflusst die Leistungscharakteristik des Motors, sie reduziert das Auspuffgeräusch und vermindert zusammen mit einem eingebauten Katalysator die Schadstoffe im Abgas. Diese Aufgaben können nicht vollständig voneinander getrennt werden. Die Geräuschdämmung beeinflusst immer, meist in unerwünschter Weise, die Leistungscharakteristik; umgekehrt sind leistungsoptimale Abgasanlagen oft zu laut.

3.10.1 Konventionelle Schalldämpferanlagen

Dieser Abschnitt widmet sich schwerpunktmäßig dem konstruktiven Aufbau des Schalldämpfers; die Aspekte der Leistungsbeeinflussung durch die Abgasanlage werden im Kap. 4 behandelt. Die Darstellung muss sich auf die elementaren Zusammenhänge beschränken, weil ein tieferer Einstieg in das Spezialgebiet der Schalldämpferauslegung umfangreiche Kenntnisse der Akustik erfordert, die nicht vorausgesetzt werden können.

Es gibt zwei Grundbauarten von Schalldämpfern, den Reflexionsdämpfer und den Absorptionsdämpfer. Manchmal werden Kombinationen aus beiden Typen verwendet. Der Absorptionsdämpfer, **Bild 3.149**, nutzt zur Schalldämmung die Eigenschaften einiger Stoffe, den Schall zu *verschlucken*. Die Schallleitung dieser Materialien ist schlecht, und der Schall wird innerhalb des Materials vielfach aber regellos und insgesamt nur sehr wenig reflektiert. Letztlich erfolgt dabei eine Umwandlung der Schallenergie im Wärme. Typischerweise handelt es sich bei Absorptionsstoffen um weiche, leicht verformbare Materialien mit loser, faseriger Struktur. Für die Verwendung in Schalldämpfern muss dieses Material temperaturbeständig sein. Üblicherweise wird Mineral- oder Stahlwolle verwendet.

Bild 3.149 Absorptions-Schalldämpfer

Im Dämpfer sind eine oder mehrere Schalldämpferkammern mit dieser Dämmwolle umhüllt und diese Kammern über ein perforiertes Rohr angeschlossen. Der Schall breitet sich im im Rohr gleichmäßig aus, und alle Schallwellen, die durch die Perforation in die Kammer eintreten, werden praktisch vollständig eliminiert. Die Schallanteile in Rohrrichtung verlassen die Dämpferkammer weitgehend ungedämpft und werden im nächsten Schalldämpferteil absorbiert. Reine Absorptionsdämpfer werden heute von den großen Motorradherstellern serienmäßig nicht mehr angewandt. Bei Zubehörlieferanten sind sie noch verbreitet, weil sie preisgünstig herzustellen sind. Ein Nachteil ist, dass die Fasereinlage mit der Zeit zunehmend aus dem Schalldäpfer hinausgeblasen wird, wodurch sich die schalldämmenden Eigenschaften verschlechtern und der Dämpfer lauter wird.

Der Reflexionsdämpfer, **Bild 3.150**, macht sich das physikalische Prinzip der Interferenz zunutze, das im Anhang dieses Buches ausführlicher erklärt wird. Dabei löschen sich Schallwellen gleicher Frequenz gegenseitig aus, wenn sie mit umgekehrtem Vorzeichen (umgekehrter Amplitude) überlagert werden. Dies kann durch eine geschickte Reflexion der Schallwellen im Dämpfer erreicht werden.

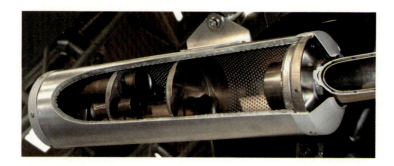

Bild 3.150 Reflexions-Schalldämpfer

Das Abgas wird dazu durch ein System von parallel- und hintereinandergeschalteten Kammern, die mit Rohren abgestimmter Länge und Durchmessern verbunden sind, geleitet. Die einzelnen Kammern bilden Resonanzsysteme, deren Durchtrittswiderstände für bestimmte Frequenzen des Schalls sehr hoch sind und diese wirkungsvoll dämpfen. Die gezielte Reflexion der Schallwellen an offenen oder geschlossenen Rohrenden erzeugt die gewünschte Phasenlage, die zusammen mit den Wellenlaufzeiten in den Rohren die gewünschte phasenrichtige Überlagerung und Auslöschung der Schallwellen hervorruft. Obwohl die Gestaltung dieses Kammer- und Rohrsystems zunächst nach akustischen Erfordernissen erfolgt, muss zugleich darauf geachtet werden, dass die Drosselung des Abgasstroms nicht zu groß wird. Zwar wirkt auch die Drosselung geräuschmindernd, sie führt aber auch zur einer negativen Beeinflussung des Ladungswechsels und bewirkt spürbare Drehmoment- und Leistungseinbußen beim Motor. Die Kunst des Schalldämpferbaus besteht in einer akustisch günstigen und gleichzeitig widerstandsarmen Gasführung. Im Kap. 4.4 wird anhand von Beispielen gezeigt, welch hoher Stand heute auf diesem Gebiet erreicht ist.

Ein problematischer Nebeneffekt von Reflexionsdämpfern ist die Schwingungsanregung, die die Wandstruktur des Schalldämpfers durch den pulsierenden Abgasstrom erfährt. Der resultierende Körperschall kann die vom Schalldämpfer ausgehende Geräuschemission erhöhen.

Dem kann entgegengewirkt werden durch die Wahl genügend dicker Wandstärken für die Zwischenbleche im Dämpfer, durch genügend steife Konstruktion der gesamten Schalldämpferstruktur und eine Schalldämpferaußenhaut aus Doppelblech. Eine weitere Möglichkeit ist die doppelwandige Ausführung der Schalldämpferaußenhaut mit einer absorbierenden Zwischenschicht, wie im **Bild 3.150** zu erkennen ist. Das relativ hohe Gewicht von Schalldämpferanlagen (zwischen 10 und 20 kg) ergibt sich aus diesen Konstruktionsanforderungen.

Eine Rolle für die Schallabstrahlung spielt auch die Größe der Schalldämpferoberfläche. In vielen Fällen sind zwei kleine Schalldämpfer günstiger als ein großer (4-in-2 statt 4-in-1). Denn die Einzelschalldämpfer bauen kompakter, sind daher steifer und weisen eine kleinere Einzelaußenfläche auf. Da sie jeweils nur mit rund der halben Schallenergie beaufschlagt werden, ist ihr Emissionsverhalten oft günstiger. Mit derartigen Anlagen lässt sich meist auch ein größeres Schalldämpfervolumen bauraumverträglich am Motorrad unterbringen. Das etwa 10-fache Hubvolumen des Motors gilt als sehr grober Richtwert für einen Schalldämpfer mit ausgewogenen akustischen Eigenschaften und günstigem Leistungsverhalten. Dabei beeinflussen die Volumenanordnung und die Formgestalt des Volumens die Leistungscharakteristik des Motors und das akustische Verhalten des Dämpfers. Dies macht die Formgebung des Schalldämpfers und seine Plazierung am Motorrad zu einer diffizilen und schwer lösbaren Aufgabe. Aus diesem Grund wird der Schalldämpfer vielfach auch zweigeteilt in einen Vorschalldämpfer und einen Nachschalldämpfer.

3.10.2 Abgasanlagen mit Katalysatoren

Bei sich verschärfenden Gesetzesanforderungen zur Luftreinhaltung werden Abgasreinigungssysteme auch bei Motorrädern zukünftig zur Serienausstattung gehören und nach heutigem Stand wird sich der geregelte Drei-Wege-Katalysator durchsetzen. Der Katalysator ist im vorderen Teil des Schalldämpfers, oder in einem separaten Vorschalldämpfer angeordnet. In der geregelten Ausführung bildet er mit der Lambdasonde und der übrigen Abgasanlage eine Funktionseinheit, **Bild 3.151**.

Ein Abgaskatalysator selber ist üblicherweise als rohrförmiger Körper ausgebildet, der vom Abgas durchströmt wird. Zur Oberflächenvergrößerung weist der Katalysator im Inneren eine Wabenstruktur auf, **Bild 3.152**. Die Waben oder Zellen tragen eine dünne Beschichtung aus Edelmetallen (Mischung aus Platin, Palladium und Rhodium), die als aktivierende Substanzen die chemischen Umwandlungsprozesse im Abgas bewirken. Das Edelmetall wirkt dabei als *Reaktionsbeschleuniger*, nimmt also an den Umwandlungsprozessen nicht teil und „verbraucht" sich auch nicht. Im Betrieb muss der Katalysator eine Mindesttemperatur von rund 250 °C erreichen, erst dann kommen die chemischen Reaktionen in Gang. Die Zeitspanne zur Aufheizung und bis zum Beginn der Umwandlung wird als *Anspringzeit* und die entsprechende Temperatur als *Anspringtemperatur* bezeichnet.

Abgebildet ist ein sogenannter Metallträgerkatalysator. Er besteht aus einem Trägerblech aus Edelstahl mit einer aufgebrachten gewellten Edelstahlfolie in einer Wandstärke von 0,05 mm. Dieses Blech ist in einer speziellen Technik spiralförmig aufgewickelt, so dass ein runder Monolith mit gleichmäßig über den Querschnitt verteilten rohrförmigen Kanälen (Zellen) entsteht, an deren innerer Oberfläche das Edelmetall aufgebracht ist. Lieferbar sind Metallträgerkatalysatoren mit unterschiedlichen Zellendichten, dargestellt ist ein Träger mit 400 Zellen/inch^2. Aufgrund der geringen Wandstärke der Zellen haben sie einen niedrigen Strömungswiderstand, und die Verwendung von Edelstahl gewährleistet eine hohe mechanische und thermische Stabilität. Nach derzeitiger Entwicklungsstand erfüllen einzig derartige Metallträgerkatalysatoren die hohen Belastungen im Motorrad, nachteilig ist ihr relativ hoher Preis.

180 3 Arbeitsweise, Bauformen und konstruktive Ausführung von Motorradmotoren

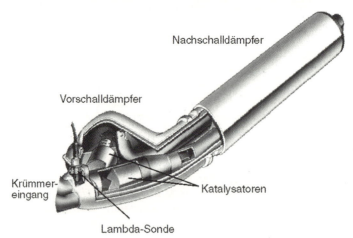

Bild 3.151 Abgasanlagen mit integriertem Katalysator

Bild 3.152
Abgaskatalysator für Motorräder
(Metallträgerkatalysator)

3.10 Abgasanlagen

Wegen der zumeist sportlichen Ausrichtung von Motorrädern spielt das Leistungsverhalten der Motoren immer noch eine dominante Rolle, so dass die grundsätzlichen Anforderungen bei der Auslegung von Abgasanlagen mit Katalysatoren für Motorräder lauten:

- keine spürbaren Drehmoment- und Leistungseinbußen
- keine Beeinträchtigung des dynamischen Motorverhaltens
- keine Fahrfehler
- Kraftstoffmehrverbrauch < 2%
- attraktiver Auspuffklang

Letzter Punkt ist deshalb wichtig, weil die schon heute hohe Zahl an (z.T. nicht legalen) Schalldämpferumrüstungen zeigt, dass Motorradfahrer hier eine besondere Sensibilität entwickeln. Die Haltbarkeitsanforderungen orientieren sich an der durchschnittlichen Jahreslaufleistung von Motorrädern. Eine Mindesthaltbarkeit von 50.000 km im verschärfen Dauertestbetrieb sollte gewährleistet sein, das entspricht einer durchschnittlichen Lebensdauer für den Katalysator von 80.000 - 100.000 km im Kundenbetrieb und übertrifft damit tendenziell die Lebensdauer konventioneller Schalldämpferanlagen. Die allgemeinen Randbedingungen, denen der Katalysator im Motorrad unterworfen ist, zeigt **Bild 3.153**.

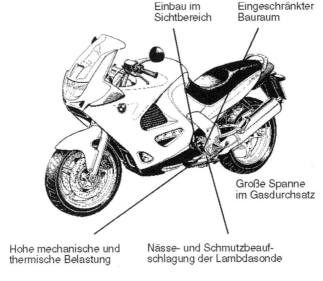

Bild 3.153 Randbedingungen für den Katalysator im Motorrad

Aus der hohen spezifischen Leistung der Motoren und dem hohen Drehzahlniveau bereits im Normalbetrieb ergibt sich eine hohe thermische Belastung. Zur hohen mechanischen Beanspruchung trägt bei, dass die Vibrationsentkopplung der Schalldämpferanlage durch eine weiche, elastische Gummilagerung wie beim Automobil nicht möglich ist (Platzbedarf, Schwingwege, z.T. Motor mittragend). Eine günstige Positionierung des Katalysator in der Schalldämpferanlage ist eingeschränkt, weil bei der Anordnung der Schalldämpferanlage am Fahrzeug Kriterien wie ausreichende Schräglage, Abstände zur Verkleidung, Platzbedarf für

182   3 Arbeitsweise, Bauformen und konstruktive Ausführung von Motorradmotoren

die Fußrastenanlage und den Hauptständer sowie Stylinggesichtspunkte berücksichtigt werden müssen.

Eine Übersicht der z.T. widersprüchlichen Funktionsanforderungen und der sich ergebenden Zielkonflikte bei der Katalysatorauswahl zeigt **Tabelle 3.8**.

Tabelle 3.8 Funktionsanforderungen und Zielkonflikte beim Katalysatoreinsatz

Kriterium	Einzelforderung	Lösung	Problem / Konflikt
Motorleistung	keine Leistungs- und Drehmomenteinbußen	großer Katalysatorquerschnitt	Bauraum
			Styling
			Anspringverhalten
Abgasemissionen	hohe Konvertierung im Katalysator	hohe Zellendichte	Abgasgegendruck Leistung
		gleichmäßige Anströmung des Katalysators	Bauraum
		hohe Edelmetalldichte	Preis
		motornahe Position	Überhitzung Krümmerlänge Bauraum
	schnelles Anspringverhalten	kleine Wärmekapazität	Überhitzung Leerlaufkonvertierung
		niedrige Wärmeleitfähigkeit kleines Katalysatorvolumen	Überhitzung
		motornahe Position	Krümmerlänge Bauraum Überhitzung
	gute Regeleigenschaften	motornahe Lambdasonde	Abgaskrümmerzusammenführung
		optimierte Regelfunktion	–
	Dauerhaltbarkeit	niedrige Katalysatortemperaturen	Konvertierung
		hochwertiges Material aufwendige Fertigung	Kosten
Kosten	akzeptabler Preis für den Kunden	geringe Edelmetalldichte	Konvertierung
		preiswerter Träger	Haltbarkeit

Ohne auf alle Punkte detailliert einzugehen, seien an dieser Stelle die Kriterien *Motorleistung* und *Abgasgesamtemission* herausgegriffen, um die Zielkonflikte bei der Auswahl geeigneter Katalysatoren näher zu erläutern:

Aus Leistungs- und Drehmomentgründen ist ein Katalysator mit möglichst großem Querschnitt wegen der geringeren Drosselverluste wünschenswert. Dieser hat aber den Nachteil des großen Platzbedarfs (Bauraum), und ein großdimensionierter Katalysator erwärmt sich im leerlaufnahen Bereich wegen des kleinen Gasdurchsatzes auch nur langsam. Sein Anspringverhalten ist

3.10 Abgasanlagen

damit ungünstig, und das bedeutet länger dauernde hohe Schadstoffemissionen während der Warmlaufphase. Ein ansprechendes Styling einer Auspuffanlage mit einem großvolumigen Katalysator ist ebenfalls nicht einfach darzustellen.

Bei den *Emissionen* sind die Zielkonflikte noch ausgeprägter. So führt die motornahe Katalysatorposition u.a. durch Verkürzung der Anspringzeit (schnellere Erwärmung) zu den wünschenswerten niedrigen Schadstoffwerten. Es ergeben sich dadurch aber bei Vollast Überhitzungsprobleme für den Katalysator mit der Gefahr von Dauerschäden und negativen Auswirkungen auf die Leistungsabgabe des Motors. Denn durch die erforderliche Zusammenführung der Abgaskrümmerrohre vor dem Katalysator ergeben sich meist kurze Krümmerlängen, die nachteiligem Einfluss auf die Gasdynamik (vgl. Kap. 4) und den Drehmomentverlauf haben können (ungleichmäßig, niedriges Drehmoment im unteren Drehzahlbereich).

Somit muss in umfangreichen Versuchsreihen der günstigste Kompromiss zwischen Leistungsverhalten, Schadstoffemission und Dauerhaltbarkeit des Katalysators ermittelt werden. Es ist für jedes Motorrad eine aufwendige individuelle Entwicklung notwendig, woraus sich ergibt, dass universell verwendbare Nachrüstkatalysatoren, wie sie im Handel angeboten werden, den Anforderungen kaum gerecht werden können. Auf die Funktion der Lambdasonde und der Regelung sowie der Mechanismen bei der Umwandlung der Schadstoffe wird an dieser Stelle nicht eingegangen, sondern auf die Literatur [3.19] verwiesen.

4 Motorleistungsabstimmung im Versuch

Durch die konstruktive Ausführung der Motorbauteile werden die grundlegenden Voraussetzungen für eine hohe Leistungsausbeute des Motors geschaffen. Die eigentliche Leistungsabstimmung, d.h. die Festlegung des Drehmomentenverlaufs über der Motordrehzahl erfolgt in Versuchsreihen mit dem Motor auf dem Prüfstand. Wie einleitend im Kapitel 3 dargestellt, ist das Ziel dieser Abstimmung die Erreichung eines möglichst hohen Luftliefergrades über einen weiten Drehzahlbereich des Motors. Die Einflussfaktoren, die im Motorversuch dazu untersucht werden, sind die Steuerzeit zusammen mit der Ventilerhebung, die Sauganlage und die Abgasanlage. Voraussetzung zum Verständnis dieser Abstimmungsarbeiten ist die grundlegende Kenntnis der gasdynamischen Vorgänge beim Ladungswechsel, die nachfolgend in einem knappen Abriss zusammengefasst sind.

4.1 Grundlagen der Gasdynamik beim Ladungswechsel

Der Ansaugsaugvorgang für das Frischgas und das Ausschieben des Abgases wird beim selbstansaugenden Motor durch die Kolbenbewegung angeregt. In erster Näherung folgen die Gassäulen dieser Kolbenbewegung, d.h. Ansaug- und Ausschubvorgang können stark vereinfacht zunächst als reine Volumenverschiebungen (wie bei einer Flüssigkeit) aufgefasst werden. Für alle schnelllaufenden Motoren, und ganz besonders für hochdrehende Motorradmotoren, reicht diese einfache Modellvorstellung aber nicht aus. Denn in Wirklichkeit sind Frisch- und Abgas kompressibel, und diese Kompressibilität kann bei den schnell ablaufenden Ladungswechselvorgängen hochdrehender Motoren (bei 6000 U/min dauert der Ansaugvorgang nur rund 0,015 s) nicht vernachlässigt werden. Die Kolbenbewegung und das rasche Öffnen bzw. Schließen der Ventile lösen *Überdruck- bzw. Unterdruckwellen* in den Saug- und Abgasleitungen aus. Diese laufen mit *Schallgeschwindigkeit* von den Ventilen weg durch die Leitungen und führen zu örtlichen und zeitlichen Dichteänderungen im Gas.

An den jeweiligen Rohrenden oder anderweitigen sogenannten *Unstetigkeitsstellen* (Rohrerweiterungen, Rohreinschnürungen etc.) werden die Wellen reflektiert und laufen in den Rohren zum Zylinder zurück. Dabei stellt sich folgender, grundsätzlicher Mechanismus für die Reflexion ein:

Am *offenen* Rohrende wird die Welle mit *umgekehrtem* Vorzeichen reflektiert. Eine Druckwelle läuft als Unterdruckwelle im Rohr zurück und umgekehrt.

Am *geschlossenen* Rohrende wird die Welle mit *gleichem* Vorzeichen reflektiert. Eine Druckwelle läuft als Druckwelle im Rohr zurück, eine Unterdruckwelle als Unterdruckwelle.

Aufgrund der Schallgeschwindigkeit, die ein Mehrfaches der Transportgeschwindigkeit des Gases beträgt, können die Wellen während des Ladungswechselvorgangs das Saug- bzw. Abgassystem mehrmals durchlaufen. **Bild 4.1** zeigt beispielhaft einen Druckverlauf, wie er sich am Einlassventil aufgrund der Wellenausbreitung im Saugrohr einstellt.

Zunächst erzeugt die Sogwirkung des abwärtsgehenden Kolbens bei Ventilöffnung (E.ö.) einen Unterdruck am Ventil, der sich in Richtung auf das (luftfilterseitige) Rohrende im Saugrohr fortpflanzt (Unterdruckwelle). An diesem Saugrohrende wird die Unterdruckwelle reflektiert (offenes Rohrende) und läuft danach als *Überdruck*welle zurück zum Einlassventil. Ein

4.1 Grundlagen der Gasdynamik beim Ladungswechsel

Einströmen von Frischgas in den Zylinder kann nur bei einem Druckgefälle zwischen Saugrohr (höherer Druck) und Zylinder (niedrigerer Druck) stattfinden. In diesem Sinne unterstützt die ankommende Überdruckwelle den Einströmvorgang.

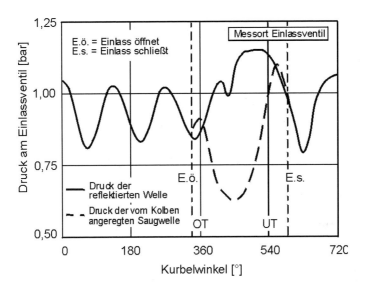

Bild 4.1 Grundsätzlicher Wellenverlauf im Saugrohr

Der analoge, nur umgekehrte Prozess findet beim Auslassvorgang statt. Hier induziert der Zylinderüberdruck bei sich öffnendem Auslassventil eine Überdruckwelle im Abgasrohr, die bei entsprechenden Reflexionsbedingungen als Unterdruckwelle zum Auslassventil zurückläuft und mithilft, Abgas aus dem Zylinder zu saugen.

Die Gasströmung beim Ansaug- und Ausschubvorgang setzt sich damit aus zwei überlagerten Bewegungen zusammen:

- dem reinen Volumentranport, der der Kolbenbewegung nachfolgt und
- der Fortpflanzung von Druck- bzw. Unterdruckwellen

In der weiteren Betrachtung wird die Strömung als eindimensional angesehen, d.h. es wird nur die Hauptströmungsrichtung entlang der Achsen von Saug- und Abgasrohren betrachtet. Eine vereinfachte Modellvorstellung der Überlagerung und der resultierenden Strömungsvorgänge gibt **Bild 4.2**.

Im Zeitintervall t_1 bis t_4 bewegt sich ein Gasvolumen V_0 gleichmäßig durch das Rohr nach rechts. Die Geschwindigkeit des Gases im Rohr (Transportgeschwindigkeit) betrage w_1. Nun wird dem Gas ein Druckimpuls aufgeprägt. Dieser Druckimpuls läuft mit Schallgeschwindigkeit durch das Rohr und erreicht das betrachtete Volumen zum Zeitpunkt t_3. Als Folge erfährt das Gas *örtlich* eine Zusammendrückung, wodurch seine Dichte lokal ansteigt. Während sich das Gasvolumen als Ganzes weiter fortbewegt, durchwandert die Druckstörung das Volumen mit der Schallgeschwindigkeit c_1. Zum Zeitpunkt t_4 herrscht dadurch an einer anderen Stelle des Rohres im Gas kurzzeitig der erhöhte Druck p_1.

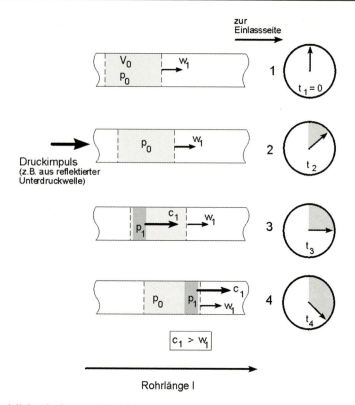

Bild 4.2 Modell der überlagerten Gasströmung

Die Druckstörung durchläuft also das Rohrsystem bzw. das Gas als Welle, *unabhängig* von der Transportbewegung. Wie anfangs schon ausgeführt, kann deren Amplitude positive oder negative Werte annehmen, d.h. ein Überdruck oder auch ein Unterdruck sein. In den nachfolgenden Kapiteln wird gezeigt, wie sich diese Wellen zur Unterstützung des Ladungswechsels und insbesondere für eine Erhöhung der Frischgasladung im Zylinder und damit zur Leistungssteigerung, ausnutzen lassen. Denn wie schon erwähnt, bestimmen letztlich die Druckverhältnisse zwischen Zylinder und Saug- bzw. Abgasrohren das Ein- und Ausströmen von Frischgas und Abgas. Zuvor aber muss noch auf den grundsätzlichen Einfluss der Steuerzeit (Ventilöffnungsdauer) eingegangen werden.

4.2 Einfluss der Steuerzeit

Die Steuerzeit, genauer gesagt die Lage der Öffnungs- und Schließzeitpunkte der Ventile relativ zur Stellung der Kurbelwelle, beeinflusst die Leistungs- und Drehmomentcharakteristik des Motors in sehr hohem Maße. Den größten Einfluss hat der *Schließzeitpunkt des Einlassventils (E.s.)*, die übrigen Öffnungs- und Schließzeitpunkte haben eine geringere Bedeutung für die Leistungscharakteristik. Die Lage des Einlassschlusses hängt von der Steuerzeit und der Spreizung ab und kann durch Variation dieser Werte verlegt werden. Die zugrundeliegenden, theoretischen Zusammenhänge wurden im Kap. 3.2.1 bereits erläutert.

4.2 Einfluss der Steuerzeit

Die praktischen Auswirkungen unterschiedlicher Steuerzeiten im realen Motorbetrieb zeigt **Bild 4.3** anhand gemessener Drehmoment- und Leistungskurven. Die längere Steuerzeit mit entsprechend späterem Einlassschluss verschiebt das Drehmomentmaximum des Motors hin zu höheren Drehzahlen, woraus eine höhere Leistung im oberen Drehzahlbereich resultiert. Gleichzeitig fällt in weiten Bereichen des unteren Drehzahlbandes das Drehmoment spürbar ab. Die Gründe sollen an dieser Stelle nochmal kurz in Erinnerung gerufen werden:

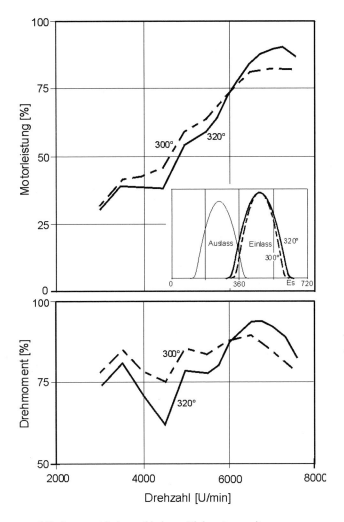

Bild 4.3 Leistung und Drehmoment bei verschiedenen Einlasssteuerzeiten

Bei hoher Drehzahl ist die kinetische Energie des in den Zylinder einströmenden Frischgases hoch. Daher kann bei noch geöffnetem Einlassventil auch nach dem UT und aufwärtsgehendem Kolben weiter Frischgas in den Zylinder strömen, wodurch sich die Füllung erhöht.

Als Resultat steigt das Drehmoment bei hohen Drehzahlen. Umgekehrt verschlechtert sich die Füllung und damit der Drehmomentverlauf bei niedrigen Drehzahlen. Denn aufgrund der jetzt geringen kinetischen Energie, wird bereits angesaugtes Frischgas nach dem UT vom aufwärtsgehenden Kolben durch das geöffneten Einlassventil zurück ins Saugrohr geschoben.

Für die kürzere Steuerzeit gelten sinngemäß die gleichen Effekte, nur eben umgekehrt. Hier verhindert der frühe Einlassschluss das Rückschieben von Frischgas aus dem Zylinder bei niedrigen Drehzahlen. Entsprechend erzielt man dort ein hohes Drehmoment und eine Verlagerung des Drehmomentmaximums zu niedrigen Drehzahlen. Weil der frühe Einlassschluss bei hohen Drehzahlen eine Füllung des Zylinders über den UT hinaus verhindert, muss dann natürlich das Drehmoment bei höheren Drehzahlen abfallen.

Eine Verlegung des Einlassschlusses kann man bei unveränderter Einlassnockenwelle auch durch eine Spreizungsveränderung (Verdrehung der Nockenwellenstellung relativ zur Kurbelwellenstellung) erreichen. Große Spreizungsänderungen (mehr als 10° KW) sind aber in der Regel nicht sinnvoll, weil der Öffnungszeitpunkt der Einlassventile zwangsläufig immer mit verschoben wird, was sich nachteilig auswirken kann. Eine moderate Spreizungsverringerung bei gleichbleibender (langer) Steuerzeit kann allerdings gegenüber einer echten Steuerzeitenverkürzung durchaus zu einem erwünschten Motorverhalten führen. Denn bei hohen Drehzahlen kann sich die Zunahme der Ventilüberschneidung, die infolge der Spreizungsverringerung auftritt, vorteilhaft auswirken. Das ausströmende Abgas übt, wenn während der Überschneidung Ein- und Auslassventile gleichzeitig offen sind, eine Sogwirkung auf das Frischgas aus und facht damit schon die Einströmbewegung an. Dies unterstützt den Ansaugvorgang, so dass möglicherweise eine insgesamt größere Frischgasmenge angesaugt wird. Als Gesamtergebnis können sich ausreichend hohe Drehmomentwerte im oberen Drehzahlbereich einstellen, während der frühe Einlassschluss den Drehmomentverlauf auch bei niedrigen Drehzahlen gegenüber der ursprünglichen Auslegung anhebt.

Wegen der verschiedenen, sich überlagernden Effekte kann eine eindeutige Prognose hinsichtlich der Drehmoment- bzw. Leistungseffekte nicht immer abgegeben werden. Welche Maßnahme dem eigentlichen Gesamtziel eines ausgewogenen Drehmomentenverlaufs über der Drehzahl (= größtmögliche Leistung und hohes Drehmoment bei niedrigen Drehzahlen) am nächsten kommt, muss durch Vergleichsmessungen am Motor untersucht werden. Die Praxis lehrt, dass die Motoren je nach konstruktiver Gesamtauslegung immer etwas unterschiedlich auf die jeweiligen Maßnahmen reagieren. Idealerweise müssten sich sowohl Spreizung als auch Steuerzeit während des Motorbetriebs variabel verändern lassen. Für Serienmotoren im Automobil ist die Spreizungsänderung konstruktiv verwirklicht und vereinzelt auch schon die Variation von Steuerzeit und Ventilhubverlauf (z.B. BMW). Für Motorräder sind noch keine variablen Ventilsteuerungen für die Serie in Sicht. Die Umsetzung für Motorradmotoren dürfte aus Bauraum-, Gewichts-, und Kostengründen Probleme aufwerfen und ist in naher Zukunft wahrscheinlich noch nicht zu erwarten.

4.3 Auslegung der Sauganlage

Die Sauganlage besteht beim Motorrad üblicherweise aus Ansaugschnorchel, Luftfilterkasten und den Saugrohren zum Motor. Sie bietet neben der Steuerzeit zusätzliche und weitreichende Möglichkeiten zur Beeinflussung der Leistungs- bzw. Drehmomentcharakteristik des Motors. Herausragende Bedeutung hat dabei die jeweilige Länge der Ansaugrohre vom Luftfilterkasten bis zu den Einlassventilen, nachfolgend als Saugrohrlänge bezeichnet. Durch die Abstimmung

4.3 Auslegung der Sauganlage

der passenden Saugrohrlänge im Zusammenwirken mit der Steuerzeit (Ventilöffnungsdauer) lassen sich die im Kap. 4.1 erläuterten gasdynamischen Vorgänge mit ihren Druck- und Unterdruckwellen zur Erhöhung der Zylinderfrischladung ausnutzen.

Die durch das Ansaugen ausgelöste Unterdruckwelle läuft infolge ihrer Reflexion am offenen Ende des Saugrohres als Überdruckwelle zum Einlassventil zurück. Bei konstanter Schallgeschwindigkeit für die Welle bestimmt allein die Saugrohr*länge* die Wellen*laufzeit* im Rohr. Das Saugrohr muss nun so lang bemessen sein, dass die Überdruckwelle genau im Zeitintervall zwischen dem UT und dem Einlassschluss am Ventil eintrifft. Dann wird die angestrebte Füllungssteigerung erreicht, weil der Saugrohrdruck nun noch einmal ansteigt. Normalerweise würde der Einströmvorgang nach dem UT nachlassen, weil das eingeströmte Frischgas zusammen mit der beginnenden Kompression den Druck im Zylinder über den Saugrohrdruck ansteigen ließe. Die Drucküberhöhung im Saugrohr durch die ankommende Welle hält aber das Druckgefälle zum Zylinder über den UT hinaus aufrecht und bewirkt eine Verlängerung des Einströmvorgangs entgegen der Kolbenbewegung. Es erhöht sich die Dichte des aktuell angesaugten Gemischvolumens, so dass die in den Zylinder gelangende Frischgas*masse* sich vergrößert.

Die Saugrohrlänge muss immer passend zur Drehzahl abgestimmt werden. Denn bei konstanter Schallgeschwindigkeit der Welle bestimmt allein die Rohrlänge die Wellenlaufzeit. Die zeitliche Öffnungsdauer (in Millisekunden) der Ventile ändert sich aber mit der Drehzahl, so dass es genaugenommen nur eine Drehzahl (bzw. einen schmalen Drehzahlbereich) gibt, in dem Saugrohrlänge und Drehzahl zusammenpassen. Ist das Saugrohr (für eine bestimmte Drehzahl) zu lang, erreicht die Überdruckwelle das Einlassventil erst, wenn dieses schon geschlossen ist. Ist es zu kurz, dann trifft die früher ankommende Druckwelle zwar auf ein offenes Ventil, doch es besteht dann in der Schlussphase des Einlassvorgangs kein Druckgefälle zum Zylinder mehr.

Wie groß die Beeinflussungsmöglichkeiten mittels Saugrohrabstimmung sind, zeigen die nachfolgenden Drehmoment- und Leistungskurven, die an realen Motorradmotoren gemessen wurden. Im **Bild 4.4** wurden ausgehend von einer Grundauslegung auf maximale Leistungsausbeute bei hohen Drehzahlen (lange Steuerzeit) die Saugrohre verlängert. Sonst blieb der Motor unverändert.

Die typische Drehmomentschwäche der Grundauslegung im unteren und mittleren Drehzahlbereich, die aus der langen Steuerzeit resultiert, wird durch die längeren Saugrohre erkennbar vermindert. Erkauft wird dieser Drehmomentgewinn bei niedrigen Drehzahlen allerdings mit einem Drehmoment- und damit Leistungsabfall bei hohen Drehzahlen. Die Maximalleistung des geänderten Motors liegt knapp 5% niedriger als bei der Grundabstimmung.

Natürlich kann man auch umgekehrt verfahren und versuchen, eine Grundabstimmung für hohes Drehmoment bei niedrigen Drehzahlen (kurze Steuerzeit) im oberen Drehzahlbereich zu verbessern. Dazu muss die ursprüngliche Saugrohrlänge des Motors gekürzt werden. Es ergibt sich dann ein Zugewinn an Drehmoment und Leistung im oberen Drehzahlbereich bei gleichzeitigen Einbußen im unteren Bereich.

Es muss an dieser Stelle hinzugefügt werden, dass die gezeigten Messungen mit offenen Saugrohren, d.h. ohne Luftfilterkasten vorgenommen wurden. Dies ist das übliche Vorgehen bei grundlegenden Abstimmungsversuchen, weil die Ladungswechseleffekte im offenen Betrieb besonders deutlich zutage treten. Die ungewohnte Welligkeit der Leistungs- und Drehmomentkurven resultiert aus diesem Betrieb.

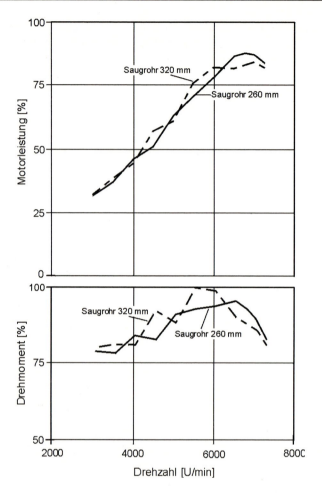

Bild 4.4 Auswirkungen einer Saugrohrverlängerung

Ziel aller Bemühungen ist in der Regel der Kompromiss, d.h. die Saugrohrlängen so abzustimmen, dass der Motor sein Leistungsziel erreicht und dennoch im unteren Drehzahlbereich genügend Drehmoment produziert. Wie aus den Erläuterungen deutlich geworden ist, erfolgt eine Sauglängenabstimmung immer eng zusammen mit der Steuerzeit. Es zeigt sich dabei, dass die Wahl der Steuerzeit den *grundsätzlichen* Charakter des Motors weitgehend vorgibt. Für eine drehmomentorientierte Auslegung (hohes, fülliges Moment bei niedrigen Drehzahlen) wird man die Steuerzeit in der Tendenz eher kurz wählen und mit Hilfe der Saugrohrlängenabstimmung versuchen, auch bei höheren Drehzahlen genügend Drehmoment für eine ausreichende Spitzenleistung zu erzielen. Umgekehrt wird ein Sportmotor, bei dem höchste spezifische Leistung und hohe Drehzahlen vorrangige Ziele sind, zunächst einmal mit Nockenwellen für lange Steuerzeiten bestückt. Mit der Saugrohrabstimmung muss man dann versuchen, die prinzipbedingte Drehmomentschwäche bei niedrigen Drehzahlen soweit als möglich auszugleichen. In Einzelfällen gibt es natürlich auch kompromisslose Auslegungen, bei denen z.B.

4.3 Auslegung der Sauganlage

lange Steuerzeiten mit kurzen Saugrohren kombiniert werden. Damit lassen sich dann höchste Spitzenleistungen bei hohen Drehzahlen realisieren, unter Inkaufnahme einer oft störenden Drehmomentschwäche bei niedriger Drehzahl.

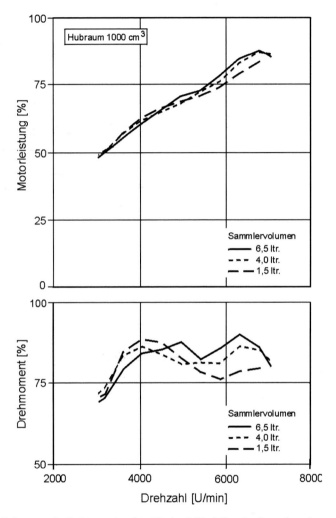

Bild 4.5 Beeinflussung der Leistungscharakteritik durch Variation des Sammlervolumens

Die Kriterien, die für die Wahl des Saugrohr*durchmessers* gelten, wurden im Kap. 3.2.3 schon angesprochen. Es gilt dabei die grundsätzliche Regel, dass kleine Saugrohrdurchmesser die dynamischen Effekte verstärken, bei großen Gasdurchsätzen aber den Luftstrom drosseln können. Bei großen Durchmessern besteht keine Gefahr der Drosselung, jedoch nehmen die Amplituden der Druckwellen ab. Demzufolge ist der optimale Saugrohrdurchmesser ein Kompromiss zwischen bestmöglicher Nutzung der Gasdynamik und Vermeidung einer übermäßigen Drosselung des Gasstroms. Er muss mit Motorversuchen ermittelt werden. Die vielfach geäußerte Ansicht, Saugrohre sollten zur Erzielung höchster Leistungen immer den größtmöglichen Querschnitt aufweisen, ist falsch!

Mit der Sauglängenabstimmung sind nicht alle Möglichkeiten der saugseitigen Leistungsbeeinflussung ausgeschöpft. Der Luftsammler, in den die Saugrohre münden und der bei den meisten Motorrädern auch den Luftfilter enthält, bietet über die Variation seines Volumens weiteres Potential, wie das **Bild 4.5** beispielhaft zeigt. Ein kleines Sammlervolumen kann z.B. die dynamischen Vorgänge im Saugsystem unterstützen, und je nach Auslegung können auch Resonanzeffekte ausgenutzt werden. Die im Bild dargestellten Auswirkungen der Sammlergröße sind jedoch motorspezifisch und können so nicht pauschal auf alle Motoren übertragen werden.

In der Regel haben allerdings großvolumige Sammler summarische Drehmomentvorteile und sind daher grundsätzlich anzustreben. Das Problem in der Praxis ist meist nur die Unterbringung des gewünschten, großen Sammlervolumens im vorgegebenen Bauraum. Denn es zeigt sich, dass nicht allein die Größe des Volumens, sondern auch die Form des Sammlers eine Rolle für die Leistungsentfaltung des Motors spielt. Starke Einschnürungen und Eindellungen des Sammlers wirken sich vielfach negativ aus.

Eine Sonderrolle spielen speziell ausgelegte Resonanzsauganlagen. Hier wird das Sammlervolumen in zwei Teilvolumen aufgespalten, die über ein oder mehrere, genau abgestimmte Rohre verbunden sind. In scharf umgrenzten Drehzahlbereichen können mit solchen Sauganlagen erhebliche Luftliefergradsteigerungen (Resonanzaufladung) erzielt werden. Auf Einzelheiten soll an dieser Stelle aber nicht eingegangen werden.

Bild 4.6 Luftschnorchel im Frontbereich (ram-air system) und Sauganlage (*HONDA CBR*)

Einen gewissen Einfluss auf die Leistungscharakteristik hat noch der Ansaugschnorchel zum Luftfilter. Die wesentliche Aufgabe dieses Schnorchels ist es allerdings, dass er die Luft ungehindert und möglichst an einer kühlen Stelle ansaugen kann. Daneben wird der Ansaugort auch nach akustischen Gesichtspunkten (Geräuschemission) ausgewählt. Etwas überbewertet wird meist der direkte Leistungsgewinn durch eine Luftansaugung im Frontbereich des Motorrades (*ram air system*), **Bild 4.6**.

Der erwartete Aufladeeffekt infolge des Staudrucks ist geringer als oftmals behauptet, wie folgende, überschlägige Rechnung zeigt:

Der maximale Staudruck, der auf den Lufteintritt theoretisch wirkt beträgt

$$p_s = 1/2 \cdot \rho \cdot w^2 \tag{4-1}$$

ρ = Luftdichte
w = Anströmgeschwindigkeit

Bei einer Fahrgeschwindigkeit von 200 km/h entspricht dies aufgerundet einem Druck von 0,02 bar, bei 250 km/h von 0,03 bar. Gegenüber dem Umgebungsluftdruck sind dies Steigerungen von 2-3 %. Selbst im praktisch unerreichbaren Fall, dass der Staudruck sich verlustlos und vollständig in eine Druckerhöhung für das Ansaugsystem umsetzen ließe, ergäbe sich bei einem Motor mit 74 kW (100 PS) Leistung lediglich eine Leistungssteigerung zwischen 1,5 und 2,2 kW (2-3 PS). Realistisch kann ein Leistungsgewinn von 1 kW erwartet werden. Häufig ergeben sich allerdings positive Sekundäreffekte, die bei Messungen am Fahrzeug zu größeren Leistungsvorteilen führen. Zu nennen sind hier die höhere Luftdichte aufgrund des kühleren Ansaugortes und Resonanzwirkungen der vergrößerten Gesamtansauglänge des nach vorn verlegten Ansaugschnorchels.

4.4 Auslegung der Abgasanlage

Auf der Auslassseite wird die Gasdynamik weniger von der Kolbenanregung sondern vielmehr vom Vorauslassstoß geprägt. Verbrennungsbedingt herrscht beim Öffnen des Auslassventils noch ein hoher Druck im Zylinder (> 3 bar), so dass bereits zu Beginn der Auslassventilöffnung trotz geringer Öffnungsquerschnitte ein großes Abgasvolumen impulsartig ausströmt. Die Strömungsgeschwindigkeit ist wegen des Druckgefälles und kleinen Ventilspaltes sehr hoch. Es resultiert daraus eine energiereiche Überdruckwelle, die das Abgassystem durchläuft und an der Einmündung der Krümmerrohre in den Schalldämpfer bzw. im Schalldämpfer selber reflektiert wird.

Angestrebt wird eine Reflexion am offenen Rohrende, so dass die Druckwelle als Unterdruckwelle in den Krümmerrohren zurückläuft. Dabei sind die Rohrlängen so mit der Wellenlaufzeit abzustimmen, dass die Unterdruckwelle gegen Ende der Auslassventilöffnung am Ventil eintrifft. Man erzielt damit zwei günstige Effekte. Zum einen saugt der Unterdruck Restabgas, das sich noch im zylinderkopfseitigen Brennraum befindet und vom Kolben nicht verdrängt werden kann, aus dem Brennraum. Dadurch erhöht sich die Frischgasfüllung im nächsten Arbeitstakt und das Frischgas wird nicht von heißen Abgasresten aufgeheizt. Zum zweiten kann sich die Sogwirkung des Unterdrucks im Einlasssystem auswirken und dort den Ansaugvorgang anfachen, vorausgesetzt, es herrscht eine genügend große Ventilüberschneidung und das Einlassventil ist bereits geöffnet. Die Überschneidung muss daher sinnvollerweise zusammen mit der Abstimmung der Abgasanlage festgelegt werden.

Aufgrund des komplexen Innenaufbaus moderner Schalldämpfer ergeben sich vielfache Wechselwirkungen und Wellenüberlagerungen, auf die im einzelnen an dieser Stelle nicht eingegangen werden kann. Großen Einfluss hat im Abgassystem auch die Temperatur. Die

Schallgeschwindigkeit und damit die Wellenlaufzeit ist temperaturabhängig (Anhang). Gerade die Abgastemperatur variiert aber, im Gegensatz zur Frischgastemperatur, bei Vollast je nach Drehzahl um mehr als 100 °C. Dazu kommt der Einfluss der Wärmeabfuhr an der Abgasanlage, die wiederum von den Umgebungsbedingungen und der Fahrgeschwindigkeit (Luftanströmung) abhängig ist. All diese Faktoren müssen bei der Abstimmung beachtet werden.

Auf den Zielkonflikt zwischen Leistung und Geräuschverhalten wurde im Kap. 3.10 schon hingewiesen. Anhand von **Bild 4.7** kann jedoch der erreichte Entwicklungsstand von modernen Schalldämpferanlagen eindrucksvoll aufgezeigt werden. Dargestellt sind die Leistungskurven, die sich bei sonst unverändertem Motor mit starker und schwacher Schalldämpfung einstellen. Der Leistungsunterschied zwischen dem wenig gedämpften Motor (offene Auspuffanlage) und dem Motor mit seriennahem Schalldämpfer, der die Geräuschgrenzwerte gerade noch erfüllt, beträgt rund 10%. Diese Messungen basieren allerdings auf inzwischen *nicht mehr gültigen, höheren* Geräuschgrenzwerten. Legt man die derzeit gültigen Geräuschgrenzwerte von 80 dBA zugrunde, werden die Leistungsdifferenzen zwischen weitgehend offenen und gesetzeskonformen Schalldämpferanlagen deutlich größer. Eine strengere Geräuschlimitierung über das heutige Maß hinaus würde wegen des größeren Leistungszuwachses also eher zu Manipulationen am Schalldämpfer animieren und wäre schon aus diesem Grund abzulehnen. Akustisch und leistungsmäßig sind moderne Motorradschalldämpfer weitgehend ausgereizt.

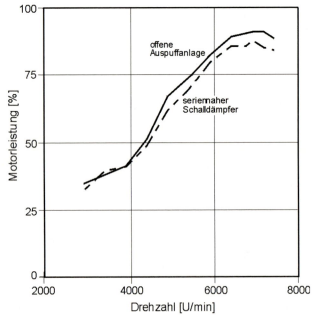

Bild 4.7 Leistungseinfluss des Schalldämpfers an einem 1000 cm³ Vierzylindermotor

Hingewiesen werden soll an dieser Stelle noch darauf, dass die Schalldämmung direkt keine Auswirkungen auf Verbrauch und Abgasemission zeigt. Theoretisch würde die geringere Ladungswechselarbeit bei offenen Auspuffanlagen sogar eher zu einem niedrigeren Kraftstoffverbrauch führen. In der Praxis ist dies jedoch völlig bedeutungslos und nicht nachweisbar.

5 Motorentuning

Das klassische Tuning von Motoren hat immer zwei Verbesserungen zum Ziel, die Anhebung der nominellen Leistung und die Gewichtserleichterung insbesondere von bewegten Teilen. Behandelt werden die Grundlagen des Tunings von Viertaktmotoren, ohne jedoch detaillierte handwerklichen Anleitungen zur Ausführung zu geben. Ziel ist vielmehr, die leistungssteigernden Maßnahmen im Gesamtzusammenhang mit all ihren Vor- und Nachteilen zu erläutern und einen Überblick über wirksame, aber auch über unwirksame bzw. schädliche Tuningmaßnahmen zu geben. Zweitaktmotoren müssen von der Betrachtung weitgehend ausgenommen werden, weil sie aufgrund ihres störungsanfälligeren Ladungswechsels in Abhängigkeit von ihrer Bauart sehr individuell betrachtet werden müssen, was über den Rahmen dieses Buches hinausgehen würde.

Alle physikalischen und z.T. auch die praktischen Grundlagen des Tunings wurden bereits in vorangegangenen Kapiteln des Buches behandelt, so dass bei der Erläuterung von Tuningmaßnahmen darauf zurückgegriffen wird. Der Leser wird gebeten, auf die entsprechenden Hinweise im Text zu achten und ggf. in den entsprechenden Abschnitten noch einmal nachzuschlagen.

Es ist zu Beginn sicher nützlich, sich an die Definition der Leistung zu erinnern. Physikalisch ist Leistung definiert als Arbeit pro Zeit. Die Leistungsabgabe an der rotierenden Kurbelwelle beschreibt folgende allgemeine Formel:

$$P = M_d \cdot \omega = M_d \cdot 2 \pi \cdot n \tag{5-1}$$

P   Leistung [kW]
M_d Drehmoment [Nm]
ω Winkelgeschwindigkeit
n   Motordrehzahl [1/s]

Man erkennt, dass sich rein formelmäßig die Leistung durch Drehzahl- und/oder Drehmomentenerhöhung steigern ließe. Die einfache Drehzahlerhöhung, z.B. durch die Entfernung eines evtl. vorhandenen Drehzahlbegrenzers, bringt aber für sich allein in der Realität noch keine Mehrleistung (es sei denn es wurde vom Hersteller eine künstliche Leistungsbeschneidung mittels einer Drehzahlbegrenzung vorgenommen). Der Grund ist anhand von **Bild 3.6** unmittelbar ablesbar. Der Luftliefergrad, das direkte Maß für die real angesaugte Gemischmenge des Motors, fällt jenseits seines Maximums mit der Drehzahl stark ab (Drosselvorhänge beim Ladungswechsel, vgl. Kap. 3.1). Damit sinkt das abgegebene Drehmoment des Motors in stärkerem Maße, als seine Drehzahl ansteigt. Das Produkt aus Drehzahl und Drehmoment, die Leistung, nimmt demzufolge nicht zu, sondern ab und es ist sinnlos, den Motor aus Leistungsgründen höher zu drehen.

Die angestrebte Leistungssteigerung mittels Drehzahlerhöhung wird *nur* dann erreicht, wenn *gleichzeitig* der Luftliefergrad verbessert, d.h. der Ladungswechsel des Motors optimiert wird (wäre es anders, würden die Hersteller die Motoren von sich aus höher drehen lassen!). Vollkommen nutzlos ist auch die *alleinige* Anfettung des Gemisches, z.B. durch die Verwendung größerer Vergaserhauptdüsen, auch dies eine Tuningmethode, die unsinnigerweise manchmal immer noch propagiert wird. Denn der überschüssige Kraftstoff kann, wenn nicht gleichzeitig mehr Luft angesaugt wird, gar nicht verbrannt werden und damit auch keine Mehrleistung erzeugen. Einzig und allein die *Vergrößerung der angesaugten Gemischmasse* bringt also die gewünschte Mehrleistung des Motors und ist damit das eigentliche Ziel des Motorentunings. Ein weiteres Ziel ist daneben natürlich die Minimierung der innermotorischen Verluste, also im wesentlichen die Minimierung der Motorreibung.

Eine Erhöhung der angesaugten Gemischmasse kann ganz simpel durch Hubraumvergrößerung erreicht werden, eine relativ kostengünstige Maßnahme, derer sich auch Hersteller im Zuge von Modellpflegemaßnahmen manchmal bedienen. Man kann davon ausgehen, dass eine Hubraumvergrößerung sich etwa proportional in Leistung umsetzen lässt, d.h. 10 % mehr Hubraum bringen rund 8-10 % Mehrleistung. Für den Privattuner kommt aber fast nur die Vergrößerung der Zylinderbohrung in Betracht. Wenn die Wandstärke der Zylinder groß genug ist, kann die Bohrung durch Ausdrehen um 1-2 mm im Durchmesser vergrößert werden, das ergibt bei den üblichen Bohrungsmaßen zwischen 2% und 5% mehr Hubraum. In günstigen Fällen erzielt man dadurch sogar einen überproportionalen Leistungsgewinn, nämlich dann, wenn durch die Bohrungsvergrößerung sich die Einströmverhältnisse am Einlassventil verbessern (größerer Abstand der Ventile von der Zylinderwand). In derartigen Fällen (was man natürlich in der Regel vorher nicht weiß) lohnt sich diese Maßnahme. Ein Risiko besteht bei der Bohrungsvergrößerung darin, dass aufgrund der verringerten Wandstärke die Zylinderverformungen zunehmen (vgl. Kap. 3.6.2 und Bild 3.100) und es bei nicht entsprechend angepasster Kolbenkontur und abgestimmtem Laufspiel zu Kolbenfressern kommen kann. Auch kennt man in der Regel nicht die Belastungsgrenzen der im Zubehörhandel angebotenen Übermaßkolben und der Kolbenhersteller übernimmt höchstens eine Garantie für Material- und Fertigungsfehler, nicht aber für die Lebensdauer seiner Tuningkolben.

Eine Hubraumvergrößerung durch größeren Kolbenhub ist ungleich schwerer zu verwirklichen, weil man dazu eine neue Kurbelwelle braucht. Nicht nur, dass eine solche Welle durch die geringere Überdeckung (Kap. 3.4.1 und Bild 3.45) weniger steif wird, oft ist auch für eine derartige Welle nicht genug Platz im Kurbelgehäuse (größerer Umlaufkreis für die Welle und größere Auslenkung des Pleuels). Hat man die Möglichkeit, ein unbearbeitetes Kurbelwellenrohteil zu bekommen, kann man daraus u.U. eine Welle mit größerem Hub herstellen, indem man innerhalb des Aufmaßes des Rohteils die Exzentrizität der Welle vergrößert und diese entsprechend bearbeitet.

Beachtet werden muss bei der Hubvergrößerung immer die geänderte Position des Kolbens im OT und UT, unter Umständen ragt nämlich der Kolben über die Zylinderlaufbahn hinaus. Durch neue, kürzere Pleuel kann man den Überstand im OT ausgleichen, falls die Laufbahn am Zylinderfuß genügend lang ist. Eine verringerte Kompressionshöhe der Kolben (vgl. Bild 3.51) bietet einen weiteren Ausweg, allerdings ist diese bei modernen Hochleistungsmotoren normalerweise schon bis an die Grenzen minimiert. Man sieht an diesen wenigen Aspekten, welch einen großen Änderungsumfang am Motor eine einzelne Tuningmaßnahmen bewirken kann. Dies war früher, als die Motoren konstruktiv weniger ausgereizt waren, nicht der Fall, weshalb Tuning wesentlich lohnender (und billiger!) als heute war.

Deutlich weniger Aufwand hinsichtlich der *Bauteile* bedeutet es, wenn man den Ladungswechsel des Motors verbessern will. Dennoch ist es auch hier heutzutage sehr schwer, noch erfolgreich, d.h. besser als der Hersteller zu sein. Eine Chance besteht nur, wenn der Hersteller beim Serienmotor aus produktionstechnischen oder wirtschaftlichen Gründen Kompromisse bei der Ladungswechselauslegung eingehen musste. Der bauteilmäßig einfachste Weg ist, neue Nockenwellen mit geänderter Charakteristik und anderen Steuerzeiten in den Motor einzubauen. Denn wie in den Kapiteln 3.2 und 4.2 gezeigt wurde, ist die gesamte Nockenwellenauslegung (Hub, Steuerzeit und Beschleunigungsverlauf) beim Serienmotor ein Kompromiss aus ausgeglichener Drehmomentencharakteristik und Höchstleistung. Will man kompromisslos eine maximale Leistung erzielen, womöglich noch bei höherer Drehzahl als beim Serienmotor, und verzichtet auf einen ordentlichen Drehmomentenverlauf bei niedrigen Drehzahlen (z.B. für den Rennbetrieb), lässt sich durch Veränderungen der Nockenwellengeometrie eine z.T. erhebliche Leistungssteigerung erreichen. Die grundsätzlichen Kriterien für derartige Nockenwellen (hohe Ventilbeschleunigung, lange Steuerzeit, großer Ventilhub, große Überschneidung) können in den angegebenen Kapiteln detailliert nachgelesen werden. Bei der Auswahl geeigneter Nockenwellen ist man allerdings auf das Angebot des Zubehörmarktes angewiesen. Eine eigene Auslegung der Nockengeometrie oder womöglich die Selbstanfertigung von Nocken (bzw. das Umschleifen vorhandener Nocken) ist Spezialisten vorbehalten und für den Privattuner heute praktisch nicht mehr sinnvoll möglich.[1] Die Güte der angebotenen Nockenwellen kann man anhand der angegebenen Daten *nicht* beurteilen (die Steuerzeit und der Hub allein sind *kein* Beurteilungs- oder Gütekriterium, sondern lediglich vage Indizien für die Nockenauslegung). Entweder man weiß aus den Erfahrungen und den Versuchen anderer, welche Mehrleistung die entsprechende Nockenwelle bringt, oder man ist auf eigene Versuche angewiesen.

Aussagefähige Versuche zur Motorabstimmung mit geänderten Nockenwellen bzw. zur Motorleistung lassen sich kaum mit Messfahrten auf der Straße (Höchstgeschwindigkeitsmessungen etc.) durchführen. Die Versuchsbedingungen (Wind, Temperatur, Luftdruck, Luftfeuchtigkeit, Fahrerhaltung, Öl- und Wassertemperatur des Motors, etc.) kann man selbst auf abgesperrten Rennstrecken kaum so konstant halten, dass vergleichbare Resultate erzielt werden. Für die Durchführung derartiger Versuche benötigt man zwingend einen Motorprüfstand, ersatzweise zumindest einen guten Rollenprüfstand.

Allein der Tausch von Nockenwellen führt ohnehin nicht automatisch zu höherer Leistung. Den geänderten Steuerzeiten müssen zumeist die Saugrohrlängen angepasst werden (Kap. 4.1 - 4.3) und ggf. auch noch die Abgasanlage. Wird dann tatsächlich in bestimmten Drehzahlbereichen der Luftliefergrad erhöht, muss noch das Gemisch an den größeren Luftdurchsatz angepasst werden (fettere Vergaserabstimmung, größere Hauptdüsen) und ggf. auch die Zündeinstellung korrigiert werden. Man erkennt aus dieser Aufzählung den gesamthaften Aufwand, der auch mit dem Tuning über einen Nockenwellenaustausch verbunden ist. Mit dem einfachen Auswechseln eines Bauteils ist es, auch wenn manche Tuninganleitung oder mancher Nockenwellenanbieter es anders verspricht, allein nicht getan. Erfolgversprechend sind *erprobte* Tuningkits, die neben den geänderten Nockenwellen auch detaillierte Anleitungen zu Saugrohr- Vergaser- und Zündungsanpassungen enthalten. Derartige Kits werden teilweise sogar von einigen Motorradherstellern für Renneinsätze spezieller Modelle angeboten.

Hingewiesen werden soll an dieser Stelle auf weitergehende Konsequenzen einer geänderten Nockengeometrie. In aller Regel müssen beim Einsatz anderer Nockenwellen die Ventilfedern ebenfalls ersetzt werden, auch hier ist eine an die Nocken angepasste Neuauslegung notwendig. Durch eine höhere Ventilbeschleunigung steigt die mechanische Belastung im Ventiltrieb u.U. erheblich an. Die Flächenpressungen zwischen Nocke und Betätigungselement (Tassenstößel oder Hebel) steigen, was zu erhöhtem Verschleiß oder gar zum frühzeitigen Ausfall dieser Bauteile führen kann, wenn Werkstoffgrenzen überschritten werden. Die höheren Kräfte im Ventiltrieb können bei mangelhafter Steifigkeit des Ventiltriebs auch zu elastischen Bau-

---

[1] In dem interessanten Buch von Ludwig Apfelbeck [5.1] werden Näherungsmethoden zur Nockenauslegung auf zeichnerischer Basis und sogar eine Bauanleitung für eine Vorrichtung zum Schleifen von Nocken beschrieben. Doch genügt eine derartige Auslegung und die Genauigkeit des Fertigungsverfahrens heutzutage bei weitem nicht mehr den Anforderungen, die hochdrehende Motoren an die Güte des Nockenprofils stellen.

teilverformungen im Ventiltrieb führen, so dass das Ventil nicht mehr der vorgegebenen Nokkenform folgt (u.U. war die begrenzte Ventiltriebssteifigkeit auch der Grund für die „leistungsärmere" Serienauslegung des Herstellers). Die erhoffte Mehrleistung oder die Möglichkeit, höher zu drehen, stellt sich in diesen Fällen dann nicht ein. Im ungünstigsten Fall kommt es nach mehreren Tausend Kilometern zum Bruch von Ventiltriebsbauteilen und damit zum Motorschaden. Auch dies sind Gründe, beim Austausch der Nockenwellen nur auf bewährte Bauteile, mit denen fundierte Erfahrungen vorliegen, zurückzugreifen.

Kommen wir zur letzten Maßnahme der Liefergraderhöhung, der Entdrosselung der Ansaug- und Abgaswege. Man kann davon ausgehen, dass bei einem modernen Motor die reine Geometrie, d.h. Länge, Maximaldurchmesser und Querschnittsverlauf der Ansaug- und Abgaskanäle bereits in der Serienausführung weitestgehend optimiert (vgl. Kap. 3.2.3 und 3.4.3) und kaum mehr verbesserbar ist, **Bild 5.1.** Wenn Abweichungen vom bestmöglichen Querschnittsverlauf vorhanden sind, liegt dies meist an konstruktiven oder produktionstechnischen Zwängen (notwendige Wandstärken, Kühlwasserräume, kein Hinterschnitt möglich, gusstechnische Vorgaben). Hier kann in Einzelfällen durchaus wirkungsvoll nachgebessert werden. Wenn im Einlass- oder Auslasskanal (was allerdings nur noch selten vorkommt) Kanten, scharfe Übergänge, Querschnittssprünge oder unsaubere Gussoberflächen vorhanden sind, lohnt es sich, diese mechanisch zu entfernen (schleifen oder biaxen) und zu egalisieren. Bei größerem Materialabtrag muss man allerdings sicher sein, dass nach der Bearbeitung noch genügend Wandstärke übrigbleibt. Ein Durchbruch zu Wasser- oder Ölräumen im Zylinderkopf lässt sich nachträglich nicht mehr zuverlässig reparieren und abdichten. Der Zylinderkopf ist dann unweigerlich schrottreif!

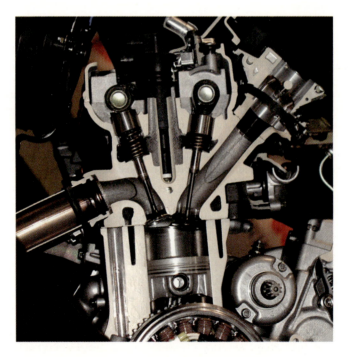

Bild 5.1 Optimale Kanalgestaltung beim Serienmotor (*YAMAHA YFZ-R1*)

Problematisch ist es auch, detaillierte Empfehlungen für den Querschnittsverlauf im Einlass- oder Auslasskanal zu geben. Einmal abgesehen davon, dass die dünnen Wandstärken größere nachträgliche Modifikationen ohnehin nicht erlauben, zeigen Strömungsversuche widersprüchliche Ergebnisse. Die Erhöhung des Gasdurchsatzes durch eine Aufweitung des Einlasskanals an der Ventilführung oder vor dem Ventilsitz, wie sie manchmal empfohlen wird, kann nicht unbedingt bestätigt werden. Selbst eine messbare Verbesserung der Durchflusszahl eines Einlasskanals auf dem Strömungsprüfstand führt nicht zwangsläufig zu einer messbaren Leistungserhöhung des Motors. Die dynamischen Strömungseffekte im realen Motorbetrieb sind für die Motorleistung dominant, so dass sich eine geringfügige Verbesserung der Strömungsgüte im Kanal nicht auswirkt. Daher lohnt es sich auch nicht, in aufwendiger Handarbeit die Einlasskanäle zu polieren. Eine Egalisierung und Glättung der fühlbaren Rauhigkeit reicht hier vollkommen aus. Das Polieren kann in Einzelfällen höchstens störende Nebeneffekte, wie das Niederschlagen von Kraftstofftröpfchen aus dem Gemischstrom, minimieren. Im Auslasskanal sind aufwendige Glättungsoperationen noch wirkungsloser als im Einlasskanal. Hier genügt als einzige Maßnahmen die Beseitigung von eventuellen Störkanten.

Die Ventilgröße muss nur dann verändert werden, wenn der Luftmassenstrom durch das Zusammenwirken aller Tuningmaßnahmen wesentlich anwächst und wenn der freie Ventilquerschnitt bei maximalem Ventilhub eine ausgeprägte Engstelle im Einlasskanal darstellt. Es genügt in der Regel eine Vergrößerung des Ventiltellerdurchmessers um 0,5 - 1 mm, dennoch muss meist auch der Ventilsitzring vergrößert werden. Die Herstellung der Passbohrung im Zylinderkopf für den neuen Ventilsitzring erfordert eine Präzisionsbearbeitung. Es muss darauf geachtet werden, dass in der Umgebung des Sitzrings ausreichend Material vorhanden ist, um bei dem notwendigen Übermaß des Sitzringes eine genügende Pressung aufrechtzuerhalten.

Bezüglich der weiteren Entdrosselung der Ansaug- und Abgaswege durch Entfernen von Luftfiltern oder Schalldämpfereinsätzen muss angemerkt werden, dass dies bei Betrieb des Fahrzeugs im öffentlichen Straßenverkehr illegal ist. Es wird in aller Regel nicht nur die Geräuschemission über das gesetzliche Limit hinaus erhöht, auch die Abgasemissionen können sich ändern (Gemischbeeinflussung, Änderung des Restgasgehaltes, Beeinflussung der Nachreaktionen im Auspuff). Davon abgesehen führen derartige Veränderungen in vielen Fällen gar nicht zu der gewünschten Leistungserhöhung, oder nur zu einer Leistungsanhebung in einem schmalen Drehzahlbereich mit Leistungseinbrüchen in anderen Drehzahlregionen (die subjektiv empfundene Leistungssteigerung hat viel mit der psychologischen Wirkung der größeren Lautstärke zu tun). Der Grund für Leistungseinbrüche ist, das die sorgfältig abgestimmten dynamischen Strömungseffekte sehr sensibel auf Veränderungen im Saug- und Abgastrakt reagieren. Wenn man die Vergleichstests mit Nachrüst-Schalldämpferanlagen in den Motorradzeitschriften aufmerksam liest, findet man diese Erkenntnis immer wieder bestätigt. Es steigern bis auf wenige erfreuliche Ausnahmen meist nur diejenigen Auspuffanlagen die Leistung, die im Geräuschniveau über den gesetzlichen Limits liegen. Auch hier gilt, dass Verbesserungen nur mit aufwendigen Prüfstandsversuchen und einer Einzelabstimmung auf die jeweiligen Gegebenheiten des Motors erzielbar sind. Einzig diesem Aufwand verdanken getunte Rennmotorräder ihre Mehrleistung gegenüber den Serienmaschinen.

Eine noch nicht betrachtete Möglichkeit zur Leistungserhöhung liegt in der Anhebung des Verdichtungsverhältnisses. Höhere Verdichtung führt zu einer Wirkungsgradsteigerung und zu höheren Drücken bei der Verbrennung, wodurch die Leistung ansteigt. Die Verdichtung kann erhöht werden entweder durch Abfräsen des Zylinderkopfes oder durch Einbau von Kolben mit größerer Kompressionshöhe. Beides birgt gewisse Risiken, denn es muss geprüft werden, ob ein ausreichender Freigang für die Ventile während der Überschneidung vorhanden ist. Der Freigang muss nicht nur im Überschneidungs-OT geprüft werden, sondern auch in einem Winkelbereich von 10-20° Kurbelwinkel vor und nach dem OT. Denn durch die Ventilhubkurven (vgl. Bild 3.8) liegt der Kollisionspunkt in diesem Winkelbereich. Besonders wichtig wird die Freigangsprüfung für die Ventile, wenn zusätzlich zur Verdichtungserhöhung noch die Nockenwellen gegen solche mit größerem Ventilhub getauscht werden. Sehr wichtig ist bei Verdichtungserhöhung die Überprüfung der Zündeinstellung. Mit Zunahme der Verdichtung steigt die Gefahr irregulärer Verbrennungen („Klingeln", siehe Kap. 3.4.3).

Zur Erhöhung der Nutzleistung des Motors trägt selbstverständlich auch bei, die Motorverluste, d.h. die innere Reibung, zu verringern. Den größten einzelnen Reibanteil liefert der Kolben mit seinen Ringen. Als Tuningmaßnahme geeignet ist die Verringerung der Kolbenringspannung und ggf. die Verwendung neuer Kolben mit nur einem Kompressionsring. Die übliche Bestückung von Serienkolben mit zwei Kompressionsringen erfolgt meist zur Ölverbrauchsreduzierung. Spielt der Ölverbrauch keine Rolle, kann auf den zweiten Ring verzichtet werden. Es müssen aber immer neue speziell angefertigte Kolben verwendet werden, die simple Entfernung des zweiten Kolbenrings ist nicht zulässig! Bei einer Reduzierung der Kolbenringspannung (spezielle neue Kolbenringe) sind Versuche zur Abstimmung notwendig. Die Abdichtung kann unzureichend werden und je nach Zylinderverformung im Betrieb kann neben dem Ölverbrauch auch die Durchblasemenge (blow-by) erheblich ansteigen. Das gibt dann Probleme mit der Kurbelgehäuseentlüftung. Der Leistungsgewinn durch diese Maßnahmen am Kolben dürfte in etwa bei 1 kW liegen.

Eine Reibungsminimierung an anderen Bauteilen ist nachträglich kaum mehr zu verwirklichen. Die Verhältnisse an den Gleitlagern sind z.B. so diffizil, dass von Manipulationen an diesen Stellen abzuraten ist. Natürlich verringert eine Reduzierung der Lagerbreite (schmalere Lagerschalen) die Lagerreibung, doch steht der Gewinn an Leistung (deutlich kleiner als 0,3 kW) in keinem Verhältnis zum Risiko eines Lagerschadens. Eher lohnend scheint es, die Ventilationsverluste der Kurbelwelle zu verringern. Eine aerodynamisch günstigere Gestaltung der Gegengewichte (Abrunden, Kanten entfernen, konisch schleifen) senkt die „Luftreibung" der drehenden Welle im Kurbelgehäuse und kann im oberen Drehzahlbereich die Verlustleistung spürbar senken, was einen direkten Gewinn an Nutzleistung darstellt. Auch hier sind im Einzelfall Versuche erforderlich oder es muss auf die Erfahrung anderer zurückgegriffen werden.

Für ein ernsthaftes Motorentuning wird man keine Einzelmaßnahmen umsetzen, sondern bemüht sein, alle Maßnahmen anzuwenden. Wie bereits erwähnt, schöpfen natürlich die Hersteller bei der Serienabstimmung ihrer Motoren die gebotenen technischen Möglichkeiten in der Regel voll aus, so dass Spielraum für Tuning nur dort verbleibt, wo die Kosten, produktionstechnische Gründe oder aber auch Serienanforderungen wie Zuverlässigkeit und Verschleißsicherheit die Auslegung des Motors auf ein Leistungsmaximum verhindern. Gemäß der Leistungsdefinition als Produkt aus Drehmoment und Drehzahl (Gl. 5-1) ist es selbstverständliches Ziel aller o.a. Tuningmaßnahmen, den Liefergrad nicht nur generell zu verbessern, sondern das Maximum zu höheren Drehzahlen zu verlagern. Damit ist der zweite Schritt des Tunings definiert, die Anhebung der Drehzahlgrenze des Motors.

In den meisten Fällen führen die Maßnahmen zur Liefergraderhöhung fast automatisch dazu, dass der Motor höhere Drehzahlen erreicht. Es ergibt sich aber das Problem, dass höhere Drehzahlen zu höheren Massenkräften führen und es dadurch zu einer mechanischen Überlastung von Bauteilen kommt. Daher müssen bei einer Drehzahlanhebung in vielen Fällen die Massen der bewegten Bauteile des Motors verringert werden. Betroffen sind davon die Kolben, die Pleuel und Ventiltriebsteile, also Ventile, Ventilfedern und Federteller, sowie Betätigungshebel bzw. Tassenstößel. Da gleichzeitig die Steifigkeit der Teile nicht kleiner werden darf, ist die Gewichtserleichterung eine schwierige Aufgabe. Klammert man eine Neuanfertigung von Bauteilen aus leichteren (und teueren) Werkstoffen (z.B. Titan statt Stahl) bzw. eine Neugestaltung dieser Bauteile zunächst aus, bleibt als konventionelle Tuningmaßnahme die nachträgliche Bearbeitung der vorhandenen Bauteile. Dabei gilt der Grundsatz, dass an allen Stellen der Bauteile, die nicht im Kraftfluss liegen und die keine unmittelbare Funktion erfüllen, problemlos Material weggenommen werden darf.

Beim Kolben sind dies z.B. der untere Teil des Kolbenschafts, **Bild 5.2**, der ohne direkte Funktionseinbuße gekürzt werden kann. Die Gewichtsreduzierung fällt allerdings bei modernen Kastenkolben sehr gering aus, weil die Wandstärke des Leichtmetalls hier in der Größenordnung von 2 mm liegt.

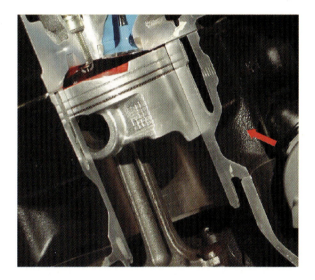

Bild 5.2
Mögliche Gewichtserleichterung am Kolben

Durch Kürzung des Kolbenschafts wird die Kippbewegung des Kolbens und damit sein Laufgeräusch größer (vgl. Bild 3.90). Im Extremfall führt ein verstärktes Kolbenkippen, zusammen mit einer höheren Gesamtbelastung des Kolbens zu einer Erhöhung der Fressgefahr. Eine größere Massenreduktion ergibt sich durch das konische Ausdrehen des Kolbenbolzens (vgl. Bild 3.88), das allerdings bei modernen Motoren bereits serienmäßig durchgeführt wird. Inwieweit die Ausdrehung noch vergrößert werden kann, ist schwer vorherzusagen. Die Bruchgefahr für den Kolbenbolzen im Betrieb steigt durch eine solche Maßnahme erheblich, denn der Kolbenbolzen gehört zu den hochbeanspruchten Motorbauteilen. Generell gilt, dass die Kolben von heutigen Hochleistungs-Serienmotoren gewichtsmäßig bereits soweit optimiert sind, dass eine nachträgliche Gewichtserleichterung mit hohen Risiken für die Haltbarkeit verbunden ist. Wie weit heute bei Serienmotorrädern der Leichtbau an den Kolben getrieben wird, zeigt das Beispiel des Kolbens der Yamaha WR 400 F, **Bild 3.127**. Zwar handelt es sich bei dieser reinrassigen Sport-Enduro eigentlich um ein Motorrad für den Wettbewerbseinsatz, aber sie wird serienmäßig hergestellt und ist zulassungsfähig.

Bei geschmiedeten Pleueln können die Außenflächen im unteren Augenbereich bearbeitet werden, **Bild 5.3**. Überstehende Stege oder Materialüberstände, die aus der Formgebung und dem Schmiedeprozess herrühren können ohne Einbußen an Festigkeit und Dauerhaltbarkeit entfernt werden. Aufpassen muss man allerdings, dass durch den Materialabtrag nicht an Übergängen scharfe Kanten (Kerbwirkung) entstehen. Eine Kerbwirkung kann auch bereits durch Schleifriefen entstehen, so dass ein Polieren der bearbeiteten Flächen ratsam ist.

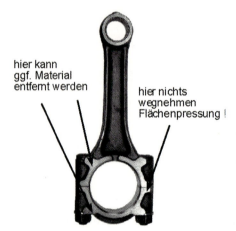

Bild 5.3
Gewichtserleichterung am Pleuel

Risikoreich ist jede Veränderung im Schaftbereich, am oberen Pleuelauge oder an den Übergängen zwischen Schaft und den beiden Pleuelaugen. Hier treten hohe Spannungen auf und solange man die Auslegungs- und Belastungsgrenzen des Pleuels nicht im Detail kennt, besteht bei einer mechanischen Bearbeitung und Materialwegnahme immer die Gefahr einer unzulässigen Schwächung des Pleuels, die im Betrieb zum Bruch führen kann. Völlig tabu ist auch eine Gewichtserleichterung an den Pleuelschrauben. Allenfalls die Muttern (so vorhanden) könnten an den Ecken leicht angefast werden, doch ist die Gewichtsersparnis im Verhältnis zum Risiko unbedeutend. Wird der Pleuelschaft dennoch bearbeitet, muss dieser nachträglich poliert werden, um Spannungsüberhöhungen durch Kerbwirkung zu vermeiden, **Bild 5.4**.

Bild 5.4
Polierte Pleuel

Noch besser ist ein Festigkeitsstrahlen (Kugelstrahlen), mit dem Druckvorspannungen in der Materialoberfläche aufgebaut werden, wodurch die Dauerfestigkeit des Pleuels gesteigert werden kann. Eine elegante und hinreichend sichere (aber auch sehr teure) Tuningmaßnahme ist das Ersetzen aller Serienpleuel durch solche aus Titan. Für verschiedene Sportmotoren werden Titanpleuel angeboten. Stammen diese von einem renommierten Hersteller kann man davon ausgehend, dass die Pleuel genügend erprobt wurden und kein besonderes Bruchrisiko besteht.

Eine Gewichtserleichterung der Kurbelwelle ist aus Drehzahlgründen direkt nicht notwendig. Sie wird aber häufig durchgeführt, weil die Drehmasse (das Massenträgheitsmoment) reduziert wird. Je geringer diese ist, desto geringer wird der rotatorische Beschleunigungswiderstand des Fahrzeugs (vgl. auch Kap. 2.2.2), was in der Praxis bedeutet, dass der Motor schneller hoch dreht also „besser am Gas hängt" und das gesamte Fahrzeug besser beschleunigt. Aus dem gleichen Grund werden auch Gewichtserleichterungen an der Kupplung durchgeführt, Getriebwellen hohlgebohrt oder auch Lichtmaschinen für Rennzwecke entfernt, weil all diese Drehmassen zusätzlich beschleunigt werden müssen, was „Leistung kostet". Zusätzlich senkt die Massenreduktion all dieser Bauteile natürlich auch das Motorgewicht und damit das Gesamtgewicht des Fahrzeugs.

Die prinzipiellen Möglichkeiten für eine festigkeitsmäßig unschädliche Gewichtsreduzierung von Kurbelwellen wurden bereits im Kapitel 3.6.1 anhand des Bildes 3.68 aufgezeigt. Für Rennzwecke können bei 4-Zylinder-Reihenmotoren die Gegengewichte an der Kurbelwelle auch völlig entfernt werden, was u.U. eine Gewichtserleichterung von mehr als 1 kg bringt. Der äußere Massenausgleich ändert sich dabei aufgrund des symmetrischen Aufbaus der Welle nicht (gilt bei anderen Motoren nicht unbedingt, vgl. Kap. 3.5.2 und 3.5.3). Nachteilig ist aber die größere Lagerbelastung, weil zwar die Welle als Ganzes ausgewuchtet bleibt, aber jeweils zwischen benachbarten Hauptlagern stark unwuchtig wird und innere Biegemomente entstehen. Die Dauerhaltbarkeit der Hauptlager wird also durch das Entfernen der Gegengewichte stark beeinträchtigt, was für Rennmotoren keine Rolle spielt, für Serienmotoren aber nicht akzeptabel ist.

Gewichtserleichterungen im Ventiltrieb haben im wesentlichen funktionale Gründe. Die Drehzahlgrenze des Ventiltriebs ist durch die auftretenden Massenkräfte am Ventil und die Haltekräfte, die Ventilfeder aufbringen kann, vorgegeben. Im Kapitel 3.2.2 wurden die Zusammenhänge erläutert und anhand von Bild 3.14 gezeigt, dass die Drehzahlreserven des Ventiltriebs bei Serienmotoren in der Regel relativ gering sind. Um Nockenwellen mit höherer Beschleunigung einsetzen zu können, was die Massenkräfte erhöht, müssen als Gegenmaßnahme die bewegten Massen im Ventiltrieb reduziert werden, aber ohne dass die Bauteile an Steifigkeit verlieren. Auch hier ist es heute Tatsache, dass die Ventiltriebsbauteile der meisten Hochleistungsmotoren weitgehend ausgereizt sind, sonst wären die Nenndrehzahlen der Serienmotoren von z.T. über 13.000 U/min nicht erreichbar. Bei Ventiltrieben mit Tassenstößeln kommt ggf. eine Kürzung der Tassen infrage. Dies erhöht zwar deren Kippneigung, wodurch die Stößelbohrung schneller verschleißt, mindert aber ansonsten weder Festigkeit noch Steifigkeit. Ob ein weiteres Ausdrehen der Innenbohrung der Stößel oder ein Abdrehen des Tassenbodens zu verantworten ist, muss im Einzelfall entschieden werden. Die Dicke des Stößelbodens bestimmt immerhin die Steifigkeit, so dass hier Vorsicht geboten ist.

An Schlepp- oder Kipphebel ist es noch schwerer zu beurteilen, ob man Material abtragen darf, weil man den genauen Spannungsverlauf im Hebel nicht kennt. Deutlich Gewicht lässt sich aber sparen, wenn die Einstellschrauben für das Ventilspiel so angeordnet sind, dass sie mitbewegt werden. Ein Hohlbohren der Einstellschraube (falls nicht schon seriemäßig) ist zulässig, die Kontermutter kann bearbeitet werden, ebenso können Einstellschraube und Kontermutter durch Bauteile aus Titan ersetzt werden. Beim Ventiltrieb zählt jedes Gramm an Gewichtsreduzierung, so dass hier auch kleine Maßnahmen hilfreich sind.

Das meiste Gewicht lässt sich am Ventil sparen. Die früher gängige (und preiswerte) Maßnahme, der Ersatz der Ventile durch solche mit dünnerem Schaft, ist heute, wo Schaftdurchmesser von 5 mm oder gar 4 mm Serienstand sind, nicht mehr möglich. So kommt nur der Einsatz von (teuren) Titanventilen (vorzugsweise für den Einlass) in Frage, wodurch sich allerdings das Ventilgewicht um rund 40% reduzieren lässt, **Bild 5.5**.

Allerdings müssen bei Titanventilen die Ventilsitzringe gegen solche aus einem anderen Werkstoff ausgetauscht werden. Üblicherweise wird Beryllium-Bronze dafür verwendet, das aber in seiner Handhabung wegen der *extremen Giftigkeit* des Berylliums äußerst problematisch ist! Teile aus Beryllium dürfen nur unter besonderen Vorsichts- und Schutzmaßnahmen bearbeitet werden.

Selbst geringste Mengen von Staub oder Bearbeitungsrückständen, die in den Körper gelangen (Einatmen von Staubpartikeln), können schwerste, irreversible Gesundheitsschäden hervorrufen! Werkstätten ohne entsprechende (von der Berufsgenossenschaft zugelassene) Schutzeinrichtungen dürfen mit diesem Werkstoff also keinesfalls umgehen!

Bei allen Maßnahmen am Ventiltrieb darf aber nicht vergessen werden, dass die Steifigkeit der Bauteile die wichtigste Voraussetzung für erfolgreiches Tuning an dieser Stelle ist. Stellt sich der erwünschte Tuningerfolg nicht ein, muss die Gesamtkonstruktion des Ventiltriebs näher untersucht werden. Der steifste Tassenstößel z.B. nützt nicht viel, wenn sich bei hohen Drehzahlen die Nockenwelle in ihren Lagern durchbiegt und so den Ventilkräften ausweicht. Eine Steifigkeitserhöhung der Nockenwellenlagerdeckel durch eine komplette Neuanfertigung könnte hier zwar helfen, dürfte aber in den meisten Fällen nicht praktisch machbar sein. Möglicherweise müssen auch Nockenwellen mit größerem Gesamtdurchmesser eingebaut werden, wenn die Platzverhältnisse im Zylinderkopf dies zulassen und eine Nacharbeit der Nockenwellen-Lagergasse möglich ist.

Bild 5.5
Titanventil

Es ist deutlich geworden und sei an dieser Stelle wiederholt, dass die Tuningmöglichkeiten bei dem heutigen Stand der Großserientechnik insgesamt gering geworden sind. Moderne Hochleistungsmotoren sind, wie an anderer Stelle schon angemerkt, auf einem Leistungsniveau, wie es vor weniger als 10 Jahren nur bei reinrassigen Superbike-Rennmotorrädern zu finden war und soweit ausgeklügelt, dass es selbst für professionelle Tuner nur noch wenige Möglichkeiten für eine deutliche Verbesserung gibt, und dann das Tuning einen immensen Aufwand erfordert. Das gilt zumindest, solange die gesetzlichen Vorgaben für Geräusch- und Abgasemissionen eingehalten werden und die Alltagstauglichkeit erhalten bleiben soll.

Lohnend sind für Privatleute mit handwerklichen Geschick und entsprechender Werkstattausstattung Detailverbesserungen und Feintuning. Dazu gehört die Verfeinerung und Perfektionierung von Bauteilen, die in einer Serienfertigung aus Kostengründen so nicht möglich ist. Zwischen den Pleueln in einem Motor gibt es in der Serie z.B. Gewichtsunterschiede von einigen Gramm. Wenn man hier durch Nacharbeit und Auswiegen die Gewichte angleicht, erhöht sich die Laufruhe des Motors. Für die Bearbeitung der Pleuel gelten die oben angeführten Regeln. Eine Gewichtsangleichung kann auch an den Kolben vorgenommen werden. Die Auswuchtung der Kurbelwelle ist in der Serie ebenfalls mit größeren Toleranzen behaftet. Ein Feinwuchten der Kurbelwelle, das Spezialbetriebe durchführen, verbessert ebenfalls das Laufverhalten des Motors (nicht aber die Leistung).

Auch die Brennräume und Einlasskanäle der Motoren sind nicht genau volumengleich. Durch sorgfältiges „Auslitern" können Volumenunterschiede ermittelt werden und durch entsprechende Nacharbeit (biaxen) angeglichen werden. Die Füllung der Zylinder und der Verbrennungsablauf werden durch diese Maßnahmen untereinander gleichmäßiger, auch dies trägt zu einem geschmeidigerem Motorlauf bei. Inwieweit sich all die Maßnahmen tatsächlich deutlich spürbar auswirken, muss im Einzelfall beurteilt werden. Verschlechtern wird sich aber das Motorverhalten in keinem Fall und wenn nicht grundlegende handwerkliche Regeln bei der Bearbeitung der Bauteile verletzt werden, bestehen auch keine Risiken für die Haltbarkeit und Funktion der Bauteile.

> Es wird an dieser Stelle aber ausdrücklich darauf hingewiesen, dass der Autor keine Gewähr für die Wirksamkeit oder auch die Unschädlichkeit der empfohlenen Maßnahmen übernehmen kann. Die Risiken bezüglich Tuningmaßnahmen liegen allein beim Ausführenden.

Als Letztes sei vor „Wundermitteln" auf dem Tuningsektor gewarnt. Leistung wird ausschließlich erzeugt, indem eine Gemischmasse mit einer bestimmten Frequenz verbrannt wird. Daraus ergibt sich, dass Zusatzgeräte wie „Zündverstärker", „Spezialzündkerzen" und Ähnliches schlichtweg Unsinn sind und keinerlei Mehrleistung bewirken können. Aus dem Mechanismus der Verbrennung (vgl. Kap. 3.4) ergibt sich, dass nach Einleitung der Entflammung die Zündkerze bzw. der Zündfunken keinerlei Rolle mehr für den Verbrennungsablauf spielt. Somit ist eine Leistungssteigerung durch eine „Funkenverstärkung" physikalisch gar nicht möglich. In Einzelfällen mag bei Motoren mit ungünstiger oder fehlerhafter Gemischaufbereitung und schlechter Entflammung eine gewisse Verbesserung im Laufverhalten eintreten, aber eine Leistungssteigerung bei Hochleistungsmotoren ist praktisch ausgeschlossen. Etwas anders sind die Verhältnisse bei der Doppelzündung mit zwei Zündkerzen. Deren nachträglicher Einbau verkürzt bei großvolumigen Ein- und Zweizylindermotoren die langen Flammwege. Damit wird es möglich, in kritischen Kennfeldbereichen leistungsoptimale Zündwinkel einzustellen (Kap. 3.4). Ohne diese Maßnahme müssen wegen der Gefahr des Klingelns oft (späte) Sicherheitszündwinkel eingestellt werden, bei denen es zu Leistungseinbußen kommt. Insofern können Doppelzündanlagen eine Leistungssteigerung bewirken.

Das *Chiptuning* bringt aus den vorgenannten Gründen trotz Versprechungen in der Werbung meistens auch keine Mehrleistung. Es hat nur dann einen positiven Leistungseinfluss, wenn der Motorrad-Hersteller aus irgendwelchen Gründen die Höchstdrehzahl künstlich begrenzt hat und diese durch Eingriffe in die Motorsteuerung aufgehoben wird. Voraussetzung ist aber, dass bei den dann möglichen höheren Drehzahlen kein zu großer Liefergradabfall eintritt. Die andere Einflussmöglichkeit ist der Zündwinkel. Auch hier gilt, dass es nur dann einen positiven Leistungseffekt gibt, wenn der Hersteller absichtlich nicht den optimalen Zündwinkel gewählt hat. Es bleibt dann immer noch die Frage nach den Gründen für eine derartige Auslegung seitens des Herstellers. Meist ist es eine Klopfneigung des Motors in bestimmten Kennfeldbereichen. Eine Zündzeitpunktveränderung stellt in diesen Fällen ein erhebliches Risiko für schwere Motorschäden dar.

Es würde an dieser Stelle zu weit führen, weitere Aspekte des Tunings zu behandeln. Es mag der Hinweis genügen, dass bei getunten Motoren neben der „Leistungssuche", Drehzahlsteigerung und Gewichtserleichterung weitere Untersuchungen und Modifikationen notwendig werden, um die Zuverlässigkeit des Motors zu erhalten. So muss ggf. die Kühlung dem größeren Wärmeanfall angepasst werden, die Zündungs- und Gemischabstimmung muss überarbeitet werden und der Zündkerzenwärmewert angepasst. Der Ölkreislauf muss möglicherweise geändert werden, mindestens durch Vergrößerung der Ölmenge (größere Ölwanne), Einbau bzw. Vergrößerung eines Ölkühlers, ggf. durch eine größere Ölpumpe, zusätzliche Schmierstoffversorgungen, eine Ölspritzkühlung der Kolbenböden usw.. Insgesamt ergibt sich ein beträchtlicher zeitlicher, finanzieller und gerätetechnischer Aufwand, der leicht den Kaufpreis eines neuen Motorrades übersteigen kann.

6 Kupplung, Schaltgetriebe und Radantrieb

Die Leistung von Verbrennungsmotoren kann nicht direkt auf das Hinterrad übertragen werden. Das liegt daran, dass ein verwertbares Drehmoment erst ab einer bestimmten Drehzahl abgegeben wird und darüber hinaus das Drehmoment des Motors ($M_{Angebot}$) zum Anfahren und für das Befahren von Steigungen (Bedarfsdrehmoment M_{bed}, vgl. auch Kap. 2) nicht ausreicht, **Bild 6.1**. Drehmoment und Drehzahl des Motors müssen daher mittels geeigneter Übersetzungen an die Fahrwiderstände und den gewünschten Geschwindigkeitsbereich des Fahrzeugs angepasst werden. Diese Aufgaben übernehmen beim Motorrad das Schaltgetriebe und der Radantrieb. Zusätzlich ist eine Kupplung erforderlich, die eine Drehzahlangleichung zwischen Motor und Getriebe beim Anfahren bewirkt und für die notwendige Unterbrechung des Kraftflusses beim Schalten sorgt.

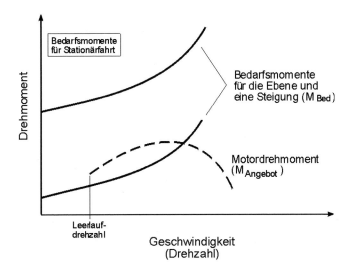

Bild 6.1 Motormoment und Momentenbedarf des Motorrades

6.1 Kupplung

Die Drehzahlanpassung durch die Kupplung beim Anfahrvorgang soll genauer betrachtet werden. Zum Anfahren aus dem Stillstand (Raddrehzahl bzw. Geschwindigkeit = 0) wird ein Drehmoment am Hinterrad benötigt, um die Massenträgheit und den Rollwiderstand (ggf. auch noch einen Steigungswiderstand) zu überwinden, vgl. Kap. 2. Dieses Drehmoment kann der Motor unmittelbar aber nicht zur Verfügung stellen, denn ein Verbrennungsmotor gibt ein nutzbares Drehmoment erst oberhalb seiner Leerlaufdrehzahl ab. Für die meisten Motorradmotoren liegt die Grenzdrehzahl der Nutzmomentabgabe bei ca. 1500 U/min (Mindestanfahrdrehzahl). Darunter reicht die erzeugte Energie des Motors nur noch aus, um seine innere Reibung zu überwinden. Weitere Belastungen oder ein deutliches Absinken der Leerlaufdrehzahl führt zum abrupten Stehenbleiben des Motors.

Die Spanne zwischen Drehzahl = und Mindestanfahrdrehzahl muss also überbrückt werden und dabei zugleich ein Drehmoment auf das Hinterrad übertragen werden. Diese Aufgabe eines *Drehzahlwandlers* übernimmt die Kupplung. Den Prinzipaufbau einer Reibungskupplung, wie sie in praktisch allen Motorrädern verwendet wird, zeigt **Bild 6.2**.

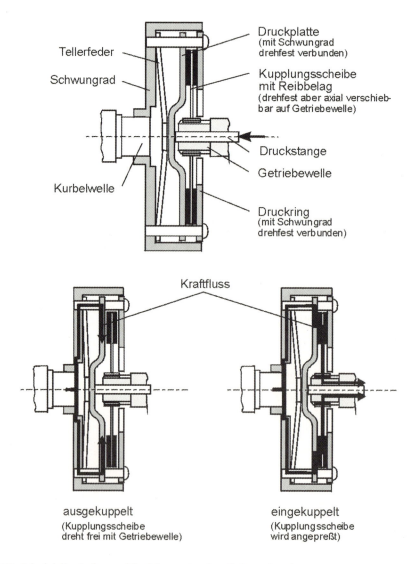

Bild 6.2 Prinzipieller Aufbau und Funktionsweise einer Reibungskupplung

6.1 Kupplung

In einem topfförmigen Gehäuse, das fest mit der Kurbelwelle verbunden ist und meist als Schwungrad ausgebildet wird, presst eine starke Feder eine Kupplungsscheibe gegen einen Druckring. Dieser Druckring ist, meist mittels einer Verschraubung, fest mit dem Gehäuse verbunden. Die Kupplungsscheibe trägt einen verschleißfesten Reibbelag und ist axial verschieblich. Ihre Nabe ist innenverzahnt (Keilnuten- oder Vielzahnprofil), so dass über eine entsprechende Außenverzahnung der Getriebeeingangswelle Form- und Kraftschluss zum Getriebe hergestellt wird. Im eingekuppelten Zustand (rechts im Bild) geht der Kraftfluss von der Kurbelwelle über das Kupplungsgehäuse zur Kupplungsscheibe und von dort zur Getriebeeingangswelle. Am Reibbelag wird das Motordrehmoment allein über die Reib-kräfte übertragen.

Im ausgekuppelten Zustand wird die Feder durch einen entsprechenden Betätigungsmechanismus von außen zusammengedrückt, so dass die Kupplungsscheibe nicht mehr gegen den Druckring und das Gehäuse gepresst wird (links im Bild). Sie ist jetzt nur noch mit der Getriebeeingangswelle verbunden, kann aber im Kupplungsgehäuse frei drehen. Der Kraftfluss ist damit unterbrochen, so dass das Getriebe geschaltet werden kann.

Zum Anfahren wird die Kupplung gefühlvoll eingerückt. Dabei stellt sich ein Übergangsbereich ein, bei dem die Feder den Reibbelag zunehmend stärker an die Druckplatte presst, gleichzeitig aber noch eine Relativbewegung mit großen Drehzahlunterschieden zwischen Reibbelag und Druckring bzw. Kupplungsgehäuse stattfindet (die Kupplung schleift). Der Motor und damit das Kupplungsgehäuse drehen anfangs mit einer Drehzahl oberhalb der Anfahrdrehzahl (beispielsweise 2000 U/min) und der Motor kann ein Drehmoment abgeben. Ein Teilmoment wird entsprechend der aktuellen Anpresskraft der Federn auf die zunächst noch stillstehende Kupplungsscheibe übertragen. Diese wird infolge der Reibkräfte mitgenommen und beschleunigt, so dass sich das Fahrzeug in Bewegung setzt. Aufgrund der Belastung sinkt zunächst die Motordrehzahl, was durch Gasgeben ausgeglichen wird. Gleichzeitig wird die Kupplung immer weiter eingerückt, wodurch das übertragene Drehmoment ansteigt. Dabei gleichen sich die Drehzahldifferenzen von Motor/Kupplungsgehäuse und Kupplungsscheibe/Getriebeeingangswelle immer weiter an, bis im vollständig eingekuppelten Zustand beide gleich schnell drehen. Der volle Reib- bzw. Kraftschluss ist damit hergestellt. Der gleiche Mechanismus der Drehzahlangleichung findet beim Wiedereinkuppeln nach dem Gangwechsel statt, nur entsprechend schneller, weil die Drehzahldifferenzen kleiner sind.

Der Mechanismus der Drehzahlanpassung über das Schleifenlassen der Kupplung erzeugt Reibungswärme. Dies muss von den Kupplungsbauteilen aufgenommen werden, was bei der konstruktiven Auslegung der Kupplungsbauteile berücksichtigt werden muss. Die gespeicherte Wärme wird erst nach dem Anfahrvorgang an die Umgebung abgegeben. Bei mehrmaligem Anfahren (Vollgasbeschleunigungen) kurz hintereinander wird die Kupplung daher sehr stark beansprucht und kann u.U. beschädigt werden (Verzug, Verbrennen des Belags).

Die Größe der an der Kupplung übertragbaren Kräfte hängt von der Anpresskraft der Federn und vom Reibwert des Kupplungsbelages ab:

$$F_{reib} = F_F \cdot \mu_k \qquad (6\text{-}1)$$

F_{reib} Übertragbare Reibkraft [N]
F_F Anpresskraft der Kupplungsfeder(n) [N]
μ_k Reibbeiwert des Kupplungsbelags [-]

Für das übertragbare Drehmoment spielt der Kupplungsdurchmesser eine wichtige Rolle, so dass die Formel zur Berechnung des Kupplungsmomentes lautet:

$$M_k = F_F \cdot \mu_k \cdot r_m \tag{6-2}$$

r_m mittlere Reibradius des Belags [m]

In der Praxis muss noch die Drehmomentenüberhöhung, die sich aufgrund der Ungleichförmigkeit des Motors einstellt, berücksichtigt werden und bei Mehrscheibenkupplungen (siehe unten) die Anzahl der Reibpaarungen.

Als Kupplungsbauart werden bei Motorrädern die beiden Grundtypen *Einscheibenkupplung* und *Mehrscheibenkupplung* eingesetzt. Während die Einscheibenkupplung immer in einem separaten, gegenüber Öl abgedichtetem Raum läuft (Trockenkupplung), befindet sich die Mehrscheibenkupplung bei den meisten Serien-Motorrädern im öldurchfluteten Motor- oder Getriebegehäuse (Ölbadkupplung). Als Trockenkupplung wird die Mehrscheibenkupplung bevorzugt im Rennsport verwendet.

Bild 6.3 zeigt in einer Grafik die übliche Ausführung einer Einscheiben-Trockenkupplung.

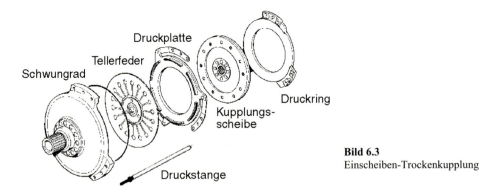

Bild 6.3
Einscheiben-Trockenkupplung

Die Trockenkupplung zeichnet sich durch den hohen Reibwert des Belages ($\mu_k \approx 0{,}3 - 0{,}4$) aus, der es ermöglicht, mit wenigen Reibpaarungen auszukommen. Daher haben Trockenkupplungen Gewichtsvorteile gegenüber Ölbadkupplungen. Ihre Nachteile sind die schlechtere Wärmeabfuhr und die notwendige hohe Belagqualität, ihre Neigung zum Rupfen und die erforderliche Abdichtung zwischen Motor und Getriebe. Sie werden daher bevorzugt bei Antriebskonzepten mit hinter dem Motor angeordnetem, separaten Getriebe und längsliegender Kurbelwelle des Motors verwendet. Hier ist auch der geringe axiale Bauraumbedarf der Einscheiben-Trockenkupplung von Vorteil, während ihr großer Durch-messer sich bauraummäßig nicht nachteilig auswirkt. Das aus dem Durchmesser resultierende hohe Massenträgheitsmoment der Kupplung kann allerdings andere Nachteile mit sich bringen. Die hohe und für Vierzylindermotoren unnötige Schwungmasse auf der Kurbelwelle beeinflusst nachteilig die Drehzahldynamik (spontanes Hochdrehen) des Motors. Zur Kompensation sind daher einige Motoren mit einer Schwungscheibe aus Aluminium ausgerüstet (längsliegende Motoren der K-Baureihe von BMW). Weiterhin kann die Getriebeschaltbarkeit leiden, weil die Schwungmasse der Kupplungsscheibe den Drehzahlabfall der Getriebeeingangswelle nach dem Auskuppeln verlangsamt.

Die Mehrscheibenölbadkupplung wird bei allen Antriebskonzepten verwendet, bei denen Motor und Getriebe in einem gemeinsamen Gehäuse untergebracht sind (Standardbauweise nahezu aller japanischen Motorräder), **Bild 6.4**.

6.1 Kupplung

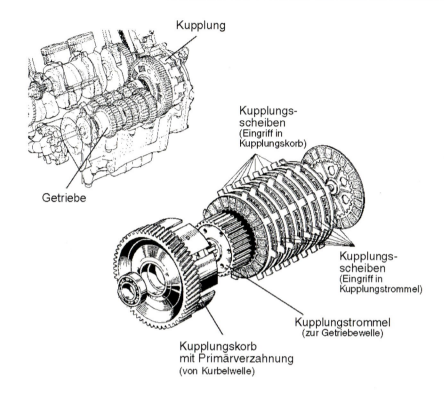

Bild 6.4
Mehrscheiben-Ölbadkupplung

Die Vorteile dieser Kupplungsbauart sind ihr weicher Eingriff und die gute Wärmeabfuhr, allerdings erzeugt sie infolge ihres Umlaufs im Öl sogenannte Planschverluste, die die Motorgesamtreibung erhöhen. Ein weiterer Nachteil ist häufig das unvollständige Trennen der Kupplung, solange das Motoröl noch kalt und zäh ist. Die Folge ist dann schlechte Getriebeschaltbarkeit bzw. Absterben des Motors, sobald der erste Gang eingelegt wird. Auch dürfen dem

Motoröl keinesfalls reibungsmindernde Festschmierstoffe zugesetzt werden (z.B. Molybdändisulfid), weil dadurch die ohnehin geringen Reibwerte der Kupplungsbeläge (normalerweise $\mu_k \approx 0.1$) unzulässig herabgesetzt werden und das Motormoment nicht mehr zuverlässig übertragen wird. Es sei an dieser Stelle angemerkt, dass auch aus verschiedenen anderen Gründen derartige Motorölzusätze grundsätzlich abzulehnen sind.

6.2 Schaltgetriebe

Aufgabe des Schaltgetriebes ist die Erhöhung des Drehmomentes am Hinterrad, um das Steigungsvermögen und das Beschleunigungsvermögen des Motorrades zu verbessern. Analog zur Drehmomenterhöhung durch die Übersetzungsstufen wird die Drehzahl des Hinterrades herabgesetzt und damit die mögliche Fahrgeschwindigkeit in den jeweiligen Gangstufen. Es gilt

$$M_{HR} = M_{Motor} \cdot i_{ges} \tag{6-3}$$

$$n_{Hr} = \frac{n_{Motor}}{i_{ges}} \tag{6-4}$$

M_{HR} = Drehmoment am Hinterrad
M_{Motor} = Motordrehmoment an der Kurbelwelle
n_{HR} = Drehzahl des Hinterrades
n_{Motor} = Motordrehzahl an der Kurbelwelle
i_{ges} = Gesamtübersetzung (Getriebestufe und Hinterradantrieb)

Bild 6.5 verdeutlicht die Drehzahl/Drehmomentwandlung durch das Getriebe. Dargestellt ist das Ausgangsmoment am Hinterrad in den jeweiligen Gangstufen über der Raddrehzahl (= Fahrgeschwindigkeit). Die Übersetzungsstufe des letzten (größten) Ganges wird dabei nach der Höchstgeschwindigkeit ausgewählt. Üblicherweise wird der Getriebegang zusammen mit der Hinterradübersetzung so abgestimmt, dass bei aufrecht sitzendem Fahrer die Höchstleistungsdrehzahl erreicht wird, bei liegendem Fahrer aber die maximal zulässige Höchstdrehzahl des Motors nicht überschritten wird, vgl. dazu auch Kap. 2.

Der Übersetzung des ersten (kleinsten) Gangs wird nach der gewünschten Steigungsfähigkeit bei voller Beladung ausgewählt. Hier gelten je nach Einsatzzweck unterschiedliche Kriterien. So wird der erste Gang für ein Enduromotorrad kürzer übersetzt (größere Übersetzungsstufe) als für ein reinrassiges Straßenmotorrad. Die weiteren Übersetzungsstufen zwischen dem ersten und letzten Gang werden anschließend festgelegt und zwar so, dass beim Gangwechsel möglichst geringe Einbußen an Zugkraft enstehen. Die Stufung muss dazu so gewählt werden, dass nach dem bei Höchstdrehzahl durchgeführten Gangwechsel in den nächsthöheren Gang die Motordrehzahl in den Bereich des höchsten Drehmomentes des Motors fällt. Da eine gleichmäßige Gangstufung u.U. zu einer hohen Gangzahl führt, werden die Gänge ungleichmäßig gestuft. Üblicherweise ist die Stufung der oberen Gänge enger, weil sich im höheren Geschwindigkeitsbereich aufgrund der größeren Fahrwiderstände größere Drehzahlsprünge nachteilig auf die Beschleunigung auswirken. Bei den unteren Gängen für niedrige Geschwindigkeiten sind derartige Sprünge leichter zu verkraften, weil die Überschußleistung des Motors hier vergleichsweise groß ist.

BENZING
SICHERUNGSRINGE | FORMFEDERN | PRÄZISIONSTEILE

...über 100 Milliarden
hergestellte Sicherungselemente
sprechen für sich...

DIN 6799
BENZING-SICHERUNGSSCHEIBE

FEDERNDE VERBINDUNG
KAT/TURBOLADER

DIN 5417
SPRENGRING

KOLBENBOLZEN-SICHERUNG

SPEZIALSCHEIBE
KUPPLUNG

FEINSTANZTEIL "GESCHLIFFEN"
ZUM TOLERANZAUSGLEICH

BESCHICHTETE SCHEIBE
REIBWERTERHÖHEND

DIN 471
SICHERUNGSRING

DIN 472
SICHERUNGSRING

Original Benzing-Sicherungen®

HUGO BENZING GMBH & CO. KG
POSTFACH 40 01 20 | D-70401 STUTTGART
TEL.: +49 (0)711 - 80 00 6-0 | FAX: +49 (0)711 - 80 00 6-29
info@hugobenzing.de | www.hugobenzing.de

Einzigartig in der Fachkompetenz, umfassend in der Themenauswahl

Braess, Hans-Hermann /
Seiffert, Ulrich (Hrsg.)

**Vieweg Handbuch
Kraftfahrzeugtechnik**

3. vollst. neu bearb. u. erw. Aufl.
2003. XXIV, 834 S. Mit 871 Abb.
Geb. € 89,00
ISBN 3-528-23114-9

DAS BUCH

Fahrzeugingenieure in Praxis und Ausbildung benötigen den raschen und sicheren Zugriff auf Grundlagen und Details der Fahrzeugtechnik sowie wesentliche zugehörige industrielle Prozesse. Solche Informationen, die in ganz unterschiedlichen Quellen abgelegt sind, systematisch und bewertend zusammenzuführen, hat sich dieses Handbuch zum Ziel gesetzt.
Die Autoren sind bedeutende Fachleute der deutschen Automobil- und Zuliefererindustrie, sie stellen sicher, dass Theorie und Praxis vernetzt vermittelt werden. Die dritte Auflage wurde vollständig neu bearbeitet. Damit haben die aktuellen Entwicklungen wie Benzindirekteinsprizung, variabler Ventilbetrieb, Partikelfilter, Doppelkupplungsgetriebe, ESP-Plus, SUN-Fuel oder variable adaptive Beleuchtungssysteme Eingang gefunden. Neu aufgenommen wurden Abschnitte zu Normung (z.B. Telematik und Schnittstellenfragen), Unfallforschung, Innenausstattung, Software, kundendienstgerechte Konstruktion und Diagnose sowie zu Wettbewerbs-/ Rennfahrzeugen.

DIE HERAUSGEBER

Prof. Dr.-Ing. Dr.-Ing. E.h. Hans-Hermann Braess ist ehemaliger Forschungsleiter von BMW und Honorarprofessor an der TU München, TU Dresden und HTW Dresden.
Prof. Dr.-Ing. Ulrich Seiffert ist ehemaliger Forschungs- und Entwicklungsvorstand der Volkswagen AG, geschäftsführender Gesellschafter der WiTech Engineering GmbH, Honorarprofessor und Sprecher des Zentrums für Verkehr der Technischen Universität Braunschweig und Mitglied des wissenschaftlichen Beirates der MTZ.

Änderungen vorbehalten.
Erhältlich beim Buchhandel oder beim Verlag.

Abraham-Lincoln-Straße 46
D-65189 Wiesbaden
Fax 0611.7878-420
www.vieweg.de

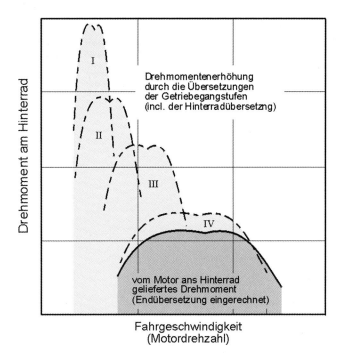

Bild 6.5 Anpassung des Motorausgangsmoments an das Bedarfsmoment am Hinterrad (schematisch)

Üblich sind heute für moderne Motorräder Fünf- oder Sechsanggetriebe. Die oft vertretene Ansicht, drehmomentstarke Motoren kämen generell mit weniger Getriebestufen aus, ist übrigens so pauschal nicht richtig, wie folgende Überlegung zeigen soll:

Motoren mit gleichmäßigem Drehmomentverlauf und einem hohen Drehmomentmaximum bei niedrigen Drehzahlen erreichen auch ihre Maximalleistung bei eher niedrigen Drehzahlen (meist unterhalb von 8000 U/min), vgl. Kap. 4. Ist die Maximalleistung ausreichend hoch, dann können solche Motorräder sehr hohe Spitzengeschwindigkeiten von weit über 200 km/h erreichen, vorausgesetzt die Fahrwiderstände sind genügend klein. Für viele moderne Motorräder mit aerodynamisch günstig gestalteten Verkleidungen trifft dies zu. Weil die zulässige Drehzahl der Motoren aber relativ niedrig ist, müssen derartige Motorräder lang übersetzt werden (größeres Übersetzungsverhältnis), damit sie die mögliche Höchstgeschwindigkeit ohne ein Überdrehen des Motors erreichen. Mit dieser langen Übersetzung ergeben sich dann aber bei Vier- und Fünfganggetrieben entsprechende große Sprünge zwischen den Gangstufen, die die Vorteile des fülligen Drehmomentenverlaufs des Motors zumindest teilweise wieder zunichte machen. Für derartige *Drehmomentmotoren* mit eingeschränkten Drehzahlbereich ist also, ganz entgegen der Anschauung, ein Sechsganggetriebe sehr sinnvoll.

Der konstruktive Aufbau von Motorrad-Schaltgetrieben ist bei den meisten Herstellern grundsätzlich ähnlich. Für leistungsstarke Motorräder kommen nur noch klauengeschaltete Zahnradgetriebe in Frage. Früher durchaus übliche Konstruktionen wie Kettengetriebe oder die Ziehkeilschaltung werden heute für Hochleistungsmotorräder nicht mehr verwendet, und sie werden hier nicht behandelt. Stirnradgetriebe für Motorräder werden als Zwei- oder Dreiwellengetriebe ausgeführt. **Bild 6.6** zeigt in einer perspektivischen Darstellung ein modernes Dreiwellengetriebe. Bei einem solchen Getriebe sind grundsätzlich alle Zahnräder immer im Eingriff. Die Gangstufen und die Schaltbarkeit der Gänge ergeben sich daraus, dass einige Zahnräder nicht drehfest, sondern lose auf ihrer Welle gelagert sind und der Kraftschluss über so genannte Schaltklauen seitlich an den Zahnrädern hergestellt wird. Diese sind axial verschiebbar, aber drehfest auf der jeweiligen Welle gelagert und koppeln jeweils die Losräder mit der Welle, **Bild 6.7**. Betätigt werden diese verschiebbaren Zahnräder mit den Schaltklauen über Schaltgabeln, die in einer Kulisse auf der Schaltwalze geführt werden.

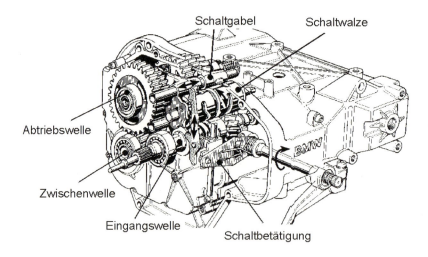

Bild 6.6 Dreiwellen-Schaltgetriebe (BMW)

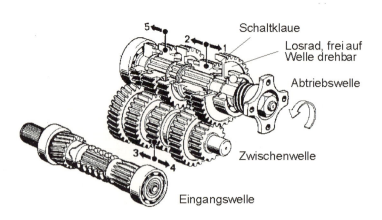

Bild 6.7 Gangrastung durch Schaltklauen

6.2 Schaltgetriebe

Wird ein Gang gewechselt, dann bewirkt die Drehung der Schaltwelle über den Hebelmechanismus der Schaltbetätigung eine Drehung der Schaltwalze. Die Kulissenführung der Schaltwalze verschiebt die Schaltgabel axial, während die Schaltgabel ihrerseits die Schaltklaue axial mitbewegt. Die Fortsätze der Schaltklaue rasten in die entsprechenden Fenster im Zahnrad ein, wodurch Kraftschluss zwischen dem ehemals losen Zahnrad und der Welle hergestellt ist. Das vormals eingekuppelte Gangrad des ersten Gangs kann jetzt frei drehen. **Bild 6.7** zeigt eine Schaltwalze.

In der Anordnung der Wellen und der Detailkonstruktion des Schaltmechanismus unterscheiden sich die Getriebe der verschiedenen Hersteller. **Bild 6.8** zeigt gleichartige Getriebe zweier japanischer Hersteller.

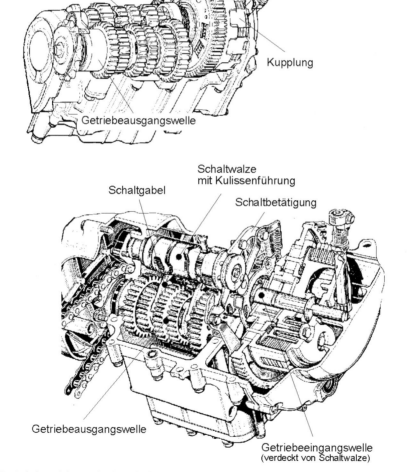

Bild 6.8 Schaltgetriebe zweier japanischer Hersteller

Eine Synchronisierung findet man an Motorradgetrieben nicht. Die Gründe dafür sind das höhere Gewicht, die Kosten und der Bauraumbedarf. Es ergibt sich auch keine Notwendigkeit für Motorräder, weil die am Schaltvorgang beteiligten Massen sehr viel kleiner als beim Auto sind. Bezüglich der leichten, exakten Schaltbarkeit und Schaltgeschwindigkeit bleiben bei vielen Motorradgetrieben heute eigentlich keine Wünsche mehr offen, so dass die Entwicklung von Synchronisierungen überfüssig erscheint.

Von wenigen exotischen Ausnahmen abgesehen, wurden bisher automatische oder halbautomatische Getriebe beim Motorrad nicht eingesetzt. Neben den höheren Kosten und dem höheren Gewicht, ist als weiterer Nachteil der schlechtere Wirkungsgrad dieser Getriebe zu nennen. Bei der leistungssensiblen Käuferschaft von Motorrädern dürfte dies eine nicht unerhebliche Rolle spielen. Darüber hinaus sind Automatikgetriebe in der Schaltgeschwindigkeit den manuellen Schaltgetrieben unterlegen, und die freie Wahl der Schaltstufe und des Schaltzeitpunktes ist für den sportlichen Fahrer unverzichtbar. Auch unter Sicherheitsaspekten muss der Sinn eines Automatikgetriebes skeptisch betrachtet werden. Die mit einem (vom Fahrer ungewollten) Schaltvorgang verbundene Lastwechselreaktion kann in Kurven Unruhe ins Fahrwerk bringen und den unvorbereiteten Fahrer bei großer Schräglage zumindest irritieren, wenn nicht sogar gefährden.

6.3 Radantrieb

Für den Radantrieb, der beim Motorrad (von historischen Ausnahmen und Experimentierfahrzeugen einmal abgesehen) ausnahmslos zum Hinterrad führt, gibt es zwei grundsätzlich unterschiedliche Bauarten, den *Gelenkwellenantrieb* und den sogenannten *Zugmittelantrieb*, letzterer ausgeführt als Ketten- oder Zahnriemenantrieb. Die Vor- und Nachteile der Bauarten sind in **Tabelle 6.1** aufgelistet.

Tabelle 6.1 Vor- und Nachteile der verschiedenen Radantriebe

	Vorteile	**Nachteile**
Gelenkwellenantrieb	volle Kapselung wartungsfrei verschleißfrei konstanter Wirkungsgrad hohe Betriebssicherheit geräuscharmer Lauf	Mehrgewicht hoher Bauaufwand teuer
Kettenantrieb	niedriges Gewicht geringer Bauaufwand kostengünstig guter Wirkungsgrad (im Neuzustand)	wartungsintensiv Verschleiß abnehmender Wirkungsgrad (Verschleiß) nicht geräuscharm
Zahnriemenantrieb	niedriges Gewicht geringer Bauaufwand guter Wirkungsgrad kostengünstig weitegend wartungsfrei verschleißarm (im Vergleich zur Kette) geräuscharm	schmutzempfindlich nicht verschleißfrei Baubreite großes hinteres Kettenrad

6.3 Radantrieb

Der Gelenkwellenantrieb, oft auch als *Kardanantrieb* bezeichnet, wird bevorzugt bei Motorrädern mit längsliegender (in Fahrtrichtung liegender) Kurbelwelle und angeblocktem Getriebe verwendet (z.B. BMW Boxer, Moto Guzzi). Hier bietet sich diese Lösung wegen des geraden Kraftflusses im Antriebsstrang mit nur einer Umlenkung zum Hinterrad an. Seltener wird der Gelenkwellenantrieb bei Motoren mit querliegender Kurbelwelle verwendet (quereingebaute Reihenmotoren), weil die notwendige, doppelte Kraftumlenkung mit einem zweiten Winkeltrieb nicht nur aufwendig und teuer in der Herstellung ist, sondern auch den Wirkungsgrad der Kraftübertragung herabsetzt. Gelenkwellenantriebe haben einen mechanischen Wirkungsgrad von über 90% bei einfacher und knapp unter 90% bei zweifacher Umlenkung. Ketten liegen im Neuzustand höher, mit zunehmendem Verschleiß und Verschmutzung können auch Ketten deutlich unter 90% Wirkungsgrad fallen.

Bild 6.9 zeigt die konstruktive Ausführung eines Wellenantriebs mit doppeltem Winkeltrieb zur Kraftumlenkung. Durch die Anordnung des Kreuzgelenkes exakt im Drehpunkt der Schwinge bzw. eine geschickte geometrische Auslegung (BMW K 1200 S), benötigt die Welle bei beiden Konstruktionen keinen Längenausgleich.

Der Kardanantrieb von BMW in den Boxer-und K-Modellen ist mit einem zweiten Kreuzgelenk ausgerüstet ist, **Bild 6.10**. Denn die Schwinge wird durch ein weiteres Gelenk von den Einflüssen des Antriebs- und Bremsmomentes entkoppelt und das Federungs- und Traktionsverhalten wesentlich verbessert. Auf diese Einzelheiten wird im Kap. 8.3 eingegangen.

Yamaha

BMW

Bild 6.9
Kardanantrieb
(Yamaha und BMW)

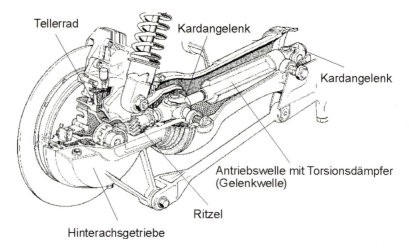

Bild 6.10 Gelenkwellenantrieb (Kardanantrieb)

Der Kettenantrieb ist die am weitesten verbreitete Antriebsart bei Motorrädern. Zu den in der Tabelle aufgelisteten Vorteilen kommt die schnelle Änderungsmöglichkeit der Sekundär- und damit der Gesamtübersetzung hinzu. Für Serien-Straßenmotorräder hat dies keine große Bedeutung, sehr wohl aber für Sport- und Rennzwecke. Der oft beschriebene Vorteil des höheren Wirkungsgrades im Vergleich zum Wellenantrieb stimmt nur sehr eingeschränkt für den Neuzustand. Bei gelaufenen Ketten, besonders wenn sie verschmutzt sind, stellt man einen deutlichen Wirkungsgradabfall im Extremfall bis auf 80% fest. Der Grund liegt in der Vielzahl der Gelenke, deren minimale, einzelnen Reibungsanstiege sich addieren. Kettenantriebe in einwandfreiem, neuen Zustand haben Wirkungsgrade von rund 92%.

Das Problem der Schmierung der Kette und damit des Kettenverschleißes konnte durch die Entwicklung von O-Ringketten, bei denen Dichtringe zwischen Hülse und Außenlasche das Schmiermittel in der Kette auf Dauer einschließen, deutlich entschärft werden, **Bild 6.11**. Derartige Ketten erreichen bei guter Pflege Lebendauern von mehreren 10.000 km. Nachgeschmiert werden muss aber immer noch, und zwar die Rollen bzw. Hülsen von außen, damit der Verschleiß an den Kettenrädern verringert wird. Auch die regelmäßige äußere Reinigung der Kette von Schmutz bleibt, ebenso wie das regelmäßige Nachspannen. Eine Vollkapselung der Kette (frühere MZ-Modelle), wie sie regelmäßig als Lösung angepriesen wird, bleibt problematisch, weil die Kette dann nicht mehr vom Fahrtwind gekühlt wird. Bei leistungsstarken Motorrädern ist dies erforderlich. Der Bauaufwand für einen geschlossenen Kettenkasten, bei dem die Kette im Ölbad läuft (frühere MÜNCH-Motorräder), übertrifft fast den für einen Wellenantrieb. Denn die Konstruktion eines solchen Kastens bei den heute üblichen großen Federwegen gestaltet sich sehr schwierig. Hinzu kommt die Abdichtung, die ein Sicherheitsrisiko darstellt, denn bei Undichtigkeiten kann sehr leicht Öl auf den Hinterradreifen gelangen.

Die Bauausführung von Kettenantrieben bei Motorrädern ist allgemein bekannt, auf eine Darstellung kann daher verzichtet werden. Die Probleme, die sich aus der Federungsbewegung der Hinterradschwinge für die Kette ergeben, werden im Kapitel 8 behandelt.

6.3 Radantrieb

In der Schnittdarstellung (**Bild 6.11**) wird erkennbar, dass bei der Rollenkette über der Hülse jeden Kettengliedes noch ein drehbare Rolle eingefügt ist. Diese können beim Eingreifen in das Kettenrad abrollen, während die feststehenden Hülsen der einfachen Hülsenkette nur entlang der Zahnflanken gleiten. Der Verschleiß an Zahnrädern und Kette ist bei Rollenketten daher geringer als bei Hülsenketten. Hinzu kommt ein Geräuschvorteil. Beim Einlaufen der Kette in die Zahnlücken setzt diese stoßartig im Zahngrund auf. Bei der Rollenkette wird das entstehende Geräusch durch das Öl- bzw. Fettpolster zwischen Rolle und Hülse gedämpft. Der Vorteil der Hülsenkette ist ihr deutlich geringeres Gewicht. Das spielt eine wichtige Rolle bei schnelllaufenden Antrieben (Höchstgeschwindigkeit), weil damit die Zentrifugalkräfte, die die Ketten vom Kettenrad abheben, spürbar kleiner werden. Durch eine gute Schmierung lässt sich der Verschleißnachteil von Hülsenketten eindämmen.

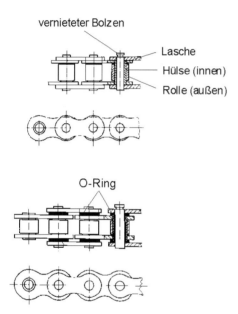

Bild 6.11
Bauarten von Ketten für Motorradantriebe

Der Zahnriemen wird bisher nur von wenigen Motorradherstellern (*KAWASAKI, SUZUKI, HARLEY-DAVIDSON* und *BMW*) in einigen Modellen als Hinterradantrieb verwendet. Den Aufbau eines Zahnriemens zeigt **Bild 6.12**.

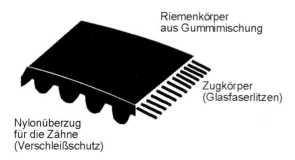

Bild 6.12
Aufbau eines Zahnriemens

Ein Zahnriemen läuft deutlich leiser als eine Kette und ist auch weitgehend wartungsfrei. Doch es tritt auch an ihm Verschleiß durch Schmutzteilchen auf, die sich zwischen Riemen und Riemenscheibe ansammeln und die Oberfläche und das Zahnprofil beschädigen (abschmirgeln). Deshalb sind Zahnriemen nur für Straßenmotorräder geeignet, nicht aber für Enduros. Die Lebensdauer kann auf etwa 30.000 km angesetzt werden und ist damit rund doppelt so hoch wie die einer Kette. Aufgrund der notwendigen Kühlung ist eine Kapselung des Riemens unerwünscht. Durch hohe Temperaturen würde eine Alterung des Riemenmaterials begünstigt. Wegen unzulässiger Spannungen innerhalb des Riemens darf der Biegeradius und damit das vordere Riemenritzel nicht zu klein sein. Entsprechend groß fällt aufgrund der notwendigen Endübersetzung das hintere Riemenrad aus, was nicht immer ästhetisch befriedigend ist. Entsprechend integriert und gestaltet kann ein Zahnriemenantrieb allerdings optisch seinen „higtech"-Anspruch unterstreichen, wie das Beispiel von *BMW* bei der *F 650 CS* eindrucksvoll zeigt, **Bild 6.13**.

Bild 6.13
Zahnriemenantrieb bei der
BMW F 650 CS

7 Kraftstoff und Schmieröl

Kraftstoffe und Schmieröle sind heutzutage sehr genau auf die Anforderungen moderner Motoren und Antriebe zugeschnitten. Erst die kontinuierliche Weiterentwicklung der Schmieröle parallel zu den konstruktiven und fertigungstechnischen Fortschritten hat ermöglicht, was uns heute schon fast als selbstverständlich erscheint: den praktisch verschleiß- und störungsfreien Dauerbetrieb der Motoren auf höchstem Leistungs- und Drehzahlniveau über zigtausend Kilometer. Trotz ihrer hohen spezifischen Leistung und der daraus resultierenden höheren Beanspruchungen der Bauteile benötigten die meisten Motorräder bisher in der Regel keine besonderen Ölqualitäten (Ausnahme: spezielle Herstellerempfehlungen).

Seit Einführung der sogenannten Leichtlauföle für Pkw entwickelt sich allerdings eine zunehmende Diskrepanz zwischen den Anforderungen moderner Pkw und moderner Motorräder an Motorenöle, die schon jetzt und mehr noch in Zukunft zu spezifischen Problemen bei Motorrädern führen kann. Als Reaktion darauf hat 1999 die japanische Motorradindustrie erstmals mit der Veröffentlichung eines speziellen Anforderungsprofils für Viertakt-Motorradmotorenöle reagiert (JASO Spezifikationen), der einige Unternehmen der Mineralölindustrie mit einem Angebot spezieller Motoröle für Motorräder schon heute Rechnung tragen.

Die chemischen, physikalischen und technischen Eigenschaften von Kraftstoffen und Ölen werden nachstehend in ihren Grundzügen erläutert. Eingegangen wird auch auf die entsprechenden Spezifikationen, sowie die Bedeutung gebräuchlicher Bezeichnungen und Abkürzungen.

7.1 Erdöl als Basis für die Herstellung von Kraft- und Schmierstoffen

Erdöl ist ein Gemisch verschiedenartigster Kohlenwasserstoffverbindungen. Diese Kohlenwasserstoffe unterscheiden sich in ihrer Struktur teilweise erheblich. Darüber hinaus ist die Zusammensetzung in den weltweiten Fördergebieten teilweise sehr unterschiedlich. In der Elementarzusammensetzung von Rohöl sind üblicherweise gut 80 bis knapp 90 Gewichtsprozente Kohlenstoff und ca. 10% bis 14% Wasserstoff zu finden. Es können aber auch bis zu mehreren Prozenten Sauerstoff, Stickstoff und Schwefel, sowie Spuren anderer Elemente im Rohöl enthalten sein.

Je nach chemischer Verbindung der Atome entstehen verschiedene Moleküle. Die Vielfalt der Molekülstrukturen und der Molekülgrößen bei Kohlenwasserstoffen ergibt sich aus den Fähigkeiten der beiden Elemente Kohlenstoff (C) und Wasserstoff (H) stabile chemische Verbindungen einzugehen und aus speziellen Bindungseigenschaften. Das Kohlenstoffatom kann insgesamt 4 Bindungen einzugehen, in der Chemie wird daher Kohlenstoff als *vierwertig* bezeichnet. Wasserstoff hingegen kann nur eine Bindung eingehen, er ist also *einwertig*. Durch Aneinanderreihung von Kohlenstoffatomen und Auffüllen der freien Bindungen mit Wasserstoffatomen können somit fast beliebig große und unterschiedlichst strukturierte Kohlenwasserstoffmoleküle gebildet werden, **Bild 7.1**.

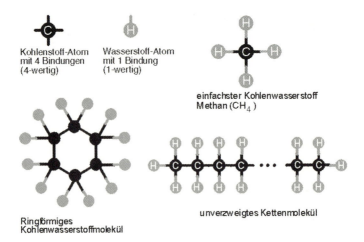

Bild 7.1 Grundlegende Strukturen von Kohlenwasserstoffmolekülen

Ohne auf die Einzelheiten näher einzugehen, soll noch angemerkt werden, dass für eine stabile chemischen Bindung sich jeweils zwei Atome mit ihren freien Bindungen *paarweise* zusammenfügen müssen. Eine solche gerichtete Bindung wird in der Chemie als *Elektronenpaarbindun*[1] (kovalente Bindung) bezeichnet und üblicherweise durch einen Strich in der Moleküldarstellung symbolisiert.

Neben der gezeigten Grundform der Moleküle kommen im Kraftstoff auch verzweigte Ketten und andere Bindungsformen vor (vgl. folgender Abschnitt). Diese verschiedenartigen Kohlenwasserstoffe reagieren chemisch wie physikalisch unterschiedlich. Durch eine geeignete Kombination der Kohlenwasserstoffe lassen sich die gewünschten Eigenschaften sowohl von Kraftstoff als auch von Öl einstellen.

7.1.1 Kettenförmige Kohlenwasserstoffe

Ausgehend vom einfachsten gesättigte Kohlenwasserstoff, dem Methan (s. u.), können sich durch eine „lineare" Aneinanderreihung nahezu beliebig vieler Kohlenstoffatome lange Molekülketten bilden.

---

[1] Die Atome aller chemischen Elemente bestehen aus dem Atomkern (positiv geladene Teilchen) und aus Elektronen (negativ geladene Teilchen). In einer vereinfachten Modellvorstellung umkreisen die Elektronen in vorbestimmten Abständen – auf sogenannten Schalen – den Atomkern. Die Elektronen auf der äußersten Schale bestimmen dabei über die chemische Bindungsfähigkeit des Atoms. Jedes Atom ist dabei grundsätzlich bestrebt, einen bestimmten „Sättigungszustand" für die Elektronen auf der äußeresten Schale zu erreichen (sog. Edelgaskonfiguration mit 8 Elektronen auf der Außenschale). Dieser Zustand ist gekennzeichnet durch das niedrigste Energieniveau und deshalb ein besonders stabiler Zustand, der von allen Materieteilchen grundsätzlich angestrebt wird. Durch das Zusammenlagern von Atomen im Molekül und die Ausbildung von Elektronenpaarbindungen wird genau solch ein niedriger Energiezustand für die Atome erreicht. In einer Elektronenpaarbindung teilen sich gewissermaßen die beteiligten Atome ein Elektron und erreichen dann *gemeinsam* diese Elektronenkonfiguration mit niedriger Enegie und damit hoher Stabilität. Deshalb ist für das Aufspalten einer Bindung und das Einleiten bei einer chemischen Reaktion auch zunächst eine Energiezufuhr (Erwärmung, Zündfunken, Druck, etc.) nötig.

www.bikerclub.de

Bikers welcome.

Bei Aral sind Motorradfahrer besonders willkommen! Denn hier gibt's alles, damit es für Mensch und Maschine weiterhin gut läuft: hochwertige Produkte, erstklassigen Service und natürlich freundliches Personal. Und sogar im Internet bleibt keiner auf der Strecke: Unter www.bikerclub.de ist alles drin. Bei Aral ist eben auch für Biker alles super.

Five continents – one source of information

Daniel G., Application Engineer
EUROPE

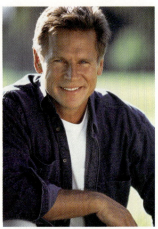

Jason F., Director of Business Development
AUSTRALIA

Kim T., Senior Electronics Engineer
ASIA

Helen B., Design Engineer
AMERICA

Mangosuthu B., Manufacturing Manager
AFRICA

AutoTechnology is the official Magazine of FISITA – the world body for automotive engineers. The best source of international information for automotive engineering, production and management.

Register online for your free copy at **www.auto-technology.com**

AutoTechnology
International Magazine for Engineering, Production and Management

7.1 Erdöl als Basis für die Herstellung von Kraft- und Schmierstoffen

H—C(H)(H)—H (Strukturformel)	CH_4	Methan
Strukturformel	Summenformel	Name

Je nach Struktur und Bindungsart unterscheidet man bei diesen kettenförmigen Kohlenwasserstoffen zwischen:

a) Alkanen, unverzweigte, gesättigte Kohlenwasserstoffe wie z.B.:

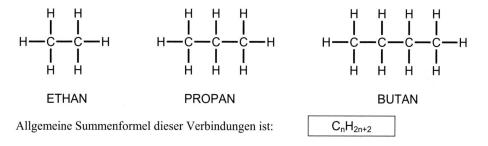

ETHAN   PROPAN   BUTAN

Allgemeine Summenformel dieser Verbindungen ist: C_nH_{2n+2}

b) Isoalkanen, verzweigte, gesättigte Kohlenwasserstoffe

Strukturformeln für die einfachsten Alkane:

BUTAN   ISOBUTAN

Wie man sofort sieht, haben beide Moleküle die gleiche Anzahl von C- und H-Atomen und damit die gleiche Summenformel, dennoch ist die Molekülstruktur ganz anders. Dass Stoffe zwar die gleiche Summenformel, aber verschiedene Strukturformeln haben können, bezeichnet man als *Strukturisomerie*, woraus sich der Begriff *Iso*alkan ableitet.

Ein weiteres Beispiel für ein Isoalkan:

3,5-Dimethyl-13-Propyl-Heptadecan

Die allgemeine Summenformel für Isoalkane ist: C_nH_{2n+2}

Strukturisomere haben (i. allg.) unterschiedliche physikalische Daten und verhalten sich meist chemisch verschieden. Je mehr C-Atome ein Molekül hat, um so mehr Isomeriemöglichkeiten sind möglich. So gibt es für ein Molekül mit 25 Kohlenstoffatomen z. B. fast 37 Millionen Möglichkeiten unterschiedlicher Molekülstrukturen. Die bisher gezeigten kettenförmigen Kohlenwasserstoffe, die n-Alkane wie auch die Isoalkane werden als gesättigte Kohlenwasserstoffe bezeichnet. Das heißt, alle Bindungselektronen sind in Einfachbindungen lokalisiert.

Alkene, ungesättigte Kohlenwasserstoffe

Im Gegensatz zu den Alkanen handelt es sich bei den Alkenen um Moleküle, in denen die Bindungselektronen zur Bildung von Doppelbindungen herangezogen werden. Diese Doppelbindungen in Kettenmolekülen sind aber nicht immer, wie der Name fälschlich suggeriert, besonders stabil. Vielmehr sind es die bevorzugten Bruchstellen im Molekülverband und diese Verbindungen sind reaktiver (z.B. gegen Säuren) als die gesättigten Kohlenwasserstoffe.

ETHEN   PROPEN   BUT-1-EN

Allgemeine Summenformel für Alkene mit **einer** Doppelbindung: C_nH_{2n}

7.1 Erdöl als Basis für die Herstellung von Kraft- und Schmierstoffen 225

Für Alkene mit mehr als einer Doppelbindung und/oder Alkylresten gibt es keine allgemeingültige Summenformel:

4,6-Dimethyloct-1-en

7.1.2 Ringförmige Kohlenwasserstoffe

(a) Cycloalkane

Die C-Atome können sich auch ringförmig anordnen. Gesättigte, ringförmige Verbindungen werden Cycloalkane genannt:

CYCLOHEXAN   CYCLOPENTAN   CYCLOHEPTAN

Allgemeine Summenformel: C_nH_{2n}

Da keine Doppelbindungen vorliegen, sind die gesättigten Cycloalkane stabil und nur wenig reaktionsfreudig. Am häufigsten sind Cyclopentan und Cyclohexan anzutreffen, also Moleküle mit 5 bzw. 6 C-Atomen.

(b) Cycloalkene

Wie auch bei den kettenförmigen Kohlenwasserstoffen gibt es auch ungesättigte, ringförmige, die Cycloalkene, die Elektronenpaardoppelbindungen besitzen.

CYCLOPENTEN

Allgemeine Summenformel: C_nH_{2n-2}

Sobald mehrere Doppelbindungen und/oder Alkylreste auftreten, gibt es wiederum keine allgemeingültige Summenformel.

(c) Aromaten

Bei den ringförmigen Kohlenwasserstoffen gibt es eine weitere Klasse von ungesättigten Kohlenwasserstoffen, die Aromaten. Im Vergleich zu den Cycloalkenen weisen Aromaten eine reduzierten Reaktivität auf, sind also stabiler.

Bekanntester Vertreter ist das Benzol:

BENZOL

7.1.3 Weitere in der Petrochemie gebräuchliche Bezeichnungen

Naphthene

Als Naphthene bezeichnet man im Erdöl vorkommende Cycloalkane, sowie deren Alkylderivate.

Paraffine

Als Paraffine werden langkettige Alkane und Isoalkane bezeichnet.

Olefine

Als Olefine werden Alkene mit einer und mehr Doppelbindungen bezeichnet.

7.2 Rohölverarbeitung

Die Rohölverarbeitung erfolgt in mehreren Schritten. Als erstes werden Verunreinigungen, z. B. von anorganischen Salzen usw., entfernt. Beim eigentlichen Verarbeitsprozess wird grundsätzlich unterschieden zwischen den *physikalischen* Verfahren, das ist im wesentlichen die *Destillation,* und den nachgeschalteten *chemischen* Umwandlungsprozessen, den sogenannten *Konversionsverfahren.* Während bei der Destillation die verschiedenen Kohlenwasserstoffe des Erdöls lediglich physikalisch voneinander getrennt werden, dienen die Konversionsverfahren dazu, die Kohlenwasserstoffe gezielt chemisch so umzuwandeln und zu verändern („veredeln"), dass sie die gewünschten Eigenschaften für die Weiterverarbeitung zu Kraftstoff und Öl aufweisen.

7.2.1 Destillation

Destillation ist ein physikalischer Prozess bestehend aus Erhitzen, Verdampfen und anschließender gezielter Abkühlung und Kondensation. Dabei wird unter Ausnutzung ihrer unterschiedlichen Siedetemperaturen (Siedebereiche) eine Trennung der verschiedenen Kohlenwasserstoffe des Rohöls durch Verdampfen und Wiederverflüssigung erreicht. Die Struktur der Moleküle wird während des Destillierens nicht verändert, d.h. es erfolgt *keine* chemische Veränderung der eingesetzten Produkte. Dies wird durch eine Begrenzung der Temperaturen auf Werte zwischen 360° und 400°C erreicht. Bei höheren Temperaturen würden die Kohlenwasserstoffmoleküle zerbrechen (*cracken*), was in diesem Verfahrensschritt unerwünscht ist.

Der Effekt der Gleichgewichtseinstellung zwischen Flüssigphase und Dampfphase bildet die Grundlage für die gesamte Raffinationstechnologie des Erdöls. Je nach Prozessbedingungen unterscheidet man:

(a) Atmosphärische Destillation

Bei der atmosphärischen Destillation wird das Rohöl in einem Röhrenofen auf ca. 370° C erhitzt. Da bei dieser Temperatur nicht das gesamte Rohöl verdampft, entsteht ein Gemisch aus Dampf und Flüssigkeit. Dieses Gemisch wird der sogenannten Destillationskolonne zugeführt, einer zylinderförmigen Apparatur zur Abkühlung und Trennung der Bestandteile, **Bild 7.2**. Die flüssigen Bestandteile sinken auf den Kolonnenboden, die Dämpfe steigen nach oben, kühlen dabei weiter ab und kondensieren in Abhängigkeit von ihren Siedenbereichen auf sogenannten Glockenböden. Von diesen Böden werden die verschiedenen Flüssigkeiten, getrennt nach Siedebereich, abgezogen.

Folgende Produkte werden bei der atmosphärischen Destillation gewonnen:

- Gase → Methan, Ethan, Propan, Butan
- *„Straight Run" Benzine* → *Grundkomponenten für Ottokraftstoffe*
- Petroleum → Kerosin
- Gasöl → Dieselkraftstoff, leichtes Heizöl
- Rückstand → schweres Heizöl
  (Long Residue)

(b) Vakuumdestillation

Die Vakuumdestillation wird angewandt, um die Bestandteile des Rückstands aus der atmosphärischen Destillation *(Long Residue)* weiter aufzutrennen. Die bei Umgebungsdruck dafür notwendigen Temperaturen wären aber zu hoch, die Kohlenwasserstoffketten würden aufbrechen *(cracken)*. Deshalb wird die Destillation bei einem Unterdruck von 10 bis 50 mbar durchgeführt. Gegenüber dem Atmosphärendruck sinkt die Siedetemperatur bei einem Unterdruck von 10 mbar um etwa 150° C.

Das Einsatzprodukt wird in einem Röhrenofen so auf 360° bis 400° C erhitzt und der Vakuumkolonne zugeführt. Der bei dieser Temperatur noch flüssige Anteil bleibt auf dem Boden der Kolonne, die dampfförmigen Kohlenwasserstoffe steigen in der Vakuumkolonne auf, kühlen dabei ab und kondensieren an ihren Siedebereichen an Glockenböden und werden abgezogen.

In der Vakuumdestillation werden folgende Produkte gewonnen:

- Vakuumgasöl
- *Spindelöldestillate*
- *Maschinenöldestillate* → *Schmieröldestillate*
- *Zylinderöldestillate*
- Short Residue → Bitumen

Auch die Vakuumdestillation ist also lediglich eine physikalische Trennung, da die Strukturen der Kohlenwasserstoffe während des Destillierens nicht verändert werden.

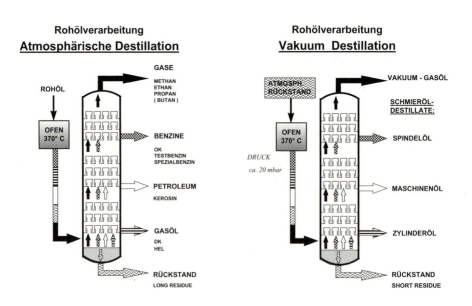

Bild 7.2 Destillationsverfahren bei der Rohölverarbeitung

7.2.2 Konversionsverfahren

Als Konversionsverfahren werden alle Prozesse bezeichnet, mit denen der Molekülaufbau der Kohlenwasserstoffe verändert wird. Es sind *chemische* Umwandlungsverfahren, mit denen gezielt Kohlenwasserstoffe mit bestimmten Strukturen hergestellt werden. Ausgangsstoffe sind die Destillationsprodukte, auch als *Erdölfraktionen* bezeichnet.

Zerbricht man die langen Molekülketten in kleinere Moleküle, so nennt man diesen Vorgang *Cracken*. Eine weitere chemische Umwandlung ist das *Reformieren* durch Entzug von Wasserstoff. Ziel dieser Konversionsverfahren ist die Umwandlung von vorhandenen, aber relativ wenig benötigten hochmolekularen Kohlenwasserstoffen in niedrigmolekularere Verbindungen, z.B. Ottokraftstoffe, wenn möglich kombiniert mit verbesserten Eigenschaften.

(a) Thermisches Cracken

Beim thermischen Cracken werden bestimmte Erdölfraktionen durch erhöhte Temperatur ohne Katalysator gespalten. Als Einsatzprodukte kommen hauptsächlich Gasöle und Destillationsrückstände in Frage, die abhängig vom Einsatzprodukt z.B. Crackbenzin ergeben.

Die Temperaturen betragen zwischen 400° und 600° C. Beim thermischen Cracken können die hochmolekularen Ausgangsprodukte am Prozessbeginn zu noch längeren Molekülketten polymerisiert werden, wobei sie mit fortschreitendem Cracken dann wieder zu kleineren Crackprodukten mit den erwünschten kürzeren Molekülketten abgebaut werden.

(b) Katalytisches Cracken

Unter katalytischem Cracken versteht man Aufbrechen von Kohlenwasserstoffmolekülen in Gegenwart spezieller Crackkatalysatoren. Der Katalysator selbst leitet Reaktionen ein, lenkt und beschleunigt sie, erfährt beim Reaktionsablauf aber keine Veränderung. Beim katalytischen Cracken bedient man sich eines staubförmigen Aluminium-Silikat-Gemisches (Al_2O_3/ SiO_2) als Katalysator.

Im Cat-Cracker werden Vakuumdestillate und ähnliche Produkte unter Anwendung des Katalysators in leichtere Produkte wie Gase, hochwertige Benzine, Gasöl und schweres Heizöl zerlegt. Die beim Cracken gewonnenen Benzine weisen höhere Oktanzahlen auf als Straight-run-Benzine.

(c) Hydrocracken

Das Hydrocracken ist ein katalytisches Spaltverfahren in Gegenwart von Wasserstoff und einem hohen Druck (ca. 100 bar). Bei diesem Verfahren werden große Moleküle zerbrochen und die partiell ungesättigten Verbindungen durch Anlagerung (Bindung) von Wasserstoffatomen zu gesättigten Kohlenwasserstoffen hydriert. Der für diesen Prozess notwendige Wasserstoff kann aus dem Reformierungsprozess (s.u.), bei dem er freigesetzt wird, zugeführt werden.

Das Hydrocracken ist das technisch flexibelste, aber auch das teuerste Konversionsverfahren. Je nach Katalysator und Betriebsbedingungen lässt sich die gewünschte Ausbeute bestimmen. So kann man im Hydrocracker entweder überwiegend Benzin oder auch Mitteldestillate erzeugen.

(d) Reformieren

Das bei der atmosphärischen Destillation gewonnene Straight-Run-Benzin hat nur eine geringe Klopffestigkeit (ROZ = 40-50). Auch beim Crackbenzin reicht die Oktanzahl für die heute im

Einsatz befindlichen höher verdichteten Ottomotoren nicht aus. Aromaten und deren Homologen haben eine sehr hohe Oktanzahl (bis über 100). Es ist deshalb eine der gegebenen Möglichkeiten, durch Dehydrierung von Naphthenen und Dehydrocyclisierung von Paraffinen diese hochoctanigen Komponenten zu erhalten. Das Verfahren nennt man *katalytisches Reformieren*. Als Katalysator wird Platin auf Bauxit (Platformat) gewählt. Der Druck im Reaktor beträgt 20-55 bar, die Temperatur 470 bis 520° C. Wie vorstehend schon erwähnt ist der im Platformer freigesetzte Wasserstoff ein wertvolles Produkt zur weiteren Verarbeitung und Veredlung von Kohlenwasserstoffen.

7.2.3 Entschwefeln im Hydrotreater

Schwefel ist ein – normalerweise unerwünschter – natürlicher Bestandteil des Erdöls. Je nach Lagerstätte ist der Gehalt z. T. stark unterschiedlich. Für die Abtrennung des überwiegend chemisch gebundenen Schwefels wird das Einsatzprodukt bei etwa 80 bar Druck und ca. 350° C in Gegenwart eines Katalysators mit Wasserstoff behandelt. Unter den Prozessbedingungen wird der Schwefel aus den Kohlenwasserstoffmolekülen abgespalten. Der entstehende Schwefelwasserstoff wird in einer nachgeschalteten Anlage vom Produkt getrennt und durch den sog. Claus-Prozess zu elementarem Schwefel aufgearbeitet.

7.3 Ottokraftstoffe

Ottokraftstoffe („Benzin") bestehen aus Kohlenwasserstoffen mit vorzugsweise 4 bis 11 C-Atomen im Siedebereich zwischen 30 und 215° C. Sie können auch sauerstoffhaltige Komponenten enthalten. Hochwertige Kraftstoffe enthalten darüber hinaus auch qualitätsverbessernde Zusätze (Additive). Kraftstoffe müssen frei sein von anorganischen Säuren, sichtbarem Wasser und festen Fremdstoffen. Sie sind vorgesehen für Ottomotoren (ausgeschlossen Flugmotoren). Ottokraftstoffe sind in der europäischen DIN EN 228 festgelegt und weiter unten aufgelistet. Detaillierte Spezifikationen und Einzelheiten finden sich in [7.1].

7.3.1 Zusammensetzung von Ottokraftstoffen

Ottokraftstoffe werden aus einer Vielzahl von Raffinerie-Komponenten aufgemischt, deren wichtigste nachfolgend beschrieben werden. Chemisch gesehen bestehen sie aus den Hauptgruppen Paraffine, Olefine, Aromaten und Alkohole / Ether. Man unterscheidet je nach Herstellverfahren (vgl. voriges Kapitel):

Katalytisches Reformat

Katalytisches Reformat (auch Platformat genannt) wird aus Rohbenzin hergestellt und zeichnet sich durch sehr gute Klopffestigkeit aus. Mit steigender Klopffestigkeit nimmt die Dichte und der Aromagehalt zu, Flüchtigkeit und Ausbeute dagegen ab.

Katalytisches Crack-Benzin

Katalytisches Crack-Benzin – hergestellt durch Cracken von Rückstandsöl – weist eine gute Flüchtigkeit auf, aber nur mittlere Klopffestigkeit. Sie liegt im Bereich von Normalbenzin. Crack-Benzine haben einen hohen Olefingehalt.

Thermisches Crack-Benzin

Thermisches Crack-Benzin – in erster Linie handelt es sich hierbei um Rückläufe aus der Petrochemie mit einem hohen Olefingehalt – hat mäßige Klopffestigkeit, akzeptable Flüchtigkeit und hohe Dichte.

Leichtsiedende Komponenten

Leichtsiedende Komponenten wie Butan, Isopentan und Isomerisat weisen gute Klopffestigkeit, niedrige Dichte und hohe Flüchtigkeit auf. Isomerisat besteht im wesentlichen aus paraffinischen Kohlenwasserstoffen.

Sauerstoffhaltige Komponenten

Sauerstoffhaltige Komponenten wie z. B. Methanol, Tertiärbutylalkohol (TBA) oder Methyltertiärbutylether (MTBE) haben sehr hohe Klopffestigkeit. Aufgrund des Sauerstoffgehaltes ist jedoch ihr Energieinhalt niedriger, so dass sie dem Benzin nur in geringem Umfang beigemischt werden können. Die erlaubten Zugabemengen sind außerdem durch die bereits erwähnte DIN EN-Norm begrenzt.

7.3.2 Unerwünschte Bestandteile im Ottokraftstoff

In der natürlichen Zusammensetzung des Rohöl sind Bestandteile enthalten, die unerwünscht sind, weil sie z.B. toxisch sind oder zu Schäden an Motorbauteilen führen können. Ihr Gehalt im Kraftstoff wird deshalb begrenzt bzw. müssen sie aus dem Kraftstoff entfernt werden.

Benzol

Benzol ist ein natürlicher Bestandteil des Rohöls. Daneben entsteht es während der Verarbeitung des Rohöls zu Benzin. Der in Europa zulässige maximale Benzolgehalt im Benzin ist 1,0 Volumprozent.

Schwefel

Aktiver Schwefel greift Metalle an, insbesondere Kupfer. Der Gesamtschwefel ergibt bei der Verbrennung Schwefeldioxid und Schwefeltrioxid, welche mit dem gleichzeitig entstehenden Wasser schwefelige Säure oder Schwefelsäure bilden, die bei Kondensation (Kältebetrieb) Metalle korrosiv angreifen. Durch Schwefel kann auch die Wirkung des Katalysators beeinträchtigt werden. Niedrigste Schwefelgehalte deutlich unter 0,01 % sind im Super Plus vorhanden.

7.3.3 Kraftstoffzusätze (Additive)

Qualitativ hochwertige Ottokraftstoffe enthalten zur Leistungsverbesserung Wirkstoffe, sogenannte Additive. Diese werden dem Kraftstoff in der Raffinerie oder dem Tanklager bei der Befüllung der Tankwagen zugegeben. Durch die Additive erhalten die Kraftstoffe zusätzliche Eigenschaften, die für einen störungsfreien Betrieb erforderlich sind und die außerdem die Lebensdauer der Motoren verlängern. Weiterhin tragen sie zur Absicherung niedriger Abgasemissionen bei, ohne selbst negative Auswirkungen auf diese zu haben.

Die Kraftstoffzusätze bestehen aus Kohlenstoff, Wasserstoff, Sauerstoff und Stickstoff und erzeugen im Motor die gleichen Verbrennungsprodukte wie der übrige Kraftstoff. In umfangreichen Untersuchungsprogrammen – angefangen bei Labortests bis hin zu Flottentests mit marktüblichen Fahrzeugen – wird aus den Einzelkomponenten ein abgestimmtes Wirkstoffsystem entwickelt, das effektiv in allen Ottokraftstoffsorten wirkt und laufend an die Motorentechnologie angepasst wird.

Additive sollen im wesentlichen die Bildung von Ablagerungen im Einlasssystem und speziell auf den Einlassventilen verhindern. Weiterhin können bereits vorhandene Rückstände – z.B. verursacht durch Verwendung von nicht additiviertem Kraftstoff – reduziert werden. Ablagerungen auf den Ventilen können zu spürbaren Betriebsstörungen des Motors – z.B. Startprobleme, unrunder Lauf – führen. Verursacht durch eine verschlechterte Verbrennung, reduziert sich dadurch auch die Leistung, verbunden mit einem erhöhten Verbrauch und einem höheren Schadstoffgehalt im Abgas.

Weiterhin geben Additive Schutz vor Korrosion, z.B. werden Bauteile aus Stahl, Bunt- und Leichtmetallen, wie z.B. Fahrzeugtank, Benzinleitungen und das Einspritzsystem geschützt, indem die Metallflächen mit einem Schutzfilm überzogen und dadurch passiviert werden. In Kombination mit einem hochwertigen Motorenöl wird die Wirksamkeit des Additivs hinsichtlich Motorensauberkeit noch verbessert.

Kraftstoffzusätze, die vom freien Handel zur zusätzlichen Additivierung direkt in den Fahrzeugtank angeboten werden, beeinflussen die Wirksamkeit der bereits in den Markenkraftstoffen vorhandenen Additive und können negative Auswirkungen haben.

7.3.4 Wesentliche Eigenschaften von Ottokraftstoffen

Die Kraftstoffeigenschaften werden durch die physikalischen und chemischen Kennwerte beschrieben. Motorenkonstruktion, Motorabstimmung und Kraftstoffeigenschaften müssen aufeinander abgestimmt sein. Die für Transport, Lagerung, Eignung für den motorischen Betrieb und den Einfluss auf die Umwelt relevanten Eigenschaften und Mindestanforderungen sind in der europäischen DIN EN 228 festgelegt. Sie können durch die eingesetzten Raffinerieverfahren, Auswahl und Konzentration der einzelnen Komponenten sowie durch Zugabe von Additiven beeinflusst werden.

In nachfolgender Übersicht, **Tabelle 7.1**, werden die in der DIN EN 228 festgelegten Eigenschaften sowie die grundlegenden Eckdaten und Anforderungen an unverbleite Kraftstoffe, so wie sie ab Anfang des Jahres 2000 zum Tragen gekommen sind, auszugsweise aufgezeigt. Auf die in der Praxis wichtigen Eigenschaften wie Klopffestigkeit, Siedeverlauf und Abdampfrückstand wird etwas tiefer eingegangen.

Ottokraftstoff enthält, wie weiter oben bereits erwähnt, in begrenztem Umfang sauerstoffhaltige Komponenten, im wesentlichen Alkohole oder Äther, die gezielt zur Oktanzahlverbesserung eingesetzt werden können. Ein weiterer Effekt ist eine bessere Innenkühlung, die den Oktanzahl*bedarf* des Motors herabsetzen kann. Bei allen Vorteilen muss aber ganz klar der Nachteil möglicher Dichtungsunverträglichkeiten und auch die potenzielle Gefahr der gefürchteten Phasentrennungen bei Anwesenheit von Wasser, z. B. aus Kondenswasser, gesehen werden. Der Gehalt an sauerstoffhaltigen Komponenten ist u.a. daher begrenzt. Ab dem Jahr 2000 dürfen Ottokraftstoffe nicht mehr als 2,7 m% (Massenprozent) Sauerstoff in Form von sauerstoffhaltigen Verbindungen enthalten.

Reduziert wurde gegenüber 1999 auch der Schwefelgehalt von bis dahin zulässigen 500 mg/kg auf 150 mg/kg. Ab 2005 dürfen nicht mehr als 50 mg/kg im Ottokraftstoff enthalten sein.

7.3 Ottokraftstoffe

Für Motorräder u.U. sehr nachteilige Auswirkungen kann die Begrenzung des Dampfdrucks für die Sommerqualität auf max. 60 kPa ab dem Jahr 2000 haben, was durch einen verringerten Anteil niedrigsiedender Komponenten im Kraftstoff erreicht wird. Der Grund für diese Maßnahme ist die geringere Emission von Kraftstoffanteilen aus den Tanks der Fahrzeuge im Sommer. Motorrädern mit Vergaser fehlt aber dann ein gewisser Anteil an leichtflüchtigen Kraftstoffbestandteilen, der auch im Sommer zum problemlosen Kaltstart benötigt wird. Für 2005 ist aber keine weitere Reduzierung des Dampfdruckes geplant.

Tabelle 7.1 Unverbleite Kraftstoffe (abschnittsweise Auszug nach DIN EN 228 – Teil 1)

Unverbleite Ottokraftstoffe nach DIN EN 228		Super Plus	Normal	Super
Dichte bei 15°C	kg/m³	720 – 775	720 – 775	720 – 775
Unterer Heizwert H_u	kJ/kg	ca. 42 700	ca. 42 700	ca. 42 700
Klopffestigkeit ROZ		min. 98,0	min. 91,0	min. 95,0
MOZ		min. 88,0	min. 82,5	min. 85,0
Bleigehalt	g Pb/l	max. 0,005	max. 0,005	max. 0,005
Flammpunkt	°C	< 21	< 21	< 21
Zündtemperatur	°C	ca. 220	ca. 220	ca. 220
Siedeverlauf: insgesamt verdampfte Volumenanteile				
bis 70° C (E 70) Sommer	%	20 – 48	20 – 48	20 – 48
Winter/Übergang	%	22 – 50	22 – 50	22 – 50
bis 100° C (E 100) Sommer	%	46 – 71	46 – 71	46 – 71
Winter/Übergang	%	46 – 71	46 – 71	46 – 71
bis 150° C (E 150)	%	min. 75	min. 75	min. 75
Siedeendpunkt (FBP)	°C	max. 210	max. 210	max. 210
Destillationsrückstand als Volumenanteil	%	max. 2	max. 2	max. 2
Dampfdruck Sommer	kPa	45 – 60	45 – 60	45 – 60
Winter/Übergang	kPa	60 – 90	60 – 90	60 – 90
Abdampfrückstand	mg/100 ml	max. 5	max. 5	max. 5
Benzolgehalt angegeben als Volumenanteil	%	max. 1	max. 1	max. 1
Schwefelgehalt angegeben als	mg/kg	150	150	150
Olefingehalt Volumenanteile	%	18	21	18
Aromatengehalt Volumenanteile	%	42	42	42

Weitere sehr wichtige Kriterien für den Kraftstoff sind:

(a) Klopffestigkeit

Unter Klopffestigkeit versteht man die Fähigkeit des Kraftstoffes die unkontrollierte Verbrennung (Klingeln bzw. Klopfen), ausgelöst durch Selbstzündung, zu verhindern, vgl. **Kap. 3.4.3**.

Die Klopffestigkeit des Kraftstoffs, deren Maßstab die Oktanzahl ist, muss größer sein als die Oktanzahlanforderung des Motors, da andernfalls der Motor klopft bzw. klingelt. Im Gegensatz zur normalen Verbrennung, die sich ziemlich gleichmäßig mit ca. 20 m/s ausbreitet, entstehen beim Klopfen zusätzliche ungesteuerte Entflammungen im verdichteten und erhitzten, aber noch nicht brennenden Kraftstoff/Luft-Gemisch, mit steilem Druckanstieg und etwa zehnfachen Verbrennungsgeschwindigkeiten, **Bild 7.3**. Sie verursachen Überhitzung (verbunden mit Leistungseinbuße und Verbrauchserhöhung) und unzulässige Triebwerksbelastungen, die zu Kolben-, Ventil- und Lagerschäden führen.

Die Oktanzahl wird im 1-Zylinder-Prüfmotor (CFR-Motor) bestimmt, dessen Verdichtungsverhältnis während des Betriebes verändert werden kann. Die Bestimmung der Oktanzahl erfolgt durch Vergleich mit Mischungen aus den Bezugskraftstoffen normal-Heptan (Oktanzahl = 0) und iso-Oktan (Oktanzahl = 100). Der Volumenanteil iso-Oktan des Bezugskraftstoffs, der gleiche Klopfintensität hat wie der zu prüfende Kraftstoff, ist dessen Oktanzahl.

Die Bestimmungen der Klopffestigkeit im Prüfmotor (Labor) erfolgen nach zwei Methoden:
- ROZ (Research Oktan Zahl 600 U/min; ohne Gemischvorwärmung)
- MOZ (Motor Oktan Zahl 900 U/min; Gemischvorwärmung 150° C)

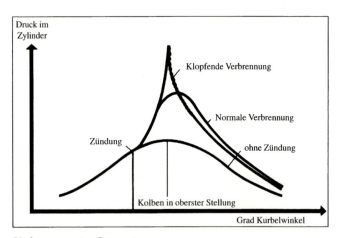

Verbrennung im Ottomotor

Bild 7.3 Druckverlauf im Brennraum bei normaler und klopfender Verbrennung

Die ROZ beschreibt die Klopffestigkeit des Kraftstoffs bei niedriger Motorendrehzahl und beim Beschleunigen. Die MOZ beschreibt die Klopffestigkeit des Kraftstoffs im oberen Geschwindigkeitsbereich, z. B. bei Autobahnfahrt. Die MOZ-Methode liefert niedrigere Oktanzahlen als die ROZ, da sie unter mechanisch und thermisch härteren Bedingungen ermittelt wird.

7.3 Ottokraftstoffe

Die Mindestoktanzahl des Kraftstoffs für klopffreien Betrieb wird vom Fahrzeughersteller in der Betriebsanleitung angegeben. Um Motorschäden zu vermeiden, darf sie nicht unterschritten werden. Sie ist abhängig vom Verdichtungsverhältnis, von der Zündeinstellung, dem Luftverhältnis, der Brennraumgestaltung, den Betriebsbedingungen und den Betriebsstoffen (Kraftstoff und Öl).

(b) Flüchtigkeit

Ottokraftstoff ist ein Gemisch aus einer Vielzahl von Kohlenwasserstoffen. Der Siedepunkt dieser Einzelkomponenten wird maßgeblich durch ihre Molekülgröße (Anzahl der C-Atome) bestimmt. Der fertig gemischte Ottokraftstoff hat daher keinen festen Siedepunkt, sondern einen Siedebereich. Wohlausgewogenes Siedeverhalten ist eine wesentliche Voraussetzung für den Betrieb von Fahrzeug-Ottomotoren unter allen vorkommenden Betriebsbedingungen. **Bild 7.4** zeigt beispielhaft den Siedeverlauf eines typischen Ottokraftstoffes.

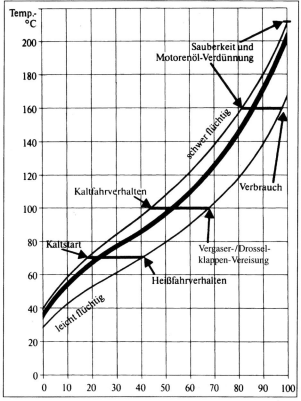

Bild 7.4 Siedekurve Ottokraftstoff

Leichte, d. h. niedrigsiedende Anteile sorgen für rasches Anspringen des kalten Motors mit gutem Fahrverhalten und niedriger Abgasemission in der Anwärmperiode. Zuviel leichtsiedende Anteile können jedoch im Sommer zur Dampfblasenbildung.

Schwere, d. h. hochsiedende Anteile sind einerseits erwünscht, da sie mehr Energie enthalten als leichtsiedende; zuviel schwersiedende Anteile können jedoch insbesondere bei Kaltbetrieb an den Zylinderwänden kondensieren. Sie gelangen in den Ölfilm und verdünnen das Motorenöl. Erhöhter Verschleiß und Anstieg der Schadstoffe im Abgas sind die Folgen.

(c) Abdampfrückstand

Der Abdampfrückstand des Kraftstoffs gibt sowohl Hinweise über den Inhalt von Wirkstoffen im Kraftstoff (Detergentien) als auch über zu erwartende Verschmutzung des Motors durch instabile Kraftstoffanteile. Der sog. ungewaschene Abdampfrückstand, der meist in öliger Form gefunden wird, beschreibt die Konzentration der im Kraftstoff vorhandenen Wirkstoffe (Additive). Nach Herauslösung der Additive verbleibt der „gewaschene Abdampfrückstand", bestehend aus harzartigen Rückständen. Diese verursachen Rückstandsbildung im Motor.

7.3.5 Rennkraftstoffe

Rennkraftstoffe unterliegen üblicherweise noch engeren Spezifikationen als die kommerziellen Kraftstoffe an den Tankstellen. In ihrer Grundzusammensetzung sind sie oft kaum von den Kraftstoffen an den Tankstellen zu unterscheiden. Sie sind heutzutage ebenfalls unverbleit und sind in den Oktanzahlen nur noch marginal höher. Üblich bei Superbike- und GP-Qualitäten sind maximal 102 (ROZ) und 90 (MOZ). Trotzdem lassen sich Mehrleistungen von durchaus 3% und darüber gegenüber den besten Tankstellenkraftstoffqualitäten erreichen. Dies ist möglich durch den maximierten Einsatz von Komponenten, die z.B. eine hohe Flammgeschwindigkeit aufweisen, schnellen Energieumsatz ermöglichen oder durch eine gute Innenkühlung den Liefergrad verbessern und gleichzeitig den Oktanzahlbedarf reduzieren können.

Obwohl Rennkraftstoffe normalerweise in jedem Motor einen Leistungsanstieg bewirken, hat es sich aber gezeigt, dass die besten Erfolge mit maßgeschneiderten Rennkraftstoffen möglich sind. So ist ein optimaler Kraftstoff für Zweitakter meistens nicht die beste Wahl für einen Rennviertakter, und innerhalb dieser Gruppen gibt es auch noch Potential auf maßgeschneiderte Optimierung. Dies geschieht idealerweise auf Motorenprüfständen bei gleichzeitiger Anpassung der Motoren. In einem nächsten Schritt muss dann unter Rennbedingungen auf der Straße oder im Gelände optimiert werden, denn nicht nur die maximale Leistung zählt, sondern ebenso wichtig eine optimale Kraftentfaltung unter Rennbedingungen. Der Motor muss „am Gas hängen" und darf nicht träge reagieren.

7.4 Motorenöle

Die Hauptaufgabe des Motorenöles ist die Herabsetzung der Reibung zwischen den sich bewegenden Teilen in Motor und im Motorrad üblicherweise auch im Getriebe. Durch die Ausbildung eines geschlossenen Schmierfilms zwischen den bewegten Teilen werden die Kontaktoberflächen getrennt und so eine Berührung der Teile und ein Verschleiß weitestgehend unterbunden. **Bild 7.5** zeigt in einer schematischen Darstellung den grundsätzlichen Mechanismus der Reibung und die Wirkung des Schmierfilms.

7.4 Motorenöle

Es muss gewährleistet sein, dass das Öl genügend gut an den Bauteiloberflächen haftet und auch bei hoher Belastung der Schmierfilm nicht „weggedrückt" wird und abreißt. Diese Eigenschaften werden bei einem Öl durch maßgeschneiderte Kombination von geeignetem Grundöl und gezielte Zugabe von Additiven (Ölzusätzen) erreicht.

Dabei ist zu beachten, dass das Öl neben seiner primären Aufgabe, nämlich
- Schmierung und Verschleißschutz,

noch eine Reihe anderer wichtiger Aufgaben zu erfüllen hat.

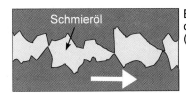 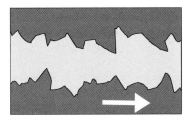

Mischreibung

Das Schmieröl bildet keinen geschlossenen Film sondern füllt nur die „Täler" der Oberflächenrauhigkeit aus. Die Rauhigkeitsspitzen der Oberflächen berühren sich teilweise und werden durch die Bewegung allmählich abgetragen.

$\Rightarrow$ erhöhte Reibung, geringer Verschleiß

Flüssigkeitsreibung

Die Bauteiloberflächen werden durch einen geschlossenen Schmierfilm vollständig getrennt. Die Bauteile „schwimmen" infolge der Relativbewegung auf einem Ölpolster. Es tritt keine Berührung der Oberflächen auf.

$\Rightarrow$ geringste Reibung und keinerlei Verschleiß

Bild 7.5 Mischreibung und Flüssigkeitsreibung und Wirkung des Schmierfilms

Diese zusätzlichen Aufgaben des Schmieröls sind:
- Kühlung
- Wärmetransport
- Feinabdichtung
- Korrosionsschutz
- Neutralisation von aggressiven Verbrennungsprodukten
- Dispergieren ("in-Schwebe-halten") von festen Fremdstoffen und
- Sauberhalten des Motorinneren.

Dabei muss bei der Entwicklung eines Öles sehr sorgfältig darauf geachtet werden, dass auch Aspekte nicht außer Acht gelassen werden wie:
- Verträglichkeit mit Dichtungen
- Verträglichkeit mit Abgasnachbehandlungssystemen (Katalysatoren)
- maximale Umweltverträglichkeit der Additivierung, bis hin zur
- Mischbarkeit mit anderen Motorenölen.

Fast alle diese Aufgaben haben Öle z.T. noch bis in die 50er Jahre ohne den Einsatz von Additiven, also leistungsverstärkenden Komponenten, verrichten müssen. Verschleißprobleme z.B. im Ventiltrieb konnten damals zuweilen durch Einsatz eines dickeren Öles gelöst werden. Heutzutage ist das nicht mehr möglich. Neben hohen Temperaturen im Motor, **Bild 7.6**, treten im Schmierfilm auch sehr hohe Drücke auf. Beispielsweise wirken an der Kontaktstelle zwischen Nocken und Übertragungselement (Kipphebel, Stößel) sehr hohe Pressungskräfte. Der Druck im (sehr dünnen) Schmierfilm an dieser Stelle kann bis zu 10.000 bar betragen.

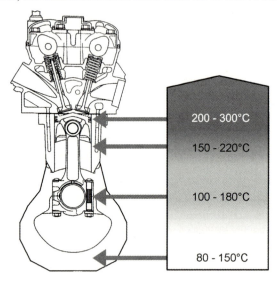

Bild 7.6 Temperaturbereiche im Motor

Über das sog. „blow by", einen normalerweise geringen Anteil an Verbrennungsgasen, die während der Verbrennung an den Kolben vorbei in das Kurbelgehäuse gelangen, wird mit den heißen Abgasen unverbrannter oder nur teilweise verbrannter Kraftstoff und Wasser aus dem Verbrennungsprozess in das Motorenöl eingetragen, wie auch saure aggressive Verbrennungsprodukte. Erst in den 40er Jahren wurden den bis dahin eingesetzten reinen Mineralölen Zusätze, die sogenannten *Additive*, zugegeben, die zu einer deutlichen Verbesserung der Leistungsfähigkeit der Öle führten. Damit war ein wichtiger Schritt getan, der den Ingenieuren in der Fahrzeugentwicklung eine wichtige Voraussetzung für die Konstruktion leistungsfähigerer Aggregate bot.

Heutzutage sind z. B. die Ventiltriebe der Viertaktmotoren so hoch belastet, dass sie nicht mehr ohne Verschleißschutzadditive im Motorenöl überleben würden. Selbst ein Öl höchster Viskosität wäre hier ohne Verschleißschutzadditiv vollkommen überfordert. Moderne Viertaktmotorenölen beinhalten heute je nach Qualität zwischen 5 und 25% Additivpaket, d. h. einen Cocktail aus in Grundöl vorgelösten Additiven mit den verschiedensten Aufgaben. Das ist das eigentliche Leistungspaket moderner Öle.

Bevor die wesentlichsten Typen dieser Additive und deren Aufgaben erklärt werden, soll auf die verschiedenen Grundöltypen eingegangen werden.

7.4.1 Grundöle

(a) Mineralöle

Die Gewinnung von Schmierölen für Motor und Getriebe erfolgt hauptsächlich aus Erdöl, das in chemisch-physikalischen Verfahren aufbereitet wird. Die Grundverfahren zur Trennung des mineralischen Rohöls in verschiedene Produktgruppen wurden im **Kap. 7.2** bereits ausführlich erläutert. So liefert die Destillation als Ausgangsprodukt für die weitere Schmierölherstellung Kohlenwasserstoffe mit 20 bis 35 Kohlenstoffatomen. Dieses Destillat enthält aber noch unerwünschte Bestandteile, die im Motorbetrieb zur beschleunigten Ölalterung sowie zur Bildung von Säuren und Ölschlamm führen würden. Daher muss das Destillat durch Raffinationsverfahren weiter veredelt werden. Bei dieser Raffination werden spezifische, schädliche Kohlenwasserstoffkomponenten durch Lösungsmittel weitgehend aus dem Öl herausgewaschen. Eine weiteres Raffinationsverfahren ist das Hydrieren, bei dem durch Anlagerung von Wasserstoff ungesättigte Kohlenwasserstoffe in gesättigte, alterungsstabile Verbindungen umgeformt und Schwefel und Stickstoffverbindungen aus dem Öl entfernt werden. Das so entstandene Raffinat dient als Grundöl für die weitere Schmierölherstellung. Aufgrund der vielfältigen Verzweigungsmöglichkeiten von langkettigen Kohlenwasserstoffmolekülen (vgl. Isomeriemöglichkeiten weiter oben) sind die Moleküle eines mineralischen Grundöls jedoch niemals einheitlich strukturiert, sondern bestehen immer aus verschiedenen Komponenten.

Mineralöle haben den Vorteil einer relativ preisgünstigen Herstellung. In Kombination mit einem leistungsfähigen Additivpaket sind durchaus gute Motorenölqualitäten herstellbar. Es sollte aber vom Einsatz niedriger Viskositäten im Motorradmotor abgesehen werden, insbesondere aus Gründen einer nur marginale Verdampfungsstabilität niedrigviskoser Mineralöle.

(b) Synthetiköle

Einen wesentlich gleichmäßigeren chemischen Aufbau haben hingegen synthetische Schmieröle. Diese werden aus Spaltprodukten des Erdöls gewissermaßen als Maßanfertigung gezielt aufgebaut, sie sind also auch Kohlenwasserstoffe. Dazu wird Rohbenzin aus der Erdöldestillation durch Cracken zunächst in sehr kurze, einfach gebaute Moleküle zerlegt (z.B. in gasförmiges Ethen). Anschließend werden diese Gasmoleküle in mehreren Verfahrensschritten wieder zu langkettigen Kohlenwasserstoffmolekülen planmäßig zusammengesetzt (*Poly-Alpha-Olefine, PAO*), wobei durch das Syntheseverfahren sich die gewünschte Molekülstruktur einstellen lässt. Eine Vakuumdestillation trennt bestimmte Molekülgrößen ab und eine Hydrierung sättigt verbleibende instabile Molekülbindungen ab. Das Ergebnis ist ein vollsynthetisches Grundöl. Aufgrund seiner planmäßigen chemischen Struktur und den stabilen, abgesättigten Bindungen bleiben die chemischen Veränderungen in den Ölmolekülen unter Temperatureinfluss im Betrieb klein, so dass synthetische Öle neben den gesamthaft besseren Schmierstoffeigenschaften auch eine sehr gute Alterungsbeständigkeit haben. Sie werden im PKW-Bereich bevorzugt als sogenanntes Leichtlauföl eingesetzt. Im Motorradeinsatz ist von *PKW-Leichtlaufölen* abzuraten, da die niedrige Grundölviskosität zu Verschleiß im integrierten Getriebe führen kann. Die als Additiv hinzugefügten und für PKW-Motoren sinnvollen Reibwertminderer, die zur Kraftstoffeinsparung beitragen, begünstigen bei Motorrädern mit Nasskupplung das Durchrutschen der Kupplung im Betrieb.

Andererseits weisen Synthetiköle, die gezielt für *Motorräder* entwickelt wurden (also nicht zu dünn ausgelegt und ohne Reibwertminderer) eine Reihe nennenswerter Vorteile auf. So führt das überlegene Kaltfließverhalten zu schneller Durchölung nach dem Kaltstart. Das ist auch im

Sommer vorteilhaft (geringerer Kaltstart-Verschleiß). Die vergleichsweise bessere Verdampfungsstabilität bringt geringeren Ölverbrauch mit sich und bessere Schmiersicherheit. Professionelle Rennteams setzen daher generell Synthetiköl ein. Außerdem besitzen Synthetiköle eine „eingebaute Mehrbereichscharakteristik", kommen also mit weniger Viskositätsindexverbesserern aus und können somit scherstabiler ausgelegt werden. Auch für die Motorsauberkeit hat dies Vorteile. Auf die Viskositätsindexverbesserer wird später noch ausführlicher eingegangen.

(c) Hydrocracköle

Ein weiteres Verfahren zur Erzeugung von verbesserten Grundölen aus Erdöl ist das teilweise Cracken von Raffinatprodukten in einer Wasserstoffatmosphäre unter Verwendung spezieller Katalysatoren. Es entstehen kürzere Schmierstoffmoleküle, die aufgrund des Herstellverfahrens eine bevorzugte, gewünschte Molekülstruktur aufweisen. Diese als Hydrocracköle bezeichneten Grundöle liegen in ihren Eigenschaften näher bei den synthetischen Ölen, gehören aber noch zu den mineralischen Ölen, weil die Moleküle der Kohlenwasserstoffe nur verändert, nicht aber vollständig neu aufgebaut (synthetisiert) werden.

Ein ganz besonderer Vorteil von Hydrocrackölen liegt bei den qualitativ höherwertigen Typen (XHVI) in einem sehr hohen Viskositätsindex, der teilweise noch über denen synthetischer Grundöle (PAO) liegt.

(d) Teilsynthetische Öle

Mischungen von synthetischen Ölen und Mineralölen werden als teilsynthetische Öle bezeichnet. Insbesondere im PKW-Bereich werden Mineralölen oft Anteile von Synthetiköl zugegeben, um so die Verdampfungsneigung zu reduzieren.

7.4.2 Additive

(a) Verschleißschutzadditive

Diese Additive (im Motorenöl üblicherweise *Zink-Dialkyldithiophsphate, ZnDDP*) legen sich schützend zwischen die Metallgleitpaarungen, wenn der Druck so stark ansteigt, dass der Ölfilm komplett weggedrückt wird. Daher werden diese Additive auch *EP-Additive* genannt (extreme pressure). Sie sind chemisch reaktiv, bauen allmählich einen Schutzfilm auf und vermeiden so den Kontakt von Metall zu Metall, der sonst zu Fressverschleiß führen würde.

Neue, noch nicht eingelaufene Motoren, müssen diesen Schutzfilm erst langsam während der Einlaufphase aufbauen. Zink-Dialkyldithiophosphate werden bei der Erfüllung ihrer Aufgabe zerstört, sind also irgendwann aufgebraucht, weswegen Ölwechsel oder zumindest Ölnachfüllungen so wichtig sind. ZnDDP brauchen ein Minimum an Öltemperatur, um überhaupt ihren Schutz aufzubauen. Es gibt ZnDDP, die bei relativ niedrigen Öltemperaturen bereits aktiv werden (sekundäre ZnDDP) und andere, die erst bei hohen Temperaturen optimal schützen. Daher ist beim Einfahren eines Motors auch erwünscht, dass ein weites Temperaturprofil erreicht wird, ohne den Motor bereits zu stark zu belasten.

(b) Antioxidantien

Öl unterliegt als ein Naturprodukt einer natürlichen Alterung. Alterung tritt ein, wenn das Öl mit Luftsauerstoff reagiert. Die Alterung, durch die ein Öl mehr und mehr eindickt, ist sehr stark von der Temperatur abhängig, der ein Öl ausgesetzt wird. Eine Faustregel besagt, dass bei durchschnittlich 10° C höherer Öltemperatur eine doppelt so rasche Alterung eintritt. Also altert ein Öl, das durchschnittlich 110° C im Ölsumpf aufweist, doppelt so schnell wie eines, das im Durchschnitt 100° C aufweist, müsste also genau genommen doppelt so häufig gewechselt werden. Antioxidantien machen das Öl in dieser Beziehung unempfindlicher, so dass bei Einhaltung der vorgeschriebenen Ölwechselintervalle eine Eindickung durch Alterung normalerweise vermieden werden kann. Dies ist auch erwünscht, da eingedicktes Öl unnötig Leistung und Kraftstoff kostet. Wichtige Antioxidantien sind *Phenole* und *Amine*. Übrigens wirken auch die oben bereits genannten Zink-Dialkyldithiophosphate als Antioxidantien, reichen aber allein üblicherweise nicht aus.

(c) Detergentien

Detergentien sind „Waschmittel", die den Motor innen sauber halten. Werden z. B. die Kolben nicht sauber genug gehalten, kann es zu Ringstecken kommen. Zunächst treten dann „kaltfeste" Kolbenringe auf. Der Motor hat in kaltem Zustand unzureichende Kompression und springt schlecht an. In warmem Zustand lösen sich die Ringe aber wieder und die Kompression ist in Ordnung. Schlimmer wird es, wenn „heißfeste" Ringe auftreten, die dann auch im heißen Motor nicht mehr korrekt abdichten. Die heißen Abgase streichen dann mehr und mehr ungehindert am Kolbenhemd vorbei und heizen den Kolben so auf, dass es durch die thermisch verursachte Ausdehnung des Kolbens zum Kolbenfresser kommt.

Trotzdem, ein Zuviel an Detergentien kann auch schaden. Detergentien sind besonders reichhaltig in Hochleistungsölen für LKW enthalten, da hier der ins Öl eingetragene Ruß von den Metalloberflächen abgewaschen werden soll. Trotzdem sind diese Hochleistungs-LKW-Öle für Benzinmotoren nicht geeignet, da Detergentien bei der Verbrennung, wie sie beim Ölverbrauch im Brennraum des Motors auftritt, Metallmoleküle an der Brennraumoberfläche hinterlassen, die bei zu hoher Dosis an Detergentien zu Glühzündungen mit nachfolgendem Motorschaden führen können. Chemisch gesehen sind Detergentien sogenannte Metallsalze wie *Sulfonate, Phenate* und *Salicylate*, die meistens das Metall *Calcium* enthalten.

(d) Dispergentien

Diese Additive halten die Fremdstoffe im Motorenöl in der Schwebe, damit sie beim nächsten Ölwechsel mit dem Altöl den Motor verlassen. Dabei ist schwarzes Öl ein Zeichen dafür dass die Dispergentien gut ihrer Aufgabe nachkommen. Sauberes Öl beim Ölwechsel ist eher bedenklich, denn wenn die Fremdstoffe nur unzureichend in Schwebe gehalten werden, kann es zum gefürchteten Schwarzschlamm kommen. Erfreulicherweise sind Motorräder davon, im Gegensatz zu PKW, so gut wie gar nicht betroffen. Als Dispergentien werden z. B. *Succinimide* eingesetzt.

(e) Fließverbesserer

Diese Zusätze sind besonders wichtig im Einsatz unter strengen Winterbedingungen. Öle werden dadurch wintertauglicher gemacht. Doch schützen sie den Motor auch bei einem Kaltstart unter sommerlichen Temperaturen. Der Motor springt nicht nur besser an, sondern die Schmierstellen werden auch schneller mit Öl versorgt, wodurch der Verschleiß weiter reduziert wird, denn Kaltstarts belasten Motoren bekanntlich überproportional hoch. Als Fließverbesserer werden z. B. *Polymethylacrylate* eingesetzt.

(f) Buntmetallpassivatoren

Buntmetalle wie Ventilschaftabdichtungen aus Messing können durch diese Additive zusätzlich vor dem Angriff aggressiver Substanzen im Gebrauchtöl geschützt werden.

(g) Dichtungsverträglichkeitsverbesserer

Es ist wichtig, die empfindlichen Gummidichtlippen besonders zu schützen. Es darf weder Quellung oder Aufweichung, noch Verhärtung auftreten. Über gekonnte Additivierung und Grundölkomposition (z.B. *Ester*) kann man hier viel zum Schutz der Dichtungen erreichen.

(h) Schaumdämpfer

Gerade hochdrehende Motoren sollten vor der Bildung von Oberflächenschaum geschützt sein. Wird Luft oder lufthaltiges Öl angesaugt, kann es rasch zu einem Zusammenbruch des Schmierfilms kommen. Gleitlager können dadurch über kurz oder lang zerstört werden. Insbesondere Kavitation, also eine Art „Höhlenbildung" durch „Mikroexplosionen" in Bereichen des Lagers, wo der Öldruck stark abfällt, kann hier in hochbelasteten Gleitlagern auftreten. Hier können übrigens auch leichtflüchtige Bestandteile im Öl wie eingetragener Kraftstoff eine Rolle spielen. Als Schaumdämpfer werden üblicherweise geringe Mengen an *Silikonöl* zugegeben.

(i) Reibwertminderer

Reibwertminderer können den Leichtlauf eines Motors verbessern und so helfen, den Kraftstoffverbrauch geringfügig zu senken oder die Leistung etwas zu erhöhen. Größenordnungen von deutlich mehr als 0,5% sind aber nicht zu erwarten. Reibwertminderer werden bevorzugt in sogenannten *Leichtlaufölen* für PKW eingesetzt.

Wie im Abschnitt über Synthetiköle schon erwähnt können Reibwertminderer in Motorrädern mit Nasskupplung zum berüchtigten Kupplungsrutschen führen. Deshalb werden diese Zusätze normalerweise in Schmierölen, die speziell für Motorräder konzipiert wurden, *nicht* verwendet. Selbst für Motorräder mit Trockenkupplung ist vom Einsatz von PKW-Leichtlaufölen eher abzuraten, da diese Öle generell oft zu dünn für die spezifisch viel höher belasteten Motorradmotoren sind. Auch die Getriebe, sofern sie vom Motoröl geschmiert werden, reagieren empfindlich und mit Verschleiß an den Zahnflanken auf ein zu dünnes Öl.

7.4.3 Viskositätsindexverbesserer

Öle besitzen naturgemäß eine gewisse „Zähigkeit". Diese ist vergleichsweise hoch bei niedrigen Temperaturen (hohe Viskosität) und nimmt bei steigenden Temperaturen deutlich ab (niedrige Viskosität). Idealerweise könnte man sich ein Öl vorstellen, das bei jeder Temperatur die gleiche Viskosität aufweisen würde. D. h. bei Kälte ermöglicht es einen leichten Motorstart und ist schnell an den Schmierstellen im Motor verfügbar. Gleichzeitig würde solch ein ideales Öl bei thermisch hoher Belastung nie zu dünn werden. Leider gibt es solche Öle nicht, und so muss ein technischer Trick weiterhelfen, Ölen wenigstens annähernd solch eine Charakteristik, also eine sogenannte „*Mehrbereichs-Charakteristik*" zu geben. Hierzu gibt es zwei Möglichkeiten, die auch miteinander kombiniert werden können. Zunächst kann über eine geeignete Grundölauswahl bereits eine Mehrbereichscharakteristik erreichen. Synthetische Öle und insbesondere die höherwertigen Hydrocracköle besitzen hier gute Ausgangseigenschaften. Dann kann man Wirkstoffe, sogenannte Viskositätsindexverbesserer zugeben. Diese VI-Verbesserer sind sehr große Moleküle, etwa 2- bis 3000 Mal so groß wie Ölmoleküle. Im kalten Zustand sind sie – vereinfacht ausgedrückt – zusammengeknäult und dicken das Öl nur wenig ein. Im heißen Zustand entknäulen sie sich aber so stark, dass sie das Fließen der Ölmoleküle behindern. Dies führt zu einer erwünschten Bremsung des Dünnerwerdens des Öles bei hohen Temperaturen.

7.4 Motorenöle

Leider können VI-Verbesserer unter hoher Scherung zerschnitten werden und somit ihre Wirkung verlieren. Zusätzlich neigen sie dazu den Motor ganz besonders an heißen Stellen wie im Kolbenbereich zu verschmutzen (z. B. Kohlebildung in der ersten Kolbenringnut). Gerade in Motorradmotoren, in denen nicht nur im Ventiltrieb sehr hohe Scherkräfte auf das Öl wirken, sondern zusätzlich ganz besonders im integrierten Getriebe und an der Nasskupplung. Daher sollten im Motorradöl VI-Verbesserer nur sparsam zudosiert werden. Auf unnötig große Viskositätsspannen sollte verzichtet werden, da dann selbst ein hochwertiges synthetisches Grundöl große Mengen an VI-Verbesserern benötigt. In Straßentesten mit Motorrädern konnte gezeigt werden, dass synthetische Öle mit moderater Viskositätsspanne pro 1000 km etwa drei Prozent ihrer Viskosität durch Scherung verloren, während selbst synthetische Öle, aber mit hoher Viskositätsspanne über 16 Prozent pro 1000 km verloren.

Als VI-Verbesserer werden z. B. *Polyolefine, Polyisobutene, Styrol / Olefin – Copolymere* und *Polyacrylate* eingesetzt. **Bild 7.7** zeigt schematisch die Wirkungsweise von VI-Verbesserern.

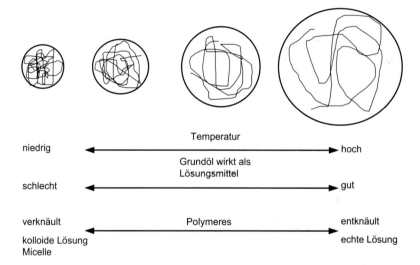

Bild 7.7 Wirkungsweise von VI-Verbesserern

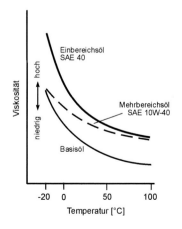

Bild 7.8 zeigt das grundsätzliche Viskositäts-Temperaturverhalten eines 10W-Einbereichs-Basisöles, das durch Zusatz von VI-Verbesserer auf ein 10W-40 Mehrbereichsöles eingestellt wurde, also gleichzeitig SAE 40 mit abdeckt.

Bild 7.8
Mehrbereichs-Charakteristik durch Einsatz von VI-Verbesserern (schematisch)

7.4.4 Klassifizierung von Motorenölen

Eine Klassifizierung von Motorenölen wird nach Viskosität und Qualität vorgenommen. Dabei ist zu beachten, dass eine Viskositätsangabe *keinerlei* Rückschlüsse auf die Qualität erlaubt. Auch bringt eine zu große „Spannweite" in der Mehrbereichscharakteristik ganz besonders in Motorradmotoren mehr Nachteile als Vorteile, wie oben bereits beschrieben, und ist überhaupt kein Indiz für ein besonders „gutes" Öl.

(a) Klassifizierung nach der Viskosität

Die nachfolgende **Tabelle 7.2** zeigt die gegenwärtig gültigen Viskositätsklassen für Motorenöle.

Tabelle 7.2 SAE-Viskositätsgrade für Motorenöle

SAE-Viskositätsgrade für Motorenöle		(SAE J300 rev. 1995-DIN 51511)		
SAE-Viskositätsklasse	praktische „Vergleichszähigkeit"	Max. Viskosität* [mPa·s] bei Temp. °C → maximale Tieftemperaturviskosität	Kinematische Viskosität*** [mm²/s] bei 100°C	
			min.	max.
0W	dünnflüssig fast wie Wasser	3250 bei -30		-
5W		3500 bei -25	3,8	-
10W		3500 bei -20	4,1	-
15W		3500 bei -15	5,6	-
20W		4500 bei -10	5,6	-
25W		6000 bei -5	9,3	-
20			5,6	< 9,3
30			9,3	<12,5
40			12,5	<16,3
50		-	16,3	<21,9
60	sehr zähflüssig fast wie Honig	-	21,9	<26,1

*   ASTM D 2602 (Cold Cranking Simulator)
*** ASTM D 445 (niedrige Schergefälle, Kapillare)

Anmerkungen zur Tabelle 7.2:

− Das W hinter den Zahlen steht für Wintertauglichkeit.
− Die maximale Tieftemperaturviskosität zeigt die Kälteeigenschaften des jeweiligen Öles. Diese „Viskosität" gibt einen Hinweis auf das Kaltstartverhalten eines mit diesem Öl geschmierten Motors und wird zur Spezifizierung von „Winter"-Klassen bei Motorenölen benutzt.
− Die kinematische Viskosität eines Motorenöles bei 100° C wird benutzt, um die Viskosität bei höheren Temperaturen zu klassifizieren.

7.4 Motorenöle

(b) Klassifizierung nach der Qualität

Die SAE-Klassifizierung bezieht sich, wie schon erwähnt, ausschließlich auf die Viskosität und lässt keine Rückschlüsse auf die Qualität, den vorgesehenen Einsatzzweck (z. B. Ottomotor, Dieselmotor oder Lkw) und die Leistungsfähigkeit des Öles zu. Aus diesem wurden weitere Klassifizierungssysteme eingeführt, die die Leistungsfähigkeit des Öles kennzeichnen. Erst seit 1999 gibt es auch eine Spezifikation für *Viertakt-Motorradöle*, die Mindest-Qualitätsanforderungen festlegt.

MIL-Spezifikation

Die MIL-Spezifikationen gehen auf Anforderungen der amerikanischen Armee zurück und hat für Motorradöle keine direkte Bedeutung.

API-Spezifikationen

Die erste Klassifikation wurde 1947 vom *American Petroleum Institut* (*API*) für den damals schon riesigen Pkw-Markt der USA eingeführt. In bezug auf die PKW-Motoröl-Qualität war sie jahrzehntelang weltweit das Maß aller Dinge. Seitdem sind laufende Revisionen erfolgt. Für Motorradöle stellen diese API-Spezifikationen für Ottomotoren (**Tabelle 7.3**) auch heute noch ein Grundmaß an Qualitätanforderung dar, obwohl keine Motorradmotoren bzw. Motoren ähnlicher Konstruktion in die Motorenöltestsequenzen eingebunden sind. Bedeutung für moderne Motorräder haben die Klassifikationen ab API „SE", die älteren Klassen „SA bis SD" sind nur der Vollständigkeit halber aufgeführt.

Tabelle 7.3 API-Spezifikationen für Pkw-Ottomotorenöle

API-Klassifikationen für Pkw-Ottomotorenöle	
API SA	Unlegierte Mineralöle; Schaumdämpfer und Stockpunktverbesserer können enthalten sein.
API SB	Öle mit geringen Verschleiß-, Alterungs- und Korrosionsschutzzusätzen. Seit 1930.
API SC	Öle mit erhöhtem Schutz gegen Fressverschleiß, Oxidation und Lagerkorrosion. Zusätzliche Wirkstoffe gegen Kaltschlamm und Rost. Decken die Anforderungen der US-Automobilhersteller von 1964 – 1967 ab.
API SD	Gegenüber SC verbesserte Ölqualität. Die Anforderungen der US-Automobilhersteller bis 1971 werden abgedeckt.
API SE	Gegenüber SD verbesserte Ölqualität, für die höheren Anforderungen der US-Automobilhersteller von 1972 – 1979.
API SF	Im Vergleich zu SE erhöhte Oxidationsstabilität, verbesserter Verschleißschutz, bessere Motorsauberkeit und Verringerung der Kaltschlammbildung. Erfüllt die Anforderungen der US-Automobile der 80er Jahre
API SG	Überdeckt SF. Darüber hinaus Schutz gegen Schwarzschlamm und Oxidation sowie Verbesserung des Verschleißverhaltens. Für US-Automobile ab 1988.
API SH	Seit 1992 gültig. Deckt SG ab; zusätzliche Anforderungen an Verdampfungsverlust, Filtrierbarkeit, Schaumverhalten.
API SJ	Erhöhte Anforderungen an Verdampfungsverlust, Schaumverhalten, Filtrierbarkeit und Schlammbildung.

CCMC-Spezifikationen

Die CCMC Spezifikationen sind zwischenzeitlich durch die ACEA Spezifikationen abgelöst worden (s. u.) und somit veraltet.

ACEA-Spezifikationen

Ab 1996 wurden die CCMC-Spezifikationen durch die weiterentwickelten ACEA-Spezifikationen (*A*ssociation des *C*onstructeurs *E*uropéens d'*A*utomobiles) ersetzt, sie stellen damit die derzeit aktuellsten Normen für europäische Motoren einer europäischen Vereinigung der Automobilhersteller dar. Die neuen ACEA Spezifikationen definieren Mindestanforerungen an Kfz-Motorenöle, die sowohl in chemisch-physikalischen Laborprüfungen als auch in Prüfstandstest in modernen Vollmotoren nachgewiesen werden müssen. Seit 1996 gelten die Spezifikationen für Ottomotoren, **Tabelle 7.4**. Hier sind allerdings wiederum keine Motorradmotoren in die Testsequenzen eingebunden.

Tabelle 7.4 ACEA-Spezifikationen für Pkw-Ottomotorenöle

ACEA Ölspezifikation für Pkw-Ottomotoren	
A1-98	**STANDARD** – Motorenöle
A2-96 (2)	**STANDARD** – Motorenöle erhöhte Anforderungen in den Punkten: • Verdampfungsverlust • HTHS Viskosität • Viskositätsstabilität bei hoher Temperaturen und hohem Schergefälle
A3-98	**PREMIUM** – Motorenöle erhöhte Anforderungen in den Punkten: • Viskositätslagenstabilität (stay in grade) • Scherstabilität • Verdampfungsverlust • Kolbensauberkeit • Verlackung

HTHS-Viskosität = high temperature, high shear viscosity, d. h. Viskosität bei hohen Temperaturen unter hoher Scherbeanspruchung

JASO Viertakt-Motorradmotorenöl-Spezifikationen

Bisher war es übliche Praxis der vieler Motorradhersteller, Motorenöle zu empfehlen, die Anforderungen für Pkw-Ottomotoren erfüllten. Öle dieser Kategorien waren weltweit verfügbar und die Motorradmotoren wurden so ausgelegt, dass sie selbst mit integriertem Getriebe und Nasskupplung (Getriebe und Kupplung in einem Kreislauf mit dem Motorenöl) mit den angebotenen Ölqualitäten für Pkw ohne Probleme zurecht kamen. Somit war es nicht in der Vergangenheit nicht unbedingt erforderlich, eine eigene Kategorie von Motorenölen speziell für Viertaktmotorräder zu entwickeln.

7.4 Motorenöle

In den vergangenen Jahren haben sich aber in der Motorenölentwicklung für Pkw Tendenzen ergeben, die ein zunehmendes Divergieren der Anforderungen von Pkw- und Motorradmotoren zur Folge hatte. So wurde aus Gründen der Kraftstoffeinsparung bei der Entwicklung von Motorenölen für Pkw zunehmend sogenannte Leichtlauföle entwickelt. Dazu wurde vermehrt Grundöl niedriger Viskosität eingesetzt. Wie in den vorangegangenen Abschnitten bereits erwähnt, kann dies aber bei Motorradmotoren mit integriertem Getriebe zu Getriebeverschleiß führen (*Pitting*, kleine Materialausbrüche).

Reibwertverminderer, auch darauf wurde schon mehrfach verwiesen, die den PKW-Leichtlaufölen zugegeben werden, führen bei Nasskupplungen durch Festsetzen dieser Additive auf den Kupplungslamellen zum Durchrutschen der Kupplung, sobald ein erhöhtes Drehmoment vom Motor abgefordert wurde. Durch den reduzierten Reibwert des Öles an der Kupplung kann der Kraftschluss ab einer bestimmten Last verlorengehen.

Zunächst reagierten manche Motorradhersteller mit dem Verbot moderner Motorenöle (z.B. Verbot von API SH oder SJ Ölen, oder ganz pauschal mit dem Verbot synthetischer Öle). Es muss an dieser Stelle aber nochmal festgestellt werden, dass weder die genannten API-Spezifikationen, noch synthetische Öle für das Kupplungsrutschen verantwortlich gemacht werden können. Vielmehr ist es die *Additivierung* des Öles mit Reibwertminderern.

Um künftig diese Probleme zu vermeiden, wurde 1999 seitens JASO eine Spezifikation veröffentlicht, die grundlegende Anforderungen an Viertakt-Motorenöle speziell für Motorräder festlegt, diese sind in **Tabelle 7.5** allgemeinverständlich zusammengefasst. Die wichtigste Anforderung ist dabei die Definition von ausreichend hohen Reibwerten an der Nasskupplung (JASO *MA*). Diese Öle sollten auch in kritischen Motorrädern mit hohem Drehmoment und relativ klein dimensionierter Kupplung keine Probleme hervorrufen. Werden alle anderen Kriterien erfüllt, nur nicht ein bestimmter hoher Reibwert an der Kupplung, dürfen die Öle als JASO *MB* bezeichnet werden, diese sollten jedoch nicht in Motorrädern mit empfindlicher Kupplung eingesetzt werden.

Tabelle 7.5 JASO-Spezifikationen für Viertakt-Motorradmotorenöle

Generelle Qualitätsanforderung	API-SE, SF, SG, SH oder SJ ACEA A1, A2 oder A3 (bzw. akzeptable künftige Klassifikationen)	
Schmierstoffeigenschaften	- hohe Viskositätsstabilität bei hohen Temperaturen und hohem Schergefälle (HTHS Viskosität) - hohe Verdampfungsstabilität - hohe Scherstabilität	
Reibwertanforderungen bezogen auf die Kupplung	hoher Reibwert	niedriger Reibwert
	JASO MA	JASO MB

Auf die Darstellung von Zahlenwerten, die die Spezifikation genau festlegt, wurde verzichtet

Zu den genannten Anforderungen kommen noch weitere zur Vermeidung von Ölschäumung und eine Festlegung des Sulphatascheanteils (zur Vermeidung von Glühzündungen, vgl. Detergentien im vorigen Abschnitt), worauf an dieser Stelle nicht näher eingegangen werden soll.

7.4.5 Zweitaktöle

Zweitaktöle unterscheiden sich grundlegend in vielerlei Hinsicht von Viertaktölen. Während ein Viertaktöl guter Qualität durchaus sehr erfolgreich als Rennöl eingesetzt werden kann, muss beim Zweitaktöl normalerweise schon ganz am Anfang vor der Entwicklung entschieden werden, ob das Öl für den alltäglichen Einsatz gedacht ist, oder für den Renneinsatz. Bei einem Zweitaktöl für den Renneinsatz kommt es nämlich, wie man erwarten könnte, auf höchstmögliche Schmiersicherheit an. Verschmutzungen werden in Kauf genommen, da Rennmotoren sowieso häufig geöffnet und überholt werden.

Ganz anders stellt sich die Situation dar, wenn ein Zweitaktöl für den Alltagsbetrieb entwickelt werden soll. Dann spielt eine Auslegung auf maximale Sauberhaltung die höchste Rolle. Moderne Zweitakter für den alltäglichen Einsatz sind heute relativ sicher gegenüber Kolbenklemmen ausgelegt, viel wichtiger ist heute, dass ein problemloser Betrieb ohne Startschwierigkeiten und Leistungsverlust über viele tausend Kilometer erreicht wird. Zusätzlich ist es möglich über die Zusammensetzung des Öles das Rauchen des Zweitakters zu eliminieren – es zumindest deutlich zu reduzieren.

(a) Zusammensetzung

Zweitaktöle sind viel geringer additiviert als Viertaktöle. Üblicherweise werden ca. 2 bis 6% Additive eingesetzt, die sich aus Antioxidantien, Detergentien und Dispergentien zur Sauberhaltung, sowie Fließverbesserern bestehen. Zusätzlich werden oft Farbstoffe zugegeben, die helfen in Falle von Mischungsschmierungen zu erkennen, ob dem Kraftstoff schon Öl zugegeben wurde. Verschleißschutzadditive wie im Viertaktmotorenöl, Schaumdämpfer, Reibwertminderer und Viskositätsindexverbesserer werden im Zweitaktöl nicht eingesetzt. Die Additivierung ist so ausgelegt, dass die Sulphatasche (vgl. Viertaktöle, Detergentien) um. ca. den Faktor 10 und geringer ausfällt, da Zweitakter viel eher zu Glühzündungen neigen als Ottoviertaktmotoren.

Die Zusammensetzung des Grundöles spielt beim Zweitaktöl eine entscheidende Rolle, da hierdurch noch mehr als durch die Additivierung die Schmiersicherheit und die Sauberkeit des Motors und des Auslasssystems beeinflusst werden kann. Die Grundöle können mineralisch, synthetisch oder teilsynthetisch ausgelegt sein. Oft werden auch Ester ganz gezielt zur Steuerung angestrebter Qualitäten eingesetzt. Neuerdings werden auch vermehrt und in hoher Dosierung raucharm verbrennende Grundöle eingesetzt (*Polyisobuthylene*, kurz *PIBs*). Dadurch kann der sichtbare Rauch stark reduziert werden. Werden aber zu hochmolekulare PIBs eingesetzt, oder der Motor läuft auf relativ niedrigem Temperaturniveau, können die PIBs aber auch zu honigartigen Verklebungen im Brennraum und Auslasssystem führen. Zusätzlich sind moderne Zweitaktöle für den Alltagsbetrieb vorgemischt, d. h. sie enthalten z. B. ca. 20 Prozent eines geruchlosen Kerosins. Dadurch vermischt sich das Zweitaktöl nicht nur bei Mischungsschmierung besser im Tank mit dem Kraftstoff, sondern bringt auch bei den heute üblichen Getrenntschmierungssystemen Vorteile bei der Verteilung im Motor. Heutzutage wird die Vormischkomponente als fester Bestandteil des Öles gewertet, also 1:50 heißt ein Teil des Zweitaktöl-Fertigproduktes (inkl. Vormischkomponente) auf 50 Teile Kraftstoff.

(b) Spezifikationen

Für Zweitaktöle gibt es schon seit langem spezielle Spezifikationen. Neben den Spezifikationen für Außenborder (NMMA, National Marine Manufacturers Assosiation), die für Straßenfahrzeuge keine Relevanz haben, gibt es heute für landgebundene Zweitakter die API TC Spezifikation aus den USA und die 1995 erstmals in Kraft getretene JASO Spezifikation aus Japan für Zweitaktmotorenöle, die teilweise als ISO-Spezifikation direkt übernommen wurde. Die API TC Spezifikation basiert auf dem alten Yamaha RD 350 Motor und weiteren Teste in einem Yamaha CE 50cc Rollermotor. Da die Ersatzteile für den RD 350 Motor mittlerweile knapp werden, wird diese Spezifikation in absehbarer Zeit verschwunden sein. Die JASO- und ISO-Zweitaktölspezifikationen werden dagegen auch künftig an Bedeutung behalten.

Tabelle 7.6 zeigt die JASO- und ISO-Spezifikationen. Die Testkandidaten werden im direkten Vergleich zu einem hohen Referenzöl (Jatre 1) getestet. Jatre 1 wird immer eine Punktzahl von 100 zugeordnet, während je nach Qualität JASO FA (sehr niedrig), FB (mittelmäßig) oder FC (hoch) die Kandidaten die in der Tabelle angegebenen Punkte erreichen müssen. Die Teste bezüglich Schmierbarkeit und Sauberkeit werden in einem Honda Dio Motor durchgeführt, Auspuffqualm und Auslasssystemverkokung werden in einem Suzuki Generator Motor gefahren.

Von ISO wurde die Testsequenz JASO FA wegen zu marginaler Ölqualität nicht übernommen, die Testsequenzen JASO FB und FC wurden aber direkt akzeptiert. Zusätzlich hat ISO noch einen verschärften Sauberkeitstest für die höchste ISO Qualität hinzugefügt (ISO-L-EGD).

Tabelle 7.6 JASO-/ISO-Spezifikationen für Zweitakt-Motorradmotorenöle

Iso (global	nicht anwendbar	L-EGB	L-EGC	L-EGD
JASO	**FA**	**FB**	**FC**	**nicht anwendbar**
Sauberkeits-Index	mind. 80	mind. 85	mind. 95	mind. 125
Schmierbarkeits-Index	mind. 90	mind. 95	mind. 95	mind. 95
Drehmoment-Verlust-Index	mind. 98	mind. 98	mind. 98	mind. 98
Rauch-Index	mind. 40	mind. 45	mind. 85	mind. 85
Auspuff-Verkokungs-Index	mind. 30	mind. 45 min	mind. 90	mind. 90
				Referenzöl Jatre 1 = 100

7.4.6 Rennöle

(a) Zweitaktrennöle

Schmiersicherheit hat bei Rennölen für Zweitakter höchste Priorität. Sauberkeit ist zweitrangig, da die Motoren oft überholt werden. Daher leuchtet es ein, dass Zweitaktrennöle nicht die auf Sauberkeit ausgerichteten JASO- und ISO-Spezifikationen erfüllen müssen. Es kann sogar gesagt werden, dass die Erfüllung o. g. Spezifikationen ein gewisses Maß an Kompromissbereitschaft an die Schmiersicherheit voraussetzt, und das ist bei Rennölen unerwünscht. Rennöle, insbesondere auf Rizinusbasis, können aber im Alltagsbetrieb zu derartig hohen Verschmutzungen am Kolben und im Motor führen, dass es über das so reduzierte Spiel zwischen Kolben und Zylinder zu Kolbenfressern kommen kann. Auf alle Fälle ist mit der Zeit ein Zusetzen des Auspuffsystems mit nachfolgendem Leistungsabfall zu erwarten.

Rizinusöl ist im Kartsektor, insbesondere in der Klasse Super A, noch sehr erfolgreich verbreitet. Dies ist mit der unschlagbaren Schmiersicherheit unter extremsten Bedingungen zu erklären. In der o.g. Klasse wird kein Schaltgetriebe eingesetzt, somit werden die Motoren auf den Geraden oft stark überdreht. Vor der nächsten Kurve erhält der Motor dann durcg das Gaswegnehmen auch kein Öl mehr. Oft hilft dann nur noch Rizinusöl einen Kolbenklemmer zu vermeiden, allerdings auf Kosten der Kolbensauberkeit. Oft muss nach nur einem Rennwochenende der komplett verschmutzte Kolben erneuert werden. Zweitakt-Karts mit Schaltgetriebe und Zweitaktrennmotoräder kommen normalerweise gut mit einem synthetischen Rennöl zurecht, das zwar auch nicht auf Sauberhalten des Motors ausgelegt ist, aber den Motor wesentlich weniger verschmutzt.

Zweitaktrennöle sind generell nicht vorgemischt, da das üblicherweise verwendete niedrigoktanige geruchslose Kerosin die Schmierleistung reduzieren kann und die Oktanzahl des Kraftstoff-/ Ölgemisches unnötig absenkt. Auf der anderen Seite sind aber Vormischkomponenten mit hoher Oktanzahl, sogenannte Oktanzahlbooster, im Zweitaktrennöl nicht erlaubt. Darum müssen Zweitaktöle für den Motorrad-GP-Renneinsatz von der FIM freigegeben werden. Gleiches gilt für den Einsatz im Kartrennsport (Freigabe durch CIK, das oberste Rennsportgremium für Karts).

(b) Viertaktrennöle

Im Gegensatz zum Zweitaktbereich können Hochleistungsviertaktöle durchaus hervorragende Rennqualitäten an den Tag legen. Aber auch hier gilt, dass nur mit maßgeschneiderten Produkten ein Optimum erreicht werden kann.

So empfiehlt es sich, für Motorrad-Langstreckenrennen lieber auf das letzte Quäntchen an Leistung zu verzichten und mehr Wert auf höchste Schmierreserven zu legen. D. h. das Öl sollte nicht zu dünn gewählt werden. Dies ist auch deswegen wichtig, weil ganz besonders in Rennmotoren trotz des heißen Betriebes ein nicht unwesentlicher Kraftstoffeintrag ins Motorenöl auftritt und das Öl verdünnt, also die Schmierreserven herabsetzt. Es ist durchaus nicht der Fall, dass der im Vergleich zum Motorenöl leichtflüchtige Kraftstoff komplett wieder ausgedampft wird. Die hohen Siedeenden des Kraftstoffes reichern sich im Öl an.

Geht es allerdings um relativ kurze Rennen, wie z. B. Rennen in der Superbike- oder Super Sport-Klasse, dann zählt jedes PS. Hier ist durch eine Herabsetzung der Viskosität, z. B. von SAE 10W-40 auf SAE 5W-20, bei sorgfältiger Abstimmung der Grundöle und Additive durchaus ein Leistungsgewinn von 1,5 Prozent möglich. Zusätzlich könnte nochmals mit ca. einem halben Prozent gerechnet werden, wenn der Motor eine Trockenkupplung besitzt und somit Reibwertminderer eingesetzt werden können. Öle dieser niedrigen Viskosität sind wegen des Kraftstoffeintrages möglichst bereits nach ca. 500 km auf dem Rennkurs zu wechsen. Im Alltagsbetrieb sind diese Öle generell nicht zu empfehlen. Gründe dafür sind auch hier die unvermeidliche Ölverdünnung durch Kraftstoff, aber auch zusätzlicher Viskositätsverlust durch Scherung, die bei relativ kurzzeitigem Betrieb auf der Rennstrecke nicht allzu stark zum Tragen kommen. Außerdem ist die Auswahl niedrigviskoser Grundöle für den Dauerbetrieb im Alltag problematisch für die Dauerhaltbarkeit des Getriebes. Weiter oben wurde diese Problematik, die zu Materialausbrüchen (Pitting) an den Zahnrädern führen kann, schon erwähnt.

Ein Viertaktrennöl kann aber auch zu dünn ausgelegt sein, so dass durch vermehrte Grenzreibung dann wieder Leistung verloren werden kann. In der Praxis hat sich der Versuch auf Bremsenprüfständen bewährt, hier eine optimale Lösung zwischen maximaler Leistung und ausreichender Zuverlässigkeit für den Renneinsatz zu finden.

7.5 Getriebeöle

Früher waren Getriebeöle einfache Mineralöle höherer Viskosität, die nur wenige Additive enthielten. Mit dem Anstieg der Motorleistung nimmt auch die Getriebebelastung zu, gleichzeitig werden die Getriebe immer kleiner und kompakter, so dass die spezifische Beanspruchung für die Zahnräder fortwährend ansteigt. Heute sind daher Getriebeöle Hochleistungsschmierstoffe, die sowohl aus mineralischen als auch synthetischen Grundölen und entsprechenden Additiven bestehen. Da in vielen Motorrädern das Getriebe im Motorgehäuse integriert ist und vom Motoröl geschmiert wird, sollen hier nur die Öle für separate Getriebe (wie bei BMW, Moto-Guzzi, Zweitakter u.a.) und für Hinterachsgetriebe (Kardanantrieb) behandelt werden.

Die höchstbelasteten Stellen in Getriebe sind die Flanken der Zahnräder. Dort tritt aufgrund der hohen Pressungen *Mischreibung* auf, d.h. die Metalloberflächen werden nicht mehr vollständig durch einen Ölfilm getrennt, sondern berühren sich teilweise. Um Verschleiß zu verhindern, enthalten Getriebeöle spezielle EP-Zusätze, deren Wirkungsweise schon im vorigen Kapitel erläutert wurde. Besonders wichtig sind diese Zusätze bei Achsgetrieben mit versetzten Achsmitten (sogenannte Hypoidverzahnung), wie sich bei Motorrädern mit Kardanantrieb häufig zum Einsatz kommen. Die Zahnflanken der dortigen Kegel- und Tellerräder sind besonders hoch belastet, weil sie neben der Abrollbewegung noch eine starke Gleitbewegung gegeneinander ausführen. Ohne Höchstdrucköle (sog. Hypoidöle) mit einem hohen Anteil an EP-Zusätzen würden diese Getriebe schnell verschleißen.

Weitere Additive für Getriebeöle dienen dem Alterungs- und Korrosionsschutz. Durch die Entlüftung gelangen immer gewisse Sauerstoffmengen und auch Feuchtigkeit aus der Luft in das Getriebe und können zu Korrosion an Wellen, Lagern und Zahnrädern führen und eine allmählichen Oxidation und Alterung des Getriebeöls bewirken. Immerhin kann das Getriebeöl auch Temperaturen bis zu 150° C erreichen, was Oxidationsvorgänge begünstigt. Antischaum-Zusätze vermeiden die Bildung von beständigen Öl-Luft-Gemischen, die durch das Durchwirbeln des Getriebeöls entstehen können. Ölschaum ist schädlich, weil er eine verminderte Schmierfähigkeit und Tragfähigkeit aufweist, eine schlechtere Wärmeabfuhr besitzt und die im Schaum feinverteilte Luft die Ölalterung begünstigt.

VI-Verbesserer werden dem Getriebeöl zugesetzt, wenn man größere SAE-Bereiche überbrücken will oder muss. Dies spielt bei Automobilgetrieben eine größere Rolle, um bei kalten Getrieben eine leichte Schaltbarkeit zu erreichen und bei heißem Getriebe die Geräusche zu mindern (dickes Öl dämpft besser). Bei Motorradgetrieben werden meist nur Einbereichsgetriebeöle verwendet. Zu beachten ist, dass die SAE-Klassen für Getriebeöle nicht denen der Motoröle entsprechen (Getriebeöl mit SAE 90 entspricht in seiner Viskosität einem Motoröl mit SAE 40 oder 50). **Tabelle 7.7** zeigt die gängigen Viskositäten für Getriebeöle. Auch hier ist, wie schon bei den Motorenölen gesagt, von der Viskosität kein Rückschluss auf die Qualität und Leistungsfähigkeit des Öles möglich.

Tabelle 7.7 Viskositätsklassen von Getriebeölen

SAE Viskositätsklasse	Viskosität ähnlich einem Motoröl mit SAE	Temperatur [°C] für eine Viskosität von 150 Pa s	Kinematische Viskosität bei 100°C, [mm²/s]	
			min.	max.
70 W	10 W	-55	4,1	-
75 W		-40	4,1	-
80 W	20 W	-26	7,0	-
85 W		-12	11,0	-
90	50	-	13,5	< 24,0
140		-	24,0	< 41,0
250		-	41,0	-
				W = Wintereignung

Die Eigenschaften von Getriebeölen werden vom API (*A*merican *P*etroleum *I*nstitute) festgelegt, teilweise gibt es auch herstellereigene Spezifikationen (auf die Militäranforderungen nach *MIL* wird hier nicht eingegangen). In **Tabelle 7.8** sind die gebräuchlichen Spezifikationen, die für Motorräder wichtig sind, erläutert. Zu beachten ist, dass bei Getriebeölen in Achsantrieben (Kardanantrieb) keinesfalls eine geringerwertige Spezifikation als vom Hersteller vorgeschrieben verwendet werden darf, weil sonst sehr schnell Verschleiß eintritt (also z.B. kein Öl nach GL-4 statt dem vorgeschriebenen GL-5 verwenden). Es sollte aber auch erwähnt werden, dass Öle mit hohem Anteil an EP-Zusätzen korrosiv auf die Bauteile des Achsantriebs und aggressiv auf Dichtungswerkstoffe wirken können. D. h. wenn GL-4 vorgeschrieben wird, ist GL-5 nicht automatisch in jedem Falle ein Produkt, das bedenkenlos eingesetzt werden kann und sollte auf den Einsatz in Getrieben mit höchster Beanspruchungen beschränkt bleiben. Auch deswegen sollte man sich an die Vorgaben der Motorenhersteller halten.

Tabelle 7.8 Spezifikation von Getriebeölen

API-Klasse	Erläuterung	Betriebsbedingungen für das Öl
GL-3	Schaltgetriebe sowie Achsgetriebe mit Stirn- und Kegelrädern	normal bis mittelschwer
GL-4	Schaltgetriebe sowie Achsgetriebe mit Hypoid-Verzahnung bei **geringem** Achsversatz. SAE-Klassen 75, 80 und 90	schwer
GL-5	Schaltgetriebe sowie Achsgetriebe mit Hypoid-Verzahnung bei **großem** Achsversatz. SAE-Klassen 80, 90 und 140, sowie 75W, 80W-90 und 85W-140	Höchstbeanspruchung Stoßbelastungen

7.6 Ölzusätze

Bei *Ölzusätzen*, die im freien Handel angeboten werden, ist Skepsis angebracht. Moderne Motor- und Getriebeöle haben einen so hohen Stand erreicht, dass Zusätze nicht notwendig sind. Da die Verträglichkeit mit den Öladditiven in der Regel nicht bekannt ist, könnte die Ölqualität durch die Zusätze durchaus nachteilig beeinflusst werden. Bestimmte reibungsmindernde Zusätze, wie z. B. manche Stoffe auf Basis von Molybdändisulfid (MoS_2) o.ä., können sogar ausgesprochen schädlich wirken, indem sie z.B. den Reibwert von Kupplungsbelägen unzulässig herabsetzen, so dass die Kupplung durchrutscht. Ein teurer Austausch der Kupplungslamellen und eine aufwendige Motorspülung zur restlosen Entfernung des Zusatzes können die Folge einer solchen „Nachbesserung" des Öls sein. In älteren Motoren (vorzugsweise bei Veteranen), bei denen zur Ölverteilung Schleuderbleche eingesetzt werden, können die Feststoffpartikel des Zusatzstoffes sogar feine Ölverteilungsbohrungen verschließen und so die Schmierung teilweise unterbrechen.

Fahrwerk

8 Konstruktive Auslegung von Motorradfahrwerken

Das Motorradfahrwerk besteht in seiner urprünglichen Definition aus dem Rahmen, der Vorderradführung mit der Lenkung, der Hinterradaufhängung und den Rädern mit den Reifen. Bei näherer Betrachtung ist dieser Fahrwerksbegriff aber eigentlich zu eng gefasst, weil der Eindruck entstehen kann, nur diese vier Hauptkomponenten seien für das Fahrverhalten des Motorrades bestimmend. Beim Motorrad gibt es aber, viel deutlicher als beim Automobil, eine sehr enge Koppelung zwischen dem (der) Fahrer(in)/Beifahrer(in) und dem Fahrzeug mit entsprechend vielfältigen Rückwirkungen. Dehnt man den Fahrwerksbegriff auf alle wesentlichen Bauteile aus, die auf das Fahrverhalten einwirken, könnte man folgende Baukomponenten des Motorrades als zum Fahrwerk gehörend bezeichnen:

- Rahmen
- Vorder- und Hinterradführung
- Feder- und Dämpferelemente der Radaufhängung
- Lenkung mit Lenker
- Vorder- und Hinterrad mit Reifen
- Vorder- und Hinterradbremsen
- Fahrer- und Beifahrersitzplätze
- Verkleidung
- Gepäcksysteme

Auch der Antrieb beeinflusst das Fahrverhalten, worauf an dieser Stelle aber nicht näher eingegangen werden soll. Um der klassischen Betrachtungsweise des Fahrwerks Rechnung zu tragen, werden wir uns zunächst nur den ersten fünf Fahrwerkskomponenten zuwenden. Die Bremsen werden ebenso wie zum Beispiel die Verkleidung in eigenen Kapiteln abgehandelt. Das entspricht auch der Bau- und Funktionsgruppeneinteilung sowie den Strukturen bei der Entwicklung des Fahrzeugs. Die Karosserie zum Beispiel hat eine enge Verzahnung zum Design, wirkt aber natürlich über die aerodynamischen Kräfte elementar auf das Fahrverhalten ein.

Der Leser wird um Einsicht gebeten, dass es im Rahmen eines Grundlagenbuchs für Motorradtechnik nicht möglich ist, alle Teilbereiche des Fahrwerks mit gleicher Ausführlichkeit zu behandeln und ein Setzen von Schwerpunkten unumgänglich ist.

8.1 Begriffe und geometrische Grunddaten

Die wichtigsten Bezeichnungen im Zusammenhang mit dem Motorradfahrwerk sowie die Definitionen der geometrischen Fahrwerksdaten sind im **Bild 8.1** aufgeführt. Die angegebenen Zahlenwerte gelten für serienmäßige Straßenmotorräder im Hubraumbereich von 250-1200 cm^3.

8.1 Begriffe und geometrische Grunddaten

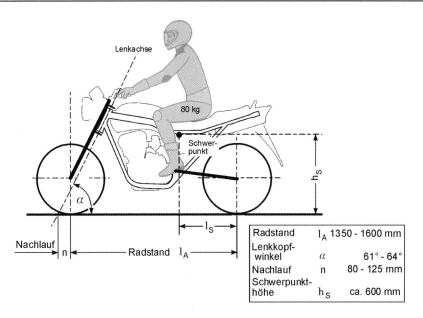

Bild 8.1 Definitionen und Grundgeometrien am Motorradfahrwerk

Zum Verständnis und im Vorgriff auf das spätere Kapitel Fahrdynamik sollen die Auswirkungen der Fahrwerksgeometrie auf das Fahrverhalten kurz erläutert werden. Der Radstand bestimmt zusammen mit dem Nachlauf die Fahrstabilität bei der Geradeausfahrt. Je größer der Radstand und je größer der Nachlauf, desto spurstabiler bleibt der Geradeauslauf auch bei hohen Geschwindigkeiten und desto unempfindlicher reagiert das Motorrad z.B. auf Fahrbahneinflüsse (Unebenheiten, Spurrillen). Dafür nimmt die Handlichkeit und Kurvenwilligkeit in aller Regel ab. Nachlauf und Radstand müssen daher nach dem bevorzugten Einsatzzweck (Reisemotorrad für Autobahnfahrt oder Sportmotorrad für die Landstraße) aufeinander abgestimmt werden. In gleichem Sinne wirkt die Schwerpunktlage, ein niedriger Schwerpunkt verbessert die Handlichkeit und erhöht sogar noch die Fahrstabilität. Je weiter hinten er jedoch liegt, umso instabiler wird das Motorrad, dagegen nimmt die subjektiv empfundene Handlichkeit weiter zu.

Die Angabe der Fahrwerksgeometrie gilt für die Ruhelage. Sie verändert sich mit der Einfederung, d.h. bei Beladung des Fahrzeugs und unter der Einwirkung dynamischer Kräfte (Beschleunigungskräfte und aerodynamische Kräfte wie Auftrieb etc.). Bei der Schwerpunkthöhe leuchtet dies unmittelbar ein, beim Radstand und Nachlauf sind die Verhältnisse etwas komplizierter, lassen sich jedoch anhand von **Bild 8.2** nachvollziehen. Zur Vereinfachung und aus Gründen der Übersichtlichkeit wird die Hinterradfederung in unserer Betrachtung als starr angenommen. Die Vorderradfederung übernimmt eine konventionelle Telegabel. Wenn das Vorderrad einfedert, wandert das Rad nach oben, wodurch sich der Abstand zwischen den Rädern aufgrund der Schrägstellung der Telegabel verkürzt, d.h der Radstand nimmt bei Einfederung ab. Der eingefederte Zustand führt zu einer geänderten Lage des Motorrades gegenüber der Fahrbahn (unteres Bild), d.h. es ändert sich der Lenkkopfwinkel. Man kann sich das ersatzweise so vorstellen, dass die Einfederung das Vorderrad nach oben von der Fahrbahn wegzieht und die notwendige Rückstellung auf die Fahrbahn erfolgt, indem das ganze Motorrad um das Hinterrad gedreht wird, bis das eingefederte Vorderrad wieder die Fahrbahn berührt. Daraus resultiert ein größerer Winkel zwischen Lenkachse und Fahrbahn (Lenkkopfwinkel), der wiederum eine Verkürzung des Nachlaufs zur Folge hat.

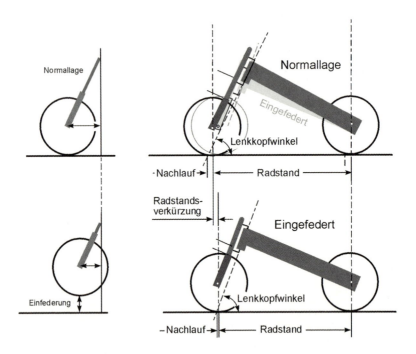

Bild 8.2 Veränderung von Radstand und Nachlauf bei Beladung des Fahrzeugs

Die Einfederung des Vorderrades verkürzt also den Radstand und den Nachlauf und wirkt sich damit negativ auf die Fahrstabilität aus. Dies ist z.B. beim Bremsen ein nicht unerheblicher Nachteil, denn für eine Vollbremsung mit entsprechend starkem Eintauchen der Telegabel wäre eine Stabilisierung des ohnehin schon kritischen Fahrmanövers hilfreich. Stattdessen verstärken die Geometrieänderungen die Instabilitäten. Die Geometrieänderungen hängen wesentlich von der Konstruktion der Vorderradaufhängung und natürlich auch von der Hinterradfederung ab. Im Kapitel 8.3.2 werden Vorderradführungen vorgestellt, die beim Einfedern den Lenkkopfwinkel und Nachlauf vergrößern und so zur Fahrstabilisierung beitragen.

8.2 Kräfte am Motorradfahrwerk

Bild 8.3 zeigt die wesentlichen Kräfte und Momente an, die bei der Geradeausfahrt auf das Motorrad einwirken.

8.2 Kräfte am Motorradfahrwerk

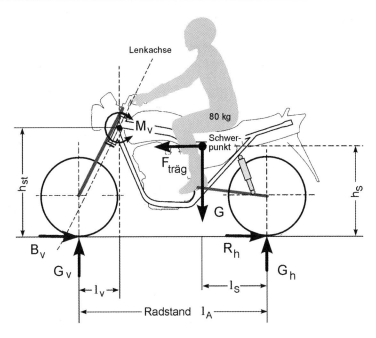

Bild 8.3 Kräfte und Momente am Motorrad bei Geradeausfahrt

Maßgebend für die mechanische Beanspruchung der Fahrwerksbauteile sind im wesentlichen die Radaufstandskräfte und die aus ihnen resultierenden Momente. Zusätzliche Kräfte aus der Kurvenfahrt spielen demgegenüber nur eine untergeordnete Rolle. Die größten Einzelkräfte treten im Radaufstandspunkt am Vorderrad bei der Vollbremsung auf (Radaufstandkraft bzw. Bremskraft). Für die Kraftermittlung wird vom Grenzfall der Bremsung ausgegangen, bei dem das Hinterrad abhebt, und das Gesamtgewicht vollständig vom Vorderrad abgestützt wird, vgl. auch **Bild 8.5**. Der Reibwert zwischen Reifen und Fahrbahn kann dabei im Extremfall Werte bis zu $\mu = 1{,}4$ (Verzahnungseffekte zwischen Reifen und Fahrbahn) erreichen, d.h. die Bremsverzögerung liegt über der Erdbeschleunigung ($9{,}81$ m/s^2 = 1g). Dynamische Kraftüberhöhungen, die durch Fahrbahnunebenheiten oder Schlaglöcher auftreten, werden mittels Stoßfaktoren berücksichtigt, deren Größenwahl auch eine Frage der Auslegungsphilosophie ist.

Der Rahmen und die Vorderradaufhängung werden durch die am Vorderrad angreifenden Radaufstands- und Bremskräfte vorrangig auf Biegung beansprucht, der Abstand Radaufstandspunkt-Steuerkopf wirkt dabei als Hebelarm für die Kräfte. Die Maximalbeanspruchung für den Vorderbau stellt die Vollbremsung mit abhebendem Hinterrad dar. Bei Kurvenfahrt kommt auf das Fahrwerk ein Torsionsmoment aus den Radaufstandskräften hinzu, weil deren Wirkebene dann nicht mehr mit der Schwerpunktebene des Motorrades zusammenfällt, **Bild 8.4**. In Wirklichkeit sind die Verhältnisse weitaus komplexer als in der sehr vereinfachten Schemazeichnung dargestellt, denn die Kräfte in den Radaufstandspunkten greifen wegen der unterschiedlichen Kurvenradien, die Vorder- und Hinterrad durchlaufen, in versetzten Ebenen an.

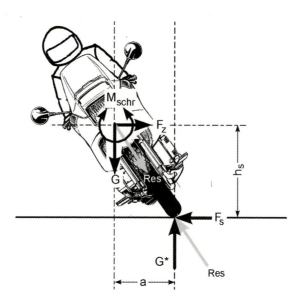

Bild 8.4 Torsionsmoment auf das Motorradfahrwerk bei Kurvenfahrt

Der hintere Rahmenteil und die Hinterradaufhängung werden im Prinzip analog zum Vorderbau auf Biegung und Torsion beansprucht. Wegen der dynamischen Radlastverlagerung zum Vorderrad mit entsprechender Entlastung des Hinterrades, **Bild 8.5**, ist die Vollbremsung für das Rahmenheck kaum eine Belastung. Für das Rahmenheckteil und die Hinterradaufhängung ist die Belastung vielmehr durch die statische Hinterradlast vorgegeben (Soziusbetrieb mit Gepäck), die sich aufgrund des zulässigen Gesamtgewichts einschließlich eines Sicherheitszuschlags und der Radlastverteilung ergibt. Der Sicherheitszuschlag deckt in der Regel Kraftüberhöhungen durch Fahrbahnstöße und die dynamische Radlasterhöhung beim Beschleunigen ab. Er ist für Enduromotorräder deutlich höher anzusetzen als für reine Touren-Straßenmaschinen. Für sehr leistungsstarke Sportmotorräder und Enduros ergibt sich die Grenzbelastung in aller Regel durch das Abheben des Vorderrades beim vollen Beschleunigen. Hier muss dann für die Hinterradlast das zulässige Gesamtgewicht angesetzt werden.

Zu den Radlasten addieren sich beim Hinterrad und seiner Aufhängung noch die Reaktionskräfte aus dem Antrieb und beim Bremsen. Bei Kardanantrieben mit Momentenabstützung, vgl. Kapitel 8.3.3, müssen beispielsweise die Stützkräfte, die in den Rahmen eingeleitet werden, bei der Rahmenauslegung gesondert berücksichtigt werden. Insgesamt sind die Belastungen des Rahmenhecks niedriger, weil die Hebelarme der Kräfte, die auf den Rahmen wirken, kleiner sind. Hinzu kommt die räumliche Trennung bei der Abstützung von Brems- bzw. Antriebskräften und Radlasten. Letztere werden über die Federbeine oben in den Rahmen eingeleitet, während sich Brems- und Antriebskräfte im Schwingendrehpunkt, also relativ tiefliegend, abstützen. Natürlich muss die Rahmenheckkonstruktion zusätzlich noch Kräfte aufnehmen können, die sich aus der Anbringung von Gepäckträgern, Kofferhaltern und ähnlichem Zubehör ergeben.

8.2 Kräfte am Motorradfahrwerk

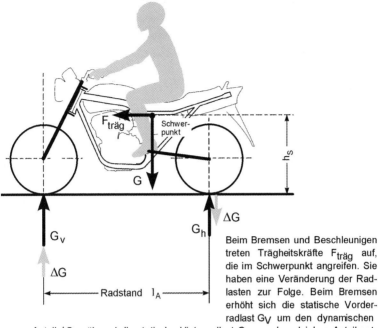

Beim Bremsen und Beschleunigen treten Trägheitskräfte $F_{träg}$ auf, die im Schwerpunkt angreifen. Sie haben eine Veränderung der Radlasten zur Folge. Beim Bremsen erhöht sich die statische Vorderradlast G_V um den dynamischen Anteil ΔG, während die statische Hinterradlast G_H um den gleichen Anteil entlastet wird. Beim Beschleunigen ist es umgekehrt, das Vorderrad wird entlastet und das Hinterrad zusätzlich belastet. Der dynamische Radlastanteil kann durch Aufstellen des Momentengleichgewichts (z.B. um den Aufstandspunkt des Vorderrades) berechnet werden. Die statischen Radlasten und das Gesamtgewicht brauchen nicht berücksichtigt werden, da sie im Gleichgewicht stehen.

$$\Sigma M = 0 \Rightarrow F_{träg} * h_S - \Delta G * l_A = 0$$

$$\Rightarrow \Delta G = \pm m * a * h_S / l_A$$

$$F_{träg} = m * a \quad (a = \text{Beschleunigung bzw. Verzögerung}, \; m = \text{Gesamtmasse})$$

Bild 8.5 Dynamische Radlastverlagerung

Auf die Festigkeitsberechnung von Motorradrahmen und Radaufhängungsteilen soll in diesem Buch nicht eingegangen werden. Generell kann man aber sagen, dass die reine Bruchfestigkeit aufgrund der äußeren Belastungen modernen Fahrwerkskonstruktionen kaum Probleme bereitet. Schwieriger sind die Anforderungen an ausreichende Steifigkeit aller Fahrwerksbauteile zu erfüllen, wie wir im nächsten Abschnitt anhand ausgeführter Fahrwerkskonstruktionen noch sehen werden. Sind Fahrwerke genügend steif, halten sie in der Regel auch den äußeren Belastungen stand. Problematisch kann allerdings die Dauerschwingfestigkeit werden; darauf wird im Kap. 9 näher eingegangen.

8.3 Rahmen und Radführungen

Rahmen und Radführungen bilden bezüglich ihres Einflusses auf die Fahrstabilität eine Einheit. Neben der schon angesprochenen Fahrwerksgrundgeometrie ist der entscheidende Faktor für Fahrstabilität und präzises Fahrverhalten, dass in jedem Fahrzustand Vorder- und Hinterrad eine gemeinsame Spur in der Radmittenebene bilden und auch bei hoher Belastung nicht seitlich ausweichen (gegeneinander verschränken)[1] . Eine verwindungssteife Rahmenkonstruktion allein ergibt kein befriedigendes Fahrverhalten, wenn nicht die Radführungen (und die Räder !) ebenfalls ausreichend stabil sind.

8.3.1 Bauarten und konstruktive Ausführung von Motorradrahmen

Aufgabe des Rahmens ist es, eine verwindungssteife Verbindung zwischen dem gelenkten Vorderrad und der Hinterradaufhängung zu schaffen, d.h. beim konventionellen Motorradfahrwerk mit Telegabel und Hinterradschwinge muss der Rahmen eine stabile Verbindung zwischen Lenkkopf und Schwingenlagerung herstellen. Der sehr naheliegende Gedanke, diese Verbindung auf direktem Wege mittels eines geraden Blechprofils zu schaffen, ist in seinen Grundzügen schon mehr als 70 Jahre alt, **Bild 8.6**. Offenbar geriet dieses Konstruktionsprinzip für Motorradrahmen in Vergessenheit, und es dominierten jahrzehntelang die Stahlrohrrahmen, bis japanische Motorradhersteller die Profilbauart, diesmal aus Aluminiumwerkstoffen, für schnelle Sportmotorräder wieder aufgriffen und auf den Markt brachten (**Bilder 8.7 - 8.9**).

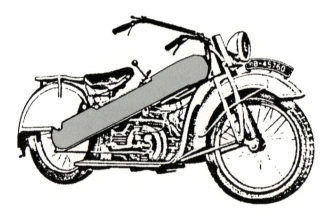

Bild 8.6 Gerade Rahmenverbindung zwischen Steuerkopf und Hinterradführung (MARS 1923)

Nun werden an den Rahmen neben der Steifigkeit noch eine Reihe weiterer Anforderungen gestellt, die letztlich seine Konstruktion beeinflussen und zu den unterschiedlichen Bauarten geführt haben.

---

[1] Es gibt Ausnahmefälle, in denen Motorräder bewußt einen serienmäßigen Spurversatz aufweisen. Dies kommt beispielsweise dann zustande, wenn bei einem Motorrad in einer Modellvariante ein breiterer Reifen verwendet werden soll, der ohne Änderung nicht in die vorhandene Hinterradschwinge paßt. Häufig behilft man sich in derartigen Fällen damit, daß das Rad aus der Mittenebene versetzt wird. Solange der Versatz nur wenige Millimeter beträgt, wirkt er sich auf das Fahrverhalten praktisch nicht aus.

8.3 Rahmen und Radführungen

Als wichtigste Kriterien sind zu nennen:
- geringes Gewicht
- schwingungsgünstige Aufnahme des Antriebs mit möglichst niedriger Schwerpunktlage
- niedrige und ergonomisch günstige Fahrer- und Beifahrersitzposition
- ausreichende Bodenfreiheit auch bei großer Schräglage
- gute Zugänglichkeit zu den Aggregaten und wartungsbedürftigen Bauteilen
- Gutmütigkeit bei Überbelastung (hohe Bruchdehnung)
- zuverlässige Qualitätsprüfung
- geringe Herstellkosten
- Korrosionssicherheit
- Reparaturmöglichkeit
- ansprechendes Design

Inwieweit die verschiedenen Rahmenkonstruktionen diese Kriterien erfüllen, wird anhand von Beispielen noch erläutert. Zunächst soll auf einige der Anforderungen näher eingegangen werden.

Die Fahrer- und Beifahrerposition, die der Rahmen ermöglicht, ist nicht allein aus Komfortgründen von Bedeutung, sondern sie bestimmt zusammen mit der Motorlage wesentlich den Gesamtschwerpunkt des Motorrades und damit das gesamte Fahrverhalten. Auch das subjektive Fahrempfinden wird von der Fahrerposition beeinflusst. Untersuchungen zeigen, dass der Normalfahrer auf öffentlichen Straßen bei einer unverkrampften Sitzposition das Motorradhandling in der Regel besser beurteilt, als wenn das Motorrad ihm eine ungünstige Sitzhaltung aufzwingt. Hier spielen besonders die Lenkerposition und die Hebelverhältnisse am Lenker eine wichtige Rolle. Darüber hinaus trägt natürlich eine entspannte Sitzhaltung zur Konzentration bei und verbessert allein damit die Fahrzeugbeherrschung. Unter diesem Aspekt ist die zusammengekauerte Sitzposition moderner Supersportmotorräder, die – Marketingüberlegungen folgend – aus dem Rennsport abgeleitet ist, für das Fahren auf normalen Landstraßen als kritisch zu beurteilen.

Die Gutmütigkeit bei Überbelastung ist besonders wichtig für Rahmen von Enduromotorrädern und bei Unfällen. Wenn es bei voll beladenem Motorrad zum Durchschlagen der Federung kommt (Sprünge im Gelände, schlechte Straßen bei Fernreisen), können kurzzeitige Spitzenbelastungen entstehen, die keinesfalls zu versteckten Rissen am Rahmen führen dürfen. Das gleiche gilt im Falle eines Unfalls. Wird dabei der Rahmen nur soweit verbogen, dass dies mit bloßem Auge nicht sichtbar ist, darf das ebenfalls nicht zu unsichtbaren Schädigungen führen. Bei Stahlrohrrahmen ist dies in der Regel kein Problem. Aufgrund der Duktilität und hohen Bruchdehnung von Stahl kommt es erst dann zu Anrissen im Material, wenn der Rahmen deutlich sichtbar und soweit verbogen ist, dass eine Weiterfahrt sowieso nicht mehr möglich ist.

Rahmen aus Aluminium können besonders bei höherfesten Legierungen ein sprödes Werkstoffverhalten zeigen, und es kann in ungünstigen Fällen zu nur schwer sichtbaren, kleinen Rissen kommen, die bei den nächsten starken Belastungen zum Bruch des Rahmens führen können. Aluminiumrahmen müssen daher entweder so gebaut werden, dass die Gesamtkonstruktion in derartigen Fällen noch eine genügende Reststabilität aufweist, oder es muss jegliche Schädigung bei Überbelastung sofort von außen am Rahmen erkennbar sein. Da Überbelastungen im normalen Straßenbetrieb eigentlich nur bei Unfällen vorkommen, ist ein derartiges Verhalten bei Straßen-Sportmotorrädern unproblematisch. Bei Enduros hingegen können

Überbelastungen nicht ausgeschlossen werden, weshalb Aluminiumrahmen für diese Motorradkategorie eher ungeeignet sind.

Auf dieses Werkstoffverhalten von Aluminium gründet sich auch die fehlende Reparaturmöglichkeit. Richtoperationen an Aluminiumrahmen sind wegen der Gefahr von versteckten Anrissen nicht zu verantworten und müssen entschieden abgelehnt werden! Stahlrahmen hingegen können nach Unfällen instand gesetzt werden. Wie beim Rahmenaustausch, muss für eine ordnungsgemäße Richtoperation das Motorrad komplett zerlegt werden, damit der Rahmen in eine Richtbank eingespannt werden kann. Andere Reparaturmethoden sind abzulehnen.

Wichtig ist grundsätzlich die Qualität der Schweißung und die Qualitätssicherung. Das Schweißen von Aluminium ist gegenüber Stahl insgesamt aufwändiger. Aufgrund der hohen Wärmedehnung ist die Schweissabfolge sehr wichtig, um Verzug und Schweissfehler zu minimieren. Die Rissempfindlichkeit ist größer und die Dauerfestigkeit von Aluminiumschweißnähten liegt deutlich unter der von Stahlnähten. Sämtliche Schweissparameter müssen beim Aluminiumschweissen sehr zuverlässig eingehalten werden. Somit wird auch bei der Qualitätsprüfung ein höherer Aufwand nötig, Die aufwendigere Fertigung zusammen mit den höheren Werstoffkosten bedingen, dass Aluminiumrahmen deutlich teurer sind als Rahmen aus Stahl. Bild 8.7 zeigt die hochmoderne Roboterschweißung eines Aluminiumrahmens, wie sie bei BMW für den Rahmen der K 1200 S eingesetzt wird.

Bild 8.7 Roboterschweißung eines Aluminiumrahmens (*BMW K 1200 S*)

Die Gewichtsvorteile von Aluminium kommen nur bei werkstoffgerechter Konstruktion zum Tragen. Zwar ist das Festigkeits-/Gewichtsverhältnis günstiger als bei Stahl, doch kommt es

8.3 Rahmen und Radführungen

beim Motorradrahmen, wie einleitend bereits erwähnt, entscheidend auch auf die Steifigkeit an. Hier ist das Verhältnis zwischen Stahl und Aluminium gleich. Denn der Elastizitätsmodul von Aluminium, der die Steifigkeit bestimmt, nimmt in gleichem Maße wie das spezifische Gewicht ab (jeweils 1/3 der Werte von Stahl). Die Dimensionierung des Rahmens muss der Belastung also möglichst genau folgen. Dann kann durch ensprechende Gestaltung der Gewichtsvorteil von Aluminium auch ausgenutzt werden. Ein großer Vorteil von Aluminium besteht darin, dass sich mittels entsprechender Umformverfahren kostengünstig maßgeschneiderte Profile herstellen lassen, deren Querschnitte genau an die Belastungen des Rahmens angepasst werden können. Über eine ausgeklügelte Profilbauweise, in Kombination mit Leichtmetallgussteilen, lassen sich dann bei gleichem oder niedrigerem Gewicht deutlich höhere Steifigkeiten als bei Stahlkonstruktionen erzielen.

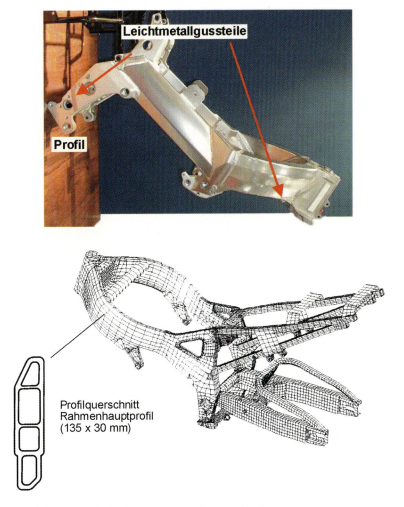

Bild 8.8 Aluminiumrahmen in Profilbauweise (HONDA CBR 900 RR)

Bild 8.8 zeigt eine zwei derartige, moderne Rahmenkonstruktionen aus Aluminium, die zu Anfang nur bei teuren Supersportmotorrädern verwendet wurde, sich aber zunehmend auf breiter Basis durchsetzt. Steuerkopf und Schwingenplatte sind Aluminiumgussteile, die mit den beiden Hauptholmen, bestehend aus einem geschlossenen Strangpressprofil, verschweißt werden. Der im unteren Bildteil als Zeichnung dargestellte, sehr verwindungssteife Rahmen der *HONDA* wiegt nur 10,5 kg. Das Rahmenheckteil, ebenfalls aus Aluprofilen, wird mit dem Hauptrahmen verschraubt. Die hohe Eigensteifigkeit der Konstruktion macht es möglich, auf eine starre Motoreinbindung in den Rahmen zu verzichten. Der Motor hängt unterhalb des Rahmens und kann teilentkoppelt unter Zwischenschaltung von Gummielementen verschraubt werden. Das reduziert die Einleitung komfortmindernder Motorschwingungen in den Rahmen auf ein Minimum, wodurch nur noch geringe Vibrationen in Lenker und Fußrasten spürbar werden.

Die Seitenansicht eines Motorrades, **Bild 8.9**, macht deutlich, dass derartige Rahmenkonstruktionen das Design des Motorrades dominant bestimmen. Für den Tank ist, zumindest bei der klassischen Tankposition, nur noch oberhalb des Rahmens Platz. Ein Herunterziehen des Tanks seitlich über die Rahmenrohre ist nicht möglich, weil der Tank dann zu breit würde und keinen ordentlichen Knieschluss mehr zuließe. Um ein großes Tankvolumen zu erzeugen, muss der Tank im hinteren Bereich hoch gestaltet werden. Es ergibt sich daraus eine zweigeteilte Linienführung. Zum einen dominiert die nach hinten abfallende Linie des Rahmens, andererseits ergibt die Tankform eine fast horizontale Linie.

Bild 8.9   Designeinfluss der Rahmenkonstruktion (YAMAHA YZF-R1)

Die Heckverkleidung ist nach vorn abfallend gestaltet. Sitzbanklinie und Rahmenlinie ergeben zusammen eine Linienführung in der Form eines in die Breite gezogenen X, wodurch sich ein harmonischer Gesamteindruck einstellt. Die Tankoberkante verläuft jetzt parallel zur Fahrbahn und Verkleidungsunterkante, so dass sich insgesamt ein Motorrad mit ausgewogenen Proportionen ergibt.

Die Rahmenbauart nimmt neben dem Design auch starken Einfluss auf die Motoreinbaulage und damit letztlich auf die Motorbauart, wie am Beispiel der früheren FZR-Modellreihe von *YAMAHA* besonders deutlich zu erkennen ist, **Bild 8.10**. Die beiden breiten Profilrohre des

8.3 Rahmen und Radführungen

Deltabox-Rahmens müssen im hinteren Bereich wegen des Knieschlusses nahe aneinandergeführt werden, so dass dort für die Vergaserbatterie des Vierzylinderreihenmotors und eine voluminöse Ansauganlage nicht genügend Bauraum bleibt. Die Vergaser und die Luftansaugung müssen daher weiter vorn zwischen den Rahmenrohren ihren Platz finden, was einen stark geneigten Motoreinbau erfordert. Ein schmal bauender V-Motor hätte für diese Rahmenbauart daher einige Vorteile, wie im **Bild 8.11** am Rahmen der APRILIA RSV Mille sichtbar wird. Dieser Rahmen zeichnet sich durch eine hohe Torsionssteifigkeit von 6500Nm/° aus und ist aufwendig gestaltet. Es werden speziell geformte Profile verwendet, die sehr kräftig ausgeführt sind und im vorderen Bereich Durchbrüche für die Luftansaugung (Ram-Air-Kanäle) tragen. Das Gewicht des Rahmens ist dem Autor nicht bekannt.

Bild 8.10 Rahmenbauart und Motoreinbaulage (Yamaha FZR)

Bild 8.11 Rahmen der Aprilia RSV Mille

Eine interessante Abwandlung des Aluminium-Profilrahmens zeigt SUZUKI beim Rahmen der TL1000, **Bild 8.12**. Hier wird die Verbindung vom Steuerkopf zur Schwingenaufnahme von je zwei parallelen Profilzügen gebildet, die im Schwingenbereich mit einer dreiecksförmigen Aluminiumplatte verschweißt sind. Die Profile sind untereinander mit verschweißten Streben verbunden. Es wird mittels relativ einfacher (und preiswerter) Profile die Wirkung eines sehr hochstegigen Profils und damit eine hervorragende Steifigkeit des Rahmens erzielt. Das Rahmenheck ist bei dieser Konstruktion angeschraubt.

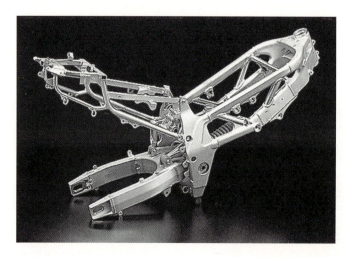

Bild 8.12 Rahmen der Suzuki TL1000

Die Grundidee der modernen Aluminiumprofilrahmen, die direkte Verbindung von Steuerkopf und Schwingenlager (bzw. Hinterradaufhängung), die neben der gezeigten MARS von 1923 auch bei diversen Konstruktionen der 50er Jahre (z.B. NSU Fox und Max) verwirklicht wurde, lebte andeutungsweise bereits 1981 im Brückenrahmen der YAMAHA TR1 wieder auf, **Bild 8.13**.

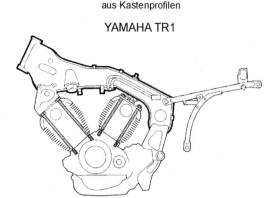

Bild 8.13
Kastenprofilrahmen als Vorläufer moderner Strangpress-Profilrahmen

8.3 Rahmen und Radführungen

Beachtenswert ist die große Profilhöhe der Stahlblechkonstruktion, die zusammen mit dem fest verschraubten Motor für eine, bezogen auf die damaligen Anforderungen, hohe Stabilität sorgt. Allerdings ist das Rahmenprofil lediglich einzügig als zentrales Rückgrat ausgebildet. Die hohe Torsionssteifigkeit der modernen Aluminiumprofilrahmen wird damit nicht erreicht, denn diese ergibt sich erst durch die heute angewandte, zweizügige Ausbildung mit der breiten Umfassung des Steuerkopfes durch zwei nach hinten führende Profilstreben. Insofern war die Konstruktion der MARS vorbildlich.

Das **Bild 8.14** verdeutlicht die Notwendigkeit hochstegiger Strukturen bei Fahrwerken mit konventioneller Teleskopgabel. Durch den großen Abstand zwischen Radaufstandspunkt und Steuerkopf erfolgt die Krafteinleitung weit oben am Rahmen mit einem entsprechend hohen Biegemoment. Entsprechend benötigt man eine Rahmenstruktur mit hohem Widerstandsmoment gegen die resultierende Biegebeanspruchung.

Bild 8.14 Biegemoment am Rahmen

Bei der neuen Vorderradführung *Duolever*, die *BMW* in 2004 beim Modell *K 1200 S* als Weltneuheit in die Serie eingeführt hat, sind die Verhältnisse für den Rahmen durch einen tiefer liegenden Kraftangriff mit kleinerem Hebelarm deutlich günstiger, **Bild 8.15**. Der Aluminiumrahmen kann daher „flach" gehalten werden, und damit kommt man dem wünschenswerten „direkte" Kraftfluss zur Schwingenlagerung sehr nahe.

Der Brückenrahmen selber ist eine hochsteife Leichtbau-Verbundkonstruktion aus Aluminiumprofilen und Leichtmetallgussteilen, die miteinander verschweisst werden. Die Profile werden mitttels Hochdruck-Hydroumformung gefertigt. Das komplette Rahmengewicht beträgt nur 11 kg.

Bild 8.15 Biegemoment am Rahmen

Yamaha zeigte auf der Tokyo Motor Show 2003 einen interessanten Rahmen, der komplett als Leichtmetall*guss*teil ausgeführt ist. Um ihn gießen zu können, muss der Rahmen zweigeteilt sein. Die Teilung erfolgt in der Mittenebene und beide Hälften werden am Steuerkopf und unterhalb des Schwingenlagers miteinander verschraubt, **Bild 8.16**. Seine Gesamtstabilität erhält der Rahmen nach Verschraubung mit dem Antrieb.

Bild 8.16a Gussrahmen aus Leichtmetall (*YAMAHA*)

8.3 Rahmen und Radführungen

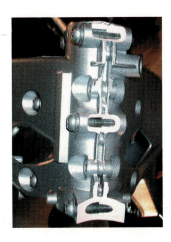

Bild 8.16b
Gussrahmen aus Leichtmetall (*YAMAHA*)

Trotz aller neuzeitlichen Aluminium-Konstruktionen mit all ihren Vorteilen konnten sich im Motorradbau *Rohr*rahmenkonstruktionen aus Stahl nach wie vor behaupten. Auch sehr interessante Verbundkonstruktionen werden angewandt, wie der Rahmen von BENELLI in der *Tonado 900*, **Bild 8.17**.

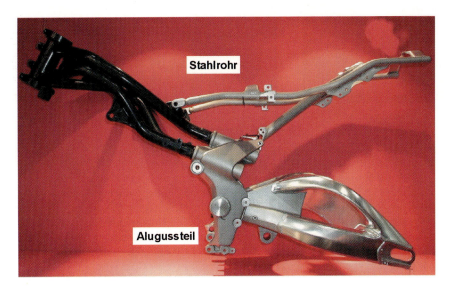

Bild 8.17 Verbundrahmen aus Aluminiumguss und Stahlrohr (*BENELLI*)

Der Hauptgrund für die Verwendung von Stahlrohrahmen liegt in der oft weniger aufwändigen Fertigung dieser Rahmen, was ihn zusammen mit dem preiswerterem Grundmaterial kostengünstiger macht. Für Rohrrahmen reichen einfache Biege- und Schweißvorrichtungen, während Profilrahmen teure Umform- und Schweißwerkzeuge benötigen, die nur bei großen Stückzahlen wirtschaftlich sind.

Bei den Rohrrahmen unterscheidet man drei Grundbauweisen, den Schleifenrahmen, den Brückenrohrrahmen und den Gitterrohrrahmen. Letzterer ist eine Konstruktion in Fachwerkbauweise und besteht weitgehend aus geraden Rohren, die nur auf Zug oder Druck beansprucht werden, **Bild 8.18**. Die fehlende Biegebelastung ermöglicht die Verwendung dünnwandiger Rohre (Wandstärke kann je nach Belastung unter 2 mm liegen), wodurch der Rahmen, bezogen auf seine Stabilität, sehr leicht wird. Die hohe Torsions- und Biegesteifigkeit eines Gitterrohrrahmens resultiert aus dem räumlichen Fachwerk mit breiter Einfassung des Steuerkopfes und der Schwingenlagerung. Dem Vorteil, dass gerade Rohre verwendet werden, so dass man ohne Biegeoperationen auskommt, steht als Nachteil die Vielzahl von Schweissvorgängen gegenüber. Das macht das Einhalten eines genauen Schweißplans notwendig, um Verzug und unzulässig hohe Eigenspannungen zu vermeiden.

Bild 8.18 Gitterrohrrahmen (*DUCATI*)

BMW verwendet für die neue Generation seiner Boxermodelle mit 1200 cm^3 ebenfalls einen Gitterrohrrahmen, **Bild 8.19**. Der leichte Hauptrahmen besteht aus einem dreiecksförmigen Vorderrahmen und einem Heckrahmen, die beide mit dem mittragenden Antrieb verschraubt sind. Der Motor trägt wesentlich zur Versteifung bei. Die Hinterradschwinge wird im steifen Heckrahmenverbund gelagert. Möglich wird diese geteilte Rahmenkonstruktion durch die Voderradführung *Telelever* (vgl. Kap. 8.3.2), bei der die Hauptkräfte durch den Längslenker in das sehr steife Motorgehäuse eingeleitet werden.

Ähnlich gute Steifigkeitseigenschaften wie Gitterrohrrahmen weisen Brückenrohrrahmen auf, bei denen der Motorblock als mittragendes Element ausgebildet ist, **Bild 8.20**. Auch diese Rahmenkonstruktion besteht weitgehend aus geraden Rohren, die zu Dreiecks- und Vierecksverbänden zusammengeschweißt sind. Maßgebend für die Steifigkeit ist die Doppelzügigkeit des Rahmenrückgrats mit zwei parallelen Rohrstreben, die den Steuerkopf weit umfassen und gut abstützen und die breite Basis der Motoranbindung.

8.3 Rahmen und Radführungen

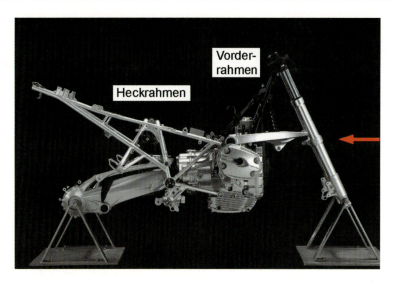

Bild 8.19 Gitterrohrrahmen der *BMW R 1200 GS (2004)*

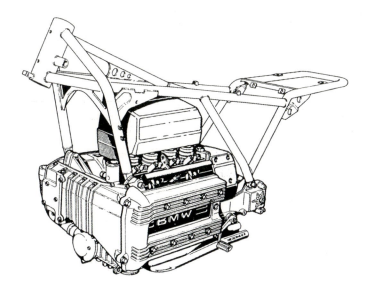

Bild 8.20 Brückenrohrrahmen mit Motor als tragendem Element (BMW K 100, 1983)

Der Motor-Getriebeblock allein weist schon eine sehr hohe Grundsteifigkeit auf, die mit einer reinen Rohrkonstruktion nicht erreichbar wäre. Dies wird für die Schwingenlagerung, die in einem Anguss am Getriebegehäuse erfolgt, vorteilhaft ausgenutzt. Wegen des einfachen Aufbaus, der fehlenden Rahmenunterzüge und dem Entfall einer separaten Schwingenlagerung im

Rahmen, gehören Brückenrohrrahmen mit zu den leichtesten Rahmenkonstruktionen und sind darüber hinaus sehr kostengünstig in der Herstellung.

Ihr Hauptnachteil besteht darin, dass infolge der festen Verschraubung von Motor und Fahrwerk alle Motorschwingungen ungehindert an den Rahmen übertragen werden und sich deutlich als Vibrationen von Lenkerenden und Fußrasten dem Fahrer mitteilen. Dies wird besonders bei Vierzylinderreihenmotoren mit seinen hochfrequenten Schwingungen (Massenkräfte II. Ordnung, vgl. Kap. 3.5) manchmal als störend und komfortmindert empfunden. Man erkennt an diesem Beispiel wiederum den Stellenwert, der dem Ausgleich der freien Massenkräfte und Massenmomente beim Motorradmotor zukommt. In diesem Zusammenhang sei noch einmal auf das **Bild 3.68** (S. 103) verwiesen, das für verschiedene Motorkonzepte die Anregung durch Massenkräfte am Motoraufhängungspunkt darstellt. Zur Minderung der Vibrationsbelastung für den Fahrer gibt es die Möglichkeit, entweder die Fußrasten und den Lenker durch eine abgestimmte Gummilagerung schwingungsmäßig soweit als möglich vom Rahmen zu entkoppeln, oder aber die *Übertragungseigenschaften* des Rahmens für Schwingungen so auf die Schwingungsanregung abzustimmen, dass die Schwingungsamplituden bzw. Schwingbeschleunigungen zumindest an Lenker und Fußrasten möglichst klein werden. Einige Hersteller verwenden zu diesem Zweck auch beim Brückenrohrrahmen Gummielemente zur Motorlagerung. Diese müssen dann so ausgebildet sein, dass sie die Schwingungseinleitung in den Rahmen stören, gleichzeitig aber die Steifigkeitseigenschaften des Motor-Rahmenverbunds nicht nachteilig beeinflussen. Dass dabei immer nur Kompromisslösungen möglich sind, die bei schnellen Sportmotorrädern zugunsten der Steifigkeit unter Inkaufnahme von höheren Vibrationen und Komforteinbußen ausfallen, dürfte einleuchtend sein.

Die konsequenteste Nutzung der hohen Eigensteifigkeit eines Motor-Getriebeverbundes für ein Motorradfahrwerk zeigte *BMW* 1993 bei der damaligen neuen Boxergeneration, **Bild 8.21**.

Bild 8.21 Rahmenkonzept der BMW Boxermotorradbaureihe von 1993 – 2004

Der eigentliche Rahmen besteht bei dieser Konstruktion nur noch aus einem dreieckförmigen Rahmenvorderteil, ausgebildet als Aluminiumgussteil, sowie einem angeschraubten Rahmenhinterteil aus weitgehend geraden Stahlrohren. Das Vorderteil wird vorne am Motorgehäuse angeschraubt und stützt sich über zwei verschraubte Stahlrohrstreben zusätzlich hinten am Motor ab.

8.3 Rahmen und Radführungen

Die Hauptkräfte werden bei diesem Fahrwerk direkt in den Motor-Getriebeverbund eingeleitet. Dies ist nur möglich in Verbindung mit der speziellen Vorderradführung mit Längslenker (*BMW Telelever*), auf die, wie schon angemerkt, anschließend (Kap. 8.3.2) näher eingegangen wird. Das Rahmenheckteil nimmt lediglich die Sitzbank auf und bildet die obere Abstützung des hinteren Federbeins. Die Kräfte aus der Hinterradführung leitet die Schwinge durch ihre Lagerung im Getriebegehäuse ebenfalls direkt in den Motor-Getriebeverbund ein. Realisierbar ist ein derartiges Fahrwerksdesign nur bei schwingungsarmen Motorkonzepten wie z.B. dem Boxermotor. In der Nachfolgegeneration der Boxermotorräder wurde dieses Konzept modifiziert. Detaillierte Untersuchungen zeigten, dass mit einer Kombination aus Motor und Rahmen, wie sie **Bild 8.19** dargestellt ist, in Summe ein günstigeres Verhältnis aus Steifigkeit und Gewicht zu erzielen ist. So kann beispielsweise das Getriebegehäuse ohne die integrierte Schwingenlagerung sehr viel leichter gestaltet werden.

Kommen wir noch zu den klassischen Rohrrahmen in Schleifenausführung. Vorbild aller modernen Doppelschleifenrahmen ist der sogenannte „Federbettrahmen" der englischen Firma NORTON, **Bild 8.22**. Charakteristisch für diesen Rahmen ist die zweizügige Ausführung der Rahmenrohre mit der Kreuzung der Rahmenrohre am Steuerkopf. Dadurch sollte eine hohe Torsions- und Biegesteifigkeit gepaart mit einer gewissen Längselastizität des Steuerkopfes erzielt werden, die sich in Fahrversuchen als günstig erwiesen hatte und die Dauerhaltbarkeit des Rahmens positiv beeinflusst.

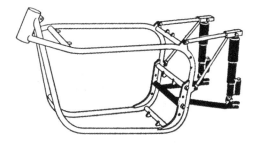

Bild 8.22
Norton „Federbettrahmen"

Dieses Rahmenprinzip hat sich in mehr oder weniger abgewandelter Form bis Mitte der 90er Jahre erhalten, beispielsweise bei den BMW Boxermotorrädern mit Zweiventilmotor, **Bild 8.23**. Zwar sind bei diesem Rahmen nur die Rahmenunterzüge in Form zweier, paralleler Rohrbögen ausgeführt, während das Rahmenrückgrat aus nur einem großdimensionierten Rohr besteht, trotzdem wies der Rahmen für die damaligen Anforderungen eine genügend gute Torsions- und Biegesteifigkeit auf. Diese wird durch die Knotenbleche erzielt, mit denen die Rohranbindung zum Steuerkopf versteift wird. Der allmähliche Auslauf des Knotenbleches vom Steuerkopf zum unteren Rohrbogen stellt einen gleichmäßigen Steifigkeitsanstieg sicher und verhindert, dass plötzliche Kraftsprünge auftreten, die die Dauerhaltbarkeit des Rahmen negativ beeinflussen könnten.

Der Vorteil des Doppelschleifenrahmens liegt, wie bei allen Rohrrahmen, in der kostengünstigen Herstellbarkeit wegen des geringen Aufwandes an Vorrichtungen und Werkzeugen. Der Doppelschleifenrahmen kann, weil der Motor nicht mitträgt, im Gegensatz zum Brückenrahmen freizügig gestaltet werden. Er tritt optisch nicht in den Vordergrund, wirkt leicht und filigran und trägt so zu einem klassisch eleganten Erscheinungsbild des Motorrades bei. Er erreicht allerdings nicht die Steifigkeitswerte von Brückenrahmenkonstruktionen bei denen der

Motor mitträgt oder die der modernen Profilrahmen. Gewichtsmäßig ist er den anderen Konstruktionen ebenfalls unterlegen, der BMW Rahmen beispielsweise wiegt rund 16 kg.

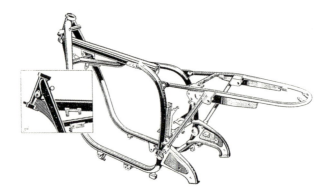

Bild 8.23 Doppelschleifenrahmen der BMW Boxermotorräder (Zweiventilmotor)

Das Bild 8.24 zeigt weitere Schleifenrahmen aus Stahlrohr, wie sie noch heute in verschiedenen Motorrädern verwendet werden.

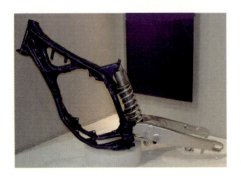

Bild 8.24 Ausführungsbeispiele für Rohrrahmen

8.3.2 Bauarten und konstruktive Ausführung der Vorderradführung

Die Radführung ist das Bindeglied zwischen Reifen/Rad und dem Rahmen. Die Vorderradführung hat auf die Fahrstabilität einen mindestens ebenso großen Einfluss wie der Rahmen. Die Aufgaben und Anforderungen, die an sie gestellt werden, sind dabei vielfältig:
- Bereitstellung großer Federwege
- gutes Ansprechverhalten der Federung und Dämpfung
- exakte, aber reibungsarme Führung der Räder
- verwindungssteife Aufnahme und Weiterleitung der am Rad angreifenden Kräfte

8.3 Rahmen und Radführungen

- leichtgängige, spielfreie Lenkbarkeit
- geringes Gewicht und kleines Massenträgheitsmoment um die Lenkachse
- Einbauraum für ausreichend große Bremsen gewährleisten
- einfache Radmontage ermöglichen
- Verschleißunanfälligkeit
- gefälliges Ausssehen

Es hat in der Entwicklungsgeschichte des Motorrades eine große Anzahl unterschiedlicher Systeme zur Vorderradführungen gegeben, von denen sich bei leistungsstarken Motorrädern aber nur zwei Systeme durchsetzen konnten, die Schwinggabel und die Teleskopgabel. Der Grund dafür ist, dass bei einer ordentlichen Radführung nur diese beiden Bauarten ausreichend Federweg ermöglichen, der für schnelle Motorräder und die gestiegenen Komfortansprüche unerläßlich ist. Wegen ihres kompakten, gekapselten Aufbaus, ihrer relativ guten Federungseigenschaften und vor allem wegen ihres schlanken und eleganten Aussehens wird die Teleskopgabel seit etwa 25 Jahren praktisch ausschließlich verwendet. Erst in neuester Zeit sind zwei weitere Systeme zur Marktreife entwickelt und in Serienmotorrädern eingesetzt worden, der *Telelever* von BMW und die nach dem Lenksystem benannte Achsschenkellenkung von YAMAHA. Diese vier Systeme sollen nun ausführlicher betrachtet werden.

Die Telegabel besteht in ihrer Grundkonstruktion aus zwei konzentrischen Rohren, dem Standrohr und dem Gleitrohr, die ineinander gleiten können und damit das Rad entlang einer Geraden führen. Im Inneren der ölbefüllten Rohre befinden sich die Federn und die Dämpfer, **Bild 8.25**. Die Ölfüllung dient zur hydraulischen Dämpfung und zur Schmierung aller gleitenden Teile. Die Standrohre sind mittels der Gabelbrücken fest mit dem Rahmen verbunden, während das Rad über seine Achse mit den Gleitrohren verbunden ist und damit eine Auf- und Abbewegung entlang der Standrohre ausführen kann. Der Federweg einer Teleskopgabel wird prinzipiell nur von der Länge der Stand- und Gleitrohre begrenzt und kann sehr groß werden. Extreme Werte erreichen Moto-Cross Motorräder mit Federwegen bis über 300 mm. Straßenmotorräder weisen üblicherweise Federwege zwischen 120 und 200 mm auf.

Die Telegabel erfüllt in einem Bauteil gleichzeitig folgende Funktionen:

- Radführung
- Federung
- Dämpfung
- Bremsmomentabstützung

Diese Integration der Funktionen führt zu einer äußerst kompakten Bauart mit geringem Gewicht und kleinem Massenträgheitsmoment um die Lenkachse. Letzteres ist besonders wichtig, weil es einem möglichen Aufschaukeln von Schwingungen im Lenksystem entgegenwirkt (Flattern und Pendeln) und damit die Grundlage für ein sicheres Fahrverhalten schafft, siehe Kap. 10.

Die Telegabel hat aber auch eine Reihe von Nachteilen, die sich aus der Bauart und eben dieser Funktionskonzentration ergeben. So sind die Federungseigenschaften und das sensible Ansprechverhalten auf kleine Fahrbahnstöße nur dann gut, wenn die Stoßrichtung mit der Bewegungsrichtung des Rades übereinstimmt. Dies ist aber meist nicht der Fall, denn durch die gegenüber der Senkrechten geneigte Einbaulage der Gabel rufen die Radaufstandskräfte immer auch Querkräfte in der Gabel hervor. Diese Kraftanteile senkrecht zur Bewegungsachse führen zu einer Erhöhung der Reibung in der Gabelführung und zur Schwergängigkeit der Gabel. **Bild 8.26**. Bei Motorrädern der oberen Hubraumklasse wurden, abhängig von der Richtung der einwirkenden Kraft, Reibungskräfte zwischen 160 und 220 N gemessen.

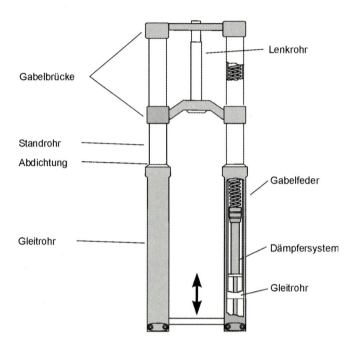

Bild 8.25 Grundprinzip der Teleskopgabel

Den gleichen Effekt haben Längs- und Querkräfte, wie sie beim Bremsen und bei der Kurvenfahrt am Vorderrad auftreten. Während bei einer leichten Bremsung die Addition von Radaufstandskraft und Bremskraft noch zu einer resultierenden Kraft etwa in Richtung der Bewegungrichtung der Gabel führt und deren Ansprechverhalten begünstigt, führen hohe Bremskräfte, ebenso wie die Querkräfte zu entsprechenden Kraftkomponenten in den Gleitbuchsen der Gabel und erhöhen die Reibkraft und damit die Losbrechkraft für die Federbewegung, so dass der Fahrkomfort erheblich beeinträchtigt wird. Werden die Quer- und Längskräfte sehr hoch, z.B. bei größeren, abrupten Fahrbahnunebenheiten oder auch beim scharfen Bremsen, dann führen die besonders im ganz ausgefahrenen Zustand sehr großen Hebelarme der Telegabelrohre zu derartigen Biegebeanspruchungen der Gabel, dass sich die Standrohre verformen und die Gabel sich in den Führungen kurzzeitig regelrecht verklemmen kann. Eine extreme Schwergängigkeit der Federbewegung ist die Folge, wodurch sich das Fahrverhalten bei Fahrbahnunebenheiten gravierend verschlechtert, weil das Rad den Unebenheiten nicht mehr exakt folgt und die Bodenhaftung abnimmt. Zu ähnlichen Problemen führen auch Scheibenbremsen mit nur einer Bremsscheibe. Die asymmetrische Anordnung und der seitlichen Abstand der Bremse von der Radmittenebene leitet beim starken Bremsen ein Drehmoment in der Größenordnung von 350 Nm in die Gabel ein und verdrillt die Gabelrohre um einige Grad gegeneinander, so dass die gesamte Gabel sich verklemmt.

8.3 Rahmen und Radführungen

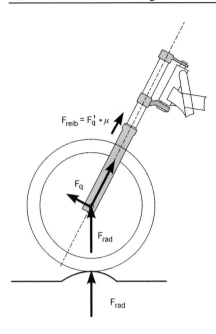

Bild 8.26
Stoßkraftzerlegung und Erhöhung der Reibung in der Telegabel.

Man versucht dem durch immer größere Durchmesser für die Standrohre konstruktiv zu begegnen. Zwar erhöht sich damit die Gabelsteifigkeit, – eine Vergrößerung des Standrohrdurchmessers von 39 auf 43 mm beispielsweise erhöht dessen Biegesteifigkeit um fast 40 % –, gleichzeitig nehmen aber das Gewicht, das Massenträgheitsmoment um die Lenkachse und die Reibung innerhalb der Gabel zu. Die Reibungszunahme resultiert im wesentlichen aus der höheren Anpresskraft der größeren Gabeldichtringe. Dennoch überwiegen in der Summe die Vorteile des größeren Standrohrdurchmessers.

Bestimmt werden die Gesamteigenschaften durch die konstruktive Detailausführung der Gabel. So sollten die Gleitbuchsen möglichst weit auseinanderliegen, so dass sich eine große Überdeckungslänge zwischen Gleitrohr und Standrohr ergibt. Üblicherweise ist die obere Gleitbuchse im Gleitrohr befestigt und die untere am Ende des Standrohres, so dass sich eingefedert (z.B. beim Bremsen) ein vorteilhafter großer Buchsenabstand einstellt, der mit zunehmender Ausfederung abnimmt. Bei vorgegebenem Federweg wird der minimale Buchsenabstand demnach von der Länge der Stand- und Gleitrohre bestimmt und kann z.B. dadurch vergrößert werden, dass die Gleitrohre über die Radachse hinaus nach unten verlängert werden, eine Lösung die bei Moto-Cross Motorrädern häufig zu sehen ist. Für leichtes Ansprechen sollte das Material für die Gleitbuchse einen niedrigen Reibkoeffizienten auch bei ungünstigen Schmierverhältnissen aufweisen. Viele Telegabeln haben daher teflonbeschichtete Führungsbuchsen.

Für die Gesamtsteifigkeit der Telegabel ist nicht allein der Standrohrdurchmesser verantwortlich, sondern ebenso die Stabilität der Gabelbrücken, des Lenkrohres und, ganz wichtig, die Steifigkeit der Radachse. Oft werden zur gezielten Erhöhung der Verdrehsteifigkeit die Gleitrohre mit Stabilisatoren verbunden, die vielfach gleichzeitig als Schutzblechhalterung ausgebildet werden, **Bild 8.21**. Allerdings müssen diese Versteifungen sehr präzise bearbeitet sein und passgenau montiert werden, weil sich sonst die Gabelholme gegeneinander verspannen und die Gabel schwergängig wird. Umbauten an Vorderradschutzblechen und deren Halterungen sind daher mit Vorsicht auszuführen, die Torsionssteifigkeit der Gabel kann sich beim Weglassen dieser Halterungen in ungünstigen Fällen nahezu halbieren !

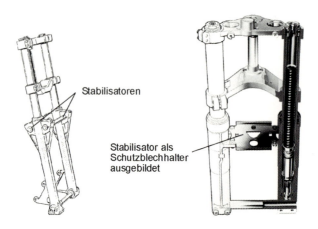

Bild 8.27 Zusätzliche Gabelversteifung durch Stabilisatoren

An die Fertigungsgenauigkeit von Telegabeln werden insgesamt sehr hohe Anforderungen gestellt, wodurch gute Telegabeln sehr teuer werden. Leichtes Ansprechen und geringe Reibung werden nur bei absoluter Parallelität der Gabelholme erreicht, weshalb nicht nur die Stand- und Gleitrohre selber mitsamt der Achsaufnahme genau bearbeitet werden müssen, sondern auch die Gabelbrücken, die Präzisionsteile darstellen. Die Passungen zwischen Gleit- und Standrohr müssen eng toleriert sein, weil Maßabweichungen sich negativ auf die Gleiteigenschaften und den Fahrkomfort auswirken. Ebensowichtig ist die Gleichheit der Feder- und Dämpferkräfte in beiden Gabelholmen. Ungleiche Kräfte führen zu Verschränkungen zwischen den Gabelholmen und einem Anstieg der Gleitbuchsenreibung mit entsprechender Verschlechterung des Ansprechverhaltens der Gabel. Die unterschiedliche Belastung der Gabelholme bei der Kurvenfahrt, der kurveninnere Holm wird stärker belastet, führt bei weniger steifen Gabeln zu geringfügig unterschiedlicher Einfederung der Holme und damit ebenfalls zu ungleichen Federkräften und verschlechtertem Ansprechen.

Um einen hohen Verschleißwiderstand zu erzielen, werden die Standrohre, die aus Festigkeits- wie aus Steifigkeitsgründen aus Stahl bestehen müssen, oberflächenverchromt. Die Gleitrohre, die zu den ungefederten Massen zählen, werden aus Gewichtsgründen aus Aluminiumgusslegierungen gefertigt. Ein Beispiel für die konstruktive Ausführung einer modernen Teleskopgabel zeigt **Bild 8.28**.

Seit einigen Jahren werden die ursprünglich im Rennsport verwendeten upside-down-Gabeln auch bei schnellen Straßenmotorrädern eingesetzt. Bei dieser Telegabelkonstruktion wird die Gabel gewissermaßen umgedreht ins Motorrad eingebaut, **Bild 8.29**. Die Standrohre aus Aluminium liegen jetzt außen und weisen aufgrund ihres größeren Durchmessers eine erheblich größere Biegesteifigkeit auf, als bei der konventionellen Telegabel. Die Gabel ist damit von ihrer Steifigkeit optimal an den Verlauf des Biegemoments angepasst, das an der Einspannstelle der Gabelholme am größten ist.

8.3 Rahmen und Radführungen

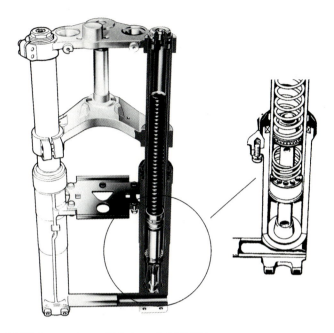

Bild 8.28 Schnittbild einer modernen Teleskopgabel (BMW)

Bild 8.29
Upside-down-Telegabel

Nachteilig ist an dieser Gabel die aufwendigere Konstruktion, die sich natürlich in höheren Herstellkosten niederschlägt. So benötigt die upside-down-Gabel separate Aufnahmen für die Bremssättel, die auf die Stahlgleitrohre aufgepresst werden müssen, während sie bei der herkömmlichen Gabel mit gegossenen Aluminiumgleitrohren kostengünstig als Anguss ausgeführt werden können. Für die Abdichtung muss ein größerer Aufwand getrieben werden, denn bereits eine leichte Leckage der Gabeldichtringe führt dadurch, dass sich das Öl im oberen Gabelteil befindet, rasch zum kompletten Ölverlust der Gabel, was auch ein Sicherheitsrisiko darstellt, weil große Ölmengen auf den Reifen gelangen können. Gewichtsmäßig hat die Gabel leichte Nachteile, die ungefederten Massen sind wegen der Stahlgleitrohre etwas größer als bei der konventionellen Telegabel.

In der Ausführung der Federung und der Dämpfung der Telegabeln gibt es größere Detailunterschiede, auf die im Rahmen eines Grundlagenbuches nicht eingegangen werden kann. Die Funktionsweise von Stoßdämpfern (richtiger wäre Schwingungsdämpfer) sowie die verschiedenen Ausführungen der Federung werden im Kap. 8.3.4 behandelt. Grundsätzlich gilt für die Auslegung der Federung bei Telegabeln, dass diese in der Nullage (Normallage) des Motorrades so weich wie möglich sein sollte, um ein sensibles Ansprechen auf kleinste Bodenunebenheiten zu gewährleisten. Mit zunehmender Einfederung sollten die Federkräfte progressiv ansteigen, damit auch grobe Stöße abgefangen werden können, ohne dass die Federung durchschlägt.

Die weiche Anfangskennung erfordert insgesamt große Federwege, wenn zugleich ein großes Schluckvermögen der Federung gefordert wird. Diese sind für das Fahrverhalten nicht unproblematisch, weil beim Bremsen und Beschleunigen große Vertikalbewegungen des Fahrzeugs auftreten, die, wie wir eingangs schon gesehen haben, zu merklichen Änderungen der Fahrwerksgeometrie führen. Bei modernen, schnellen Straßenmotorrädern ist der Federweg der Telegabeln in den letzten Jahren daher wieder reduziert worden, die Anfangsfederhärte musste dafür angehoben werden. Dies muss nicht zu Komfortverschlechterungen führen, sondern ist nur ein Zeichen für die deutlich gestiegene Güte der Telegabeln. Der Radkraft wirkt ja während der Federbewegung immer die Summe aus Feder- und Reibkraft entgegen, so dass bei sinkender Reibkraft die Federsteifigkeit erhöht werden kann. Für das erste Ansprechen der Gabel muss jeweils ihre Haftreibkraft von den Kräften aus der Vertikalbeschleunigung des Rades überwunden werden, sonst federt sie nicht, und das Vorderrad wird nur über die Elastizität des Reifens abgefedert, dessen Federhärte um ein Vielfaches über der der Gabelfeder liegt. Bei einer Gabel mit niedriger Eigenreibung spricht die Federung schon bei deutlich kleineren Radkräften an, so dass selbst bei härteren Gabelfedern eine Komfortverbesserung gegenüber der reinen Reifenfederung erreicht wird.

Dem starken Eintauchen der Telegabel beim Bremsen infolge der dynamischen Radlastveränderung beim Bremsen, vgl. **Bild 8.5**, wurde vielfach versucht, durch sogenannte anti-dive-Einrichtungen zu begegnen. Am wirkungsvollsten sind mechanische Systeme wie im **Bild 8.30** dargestellt.

Hierbei ist der Bremssattel nicht fest mit dem Gabelholm verschraubt, sondern in einer Halterung drehbar auf der Radachse gelagert. Die Bremskraft versucht nun den Bremssattel mitzunehmen und zu drehen, was aber durch die Abstützung der Schubstreben an der unteren Gabelbrücke verhindert wird. Die Bremskräfte wirken damit der Einfederung durch die Radlastverlagerung beim Bremsen entgegen und heben die Einfederung im Idealfall auf. Der volle Federweg der Gabel bleibt erhalten, und es tritt auch keine Verhärtung der Federung auf. Nachteilig ist an diesem System die Erhöhung des Massenträgheitsmomentes um die Lenkachse, die notwendige spielfreie und gelenkige Lagerung der Schubstreben (Kosten) und das unschöne Aussehen, was die Einführung in die Serie bisher verhindert hat.

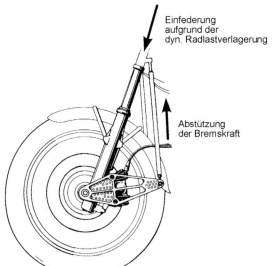

Bild 8.30
Mechanisches anti-dive-System

Eingang in die Serie haben hydraulische Systeme gefunden, obwohl sie handfeste Nachteile aufweisen. Gemeinsames Merkmal der verschiedenen Bauarten ist, dass sie die Druckstufendämpfung der Gabel beim Bremsen vergrößern und damit die Einfederung der Gabel verzögern. Dies geschieht entweder direkt, indem der Bremsflüssigkeitsdruck über eine Bypassleitung Steuerkolben im Gabeldämpfer betätigt oder indirekt, indem die Dämpfung sich abhängig von der Einfederungsgeschwindigkeit automatisch verstellt. Sehr schnelles Einfedern interpretiert das System dabei als Fahrbahnstoß und reduziert kurzzeitig die Druckstufendämpfung, bei langsamerer Einfederung wird die Dämpfung erhöht und so dem Eintauchen beim Bremsen entgegengewirkt. Die Verhärtung der Gabel beim Bremsen bewirkt aber letztlich bei allen hydraulischen Systemen nichts anderes als eine zeitliche Verzögerung des Eintauchvorgangs um 1-2 Sekunden und verhindert das Eintauchen bei einer längeren Vollbremsung nicht. Die Federwegreduzierung wird also nicht eliminiert, die Gabel bleibt während der Bremsung unkomfortabel, und bei den Systemen, die den Bremsflüssigkeitsdruck zur Steuerung verwenden, wird darüber hinaus das Bremsgefühl nachteilig beeinträchtigt, die Bremse fühlt sich „teigig" an. Der Nutzen für das Fahrsicherheitsgefühl und den Komfort ist daher sehr zweifelhaft und diese Systeme sind nach einiger Zeit wieder vom Markt verschwunden.

Es hat nicht an Versuchen gefehlt, die negativen Eigenschaften der Telegabel grundlegnd zu verbessern. Um das Problem ungleicher Feder- und Dämpferkräfte in den Holmen zu umgehen, hat die Fa. GILERA z.B. eine Gabel mit nur einem Holm vorgestellt.

Einige Tuner haben versucht, die Reibung der Gabelführungen dadurch herabzusetzen, dass sie die Gleitbuchsen durch kugelgelagerte Geradführungen (Kugelumlaufbuchsen) ersetzt haben. Diese im Ansatz bestechende und äußerst wirksame Idee scheitert in der Praxis an mangelnder Dauer- und Verschleißfestigkeit. Kugellager sind sehr empfindlich gegen Stoßbelastungen, wie sie bei der Telegabel ständig auftreten. Im Dauerbetrieb schlagen sich daher die

Kugeln in die Laufbahn der Standrohre ein, und es treten darüber hinaus Beschädigungen der Oberfläche der Kugeln auf (Pittingbildung), die zu schnellem Verschleiß der Gabel führen. Diese Probleme sind aller Wahrscheinlichkeit nach nicht befriedigend lösbar.

Die absolute Dominanz der Telegabel als Vorderradführung bei Serienmotorrädern wie auch im Grand Prix Rennsport zeigt auch, dass im praktischen Fahrbetrieb die Nachteile der Telegabel nur wenig gravierend zutage treten. Dass trotzdem in neuester Zeit alternative Vorderradführungen serienreif entwickelt wurden, hat neben dem Fortschrittsdrang auch mit der Einführung von ABS-Bremssystemen zu tun, bei denen die Telegabel aufgrund der pulsierenden Bremskraft an ihre Grenzen stößt (Längsschwingungen der Standrohre).

In den 50er Jahren hat man versucht, die Nachteile, die die Telegabel im Komfortverhalten aufweist, zu vermeiden und eine Langarmschwinge als Vorderradführung entwickelt, **Bild 8.31**. Diese Konstruktion, die von BMW zu hoher Reife entwickelt wurde und von 1955-1969 in allen Modellen eingesetzt wurde, besteht aus zwei Tragrohren, die fest mit den Gabelbrücken und dem Lenkrohr verbunden sind und zwei darin gelagerten Schwingarmen. Es ergibt sich eine Raderhebung auf einer kreisbogenförmigen Bahn. Die Federbewegung der Schwingarme wird von zwei separaten Stoßdämpfern gegen die Tragrohre abgestützt.

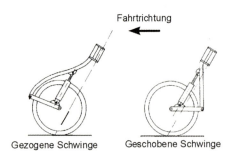

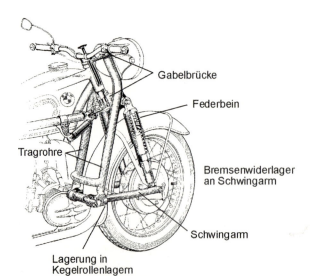

Bild 8.31
Langarm-Schwinggabel

8.3 Rahmen und Radführungen

Bei Vorderradschwingen unterscheidet man je nach der Anordnung der Schwingenlager in Bezug auf die Radachse und Fahrtrichtung zwischen der gezogenen und geschobenen Schwinge. Die *gezogene* Langschwinge, bei Leichtmotorrädern bis in die 70er Jahre populär, hat als Vorderradführung wegen des hohen Trägheitsmomentes um die Lenkachse und dem starken Eintauchen beim Bremsen für großvolumige Motorräder keine Bedeutung erlangt.

Das viel gelobte Komfortverhalten der Schwinggabel ergibt sich aus der Reibungsarmut der Schwingenlagerung, die bei BMW als Kegelrollenlagerung ausgeführt wurde. Die Leichtgängigkeit bleibt auch bei Torsions- und Biegebelastung erhalten, selbst eine geringe Verformung und Verschränkung der Schwingarme oder ungleiche Feder- und Dämpferkräfte wirken sich nicht nachteilig aus. Bezüglich ihrer Seitensteifigkeit und der Verdrehsteifigkeit um die Hochachse sind Vorderradschwingen der Telegabel überlegen, weshalb sie bei Seitenwagengespannen auch heute noch bevorzugt eingesetzt werden. Vorteilhaft ist bei der Schwinge auch die anti-dive-Wirkung, die sich durch die Abstützung des Bremsmomentes am Schwingenarm ergibt, so dass sich die Schwinge beim Bremsen aufstellt und dem Eintauchen entgegenwirkt, ohne die Federung zu verhärten, **Bild 8.32**.

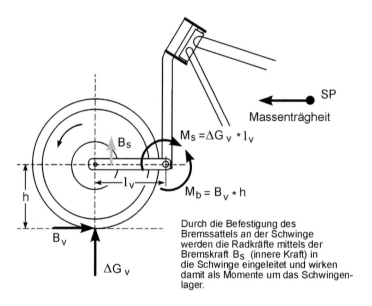

Bild 8.32 Anti-dive-Wirkung der Schwinggabel

Der Federweg ist bei der Schwinggabel bedingt durch die Geometrie auf Werte von etwa 130 mm. Schwerer wiegt jedoch der Nachteil des großen Massenträgheitsmoments um die Lenkachse, dass deutlich höher als bei der Telegabel ist. Die negativen Auswirkungen auf das Fahrverhalten – die Eigenschwingungsempfindlichkeit des Lenksystems – wurde bei ausgeführten Konstruktionen durch größeren Nachlauf und den Einsatz von Lenkungsdämpfern kompensiert, was aber zu Lasten der Handlichkeit ging. Insgesamt ist das Lenkgefühl, besonders aus heutigem Blickwinkel, sehr indifferent. Dies erzwang zu Beginn der 70er Jahre, als Motorräder zunehmend sportlich ausgelegt wurden, die Abkehr von der Schwinggabel. Die

Telegabel setzte sich endgültig durch, auch wegen ihres viel eleganteren Aussehens. Es wäre heute interessant zu prüfen, ob nicht mit einer moderne Vorderradschwingenkonstruktion aus Aluminium-Kastenprofilen das Massenträgheitsmoment wirksam reduziert und damit der Hauptnachteil der Schwinge beseitigt werden könnte.

BMW hat sich mit den Problemen der Vorderradaufhängung intensiv auseinandergesetzt und durch eine Synthese aus Schwinge und Telegabel die Vorteile beider Bauprinzipien kombiniert und deren Nachteile weitestgehend ausgeschaltet. Den Aufbau dieser *Telelever* genannten Konstruktion zeigt **Bild 8.33**. Hauptelemente sind das telegabelähnliche Teleskop und der Längslenker, der mit dem Teleskop über ein Kugelgelenk verbunden ist und sich am Motorgehäuse in einer breiten, drehbaren Lagerung abstützt (vgl. auch **Bild 8.21**) Die Radhubbewegung erfolgt auf einer gekrümmten Bahn um die Drehachse des Längslenkers. Dabei wird das Teleskop, das das Rad zusätzlich führt, zusammengeschoben und gleichzeitig leicht geschwenkt, was durch die Lagerung in zwei Kugelgelenken ermöglicht wird. Federung und Dämpfung der Radbewegung übernimmt ein zentrales Federbein, das mit dem Längslenker verbunden ist und sich oben am Rahmendreieck abstützt.

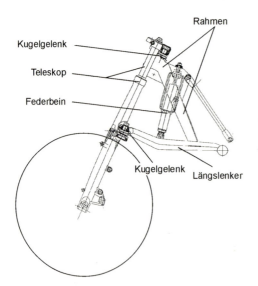

Bild 8.33 Telelever-Vorderradführung von BMW

Lenkachse des Systems ist die Verbindungsgerade beider Kugelgelenke, der herkömmliche starre Lenkkopf am Rahmen ist nicht mehr erforderlich, und die untere Gabelbrücke wird beweglich. Die dadurch erst möglich gewordene Verlängerung der Gabelgleitrohre nach oben ergibt einen großen Abstand der Führungsbuchsen im Teleskop auch im voll ausgefederten Zustand, wodurch einem Verkanten der Führung entgegengewirkt wird. Da zudem der Längslenker wesentliche Teile der am Rad angreifenden Kräfte aufnimmt und am Motorgehäuse abstützt, bleibt die Teleskopführung weitestgehend frei von Querkräften und Biegebelastungen, so dass sie sehr reibungsarm arbeitet und ein äußerst feinfühliges Ansprechen der Federung auch bei großen Längs- und Querkräften gewährleistet ist. Dazu trägt auch bei, dass ein

8.3 Rahmen und Radführungen

Verkanten der Gabel durch ungleiche Feder- und Dämpferkräfte wegen der Trennung von Radführung und Federung/Dämpfung nicht mehr möglich ist.

Aufgrund der geringen Biegebelastung genügen Durchmesser zwischen 35 und 41 mm für das innere Teleskoprohr, was sich günstig auf das Gewicht der Gabel, die Reibkräfte in den Führungsbuchsen und an den Dichtringen sowie auf das Massenträgheitsmoment um die Lenkachse auswirkt. Letzteres ist auch deshalb besonders klein, weil die Gabelrohre keine Federn und Dämpfer mehr enthalten, Längslenker und Federbein werden ja bei der Lenkung nicht mitbewegt.

Neben der Verwindungssteifigkeit und Leichtgängigkeit weist das Televersystem eine Reihe weiterer Vorteile auf. So gestattet die Gabel je nach Auslegung ihrer Geometrie eine in weiten Grenzen einstellbare anti-dive-Wirkung, so dass der Federweg und der Federungskomfort beim Bremsen erhalten bleiben. BMW verzichtet nach eigenen Angaben auf die geometrisch mögliche Auslegung für vollständigen Bremsnickausgleich, damit der Fahrer über eine gewisse Vorderradeinfederung die ihm vertraute Rückmeldung über die Stärke der Bremsung behält. Ein weiterer Vorzug ist die im Vergleich zur Telegabel erheblich verringerte Änderung der Fahrwerksgeometrie, die zudem in einer die Fahrstabilität erhöhenden Richtung verläuft. Durch die von der Gabelkinematik bestimmten, gekrümmten Bahn, die das Rad bei seiner Federbewegung beschreibt, nimmt beim Einfedern der Lenkkopfwinkel (zur Fahrbahn) ab und der Nachlauf wird größer. Betrachtet man die Geometrie des Fahrwerks unter Einbeziehung der Hinterradfederung ganzheitlich, so ergibt sich beim Bremsen im Vergleich zur Telegabel eine Änderung von Lenkkopfwinkel und Nachlauf wie sie im **Bild 8.34** beispielhaft dargestellt ist.

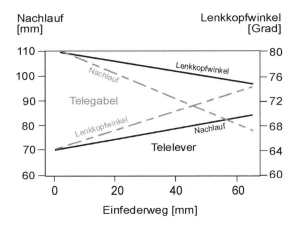

Bild 8.34
Änderung der Fahrwerksgeometrie im Vergleich zwischen Telegabel und Telelever

Die Anordnung der Elemente Teleskop mit Längslenker und Federbein ergibt eine kinematische Federprogression. Die auf das Rad bezogene Federrate erhöht sich mit zunehmender Einfederung, was wünschenswert ist. Der Federweg des Televers ist prinzipbedingt aufgrund der Federbeinposition und der geometrischen Gegebenheiten beschränkt. Mit Werten zwischen 110 mm (*BMW R 1100 S*) und 210 mm (*BMW R 1150 GS Adventure*) sind jedoch alle Anforderungen vom Sportmotorrad bis zur Enduro erfüllbar. Die Betätigung der Lenkung beim Telelever erfolgt direkt ohne weitere Hebelumlenkung über den an der oberen Gabelbrücke befestigten Lenker. Die systemimmanenten Vorteile der Steuerkopflenkung bleiben beim Televersystem, im Gegensatz zur Achsschenkellenkung, voll erhalten.

Im Juli 2004 stellte BMW in der neuen K 1200 S erstmalig eine weitere, völlig neue und revolutionäre Vorderradführung der Öffentlichkeit vor, den *BMW Duolever*. Das Grundprinzip basiert auf Überlegungen des Engländers Norman Hossack, der seine Idee in den frühen 80er Jahren vorstellte und einige Prototypen baute. Ein Radträger aus leichtem Aluminiumguss wird bei diesem System von zwei parallelen Längslenkern geführt. Ein am unteren Längslenker angelenktes Federbein übernimmt die Federung und Dämpfung. Der Radträger ist über zwei Kugelgelenke für die Lenkbewegung drehbar in den Längslenkern gelagert. Lenkachse ist die Verbindungsgerade beider Kugelgelenke. Die Übertragung der Lenkbewegung übernimmt ein scherenartiges Gestänge; der Lenker ist dabei in herkömmlicher Weise im Rahmen drehbar gelagert, Bild 8.35.

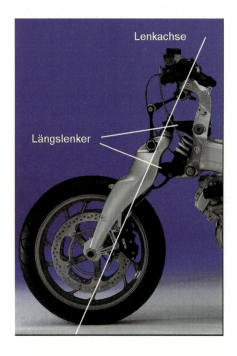

Bild 8.35
BMW Duolever in der *K 1200 S*

Durch die Abstützung mittels zweier Längslenker und die vergleichsweise geringe Höhe zum Radaufstandspunkt ergibt sich ein niedrige Biegemoment am Rahmen und eine sehr günstige Einleitung der über den Radaufstandspunkt auf den Rahmen einwirkenden Kräfte. Durch die Gusskonstruktion des Radträgers kann dieser in seiner Form und Kontur sehr exakt der Belastung angepasst werden. Zusammen mit einer gezielten Wanddickenwahl wird damit dieses Bauteil und die gesamte Vorderradführung sehr leicht und extrem steif im Vergleich zu anderen Systemen wie z.B. der Telegabel. Das Gesamtsystem wiegt 13,7 kg, die Gewichtreduktion gegenüber einer vergleichbaren Teleleverkonstruktion beträgt 11 %.

Die Raderhebung folgt aufgrund der kinematischen Auslegung des Gesamtsystems und der Verwendung von zwei Lenkern einer fast geraden Bahnkurve, die so verläuft, dass sich Nachlauf und Radstand über den Federweg nur sehr geringfügig ändern. Da die Längslenker eine reine Drehbewegung ausführen, bleibt die Einfederung auch unter hoher Querkraft oder Stoß-

8.3 Rahmen und Radführungen

belastung immer leichtgängig. Damit ist trotz höchter Steifigkeit der Radführung ein sensibles Ansprechverhalten und hoher Fahrkomfort gewährleistet.

Der Federweg ist bauartbedingt begrenzt, mit 115 mm in der aktuellen Ausführung für ein sportliches Straßenmotorrad aber völlig ausreichend. Der Lenkeinschlag erreicht die üblichen Werte und ist nicht eingeschränkt. Die Kinematik reduziert das Bremsnicken gegenüber einer Telegabel erheblich, bietet aber durch ein gewisses Eintauchen die von Sportfahrern gewünsche Rückmeldung über die Bremsung.

Als weiteres Alternativsystem zur Telegabel ist nur noch die Achsschenkellenkung in die Serie eingeführt worden. Das einzige Motorrad, das in neuerer Zeit damit ausgerüstet wurde, ist die *YAMAHA GTS 1000*, **Bild 8.36**. Auf breiter Front durchsetzen konnte sich dieses System bisher aber nicht. In Prototypen, Rennsportmotorrädern und Einzelanfertigungen (BIMOTA) wird die Achsschenkellenkung, deren Prinzip aus dem Automobilbau übernommen wurde, schon seit einer Reihe von Jahren immer wieder vorgestellt, vgl. auch Kap. 8.4.2.

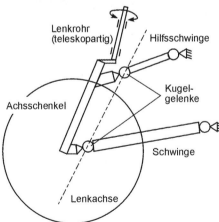

Bild 8.36 Achsschenkellenkung von YAMAHA

Bei der *YAMAHA*-Achsschenkellenkung übernimmt ein Gelenk-Viereck, bestehend aus zwei parallelen Schwingarmen und einem Radträger, die Radführung. Das Rad ist mit seiner Achse in dem Radträger, dem sogenannten *Achsschenkel*, einseitig gelagert, und dieser Achsschenkel wiederum ist mittels zweier Kugelgelenke mit beiden Schwingarmen verbunden. Die Radhubbewegung erfolgt damit auf einer gekrümmten Bahn, die Federung und Dämpfung der Bewegung übernimmt ein einzelnes, schräggestelltes Federbein, das sich zwischen den beiden Schwingarmen am Rahmen abstützt. Durch die Kugelgelenke, deren Verbindungsgerade die Lenkachse bildet, wird die Lenkbewegung des Rades ermöglicht. Die Lenkbewegung selber wird vom Lenker über ein Lenkrohr direkt auf den Achsschenkel übertragen. Die teleskopartige Ausbildung des Lenkrohrs entkoppelt dabei die Lenkbetätigung von der Hubbewegung des Achsschenkels. Das Massenträgheitsmoment um die Lenkachse ist sehr gering, weil neben dem Rad nur der Achsschenkel bei der Lenkbewegung geschwenkt wird und dessen Masse sich nahe der Lenkachse konzentriert. Die Radkräfte werden bei dieser Vorderradführung von beiden Schwingarmen aufgenommen und sehr günstig auf geradem Wege direkt in den Rahmen eingeleitet. Es treten in der Radaufhängung wegen der kurzen Hebelarme (nur etwa halber bzw. voller Raddurchmesser) nur geringe Biege- und Torsionsbeanspruchungen auf, weshalb diese Radaufhängung als sehr steif anzusehen ist. Die Leichtgängigkeit der Radhubbewegung ist auch unter höchster Belastung gewahrt, da kein Verklemmen der Radführung auftreten kann, so dass die Federung immer sehr feinfühlig anspricht. Voraussetzung dafür sind allerdings reibungsarme, ausreichend dimensionierte Kugelgelenke und eine geringe Reibung im Teleskop des Lenkrohres.

Bei allen Vorteilen bezüglich der Aufnahme und Weiterleitung der Radkräfte und bezüglich des Fahrkomforts, gibt es aber auch mehrere deutliche Nachteile bei der Achsschenkellenkung. So wird der Einschlagwinkel der Räder (Rangieren des Motorrades) begrenzt vom unteren Schwingenholm, der damit sehr weit nach außen geführt werden muss, ohne aber die Einschlagwinkel anderer Vorderradaufhängungen zu erreichen. Dies ist auch belastungsmäßig ungünstig, weil damit die Schwinge ein zusätzliches Biegemoment verkraften muss, wodurch sich ihre Stabilität vermindert, bzw. diese durch eine entsprechende Dimensionierung sichergestellt werden muss. Weiterhin erfordert die unsymmetrische, einseitige Radaufhängung aus Steifigkeitsgründen eine großzügige Dimensionierung aller Radaufhängungsbauteile. Zudem erlaubt sie nur die Verwendung einer Bremsscheibe, die zwar belastungsgünstig fast in der Radmittenebene angeordnet werden kann, dort aber nur unzureichend mit Kühlluft beaufschlagt wird. Und schließlich erfordert die Achsschenkellenkung eine aufwendige Lenkbetätigung mit teleskopartigem Lenkrohr und einem Hilfsrahmen zur Lenkrohrlagerung, was das ohnehin nicht übermäßig günstige Gewicht der gesamten Konstruktion erhöht. Für ein präzises Lenkgefühl muss darüber hinaus das Lenkteleskop spielfrei sein, was dessen Fertigung verteuert. Das wenig filigrane Aussehen der Achsschenkellenkung ist sicherlich Geschmackssache, aber die ausladende Konstruktion des Schwingarms kann nicht ohne negative Auswirkung auf die Aerodynamik und den Luftwiderstand bleiben, wie die Frontansicht im **Bild 8.37** nahelegen. Auch eine Studie von Suzuki mit einer alternativen Vorderradführung, Bild 8.37, wirkt nicht schlank.

Welche Änderungen der Fahrwerksgeometrie beim Ein- und Ausfedern der Achsschenkellenkung auftreten, kann nicht beurteilt werden, weil die genauen Geometriedaten der Achsschenkellenkung nicht vorliegen. Grundsätzlich lässt sich aber bei einer derartigen Konstruktion durch entsprechende Wahl der Lenkerlängen, Gelenkpunkte und Anstellwinkel die gewünschte Raderhebungskurve und Fahrwerksgeometrie bei der Federbewegung in weiten Grenzen vorwählen. Ebenso ist ein Bremsnickausgleich (mechanisches anti-dive) problemlos möglich. Der Federweg der Achsschenkellenkung ist, ähnlich wie bei der Vorderradschwinge und dem Telelever, durch den knappen Bauraum für das Federbein zwischen oberer und unterer Schwinge begrenzt (theoretisch könnte man natürlich das Federbein mittels einer Hebel-

8.3 Rahmen und Radführungen

übersetzung betätigen und damit Radfederweg gewinnen). Aufgrund des sensiblen Ansprechverhaltens gilt aber für die Achsschenkellenkung das Gleiche wie für den Telelever: Die Anfangsfederhärte kann höher sein als bei der Telegabel, und es genügt letztlich ein kürzerer Federweg für gleichen, bzw. höheren Fahrkomfort.

Studie von SUZUKI (Tokyo, 2003)

Yamaha GTS 1000

Bild 8.37 Frontansichten verschiedener alternativer Vorderradführungen

Bisher konnte sich die Achsschenkellenkung auf breiterer Font nicht durchsetzen. Bezüglich der Herstellkosten dürfte diese Vorderradaufhängung vergleichbar mit einer aufwendigen Telegabelkonstruktion sein, während das Gewicht eher höher liegt. In der Funktionsgüte fällt im Vergleich (Tests in Motorrad-Fachzeitschriften) derzeit die subjektive Beurteilung bezüglich Fahrdynamik, Lenkpräzision, Eigenlenkverhalten und Kurvenwilligkeit zugunsten der Telegabel und des Telelevers aus. Weitere Alternativen von Vorderradführungssystemen konnten sich auf dem Markt noch nicht durchsetzen. Technisch interessant ist noch das **Diffazio**-System mit einer Schwingenführung des Vorderrads und einer Radnabenlenkung. Diese Radaufhängung, die von BIMOTA in Einzelanfertigung exklusiver Motorräder anbietet, wird wegen der ausgefallenen Art der Lenkung im Kap. 8.4 behandelt.

8.3.3 Bauarten und konstruktive Ausführung der Hinterradführung

Im Gegensatz zur Vorderradaufhängung wird für das Hinterrad heute bei allen Herstellern als Radführungsprinzip ausnahmslos die gezogene Langarmschwinge verwendet. Sie vereint die Vorteile einer steifen Radführung mit guten Federungseigenschaften und einfacher Bauweise und bietet eine günstige Bremsmomentenabstützung. Es gibt allerdings in den Bauausführungen eine nahezu unübersehbare konstruktive Vielfalt, die man zunächst grob in zwei Kategorien einteilen kann: Schwingen ohne übersetzte Federung und Schwingen mit Hebelübersetzung. Beide werden als Einarm- und Zweiarmschwingen gebaut. **Bild 8.38** zeigt typische Beispiele für verschiedene Schwingenkonstruktionen.

Gemeinsames Ziel aller Konstruktionen ist wie beim Vorderrad eine verwindungssteife Radführung und hoher Fahrkomfort durch optimale Feder- und Dämpfercharakteristik. Eine

Grundvoraussetzung dafür ist zunächst ein möglichst großer Radfederweg, der allerdings nicht mit einer übermäßig großen Sitzhöhe erkauft werden sollte. Dies kann bei der nichtübersetzten Schwinge durch die Anordnung und eine Schrägstellung des Federbeins erreicht werden. Anhand von **Bild 8.39** werden die Zusammenhänge deutlich. Bei der klassischen Anordnung mit nahezu senkrechtem Federbein nahe der Radachse bestimmt die Federbeinlänge die Sitzhöhe. Der Radfederweg entspricht ziemlich genau dem konstruktiv möglichen Einfederweg des Federbeins. Der durch den Radfreigang bestimmte, theoretisch mögliche Einfederweg kann nicht ausgenutzt werden.

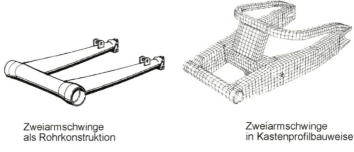

Zweiarmschwinge als Rohrkonstruktion

Zweiarmschwinge in Kastenprofilbauweise

Einarmschwinge als Rohrkonstruktion

Bild 8.38 Ausgeführte Konstruktionen von Hinterradschwingen

8.3 Rahmen und Radführungen

Ordnet man das Federbein näher an der Schwingenachse an, wird bei gleichem Einfederweg für das Federbein, d.h. bei gleichbleibender Federbeinlänge und Sitzhöhe, Radfederweg gewonnen (Strahlensatz). Eine Schrägstellung des Federbeins vergrößert den Einbauraum (Länge) für das Federbein, so dass wahlweise das Federbein und damit der Federweg verlängert oder die Sitzhöhe abgesenkt werden könnte. Doch selbst bei konstanter Federbeinlänge vergrößert sich der Radfederweg noch gegenüber dem geraden Federbein bzw. es könnte bei gleichem Radfederweg durch ein kürzeres Federbein die Sitzhöhe verkleinert werden. Beide Konstruktionen, die Schrägstellung wie das nach innen versetzte Federbein, erhöhen aufgrund der Hebelgesetze die Abstützkräfte, die die Federbeine in den Rahmen einleiten.

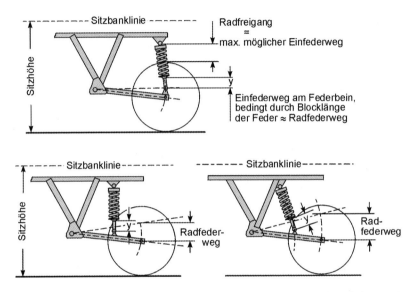

Bild 8.39 Zusammenhang zwischen Radfederweg, Federweg am Federbein und Sitzhöhe

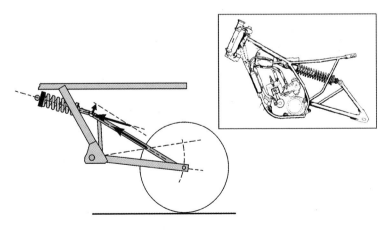

Bild 8.40 Cantilever-Hinterradfederung

Eine extrem schräge Federbeineinstellung erlaubt die sogenannte *Cantilever-Federung*, bei der ein einzelnes, zentrales Federbein unterhalb des Hauptrahmens des Motorrades angeordnet ist, **Bild 8.40**. Durch die Geometrie ergibt sich eine Progression. Die Schwinge ist als Dreieckskonstruktion ausgeführt und damit sehr steif. Die Einbaulage ermöglicht nahezu eine beliebige Länge für das Federbein und damit extreme Federwege, weshalb sie zuerst im Moto-Cross Sport (YAMAHA 1973) eingesetzt wurde.

Nachteilig ist das relativ hohe Gewicht der Schwinge, das die ungefederten Massen erhöht sowie die schlechte Kühlung des Federbeins unter dem Tank. Wie wir später noch sehen werden, sind zu große Federwege wegen ihres negativen Einflusses auf die Fahrwerksgeometrie bei Straßenmotorrädern auch nicht immer erwünscht.

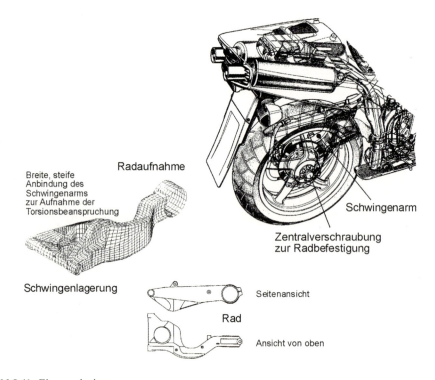

Bild 8.41 Einarmschwinge

Neben der Zweiarmschwinge gibt es seit einigen Jahren auch die Einarmschwinge mit einem Federbein, **Bild 8.41**. Ausgehend von Enduro-Motorrädern, bei denen sich die Forderung nach einem unkomplizierten, schnellen Radausbau ergibt, hat sich diese Schwingenbauart auch bei Straßenmotorrädern etabliert. Die Vorteile neben dem Radausbau liegen vor allem darin, dass wegen des einzelnen Federbeins keine toleranzbedingt unterschiedlichen Feder- und Dämpferkräfte mehr auftreten können. Diese können bei herkömmlichen Zweiarmschwingen mit zwei Federbeinen zum Verwinden der Schwingarme und als Folge zu einer unerwünschten Schrägstellung des Hinterrades (Radsturz) führen. Bei beanspruchungsgerechter Konstruktion sind

8.3 Rahmen und Radführungen

daher Einarmschwingen hinsichtlich der Präzision der Radführung und der Steifigkeit (großer Durchmesser des Schwingarms) den Zweiarmschwingen überlegen. Gewichtsmäßig allerdings können mit Einarmschwingen wegen der notwendigen größeren Dimensionierung (exzentrischer Kraftangriff) keine wesentlichen Vorteile erzielt werden. Ein weiterer Nachteil kann die einseitige Rahmenbeanspruchung sein, wenn die Federbeinkräfte unsymmetrisch in den Rahmen eingeleitet werden.

Schwingenkonstruktionen mit Hebelübersetzungen für die Federung und Dämpfung haben ebenfalls über die Enduro- und Moto-Cross-Motorräder ihren Weg in den Straßenmotorradbau gefunden. Die über Hebelsysteme von der Rad- bzw. Schwingenbewegung entkoppelte Ein- und Ausfederung ermöglicht die Erzeugung einer kinematischen Progression und erlaubt damit eine radweg- bzw. belastungsabhängige Veränderung der Feder- und Dämpferkennungen. Beispielhaft ist die Funktion einer hebelübersetzten Schwinge im **Bild 8.42** dargestellt.

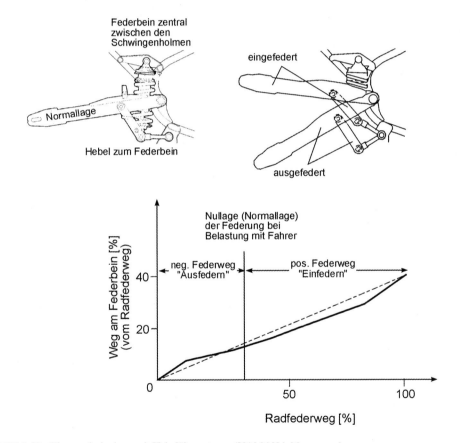

Bild 8.42 Hinterradschwinge mit Hebelübersetzung (YAMAHA Monocross)

Das Federbein wird indirekt über zwei Hebel betätigt, die an der Schwinge und am Rahmen angelenkt sind. Mit ansteigender Radeinfederung wird das Gelenksystem gestreckt und damit der Weg am Federbein zunehmend größer. Bei linearer Federkennung ergibt dies die gewünschte progressive Zunahme sowohl der wirksamen Federkraft als auch der Dämpfung. Das Diagramm im Bild zeigt qualitativ den Zusammenhang zwischen Radfederweg und dem Weg am unteren Anlenkpunkt des Federbeins. Der flache Verlauf der Federwegkurve um die Nulllage gewährleistet sensibles Ansprechen der Federung; durch den Anstieg bei hoher Radeinfederung verhärtet sich die Federung bei groben Fahrbahnstößen, so dass ein Durchschlagen verhindert wird.

Bild 8.43 zeigt weitere Lösungen für übersetzte Federungen bei Hinterradschwingen. Bei prinzipiell gleicher Funktion unterscheiden sich die Konstruktionen lediglich durch die Anordnung und Längen der Hebel und die Lage des Federbeins. Neben der Anpassung an die individuellen Bauverhältnisse beim jeweiligen Motorrad und der Erzielung unterschiedlicher Progression hat die Konstruktionsvielfalt oft auch den Grund, patentrechtliche Absicherungen der Wettbewerber zu umgehen. Grundsätzliche Neuerungen bieten die dargestellten Lösungen nicht, so dass auf Einzelheiten nicht näher eingegangen zu werden braucht.

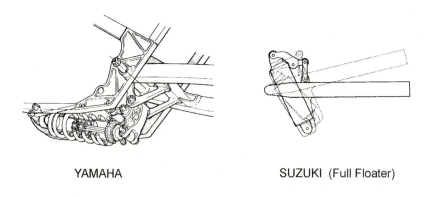

YAMAHA   SUZUKI (Full Floater)

Bild 8.43 Weitere konstruktive Lösungen für übersetzte Federungen bei Hinterradschwingen

8.3 Rahmen und Radführungen

Nicht unerwähnt bleiben darf, dass bei allen federungstechnischen Vorzügen die übersetzte Federung den Nachteil hat, dass die Hebel bzw. die Hebellagerungen sehr großen Kräften (entsprechend den Übersetzungsverhältnissen) ausgesetzt sind. Sie müssen deshalb sehr kräftig dimensioniert sein, wenn Verschleiß und vorzeitiger Ausfall vermieden werden sollen. Für die Hebellager werden Gummi-Metalllagerungen (Silentbuchsen), Bronzebuchsen oder Nadelllager vorgesehen. Der Aufwand für die Hebelübersetzung erhöht das Gewicht der gesamten Schwingenkonstruktion und die Herstellkosten. Eine Teilkompensation ergibt sich aber zumindest gegenüber der konventionellen Zweiarmschwinge durch den Entfall eines Federbeins.

Entscheidend für die Güte der Hinterradschwinge ist die Lagerung im Rahmen. Sie muss kräftig dimensioniert und steif ausgeführt sein. Die beste und steifste Konstruktion der Schwinge bleibt nutzlos, wenn Spiel in der Lagerung auftreten kann und dadurch die Spurhaltung des Hinterrades verschlechtert wird. Eine auf Dauer verschleiß- und spielfreie Lagerung kann nur mit (teuren) Kegelrollenlagern erreicht werden.

Es wurde schon darauf hingewiesen, dass der Federweg am Hinterrad zwar grundsätzlich groß bemessen sein soll, für Straßenmotorräder allerdings eine obere Grenze von 150 mm nicht überschritten werden sollte, weil die resultierenden Geometrieveränderungen (Radstand, Nachlauf, Lenkkopfwinkel) sonst zu groß werden und sich nachteilig auf die Fahrstabilität auswirken, vgl. auch Kap. 8.1 und Kap. 8.2. Ein weiterer wichtiger Grund sind die Rückwirkungen der Schwingenbewegung auf den Antriebsstrang, die anhand der **Bilder 8.44** und **8.45** zunächst für kettengetriebene Motorräder erläutert werden sollen. Zur Vereinfachung nehmen wir momentan an, das Kettenritzel befinde sich genau im Schwingendrehpunkt; diese in der Praxis häufig nicht zutreffende Voraussetzung werden wir anschließend fallenlassen.

Wenn das ausgefederte Rad bis zur Horizontalen einfedert (**Bild 8.44**, linke obere Abbildung), vergrößert sich der horizontale Abstand zwischen Radmittelpunkt und Schwingenlager (die einfedernde Schwinge schiebt das Rad von sich weg). Er wird am größten bei genau waagerechter Lage der Schwinge. Bei der weiteren Einfederung über die Horizontale hinaus (Abbildung oben rechts), nähert sich das Rad dann wieder dem Schwingendrehpunkt. Diese Abstandsänderungen sind zwangsläufig mit einer Raddrehung verknüpft, denn das Rad rollt ja auf der Fahrbahn ab, wenn sich die Lage des Radmittelpunktes verschiebt.

Die Einfederung bis zur Horizontalen bedingt eine Rückwärtsdrehung, bei der weiteren Einfederung dreht das Rad dann wieder vorwärts. Diese Vorwärts- und Rückwärtsdrehung des Rades lässt sich übrigens beobachten, wenn man das Motorrad im Stand kräftig durchfedert. Die gleiche Drehbewegung macht natürlich auch das Kettenrad am Hinterrad mit, wegen des geringeren Durchmessers ist die abgerollte Wegstrecke am Kettenradumfang aber kleiner als am Reifenumfang. Die Kette wird dann am Kettenrad aufgewickelt und an der gegenüberliegenden Seite um die gleiche Weglänge wieder abgewickelt (untere Bildreihe), woraus ein Vor- und Rückdrehen des Kettenritzels am Getriebeausgang folgt. Diese Zwangsbewegung von Kette und Kettenritzel überlagert natürlich den Antriebszug der Kette, was einmal die Kette selbst zusätzlich beansprucht (Verschleiß), sie zu Schwingungen anregt, und darüber hinaus den gesamten Antriebsstrang verspannt. Um das abzumildern, sind elastische Zwischenglieder, meist in Form von Gummipuffern zwischen Kettenrad und Hinterrad, in den Antriebsstrang geschaltet.

Es leuchtet unmittelbar ein, dass die Drehbewegungen des Hinterrades beim Durchfedern mit ansteigendem Federweg größer werden und sich daraus eine Begrenzung des Federwegs ableitet. Bei Wettbewerbsmotorrädern mit sehr großen Federwegen (Moto-Cross) wird die höhere Ketten- und Antriebsstrangbelastung durch entsprechende Bauteilauslegung berücksichtigt bzw. in Kauf genommen, der höhere Verschleiß spielt eine untergeordnete Rolle. Neben dem Federweg hat natürlich auch die Schwingenlänge einen Einfluss auf die Drehbewegung des Hinterrades. Je kürzer die Schwinge, d.h. je gekrümmter die Kreisbahn der Radführung ist, desto größer werden die horizontalen Abstandsänderungen beim Ein- und Ausfedern. Daher ist grundsätzlich eine möglichst große Länge der Hinterradschwinge anzustreben.

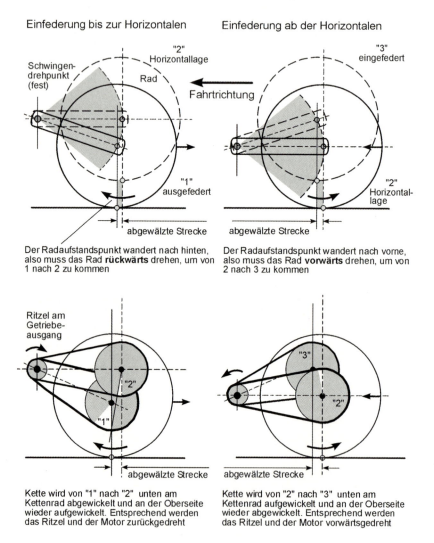

Bild 8.44 Rückwirkung der Federbewegung der Schwinge auf den Antriebsstrang

Überlagert wird die Zwangsdrehbewegung des Hinterrades bzw. Kettenrades von der sogenannten Planetenbewegung, die im **Bild 8.45** erläutert ist. Es sei die Hinterradeinfederung von "1" nach "2" betrachtet, bei der das Hinterrad zusammen mit dem Kettenrad um die Achse des

8.3 Rahmen und Radführungen

Kettenritzels (= Schwingenachse) schwenkt. Die Kette sei straff gespannt. Die Schwenkbewegung kann nur erfolgen, wenn das hintere Kettenrad (und damit auch das Rad) sich *rückwärts* dreht (die Vorstellung wird erleichtert, wenn man den Extremfall einer 180°-Drehung der Schwinge um das Ritzel gedanklich ausführt). Der Drehwinkel des Kettenrades entspricht dabei genau dem Einfederungswinkel a, und die Kette wird entsprechend auf das Kettenrad aufgewickelt. Die gleiche Ketten*länge*, die am Kettenrad aufgewickelt wird, muss am Kettenritzel abgewickelt werden, d.h. der Drehwinkel am (kleineren) Kettenritzel muss entsprechend dem Übersetzungsverhältnis (Kettenritzel zu Kettenrad) größer sein. Daraus resultiert im realen Fall ein zwangsweises *Zurück*drehen des Motors, wenn das Hinterrad einfedert. Dieses Zurückdrehen aufgrund der Planetenbewegung überlagert sich mit der zuvor (**Bild 8.44**) beschriebenen Zwangsdrehung des Rades durch die Abrollbewegung beim Ein- und Ausfedern, wobei allerdings betragsmäßig die Planetenbewegung deutlich größere Drehwinkel verursacht.

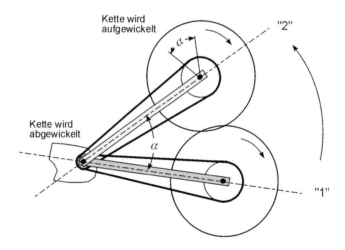

Bild 8.45 Planetenbewegung des Kettenrades um das Kettenritzel

Betrachten wir nun noch die Verhältnisse im real sehr häufigen Fall, dass der Schwingendrehpunkt nicht mit dem des Kettenritzels zusammenfällt, sondern dieser (in Fahrtrichtung) vor dem Schwingendrehpunkt liegt, **Bild 8.46**. Die Kreisbahn der Hinterradschwinge hat dann einen kleineren Radius (= Schwingenlänge) und ist demzufolge stärker gekrümmt. Daraus resultiert bei Ein- und Ausfederung jenseits der horizontalen Schwingenlage eine Verkürzung des horizontalen Abstandes von Kettenrad und Ritzel, d.h. die notwendige Kettenlänge verringert sich (der gedankliche Extremfall wäre eine 180°-Drehung der Hinterradschwinge). Es ergibt sich also beim Ein- wie beim Ausfedern ein Durchhang der Kette im Leertrum, der ebenfalls mit dem Federweg zunimmt. Das ist der Grund, weshalb beim unbelasteten Motorrad, wenn die Schwinge nicht horizontal steht, sondern nach unten ausgelenkt ist, immer ein Durchhang der Kette eingestellt sein muss. Eine straff gespannte Kette würde in diesem Fall beim Einfedern in horizontaler Lage übermäßig gedehnt und über den Kettenzug unzulässig hohe Querkräfte auf die Getriebeausgangswelle ausüben, im Extremfall könnte die Kette sogar reißen.

Auf die Zwangsdrehung des Hinterrades aufgrund der Planetenbewegung und der Abrollbewegung beim Durchfedern hat die unterschiedliche Lage von Schwingendrehpunkt und Kettenritzeldrehpunkt nur insofern Einfluss, als dass sich die Größen der Drehwinkel verändern. Auf die genaue Darstellung der geometrischen Verhältnisse soll an dieser Stelle verzichtet werden. Der Zwangsdrehbewegung des Kettenrades ist allerdings im realen Fahrbetrieb die Abstandsänderung von Kettenrad und Ritzel beim Durchfedern überlagert und damit wechselnde Kettenspannung. Zusammen mit der Massenträgheit, der die Kette beim Beschleunigen und beim Übergang in Schubphasen bzw. beim Bremsen unterliegt, führen beide Vorgänge zu Vertikalschwingungen in der Kettenebene, die den Kettenstrang durchlaufen. Bei Moto-Cross-Motorrädern mit großen Federwegen und entsprechenden Kettendurchhängen können die Schwingungsamplituden beträchtliche Größen erreichen, so dass die Schwingungsformen manchmal gut sichtbar werden (Fernsehaufnahmen in Zeitlupe). Mittels entsprechender Kettenführungen oder separater federbelasteter Kettenspanner muss versucht werden, die Schwingungsausschläge so zu begrenzen, dass ein ordentlicher Einlauf der Kette auf die Kettenräder gewährleistet wird, weil sonst die Kette überspringen kann.

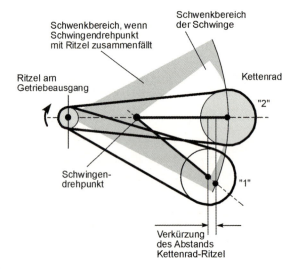

Bild 8.46 Längendehnung der Kette durch unterschiedliche Lage von Schwingendrehpunkt und Drehpunkt des Kettenritzels

Aus der Federbewegung und dem Kettenantrieb resultieren noch weitere Rückwirkungen. So entsteht aus dem Unterschied zwischen Kettenzugrichtung und Richtung der Umfangskraft am Kettenrad eine vertikale Störkraft, die die Federung beeinflusst (Verhärtung). Die Größe dieses Kraftvektors hängt ebenfalls von den geometrischen Verhältnissen der Schwinge und des Kettentriebs ab. Auch der sogenannte *high-sider*, der bei Straßenrennmaschinen auftritt, wenn das Hinterrad plötzlich wegrutscht und sich dann wieder fängt, und bei dem der Fahrer regelrecht aus dem Sitz katapultiert wird, hat seine Ursachen in Kraftwirkungen, die aus den geometrischen Verhältnissen an der Hinterradschwinge herrühren. Er kann mit einer geschickten kinematischen Auslegung von Schwinge und Kettentrieb wirkungsvoll abgemildert werden [8.1]. Wegen der Komplexität der geometrischen Anordnungen und der Kraftwirkungen soll auf derartige Effekte nicht näher eingegangen werden.

8.3 Rahmen und Radführungen

Für Motorräder mit Kardanantrieb gilt hinsichtlich der Rückwirkungen der Schwingenbewegung auf den Antrieb prinzipiell das Gleiche, wie für Kettenmaschinen. Das Vor- und Zurückdrehen des Hinterrades wirkt sich hier über die Verzahnung des Winkelgetriebes auf die Antriebswelle (Kardanwelle) aus, weshalb zwischen Getriebeausgang und Kardanwelle ein Torsionsdämpfer geschaltet ist, der entweder als federbelasteter Nocken oder als Gummielement ausgebildet ist, **Bild 8.47**.

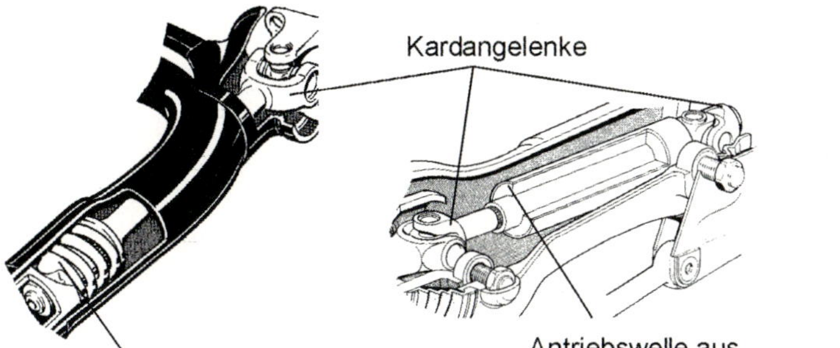

Bild 8.47 Torsionsdämpfer beim Kardanantrieb

Die Längenänderung, die die Antriebswelle beim Ein- und Ausfedern analog zur Kette erfährt, wenn der Schwingendrehpunkt und das Gelenk der Antriebswelle nicht zusammenfallen, wird durch eine Längsverschiebbarkeit der Welle (z.B. mittels Keilnutverzahnung) ausgeglichen.

Betrachtet werden sollen noch die Reaktionen, die an der Hinterradschwinge beim Bremsen auftreten. Wie im Kap. 8.1 (**Bild 8.5**) schon erläutert wurde und aus der Erfahrung geläufig ist, wird beim Bremsen das Vorderrad belastet und das Hinterrad entlastet. Dieser Mechanismus beruht auf den bei der Bremsung auftretenden *Trägheitskräften* und ist daher grundsätzlich unabhängig von der Art der Bremsbetätigung (Vorderrad- oder Hinterradbremsung oder beide gemeinsam). Je nach Bauart der Radführungen stellen sich Bewegungsreaktionen an den gefederten Rädern ein. Üblicherweise taucht das Vorderrad (z.B. bei der Telegabel) mehr oder weniger stark ein, entsprechend hebt sich das Fahrzeugheck an. Dieser prinzipiellen Reaktion überlagern sich nun die Wirkungen der Bremskräfte an den jeweiligen Rädern. **Bild 8.48** zeigt die Fahrwerksreaktion am Hinterrad, wenn *ausschließlich* mit der Hinterradbremse gebremst wird.

Betrachtet werden nur die dynamischen Radkräfte, d.h. die statischen Radlasten sind nicht berücksichtigt, da sie von der statischen Einfederung aufgenommen werden. Die Kraftkomponente ΔG_h aus der dynamischen Radlastverlagerung entlastet das Hinterrad, wobei die Massenträgheit als Ursache jetzt im Kräftesystem nicht mehr berücksichtigt zu werden braucht.

Diese Entlastung des Hinterrades bewirkt nun über den Hebelarm der Schwingenlänge l ein Moment M_s um den Schwingendrehpunkt, so dass das Heck angehoben (hochgehebelt) wird (die ebenfalls zulässige Betrachtungsweise ist die, dass die Entlastungskraft ΔG_h die statische

Hinterradlast vermindert und sich damit das Motorrad aus den Federn hebt). Überlagert man nun die Kraftwirkung aus der Bremsung des Hinterrades, so erzeugt die Bremskraft über den Hebelarm h ebenfalls ein Moment um den Schwingendrehpunkt (M_b). Dieses wird durch die Reibkraft an der Bremsscheibe (B_s) in die Schwinge eingekoppelt, wenn, wie üblich, der Bremssattel fest mit dem Schwingenholm verbunden ist. Es wirkt am Schwingendrehpunkt gegensinnig zum Moment aus der Radentlastung und versucht damit, das Hinterrad zum Einfedern zu bewegen.

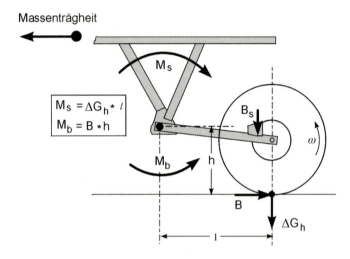

Bild 8.48 Kraftwirkungen an Hinterrad und Schwinge beim Bremsen mit der Hinterradbremse

Wenn also *allein mit der Hinterradbremse* gebremst wird, dann will zwar die dynamische Radlastverlagerung immer zunächst ein Anheben des Fahrzeughecks (Ausfedern) bewirken, zugleich hält aber das Bremsmoment dagegen, so dass sich je nach den geometrischen Verhältnissen am Fahrzeug (Bremsenanordnung, Schwerpunktlage, Schwingenlänge) als Resultat eine entsprechende Einfederung, also ein Absenken des Fahrzeughecks ergibt.

Anders hingegen bei der Bremsung nur mit der Vorderradbremse bzw. mit beiden Bremsen gemeinsam. Aufgrund der hohen Verzögerung, die dann erzeugt wird, dominiert die Trägheitswirkung und die dynamische Radlastverlagerung wird sehr groß. Das resultierende Moment M_s ist in diesem Fall immer sehr viel größer als das Bremsmoment an der Hinterradbremse, so dass das Fahrzeugheck ausnahmslos angehoben wird.

Will man die Hinterradschwinge und die Federung von den Reaktionen aus dem Bremsmoment entkoppeln, darf die Bremskraft nicht mehr in die Schwinge eingeleitet werden, sondern der Bremssattel muss wie im **Bild 8.49** angeordnet werden. Durch die gelenkige Lagerung des Bremssattels kann kein Moment aus der Bremskraft mehr auf die Schwinge übertragen werden. Die Abstützung der Bremskraft erfolgt über eine Druckstrebe, die am Rahmen beweglich gelagert ist und die Bremskraft dort einleitet. Das Bremsmoment bewirkt keine Schwingendrehung mehr.

8.3 Rahmen und Radführungen

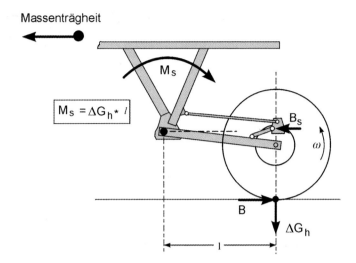

Bild 8.49 Entkoppelte Anordnung des Bremssattels

Beim umgekehrten Fall zur Bremsung, dem Antrieb, folgen die Kräfte und ihre Rückwirkungen auf die Hinterradschwinge analogen Gesetzmäßigkeiten. Im Gegensatz zum Bremsen, das naturgemäß ein instationärer Vorgang ist, muss beim Antrieb zwischen der Konstantfahrt (Überwindung der stationären Fahrwiderstände) und der beschleunigten Fahrt unterschieden werden. Beim Beschleunigen bewirkt die dynamische Radlastverlagerung immer eine Momentenwirkung an der Hinterradschwinge. Sie gleicht, bis auf die umgekehrte Kraftrichtung, der bei der Bremsung. Aus der Zusatzbelastung des Hinterrades (vgl. auch **Bild 8.5**) folgt zunächst eine Einfederbewegung der Schwinge. Eine differenzierte Betrachtung erfordern die Reaktionen an der Schwinge aufgrund der Antriebskräfte, die in der Reifenaufstandsfläche immer, auch bei konstanter Fahrt ohne Beschleunigung, wirksam sind. Es wird zunächst der Kettenantrieb betrachtet, **Bild 8.50**.

Die Kettenzugkraft F_k erzeugt am *Rad* das Antriebsmoment, dem über die Antriebskraft F_A in der Radaufstandsfläche das Gleichgewicht gehalten wird. Das Antriebsmoment bzw. die Antriebskraft übt auf die Schwinge keine unmittelbare Wirkung aus, denn das Radlager als Drehgelenk kann kein Moment auf die Schwinge übertragen. Es wirkt aber an der Radachse die Reaktionskraft aus dem Kettenzug (F_k^*), die über den eingezeichneten Hebelarm versucht, die Schwinge aufzustellen (Moment M_k). Da der Hebelarm kurz ist, entsteht auch bei großen Antriebs- bzw. Reaktionskräften nur ein kleines Moment. Das Rad federt etwas aus, die (nicht eingezeichnete) Federbeinkraft wirkt dagegen, so dass sich bei *Konstantfahrt* ein Gleichgewicht an der Schwinge einstellt. Bei jeder Änderung des Kettenzugs, z.B. beim Gaswegnehmen vor dem Schalten oder beim Beschleunigen, erfolgt eine Bewegungsreaktion der Schwinge. Bei der Gaswegnahme federt das Rad z.B. etwas ein, weil dann das Moment M_k wegfällt. Eine Beschleunigung bewirkt, wie bereits erwähnt, eine Einfederung infolge der dynamischen

Radlastverlagerung (Moment M_s)². Die durch das Moment M_k bewirkte Ausfederung ist betragsmäßig so klein, dass sie nicht dagegen halten kann.

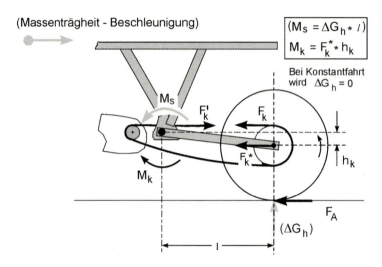

Bild 8.50 Kraft- und Momentenwirkungen auf die Hinterradschwinge beim Kettenantrieb

Insgesamt sind also die *direkten* Rückwirkungen des Antriebs auf die Schwinge bei der Kette gering. Anders ist das beim Kardanantrieb; die Reaktionen aus dem Antrieb dort sind im **Bild 8.51** dargestellt.

Wir betrachten wieder nur die Reaktionen bei der Konstantfahrt. Über die Verzahnung des Winkeltriebs im Kardan und die feste Verbindung des Kardangehäuses mit der Schwinge wird die Antriebskraft F_A in die Schwinge eingekoppelt.

Mit dem Hebelarm h ergibt sich ein Moment (Aufstellmoment M_{KD}), das die Schwinge im Drehpunkt anheben will.³ Das Rad federt aus, die Federbeinkraft (nicht eingezeichnet) wirkt dagegen und sorgt für das Gleichgewicht. Das Moment an der Schwinge ist sehr viel höher als beim Kettenantrieb, weil die gesamte Antriebskraft über einen großen Hebelarm an der Schwinge wirkt. Deshalb sind die Lastwechselreaktionen beim Kardanantrieb sehr viel ausgeprägter als beim Kettenantrieb. Beim Gaswegnehmen ($F_A = 0$) bricht das Aufstellmoment schlagartig zusammen und die Hinterradfederung sackt ein. Die Federbewegungen sind umso intensiver, je größer der Federweg und je weicher die Federung ausgelegt ist (Fahrstuhleffekt

---

[2] Infolge der Trägheit des Rades kann die Kettenzugkraft beim Beschleunigen eine zusätzliche, direkte Momentenwirkung ausüben. Das Massenträgheitsmoment des Rades wirkt bei der Beschleunigung so, als ob das Rad momentan drehfest an die Schwinge angekoppelt wäre. Dadurch erzeugt die Kettenzugkraft, wenn sie nicht durch den Schwingendrehpunkt geht, sondern durch ihren Abstand einen Hebelarm bildet, ein Moment um den Schwingendrehpunkt. Bei üblicher Geometrie resultiert aus diesem Moment eine geringe Einfederung.

[3] Bildlich gut vorstellbar wird die Kardanreaktion, wenn man in Gedanken das Motorrad gegen ein Hindernis stellt, das die Vorwärtsbewegung zunächst verhindert (wie es im Prinzip der Fahrwiderstand auch tut). Dann würde die angetriebene Kardanwelle versuchen, sich auf der Verzahnung weiterzubewegen. Dies hätte in der gezeichneten Anordnung ein Anheben der Schwinge im Schwingenlagerpunkt, also ein Ausfedern, zur Folge.

8.3 Rahmen und Radführungen

der alten BMW Boxermotorräder ohne Paralever). Beim Beschleunigen hebt sich das Fahrzeugheck an (Ausfederung), allerdings wirkt die dynamische Radlastverlagerung dagegen.

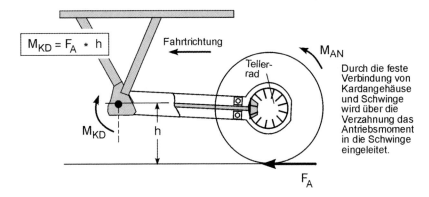

Bild 8.51 Kraft- und Momentenwirkungen auf die Hinterradschwinge beim Kardanantrieb

Insgesamt beeinträchtigen die beschriebenen Federbewegungen beim Lastwechsel des Kardanantriebs die Fahrsicherheit. Sie bringen generell Unruhe ins Fahrwerk, weil sich mit den Federbewegungen auch die Fahrwerksgeometrie ändert (Kap. 8.1). Das Einsinken des Fahrzeughecks beim plötzlichen Gaswegnehmen verringert in Schräglage die Bodenfreiheit, so dass das Motorrad aufsetzen kann. Routinierte Fahrer allerdings nutzen das Ausfedern, das sich beim Gasgeben einstellt, um in Kurven eine größere Bodenfreiheit zu gewinnen und erzielen so eine höhere Schräglage und größere Kurvengeschwindigkeiten.

Eine Eliminierung der Fahrwerksreaktionen wird erreicht, wenn die Stützkräfte des Antriebs von der Schwinge entkoppelt werden. Dazu muss das Gehäuse des Hinterradantriebs drehbar in der Schwinge gelagert werden und die Reaktionskräfte müssen in den Rahmen eingeleitet werden.

Eine entsprechende Konstruktion wurde von BMW unter dem Namen *Paralever* in Serie eingeführt, **Bild 8.52**.

Die Drehbarkeit des Achsantriebsgehäuses wird durch zwei Kegelrollenlager in der Schwinge und ein zweites Kreuzgelenk in der Kardanwelle ermöglicht. Eine Strebe leitet die Reaktionskräfte des Antriebs direkt in den Rahmen ein. Da die Bremse in das Antriebsgehäuse integriert ist, wird bei dieser Konstruktion die Bremskraft ebenfalls von der Schwinge entkoppelt. Damit wirken auf die Schwinge bis auf die dynamische Radlastverlagerung keine weiteren Reaktionskräfte, und es stellt sich ein zum Kettenantrieb vergleichbares Verhalten ein.

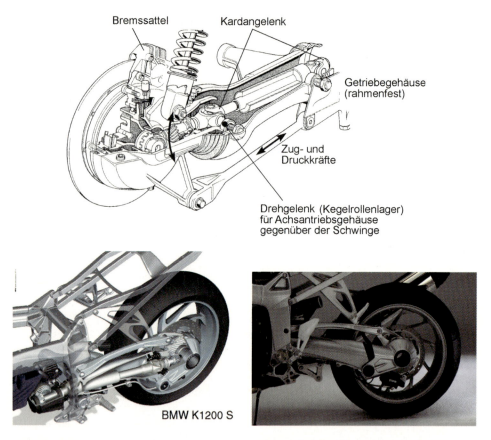

Bild 8.52 BMW Paralever mit drehbarem Antriebsgehäuse und Kraftabstützung am Rahmen

8.3.4 Federung und Dämpfung

Die Federung und Dämpfung der Radbewegung sorgt neben dem Komfort von Fahrer und Beifahrer vor allem für die Fahrsicherheit. Generell besteht die Aufgabe der Federung und Dämpfung darin, bei allen Fahrzuständen ausreichenden Kontakt zwischen Reifen und Fahrbahn sicherzustellen, d.h. bei groben Bodenunebenheiten ein Abheben von Rad bzw. Reifen von der Fahrbahn zu verhindern und die Radlastschwankungen aufgrund der Federbewegungen zu minimieren. Da diese generelle Aufgabe für das Vorderrad und das Hinterrad gleich sind, können die grundsätzlichen Betrachtungen für beide Räder gemeinsam durchgeführt werden.

Das Motorrad mit seinen Rädern kann als Schwingungssystem aufgefasst werden, das sich sehr stark vereinfacht für ein Rad wie im **Bild 8.53** darstellt.

Auch der Reifen weist Federungs- und Dämpfungseigenschaften auf, die für die Fahrdynamik im Bereich der Eigenschwingungen eine große Rolle spielen, bei unseren Betrachtungen hinsichtlich Fahrkomfort (Schwingungskomfort) und Bodenhaftung jedoch vernachlässigt werden

8.3 Rahmen und Radführungen

können. An dieser Stelle sollen nur die Radfedern und die Stoßdämpfer (richtiger wäre Schwingungsdämpfer) behandelt werden.

Wenn das Motorrad eine Bodenunebenheit überfährt, ermöglicht die Federung ein Ausweichen des Rades, so dass im Idealfall nur das Rad der Unebenheit folgt, das Motorrad selbst und der Fahrer jedoch in Ruhe bleiben, d.h. sie führen keine Vertikalbewegung aus. Die Federbewegung muss dabei grundsätzlich gedämpft werden, denn sonst würde die ausgelenkte Feder das Rad so lange nachschwingen lassen, bis die gespeicherte Federenergie durch die Reibung der Radführung „aufgebraucht" wäre. Dies wäre nicht nur aus Komfortgründen unerwünscht, sondern bei mehreren, aufeinanderfolgenden Unebenheiten könnte sich die Federung auch aufschaukeln, wodurch das Rad den Fahrbahnkontakt verlieren würde und die Fahrsicherheit beeinträchtigt wäre. Das Rad führt also immer eine gedämpfte Schwingung aus, wobei die Federhärte und die Dämpfung so aufeinander abgestimmt werden müssen, dass sowohl der Fahrsicherheit als auch dem Fahrkomfort Rechnung getragen wird.

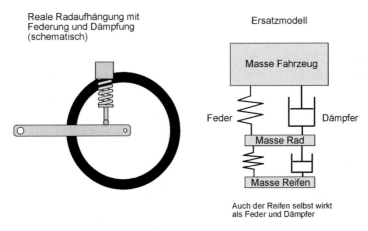

Bild 8.53 Radaufhängung mit Federung und Dämpfung und Ersatzmodell

Für hohen Komfort, d.h. ein sensibles Ansprechen bereits auf kleine Fahrbahnunebenheiten, sollten die Federung wie auch die Dämpfung weich ausgelegt sein. Das bedingt aber einen großen Gesamtfederweg, denn dieser ergibt sich aus der statischen Einfederung bei voller Beladung und dem Restfederweg bzw. der notwendigen Federkraft, die die Federung aufbauen muss, um auch grobe Unebenheiten abzufangen, ohne durchzuschlagen. Wie im vorigen Kapitel erläutert, sind aber sehr große Federwege sowohl wegen der Rückwirkungen auf den Antrieb als auch wegen der Geometrieveränderungen am Fahrwerk nicht unbedingt erwünscht. Mit progressiven Federn, die sich mit zunehmender Zusammendrückung verhärten, lässt sich das Problem elegant umgehen. **Bild 8.54** zeigt verschiedene Federbauarten, mit denen sich eine Progression erzielen lässt.

Die häufigste und preiswerteste Bauart ist die Feder mit veränderlichem Windungsabstand, bei der die Verhärtung dadurch erfolgt, dass sich die engeren Windungen mit zunehmender Einfederung aneinanderlegen und an der Federbewegung nicht mehr teilhaben. Die Feder mit veränderlicher Drahtstärke ist in der Herstellung teuer und wird selten verwendet. Häufiger findet man hingegen die Feder mit veränderlichem Windungsdurchmesser.

Durch die Progression wird auch die statische Einfederung bei Beladung verringert, und außerdem bleibt die Eigenfrequenz der Federung unabhängig vom Beladungszustand weitgehend konstant. Dies ist wichtig, weil beim Motorrad im Gegensatz zum Auto die Zuladung eine sehr große prozentuale Veränderung des Gesamtgewichtes bewirkt (ein typischer Wert sind 180 kg Zuladung bei einem Leergewicht des Motorrades von 220-250 kg).

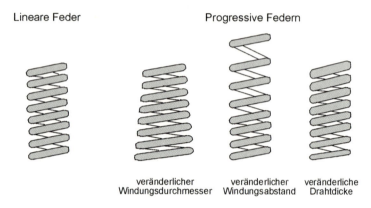

Bild 8.54 Verschiedene Federbauarten mit progressiver Kennung

Generell wird wegen des Soziusbetriebs und der Zuladung, die hauptsächlich die Hinterradlast erhöhen, für das Hinterrad eine deutlich größerere Federrate als für das Vorderrad gewählt. An dieser Stelle sei angemerkt, dass die bei vielen Motorrädern vorhandene Federbeinverstellung zur Anpassung an die Beladung bzw. den Soziusbetrieb *keine* Veränderung der Federvorspannung oder der Federkennlinie bewirkt, wie dies fälschlicherweise häufig angenommen wird. Verstellt wird lediglich die untere Position der Federauflage, damit wird das Motorrad gegenüber der Fahrbahn angehoben und der Verlust an Bodenfreiheit durch die statische Einfederung wird kompensiert. Ein zweiter (erwünschter) Effekt ist die Vergrößerung der Einfederlänge (positiver Federweg). Sie ergibt sich daraus, dass durch die Verstellung der Federbasis der Stoßdämpfer, der den Federweg durch Anschläge begrenzt, weiter auseinandergezogen wird.

Wie wir im vorigen Kapitel gesehen haben, kann eine Progression auch durch die kinematische Auslegung der Hinterradschwinge erzielt werden, was den Vorteil hat, dass sich gezielt eine Abhängigkeit zwischen Radeinfederung und Dämpfungsweg einstellen lässt. Dies kann Vorteile für das Ansprechverhalten der Federung mit sich bringen.

Die Schwingungsdämpfung beruht bei allen modernen Stoßdämpfersystemen letztlich auf der Drosselung eines Flüssigkeitsstromes. Das Funktionsprinzip eines Stoßdämpfers ist im **Bild 8.55** dargestellt. In einem Zylinder wird ein Kolben in einem mit dünnflüssigem Dämpferöl befüllten Zylinder bewegt. Das vom Kolben beim Ein- und Ausfedern verdrängte Flüssigkeitsvolumen strömt durch eine Drossel (Ringspalt oder kalibrierte Bohrungen bzw. Ventile) und bremst dabei die Bewegung.

Die im Dämpfer geleistete Arbeit, die bei unebenen Straßen erhebliche Größen annimmt, wird in Wärme umgewandelt, die nach außen abgegeben werden muss. Das Ausmaß der Dämpfung (Dämpferkraft) wird vom Drosselwiderstand, d.h. von der Form und Größe des Ringspalts

8.3 Rahmen und Radführungen

bzw. der Bohrungen, der Viskosität des Dämpferöls und auch von der Hubgeschwindigkeit des Kolbens bestimmt. Grundsätzlich gilt der Zusammenhang, dass die Dämpfungskraft mit der Hubgeschwindigkeit des Kolben zunimmt. Daraus ergibt sich eine Phasenverschiebung zwischen Dämpfungskraft und Federkraft, d.h. bei kurzen, harten Fahrbahnstößen wird prinzipiell eine große Dämpungskraft aufgebaut, so dass ohne besondere Maßnahmen am Dämpfer die Federung hart und unkomfortabel würde.

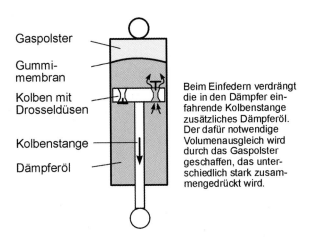

Bild 8.55 Prinzipieller Aufbau von Stoßdämpfern (Schwingungsdämpfern)

Für das Ein- und Ausfedern werden unterschiedliche Dämpferkräfte benötigt. Erwünscht ist für hohen Fahrkomfort normalerweise ein weiches, wenig gedämpftes Einfedern, wohingegen die Ausfederbewegung stärker bedämpft werden sollte, damit die Gegenfederbewegung, die sich z.B. nach dem Überfahren einer Bodenwelle einstellt, nicht zu weit ausschwingt. Die Dämpfung der Zugstufe beträgt deshalb ca. das 4- bis 8fache der Druckstufendämpfung. Erreicht wird dies durch unterschiedlich große Drosselquerschnitte für das Ein- und Ausfedern, die z.B. durch federbelastete Ventile im Dämpfer gesteuert werden.

Für den Volumenausgleich im Dämpfer und die notwendige Trennung von Gaspolster und Dämpferöl gibt es neben der im **Bild 8.55** gezeigten Konstruktion weitere, prinzipiell unterschiedliche Lösungen. **Bild 8.56** zeigt die beiden klassischen Konstruktionsvarianten, den Einrohr- und den Zweirohrdämpfer. Bei dem links abgebildeten Einrohrdämpfer ist das Gaspolster nicht wie im vorangestellten Beispiel durch eine Gummimembran abgetrennt, sondern es wird durch einen federbelasteten Gegenkolben abgetrennt. Eine weite Möglichkeit ist, das Luftvolumen in einem Gummiball einzuschließen.

Kennzeichnend für den Einrohrdämpfer ist, dass er in beliebiger Lage verbaut werden kann. Beim Zweirohrdämpfer, rechts im Bild, ist der eigentliche Dämpferraum von einem Mantelrohr umgegeben, das ein Ölreservoir und Luft enthält. Beim Einfedern wird über ein geringfügig geöffnetes Bodenventil (Drosselung!) Öl in das Mantelrohr übergeschoben und komprimiert die dort eingeschlossene Luft. Dieses Öl wird beim Ausfedern durch das dann völlig offene Bodenventil zurückgesaugt. Damit sich Öl und Luft nicht vermischen können und durch das Bodenventil keine Luft angesaugt wird, dürfen Zweirohrdämpfer nur senkrecht, bzw. nur geringfügig schräg angeordnet werden. Keinesfalls darf man sie umgekehrt einbauen. Eine Vermischung von Öl und Luft führt zu Ölschaumbildung mit weitgehendem Verlust der Dämpfungswirkung. Bei ausgeführten Dämpferkonstruktionen kann Öl auch im Ringspalt an der Kolbenstange vorbeifließen und gelangt durch einen Rücklauf ins Mantelrohr. Damit wird die eigentliche Kolbenstangendichtung vom Druck im Dämpfer entlastet, und die radiale Vorspannung der Dichtung kann abgesenkt werden. Es ergeben sich deutlich geringere Losbrechkräfte für den Dämpfer und dadurch u.U. ein feinfühligeres Ansprechen.

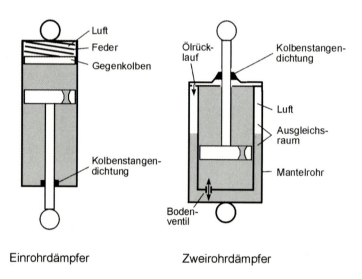

Bild 8.56 Prinzipieller Aufbau von Ein- und Zweirohrdämpfern

Beim Einrohrdämpfer hingegen ist die Kolbenstangendichtung dem vollen Dämpferdruck ausgesetzt. Beim Gasdruckdämpfer (Einrohrdämpfer), dessen Gaspolster unter hohem Druck (ca. 25 bar) steht, bedeutet dies eine hohe Beanspruchung der Dichtung und setzt eine besonders präzise Fertigung der Kolbenstange und des ganzen Dämpfers voraus. Daher resultiert auch der relativ hohe Preis derartiger Dämpfer. Der Vorteil des Gasrohrdämpfers liegt darin, dass der hohe Gasdruck auch bei hoher Belastung und Temperatur eine Ölverschäumung und Kavitation sicher verhindert. Das Ölvolumen kann daher klein gehalten werden, wodurch die Abmessungen des Dämpfers gering bleiben und eine günstige, schlanke Bauform erreicht wird (Verwendung im Federbein und optische Gründe). Ein weiter Vorteil der Einrohrbauart liegt in der unmittelbaren Kühlung des Dämpfers, während die Wärmeabfuhr aus dem Inneren des Zweirohrdämpfers durch das Mantelrohr erschwert wird.

Bild 8.57 zeigt ausgeführte Dämpferkonstruktionen. Eine Sonderbauform des Dämpfers stellt der Gasdruckdämpfer mit separatem Öl- und Gasreservoir dar, ganz rechts im Bild. Ursprünglich für Moto-Cross-Motorräder entwickelt, ist er heute weit verbreitet. Der vom eigentlichen Dämpfer abgetrennte Öl- und Gasbehälter erlaubt höhere Füllmengen, und die größere Behälteroberfläche ermöglicht eine wirksame Kühlung des Dämpferöls. Durch eine Regulierschraube im Überströmkanal des Öls kann das Dämpfungsverhalten beeinflusst und in gewissen Grenzen den Wünschen des Fahrers angepasst werden Das große Luftvolumen dient nicht nur

8.3 Rahmen und Radführungen

als Ausgleichvolumen für die Kolbenstange, sondern wirkt bei einigen Konstruktionen zugleich als unterstützende Luftfeder. Durch Variation der Luftmenge (Fülldruck) über ein Füllventil kann die Federkennlinie des Federbeins verändert werden.

Bei der konstruktiven Realisierung der Dämpfer gibt es vielfältige Detaillösungen. Meist finden sich Kombinationen der erläuterten Grundprinzipien, also Ringspalte kombiniert mit Bohrungen bzw. Ventilen. Die generellen Vor- und Nachteile von Einrohr- und Zweirohrdämpfern halten sich die Waage, so dass kein System eindeutig bevorzugt werden kann.

Grundsätzlich werden die Federungs- und Dämpfungsfunktionen bauteilmäßig kombiniert. Entweder ist die Feder konzentrisch zum Dämpfer angeordnet, Standardbauweise beim Federbein, aber auch bei Telegabeln zu finden, oder aber Feder und Dämpfer sind nacheinander angeordnet, eine Konstruktion, die wegen ihrer größeren Baulänge ausschließlich bei Telegabeln angewendet werden kann, vgl. **Bild 8.28**.

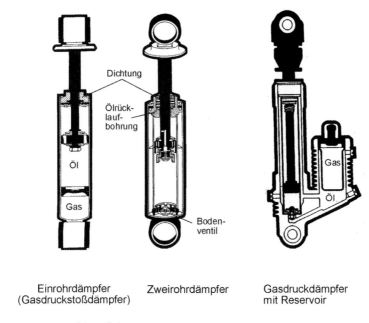

Bild 8.57 Ausgeführte Stoßdämpferbauarten

Erstmalig bei einem Serienmotorrad führte BMW mit der neuen K 1200 S im Juli 2004 eine elektronisch angesteuerte Verstellung für die Federbasis und der Dämpfercharakteristik ein. Dieses *ESA* (Electronic *S*uspension *A*djustment) getaufte System erlaubt es auf Knopfdruck die Zug- und Druckstufendämpfung auch während der Fahrt in drei Stufen („Komfort", „Normal", „Sport") zu verstellen. Die Federbasis kann dem Beladungszustand angepasst werden, diese Verstellung funktioniert nur im Stand. Für die Dämpferverstellung wird ein Ringspalt im Dämpfer mittels einer konischen Nadel verändert. Der Nadelhub wird über Schrittmotoren gesteuert. **Bild 8.58** zeigt das ESA-Federbein mit seinen Funktionselementen.

 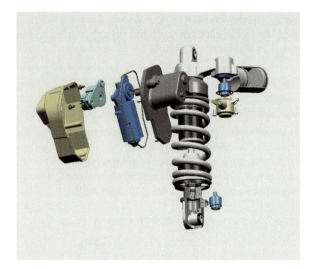

Bild 8-58 ESA-Federbein mit Funktionselementen

8.4 Lenkung

Die Lenkung beim Motorrad unterscheidet sich wegen seiner grundsätzlich abweichenden Fahrdynamik und Stabilisierung deutlich von der Lenkung zweispuriger Fahrzeuge (Automobil). Eine Lenkbewegung im eigentlichen Sinn mit großen Lenkwinkeln findet nur beim Rangieren statt. Im Fahrbetrieb bewegen sich die Lenkwinkel selbst bei Kurvenfahrt im Bereich von wenigen Grad. Dementsprechend muss die Lenkung des Motorrades äußerst präzise und feinfühlig um die Mittellage sein. Besonders bei Geradeausfahrt ist dies von großer Wichtigkeit, weil die Stabilisierung hier durch kleinste, unbewusst eingeleitete Lenkwinkelausschläge erfolgt (vgl. dazu auch Kap. 10). Die Aufgaben und Anforderungen an die Motorradlenkung können folgendermaßen charakterisiert werden:

Aufgaben	*Anforderungen*
Lenkwinkelinformation	Steifigkeit
Lenkmomentinformation	Spielfreiheit
Steuereingaben des Fahrers	Reibungsarmut
	Niedriges Trägheitsmoment

Grundsätzlich ist die Bauart der Lenkung eng verknüpft mit dem System der Vorderradführung. Drei Bauprinzipien finden heutzutage Anwendung, die Steuerkopflenkung, die Achsschenkellenkung und die Radnabenlenkung.

8.4.1 Steuerkopflenkung

Die Steuerkopflenkung ist die älteste und verbreiteteste Bauart der Motorradlenkung. Bei dieser Konstruktion ist die gesamte Vorderradführung drehbar um eine feste Achse im Rahmen gelagert, und die Lenkbewegung wird direkt über eine Lenkstange auf die Radaufhängung übertragen, **Bild 8.59**. Da nicht nur das Rad, sondern auch die Radaufhängung mit bewegt wird, ist das Massenträgheitmoment um die Lenkachse bei dieser Lenkung relativ groß.

Dies ist der einzige Nachteil der Steuerkopflenkung, die ansonsten alle Anforderungen sehr gut erfüllt und sich zudem durch ihre Einfachheit auszeichnet und eine kostengünstige Lösung darstellt. Ihre Funktionsgüte hängt von der Lenkungslagerung ab, die für schnelle Motorräder mit Kegelrollenlagern ausgeführt werden sollte, weil nur diese sich exakt und spielfrei einstellen lassen, ihre Einstellung über lange Zeit konstant halten und eine ausreichende Belastbarkeit aufweisen. Da die gesamten Kräfte vom Vorderrad über die Lenkungslager in den Rahmen eingeleitet werden, ist auf eine ausreichende Dimensionierung der Lagerung (Lagerdurchmesser und Lagerabstand) zu achten.

Ebenfalls eine Steuerkopflenkung stellt die Lenkung dar, wie sie BMW zusammen mit dem Vorderradführungssystem *Telelever* verwendet (**Bild 8.33**, Kap. 8.3). Der Unterschied liegt lediglich darin, dass hier Kugelgelenke als Lenkungslager verwendet werden und dass das untere Lenkungslager nicht rahmenfest ist, sondern beweglich am Längslenker geführt wird.

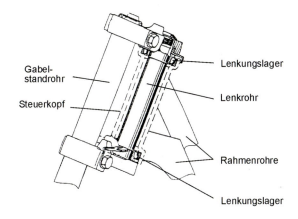

Bild 8.59
Steuerkopflenkung

8.4.2 Achsschenkellenkung

Die Achsschenkellenkung wurde erst in neuerer Zeit von YAMAHA zur Serienreife entwickelt und vorgestellt, **Bild 8.60**.

Das Rad schwenkt um eine Achse, die von der Verbindungsgeraden der zwei Kugelgelenke gebildet wird, mit denen der Radträger (Achsschenkel) verbunden ist. Die Lenkbewegung selber wird vom Lenker über ein Lenkrohr direkt auf den Achsschenkel übertragen. Durch die längsverschiebliche Ausbildung des Lenkrohres wird dabei die Lenkbetätigung von der Radhubbewegung entkoppelt.

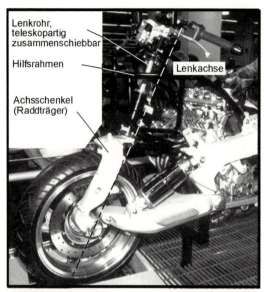

Bild 8.60
Achsschenkellenkung

Der Vorteil dieser Konstruktion liegt in der Radführung, wie im Kap. 8.3 erläutert, und weniger in der Lenkung. Diese ist aufgrund der notwendigen Hubentkopplung, die spielfrei aber gleichzeitig leichtgängig sein muss, aufwendig und teuer. Zudem werden die Gelenke aufgrund ihrer radnahen Position leichter von Schmutz beaufschlagt, was eine gute Kapselung erfordert, wenn Verschleißfreiheit erzielt werden soll. Der mögliche Lenkeinschlag ist deutlich kleiner als bei der Steuerkopflenkung, was zwar im Fahrbetrieb bedeutungslos, beim Rangieren jedoch zumindestens lästig ist. Ein Vorteil der Achsschenkellenkung ist allerdings das sehr geringe Trägheitsmoment um die Lenkachse. Es schwenken nur das Rad und der Achsschenkel um die Lenkachse, nicht aber die gesamte Radaufhängung wie bei der Steuerkopflenkung.

8.4.3 Radnabenlenkung

Die ungewöhnlichste Lenkungsbauart stellt sicherlich die Radnabenlenkung dar, auch als *Diffazio-Lenkung* bezeichnet, **Bild 8.61**. Diese Lenkung kann im weiteren Sinne zur Gruppe der Achsschenkellenkungen gezählt werden, weil das Rad ebenfalls an einem Radträger befes-

8.4 Lenkung

tigt ist, der um eine Drehachse (Lenkachse) geschwenkt wird. Die Lenkachse befindet sich allerdings bei dieser Lenkungsbauart in der Radmitte. In der Schnittdarstellung wird das Funktionsprinzip deutlich.

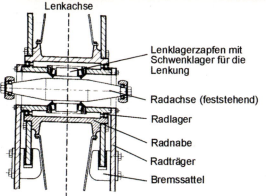

Das Rad dreht beim Lenkvorgang um den Lenklagerzapfen, der fest mit der Radachse verbunden ist. Das Rad wird über einen Hebel, der am Radträger angreift um die Lenkachse geschwenkt.

Bild 8.61
Diffazio-Radnabenlenkung

Das Rad dreht sich in Umfangsrichtung auf zwei Radlagern, die auf dem Radträger angeordnet sind. Der Radträger selber ist in Radmitte wiederum auf zwei Kegelrollenlagern gelagert, die auf einer festen Radachse sitzen, die ihrerseits mit den beiden Längslenkern der Radführung (geschobene Schwinge) verbunden sind. Durch die Kegelrollenlagerung wird ein Lenkeinschlag des Rades ermöglicht, die Lenkachse ist die Verbindungsgerade der beiden Lager in der Radmitte.

Gebaut wird diese Lenkung derzeit nur von der Firma BIMOTA in exklusiver Einzelfertigung, so dass über die Funktionsgüte der Lenkung kaum Erfahrungen vorliegen. Jede Beurteilung kann daher nur vorläufiger Natur sein. Nachteilig ist sicherlich die aufwendige, indirekte Lenkbetätigung, die über ein Gelenkparallelogramm erfolgt. Dieses muss spielfrei und sehr steif ausgeführt werden, um ein präzises Lenkgefühl zu gewährleisten. Der Lenkeinschlag ist noch kleiner als bei der konventionellen Achsschenkellenkung, dafür allerdings erlaubt diese Konstruktion die Anbringung zweier Bremsscheiben. Ob die Lenkungslager in Radmitte Probleme mit Verschmutzung und Verschleiß aufwerfen, kann nicht beurteilt werden. Das Massenträgheitsmoment um die Lenkachse dürfte wegen des ausladenden Achsschenkels höher als bei der konventionellen Achsschenkellenkung ausfallen, allerdings deutlich niedriger als bei der Steuerkopflenkung liegen, weil der Abstand der Drehmassen von der Lenkachse klein ist. Ob sich diese Art der Lenkung durchsetzen kann, muss fraglich bleiben, denn offenkundige Vorteile sind aus Sicht des Autors nicht zu erkennen.

8.5 Räder und Reifen

Der Reifen und das Rad bilden eine Einheit; beide zusammen haben als Bindeglied zwischen der Fahrbahn und dem Gesamtsystem Motorrad einen erheblichen Einfluss auf das Fahrverhalten. Für das Rad selbst gilt als Grundforderung, dass es stabil konstruiert sein muss, da sämtliche Kräfte über das Rad in das Fahrwerk eingeleitet werden. Ein verwindungssteifes Fahrwerk ist weitgehend wertlos, wenn das Rad sich unter Belastung verformt und die Spurhaltung nicht mehr gewährleisten kann. Räder stehen beim Motorrad im Blickpunkt, neben ihrer Funktion ist das Design sehr wichtig.

Stabile Konstruktion ist in der Regel mit einer gewissen Masse des Bauteils verbunden, was insofern von Bedeutung ist, als dass das Rad zu den ungefederten Massen zählt. Diese sollten aber möglichst gering sein, um die Feder-Dämpferabstimmung zu erleichtern. Auch für die Fahrstabilität spielt die Masse des Rades zusammen mit der des Reifens eine wichtige Rolle. Am Rad bauen sich Kreiselkräfte auf, die die eigentliche Stabilisierung des Motorrades bewirken (vgl. Kap. 10). Deren Größe werden vom Raddurchmesser und der Gesamtmasse Rad/Reifen bestimmt. Zwar sind grundsätzlich große Kreiselkräfte wegen ihrer stabilisierenden Wirkung erwünscht, andererseits wachsen die am Rad angreifenden Störkräfte mit Zunahme der Radmassen ebenfalls an, so dass insgesamt eher leichte Radkonstruktionen erstrebenswert sind.

Das Rad unterliegt folgenden Beanspruchungen:
- Vertikalkräften aus dem Fahrzeuggewicht und Fahrbahnstößen
- Seitenkräften aus Schräglage und infolge von Pendeln und Flattern
- Umfangskräften, d.h. Antriebs- und Bremskräfte
- Fliehkräften
- Kreiselkräften

Zusätzliche Kräfte treten dann auf, wenn das Rad durch ungleichmäßige Gewichtsverteilung unwuchtig wird.

Bei den Radkonstruktionen lassen sich drei Grundtypen unterscheiden, das Speichenrad, das Verbundrad und das einteilige Leichtmetallgussrad. Den inneren Aufbau eines Leichtmetall-Gussrades mitsamt der Radnabe zeigt das Schnittmodell im **Bild 8.62**.

8.5 Räder und Reifen

Bild 8.62 Schnitt durch ein Leichtmetall-Gussrad

Die Hauptvorteile des Speichenrades sind sein filigranes Aussehen, sein geringes Gewicht und eine gewisse Elastizität, die bei hoher Beanspruchung die Belastungsspitzen abbaut. Dies ist vor allem bei Enduro-Motorrädern wichtig, da Überbelastungen im Geländebetrieb häufiger vorkommen und diese nicht zum plötzlichen Bruch des Rades führen dürfen. Die Speichen werden rein auf *Zug* beansprucht. Je nach der Hauptbelastung sind unterschiedliche Speichenanordnungen zu bevorzugen, **Bild 8.63**.

Kurze, steil stehende und damit wenig gekreuzte Speichen (oberes rechtes Bild) verleihen dem Rad Seitenstabilität, sind aber hinsichtlich der Aufnahme von Umfangskräften (Antriebs- und Bremskräfte) weniger günstig. Bei einer tangentialen Speichenanordnung, die lange Speichen mit vielen Kreuzungen bedingt (linkes Bild), werden hingegen Umfangskräfte besser aufgenommen (größere Übereinstimmung der Kraftrichtung). Dafür ist die Seitensteifigkeit dieser Radbauart schlechter. Durch das von *BMW* entwickelte Speichenrad mit in der Felgenschulter liegenden Speichennippeln (sog. Kreuzspeichenrad, unteres Bild), können Speichenräder inzwischen auch mit schlauchlosen Reifen verwendet werden.

tangentiale Speichenanordnung   radiale Speichenanordnung

aussenliegende Kreuzspeichen für schlauchlose Reifen

Bild 8.63 Speichenradkonstruktionen mit unterschiedlichen Speichenanordnungen

Nachteilig sind am Speichenrad der nie völlig exakte Rundlauf, die notwendigen, regelmäßigen Kontrollen der Speichenspannung und das Nachspannen sowie die nicht ausreichende Seitensteifigkeit bei höchster Beanspruchung.

Diese Nachteile machen das Speichenrad ungeeignet für Hochleistungsmotorräder, die in Geschwindigkeitsbereiche jenseits von 200 km/h vorstoßen. Hier genügt nur das Leichtmetallgussrad den hohen Anforderungen an Steifigkeit und Rundlaufgenauigkeit, wobei nicht übersehen werden darf, dass die höhere Steifigkeit mit höherem Gewicht erkauft wird. Nachteilig am Gussrad ist die wenig ausgeprägte Nachgiebigkeit bei Überbeanspruchung, die im Extremfall theoretisch zum schlagartigen Bruch des Rades führen könnte. Allerdings sind derartige Beanspruchung im Straßenbetrieb zumindest in Mitteleuropa und Nordamerika praktisch aus-

8.5 Räder und Reifen

geschlossen. Zudem sorgen inzwischen die Fertigungsmethoden und Auslegungskriterien der Hersteller dafür, dass die Leichtmetallräder sich bei Überbeanspruchung und Missbrauch (Überfahren von Bordsteinkanten mit mehr als Schrittgeschwindigkeit!) zunächst sichtbar verformen, bevor ein Bruch eintritt. Eine versteckte Beschädigung von Rädern, die erst später bei nochmaliger Überbelastung zu einem plötzlichen Gewaltbruch führt, kann heutzutage bei Rädern namhafter Hersteller ausgeschlossen werden.

Das mehrteilige Verbundrad (z.B. HONDA ComStar Rad) konnte sich bisher nicht durchsetzen. Es besteht aus drei Teilen, der Felge, der Nabe und einem Speichenkranz aus einem Aluminiumprofil, die miteinander vernietet werden. Bei gutem Rundlauf und hoher Steifigkeit bietet das Rad eigentlich gegenüber einem Gussrad keine nennenswerten Vorteile. Die Möglichkeit, die Einzelteile aus unterschiedlichen Materialien fertigen zu können, bietet in der Praxis keinen Gewinn. Eine Reparaturmöglichkeit bei Beschädigung ist ebenfalls nur theoretischer Natur, weil die Vernietung der Teile nur unter industriellen Bedingungen zuverlässig durchgeführt werden kann, nicht aber in der handwerklichen Reparaturpraxis.

Bezüglich der Raddurchmesser gibt es keine festen Kriterien. Die früher klassische Radgröße von 18 Zoll (bzw. 19 Zoll für das Vorderrad) wird für Sportmotorräder nicht mehr verwendet. Wegen der Erzielung niedriger Bauhöhen und damit geringer Querschnittsflächen (Luftwiderstand) werden heute kleinere Raddurchmesser von 16 oder 17 Zoll bevorzugt. Das kleinere Rad ist allerdings, entgegen der Anschauung, um mehr als 5 % schwerer, weil für gleiche Reifenbelastbarkeit die Reifen- und damit Radbreite größer gewählt werden muss. Das Trägheitsmoment ist zwar niedriger, doch wird dieser Effekt durch die höhere Raddrehzahl überkompensiert (kleinerer Abrollumfang), so dass sich letztlich höhere Kreiselkräfte für das kleinere Rad einstellen. Die subjektiv empfundene, größere Handlichkeit der Motorräder mit kleineren Rädern, die bei Sportmotorrädern ja erwünscht ist, ergibt sich durch einen weiter außen am (breiteren) Reifen liegenden Kraftangriff des Rollwiderstandes bei Schräglage, der zum Eindrehen der Lenkung führt. Dies ruft den Eindruck einer leichtgängigen Lenkung beim Schräglagenwechsel und damit größerer Handlichkeit hervor, die objektiv aber nicht vorhanden ist.

Die Reifen für Motorräder sind hochgradig spezialisiert; Motorradreifen sind Produkte jahrzehntelanger Erfahrung. Deutlich wird dies allein schon daran, dass der gleiche Reifen auf verschiedenen Motorrädern z.T. zu völlig unterschiedlichem Fahrverhalten führt, weshalb die Reifenfreigaben der Motorradhersteller zunehmend typgebunden sind. In einem Grundlagenbuch kann daher nur auf wenige Aspekte der Reifenentwicklung eingegangen werden.

Grundsätzlich unterscheidet man zwischen Diagonalreifen mit und ohne Gürtel und Radialgürtelreifen. **Bild 8.64** zeigt den unterschiedlichen konstruktiven Aufbau dieser Reifentypen. Typisch für den konventionellen Diagonalreifen ist sein annähernd runder Querschnitt. Der Radialreifen und der Diagonalreifen mit Gürtel zeigen hingegen eine ausgeprägte Ovalkontur, die zur einer wesentlich breiteren Aufstandsfläche des Reifens führt. Alle drei Bauarten sind auf dem Markt vertreten, wobei sich der Radialgürtelreifen erst seit wenigen Jahren endgültig etablieren konnte.

Das Problem bei der Entwicklung von Radialreifen für Motorräder bestand in den prinzipbedingt weichen Reifenflanken, die beim Motorrad wegen der Querbeanspruchung in Schräglage zu instabilem Kurververhalten führte. Dieses Problem konnte konstruktiv gelöst werden. Dennoch haben Diagonalreifen nach wie vor ihre Existenzberechtigung. Durch die Einführung von Diagonal-*Gürtel*reifen konnten ihre ohnehin guten Gesamteigenschaften weiter verbessert werden. Der zweilagige Gürtel verhindert die unerwünschte Formänderung des Reifens bei hohen Geschwindigkeiten. Bei konventionellen Diagonalreifen nimmt mit zunehmender Geschwindigkeit die Aufstandsbreite ab, weil der Reifen unter Fliehkrafteinfluss im Durchmesser wächst. Der Gürtel verleiht dem Reifen soviel Formstabilität, dass das Durchmesserwachstum praktisch zu Null wird. Das generelle Problem bei der Entwicklung von Gürtelreifen für Motorräder war die wegen der runden Kontur notwendige Krümmung des Gürtels in zwei Ebenen. Besonders Stahlgürtel zeigten hier wegen überhöhter Spannungen an den Gürtelkanten Dauerhaltbarkeitsprobleme und neigten zur Selbstzerstörung. Durch intensive Entwicklungsarbeit auf diesem Gebiet und neue Fertigungsmethoden für die Reifen ließen sich die Probleme schließlich lösen.

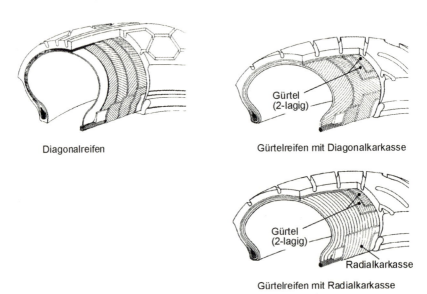

Bild 8.64 Aufbau verschiedener Reifentypen

Nicht gerade einfach ist auch die messtechnische Ermittlung der Reifenkenngrößen. Zu der generellen Schwierigkeit einer Messgrößenerfassung in der Reifenaufstandsfläche bei drehendem Rad, gesellt sich beim Motorradreifen noch die Schräglage. Motorradreifen werden daher weit mehr noch als Automobilreifen im subjektiven Fahrversuch abgestimmt.

Der interessierte Leser wird daher bezüglich der praktischen Reifeneigenschaften auf die Testberichte der Motorradfachzeitschriften verwiesen, die einen guten Überblick über den Stand der Reifenentwicklung bieten. Bezüglich der Bedeutung der Reifenbezeichnungen geben die Unterlagen der Reifenhersteller, die diese auf Anfrage gerne verschicken, viele Informationen, darüber hinaus sind in diesen Unterlagen auch Tips über den Umgang mit Reifen enthalten.

9 Festigkeits- und Steifigkeitsuntersuchungen an Motorradfahrwerken

Im Mittelpunkt unserer Betrachtungen zum Motorradfahrwerk stand bisher die Erfüllung der geometrischen und kinematischen Funktionen. Noch wichtiger ist jedoch unter Sicherheitsaspekten die betriebssichere Auslegung der Fahrwerkskomponenten, d.h. die Gewährleistung einer ausreichenden Festigkeit aller Bauteile. Aus der Sicht der Fahrdynamik – und auch das ist ein Sicherheitsaspekt – kommt aber der Steifigkeit der Fahrwerksbauteile eine mindestens ebensogroße Bedeutung zu, denn ein steifes und damit spurstabiles Fahrwerk ist immer auch ein sicheres Fahrwerk.

Der Motorradhersteller muss sich aber darüber hinaus im Rahmen seiner Produktverantwortung und Produzentenhaftung auch mit der missbräuchlichen Benutzung des Motorrades auseinandersetzen. Sicherheitsrelevante Bauteile müssen so ausgelegt werden, dass vorausseh- bare Fehlbehandlungen nicht zu versteckten Beschädigungen führen, die die Sicherheit beeinträchtigen. Auf dieses spezielle und umfangreiche Thema soll aber nicht näher eingegangen werden, es wird dazu auf die Literatur [9.2] verwiesen.

9.1 Betriebsfestigkeit von Fahrwerkskomponenten

Das Fahrwerk des Motorrades unterliegt im Betrieb wechselnden Beanspruchungen unterschiedlicher Höhe, die in regelloser Folge auftreten. Da hohe Belastungen im Fahrbetrieb sehr viel seltener auftreten als mittlere und niedrige, ist eine dauerfeste Auslegung der Bauteile auf die jeweils maximal auftretenden Kräfte nicht sinnvoll, weil das zu sehr schwergewichtigen Konstruktionen führen würde. Vielmehr muss für Leichtbaukonstrukionen die Bauteildimensionierung an die tatsächlichen Belastungen, die während der Lebensdauer des Motorrades auftreten können, angepasst werden, wobei natürlich ausreichende Sicherheitsreserven einkalkuliert werden müssen.

Dazu ist es notwendig, die realen Belastungen zu kennen. Sie werden im Fahrversuch auf der Straße ermittelt, indem an den hochbeanspruchten Fahrwerksbauteilen spezielle Messaufnehmer adaptiert werden und die auftretenden Kräfte während der Versuchsfahrt aufgezeichnet werden. Streckenauswahl, Streckenlänge und der Fahrstil haben hier einen großen Einfluss. Am Beispiel der Radaufstandskraft des Vorderrades sollen die ermittelten Beanspruchungen und die Häufigkeit ihres Auftretens (Lastkollektive) im realen Fahrbetrieb des Motorrades erläutert werden [9.1], **Bild 9.1**.

Unverkennbar ist das Überwiegen niedriger Lasten unabhängig von Strecke und Fahrweise. Hohe Belastungen treten mit größerer Häufigkeit nur bei Extremstrecken auf, also auf der Rennstrecke mit entsprechendem Fahrer und auf ausgesprochenen Schlechtwegstrecken (Strecke 4, Nordgriechenland). Auf der Rennstrecke ergeben sich die hohen Belastungen am Vorderrad aus den häufigen, extremen Bremsungen, auf der Schlechtwegstrecke aus den vielen Schlägen, die auf das Vorderrad einwirken. Überraschend ist dabei der recht ähnliche Verlauf zwischen Schlechtwegstrecke und Rennkurs.

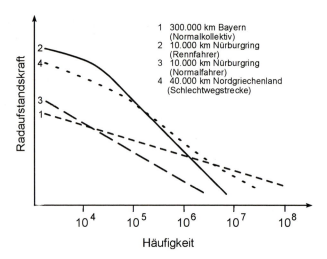

Bild 9.1 Belastungskollektive für das Vorderrad (Radaufstandskraft) auf unterschiedlichen Straßen

Den Einfluss der Fahrweise zeigt sehr eindrucksvoll der Vergleich zwischen den beiden unterschiedlichen Fahrern auf der Rennstrecke (2 und 3). Der Durchschnittsfahrer erreicht durchgängig nur etwa 65% der Vorderradlast wie der Rennfahrer, ein deutlicher Hinweis auf das viel härtere Anbremsen der Kurven durch den Profifahrer und den vergleichsweise großen Abstand, den der Normalfahrer von der maximal möglichen Bremsverzögerung hält. Die Unterschiede in der Belastung zwischen Rennstrecke und Landstraße sind beim Durchschnittsfahrer überraschend klein, Kurven 1 und 3. Im sogenannten Normalkollektiv, gefahren im regulären Verkehr auf normalen Straßen mit überwiegendem Landstraßenanteil und unter Beachtung aller Verkehrsregeln, sind lediglich die Maximalbelastungen etwas kleiner, das häufigere Auftreten mittlerer und niedriger Belastungen ergibt sich natürlicherweise aufgrund der 30fachen Fahrstrecke.

Der Vergleich der Belastungskollektive lässt sehr deutlich erkennen, dass alle Betriebsbeanspruchungen, selbst die während einer extrem langen Fahrstrecke von 300.000 km, mit erheblich kürzeren Fahrzyklen unter entsprechend erhöhten Belastungen mit ausreichender Sicherheit nachgebildet werden können. So decken bereits 10.000 km Nürburgring weitgehend alle Belastungen ab, die während eines Motorradlebens auftreten, wobei ein gemäßigtes Renntempo (Kurvenverlauf zwischen 2 und 3) bereits ausreichend wäre. Die große Häufigkeit niedriger Belastungen, die bei der kurzen Fahrstrecke nicht auftritt, spielt für die Betriebsfestigkeit der Fahrwerksbauteile keine wesentliche Rolle, da diese im Dauerfestigkeitsbereich der Werkstoffe liegen, vgl. weiter hinten und **Bild 9.3**.

Der Zeitraffungseffekt wird für die Entwicklung von Fahrwerksbauteilen intensiv genutzt, denn wie eine überschlägige Rechnung zeigt, sind Straßenerprobungen mit Laufstrecken von beispielsweise 150.000 km für Bauteiluntersuchungen kaum sinnvoll durchführbar. Selbst bei einer angenommenen Durchschnittsgeschwindigkeit von 90 km/h (Landstraße) würden 140 Tage mit 12 Std. Fahrzeit benötigt, d.h. eine derartige Erprobung würde inkl. notwendiger Wartungsarbeiten mehr als ein halbes Jahr in Anspruch nehmen, was hinsichtlich der Entwicklungszeit untragbar wäre. So gehören Versuchsfahrten auf abgesperrten Rennstrecken und/

9.1 Betriebsfestigkeit von Fahrwerkskomponenten

oder firmeneigenen Teststrecken sowie Erprobungen im Ausland auf ausgesuchten Schlechtwegstrecken und unter extremen Einsatzbedingungen zum festen Programm einer jeden Motorradentwicklung. Zusätzliche Langzeittests werden aber als Qualitätssicherungsmaßnahme entwicklungsbegleitend durchgeführt.

Viele Versuche müssen auch nicht mehr auf der Straße durchgeführt werden, sondern sie finden im Betriebsfestigkeitslabor auf speziellen Prüfmaschinen statt. Diese können mittels computergesteuerter, servohydraulischer Zylinder nahezu beliebige, betriebsnahe Belastungsprofile auf die zu untersuchenden Bauteile aufbringen. Derartige Untersuchungen ersetzen heute weitgehend die früher üblichen Einstufenversuche zur Ermittlung der dynamischen Festigkeit. Die realen Kraft-Zeit-Verläufe werden dazu im Fahrversuch aufgezeichnet und der Steuerungscomputer für die Belastungsmaschine entsprechend programmiert. Der Vorteil derartiger Laborversuche liegt in der hohen Reproduziergenauigkeit und der schnellen Verfügbarkeit der Ergebnisse, da die Prüfstände ohne Unterbrechung (und Personaleinsatz) rund um die Uhr betrieben werden können. Ein Beispiel für eine solche Prüfeinrichtung ist der im **Bild 9.2** gezeigte, zweiachsiale Räderprüfstand, der bei BMW seit vielen Jahren eingesetzt wird. Das Rad läuft in einer Trommel, die Geschwindigkeiten von über 200 km/h zulässt. Die servohydraulischen Zylinder erlauben die Aufbringung der Betriebslasten, eine hydraulisch betätigte Sturzverstellung ermöglicht die Einstellung einer Schräglage.

Bild 9.2
Zweiachsialer Räderprüfstand

Das Ergebnis einer Rahmenprüfung im Labor zeigt **Bild 9.3**. Dargestellt ist das Wöhlerschaubild eines Doppelschleifen-Rohrrahmens unter Biegebeanspruchung am Steuerkopf; zusätzlich eingezeichnet ist das Normalkollektiv aus einer Fahrstrecke über 100.000 km.

Man sieht, dass der Rahmen auch unter ungünstigsten Umständen dauerfest ist, denn selbst die höchsten Kräfte im Normalbetrieb liegen nicht höher als die Kräfte, die der Rahmen auch bei unendlich vielen Lastwechseln mit 90% Wahrscheinlichkeit aushält. Berücksichtigt man noch die geringe Häufigkeit des Auftretens hoher Kräfte im Normalbetrieb, ergibt sich eine sehr hohe Sicherheitsspanne gegen Rahmenbruch, gekennzeichnet durch den Abstand zwischen der Linie des Lastkollektivs und der Wöhlerkurve des Rahmens. Diese Sicherheitsspanne deckt dann sowohl Extremeinsätze durch einzelne Benutzer (z.B. Rennbetrieb) als auch vereinzelt auftretende, nicht vorhersehbare Überbelastungen im Laufe des Motorradlebens ab.

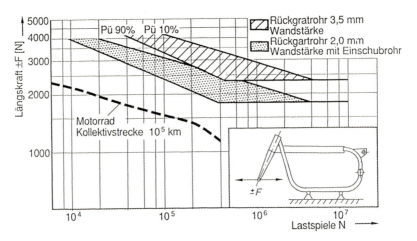

Bild 9.3 Wöhlerschaubild eines Doppelschleifen-Motorradrahmens [9.1]

In neuerer Zeit wurden Prüfstände entwickelt, mit denen sich sämtliche auf das Gesamtfahrzeug einwirkenden Belastungen am Komplettmotorrad nachbilden lassen. Durch eine betriebsgerechte Simulation aller beanspruchungsrelevanten Kräfte und Wege auf dem Prüfstand können Mängel an einzelnen Bauteilen genau den Straßenverhältnissen, Laufstrecken und der Fahrweise zugeordnet werden, so dass eine reproduziergenaue, schnelle und eindeutige Schwachstellenanalyse möglich wird und gezielt Verbesserungen eingeleitet werden können. Mit der gesamthaften Erprobung der Systems Motorrad/Fahrer werden gewissermaßen die Straßen der Welt ins Labor geholt. **Bild 9.4** zeigt einen derartigen Mehrkomponenten-Betriebsfestigkeitsprüfstand der dritten Generation, der von BMW mit- entwickelt wurde und seit einigen Jahren im Einsatz ist. Begonnen wurde bei BMW bereits im Jahre 1980 mit derartigen Untersuchungen.

Das Motorrad ist mit Fahrer- und ggf. auch mit Beifahrerdummy, Koffern sowie allen Anbauteilen so auf dem Prüfstand montiert, dass sich vertikale Bewegungen und Nickbewegungen betriebsgerecht ausbilden können. Dazu ist das Motorrad im Gesamtschwerpunkt über einen Hilfsrahmen in einer Gleitschuh-Geradführung aufgehängt, die sowohl Vertikalbewegungen als auch Drehungen um die Achse durch den Schwerpunkt ermöglicht. Längskräfte und Radaufstandskräfte werden von servohydraulischen Zylindern aufgebracht, die über gelenkige Streben und entsprechende Einspannungen jeweils an den Rädern angreifen. Auf die Einleitung von Seitenkräften wird wegen ihrer geringen Bedeutung für die Betriebsfestigkeit beim Motorrad verzichtet. Die quasistatische Einfederung infolge der Fliehkräfte bei der Kurvenfahrt wird hingegen berücksichtigt und durch Hydraulikzylinder in der Gleitschuhführung aufgebracht.

In der Gleitschuhführung stützen sich letztlich auch die Längskräfte ab. Die Abstützung des Fahrers am Lenker, die beim starken Bremsen nicht zu vernachlässigende Kraftbeträge ins Gesamtsystem einleitet, wird durch einen Gelenkmechanismus mit am Lenker befestigten Stützstreben nachgebildet. Die auf das Hinterrad einwirkenden Zug- und Schubmomente des Antriebs werden durch einen im Motorblock integrierten Radialkolbenhydromotor dargestellt. Motorvibrationen können mittels eines separat angekoppelten, servohydraulischen Prüfzylinders aufgebracht werden.

9.2 Steifigkeitsuntersuchungen

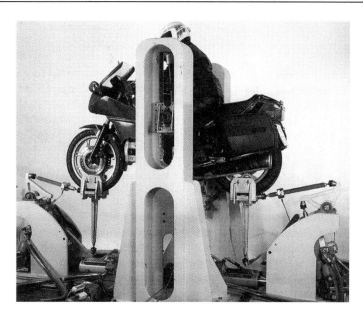

Bild 9.4   Mehrkomponenten-Motorrad-Betriebsfestigkeitsprüfstand (MEMO)

9.2 Steifigkeitsuntersuchungen

Zur Messung der statischen Steifigkeiten an Rahmen, Gabel und Schwinge, die zu Vergleichszwecken, zur Verifikation von Finite-Elemente-Berechnungen und für fahrdynamische Untersuchungen benötigt werden, werden Prüfstände wie im **Bild 9.5** dargestellt, eingesetzt. Das Bauteil, im gezeigten Beispiel der Rahmen, wird an einer Lagerstelle (Schwingenlager) fest eingespannt und am freien Ende (Steuerkopf) analog zur real wirkenden Kraftrichtung belastet und dabei die Kraft und der Verformungsweg gemessen.

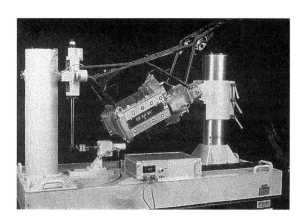

Bild 9.5
Messung der statischen Torsions- und Biegesteifigkeit eines Motorradrahmens

Ergebnisse einer solchen Steifigkeitsmessung an verschiedenen Bauformen von Motorradrahmen zeigt das **Bild 9.6**. Dargestellt ist die gewichtsbezogene Torsions- und Biegesteifigkeit, die als Maß für die Güte des Rahmenbauprinzips und der konstruktiven Auslegung dienen kann. Die Angabe von Steifigkeitswerten ohne Motor ist natürlich nur beim Doppelschleifenrahmen sinnvoll, denn beim Brückenrohrrahmen ist der Motor ja tragender Bestandteil des Rahmenkonzeptes. Deutlich wird, dass der Brückenrohrrahmen durch Ausnutzung der hohen Steifigkeit des integrierten Motor-Getriebeblocks dem klassischen Doppelschleifenrahmen überlegen ist. Eine geringe Steifigkeitserhöhung durch den eingebauten Motor lässt sich aber auch bei diesem Rahmen nachweisen. Nimmt man den angegebenen Steifigkeitswert (6500 Nm/°) des Leichtmetallrahmens der Aprilia RSV Mille (**Bild 8.11**) und setzt ihn ins Verhältnis zum angenommenen Gewicht (ca. 13 kg), so ergibt sich im Vergleich zum Brückenrohrrahmen eine doppelt so große Torsionssteifigkeit. Dieser Vergleichswert stellt allerdings nur eine sehr grobe Orientierung da, denn die Daten des Aprilia-Rahmens sind Anhaltswerte aus der Presse, ohne die Angabe des Messverfahrens. Für einen sauberen, quantitativen Vergleich müssten die Rahmen unter vergleichbaren Messbedingungen geprüft werden.

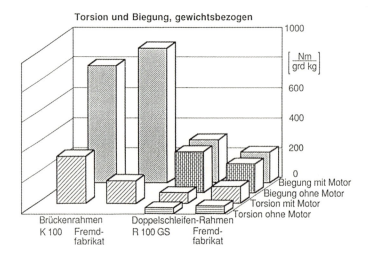

Bild 9.6 Gewichtsbezogene Steifigkeitswerte verschiedener Rahmenausführungen

9.3 Dauererprobung des Gesamtfahrwerks

Während, wie beschrieben, hoch entwickelte Labortests in den Entwicklungsphasen der Fahrwerkskomponenten zunehmend die Straßenerprobung und das Fahren auf abgesperrten Test- und Rennstrecken ersetzen, bleibt sie für Dauererprobungen als abschließender Funktions- und Qualitätsnachweis für das Gesamtfahrzeug nach wie vor unverzichtbar. Der Vorteil des Labors für die Bauteilentwicklung, die hohe Reproduziergenauigkeit und Testbedingungen frei von Zufälligkeiten, ist für eine Dauererprobung zum Abschluss der Entwicklung eher unvorteilhaft. Hier sind gerade die restlichen Unwägbarkeiten und das schwer abschätzbare Zusammenwirken unvorhersehbarer Faktoren des Fahralltags erwünscht, um das Risiko von Fehlern in Kundenhand möglichst minimal zu halten. So können auf Prüfeinrichtungen, wie wir gesehen

9.3 Dauererprobung des Gesamtfahrwerks

haben, zwar Kräfte und Wege realitätsnah simuliert werden, nicht aber die gleichzeitige Einwirkung von Wetter- und Umweltfaktoren, wie Temperatur, Luftdruck, Wind, Feuchtigkeit, Staub- und Schmutz sowie alle möglichen, zufälligen Fahrer- und Straßeneinflüsse.

Auf den Zeitraffungseffekt, der sich durch entsprechende Streckenauswahl ergibt, wurde im Kapitel 9.1 am Beispiel der Vorderradlast schon eingegangen. Generell liegt für das Gesamtfahrzeug und hier speziell für die Fahrwerks- und Anbauteile der erzielbare Raffungsfaktor bei einer Kombination aus forciertem Straßenbetrieb und Betrieb auf abgesperrten Strecken zwischen 3 und 5. Das heißt speziell ausgelegte Dauererprobungsprogramme über 30-50.000 km entsprechen einem Betrieb unter den Bedingungen des Normalmotorradfahrers von mehr als 150.000 km.

Streckenauswahl und Erprobungsmodalitäten beruhen auf langjährigen Erfahrungen und hängen auch vom Motorradtyp und Einsatzzweck der Maschine ab. So wird ein Erprobungsprogramm für ein Fernreise- und Enduromotorrad einen höheren Schlechtwegstreckenanteil beinhalten, als für eine reinrasse Straßenmaschine im Supersportsegment. Auch sogenannte Feldbeobachtungen, in denen Schäden und Verschleißerscheinungen, die beim Kunden gehäuft auftreten, in Bezug zu den Ergebnissen der Dauererprobungen gesetzt werden, spielen bei der Festlegung der Dauererprobungsprogramme eine Rolle, wobei Einzelheiten das firmenspezifische Know-how des Herstellers berühren und daher hier nicht näher erläutert werden können.

10 Fahrdynamik und Fahrversuch

Die Fahrdynamik des Motorrades wird durch komplexe Zusammenhänge beschrieben. Die notwendigen physikalischen Grundlagen und Kenntnisse der Mechanik, die für eine Erläuterung der Stabilisierungsvorgänge und der Einflussgrößen bei der Kurvenfahrt vonnöten sind, können nicht vorausgesetzt, in einem Buch der Motorradtechnik aber auch nicht in der erforderlichen Breite dargestellt werden. Es werden daher zugunsten des besseren Verständnisses und einer möglichst großen Anschaulichkeit die Vorgänge vereinfacht.

Behandelt werden in diesem Kapitel die Vorgänge der Geradeausstabilisierung, die Grundlagen der Kurvenfahrt und die Instabilitäten, die beim Fahren auftreten können. Da viele Vorgänge nur im Fahrversuch erfasst werden können, wird darauf in knapper Form ebenfalls eingegangen.

Ein wichtiger Aspekt bei der Motorrad-Fahrdynamik ist das enge Zusammenspiel zwischen Fahrwerksreaktionen und Fahrer sowie die ausgeprägte Rückwirkung des Fahrers auf das Fahrverhalten. Es sind u.a. diese menschlichen Einflussfaktoren, die es mit sich bringen, dass bei der Fahrdynamik viele Vorgänge (noch) nicht exakt berechenbar sind, sondern man vielfach noch auf das subjektive Fahrerempfinden bei der Beurteilung angewiesen ist.

In neuerer Zeit wurden allerdings für das fahrdynamische Verhalten des Motorrades und des Fahrers mathematische Modelle entwickelt, mit deren Hilfe Simulationsrechnungen durchgeführt werden können. Das Zusammenspiel von Fahrzeug, Fahrer und Fahrbahn bei beliebigen Fahrmanövern lässt sich damit vorausberechnen. Die Ergebnisse können als Computeranimation dargestellt werden, so dass die Fahrzeugreaktionen realitätsnah und anschaulich sichtbar gemacht werden können. Die gezielte Voraussage des Fahrverhaltens schon in der Konstruktionsphase wird mit diesen Simulationsrechnungen möglich. Wegen der Komplexität der mathematischen Zusammenhänge wird auf die Simulationsrechnung nicht näher eingegangen; dem interessierten Leser wird die Literatur zu diesem Thema, [10.1 - 10.3], empfohlen.

10.1 Geradeausfahrt und Geradeaustabilität

Als Einspurfahrzeug befindet sich das Motorrad im labilen Gleichgewicht und wird (im Gegensatz zum Auto) rein dynamisch stabilisiert, eine Erfahrung, die man schon im Kindesalter beim Erlernen des Radfahrens macht. Die für die Fahrdynamik wesentliche Frage lautet:

> Warum fährt ein Einspurfahrzeug ohne umzufallen?

Zur Klärung dieser Frage müssen zunächst die geometrischen Gegebenheiten am Motorradfahrwerk und die Kraftwirkungen beim Fahren betrachtet werden. Eine wichtige Rolle spielen dabei die Kreiselkräfte, die sich am drehenden Rad einstellen und die eigentliche Stabilisierung des Motorrades bewirken.

10.1.1 Kreiselwirkung und Grundlagen der dynamischen Stabilisierung

Allgemein wird jeder massebehaftete Körper, der in einem Punkt drehbar gelagert ist (Rotationszentrum) und eine schnelle Rotation um diesen Punkt ausführt, als Kreisel bezeichnet. In diesem Sinne sind die drehenden Laufräder eines Motorrades als Kreisel aufzufassen. Kreisel

10.1 Geradeausfahrt und Geradeaustabilität

haben das Bestreben, ihre eingenommene Lage stabil beizubehalten, und sie reagieren auf Störungen von außen nur wenig. Zwingt man dem Kreisel aber eine zusätzliche (langsame) Drehbewegung um eine andere Achse (die nicht Rotationsachse ist) auf, so weicht der Kreisel auf unerwartete Weise, nämlich senkrecht zu dieser Achse, aus. Er versucht, seine Rotationsachse in (gleichsinnige) Übereinstimmung mit der Achse der aufgezwungenen Drehbewegung zu bringen. Dieses Ausweichen wird als Präzession bezeichnet. **Bild 10.1** verdeutlicht am Beispiel eines schnell um seine horizontale Achse rotierenden Rades die beschriebene Kreiselreaktion.

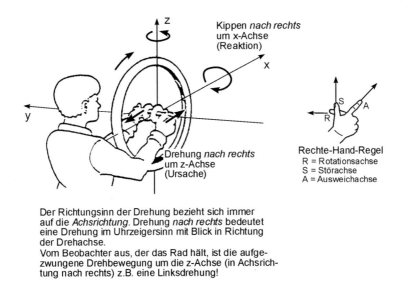

Bild 10.1 Ausweichbewegung eines rotierenden Rades bei Drehung um eine vertikale Achse

Dem Rad wird eine Drehung nach *rechts* um die eingezeichnete, vertikale z-Achse (Störachse) aufgeprägt. Das Rad weicht dann *senkrecht* zu dieser Achse aus, d.h. es kippt in eine schräge Lage um die x-Achse nach *rechts*. Dieses Verhalten kann man im Eigenversuch z.B. mit Hilfe eines drehenden Fahrradrades, das man mit den Händen an der Radachse festhält und dann in der gezeigten Weise zu drehen versucht, sehr anschaulich nachvollziehen.

Die Ausweichbewegung lässt sich auf einfache Weise mit Hilfe der rechten Hand ermitteln (Rechte-Hand-Regel). Dazu muss man aber zuvor die Lage und *Richtungsorientierung* der Drehachsen eindeutig festlegen. Eine Drehbewegung nach *rechts* bedeutet, dass die Drehung in *Richtung der Achse* im Uhrzeigersinn erfolgt.[1]

Die Rechte-Hand-Regel wird dann wie folgt angewendet, vgl. **Bild 10.1**:

- Daumen, Zeigefinger und Mittelfinger werden abgespreizt, so dass sie zueinander rechte Winkel bilden.

---

[1] Hält man die gekrümmten Finger der rechten Hand in Richtung des Drehsinns eines Rades und spreizt den Daumen ab, dann zeigt der Daumen automatisch die Richtungsorientierung der Drehachse des Rades an.

- Der Mittelfinger (R) zeigt in Orientierungsrichtung der Radachse (Rotationsachse) und die Hand wird so gehalten, dass der Daumen (S) in Richtung der Achse, um die das Rad zusätzlich gedreht werden soll (Störachse), zeigt.
- Die Handhaltung muss so sein, dass die Radrotation um die Mittelfingerrichtung nach *rechts* erfolgt. Der Daumen wird so gehalten, dass er für die aufgezwungene Drehbewegung eine *Rechts*drehung anzeigt. Die Hand muss ggf. in die entsprechende Richtung geschwenkt werden, d.h die Fingerspitzen zeigen in die (positive) Achsrichtung.
- Dann zeigt der Zeigefinger (A) genau die Richtungsorientierung der Achse an, um die das Rad als Ausweichreaktion nach *rechts* dreht (Ausweichachse).

Die Rechte-Hand-Regel versinnbildlicht damit die eingangs erwähnte Kreiseleigenschaft, dass sich die Rotationsachse in die gleiche Richtung stellen will wie die Störachse. Denn mit einer Drehung der Hand um den Zeigefinger nach rechts, nimmt der Mittelfinger die vormalige Richtungsposition des Daumens ein.

Es sollen nun diese Erkenntnisse der Kreiselbewegung auf das *geradeaus fahrende* Motorrad angewendet werden. Aufgrund der Lenkbarkeit des Vorderrades spielen sich die für die Stabilisierung der Fahrt wichtigen Vorgänge überwiegend dort ab. Das Hinterrad wirkt zwar ebenfalls als Kreisel, sein Stabilisierungsbeitrag ist aber für eine grundsätzliche Behandlung der Vorgänge von untergeordneter Bedeutung.

Wir betrachten also nur das (gelenkte) Vorderrad, das auf einer ideal ebenen Fahrbahn exakt geradeaus rollt. Für die Kreiselwirkung nehmen wir vereinfachend an, die Lenkachse stehe senkrecht auf der Fahrbahn und gehe durch den Radmittelpunkt. Wir vernachlässigen also bewusst die Einflüsse, die der Nachlauf und die Schrägstellung der Lenkachse auf die Kreiselwirkung haben, was für eine prinzipielle Erläuterung der Stabilisierungsvorgänge zulässig ist.

Die Geradeausfahrt soll nun durch äußere Einflüsse, z.B. eine plötzlich auftretende Seitenwindböe, gestört werden. Das Motorrad kippt aufgrund der Störung etwas nach *rechts* (in Fahrtrichtung betrachtet!) und nimmt eine geringfügige Schräglage ein. Aus Erfahrung wissen wir, dass sich das Motorrad dann sehr schnell wieder von selbst stabilisiert. Bei genauer Betrachtung wird jedoch ein komplexer Ablauf in Gang gesetzt, der aus der Kreiselwirkung des Vorderrades herrührt und schrittweise nachvollzogen werden soll. Dazu wird das **Bild 10.2** betrachtet und die Rechte-Hand-Regel angewendet.

Hinweis: Bei den nachfolgenden Richtungsangaben (rechts/links) muss immer sorgfältig unterschieden werden, ob es sich um Drehrichtungen am Kreiselsystem (Vorderrad) oder den Richtungen aus der Sicht des Fahrers, d.h. bezogen auf die Fahrtrichtung, handelt!

Wenn das Motorrad auf der Fahrbahn (x-y-Ebene) in Fahrtrichtung nach rechts kippt, kann man das auch als ein Schwenken des Vorderrades um die x-Achse in seinem Aufstandspunkt auffassen. Die x-Achse ist dann für das Kreiselsystem Vorderrad die Störachse der aufgezwungenen Drehung. Bei der Anwendung der Rechte-Hand-Regel muss also jetzt der Daumen in Richtung der x-Achse zeigen, und der Zeigefinger deutet nach unten, in entgegengesetzter Richtung der z-Achse. Die Ausweichbewegung des Kreiselsystems ist eine Drehung nach rechts, um die Achse in Zeigefingerrichtung (Ausweichachse). Demzufolge macht das Vorderrad als Reaktion auf den seitlichen Störimpuls einen Lenkeinschlag nach rechts (in Fahrtrichtung gesehen).

10.1 Geradeausfahrt und Geradeaustabilität

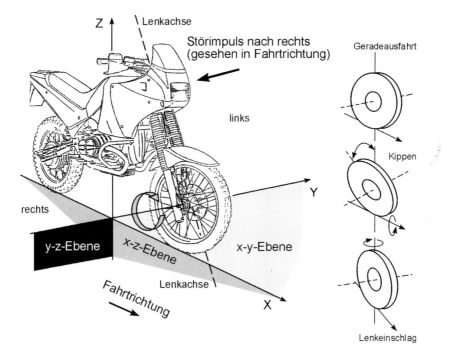

Bild 10.2 Stabilisierung der Geradeausfahrt, Kippen und Lenkeinschlag (Phase I)

Für die erste Reaktion (Phase I) auf einen seitlichen Störimpuls gilt also:

Ein seitliches *Kippen* des Motorrades (Vorderrad) nach *rechts* (in Fahrtrichtung), hat einen *Lenkeinschlag* ebenfalls nach *rechts* (in Fahrtrichtung) zur Folge.

Der Lenkeinschlag selbst wirkt als neue Störgröße für die Kreiselbewegung, denn dem Vorderrad wird der Lenkeinschlag aufgezwungen (es spielt dabei keine Rolle, dass diese aufgezwungene Drehung vom System selbst verursacht wurde). Es kommt zu einer Folgereaktion am Vorderrad, **Bild 10.3**.

Aufgrund des Lenkeinschlags versucht sich jetzt die Rotationsachse (Radachse) des Vorderrades in Richtung der Störachse zu drehen. Wendet man die Rechte-Hand-Regel erneut an (jetzt muss der Daumen als Störachse nach unten zeigen), so ergibt sich als Reaktion auf den Lenkeinschlag eine Kippbewegung des Vorderrades auf der Fahrbahn, d.h. um die x-Achse nach *links* (in Fahrtrichtung gesehen!). Das Vorderrad und mit ihm das ganze Motorrad richten sich also aus ihrer vorherigen, gekippten Lage auf (Phase II). Zur Verdeutlichung möge der Leser die einzelnen Phasen mit Hilfe der Rechte-Hand-Regel selber einmal nachvollziehen.

Es gilt:

Ein *Lenkeinschlag* des Vorderrades nach *rechts* (in Fahrtrichtung), hat ein *Kippen* des Motorrades nach *links* (in Fahrtrichtung) zur Folge.

Die Stabilisierung der Fahrt nach einer seitlichen Störung ist also aus zwei sich gegenseitig verursachenden Phasen zusammengesetzt, dem Lenkeinschlag in die Kipprichtung und dem anschließenden Wiederaufrichten aus der gekippten Lage.

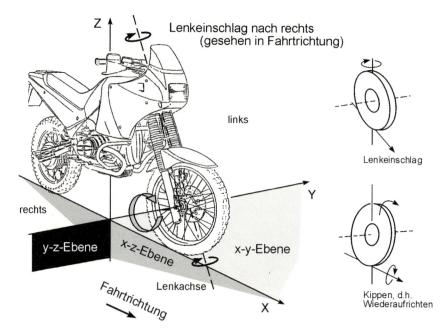

Bild 10.3 Stabilisierung der Geradeausfahrt, Lenkeinschlag und Aufrichten (Phase II)

Eigentlich ist der Stabilisierungsvorgang damit abgeschlossen, denn das Fahrzeug hat seine ursprüngliche Lage wieder eingenommen. Es steht senkrecht auf der Fahrbahn, und die Lenkung ist wieder in Geradeausposition. Genau betrachtet, und das entspricht auch dem realen Fall, wird der beschriebene, zweiphasige Stabilisierungsvorgang mehrmals durchlaufen. Das aufrichtende Kreiselmoment stellt das Motorrad ja nicht exakt in die senkrechte Position, sondern beim Wiederaufrichten schwingt das Motorrad ein wenig über die Mittelstellung hinaus auf die andere Seite. Dies setzt erneut den Stabilisierungsmechanismus, nur eben zur anderen Seite, in Gang. Es wirken aber im System auch Reibungs- und Dämpfungskräfte, die dafür sorgen, dass die Lenkwinkel- und Kippausschläge bei der Stabilisierung rasch kleiner werden. Das System käme also im Idealfall von selbst zur Ruhe. Weil aber immer kleinste Störungen vorhanden sind (die Fahrbahn ist nie geometrisch exakt eben, der Reifen und die Gewichtsverteilung des Motorrades sind nicht symmetrisch, es greifen aerodynamische Kräfte unsymmetrisch am Motorrad an, usw.), finden ständige Stabilisierungsvorgänge in der zuvor beschriebenen Art statt. Nur werden diese vom Fahrer oder auch einem Beobachter nicht wahrgenommen, weil die Lenkausschläge und Seitenneigungen minimal sind. Ein Motorrad fährt aber aus diesen Gründen nie exakt geradeaus, sondern es bewegt sich entlang einer Schlangenlinie.

Die Stabilisierung durch die Kreiselkräfte findet ab einer Geschwindigkeit von etwa 35 km/h *selbsttätig ohne aktiven Fahrereingriff* statt; wäre dies nicht der Fall, wäre freihändiges Fahren nicht möglich. Unterhalb dieser Grenzgeschwindigkeit, die von Fahrzeug zu Fahrzeug etwas differiert, muss das Fahrzeug durch Gewichtsverlagerung des Fahrers und aktive Lenkausschläge ausbalanciert werden (deshalb ist sehr langsames Fahren schwerer als Schnellfahren, und deshalb lernen Kinder Radfahren leichter, wenn man sie durch Anschieben auf eine höhere Geschwindigkeit bringt).

10.1 Geradeausfahrt und Geradeaustabilität

Unbewusst greift allerdings der Fahrer auch bei höherer Geschwindigkeit durch minimale Lenkkorrekturen und kleinste Gewichtsverlagerungen unablässig in den Regelprozess ein. Ein sehr wichtiger Einfluss des Fahrers ist die aktive Dämpfung des Lenksystems und die Kopplung des Lenksystems an das übrige Fahrzeug.

Das Hinterrad ist durch seine Kreiselkräfte selbstverständlich an der Stabilisierung beteiligt. Sein Einfluss ist aber, wie eingangs schon erwähnt, eher gering. Da die Kreiselkräfte allein an die Raddrehung und nicht an eine Vorwärtsbewegung gekoppelt sind, funktioniert die Stabilisierung z.B. auch, wenn das Motorrad auf einem Rollenprüfstand steht, vorausgesetzt das Vorderrad dreht sich mit. Eine Abstützung des Fahrzeugs ist also nicht erforderlich; selbst freihändiges Fahren funktioniert problemlos.

Bisher noch nicht eingegangen wurde auf die Wirkung des *Nachlaufs*, der eine weitere, sehr wichtige Größe für die Fahrstabilität darstellt, vgl. auch Kap. 6.1. Ein Nachlauf stellt sich am Vorderrad ein, wenn der Radaufstandspunkt (Senkrechte auf Fahrbahn durch die Radmittenachse) und die Verlängerung der schrägstehenden Lenkachse (Lenkkopfwinkel α) *nicht* zusammenfallen. Der Nachlauf wird umso größer, je flacher (kleiner) der Lenkkopfwinkel wird.

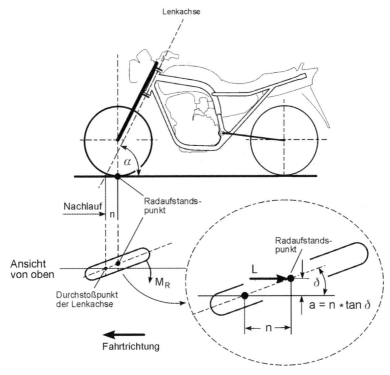

Bild 10.4 Stabilisierende Wirkung des Nachlaufs

Bild 10.4 verdeutlicht die stabilisierende Wirkung des Nachlaufs. Wird das Vorderrad aus seiner Geradeausposition seitlich ausgelenkt (Winkel δ), so wandert der Radaufstandspunkt in eine seitlich versetzte Position, denn das Rad dreht ja um die Lenkachse (und nicht um den

Radaufstandspunkt). Infolge der Schrägstellung der Lenkachse schwenkt das Rad auf einer gekrümmten Bahn aus und stellt sich schräg (Radsturz). Das soll hier ebenso vernachlässigt werden wie die Tatsache, dass sich damit strenggenommen auch die Schwerpunktlage des Motorrades ändert. Die tatsächliche Radstellung beim Lenkeinschlag lässt sich an einem Motorrad, das auf dem Hauptständer aufgebockt ist, sehr gut nachvollziehen.

Es ergeben sich gemäß **Bild 10.4** folgende geometrische Beziehungen, wenn man die Kreisbewegung des Lenkausschlags durch eine Gerade ersetzt (nur zulässig für kleine Lenkwinkelausschläge):

$$a = n \cdot \tan \delta \tag{10-1}$$

Da sämtliche Kräfte zwischen Reifen und Fahrbahn immer im Radaufstandspunkt angreifen, bewirken Längskräfte (L), die entgegen der Fahrtrichtung angreifen (Bremskräfte, Rollwiderstand), zusammen mit dem Hebelarm *a* ein rückstellendes Moment der Größe:

$$M_R = L \cdot a \tag{10.2}$$

Dieses Rückstellmoment M_R dreht das Vorderrad um die Lenkachse in seine ursprüngliche Lage zurück. Es wirkt also einer Radauslenkung entgegen und stabilisiert damit die Geradeauslage des Vorderrades selbsttätig. Mit zunehmendem Nachlauf wird der Hebelarm größer und damit auch das rückstellende (stabilisierende) Moment.

Der Nachlauf findet sich im Alltag an vielen sogenannten Schleppradsystemen mit nur einem Rad, z.B. an Deichselrädern für Anhänger oder an lenkbaren Rollen (Teewagen). Die Stabilisierungseffekte und Radschwingungen lassen sich daran gut beobachten. Man kann anschaulich Instabilitäten demonstrieren, wenn das Rad um 180° gedreht wird, der Nachlauf also negativ wird.

10.1.2 Fahrinstabilitäten Flattern, Pendeln und Lenkerschlagen

Es wurde gezeigt, dass die Stabilisierung des Motorrades im Grunde ein periodischer Vorgang ist, dessen verschiedene Phasen mehrfach durchlaufen werden. Kommt es dabei zu unkontrollierten Abläufen, können Fahrinstabilitäten auftreten. Das Gesamtsystem Motorrad-Fahrer-Fahrbahn ist wegen der Drehmöglichkeit des Vorderrades um die Lenkachse und der nur losen (gelenkig bzw. über Reibung) Koppelung zwischen Motorradreifen und Fahrbahn schwingungsfähig. Die Reifen spielen in diesem Zusammenhang eine wichtige Rolle, denn sie wirken im Schwingungssystem sowohl als Feder als auch als Dämpfer für die Schwingungen. Praktische Auswirkung für die Fahrstabilität haben die beiden Eigenschwingungsformen *Flattern* und *Pendeln* und eine erzwungene Schwingung, die als *Lenkerschlagen* (engl. kick-back) bezeichnet wird.

Unter *Flattern* versteht man im wesentlichen eine Schwingung des Lenksystems um die Lenkachse. Vorderrad, Radführung, Lenker und Anbauteile führen dabei schnell wechselnde Lenkausschläge aus; die Frequenz der Schwingung liegt im Bereich von 5 bis 10 Hz. In der Praxis von Bedeutung ist die Flatterresonanz, auch als *Shimmy-Effekt* bezeichnet, die bei manchen Motorrädern zwischen 40 und 80 km/h auftritt, wenn die Raddrehfrequenz des Vorderrades mit der Eigenfrequenz des gesamten Radaufhängungs- und Lenksystems übereinstimmt. Tritt dabei eine Anregungsschwingung auf – es genügt z.B. eine größere Radunwucht, durch die Radlastschwankungen auf das Lenksystem einwirken –, kommt es zum Shimmy-Effekt. Großen Einfluss auf das Flattern und die Flatterresonanz haben die Reibungs- bzw. Dämpfungskräfte und die Rückstellkräfte zwischen Reifen und Fahrbahn sowie der Fahrer, der durch

10.1 Geradeausfahrt und Geradeaustabilität

Festhalten des Lenkers einen mehr oder weniger großen Dämpfungseinfluss ausübt. Als Haupteinflussfakoren auf das Flattern seitens des Fahrzeugs gelten:

- Steifigkeit der Vorderradaufhängung inkl. Rad
- Massenbelegung der Bauteile des Lenksystems
- Massenträgheitsmoment um die Lenkachse
- Rahmensteifigkeit
- Vorderradlast
- Nachlauf
- Reifeneigenschaften
- Radunwucht

Die Steifigkeiten bestimmen zusammen mit den Massen bzw. dem Massenträgheitsmoment die Eigenfrequenz des Lenksystems. Hohe Steifigkeit von Vorderrad und seiner Aufhängung und niedrige Massen wirken somit dem Flattern entgegen, weil sich die Eigenfrequenz des Lenksystems erhöht. Große Massen um die Lenkachse vergrößern die generelle Flatterneigung. Bei allen nachträglichen Zubehöranbauten am Lenksystem, die das Massenträgheitsmoment um die Lenkachse erhöhen, ist daher Vorsicht geboten.

Die Wirkungen der Vorderradlast und des Nachlaufs sind indifferent und von Fahrzeug zu Fahrzeug unterschiedlich. Eine große Radlast erzeugt eine hohe Reibkraft in der Aufstandsfläche zwischen Reifen und Fahrbahn, die als Dämpfungkraft auf die Flatterschwingung wirkt. So liegt es zunächst nahe, einen positiven Einfluss einer hohen Vorderradlast auf das Flattern zu vermuten. Dies trifft häufig auch zu; viele Motorräder reagieren auf Radlastveränderungen und Entlastung des Vorderrades (Beladung des Gepäckträgers, volle Packtaschen) mit Neigung zum Resonanzflattern aufgrund verringerter Reifendämpfung.

Aus der Vorderradlast resultiert allerdings auch der Rollwiderstand, der über den Nachlauf als Hebelarm bei ausgelenktem Rad ein rückstellendes Moment auf die Lenkung ausübt (vgl. S. 263). Eine hohe Vorderradlast ergibt nun ein hohes Rückstellmoment, das wiederum ein Überschwingen des Lenkausschlags bewirkt und damit das Flattern begünstigen kann. Im gleichen Sinne ist auch ein großer Nachlauf, obwohl er prinzipiell stabilisierend auf das Fahrverhalten wirkt, oft eher schädlich und verstärkt die Flatterneigung.

Die Reifeneigenschaften (Reifenaufbau, Profil, Abnutzungsgrad, Luftdruck) beeinflussen die Dämpfungskräfte zwischen Reifen und Fahrbahn. Wegen der Komplexität der Zusammenhänge und der individuell unterschiedlichen Auswirkungen der vielen Reifeneigenschaften im Zusammenspiel aller Faktoren sind generelle Aussagen nicht möglich. Die Erfahrung zeigt aber, dass abgefahrene Reifen in der Regel eher zum Flattern neigen als neue.

Die Rahmensteifigkeit hat auch noch einen gewissen Einfluss auf das Flattern, weil trotz der freien Drehbewegung des Vorderradsystems um die Lenkachse dieses doch nicht völlig isoliert vom übrigen Motorrad ist. Eine Rolle spielt hierbei auch der Fahrer, der über das Anfassen des Lenkers eine wesentliche Koppelung zwischen Lenkungssystem und übrigem Fahrzeug herstellt. Er wirkt auch dämpfend, wie man leicht feststellen kann, wenn man bei einem Motorrad, das zum Resonanzflattern neigt, den Lenker loslässt und das Motorrad rollen lässt. Im Resonanzgeschwindigkeitsbereich bildet sich dann eine ausgeprägte Lenkerschwingung mit sehr großen Amplituden aus, die sofort nachlässt und leicht beherrschbar wird, wenn man den Lenker fest in beide Hände nimmt. Wegen dieser leichten Beherrschbarkeit und der niedrigen Fahrgeschwindigkeit ist das Flattern als eher ungefährlich einzustufen. Beim Verlassen des resonanzkritischen Geschwindigkeitsbereichs hört das Flattern von selbst auf. Die meisten Motorräder zeigen überhaupt nur beim freihändigen Fahren ausgeprägtes Resonanzflattern, und vielen Motorradfahrern, die nicht bewusst einmal freihändig fahren, fällt dieses Phänomen an ihrem Fahrzeug vielleicht nie auf.

Durch freihändige Fahrversuche wird das Flatterverhalten auch vom Hersteller im Verlauf der Motorradneuentwicklung überprüft. Das Motorrad wird auf ebener, gerader Fahrbahn auf eine Geschwindigkeit von etwa 100 km/h gebracht und dann freihändig bei geschlossenem Gasgriff ausrollen lassen. Bei flatterempfindlichen Fahrwerken fängt der Lenker spätestens bei 60 km/h an, nach beiden Seiten mit zunehmenden Amplituden auszuschlagen. Bleibt der Lenker hingegen bis etwa zur Geschwindigkeit von 30 km/h herunter ruhig, ist das Flatterverhalten in Ordnung. Zur genaueren Bestimmung des Flatterverhaltens muss dieses reproduzierbar gemessen werden, was mit Hilfe von Beschleunigungssensoren, die seitlich an der Gabel befestigt werden, geschieht. Die Signale dieser Sensoren werden in einem mobilen Datenerfassungsgerät über der Fahrgeschwindigkeit aufgezeichnet und ent-sprechend weiterverarbeitet.

Die zweite Eigenschwingungsform des Motorrades, das *Pendeln*, muss im Vergleich zum Flattern als wesentlich gefährlicher für die Fahrsicherheit eingestuft werden. Pendeln charakterisiert eine komplexe Schwingungsform, bei der das Fahrzeugvorderteil (Vorderradaufhängung mit Rad, Lenker und Anbauteilen) und das Fahrzeugheck (Rahmen mit Antriebsstrang, Hinterrad und Fahrer) eine gekoppelte Schwingung, auch um die Lenkachse, ausführen. Das Gesamtfahrzeug vollführt dabei eine Schlingerbewegung um die Hochachse (Gierbewegung), die aufgrund der Kreiselwirkung von einer zusätzlichen Kippbewegung um die Längsachse (Rollbewegung) überlagert wird.

Pendeln tritt im Gegensatz zum Flattern erst bei höheren Geschwindigkeiten oberhalb 100 km/h (frühestens 50 km/h unterhalb der Höchstgeschwindigkeit) auf und nimmt mit steigender Geschwindigkeit an Intensität zu. Die Pendelfrequenz liegt mit 3-4 Hz deutlich niedriger als beim Flattern. Von seiner Natur her ist das Pendeln ein entarteter Stabilisierungsvorgang, wie er bei jeder Geradeausfahrt wirksam wird. Nur kommt es beim Pendeln im steten Wechselspiel von Lenkeinschlag, Kippen und Wiederaufrichten infolge einer passenden Erregung zu Überschwingvorgängen. Diese können sich aber erst bei höheren Geschwindigkeiten aufschaukeln, weil dort die Kreiselkräfte und damit auch die resultierenden Lenkausschläge genügend groß werden.

Zum Pendelvorgang trägt auch das Hinterrad bei, das bei jedem Lenkvorgang aus der Spur ausgelenkt und ebenfalls durch Kreiselkräfte stabilisiert wird. Eine wesentliche Rolle beim Pendeln spielt die mit steigender Fahrgeschwindigkeit fallende Eigendämpfung des Schwingungssystem Motorrad. Diese tendiert bei schnellen, schweren Motorrädern (große Massen) gegen Null. Das angeregte System wird dann nur noch durch die (allerdings nicht unerhebliche) Dämpfungswirkung des Fahrers, der die Schwingsysteme Vorderrad (Lenksystem) und Hinterrad (Fahrzeugheckteil) koppelt, gedämpft. Treten in einem Fall geringer Dämpfung Resonanzen zwischen beiden Schwingungssystemen auf, kommt es zum Aufschaukeln der Pendelbewegungen, die auch von geübten Fahrern nicht mehr beherrscht werden, und damit zum Sturz. Als Anregung für die Pendelschwingung wirken z.B. Lenkbewegungen, die eine Gierbewegung verursachen. Sie können von der Fahrbahn eingeleitet (Spurrillen, Unebenheiten, etc.), aber auch durch aerodynamische Kräfte verursacht werden, vorzugsweise wenn sie an lenkerfesten Verkleidungen angreifen (Seitenwindböe, Wirbelschleppe von LKW).

Dem Pendeln kann durch die konstruktive Auslegung des Fahrwerks vorgebeugt werden, zumindest aber kann dafür gesorgt werden, dass sich eine einmal angeregte, leichte und unge-

10.1 Geradeausfahrt und Geradeausstabilität

fährliche Pendelschwingung nicht weiter aufschaukelt. Die wichtigsten Forderungen für stabile Fahreigenschaften des Motorrades im Hochgeschwindigkeitsbereich sind:

- hohe Steifigkeit von Radführungen, Rädern und Rahmen
- niedriges Massenträgheitsmoment um die Lenkachse
- großer Nachlauf und flacher Lenkkopfwinkel
- kleine Radmassen (= geringes Rotationsträgheitsmoment)
- hohe Vorderradlast
- hohes Fahrergewicht
- günstige Reifeneigenschaften

Die positive Wirkung der hohen Fahrwerkssteifigkeit zusammen mit den kleinen Trägheitsmomenten um die Lenkachse beruht, ähnlich wie beim Flattern, auf der resultierenden hohen Eigenfrequenz des Schwingsystems. Eine Resonanz tritt dann erst oberhalb der Höchstgeschwindigkeit auf und spielt im normalen Fahrbetrieb keine Rolle mehr.

Der Stabilitätsgewinn durch einen großen Nachlauf bzw. flachen Lenkkopfwinkel wird durch die größeren Rückstellmomente erzielt. Da beim Pendelvorgang das gesamte Fahrzeug von der Eigenschwingungs betroffen ist, wirken höhere Rückstellmomente stabilisierend, während sie ja beim Flattern, bei dem nur das Lenksystem eine Schwingung ausführt, eher destabilisierend wirken. Die deutlich niedrigere Frequenz der Pendelschwingung spielt hier mit eine Rolle. Ähnliches gilt für die Vorderradlast und das Fahrergewicht. Sie bewirken ebenfalls eine stabilitätsverbessernde Erhöhung der Rückstellmomente des ausgelenkten Vorderrades. Zusätzlich wirkt der menschliche Körper als dämpfende Masse. In der Regel hat selbst ein schwerer Beifahrer, obwohl das Vorderrad im Verhältnis zum Hinterrad entlastet wird und sich der Gesamtschwerpunkt nach hinten verlagert, einen günstigen Einfluss auf die Pendelneigung, während das Motorrad durch eine Beladung mit einem 90 kg schweren, hoch angebrachten Gepäckstück unfahrbar werden kann.

Widersprüchlich erscheint zunächst, dass *kleine* Rotationsträgheitsmomente der Räder, die ja auch niedrigere Kreiselkräfte aufbauen, einer Pendelneigung entgegenwirken. Denn die Kreiselkräfte stabilisieren das Motorrad, wie im vorigen Abschnitt gezeigt wurde. Der Grund liegt darin, dass im Hochgeschwindigkeitsbereich wegen der großen Raddrehzahlen die Kreiselkräfte immer ausreichend groß sind, um das Fahrzeug stabil zu halten. Jede zusätzliche Vergrößerung birgt dann die Gefahr, dass bei der Stabilisierung Überschwinger auftreten und damit der Stabilisierungsvorgang entartet. Die Verringerung der Radträgheitsmomente hat sich in der Praxis als wirkungsvolle Maßnahme gegen Pendeln erwiesen, ist aber nur mittels einer *Massenreduzierung* an Rad und Reifen sinnvoll. Denselben Effekt über eine Durchmesserverkleinerung zu erzielen, ist meist wenig nutzbringend, weil das kleinere Rad zwangsläufig schneller dreht, so dass die Kreiselkräfte sogar größer werden können. Nachteilig an der Trägheitsmomentreduzierung ist lediglich die vergrößerte Anfälligkeit im Geradeauslauf gegen seitliche Störeinflüsse. So nimmt beispielsweise die Seitenwindempfindlichkeit bei Motorrädern mit leichten Rädern spürbar zu. Der Reifeneinfluss ist auch beim Pendeln gravierend, doch lassen sich, wie beim Flattern, kaum pauschale Einflussfaktoren nennen.

Der Fahrer kann eine *aufkommende* Pendelschwingung oft noch sehr gut beeinflussen, wobei Patentrezepte aufgrund der verschiedenartigen Fahrzeugreaktionen nur schwer angegeben werden können. Hilfreich ist bei beginnendem Pendeln eine Geschwindigkeitsreduzierung durch Gaswegnehmen, manchen hat auch ein beherztes Abbremsen aus der Pendelzone geführt. Andererseits besteht aber auch die Gefahr, dass ein stark pendelndes Motorrad durch zu abruptes Abbremsen vollends unkontrollierbar wird, so dass es zum Sturz kommt. Oft klingt das Pendeln schnell ab, wenn der Griff der Hände vom Lenker gelöst und dieser nur noch locker umfasst wird. Der Effekt dabei ist, dass die Koppelung der Vorderradschwingung mit der Schwingung des übrigen Motorrades vermindert wird, wodurch ein Aufschaukeln des Pendelns wirkungsvoll unterbunden wird. Ein verkrampftes Festhalten am Lenker, sicher eine instinktive Reaktion bei beginnender Instabilität, ist häufig erst der auslösende Faktor dafür, dass ein leichtes, ungefährliches Pendeln sich unbeherrschbar aufschaukelt. In diesem Sinne beeinflusst eine aerodynamisch sorgfältig gestaltete Verkleidung das Fahrverhalten positiv. Sie vermindert nicht nur durch Auftriebsreduzierung die Entlastung der Vorderrades bei hohen Geschwindigkeiten, sondern ermöglicht durch Fernhalten des Winddrucks eine ruhige, entspannte Fahrerhaltung.

Für den Hersteller ergibt sich aus der Gefährlichkeit des Pendelns die Notwendigkeit, die Pendelneigung im Fahrversuch zu prüfen. Ähnlich wie bei den Flatterversuchen, wird dabei das Motorrad bei konstanter Geradeausfahrt durch einen seitlichen Störimpuls zum Pendeln angeregt und die Pendelschwingung aufgezeichnet. Begonnen wird mit einer Geschwindigkeit, die ca. 50 km/h unterhalb der Höchstgeschwindigkeit liegt und die Versuchsgeschwindigkeit dann jeweils in Stufen von 10 km/h bis zur Höchstgeschwindigkeit gesteigert. Gütekriterium für das Fahrwerk ist die Abklingzeit der angeregten und gemessenen Pendelschwingung.

Hingewiesen werden soll an dieser Stelle auch auf die unberechenbare Wirkung von nicht werksseitig freigegebenem Zubehör, dazu gehören auch Reifen! Es kann gefährliches Pendeln auftreten; das gleiche kann geschehen, wenn die empfohlene Höchstgeschwindigkeit mit Packtaschen erheblich überschritten wird. Die eigene Erfahrung einer ausreichenden Stabilität kann trügerisch sein, wenn weitere Faktoren wie abgefahrende Reifen, falscher Reifendruck, Spurrillen, böiger Wind etc. hinzukommen. Auch Tuningmaßnahmen, die die Höchstgeschwindigkeit erhöhen, bergen Gefahren, weil das Motorrad damit u.U. in pendelgefährdete Geschwindigkeitsbereiche vorstößt.

Pendeln ist selbstverständlich nicht auf die Geradeausfahrt beschränkt, sondern es tritt auch bei langgezogenen Autobahnkurven auf, die mit hoher Geschwindigkeit durchfahren werden. Der Schluss, ein bei Geradeausfahrt pendelfreies Motorrad zeigt auch in der Kurve kein Pendeln, ist nicht zutreffend. Es braucht nicht besonders betont werden, dass Pendeln in Kurven besonders gefährlich ist und tunlichst nicht angeregt werden sollte.

Die dritte Fahrinstabilität, das *Lenkerschlagen* (engl. kick-back), ist eine relativ neue Erscheinung, die in jedem Geschwindigkeitsbereich auftreten kann. Es handelt sich dabei um eine parametrisch erregte Schwingung des Lenksystems um die Lenkachse, bei der in schneller Folge wenige, sehr große Lenkwinkelausschläge stattfinden, im Extremfall von Lenkanschlag zu Lenkanschlag. Die Kräfte können dabei so groß sein, dass die Lenkausschläge vom Fahrer nicht mehr unter Kontrolle gebracht werden können, was dann zum Sturz führt.

Zwingende Voraussetzung für das Lenkerschlagen ist zunächst ein *Abheben des Vorderrades* von der Fahrbahn mit einem darauffolgenden schrägen Wiederaufsetzen. Dazu kann es kommen, wenn kurze Bodenwellen in Schräglage überfahren werden oder bei Geradeausfahrt der Fahrer aufgrund der Erschütterung etwas den Lenker verzieht. Das Wiederaufsetzen des schräggestellten Rades führt dann zu einem impulsartigen Ausschlag der Lenkung, der meist noch folgenlos bleibt. Vom Fahrer wird ein mehr oder weniger kräftiger Ruck in der Lenkung wahrgenommen, ggf. verbunden mit einem leichten, ungefährlichen seitlichen Versatz des Fahrzeugs und einem kurzen Nachschwingen.

Gefährlich wird das Lenkerschlagen erst, wenn mehrere Bodenwellen in gleichmäßigem, passendem Abstand bzw. mit der passenden Geschwindigkeit überfahren werden, weil es in seltenen Fällen dann zu Resonanzerscheinungen zwischen der Anregung, der Hubeigenfrequenz des Vorderrades und der Eigenfrequenz des Lenksystems kommen kann. Das Vorderrad beginnt in diesem Fall mit hoher Energie zu springen, und es wirken beim anschließenden, schrägen Reifenaufprall auf die Fahrbahn hohe Rückstellkräfte im Lenksystem, die wiederum die Lenkung zum Hin- und Herschwingen um die Lenkachse anregen. Im Resonanzfall treten dann plötzlich so hohe Kräfte am Lenker auf, dass es dem überraschten Fahrer den Lenker aus der Hand schlagen kann. Mit hydraulischen Lenkungsdämpfern können die Ausschläge bzw. die Schwingungen allerdings wirkungsvoll unterdrückt werden.

Die Gefährlichkeit des Lenkerschlagens liegt im unmittelbaren, nicht vorhersehbaren Auftreten. Aufgrund seiner kurzen Dauer verkraften moderne Fahrwerke auch größere Lenkausschläge, ohne dass es zwingend zum Sturz kommt (ähnlich wie eine sehr kurzzeitige Blockade der Vorderrades beim Überbremsen), zumal der konzentrierte Fahrer unter Umständen die Lenkausschläge und die Fahrzeugreaktion noch beherrscht. Die wenigen bekannten Unfälle aufgrund von Lenkerschlagen waren eine Folge der Überraschung, oder weil in jenem Moment gerade eine Hand vom Lenker genommen war.

Die Einflussfaktoren für das Lenkerschlagen sind vielfältig. Neben vielen Einzeleinflüssen wie Fahrer, Höhe der Bodenwellen, Reifeneigenschaften, Luftdruck, etc., ist eine der wichtigsten Ursachen für das Lenkerschlagen bei modernen Motorrädern die enorme Steifigkeit heutiger Fahrwerke. Während früher große Stoßkräfte durch elastische Verformung der Radaufhängung aufgefangen wurden und die Radaufhängung zeitlich versetzt zurückgefedert ist, wirken sich bei steifen Fahrwerken derartige Anregungen unmittelbar aus. Hinzu kommt die gute Spurhaltung und Bodenhaftung, die höhere Kurvengeschwindigkeiten selbst bei welliger Fahrbahn zulassen und es überhaupt erst ermöglichen, auf entsprechenden Straßen in kritische Geschwindigkeitsbereiche vorzudringen. Hinzu kommt dann noch das Beschleunigungsvermögen leistungsstarker Motorräder, bei denen bewusstes oder auch ungewolltes Gasgeben (infolge der Erschütterungen) beim Überfahren von Bodenwellen zur Gewichtsentlastung des Vorderrades führt, wodurch ein vollständiges Abheben begünstigt wird.

Die gezielte Untersuchung des Lenkerschlagens im Zuge der Motorrad- und Fahrwerksentwicklung ist sehr schwierig, weil es kaum reproduzierbar erzeugt werden kann, von der potentiellen Sturzgefahr einmal abgesehen. Bereits minimale Abweichungen der Spur, kleinste Lenkkorrekturen des Fahrers oder geringfügig andere Fahrgeschwindigkeiten können ein völlig anderes oder auch harmloses Fahrverhalten bewirken. Hier bietet die rechnergestützte Fahrdynamiksimulation eine wichtige Hilfe, weil mit dem Computer wirtschaftlich, zeitsparend und ungefährlich alle erdenklichen Parameterkombinationen durchgerechnet werden können.

10.2 Kurvenfahrt

Beim Motorrad kompensiert die Neigung des Fahrzeugs zur Kurveninnenseite die bei der Kurvenfahrt auftretende Fliehkraft. Der Neigungswinkel (aus der Senkrechten) kann bis zu 45° betragen, in Extremfällen liegt er auch darüber. Die Räder als Kreisel sind dadurch großen Auslenkungen unterworfen. Zusammen mit der Schrägstellung der Lenkachse ergeben sich komplexe Zusammenhänge und Wechselwirkungen für das Gesamtfahrwerk. Auf die mathematische Darstellung der geometrischen Beziehungen zur exakten Beschreibung aller Vorgänge bei der Kurvenfahrt wird zugunsten einer möglichst großen Allgemeinverständlichkeit verzichtet. Wichtiger ist das Verständnis der elementaren Vorgänge und der grundsätzlichen Einflussgrößen für die Kurvenfahrt, die anschaulich erläutert werden.

10.2.1 Einlenkvorgang und Grundlagen der idealisierten Kurvenfahrt

Zur Einleitung einer Kurve muss eine Rollwinkelgeschwindigkeit und ein Moment aufgebaut werden, damit das Motorrad um seine Längsachse in die Schräglage kippt. Dieses Moment wird durch einen geringen ($< 5°$) Lenkeinschlag erzeugt. Der grundsätzliche Vorgang gleicht dabei der Aufrichtphase bei der Geradeausstabilisierung (**Bild 10.3**). Aus den Gesetzmäßigkeiten des Kreisels im vorigen Kapitel wissen wir, dass ein Lenkeinschlag ein Kippen in die jeweils entgegengesetzte Richtung hervorruft (vom Fahrer in Fahrtrichtung aus gesehen). Die Herleitung kann der Leser mit Hilfe der bekannten Rechte-Hand-Regel leicht selber nachvollziehen. Es gilt:

> Ein Lenkeinschlag (Zug am Lenker) nach *rechts* bewirkt ein Kippen des Motorrades nach *links*. Eine *Linkskurve* wird demzufolge durch einen Lenkeinschlag nach *rechts* eingeleitet; eine *Rechtskurve* wird analog dazu durch einen Lenkeinschlag nach *links* eingeleitet.

Im Unterschied zur Geradeausfahrt muss für die Kurvenfahrt ein so großes Kippmoment erzeugt werden, dass das Motorrad in eine konstante und stabile Schräglage fällt. Dazu unterstützt der Fahrer die eingeleitete Seitenneigung durch eine Gewichtsverlagerung zur Kurveninnenseite. Dies ist auch deshalb notwendig, weil das Kippen Kreiselkräfte hervorruft, die das Motorrad anfangs wieder aufrichten wollen. Sobald aber der Schwerpunkt weit genug aus der Spurlinie gekippt ist, vergrößert die Schwerkraft (Gewichtskraft) selbsttätig die Schräglage. Das Motorrad kippt soweit, bis sich aufgrund der Fliehkräfte ein neues, dynamisch stabilisiertes Gleichgewicht einstellt.

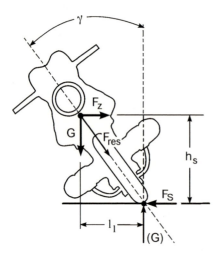

Bild 10.5
Kräfte- und Momentengleichgewicht bei stationärer Kurvenfahrt

Wir betrachten das Gleichgewicht bei idealisierten Bedingungen, **Bild 10.5**. Die Kräfte greifen im Schwerpunkt des Motorrades an und in unserem vereinfachten Fall nur an einem Rad. Die Resultierende aus Gewichtskraft und Fliehkraft muss dabei durch den Reifenaufstandspunkt

10.2 Kurvenfahrt

gehen, weil sonst kein Gleichgewicht mit den dort wirkenden Kräften erreicht wird (es ergäbe sich sonst ein zusätzliches Moment). Damit das Motorrad nicht umfällt, müssen sich die aus Fliehkraft und Gewichtskraft resultierenden Momente um den Reifenaufstandspunkt aufheben. Zunächst soll das Motorrad unendlich schmale Reifen haben, d.h der Aufstandspunkt liegt genau in Reifenmitte.

Es gelten dann folgende Beziehungen:

$$G \cdot l_1 = F_z \cdot h_s \qquad (10\text{-}3)$$

$$F_z = m \cdot v^2 / R \qquad (10\text{-}4)$$

$$\tan\gamma = \frac{F_z}{G} = \frac{F_s}{G} \qquad (10\text{-}5)$$

G = Gewichtskraft
F_s = Seitenführungskraft am Reifen
F_z = Fliehkraft
g = Erdbeschleunigung (9,81 m/s²)

R = Kurvenradius
v = Fahrgeschwindigkeit
γ = Schräglagenwinkel

Am Reifen baut sich infolge der Schräglage eine Seitenführungskraft auf, die dafür sorgt, dass das Motorrad seitlich nicht wegrutscht. Aus der Gleichgewichtsbedingung für stabiles Fahrverhalten folgt, dass diese Seitenkraft am Reifen der Fliehkraft entsprechen muss. Es gilt also:

$$F_s = F_z \qquad (10\text{-}6)$$

Es ergibt sich für den Schräglagenwinkel durch Einsetzen und Umformen die Beziehung:

$$\tan\gamma = \frac{v^2}{R \cdot g} \qquad (10\text{-}7)$$

Der Schräglagenwinkel hängt also im *idealisierten* Fall *allein* von der Fahrgeschwindigkeit und dem Kurvenradius ab. Prinzipiell durchfahren also alle Motorräder, unabhängig von Gewicht, Bauart, Fahrer und Fahrstil, eine vorgegebene Kurve bei gleicher Geschwindigkeit mit genau der gleichen Schräglage (das dies *real* nicht ganz der Fall ist, sehen wir im nächsten Abschnitt).

Die Seitenführungskraft am Reifen kann nicht größer werden als der Reibungskraftschluss (Reibkraft) zwischen Reifen und Fahrbahn. Daraus folgt:

$$F_{s,max} = G \cdot \mu = m \cdot g \cdot \mu \qquad (10\text{-}8)$$

μ = Reibwert Fahrbahn/Reifen

Durch Einsetzen der maximalen Seitenführungskraft ergibt sich aus (10-5):

$$\tan\gamma_{max} = \mu \qquad (10\text{-}9)$$

Das heißt *allein* der Reibwert zwischen Reifen und Fahrbahn bestimmt die mögliche Schräglage. Das Fahrzeug und das Fahrzeuggewicht haben keinerlei Einfluss auf den möglichen Schräglagenwinkel! Wird der Schräglagenwinkel, den der Reibwert zulässt, überschritten, z.B. weil die Geschwindigkeit für die gegebene Kurve so groß ist, dass stärker abgewinkelt werden muss, rutscht das Motorrad unweigerlich seitlich aus der Kurve. Übliche Reibwerte für trockene Asphaltfahrbahndecken und Serienreifen liegen zwischen μ = 0,8 und μ = 1; der maximal fahrbare Schräglagenwinkel beträgt dann 45° (tan 45° = 1). Höhere Reibwerte als μ = 1 können unter günstigen Umständen durch Verzahnungseffekte zwischen Reifen und Fahrbahn bei rauher Fahrbahnoberfläche und weicher Reifen-Gummimischung erreicht werden (bis ca. 1,2).

10.2.2 Reale Einflüsse bei Kurvenfahrt

In der Realität trifft die zunächst angenommene Voraussetzung unendlich schmaler Reifen natürlich nicht zu. Infolge der Reifenbreite liegt bei Schräglage der Reifenaufstandspunkt nicht mehr in der Mittenebene des Fahrzeugs, sondern er wandert seitlich aus. Das bewirkt, dass jetzt sowohl der Schwerpunkt des Motorrades als auch die Reifenbreite selbst Einfluss auf die Schräglage nehmen. Die Auswirkungen erläutert **Bild 10.6**.

Definitionsgemäß liegt die Resultierende aus Gewichts- und Fliehkraft immer auf der Verbindungslinie vom Schwerpunkt zum Reifenaufstandspunkt. Der beim breiten Reifen außermittige Aufstandspunkt bewirkt, dass die Resultierende in einem steileren Winkel zur Fahrbahn steht als beim unendlich schmalen Reifen. Die zeichnerische Ermittlung der Fliehkraft aus der (unveränderten) Gewichtskraft und der Wirklinie der Resultierenden (Kräfteparallelogramm) ergibt beim breiten Reifen eine kleinere Fliehkraft als beim schmalen Reifen (mittlere Abbildung). Das steht aber im Widerspruch zur Realität, denn die Fliehkraft hängt ausschließlich von der Geschwindigkeit ab, keinesfalls aber von der Reifenbreite. Um auf die gleiche Fliehkraftgröße zu kommen, muss die Resultierende und damit das Motorrad stärker geneigt werden (Abbildung ganz rechts). Damit kommt auch der Gesamtschwerpunkt in eine tiefere Position. Das heißt, die notwendige Schräglage wird beim breiten Reifen größer.

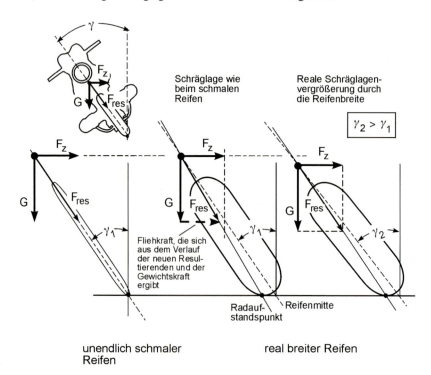

Bild 10.6 Einfluss der Reifenbreite auf die Schräglage

10.2 Kurvenfahrt

Es gilt demnach:

> Je *breiter* der Reifen, desto *größer* ist bei gleicher Fahrgeschwindigkeit und Kurvenradius die notwendige Schräglage.

Für schnelles Kurvenfahren mit maximaler Schräglage sind demnach die modischen Breitreifen eigentlich ungünstig, denn das Fahrzeug setzt wegen des größeren Schräglagenbedarfs eher auf als mit schmalen Reifen! Der Vorteil des Breitreifens liegt in der besseren Haftung, was beim Herausbeschleunigen aus der Kurve den Nachteil der höheren Schräglage u.U. wettmacht.

Der Einfluss der Schwerpunktlage auf den Schräglagenwinkel bei realen Reifenbreiten kann jetzt leicht nachvollzogen werden, **Bild 10.7**.

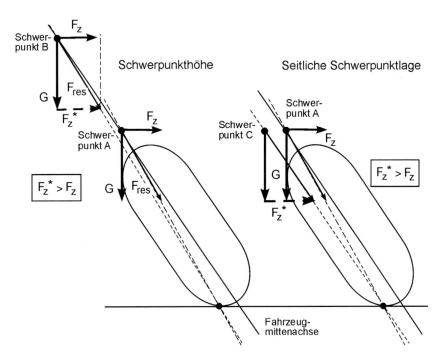

Bild 10.7 Einfluss der Schwerpunktlage auf die Schräglage

Weil sich der Fahrzeugschwerpunkt normalerweise in der Fahrzeugmittenebene befindet, ergeben sich für die Resultierenden durch den Radaufstandspunkt bei unterschiedlichen Schwerpunkthöhen abweichende Winkellagen (linkes Teilbild). Bei größerer Schwerpunkthöhe verläuft die Resultierende flacher zur Fahrbahn, wodurch ihre Fliehkraftkomponente (F_z^*) größer wird. Damit wieder Gleichgewicht herrscht, muss sich das Motorrad aufrichten.

> Je *höher* der Schwerpunkt des Motorrades liegt, desto *kleiner* wird bei gleicher Fahrgeschwindigkeit und Kurvenradius die notwenige Schräglage.

Wenn sich der Motorradfahrer stärker als das Fahrzeug in die Kurve hineinlegt (sog. hanging-off), wie es besonders im Rennsport verbreitet ist, wandert der Gesamtschwerpunkt zur Kurveninnenseite (rechtes Teilbild). Dadurch bildet die Resultierende aus Gewichts- und Fliehkraft ebenfalls einen flacheren Winkel mit der Fahrbahn. Wie im vorigen Beispiel bedeutet dies eine Vergrößerung der Fliehkraftkomponente (F_z^*), die durch eine geringere Schräglage kompensiert werden muss. Für die Fahrerneigung gilt somit:

> Je mehr sich der Fahrer relativ zum Motorrad in die Kurve neigt, desto geringer wird die erforderliche Schräglage.

Die geringere Schräglage bedeutet im Endeffekt einen Gewinn an Bodenfreiheit. Es können höhere Kurvengeschwindigkeiten als bei aufrecht sitzendem Fahrer gefahren werden, weil aufgrund der geringeren Motorradneigung kein Aufsetzen von Auspuff oder Fußrasten befürchtet werden muss. Die erforderlichen Haftkräfte (Seitenführungskräfte) in der Reifenkontaktfläche werden durch die Fahrerseitenneigung selbstverständlich *nicht* reduziert. Die vom Reibwert vorgegebene Haftgrenze der Reifen bzw. die maximale Kurvengeschwindigkeit kann also nicht durch den Fahrstil überlistet werden, denn die Fliehkraft bleibt eine reine Funktion aus Kurvengeschwindigkeit und Kurvenradius.

10.2.3 Handling

Mit Handling wird das Einlenkverhalten und damit zusammenhängend das Verhalten beim Richtungswechsel und in Kurvenkombinationen beschrieben. Da Motorrad sollte jedem Fahrerwunsch unmittelbar folgen, Richtungswechsel sollten leicht und ohne Kraftaufwand nur durch Zug am Lenker vonstatten gehen, der Kraftaufwand und Körpereinsatz beim Schräglagenwechsel minimal sein. Bei der Wertung dieses Gesamtverhaltens spielen das subjektive Empfinden des Fahrers und seine körperliche Konstitution allerdings eine wesentliche Rolle, so dass nicht immer absolute und einheitliche Aussagen getroffen werden können.

Die objektiven Kriterien für ein als gut empfundenes Handling sind teilweise schwer auszumachen und auch widersprüchlich. Viele Motorräder mit hohem Schwerpunkt fallen gewissermaßen wie von selbst in die Kurve; ihr Handling wird von vielen Fahrern als gut bezeichnet. Für Richtungsänderungen oder das Durchfahren von Wechselkurven ist aber das genaue Gegenteil, nämlich ein niedriger Schwerpunkt, vorteilhaft. Das liegt daran, dass das aufzubringende Rollmoment für den Wechsel von einer Schräglagenposition in die entgegengesetzte Lage bei niedrigem Schwerpunkt kleiner ist. Der Widerspruch kann damit erklärt werden, dass bei einem hohen Schwerpunkt aufgrund des höheren Rollmoments auch die Rollwinkelgeschwindigkeit größer wird und dies den subjektiven Eindruck eines guten Handlings entstehen lässt.

Weitere Faktoren spielen für das Handling eine Rolle. Überragend ist natürlich das Gesamtgewicht. Ein leichtes Motorrad wirkt in der Regel immer handlicher als ein schweres. Dennoch weisen viele moderne Sportmotorräder trotz Gewichtswerten über 250 kg ein erstaunlich gutes Handling auf. Neben den Reifen und der gesamten Fahrwerksgeometrie, nehmen auch die Sitzposition und die Hebelverhältnisse am Lenker Einfluss. Manchen kurvenunwilligen Motorrädern hat schon ein Auswechseln des Lenkers gegen ein breiteres Exemplar eine deutliche Handlingsverbesserung beschert. Das liegt daran, dass letztlich jeder Richtungs- und Schräglagenwechsel durch einen Radeinschlag, d.h. durch Aufbringen eines Lenkmomentes, eingeleitet wird. Je breiter der Lenker, umso geringer ist der Kraftaufwand, den der Fahrer leisten muss, daher verbessert sich das subjektive Handlingempfinden. Die zugrundeliegende Kreiselmechanik, die das dynamische Verhalten des Gesamtsystems beim schnellen Richtungswechsel be-

10.2 Kurvenfahrt

schreibt, soll hier nicht näher betrachtet werden. Für die Praxis brauchbarer ist die Zusammenstellung der wichtigsten Einflussfaktoren in **Tabelle 10.1**.

Tabelle 10.1 Einflussfaktoren und deren grundsätzliche Auswirkungen auf das Handling

Einfluss	Handling besser	Handling schlechter	Bemerkung
Hohes Radträgheitsmoment Vorderrad		●	Ein kleiner Raddurchmesser ergibt zunächst geringeres Trägheitsmoment, aber Überkompensation durch größere Raddrehzahl
Steiler Lenkkopfwinkel, d.h. kleiner Nachlauf	●		
Langer Radstand		⊗	nicht in jedem Fall, hängt auch von der Kombination mit dem Nachlauf ab
Niedriger Schwerpunkt	●	(●)	siehe Text. Niedriger Schwerpunkt objektiv positiv.
Geringes Gewicht	●		

11 Bremsen

Der Schwerpunkt der Betrachtungen zu den Bremsen wird auf die Bremsenregelungssysteme (*ABS* = Anti-Blockier-System) gelegt, da aufgrund der besonderen Fahrdynamik des Motorrades hier einige Unterschiede zum Automobil bestehen. Abgesehen vom ABS unterscheiden sich Motorradbremsen von üblichen Automobilbremsen sonst nur in einigen konstruktiven Details. Da die physikalischen Zusammenhänge bei der Bremsung wichtig für das Verständnis der Bremsenregelung sind, wird zunächst auf diese kurz eingegangen.

11.1 Grundlagen

Die Kraftverhältnisse am gebremsten Rad sind im **Bild 11.1** dargestellt. Wir nehmen vereinfachend an, dass die gesamte Bremsleistung nur an diesem Rad (Vorderrad) aufgebracht wird.

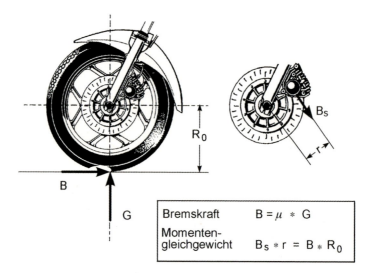

Bild 11.1 Kraftwirkungen am gebremsten Rad

Der Energiebedarf zur Abbremsung eines Fahrzeugs kann überschlägig bestimmt werden aus der kinetischen Energie, die das Fahrzeug beim Beginn der Bremsung hat (Luft- und Rollwiderstand werden vernachlässigt).

$$E = 1/2 \cdot m \cdot v^2 \tag{11-1}$$

Für ein 230 kg schweres Motorrad (zuzüglich 70 kg Fahrermasse) beträgt die Bremsenergie bei einer Abbremsung aus 100 km/h dann

$$E_{Br} = 0{,}5 \cdot 300 \, [kg] \cdot (27{,}8)^2 \, [m/s]^2 = 115{,}9 \, [kJ].$$

11.1 Grundlagen

Um daraus die Leistung, die die Bremse verkraften muss, zu errechnen, muss die Zeitdauer der Abbremsung berechnet werden. Unter der Annahme, dass die Bremsverzögerung während der Bremsung konstant bleibt (was in der Realität nicht ganz der Fall ist), gelten sehr einfache physikalische Beziehungen. Die Bremse soll 80 der maximalen Bremsverzögerung aufbringen, also rund 8 $m/_{s^2}$ ($\approx$ 0,8fache Erdbeschleunigung).

$$b = \frac{v}{t} \qquad t = \frac{v}{b} \qquad (11\text{-}2)$$

b = Bremsverzögerung
Δv = Geschwindigkeitsdifferenz
Δt = Zeitdauer der Bremsung

Eingesetzt ergibt sich

$$t = \frac{27{,}8\,[m/s]}{8\,[m/s^2]} = 3{,}5\,[s]$$

Mit der Bremsdauer kann, unter der Annahme einer linearen und konstanten Verzögerung, jetzt auch der Bremsweg errechnet werden,

$$s = {}^1\!/_2 \cdot v \cdot \Delta t \qquad (11\text{-}3)$$

bzw. mit (11-2)

$$s = \frac{v^2}{2 \cdot b} \qquad (11\text{-}3a)$$

Eingesetzt ergibt sich ein Bremsweg von rund 48,5 m.

Die Leistung an der Bremse errechnet sich mit

$$P_{Br} = \frac{E_{Br}}{t} \qquad (11\text{-}4)$$

Es ergibt sich für unser Beispiel eine Leistung von 33 kW, die am Anfang der Bremsung in Form von Wärme an der Bremse abgeführt werden muss. Bekanntermaßen steigt wegen der quadratischen Abhängigkeit der Bremsweg über der Fahrgeschwindigkeit stark an, ebenso die notwendige Bremsenergie. **Tabelle 11.1** zeigt in einer Übersicht in Schritten von 50 km/h gerundete Werte für die Bremsenergie, Anfangs-Bremsleistung, den Bremsweg und die Zeitdauer der Bremsung, jeweils bei Abbremsung bis zum Stillstand. Die Bremsverzögerung beträgt einheitlich 8 m/s².

An der jeweiligen Zeit bis zum Stillstand wird die Leistungsfähigkeit moderner Motorradbremsen deutlich. Die Beschleunigung auf 100 km/h dauert immer noch länger als das Abbremsen aus dieser Geschwindigkeit bis zum Stillstand.

Am überproportionalen Anstieg der Zahlenwerte für den Bremsweg und die Bremsenergie sieht man unmittelbar die quadratische Abhängigkeit. Weiterhin erkennt man an Gleichung [11.3a], dass der *theoretische* Bremsweg nur von der *Verzögerung* und der *Fahrgeschwindigkeit* abhängt, hingegen *unabhängig von der Masse* ist! Der scheinbare Widerspruch zur praktischen Erfahrung ergibt sich daraus, dass in der Realität als Folge einer höheren Gesamtmasse des Fahrzeugs die Brems*verzögerung* abnimmt. Durch die höhere Bremsenergie und den damit größeren Wärmeanfall ändert sich der Reibwert der Bremse und damit sinkt die Verzögerung (Bremsenfading). Sind die Bremsen für das Maximalgewicht und Wiederholbeanspruchung

(Passabfahrten) gut dimensioniert, ist auch in der Praxis der Bremsweg gewichtsunabhängig. Eine Rolle spielt allerdings die Schwerpunktverlagerung und die veränderte Gewichtsverteilung bei *Beladung* des Fahrzeugs. Dadurch kann sich die Radlastverteilung so ändern, dass die übertragbaren Bremskräfte zwischen Vorder- und Hinterrad sich ungünstig aufteilen und sich dadurch eine tatsächliche Bremswegverlängerung einstellt, siehe dazu weiter unten.

Tabelle 11.1 Charakteristische Bremsgrößen in Abhängigkeit von der Fahrgeschwindigkeit

Geschwindigkeit [km/h]	Bremsweg [m]	Zeit bis Stillstand [s]	Bremsenergie [kJ]	Bremsleistung (am Beginn der Bremsung) [kW]
50	12	1,7	29	16
100	48	3,5	116	33
150	108	5,2	260	50
200	191	6,9	463	67
250	302	8,7	723	83

Rechenwerte gerundet, Basis : Bremsverzögerung von 8 m/s^2. Die Bremswirkung der Fahrwiderstände wurde nicht berücksichtigt.

Je nach Gesamtauslegung kann eine großzügig dimensionierte Bremse allerdings den Nachteil haben, dass sie relativ giftig anspricht mit der Gefahr, dass der ungeübte Fahrer bei unbeladenem Fahrzeug überbremst. Daher wird bei ungeregelten Bremsen manchmal eine kompromissbehaftete Auslegung als optimal angesehen und ein gewisses Nachlassen der Bremswirkung bei hoher Dauer- oder Wiederholbeanspruchung in Kauf genommen. ABS-Bremssysteme lassen sich kompromisslos auf höchste Bremsleistung auslegen und bieten hier Vorteile.

Ein weiteres, grundsätzliches Problem stellt sich bei der Abbremsung infolge der dynamischen Radlastverlagerung ein, die beim Motorrad viel ausgeprägter als beim Automobil auftritt (ungünstigeres Verhältnis von Schwerpunkthöhe und Radstand). Wie bereits im Kapitel 8, Bild 8.5 erläutert, wird mit steigender Verzögerung zunehmend das Vorderrad be- und das Hinterrad in gleichem Maße entlastet. Entsprechend nimmt die mögliche Bremskraft am Vorderrad zu, während sie am Hinterrad abnimmt. Ohne näher auf die Theorie und Berechnung einzugehen, ist im **Bild 11.2** die auf die Radlast bezogene Bremskraft für Vorder- und Hinterrad über der Bremsverzögerung aufgetragen.

Bei gleicher Verzögerung für Vorder- und Hinterrad und einer angenommenen Haftgrenze bei trockener Straße von $\mu = 1$, wird entweder die mögliche Verzögerung am Vorderrad nicht ausgenutzt und damit wichtiger Bremsweg verschenkt, oder das Hinterrad überbremst. Es ist also aus physikalischen Gründen nicht möglich, am Hinterrad die gleiche Bremsverzögerung wie am Vorderrad aufzubringen. Jeder etwas erfahrene Motorradfahrer trägt dem Rechnung durch entsprechend gefühlvolles Betätigen der Hinterradbremse. Konstruktiv werden die Hinterradbremsen entsprechend der geringeren möglichen Bremsleistung schwächer ausgelegt. Steigt infolge einer Beladung die Hinterradlast, kann dort natürlich auch stärker gebremst werden.

11.1 Grundlagen

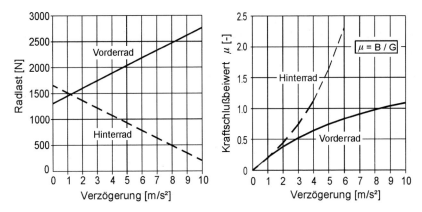

Bild 11.2 Reibwerte an Vorder- und Hinterrad über der Verzögerung

Im Normalfall beherrscht der geübte Motorradfahrer durchaus die unterschiedlich starke Betätigung von Vorder- und Hinterradbremse. Auch die Vollbremsung nahe der Reifenhaftgrenze ist bei trockener Straße letztlich eine Frage von Konzentration, Gefühl, Erfahrung und Übung, wobei sich die Frage stellt, wie man im tatsächlichen Grenzbereich zuverlässig übt, wenn fast jede Überschreitung zum Sturz führt. Schwierig bis nahezu unmöglich ist es allerdings, mit *beiden* Bremsen gleichzeitig *an der Blockiergrenze* zu bremsen. Denn dazu müssen die Rückmeldungen von beiden Reifen registriert werden, und es muss unmittelbar eine feinfühlige Dosierung der Betätigungskräfte getrennt für beide Bremsen erfolgen. Und diese Bremskraftregulierung muss während der Bremsung permanent angepasst werden. Die notwendigen schnellen Abläufe und Reaktionsmuster sind außerordentlich komplex und überfordern normalerweise die menschliche Fähigkeit zur Signalverarbeitung und Regulation. Es kann deshalb immer nur mit *einer* Bremse optimal an der Haftgrenze gebremst werden, sinnvollerweise mit der Vorderradbremse. Das Hinterrad bleibt dann entweder unterbremst, oder es wird überbremst. Die beim blockierenden Hinterrad auftretende Instabilität ist in der Regel aber beherrschbar. Aus berechtigter Angst vor einem blockierendem Vorderrad und dem dann praktisch unvermeidlichen Sturz wird oft aber vorn auch weniger stark gebremst, als es möglich wäre.

Vollends unmöglich wird die kontrollierte Betätigung zweier Bremsen im Panikfall bei einer plötzlichen Notbremsung, womöglich noch bei nasser Fahrbahn. Es ist nachgewiesen, dass ein Mensch grundsätzlich nicht mehr imstande ist, die notwendigen Handlungen fehlerfrei zu vollziehen. Der „Regler Mensch" ist hier bereits mit einer Bremse bis an seine Grenze gefordert bzw. überfordert [1.1]. In der Regel liegt die volle Konzentration des Fahrers auf der Vorderradbremse, um dort ein Überbremsen zu vermeiden. Aber nur sehr routinierten und konzentrierten Fahrern gelingt es in einer solchen Situation überhaupt, mit hinreichend hoher Verzögerung zu bremsen, von einer kontrollierten Bremsung an der Haftgrenze sind auch diese Fahrer weit entfernt.

Die prinzipielle Unmöglichkeit einer optimalen Bremsung mit beiden Rädern kostet in Notsituationen wertvollen Bremsweg. Eine Überbremsung des Hinterrades bringt Unruhe ins Fahrwerk und vermindert die Fahrstabilität. Wenn während einer Vollbremsung ein plötzlicher Wechsel im Reibwert zwischen Reifen und Fahrbahn auftritt, ist auch der routinierteste Fahrer hilflos; ein Sturz kann dann nur noch mit Glück verhindert werden, **Bild 11.3**.

Bild 11.3 Bremsversuche mit und ohne ABS

Vorrangig für diese Fälle wurden ABS-Systeme entwickelt. Aus diesem Blickwinkel erübrigen sich sämtliche Diskussionen über eine minimale Bremswegverlängerung durch die ABS-Regelung im Vergleich zu ungeregelten Bremsen. Denn derartige Vergleiche werden unter optimalen Fahrbahnbedingungen von professionellen Fahrern auf abgesperrten Strecken durchgeführt. Auf das reale Verkehrsgeschehen sind diese Vergleiche nicht übertragbar. Messungen unter realen Bedingungen auf der Straße zeigen, dass hier selbst Profis mit ABS ausnahmslos kürzere Bremswege erzielen als mit ungeregelten Bremsen. Auch über die Notsituation hinaus bietet ABS, wie wir noch sehen werden, einige Vorteile.

11.2 Bremsenregelung (ABS) und Fahrstabilität beim Bremsen

Der Fahrstabilitätsverlust bei der Bremsung mit blockierenden Rädern ist allgemein bekannt, weniger hingegen die genauen Ursachen, auf die daher kurz eingegangen werden soll. Durch Reibung zwischen Reifen und Fahrbahn kann, wie im **Bild 11.1** schon dargestellt, nur eine bestimmte Kraft übertragen werden, deren Maximalwert vom größten erreichbaren Reibwert μ_{max} (Kraftschlussbeiwert) zwischen Reifen und Fahrbahn und der auf das Rad wirkenden Gewichtskraft abhängt

$$F_{\text{Reifen, max}} = \mu_{max} \cdot G \tag{11-5}$$

11.2 Bremsenregelung (ABS) und Fahrstabilität beim Bremsen

Unter der vereinfachten Annahme, dass der Reibwert unabhängig von der Art der Krafteinwirkung ist (was bei genauer Betrachtung nicht so ganz stimmt), spielt die Richtung und Orientierung der Kraft praktisch keine Rolle. Die Summe aller Kräfte in der Reifenaufstandsfläche darf nicht größer werden, als die Maximalkraft nach Gl. (11-5), sonst kann der Reifen sie nicht mehr übertragen. Daraus ergibt sich, dass bei Übertragung großer Bremskräfte (Umfangskräfte) für die Seitenkraft (Radführungskraft) nur noch ein geringer Betrag übrigbleibt. Im **Bild 11.4** ist dieser Zusammenhang von Seitenkraft und Umfangskraft für einen angenommenen, konstanten Reibwert von $\mu = 1$ grafisch aufgetragen (Kamm'scher Kreis).

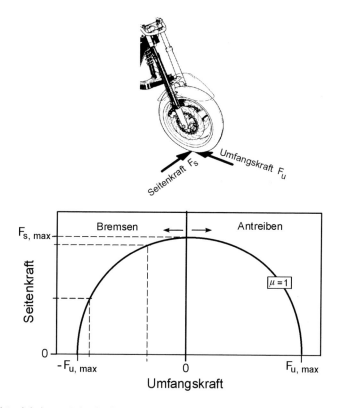

Bild 11.4 Abhängigkeit von Seitenkraft und Umfangskraft bei konstantem Reibwert

Man erkennt sofort, dass bei maximaler Bremskraftausnutzung die Seitenkraft zu Null wird und damit der Reifen keine Seitenführung mehr aufbauen kann, so dass Stabilitätsverlust eintritt. Umgekehrt kann bei maximaler Seitenkraftausnutzung (maximale Schräglage) auch keine Bremskraft mehr übertragen werden. Analog zum Bremsen gelten die gleichen Zusammenhänge natürlich auch für den umgekehrten Fall des Antriebs.

In der Realität liegen die Verhältnisse etwas günstiger. Solange das Rad noch rollt, baut auch das stark gebremste Rad noch genügend Seitenführungskraft für die Geradeausfahrt auf. Erst beim Übergang zum Blockieren fällt die Seitenführungskraft erheblich (bis auf nahe Null) ab, und es tritt Stabilitätsverlust ein. Aber sogar dem blockierenden Rad bleibt noch ein geringer Rest von Seitenführung erhalten, die allerdings nicht mehr ausreicht, um größere Störeinflüsse auf die Geradeausfahrt aufzufangen. Sie verhindert lediglich beim exakt geradeaus gerichteten Rad die sofortige und völlige Instabilität. Aus diesem Grund kann bei genügend schneller Reaktion mit Lösen der Bremse auch ein Motorrad mit kurzzeitig blockiertem Vorderrad manchmal noch abgefangen und stabilisiert werden.

Um also die Fahrstabilität beim Bremsen aufrecht zu erhalten, darf nur soviel Bremskraft aufgebracht werden, dass ein Blockieren sicher verhindert wird und gerade noch ausreichend Seitenkraft zur Stabilisierung übrig bleibt. Im Gegensatz zum Automobil muss beim Motorrad vorrangig das blockierende *Vorderrad* verhindert werden, da dieses fast allein die Seitenführung aufrecht erhält. Ein blockiertes Hinterrad hingegen beeinträchtigt die Fahrstabilität nur wenig und kann relativ leicht beherrscht werden (beim Auto ist es umgekehrt). Trotzdem werden beim Motorrad-ABS von allen Herstellern grundsätzlich immer der Bremsdruck von Vorderrad und Hinterrad geregelt.

Für ein genaueres Verständnis muss zunächst der Kraftschlussbeiwert näher betrachtet werden, denn dieser ändert sich beim Übergang von rollendem zum rutschenden Rad. Wir führen dazu den Begriff des *Reifenschlupfs* ein, der auftretende Relativgeschwindigkeiten zwischen Reifen und Fahrbahn kennzeichnet. Antriebs- oder Bremskräfte können nämlich nur übertragen werden, wenn Schlupf herrscht, d.h. wenn die Abrollbewegung von einem leichten Durchrutschen des Rades überlagert wird. Der Grund dafür liegt in den Bindungskräften, die bei inniger Berührung zwischen den Molekülen des Reifengummis und der Fahrbahnoberfläche auftreten und die Reifenhaftung auf der Fahrbahnoberfläche letztlich ermöglichen.

> *Ohne Schlupf ist eine Übertragung von Umfangskräften (Brems- und Antriebskräfte) nicht möglich, die Umfangskräfte selbst sind dabei Ursache des Schlupfes.*

Der Schlupf wird bestimmt, indem die zurückgelegte Wegstrecke auf der Fahrbahn mit dem abgerollten Radumfang verglichen wird. Beim Laufrad, das ohne Antriebs- und Bremskräfte rollt, ist der Schlupf Null; hier entspricht die zurückgelegte Wegstrecke genau dem abgerollten Reifenumfang. Wenn der abgerollte Weg am Rad (Reifenumfang) größer ist als die zurückgelegte Wegstrecke auf der Fahrbahn, dreht das Rad durch (Antriebsschlupf). Ist er kleiner, beginnt das Rad zu blockieren und rutscht (Bremsschlupf). Definitionsgemäß ist der Schlupf beim vollständig durchdrehenden (Antrieb) bzw. blockierten (Bremsung) Rad gleich 1 oder 100%. **Bild 11.5** zeigt aufgetragen über dem Schlupf beispielhaft den Kraftschlussverlauf (Reibwert) einer ausgewählten Fahrbahn-/Reifenkombination beim Bremsen. Mit eingezeichnet ist der prinzipielle Verlauf des Kraftschlusses für die Seitenkraft, die die Stabilisierung des Fahrzeugs bewirkt.

Der maximale Kraftschluss (Kraftschlussgrenze bzw. Haftreibwert) stellt sich demnach erst bei einem gewissen Schlupf ein (der ja durch die Bremsung selbst erzeugt wird); danach nimmt der Kraftschluss bis hin zum Gleitreibwert für das blockierte Rad ab. Generell verringert sich der Kraftschluss mit steigender Geschwindigkeit; der Unterschied zwischen Schrittgeschwindigkeit und 150 km/h beträgt etwa 10 %.

Wie bereits erwähnt werden Seitenkräfte aufgebaut, solange sich das Rad noch dreht, d.h. die Spurhaltung bleibt dann gewährleistet. Primäre Aufgabe einer Bremsenregelung ist es demnach, den Radschlupf so zu begrenzen, dass in der Praxis ein Blockieren des Rades sicher verhindert wird. Darüber hinaus ist es wünschenswert, den Bremsschlupf in den engen Grenzen um das Reibwertmaximum zu regeln, um bestmögliche Bremswirkung zu erzielen. Das ist beim Motorrad deshalb wichtig, weil ein größerer Regelbereich entsprechend der dann wirk-

11.2 Bremsenregelung (ABS) und Fahrstabilität beim Bremsen

samen Reibwertschwankungen ausgeprägte Bremsmomentenschwankungen hervorruft. Diese wiederum bewirken Änderungen der dynamischen Radlastverlagerung und mindern die übertragbaren Bremskräfte am Vorderrad.

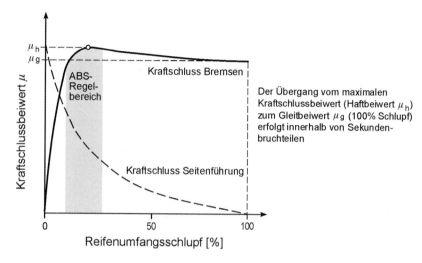

Bild 11.5 Kraftschlussverlauf in Abhängigkeit vom Reifenschlupf (Prinzipdarstellung)

Grundprinzip aller ABS-Systeme (Radschlupf-Regelsysteme) ist die betätigungsunabhängige Bremsdruckbeeinflussung im Hydraulikkreis für die Radbremszylinder. Im Fall einer drohenden Radblockierung wird der Bremsdruck abgesenkt, bis die Räder wieder rollen und danach durch ein geeignetes System bis zur erneuten Blockade wieder erhöht. Dieser Vorgang geschieht unabhängig von der Bremsbetätigung durch den Fahrer, der während der Regelung vom System abgekoppelt wird.

Erste Ansätze für eine derartige Bremsschlupfregelung im Motorrad reichen Jahrzehnte zurück und nutzten das Zusammenbrechen der Fliehkraft als Erkennungssignal für den Radstillstand aus. Die Bremsdruckabsenkung erfolgte über mechanisch angesteuerte Ventile in der Bremshydraulik; der erneute Druckaufbau wurde mittels eines Pumpensystems für die Bremsflüssigkeit (LUCAS, GIRLING) bewerkstelligt. Solche Systeme schafften aber nicht den Durchbruch zur Serienreife. Der Weg zur Serie wurde mit elektronisch geregelten Hydrauliksystemen beschritten, wobei auf der Hydraulikseite zwei grundsätzlich unterschiedliche Arbeitsprinzipien zur Anwendung kommen, das *Plungersystem* und das *Ventilsystem*. Auf beide Systeme und ihre Unterschiede soll im folgenden eingegangen werden. Als erstem Motorradhersteller gelang BMW 1988 der Durchbruch zur Serie mit dem sogenannten *ABS I*, das nach dem Plungerverfahren arbeitet und zusammen mit dem Bremshydraulikhersteller FAG entwickelt wurde, **Bild 11.6**.

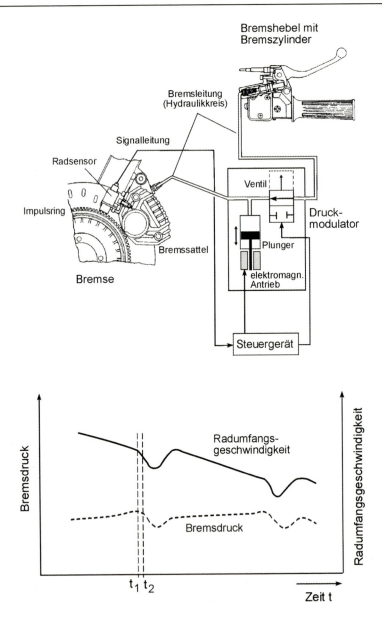

Bild 11.6 Funktionsschema des BMW ABS I

Herzstück des gesamten Systems ist der elektro-hydraulischen Druckmodulator, der den Plunger (Regelkolben) enthält. Dieser wird von einem Linearmotor angetrieben und bewirkt durch Volumenänderung im Hydrauliksysstem eine Veränderung des Drucks im Bremssattel und damit eine Veränderung der Radbremskraft. Wenn die elektronischen Sensoren an den Rädern

11.2 Bremsenregelung (ABS) und Fahrstabilität beim Bremsen

eine Blockierneigung feststellen, wird der Bremsdruck durch Zurückfahren der Kolben kontinuierlich soweit abgesenkt, bis die Räder wieder drehen können. Anschließend wird der Druck wieder aufgebaut, bis im Falle eines erneuten Blockierens eine neuerliche Druckabsenkung notwendig wird. Dieser Vorgang wiederholt sich, falls erforderlich, bis zu sieben Mal pro Sekunde.

Durch eine permanente Auswertung der Raddrehzahlsignale wird jede Radblockade rechtzeitig erkannt. Ein drohender Radstillstand kündigt in einem Steilabfall der Radumfangsgeschwindigkeit an und wird vom Auswerteprogramm im Steuergerät sofort festgestellt. Entsprechend werden dann Stellsignale an den Druckmodulator gesandt und der Systemdruck abgesenkt. Die Radüberwachung übernehmen induktive Drehzahl-Impulsgeber, die die Raddrehung im Zusammenwirken mit einer Zahnscheibe mit 100 Zähnen zuverlässig erfassen. Eine Blockierneigung wird dabei nicht erst im Augenblick des Stillstands, sondern vorausschauend erkannt.

Während des Regelvorgangs ist die Bremshebelbetätigung durch den Fahrer vom System abgekoppelt, so dass die Regelung ohne spürbare Pulsationen für den Fahrer erfolgt. Dies geschieht über ein Kugelventil, das mittels des Regelkolbens verschlossen wird. Die Aufbringung des Bremsdrucks erfolgt mechanisch über starke Federn im Druckmodulator. Lediglich die Regelkolben verfahren mit elektrischem Antrieb über die Linearmotoren. Dies hat den Vorteil, dass bei Elektrikausfall die volle Bremswirkung wie bei einer Bremse ohne ABS erhalten bleibt und lediglich die Regelung nicht mehr wirksam ist. Der Ausfall der Regelung wird durch eine Warnlampe angezeigt.

Das System funktioniert in einem weiten Reibwertbereich zwischen $\mu = 0,1$ (wasserüberflutetes Glatteis) und $\mu = 1,3$ (sehr rauher Asphalt) bis hinunter zur Schrittgeschwindigkeit (ca. 4 km/h); es werden Vorder- und Hinterrad getrennt voneinander geregelt. Für das Hinterrad müssen zusätzlich die Drehzahlsignale des Vorderrades mit ausgewertet werden, um antriebsbedingte Änderungen der Winkelgeschwindigkeit von Bremsvorgängen unterscheiden zu können.

Trotz der erreichten Vorteile für die Fahrsicherheit, weist das dargestellte ABS-System noch Unvollkommenheiten auf. Die Modulation des Bremsdrucks mit einer Regelfrequenz bis zu 7 Hz erzeugt entsprechende Federbewegungen (Nickschwingungen) des Fahrzeugs aufgrund der mit gleicher Frequenz wechselnden dynamischen Radlastverlagerung. Wenn diese auch nur im seltenen Fall der ABS-Regelung auftreten, stellen sie dennoch eine Komfortminderung für den Fahrer/Beifahrer dar. Darüber hinaus wird auch das Fahrwerk, und hier besonders die Vorderradgabel, durch Kraftspitzen infolge schnell wechselnder Bremskraftamplituden mechanisch stark beansprucht. Ideal wäre, wenn der Bremsdruck so geregelt würde, dass die Radbremskraft dem schlupfabhängigen Reibwertverlauf genau folgen würde.

Diesem Ideal kommt das 1993 auf den Markt eingeführte *ABS II*, das BMW wiederum in Zusammenarbeit mit FAG entwickelt hat, sehr nahe. **Bild 11.7** zeigt den schematischen Aufbau sowie die Arbeitsweise des Systems und lässt die nahe Verwandschaft zum Vorgängersystem erkennen. Es wurde das bewährte Plungerprinzip beibehalten; grundsätzlich neu ist der Antrieb des Plungers über einen Motor und eine elektronisch gesteuerte Reibkupplung sowie das integrierte Wegmesssystem als wichtigste Innovation. Alle anderen Systemkomponenten sind im Prinzip weiterentwickelte Varianten des Vorgängermodells.

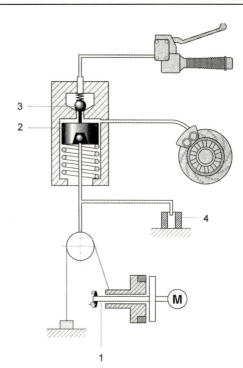

1 Reibungskupplung und Antriebsmotor
2 Kolben (Plunger)
3 Kugelventil
4 Sensor für Wegmessung

Bild 11.7 Schematischer Aufbau und Funktion des ABS II von BMW/FAG

Wird eine drohende Radblockade von den Radsensoren erkannt, wird die Friktionskupplung und der Antriebsmotor angesteuert und der Plungerkolben wie beim Vorgängersystem nach unten gezogen. Anschließend erfolgt eine Phase mit erneutem Druckaufbau, indem der Plunger mittels Federkraft wieder nach oben gefahren wird und dabei das Rad in erneute Blockierneigung bringt. Beidemal wird vom Wegmesssystem der Verfahrweg des Plungers registriert, und aus der Plungerstellung kann jeweils auf den Systemdruck geschlossen werden. Der Regelprozess kann nun von neuem beginnen; die Frequenz der Regelung kann dabei bis zu 15 Hz betragen.

Im Unterschied zu anderen Systemen ist aber eine hohe Regelfrequenz nicht das Ziel. Vielmehr gestattet die aus der Wegmessung gewonnene Kenntnis der Druckverhältnisse das gezielte Anfahren einer bestimmten Plungerstellung beim folgenden Regelzyklus. Diese Stellung wird aus den vorangegangenen Zyklen anhand der Regelphilosophie ermittelt. Damit ermöglicht das System bei konstanten Randbedingungen ein langes Verharren des Rades im günstigsten Schlupfbereich, ohne dass größere Bremsdruckmodulationen nötig werden. Das System *lernt* also in gewisser Weise den Fahrbahnzustand und ermöglicht damit ein komfortables, sicheres Bremsen mit größtmöglicher angepasster Verzögerung.

Bild 11.8 zeigt die Messergebnisse einer Bremsung mit hohem Reibwert unter ABS-Kontrolle für Vorderrad und Hinterrad, [11.3]. Die Radblockade kündigt sich durch den plötzlichen Abfall der Radgeschwindigkeit an (B im Diagramm, obere Kurve). Das System reagiert darauf mit einer Bremsdruckabsenkung (1. Regelzyklus, untere Kurve). Deutlich erkennbar ist die

11.2 Bremsenregelung (ABS) und Fahrstabilität beim Bremsen

Abnahme der Bremsdruckamplituden nach zwei Regelzyklen und die langen Zeitdauern, in denen anschließend mit nahezu konstantem Bremsdruck gebremst wurde. Die sehr kurze Bremszeit von 5 s für die Bremsung aus 150 km/h belegt die optimale Reibwertausnutzung bei dieser Bremsung.

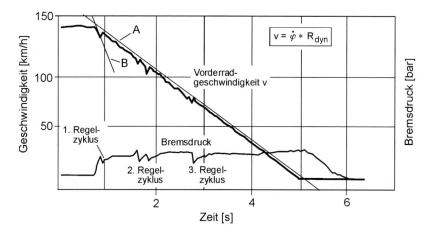

Bild 11.8 Bremsdiagramm für eine Bremsung mit hohem Reibwert unter ABS-Kontrolle

Im Gegensatz zu BMW, wo das ABS fast für die gesamte Modellpalette verfügbar ist, kommen die japanischen Hersteller nur sehr zögerlich mit ABS-Systemen auf den Markt. Deren Systeme arbeiten nach dem Ventilprinzip. Beispielhaft ist im **Bild 11.9** das Funktionsschema eines ABS von HONDA dargestellt. Bei einer Bremsbetätigung wirkt der Bremsdruck vom Hand- bzw. Fußbremszylinder zunächst auf die Bremszangen (Radbremszylinder) und den Ausdehnungskolben. Stellen die Radsensoren eine Blockierneigung fest, öffnet das Ventil 1, so dass Bremsflüssigkeit abfließt, wodurch sich der Ausdehnungskolben nach rechts bewegen kann und den Bremsdruck für die Bremszange vermindert. Sobald die Blockiergefahr vorüber ist, wird das Ventil 1 geschlossen. Ist die Raddrehung wieder stabil, wird kontinuierlich der Flüssigkeitsdruck im System erhöht, indem über die Hochdruckpumpe P bei jetzt geöffnetem Ventil 2 Bremsflüssigkeit in den Bremskreislauf zurückgepumpt wird. Dadurch verschiebt sich der Ausdehnungskolben nach links und erhöht den Druck im Radbremskreis für die Bremszangen. Damit kann der Regelzyklus von vorn beginnen.

Im Unterschied zum Plungersystem ist bei Ventilsystemen der Bremshebel während der Regelung nicht vom Hydrauliksystem getrennt, so dass Rückwirkungen in Form von Pulsationen auf den Betätigungshebel einwirken. Dies ist zwar komfortmindernd, wird seitens der Hersteller jedoch als vorteilhafte Rückmeldung an den Fahrer positiv herausgestellt. Ob dies in einer Notsituation wirklich von Vorteil ist oder den Fahrer eher erschreckt, so dass er den Bremshebel loslässt, kann nicht endgültig bewertet werden. Es wird unabhängig von der Eingewöhnung sicher auch individuell unterschiedlich empfunden.

Hinsichtlich der grundsätzlichen Funktionalität gibt es keine bedeutsamen Unterschiede zwischen den ABS-Systemen. Allerdings weisen die auf dem Markt befindlichen Ventilsysteme eine etwas höhere Regelfrequenz gegenüber dem ersten ABS nach dem Plungerprinzip

(ABS I) auf. Bei Vergleichsmessungen der Motorrad-Fachzeitschriften konnte ein Ventilsystem mit geringfügig kürzeren Bremswegen aufwarten. Bezogen auf den erzielten Sicherheitsgewinn, den ein ABS bietet, ist der absolute Bremsweg jedoch, wie wir gleich noch sehen werden, von untergeordneter Bedeutung. Unerreicht in der Regelgüte und der Kürze des Bremsweges ist derzeit das ABS II (BMW) nach dem Plungerprinzip mit integrierter Wegmessung, weil es als einziges System in der Lage ist, nahe dem optimalen Kraftschlussbeiwert zu bremsen.

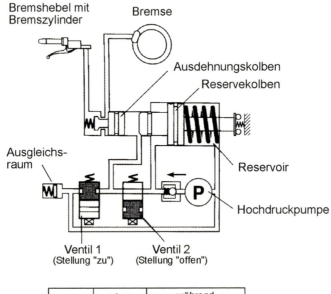

Bild 11.9 Funktionsschema des HONDA ABS

In den übrigen Baukomponenten, wie z.B. Radsensoren, sowie im äußeren Aufbau unterscheiden sich die verschiedenen ABS-Systeme nur unwesentlich. Die Stellglieder und aktiven Elemente (Plunger mit Antrieb, bzw. Hochdruckpumpe) sind bei allen Systemen geschlossen in kompakten Baueinheiten, den sogenannten Druckmodulatoren, untergebracht. Das Mehrgewicht aller ABS-Komponenten für beide Räder zusammen beträgt je nach System zwischen 4,4 und 11 kg. Im **Bild 11.10** sind die Systemkomponenten des ABS II dargestellt.

11.2 Bremsenregelung (ABS) und Fahrstabilität beim Bremsen

Bild 11.10 Systemkomponenten des ABS II und Vorderradbremse mit Radsensoren

Auch in der Sicherheitsphilosophie und der Absicherungen gegen Totalausfall gibt es keine grundsätzlichen Unterschiede. BMW gibt beispielsweise an, dass die theoretisch-statistische Ausfallwahrscheinlichkeit des ABS um *mehrere* Größenordnungen geringer ist, als ein Reifenplatzer. Während dieser aber bei hohen Geschwindigkeiten fast immer zu einem schweren Unfall führen würde, bliebe selbst beim Ausfall der ABS-Regelung die hydraulische Funktion einer ungeregelten Bremse uneingeschränkt erhalten. Zwar gibt es nach strenger Definition grundsätzlich in keinem technischen System eine absolute Sicherheit, aus praktischer Sicht und nach menschlichem Ermessen ist jedoch ein Systemausfall beim ABS während einer Bremsung ausgeschlossen.

Erreicht wird dieses Höchstmaß an Sicherheit durch die Verwendung von zwei (beim BMW ABS II sogar drei) parallel arbeitenden Rechnern im Steuergerät, die sich wechselseitig überwachen. Fehlfunktionen werden dem Fahrer sofort über eine Kontrollleuchte angezeigt. Selbstverständlich werden in die Prüffunktionen auch sämtliche elektrischen Leitungen und Sensoren einbezogen. Auf der Hydraulikseite sind alle Systeme so konzipiert, dass nur die Bremsdruck*absenkung* über elektrisch angetriebene Stellglieder erfolgt. Der Druckaufbau erfolgt beim Plungersystem rein mechanisch mittels einer starken Feder, die den Plungerkolben zurückdrückt. Beim ABS II sind die Federn doppelt ausgeführt, und damit ist sogar die Sicherheit gegen Federbruch gegeben. Beim Ventilsystem sorgt der sogenannte Reservekolben, der ebenfalls von einer Feder betätigt wird, für den Druckaufbau, falls das Hydrauliksystem bzw. die Hochdruckpumpe ausfällt und der Innendruck im Modulator zu weit absinkt. Er verschließt zugleich die Abflussleitungen, so dass das System dann wie eine konventionelle Bremse arbeitet.

Allen bisher vorgestellten Bremssystemen ist gemeinsam, dass es sich um *passive* Bremssysteme handelt, d.h. der eigentliche Betätigungsdruck für die Bremse wird vom Fahrer über den Hand- bzw. Fußbremshebel aufgebracht und wirkt direkt auf den jeweiligen Radbremskolben. Der grundsätzliche Nachteil derartiger Systeme liegt in den vergleichsweise hohen Betätigungskräften bei Vollbremsungen. Untersuchungen zeigen, dass bei Notbremsungen aus hoher Geschwindigkeit oft nicht von Beginn an maximal, d.h. bis zur Blockierschwelle, gebremst wird. Diese „Angstreaktion" hat bei Bremsen ohne ABS ganz sicher ihre Berechtigung. Bei Bremsen mit ABS hingegen wird dadurch wertvoller Bremsweg „verschenkt".

BMW hat in Weiterentwicklung seiner ABS-Systeme als erster Hersteller eine *aktive* Bremse zur Serienreife gebracht und auf der INTERMOT 2000 dieses Bremssystem als sogenanntes ABS der dritten Generation, genannt *BMW Integral ABS*, vorgestellt. Bei dieser Bremse wird der Bremsdruck von einer separaten Pumpe bereitgestellt, die mit Hand- bzw. Fußbetätigung erzeugten Drücke wirken lediglich als Steuerdruck. Es ist die weltweit erste und derzeit einzige Bremse im Motorradbau mit integrierter Bremskraftverstärkung. Zusätzlich bietet das System verschiedene Möglichkeiten der Integralbremsung (daher der Name), d.h. einer gemeinsamer Betätigung von Vorder- und Hinterradbremse mit jeweils nur einem Hebel (Hand- oder Fußhebel). **Bild 11.11** zeigt das grundsätzliche Funktionsschema dieses Bremssystems.

Kernelement des Systems ist der Druckmodulator mit den beiden Steuerkolben und Regelventilen für Vorderrad und Hinterrad (Bildmitte). Die Bremshydraulik hat zwei vollkommen getrennte Kreisläufe, den *Steuerkreis*, der mit Hand- bzw. Fußhebel verbunden ist und den eigentlichen Brems- bzw. *Radkreis*, der Druckmodulator bzw. Steuerkolben jeweils mit dem Radbremszylinder zusammenschließt. In diesen Radkreis ist zusätzlich eine elektrisch angetriebene Hydraulikpumpe integriert.

Bei einer Bremsung wird über den Hand- bzw. Fußhebel und den hydraulischen Steuerkreis die Rückseite des Steuerkolbens mit dem vom Fahrer aufgebrachten Druck beaufschlagt. Die am Steuerkolben angebrachte Kugel verschließt dadurch den Radkreis. Gleichzeitig läuft die Hydraulikpumpe an und baut im Radkreis den eigentlichen Bremsdruck auf, der auf die Radbremszylinder wirkt *und* natürlich über die Kugel in ihrem Sitz zurück auf den Steuerkolben. Gemäß dem Flächenverhältnis am Steuerkolben (linke Fläche Steuerdruck, rechte Kugelfläche Druck im Radkreis) stellt sich dort ein Kräftegleichgewicht ein, dessen Lage vom Fahrerwunsch (= Steuerdruck) vorgegeben wird. Die Bremskraftverstärkung, d.h. das Verhältnis zwischen Steuerdruck und Bremsdruck wird vom Flächenverhältnis am Steuerkolben bestimmt.

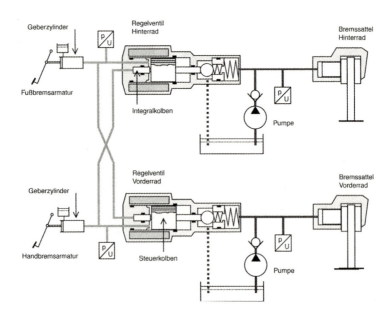

Bild 11.11 Funktionsschema der aktiven Bremse beim BMW Integral ABS

11.2 Bremsenregelung (ABS) und Fahrstabilität beim Bremsen 359

Die ABS-Funktion lässt sich bei diesem System denkbar einfach verwirklichen. Der Steuerkolben im Druckmodulator ist von einer stromdurchflossenen Spule umgeben. Diese wirkt wie ein Elektromagnet auf den Steuerkolben. Erkennen die Radsensoren eine drohende Radblockade wird der Spulenstrom aktiviert, und der Steuerkolben wirkt gegen den Bremsdruck im Steuerkreis. Dadurch wird dann der Druck im Radkreis entsprechend reduziert, das Rad freigegeben und die Radblockade verhindert. Durch die gegenüber dem ABS II nochmals verringerte Trägheit der Steuerelemente (u.a. Massen- und Bauteilereduktion) geschieht der Druckabbau und der anschließende Bremsdruckaufbau im Radkreis deutlich schneller als bei den Vorgängersystemen. Das Ergebnis ist eine noch schnellere und genauere Anpassung des Bremsdrucks an die Reibverhältnisse der Straße (bessere Regelgüte) und damit eine nochmalige Verkürzung des Bremswegs bei der Bremsung mit ABS-Regelung.

Durch die vollständige Integration aller Steuerelemente einschließlich der Pumpe und der Elektronik gelang es, das Gewicht des Gesamtsystems um 20% gegenüber dem ABS II abzusenken. Druckmodulator, Sensorringe und Radsensoren zusammen wiegen nur noch 4,36 kg. Das **Bild 11.12** zeigt alle Systemkomponenten dieser neuen Bremse.

Bild 11.12 Systemkomponenten des BMW Integral ABS

Trotz allerhöchster Ausfallsicherheit wurde in das System eine Restbremsfunktion integriert, die selbst bei Totalausfall von Systemkomponenten noch eine Bremsung ermöglicht. Die Kugel des Steuerkolbens wirkt auf einen sogenannten Restbremskolben. Dieser ist normalerweise vom Druck im Radkreis beaufschlagt und bewegt sich deshalb nicht. Wenn die Hydraulikpumpe jedoch keinen Druck aufbaut, kann der Steuerdruck über die Kugel direkt auf den Restbremskolben wirken, diesen verschieben und damit den Druck an den Radbremskolben weiterleiten. Zwar steigen dann die Betätigungskraft und der Weg am Hand- bzw. Fußbremshebel deutlich an, eine konventionelle Bremsenfunktion ist aber unter allen Umständen sicher gewährleistet.

Wie eingangs erwähnt ist das Gesamtsystem so ausgelegt, dass verschiedene Koppelungen beider Radbremsen mit der Hand- und Fußbremsbetätigung grundsätzlich möglich sind (Teil-

und Voll-Integralbremse). Bei allen Motorrädern, die mit diesem System ausgerüstet sind, werden beim Betätigen des Handbremshebels immer *beide* Bremsen, also Vorderrad- und Hinterradbremse *gemeinsam* betätigt. Bei der alleinigen Betätigung des Fußbremshebels wird bei den sportlich orientierten Modellen jeweils nur die Hinterradbremse aktiviert (Teilintegral-Bremse). Damit wird ein sportlicher Fahrstil mit stabilitätsunterstützender Bremsung am Hinterrad bei engen Kurven weiterhin möglich.

Bei der Vollintegralversion für die Tourenmotorräder werden, unabhängig ob der Fuß- oder Handbremshebel betätigt wird, *immer beide* Bremsen aktiviert.

Trotz der unbestrittenen Vorteile und des Höchstmaßes an Ausfallsicherheit werden von Motorradfahrern als Argumente gegen das ABS immer wieder angeführt, dass man das richtige Bremsen verlernen würde und durch das ABS sich der Bremsweg verlängere. Dem muss man die Frage entgegenhalten, wie denn eigentlich eine Vollbremsung an der Reibwertgrenze ohne ABS geübt werden soll, wenn jede Überschreitung des Limits unweigerlich zum Sturz führt? Und wer wagt denn wirklich das Üben von Vollbremsungen aus 150 oder 200 km/h bei nasser Fahrbahn, wo Bremsfehler zu schweren Unfällen mit schwersten Verletzungsfolgen führen würden? Mit ABS hingegen kann dies geübt werden, ja, es ermöglicht erst das gefahrlose Üben und Kennenlernen der Limits. Richtiges Bremsen wird durch ein ABS also nicht verlernt, sondern es ist die einzige gefahrlose Möglichkeit, es zu erlernen.

Zum (geringfügig) längeren Bremsweg bleibt anzumerken, dass dieses Gegenargument im theoretischen Idealfall und für geübte Rennfahrer auf abgesperrtem Kurs zwar richtig ist, weil das ABS zur Regelung einen Mindestabstand zur Blockiergrenze einhalten muss. In der täglichen Fahrpraxis stimmt dies aus den vorgenannten Gründen allerdings nicht, hier verkürzt ABS den realen Bremsweg. Dies untermauert auch eine breit angelegte Untersuchung von HONDA. Selbst unter den idealen Bedingungen eines Tests bleiben fast alle Normalfahrer unterhalb der Bremsverzögerung, die mit ABS selbst von Ungeübten problemlos verwirklicht werden können. Und mit dem Integral ABS von *BMW* in Verbindung mit der aktiven Bremse lassen sich Bremswege erzielen, die auch von sehr trainierten Fahrern unter Idealbedingungen nicht mehr unterboten werden. **Bild 11.13** zeigt extreme Bremsversuche mit dem System auf dem Testgelände des Entwicklungspartners von *BMW*, der Fa. FTE.

Bild 11.13 Bremsversuche auf dem Testgelände der Fa. FTE

11.3 Kurvenbremsung

Entgegen einer weit verbreiteten Meinung sind thoeretisch auch bei der Kurvenfahrt des Motorrades hohe Bremsverzögerungen physikalisch möglich. *Weidele* gibt in [11.4] aufgrund einer Berechnung an, dass die theoretische Bremswegverlängerung bei Einleitung der Bremsung mit nahezu Kurvengrenzgeschwindigkeit nur 60 % beträgt (bezogen auf eine optimale Bremsung bei Geradeausfahrt). Wird die Kurve, wie von der Mehrzahl der Fahrer üblich, lediglich mit 75% der möglichen Maximalgeschwindigkeit durchfahren (was subjektiv aber als sehr schnell empfunden wird!), beträgt die Bremswegverlängerung nur 5-6 %! Den Grund kann man aus dem Kammschen Kreis (**Bild 11.3**) ablesen, der zeigt, dass auch bei hohen Seitenkräften (= hohen Kurvengeschwindigkeiten) hohe Anfangsbremskräfte bzw. Bremsverzögerungen möglich sind. Die abnehmende Geschwindigkeit erlaubt dann eine rasche Steigerung der Bremsverzögerung während der Bremsdauer, so dass die Unterschiede zur Geradeausbremsung klein werden. Diese Berechnungsergebnisse und theoretischen Überlegungen werden durch Versuche bestätigt. Eine Grenze finden derartige Versuchsfahrten durch die sich einstellenden Fahrwerksreaktionen, auf die im folgenden Abschnitt eingegangen werden soll. Selbstversuche in dieser Hinsicht sollten daher nur mit größter Vorsicht unternommen werden; dennoch wird man überrascht sein, welche Bremsleistungen bei konzentrierter Kurvenfahrt noch relativ ungefährlich verwirklicht werden können.

Die Fahrwerksreaktionen werden durch verschiedene Kraftwirkungen bei der Bremsung verursacht. Ein Hauptfaktor ist das Lenkmoment am Vorderrad, das sich aufgrund des außermittigen Angriffs der Bremskraft bei Kurvenfahrt einstellt. **Bild 11.14** zeigt, wie bei Schräglage der Radaufstandspunkt zur Kurveninnenseite wandert und aus der Bremskraft ein Moment um die Lenkachse entsteht.

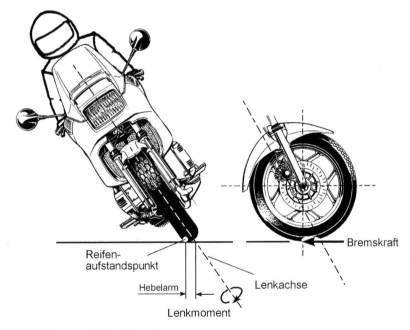

Bild 11.14 Lenkmoment bei der Kurvenbremsung

Dieses versucht, das Rad nach innen einzuschlagen, woraus gemäß der Kreiselgesetzmäßigkeiten (vgl. Kap. 10) ein *Aufrichten* des Motorrades folgt, so dass das Motorrad vom eingeschlagenen Radius der Kurve abweicht und zum Kurvenaußenrand drängt. Eine weitere Aufrichtkraft resultiert aus der Schwerpunktverlagerung zur Kurveninnenseite und der dort angreifenden Massenträgheitskraft. Zusammen mit der Abstützung der Bremskraft im Reifenaufstandspunkt ergibt sich eine zusätzliche Kraftkomponente, die das Motorrad aufrichten will. Bei einer kontinuierlichen Bremsung lässt sich diesem Aufrichten durch entsprechendes Gegensteuern des Fahrers mit Zug am Lenker noch gut entgegenwirken. Schwieriger wird es bei einer plötzlich notwendigen, starken Bremsung, die vom Fahrer eine schnelle Gegenreaktion mit beträchtlichem Kraftaufwand am Lenker erfordert. Selbst konzentrierten, vorbereiteten Fahrern bereitet dies Schwierigkeiten. Diese werden verstärkt, weil das ruckartig auftretende Bremsmoment eine zusätzliche Lenkunruhe ins Fahrzeug einleitet und ein Instabilitätsgefühl hervorruft. Bei der ABS-Bremsung im Blockierbereich führt die schnelle Modulation des Bremsdrucks zu pulsierenden Bremskräften und Lenkmomenten. Dadurch werden die Fahrwerksreaktionen und -unruhen dann nahezu unkontrollierbar. **Bild 11.15** zeigt als Resultat einer rechnerischen Untersuchung den Lenkmomentenverlauf über der Querbeschleunigung (= Schräglage) bei maximaler Vorderradverzögerung (Reifenhaftgrenze), [11.4]. Diese hohen Lenkmomente ändern sich bei der ABS-Regelung mit steilem Gradienten und hoher Frequenz und können von keinem Fahrer mehr kompensiert werden.

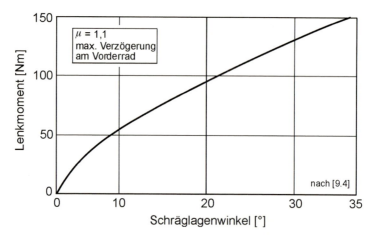

Bild 11.15 Rechnerisches Lenkmoment aus der Bremsung als Funktion der Schräglage

Somit ergibt sich, dass derzeitige ABS-Systeme bei der Kurvenbremsung kaum einen Sicherheitsgewinn gegenüber konventionellen, ungeregelten Bremsanlagen bieten. Zwar bricht die Seitenführung und Kreiselstabilisierung beim Überbremsen des Vorderrades wegen der Verhinderung des Blockierens nicht mehr zusammen, dennoch sind die Fahrwerksreaktionen so gravierend, dass es zum Sturz kommt.

Ein ABS für eine sichere Kurvenbremsung müsste, dies lässt sich aus **Bild 11.15** leicht ableiten, eine schräglagen- bzw. querbeschleunigungsabhängige Bremskraftbegrenzung für das Vorderrad aufweisen, um das Lenkmoment und damit die Fahrwerksreaktionen auf ein beherrschbares Maß zu begrenzen. Um bei Schräglage pulsierende Bremskräfte am Vorderrad aufgrund eines ABS-Eingriffs sicher zu vermeiden, bedarf es jedoch zusätzlich einer Erfassung des Fahrbahnreibwertes. Denn die Bremskraftbegrenzung muss, wenn man sich nicht auf sehr schwache Bremswirkungen beschränken will, variabel sein. Bei sehr glatter Fahrbahn muss die Begrenzung naturgemäß früher einsetzen als bei hohen Reibwerten. Möglich wäre die Reibwerterfassung über die ABS-Sensorik des Hinterrades. Bremskraftmodulation am Hinterrad bis nahe an den Blockierbereich ist auch bei Kurvenfahrt fahrdynamisch eher unkritisch. Probleme ergeben sich jedoch durch die am Hinterrad wirksamen Antriebseinflüsse. Nach wie vor ungelöst ist das Problem der Schräglagensensorik. Entsprechend zuverlässige Sensorsysteme stehen zu sinnvollen Preisen derzeit nicht am Markt zu Verfügung. Möglicherweise lässt sich aber ein kurventaugliches ABS auch ohne aufwendige Sensoren entwickeln. Systeme wie das ABS II von BMW bieten hier möglicherweise eine geeignete Grundlage, weil deren selbstlernende Regelung ohne langandauernde Bremsdruckmodulation auskommen. Andere Denkansätze zielen darauf, die auftretenden Lenkmomente durch geeignete Fahrwerksauslegung oder spezielle Kinematiken zu minimieren oder durch Aktoren zu kompensieren (Gegenlenkmoment), bzw. die vom Fahrer aufzubringenden Kräfte zu verringern (Servolenkung). Das größte Problem derartiger aktiver Systeme ist jedoch neben den Kosten ihr großer Energiebedarf, der am Motorrad kaum zur Verfügung steht sowie der Bauraum und das Gewicht.

Karosserie und Gesamtentwurf

12 Design, Aerodynamik und Karosserieauslegung

Mittlerweile wird auch bei Motorrädern der aus dem Automobilbereich entlehnte Begriff *Karosserie* als Sammelbezeichnung für die Baugruppen Verkleidung, Kotflügel, Abdeckungen, Seitenverkleidung Sitzbank, Tank, Fussrastenanlage und Lenker verwendet (vgl. Kap. 1.3). Die Karosserieauslegung ist sehr eng sowohl mit der Aerodynamik als auch mit dem Design verknüpft. Der Designeinfluss geht allerdings über die Karosserieumfänge weit hinaus. Das Design bestimmt nicht nur wesentlich die Entwurfsphase eines neuen Motorrades, das Design spielt eine zentrale Rolle in weiten Teilen des Entwicklungsprozesses. Wegen der sichtbaren Technik ist die Vernetzung zwischen Technik und Design beim Motorrad sogar teilweise enger als beim Automobil.

12.1 Design als integraler Bestandteil der Motorradentwicklung

Das Design ist von elementarer Bedeutung für den Markterfolg von Motorrädern. Kaufentscheidungen werden zu einem bedeutenden Teil emotional gefällt, über Gefallen und Nicht-Gefallen entscheidet wesentlich der visuelle Eindruck. Durch die Formensprache wird das Motorrad positioniert, sie ist darüber hinaus auch Ausdruck der Identität, des Anspruches und des Selbstverständnis des Herstellers, **Bild 12.1**.

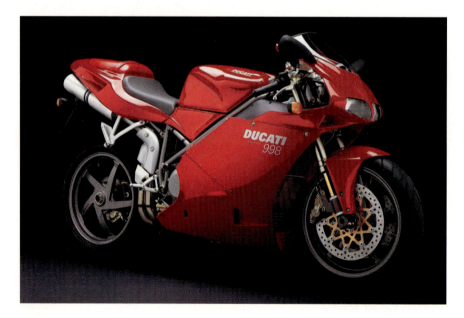

Bild 12.1 Ducati 998

12.1 Design als integraler Bestandteil der Motorradentwicklung

Beim Design geht es nicht allein um Ästhetik und Eleganz im Sinne von vordergründigem „schönen Aussehen". Ein gelungenes Design steht für eine Botschaft und ein Versprechen, das natürlich durch die Technik und die Eigenschaften erfüllt werden muss. Die BMW R 1200 GS ist ein sehr gutes Beispiel dafür, **Bild 12.2**. Dieses Motorrad wurde im Gewicht gegenüber dem Vorgängermodell um rund 30 kg reduziert und hat zusammen mit der auf 74 kW (100 PS) gesteigerten Motorleistung enorm an Dynamik und Agilität gewonnen, die bereits im Stand durch das Design zum Ausdruck kommen soll. Im Heckbereich wurde beispielsweise darauf geachtet, dass dieser transparent wirkt, was durch eine optisch und auch physisch leichte Gitterrohrrahmen-Struktur des Heckrahmens erreicht wurde.

Bild 12.2
BMW R 1200 GS

Andererseits soll der Anspruch von BMW auf höchste Kompetenz im Großendurobereich sichtbar werden. Die optische Betonung und Hervorhebung der technischen Innovationen (z.B. beim Leichtbau-Paralever) tragen dazu ebenso bei wie der dominante Frontbereich mit der Tankverkleidung im Materialmix aus Kunststoff und Aluminium und den aussergewöhnlich gestalteten Seitencovern.

Der Designprozess als Bestandteil der Motorradentwicklung umfasst aber weit mehr als nur die Formgebung von Bauteilen. Design muss immer die technische Funktion berücksichtigen und darf diese nicht einschränken. Auch ein hoch emotionales Produkt wie das Motorrad findet keine Akzeptanz, wenn zugunsten des Aussehens die Funktionen spürbar leiden. Im Idealfall unterstützt das Design die Funktion. Die griffige Formulierung *form follows funktion* beschreibt dieses enge Ineinandergreifen von Funktion und Formgebung. Sie besagt, dass letztlich die Funktion die Gestaltung bestimmt und die Form die Funktion hervorhebt. Dafür finden sich prägnante Beispiele ebenfalls bei BMW Motorrädern.

Bild 12.3 Frontbereich der BMW R 1150 GS Adventure

Das Karosserieelement über dem Vorderrad der Boxer-GS, oft als „Schnabel" bezeichnet, wirkt nicht nur als Schmutzschutz nach oben, er leitet auch gezielt die anströmende Luft zum Ölkühler, der unterhalb des Scheinwerfers angeordnet ist, **Bild 12.3**. Zugleich prägt die Form dieses Bauteils das Erscheinungsbild. Es war schon beim ersten GS-Modell mit Vieventilmotor, der R 1100 GS in 1994, *das* marken- und modellspezifische Erkennungsmerkmal dieser Groß-Enduro. Es ist ein Stilelement, das in jeder neuen Modellgeneration der GS in modifizierter Form weitergeführt wird und auch das Verbindungsglied innerhalb der GS-Familie zum Einsteigermodell F 650 GS mit Einzylindermotor bildet, **Bild 12.4**.

12.1 Design als integraler Bestandteil der Motorradentwicklung

Frontansichten R 1100 GS, R 1150 GS, R 1200 GS, F 650 GS

Bild 12.4 Frontbereich als Wiedererkennungsmerkmal innerhalb der BMW GS-Familie

Auch bei mechanischen Bauteilen, deren Form ausschließlich von der Technik bestimmt zu sein scheint, greifen Gestaltung und technische Anforderungen eng ineinander. Die Hinterradschwinge mit dem Hinterachsgetriebe der BMW K 1200 S, **Bild 12.5**, ist eine gelungene Synthese aus eleganter Form, die Leichtigkeit ausstrahlt, und perfekter Funktion. Die hochovale Formgebung lässt die Schwinge schlank erscheinen, sie reduziert das Gewicht und gibt zugleich das erwünschte hohe Widerstandsmoment gegen die Biegebeanspruchung in der Hauptkraftrichtung. Das hohle Achsrohr im Hinterachsgetriebe trägt zur Gewichtsreduzierung bei und sorgt zugleich aufgrund seiner großen Oberfläche für eine gute Wärmeabfuhr aus dem Getriebe. Beides perfekte Beispiele für ein gelungenes Zusammenspiel von Technik und Design und technische Ästhetik.

Bild 12.5 Paralever und Achsantrieb der BMW K 1200 S

Im Produktenstehungsprozess stehen ganz zu Anfang Designskizzen. Sie sind zunächst Ausdruck einer Vision, die der Designer von dem neuen Fahrzeug hat, wenn dessen technischen Inhalte lediglich in sehr groben Umrissen festgelegt sind, **Bild 12.6**. Diesen Entwürfen muss nicht einmal ein konkret formulierter Entwicklungsauftrag zugrunde liegen. Designer werden auch für das Vorausdenken bezahlt, es ist ihre Aufgabe, sich permanent mit Richtungen und Zeitströmungen zu beschäftigen und dieses wird in Form von Ideeskizzen und Designlinien für eventuelle zukünftige Motorräder umgesetzt.

Bild 12.6 Erste Designskizzen für ein Sportmotorrad von BMW

Wenn die grundsätzliche Entscheidung für ein neues Motorradmodell getroffen wurde, wird in den nachfolgenden Entwürfen bereits das technische Konzept mehr und mehr berücksichtigt.

12.1 Design als integraler Bestandteil der Motorradentwicklung

Die Skizzen werden konkreter und die enthaltenen Desigmerkmale gestalten sich zunehmend realisierbarer, **Bild 12.7**. Diese Skizzen werden wahlweise auf Computer-Workstations mit speziellen, auf die Anforderungen von Designern zugeschnittener Software erstellt, oder auch konventionell auf Papier. Die Kunst dabei, dass in dieser Phase der Realisierung die ursprüngliche Vision nicht verloren geht oder bis zur Unkenntlichkeit verwässert wird. Dieses bedeutet häufig ein hartes, aber letztlich konstruktives Ringen mit den beteiligten Ingenieuren. Das Fahrzeug-Gesamtkonzept wird dabei begleitend in einem Projektteam aus Designern, Ingenieuren, Marketingexperten und Kaufleuten formuliert und Schritt für Schritt konkretisiert.

Bild 12.7 Designskizzen mit Berücksichtigung des Technikkonzeptes

Die weiteren Ausarbeitungen münden dann schließlich in ein so genanntes Rendering (zweidimensional) auf Papier im Maßstab 1:1, **Bild 12.8**. Dieses berücksichtigt schon das Package, also sämtliche technische Gegebenheiten, wie sie für das spätere Fahrzeug vorgesehen sind, im richigen Größenverhältnis und lässt damit eine weitere Beurteilung auch der realen Proportionen zu.

Bild 12.8   Rendering für ein späteres Sportmotorrad von BMW

Der nächste Schritt ist dann die Herstellung eines dreidimensionalen Designmodells, das entweder in verkleinertem Maßstab, oder im Maßstab 1:1 aufgebaut wird. Es besteht aus einem Unterbau aus Holz und Metall auf den in dicken Schichten ein spezieller Ton aufgetragen wird. Aus diesem Ton wird dann die Oberflächenform aller Karosserie- und anderer sichtbarer Teile herausgearbeitet. Dieses geschieht in aufwändiger Handarbeit. Der Designers kann also während der Modellierung noch Modifikationen vornehmen. Für wirklich perfekte Proportionen, harmonische Formen und Übergänge ist die in der Realität wahrgenommene Dreidimensionalität sowie das Zusammenspiel von visueller Beurteilung und Formgefühl während der Modellierung von Hand noch nicht ersetzbar. Das Arbeiten in einer virtuellen Umgebung mit Hilfe von Computern stellt aktuell eine Hilfe und ein unterstützendes Werkzeug dar. Möglicherweise ändert sich dieses bei der nächsten Designer-Generation, die von Kindesbeinen mit Computern aufgewachsen sind. Es bleiben jedoch abzuwarten ob die komplett virtuelle Designentwicklung im Computer tatsächlich das gleiche Qualitätsniveau erzielen kann.

12.1 Design als integraler Bestandteil der Motorradentwicklung

Die Tonmodelle können in unterschiedlichem Pefektionsgrad erstellt werden. Das endgültige Modell zur Designentscheidung und Designfreigabe wird auf dem realen Fahrgestell und mit dem späteren Antriebsstrang aufgebaut. Es enthält detailliert sämtliche Oberflächendetails wie beim späteren Serienmotorrad, einschließlich der Lage von Trennfugen oder Durchbrüchen in der Verkleidung, **Bild 12.9**. Um nicht auf die reale Fertigstellung von Motor- und Fahrgestellbauteilen warten zu müssen, bedient man sich zunehmend speziell angefertigter Kunststoffteile (rapid prototyping, vgl. auch **Bild 12.10**). Diese Baueile werden in einem speziellen Laser-Verfahren (Stereo-Lithographie) direkt anhand der Konstruktionsdaten (CAD-Datensätze) erzeugt und entsprechen in Form und Abmessungen haargenau den späteren Serienteilen. Zur endgültigen Beurteilung kann das fertige Tonmodell dann noch mit Lackfolien überzogen werden, die nahezu perfekten den Eindruck eines lackierten Motorrades erzeugen.

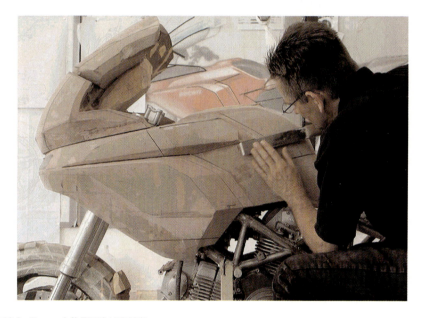

Bild 12.9 Tonmodell (DUCATI 999)

Nach der endgültigen Verabschiedung des fertigen Designs (design-freeze) wird schließlich das Tonmodell in einer speziellen Messmaschine in allen drei Raumrichtungen geometrisch abgetastet. **Bild 12.10** zeigt eine solche Messmaschine bei der Vermessung eines Prototypenaufbaus (hier *nicht* Designmodell).

Die so gewonnenen Datensätze der Raumkoordinaten, das so genannte Datenmodell, bildet die geometrische Grundlage für die weiteren Prozessschritte der Serienentwicklung aller Karosserieteile. Aus diesen Datensätzen werden beispielweise die Fräsdaten für die Erstellung der Werkzeugformen der Kunststoffteile wie Verkleidung, Seitendeckel, Tankabdeckung usw. gewonnen.

Neben der Designbeurteilung dienen Tonmodelle auch ersten Untersuchungen im Windkanal. Dadurch sind bereits in einem frühen Stadium die aerodynamischen Kennwerte bekannt und

Veränderungen können relativ schnell und kostengünstig vorgenommen werden. Die aerodynamische Verkleidungs- und Karosserieentwicklung erfolgt jeweils in enger Zusammenarbeit mit den Designern und das endgültig verabschiedete Designmodell erfüllt dann weitestgehend bereits die Vorgaben hinsichtlich der Aerodynamik und Wetterschutz.

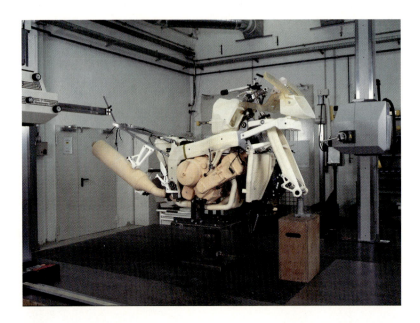

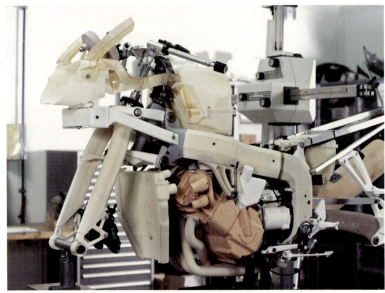

Bild 12.10 Dreiachsige Koordinaten-Messmaschine zum Abtasten von Prototypenaufbauten

12.2 Aerodynamik und Verkleidungsauslegung

Die Aerodynamik spielte in den vergangenen Jahrzehnten bei Motorrädern lediglich im Rennsport ein Rolle. Dort jedoch reichen die Versuche und die Umsetzung intuitiv gewonnener Erfahrungen weit zurück. Ernst Jakob Henne stellte seinen absoluten Geschwindigkeitsweltrekord von 1937 (dieser hatte 14 Jahre Bestand) mit 279,4 km/h mit einem vollverkleideten, aerodynamisch optimierten BMW Motorrad auf, **Bild 12.11**. Ohne die windschlüpfrige Verkleidung wäre es bei den damaligen Motorleistungen niemals möglich gewesen, eine derartige Geschwindigkeit zu erreichen.

Bild 12.11 BMW Weltrekordmaschine von Ernst Jakob Henne, 1937

Im Serienmotorradbau wurde die Aerodanamik hingegen selbst nach Beginn des neuzeitlichen Motorradbooms vernachlässigt. Der Fahrtwind wurde als naturgegebener Bestandteils des Motorradfahrens gewertet, Verkleidungen wurden lediglich von Zubehörfirmen angeboten und nur von einer kleine Gruppe von Tourenfahrern und für Behördenmotorräder eingesetzt. Noch bis weit in die 70er Jahre blieben verkleidete Motorräder die Ausnahme, obwohl die Leistungen der großvolumigen 4-Zylinder-Motoren bereits über 60 kW betrug und Geschwindigkeiten über 200 km/h zuließen. Mit verbesserten Fahrwerken kam dann aber der Wunsch auf, die möglichen Geschwindigkeiten auch auszufahren und damit die Notwendigkeit einer Verkleidung, die den Winddruck vom Fahrer nimmt. BMW war 1978 der erste Motorradhersteller der Welt, der mit der R 100 RS eine vollverkleidete Maschine anbot, deren Verkleidung komplett im Windkanal entwickelt worden und von Beginn an in die Entwicklung einbezogen war, **Bild 12.12**.

Erst Jahre später zogen andere Hersteller nach. Heute gehören Verkleidungen zum Motorrad, ihre Auslegung ist von Beginn an Bestandteil der Gesamtentwicklung des Fahrzeugs. Nicht nur die Entlastung des Fahrers vom Winddruck spielt eine Rolle, längst macht man sich die aerodynamischen Kräfte – wie beim Auto – gezielt zur Verbesserung der Fahrstabilität bei hohen Geschwindigkeiten zunutze (Auftriebsreduzierung).

Bild 12.12 Vollverkleidete BMW R 100 RS, 1987

Zunächst denkt man im Zusammenhang mit Aerodynamik an den populären c_w-Wert, der die *Strömungsgüte* von Fahrzeugen in Längsrichtung kennzeichnet. In der Tat ist dies eine sehr wichtige Kennzahl, beeinflusst sie doch in entscheidendem Maße den Fahrwiderstand des Motorrades im oberen Geschwindigkeitsbereich, vgl. Kap. 2. Aber auch andere, aus der Luftströmung resultierende Kräfte, sind bedeutsam, **Bild 12.13** gibt Aufschluss über die wichtigsten aerodynamischen Kräfte am Motorrad.

Die Längskraft F_x entspricht dem Luftwiderstand, der entsprechende Formbeiwert wird heute meist als c_x-Wert (früher c_w-Wert) bezeichnet. Der Zusammenhang zwischen dem Formwert und dem Luftwiderstand wurde schon in Kap. 2 dargestellt und soll hier noch einmal kurz wiederholt werden.

$$F_x = c_x \cdot A \quad \Rightarrow \quad c_x = F_x / A \tag{12-1}$$

A = Frontfläche des Motorrades (Querspantfläche bzw. Projektionsfläche)

Die Querkraft F_y hat Bedeutung für die Seitenwindempfindlichkeit; sie wird im Windkanal mittels Schräganströmung des Motorrades ermittelt.

Für die Fahrstabilität haben die vertikalen Kräfte große Bedeutung. Üblicherweise werden diese Kräfte für Vorder- und Hinterrad getrennt betrachtet. Vertikalkräfte entstehen bei der Längsanströmung des Fahrzeugs aufgrund der Strömungsgesetze. Auf diese soll nachfolgend kurz eingegangen werden, um die Entstehung der Kräfte besser verstehen zu können.

12.2 Aerodynamik und Verkleidungsauslegung

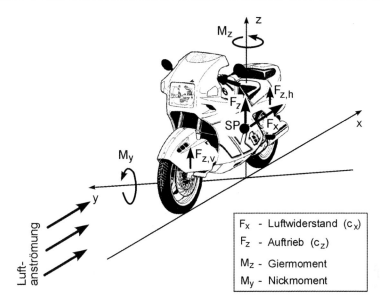

Bild 12.13 Aerodynamische Kräfte am Motorrad

Der Energiegehalt einer Gasströmung wird gekennzeichnet durch ihre Strömungsgeschwindigkeit w und ihren statischen Druck p. Die Energie ist längs der Strömungsrichtung konstant, wenn keine äußere Energiezufuhr stattfindet. Die zugehörige Gleichung (Bernoulli-Gleichung) lautet:

$$E = p + \rho/2 \cdot w^2 = \text{const.} \tag{12-2}$$

ρ = Dichte = const.

Damit ist die Bernoulli-Gleichung nur eine spezielle Formulierung des physikalischen Grundgesetzes der Energieerhaltung. Praktisch angewendet bedeutet die Bernoulli-Gleichung, dass der Druck in einer Strömung abfällt, wenn die Geschwindigkeit zunimmt, und umgekehrt.

Das zweite physikalische Grundgesetz, das auf die Strömung angewendet werden muss, ist der Satz von der Erhaltung der Masse. Er bedeutet, dass bei einem beliebigen Prozess innerhalb der betrachteten Grenzen keine Masse verloren gehen kann oder hinzukommt. Für die Strömung lautet eine abgewandelte Form dieses Gesetzes (Kontinuitätsgleichung):

$$V_1 = V_2 = \text{const.} \tag{12-3}$$

$$w_1 \cdot A_1 = w_2 \cdot A_2 = \text{const.} \quad \Rightarrow \quad \frac{w_1}{w_2} = \frac{A_2}{A_1} \tag{12-3a}$$

Der Volumenstrom (bei unveränderlicher Dichte ρ damit auch die Masse) in einer Strömung bleibt konstant, d.h. die Strömungsgeschwindigkeiten verhalten sich umgekehrt zueinander wie die Querschnitte.

Wir wenden jetzt diese Grundgleichungen auf das Motorrad in einer Luftströmung an, **Bild 12.14**. Die Strömung und die jeweiligen Luftteilchen seien durch die Pfeile (Stromfäden) symbolisiert.

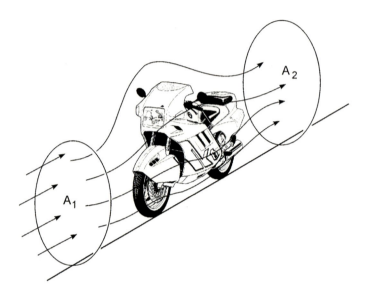

Bild 12.14 Luftströmung am Motorrad und Entstehung des aerodynamischen Auftriebs

Durch die Querschnitte der ungestörten Strömung vor dem Motorrad (A_1) und hinter dem Motorrad (A_2) muss das gleiche Luftvolumen hindurchströmen. Daher müssen alle betrachteten Luftteilchen *gleichzeitig* am Querschnitt A_2 ankommen. Da aber die Luftteilchen oberhalb der Verkleidung aufgrund der Umströmung der Verkleidungsscheibe und des Fahrers einen längeren Weg zurückzulegen haben, müssen sie enstprechend schneller strömen. Die Luftströmung oberhalb der Verkleidung wird also beschleunigt. Nach der Bernoulli-Gleichung bedeutet dies einen Druckabfall. Oberhalb der Verkleidung herrscht damit ein geringerer Druck als unterhalb.

Die Folge ist eine Kraft nach oben, also ein aerodynamischer Auftrieb, der die Radlasten verringert und das Motorrad ausfedern lässt. Dies ist in der Regel unerwünscht, da eine Radlastverringerung die Fahrstabilität vermindern kann. Auch die vom Rad übertragbaren Kräfte werden herabsetzt, was sich auf die möglichen Bremskräfte (Bremsen aus hoher Geschwindigkeit) und die Seitenkräfte (Hochgeschwindigkeitskurven) negativ auswirkt. Grundsätzlich sollte also eine Verkleidung so gestaltet sein, dass der Auftrieb möglichst gering wird, bzw. sogar ein Abtrieb, d.h. eine Radlasterhöhung erzeugt wird.

Generelle Gestaltungsregeln lassen sich aber wegen der Vielfalt der Einflüsse und Effekte nur schwer angeben. **Bild 12.15** zeigt beispielhaft für einige Baugruppen und Anbauteile am Motorrad die Einflüsse auf den Luftwiderstand.

12.2 Aerodynamik und Verkleidungsauslegung

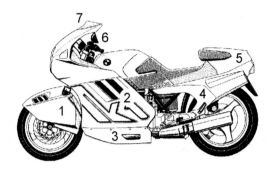

Nr.	Bauteil	c_w-Wert	Front-fläche	Gesamt-auswirkung
1	Vorderradverkleidung	+	-	+
2	Seitenverkleidung mit voller Fahrer-Beinabdeckung	+	-	+
3	Motorunterverkleidung	+	-	+
4	Heckseitenverkleidung	+	o	+
5	Heckabdeckung	+	o	+
6	Rückspiegel	-	-	-
7	Abrißkante Verkleidungsscheibe	+	-	+

Der Einfluß jeder Einzelmaßnahmen auf den Luftwiderstand liegt etwa im Bereich von 0,01 - 0,025 ($c_w \cdot A$)

Bild 12.15 Einflussfaktoren auf den Luftwiderstand

Wie im vorigen Kapitel bereits angemerkt hängen Karosserieentwicklung und Aerodynamik naturgemäß sehr eng zusammen. Es muss während der Motorradentwicklung ein Kompromiss aus niedrigem Luftwiderstand, ausreichender Motorkühlung und Forderungen nach gutem Wind- und Wetterschutz gefunden werden.

Die optimale Verkleidungsform wird experimentell im Windkanal, **Bild 12.16**, untersucht, seit neuester Zeit mit Unterstützung komplexer Berechnungsmethoden, die es im Vorfeld gestatten, schon den Konstruktionsentwurf strömungsgünstig zu gestalten. Es wird immer der Kompromiss zwischen niedrigem Strömungswiderstandsbeiwert und geringem Auftrieb gesucht (Auftriebsbeiwert c_z). Denn Auftriebsverminderung, bzw. Abtriebserzeugung bedeutet häufig eine Verschlechterung des Strömungswiderstandes, da ja durch eine gezielte Strömungsumlenkung Kräfte erzeugt werden. Es darf aber nicht vergessen werden, dass die Luftströmung auch am unverkleideten Motorrad einen Auftrieb erzeugt.

Es ist unmittelbar einsichtig, dass eine Verkleidungsentwicklung *immer* den Fahrer und möglichst auch den Beifahrer mit einbeziehen muss. Das besondere Problem ergibt sich aus den unterschiedlichen Sitzpositionen, Körperhaltungen und Körpergrößen, die die verschiedenen Fahrer/Beifahrer einnehmen. Man versucht sich durch eine festgelegte Normalposition, die vom überwiegenden Teil der Fahrer eingenommen wird, zu behelfen und untersucht zusätzlich definierte Abweichungen davon. Besonders schwierig wird es dann, wenn auch akustische Effekte (Lautstärke im Helm) untersucht werden sollen, weil sich hierbei schon kleine Abweichungen überproportional bemerkbar machen, wie sich im Selbstversuch leicht feststellen lässt.

Bild 12.16 Strömungsuntersuchungen im Windkanal

Die Fahrerentlastung vom Winddruck ist neben dem Komfortgewinn auch ein *Sicherheitsaspekt*. Sich dem Winddruck bei einer unverkleideten Maschine entgegenzustemmen beansprucht Kraft, worunter letztlich die Konzentration und damit längerfristig auch die Fahrsicherheit leidet. Die erhebliche Muskelanspannung verhindert eine unverkrampfte Lenkerführung, was sich nachteilig auf das Fahrverhalten und die Fahrpräzision auswirkt.

Der im letzten Absatz bereits angesprochene Aspekt der Geräuschbelastung des Fahrers gewinnt zunehmend an Bedeutung. Die Luftströmung am Helm beim unverkleideten Motorrad induziert Geräuschpegel am Ohr, der den als hörschädigend geltenden Grenzwert von 90 dBA schon ab 100 km/h deutlich überschreitet. Hier kann eine entsprechend gestaltete Verkleidung Abhilfe schaffen und hier ist sicher noch nicht alles Entwicklungspotenzial ausgeschöpft. Eines der Hauptprobleme ist die unterschiedliche Fahrergröße. So empfinden viele Fahrer den Geräuschpegel gerade am verkleideten Motorrad als besonders laut, weil sich ihr Kopf genau im Turbolenzbereich der Verkleidungsscheibe befindet. Höhenverstellbare Scheiben, wie sie einige Hersteller inzwischen sogar mit elektrischer Betätigung anbieten, **Bild 12.17**, sind hier eine gute Lösung. Forschungsergebnisse der letzten Jahre am Helm zeigen weitere Verbesserungsmöglichkeiten auf [12.1].

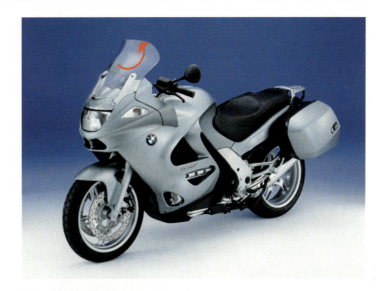

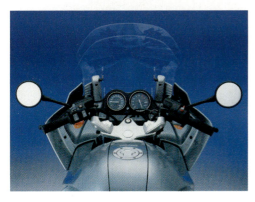

Bild 12.17
Höhenverstellbare Verkleidungsscheibe an der BMW K 1200 GT

12.3 Fahrerplatzgestaltung und Komfort

Die wirklich ergonomische Gestaltung des Fahrerplatzes und systematische Untersuchungen dazu sind beim Motorrad wenig ausgeprägt. Dabei trägt eine entspannte Sitzposition zur Wahrung der Konzentration bei und erhöht damit die Fahrsicherheit. Die Verstellbarkeit der Sitzpostion – beim Automobil seit Jahrzehnten eine Selbstverständlichkeit – wäre ebenso wünschenswert wie die individuelle Einstellbarkeit von Lenker und Bedienelementen. Aber nur wenige Hersteller bieten überhaupt etwas Derartiges an.

BMW war der erste Hersteller der mit der Vorstellung der neuen Boxer-Baureihe im Jahre 1992/93 eine Verstellung von Sitzbank und Lenker in die Serie einführte. Dieses sogenannte Ergonomiepaket ermöglicht die individuelle Anpassung der Lenker- und Sitzposition (inkl. Sitzhöhe) an die Fahrerbedürfnisse. Mehr als 10 Jahre zuvor wurden bei der Entwicklung der K-Baureihe Ergonomiestudien für die Betätigung von Schaltern und Lenkerarmaturen erstellt, die 1983 in entsprechende Gestaltung dieser Bedienelemente einflossen und bis heute verwendet werden, **Bild 12.18**. Allerdings sind die erarbeiteten Lösungen dazu nicht unumstritten, fordern sie doch wegen ihrer völlig von anderen Motorrädern abweichenden Bedienung eine gewisse Eingewöhnung. Ist diese aber erfolgt, erschließt sich sofort die Sinnfälligkeit dieser Bedienung.

Bild 12.18 Lenkerarmaturen, BMW R 1200 CL

Individualisierung

13 Zubehör und Technikverbesserung

Motorräder haben heute einen exzellenten technischen Stand erreicht. Dennoch besteht bei einer Reihe von Besitzern der Wunsch nach einem Motorrad, das sich von den Serienprodukten mehr oder weniger deutlich unterscheidet und individuell nach ihren Wünschen ausgerüstet ist. Das kann sowohl den Einsatzzweck betreffen, dem Serienhersteller nicht immer mit der nötigen Spezialisierung Rechnung tragen (Weltreisen, extreme offroad-Einsätze, Rennstrecken-Trainings). Oder es geht um eine technische Verfeinerung oder ergonomische Anpassungen des Fahrzeugs, die in einer Serienfertigung aus Stückzahl-, Kosten- oder produktionstechnischen Gründen nicht umgesetzt werden kann. Schließlich gibt es noch den Bereich des reinen Zubehörs, mit dem das Motorrad nachträglich ausgerüstet wird. Die Industrie trägt dem durch ein nahezu unüberschaubares Angebot bis hin zu Spezialanfertigungen Rechnung. Im Rahmen diese Buches kann und soll lediglich einer kurzer Abriss über diese Angebote an „Spezialtechnik" gegeben werden.

13.1 Technische Verfeinerungen am Serienmotorrad

Bei den technische Verfeinerungen soll unterschieden werden zwischen dem, was gemeinhin unter dem Begriff *Tuning* verstanden wird. Tuning umfasst Maßnahmen zur Leistungssteigerung an Motoren und Fahrwerken. Der hohe Stand der Motorrad-Motorentechnik und gesetzliche Vorschriften bezüglich Abgas- und Geräuschemission setzen dem klassischen Motoren-Tuning heute enge Grenzen. Im **Kapitel 5** wurden die entsprechenden Grundlagen behandelt und die Grenzen des Tunings an Serienmotorräder mit Straßenzulassung aufgezeigt.

Möglichkeiten und Nischen bleiben immer noch, vor allem in der Umrüstung oder Modernisierung von älteren Fahrzeugen. Die Firma *WÜDO* aus Dortmung bietet beispielsweise für die Vierventil-Boxermotoren von BMW Umbausätze auf Doppelzündung an, um das Fahrverhalten im niedrigen Last- und Drehzahlbereich zu verbessern. Ein derartiger Umbau lohnt sich dann, wenn er im Rahmen einer ohnehin fälligen Zylinderkopfüberholung durchgeführt wird.

Beim Fahrwerk kann es sinnvoll sein, die Federelemente auszutauschen, wenn spezielle Einsatzzwecke für das Motorrad angestrebt werden. Renommierte Firmen wie *WHITE POWER* oder *ÖHLINS*, die auch Motorradhersteller für die Erstausrüstung ihrer Motorräder beliefern, bieten hier ein vielfältiges Programm. Eine Feder-Dämpfer-Abstimmung für Serienfahrzeug muss sich immer am Durchschnitt orientieren. Federbeine mit getrennter Einstellmöglichkeit für die Zug- und Druckstufendämpfung sowie austauschbaren Federn ermöglichen eine sehr gezielte und individuelle Anpassung an Körpergewicht, Beladung und Streckenprofil, **Bild 13.1**. Auch die Aufteilung zwischen Negativ- und Positivfederweg kann damit den eigenen Wünschen angepasst werden. Weitere Angebote sind Federbeine, die eine hydraulische Federbasisverstellung bequem mittels Handrad ermöglichen. Für sehr ambitionierte Motorradfahrer mit sportlicher Fahrweise insgesamt eine überlegenswerte Investition.

Bild 13.1
Hochwertiges Umrüst-Federbein mit Verstellmöglichkeiten

Sofern es die Geometrie der Hinterradschwinge und der eventuell vorhandenen Federbeinumlenkung zulässt, kann man auch verlängerte Federbeine einbauen. Die Anhebung des Fahrzeughecks vergrößert nicht nur die Schräglagenfreiheit, sondern verändert infolge des steiler stehenden Hecks auch die Fahrwerksgeometrie und die Schwerpunktlage. Radstand und Nachlauf werden kürzer und führen in der Regel zu größerer Handlichkeit. Die höhere Frontlastigkeit kommt einem aktiven, sportlichen Fahrstil entgegen.

Off-road-Pisten, besonders ausserhalb Europas, stellen für die Federung oftmals eine Extrembeanspruchung dar, besonders wenn das Motorrad mit hoher Beladung gefahren wird. Auch hier bieten die Federbeinhersteller spezielle Lösungen, wie zum Beispiel eine stärkere Federprogression, der Belastung angepasste höhere Federraten oder einen Dämpferaufbau mit größerem Ausgleichsreservoir zur besseren Kühlung des Dämpferöls.

Für Teleskopgabeln gibt es ebenfalls umfangreiche Verbesserungsmöglichkeiten, wie Gabelfedern mit geänderter Progression oder Dämpferöle verschiedener Viskositäten. Sogar eine nachtägliche Beschichtung der Standrohre mit Titan-Nitrid, Chrom-Nitrid oder Kohlenstoff zur Reibungsverbesserung (besseres Ansprechverhalten) ist möglich und wird angeboten. Entsprechend teuer, aber möglich ist auch ein kompletter Austausch der Telegabel gegen sehr hochwertigere Ausführungen mit größeren Standrohrdurchmessern und reibungsarmen Beschichtungen bis hin zu Upside-down-Gabeln. Angeboten werden diese unter anderem ebenfalls von *WHITE POWER* und der italienischen Firma *MARZOCCHI*, **Bild 13.2**.

Bild 13.2
Marzocchi Gabel

Bei BMW Motorrädern mit Kardanantrieb und Paraleverschwinge kann die Fahrwerksgeometrie in Maßen verändert werden, indem man eine längenverstellbare Zug-Druckstrebe („Momentenabstützung") anstelle der sereienmäßigen Strebe einbaut, **Bild 13.3**. Die Längenveränderung verändert die Winkelstellung des Kardangehäuses zur Schwinge (bezogen auf den hinteren Drehpunkt) und bewirkt dadurch ein Anheben beziehungsweise Absenken des Hecks und entsprechende Nachlauf- und Radstandsänderungen. Damit wird es möglich das Motorrad individuell auf noch mehr Handlichkeit oder mehr in Richtung Geradeauslauf zu trimmen. Derartige Bauteile werden von Firmen angeboten, die sich auf BMW Motorräder spezialisiert haben, so zum Beispiel von der Fa. *WUNDERLICH*. Die Momentenabstützung gehört zu den Sicherheitsbauteilen. Ein Versagen würde die Fahrstabilität gefährden, weil der Hinterradaufhängung ein Teil der Führung verloren geht. Zu beachten ist deshalb bei derartigen Umbauten, dass die Bauteile mindestens TÜV-geprüft sind. Der Verstellbereich darf nicht zu groß sein, weil sonst durch übergroße Knickwinkel im Fahrbetrieb das Kreuzgelenk der Kardanwelle überlastet werden kann.

Bild 13.3
Einstellbare Momentenstrebe
für den Kardan bei der
Paraleverschwinge von BMW

In der Regel gibt es für Umbauten an sicherheitsrelevanten Bauteilen oder bei gravierenden Änderungen der Fahrwerksgeometrie keine pauschalen Freigaben oder Unbedenklichkeitserklärungen seitens der Motorradhersteller. Schon aus Gründen der Produkthaftung können sie kaum Freigaben für Bauteile oder Umbauten erteilen, die sie nicht unter eigenen Kriterien und Bedingungen geprüft haben. Von daher sollte man neben der TÜV-Prüfung generell darauf achten, dass Umbauteile von namhaften Zubehörherstellern stammen, die entweder auch Erstausrüster der Hersteller sind, oder zum Beispiel im Rennsport aktiv sind und sich dort ein Renommee erworben haben. Wobei der Rennsport nicht in jedem Fall aussagekräftig sein muss, denn der Alltagsbetrieb mit seinen sehr viel höheren Kilometerleistungen und unterschiedlichsten Umweltbedingungen kann in manchen Fällen durchaus auch mal höhere Anforderungen an Bauteile stellen.

Der Austausch von Rädern erfolgt in den meisten Fällen, um breitere Reifen auf entsprechend dimensionierte Felgen aufziehen zu können. Technisch haben breite Reifen den Nachteil, dass bei gleicher Kurvengeschwindigkeit eine größere Schräglage notwendig ist (vgl. Kap. 10.2). Inzwischen haben Motorräder des Supersport-Segments einen so hohen Stand, dass die Radgewichte kaum mehr unterboten werden können. Die Massenreduktion und die daraus resultierenden Vorteile im Federungsverhalten (Reduktion der ungefederten Massen) spielen also beim Radumbau keine so bedeutende Rolle mehr.

Nachträglich anzubauende Verkleidungen waren bis in die 80er Jahre sehr populär und ein relativ großes Geschäftsvolumen. Durch das Vordringen verkleideter Serienmotorräder in den Markt ist dieser Zweig stark rückläufig. Angeboten werden heute zumeist nachträglich anzubauende Scheiben und Windschilder für serienmäßig unverkleidete Motorräder oder der Austausch von Verkleidungsscheiben, um den serienmäßigen Wind- und Wetterschutz zu erhöhen, **Bild 13.4**.

Bild 13.4 Höhenverstellbare Sport-Windschild der Fa. *WUNDERLICH* für BMW Motorräder

13.1 Technische Verfeinerungen am Serienmotorrad

Der Umbau kompletter Fahrwerke, also der Austausch von Rahmen und Schwinge war vor 20 bis 30 Jahren weiter verbreitet als heute. Im Zeitalter von Aluminiumrahmen mit höchster Steifigkeit bei geringstem Gewicht und engen Packages ist dieses, abgesehen von Rennsporteinsätzen, weder notwendig noch sinnvoll.

Lohnender, preiswerter und häufig praktiziert sind Umbauten, um eine maßgeschneiderte Sitzposition zu erzielen; entweder für Sportzwecke oder für entspannteres Sitzen. Gerade Fahrerinnen und Fahrer, die vom Durchschnittmaß abweichen, sitzen häufig unbequem, weil entweder die vom Hersteller offerierten Verstellmöglichkeiten für Sitzhöhe, Lenker und Fußrasten nicht ausreichen, oder erst gar nicht vorhanden sind. Hier tut sich ein weites Feld für die Zubehörindistrie auf, weil die allermeisten Motorradhersteller die individuelle Anpassung des Motorrades an den Fahrer unverständlicherweise völlig vernachlässigen. Dabei ist eine entspannte Sitzpostion für ermüdungsfreies, konzentriertes und sicheres Fahren unerlässlich und die Voraussetzung, überhaupt auf längeren Strecken wirklich schnell zu sein.

Im Angebot finden sich Fußrastenverlegungen, höhere oder anders gekröpfte Lenker, modifizierte Gabelbrücken sowie aufwändiger gefertigte und speziell gepolsterte Sitzbänke. Auch hier haben sich manche Firmen mit einem sehr umfangreichen Angebot auf einen Hersteller spezialisiert (die Firmen *WÜDO* und *WUNDERLICH* zum Beispiel auf BMW), andere (*alpha-Technik, LSL*) bieten Umbausätze für die Motorräder verschiedener Hersteller an, **Bild 13.5**.

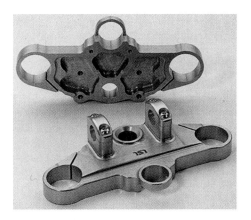 

Bild 13.5 Gabelbrücke und Fußrastenanlage der Fa. *LSL*

Erwähnenswert bei Lenkerumbauten ist das Thema Sicherheit. Entgegen landläufiger Annahmen wirken auf den Lenker hohe Kräfte und dynamische Belastungen, die häufig unterschätzt werden. Bei jeder Bremsung wirken die vollen Stützkräfte, die aus der Verzögerung und einem Teil der Fahrermasse resultieren, auf den Lenker ein. Die Ankoppelung über die Fahrerhände bewirkt eine permanente dynamische Grundlast. Extrembeanspruchungen treten beim Durchfahren von Schlaglöchern oder im Gelände bei Sprüngen oder auf sogenannten Wellblechpisten auf. Aus diesen Gründen dürfen nur geprüfte Lenker verwendet werden und sie sollten von namhaften Qualitätsherstellern sein (beispielsweise *MAGURA*). Kritisch sind insbesondere Hochlenker oder breite Lenker, weil durch die langel Hebel besonders große Kräfte auftreten.

Aluminium-Lenker müssen besonders sorgfältig behandelt und geprüft werden. Aufgrund der Kerb- und Rissempfindlichkeit der hochfesten Aluminiumlegierungen führen äussere Beschädigungen sehr schnell zum Bruch. Keinesfalls darf die eloxierte Oberfläche des Lenkers mechanisch bearbeitet oder sonst wie verletzt werden, weil die Beschädigung der Eloxalschicht infolge Kerbwirkung die Betriebsfestigkeit herabsetzt. Ebensowenig dürfen Aluminiumlenker anders gebogen oder nach einem Unfall gerichtet werden, es droht spätere Bruchgefahr. Beschädigte Aluminiumlenker gehören auf den Schrott!

Ein besonderes Kapitel sind Umbauten an Bremsanlagen. Wenngleich bei den allermeisten Sportmotorrädern bezüglich der Bremsleistung kaum mehr Wünsche offen bleiben, findet sich dennoch Raum für Verbesserungen. Beliebt und lohnenswert ist der Umbau von Bremsschläuchen. Unter den sehr hohen Drücken in der Bremshydraulik dehnen sich die von vielen Herstellern noch verwendeten Gummi-Gewebeschläuche. Die Folge ist ein nicht immer klar definierter, harter Druckpunkt und ein mehr oder weniger teigiges Bremsgefühl. Hochwertige, metallummantelte Bremsschläuche schaffen hier Abhilfe. Sie bestehen aus einem gasdichten Innenschlauch unter Verwendung von Teflon, der aussen mit einem Metallgeflecht aus Edelstahl umhüllt ist. Durch das Stahlgeflecht kann sich der Schlauch praktisch nicht dehnen, so dass ein klarer, harter Druckpunkt erzielt wird und sich damit die Bremse gerade bei Extrembremsungen „transparent" und sehr feinfühlig dosieren und bedienen lässt.

Ein weiterer Vorteil dieser Bremsschläuche ist die nahezu unbegrenzte Lebensdauer. Gummischläuche altern unter dem Einfluss der natürlichen ultravioletten Strahlung. Sie sind gerade bei Motorrädern permanent ungeschützt der Sonne ausgesetzt und werden mit der Zeit porös. Aus Sicherheitsgründen sollten sie in regelmäßigen Abständen ausgetauscht werden (circa alle 4-5 Jahre). Zwar ist die Gefahr des Platzens kaum gegeben, aber infolge der Porösität dringt vermehrt Luftfeuchtigkeit über die Schläuche in die Bremsflüssigkeit ein und setzt den Siedepunkt herab. Stahlummantelte Bremsschläuche sind unempfindlich gegen UV-Strahlung und der Teflon-Innenschlauch bleibt dauerhaft gasdicht, so dass praktisch keine Feuchtigkeit eindringen kann. Ein Austausch ist nicht erforderlich.

Für Bremsen gelten, mehr noch als für andere Bauteile, höchste Sicherheitsanforderungen. Auf Motorradbremsen besonders spezialisiert ist die Firma *SPIEGLER* in Freiburg. Sie bietet stahlummantelte Bremleitungen für jedes Motorrad an und ist durch patentierte, drehbare Anschlüsse in der Lage, für jeden noch so individuellen Anwendungsfall Bremsschläuche maßgeschneidert auch als Einzelanfertigung herzustellen. SPIEGLER bietet auch spezielle Austausch-Bremsscheiben für nahezu alle Motorräder an, die auf den jeweiligen serienmäßigen Trägern befestigt werden, **Bild 13.6**. So ist Ersatz bei Verschleiß nicht nur kostengünstig, durch entsprechende Reibpaarungen – gegebenenfalls in Verbindung mit speziellen Bremsbelägen – lässt sich in vielen Fällen auch eine Verbesserung der Bremsleistung erzielen.

Dabei darf allerdings nicht vergessen werden, dass die Reibpaarung Bremsscheibe-Bremsbelag immer einen Kompromiss darstellt. Idealerweise bietet eine Bremse nicht nur höchste Bremswirkung bei Nässe und Trockenheit sondern gleichzeitig auch noch beste Dosierbarkeit, spontanes Ansprechen ohne „giftig" zu sein, gleichgute Bremsleistung warm und kalt, Fadingfreiheit, gutes Geräuschverhalten und minimalen Verschleiß. In der Realität ist das so nicht erreichbar. Es müssen bei der Bremsenauslegung und Materialauswahl Schwerpunkte gelegt werden. Serienhersteller zum Beispiel legen ihre Bremsen eher etwas „gutmütiger" aus, das heisst gute Dosierbarkeit, wenig Unterschiede in der Wirkung zwischen Trockenheit und Nässe, sowie geringe Temperaturabhängigkeit. Verschleißarmut ist für Bremsen bei Serienmotorrädern ebenfalls ein wichtiges Kriterium. Fremdanbieter von Bremsen können diese durchaus einseitiger auf maximale Bremsleistung und Dosierbarkeit auslegen und müssen beispielsweise auf erhöhten Verschleiß weniger Rücksicht nehmen. Damit sind sie in der Wahl der Materialpaarung von Bremsscheibe und Bremsbelag freier.

Bild 13.6
Bremsscheiben der Fa. *SPIEGLER*

Der nächste Schritt bei der Bremsenumrüstung wären dann andere Bremssättel und andere Hauptbremszylinder. Auch hier biten Firmen wie *SPIEGLER* ein breitgefächertes Angebot, das über hochwertige Radial-Bremszylinder für den Handbremshebel bis hin zu 8-Kolben-bremssätteln reicht, **Bild 13.7**. Derartige Umbauten werden aber allein schon aus Kostengründen meist nur an Motorrädern vorgenommen, die für Renneinsätze präpariert werden.

Bild 13.7
Radial-Bremszylinder und 8-Kolben-Bremssattel (Fa. *SPIEGLER*)

Zu erwähnen ist noch, dass die meisten Umbauten von den amtlichen Schverständigen der Prüfstellen (TÜV, DEKRA) begutachtet und teilweise in die Fahrzeugpapiere eingetragen werden müssen. Zu empfehlen ist, sich frühzeitig mit den Prüfern in Verbindung zu setzen und sich über das Abnahmeverfahren zu erkundigen. Entgegen einem hartnäckigen und verbreiteten Vorurteil verstehen sich die Prüfstellen heutzutage als Dienstleister. Sie stehen seriösen und fachgerechten Umbauten nicht nur aufgeschlossen gegenüber, sondern beraten auch im Vorfeld. Prüfstellen in größeren Städten verfügen über umfangreiche Datensammlungen und Kopien von Mustergutachten, was die Eintagung oftmals erleichtert. TÜV und DEKRA unterhalten darüber hinaus technische Prüfzentren, in denen sie Gutachten und Bauteileprüfungen durchführen können

13.2 Zubehör

Der Zubehör-Markt für Motorräder ist in den letzten Jahrzehnten geradezu explosionsartig gewachsen. Es ist im Rahmen eines Fachbuches nicht sinnvoll und möglich, darauf detailliert einzugehen. Neben reinen Handelsbetrieben und großen Vertriebsagenturen wie *POLO, HEIN GERICKE, GÖTZ, LOUIS* und viele andere in Deutschland, gibt es auch Firmen, die sich auf Herstellung oder Vertrieb von bestimmten Produktgruppen wie Gepäcksystemen, Anbauteilen, optische Aufwertungen und ähnliches spezialisiert haben.

Bild 13.8 Nachrüst-Kunststofftank mit 41 *l* (Fa. *TOURATECH*)

Bemerkenswert ist das Wachstum von Unternehmen, die sich der Eigenentwicklung von Spezial-Zubehör verschrieben haben. Sie finden ihren Markt in Nischen, die die großen Motorrad-

13.2 Zubehör

hersteller nicht bedienen wollen oder können. Hier steht an erster Stelle die Firma *TOURATECH*, die maßgeschneidertes Zubehör primär für offroad-Motorräder herstellt. Im Fokus stehen dabei die Globetrotter, die besondere Anforderungen beispielsweise an die Eigenschaften und die Robustheit von Gepäcksystemen stellen, die Serienhersteller so nicht bieten. Eigene Erfahrungen und die der Kunden aus Fernreisen fließen hier unmittelbar in die Produktentwicklung ein und sorgen so für Produkte, die sehr genau den Kundenbedürfnissen entsprechen. Das Angebot reicht weit über Gepäcksysteme hinaus, es werden beispielsweise speziell gefertigte Kunststofftanks mit einem Fassungsvolumen von bis zu 41 *l* angeboten, **Bild 13.8**, Navigationssysteme (GPS und Roadbooks) bis hin zu kompletten Umbauten und speziell aufgebauten Motorrädern, **Bild 13.9**.

Bild 13.9 Spezialumbau auf Basis BMW R 1150 GS (Fa. *TOURATECH*)

Bild 13.10 Umfangreicher Umrüstkatalog für Offroad-Motorräder (Fa. *TOURATECH*)

14 Trends und mögliche Zukunftsentwicklungen

Zukunftsprognosen sind auch im Bereich der Motorradtechnik schwierig und generell stellen sich viele Vorhersagen für die technische oder sonstige Zukunft im späteren Rückblick meist als falsch heraus. Dennoch sind einige Entwicklungen vorhersehbar.

Motorräder haben, wie wir in diesem Buch gesehen haben, heute einen sehr hohen technischen Stand erreicht. Die spezifische Leistung der Motoren und auch die absolute Motorleistung von Motorrädern werden wohl nicht mehr in dem Maße wie bisher ansteigen. Absolut gesehen sind mit Leistungen von über 130 kW zwar weder die Grenze des Machbaren noch die Grenzen des Fahrbaren erreicht, aber möglicherweise die Grenzen des Sinnvollen. In der Beschleunigung bleiben bei Leistungsgewichten von 0,7 kW/kg (1 PS/kg) keine Wünsche mehr offen und die Höchstgeschwindigkeit ist seit langem bereits nur von theoretischem Interesse. Es macht keinen Sinn mit Geschwindigkeiten weit über 250 km/h Motorrad zu fahren. Die physische und mentale Anspannung ist dabei so groß, dass es niemandem Spaß macht und es praktisch wohl kaum jemand mehr als höchstens ein paar Mal ausprobiert, wenn überhaupt.

Und die spezifischen Motorleistungen ? Auch hier werden technische wie ökonomische Grenzen sichtbar. Weitere Steigerungen der Literleistung würden noch höhere Nenndrehzahlen notwendig machen. Das scheint zwar mechanisch beherrschbar, aber die strenger werdenden Vorschriften zur Abgas- und Geräuschemission werden den ungehemmten Anstieg hier eingrenzen. Die derzeit höchsten spezifischen Leistungen werden bei den 600er Supersportlern erreicht. Doch der fast schon verbissen anmutende Wettbewerb der japanischen Hersteller um die klassenbeste Maximalleistung in jedem Modelljahr ist nichts anderes als ruinös. Jedes Jahr mit einer Neukonstruktion auf den Markt zu kommen kann nicht mehr wirtschaftlich sein, in diesem Segment kann nicht wirklich Geld verdient werden. Die hier seitens dieser Hersteller hineingesteckten Entwicklungskapazitäten fehlen an anderer Stelle, so dass dieser Trend letztlich nicht anhalten wird.

Weiter gehen wird es mit den Gewichtsreduzierungen. Die Erkenntnisse und das know-how, das in den Supersport-Segmenten erarbeitet wurde, wird in den kommenden Modellgenerationen sicher in die Touren- und Tourensport-Motorräder gesteckt. Das bedeutet, dass diese Motorräder sehr viel attraktiver werden. Bei den Supersportlern dürfte beim Gewicht heute bereits die Grenze des wirtschaftlich Machbaren erreicht sein.

Eine Ausweitung der Supersport-Technik auf kleinere Hubraumklassen zeichnet sich nicht ab, die Preisstellung dieser Motorräder erlaubt die Umsetzung dieser Hochtechnologie wohl nicht. Generell ist zu vermuten, dass der Trend zu größeren Hubräumen anhalten wird. Extremhubräume über 2 l wie von Triumph werden aber wohl die Ausnahme bleiben.

Insgesamt wird die bessere Umweltverträglichkeit von Motorrädern sicher das Hauptentwicklungsthema der nächsten Jahre werden, sogar werden müssen. Und zwar bei Abgas, Geräusch und beim Kraftstoffverbrauch. Wie schon früher angedeutet, bildet die Geräuschemission dabei technisch das Hauptproblem. Obwohl Motorräder in den vergangenen Jahren praktisch *um die Hälfte leiser* geworden sind, **Bild 14.1**, lassen die Forderungen nach einer Absenkung der Geräuschpegel nicht nach.

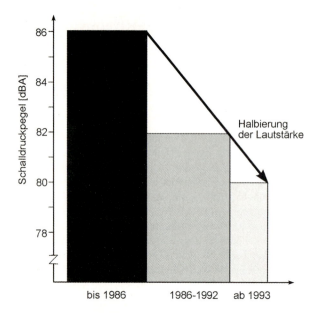

Bild 14.1 Entwicklung des gesetzlichen Geräuschgrenzwertes für Motorräder

Es spielt dabei keine Rolle, dass moderne, serienmäßige Motorräder objektiv betrachtet und vernünftig gefahren wirklich leise sind. Im politischen Raum zählen zunehmend der vermeintliche oder tatsächliche Bürgerwille und Aktionismus mehr als objektive Fakten. Man sollte sich nicht der Illusion hingeben, dass die Anstrengungen des Gesetzgebers auf diesem Gebiet nachlassen wird. Das Automobil wird hier als Maßstab genommen. Moderne Autos sind mit einem Vorbeifahrtgeräusch von 74 dBA im Messwert leiser als ein Motorrad, das einen Schalldruckpegel von 79 dBA (+1 dB) erzeugen darf. Die Gesetzgebung berücksichtigt also bereits die ungünstigeren Voraussetzungen bezüglich der Schallemission beim Motorrad (offenliegender Antrieb, keine Karosserie, höhere Drehzahlen). Der höhere Grenzwert beim Motorrad trägt auch der Tatsache Rechnung, dass Motorräder am Verkehrsstrom nur mit einem Bruchteil der Automobile beteiligt sind. Das Argument aber, dass eine störende Geräuschbelästigung auch durch laute Einzelschallquellen verursacht wird, lässt sich in der Tat nicht widerlegen.

Das technische Problem einer weiteren Geräuschabsenkung beim Motorrad liegt in den mechanischen Geräuschen des Antriebs. Die Luftschallemissionen von Sauganlage und Auspuff sind bei modernen Motorrädern bereits soweit gedämpft, dass diese keine dominierende Rolle mehr spielen. Eine Absenkung der pegelbestimmenden, mechanischen Geräusche hingegen ist sehr schwierig, weil dazu in bestehende Konstruktionen von Motor und Antrieb massiv eingegriffen werden muss. Sekundäre Maßnahmen wie eine Vollkapselung des Antriebs (hilfsweise hinter einer Vollverkleidung) bewirken zwar auch eine Geräuschabsenkung, erhöhen aber das Gewicht des Motorrades, werden als unästhetisch empfunden und ergeben große Probleme hinsichtlich der Motorkühlung.

Ältere Untersuchungen im Auftrag des Umweltbundesamtes [14.1 und 14.2] zeigen zwar (grundsätzlich bekannte) Potentiale zur Geräuschminderung an serienmäßigen Motorrädern auf, berücksichtigen aber viel zu wenig die Nachteile und die technische Umsetzbarkeit der vorgeschlagenen Maßnahmen. So wirkt sich beispielsweise eine Verlängerung der Hinterradübersetzung zwar unmittelbar geräuschabsenkend bei Konstantfahrt aus (Drehzahlminderung). Nur sinkt dadurch auch das Durchzugsvermögen in den oberen Gängen, was den Fahrer dann veranlaßt, beim Beschleunigen herunterzuschalten. Der angestrebte, geräuschmindernde Effekt verkehrt sich damit in der Praxis ins Gegenteil! Andere Maßnahmen, wie eine Schalldämpferanlage aus dickwandigem Doppelblech, erhöhen das Gewicht (im Beispiel der Studie allein beim Schalldämpfer um 6 kg!) und sind fertigungstechnisch nur unter hohen Kosten herstellbar.

Leise Motorräder bedeuten also teure und schwere Motorräder. Aufwände, die bei großvolumigen Maschinen noch tragbar sind, bewirken bei hubraumschwächeren Motorrädern eine Gewichts- und Kostenerhöhung, die diese Maschinen dann für den Kunden unattraktiv machen. Ob es umweltpolitisch und sozial sinnvoll ist, über derartige Maßnahme die kleinen und mittleren Hubraumklassen langfristig vom Markt zu drängen, sollte dem Gesetzgeber zumindest des Nachdenkens wert sein.

Leichter zu verwirklichen sind Maßnahmen zur Absenkung der Schadstoffemissionen. Wenn auch Motorräder derzeit zur straßenverkehrsbedingten Luftverschmutzung nur rund 5 % beitragen, sollte gerade ein reines Freizeitfahrzeug ohne unmittelbare Transportfunktion zur geringstmöglichen Umweltbelastung verpflichtet sein. Die Technologie mit geregeltem Dreiwege-Katalysator dazu ist längs ausgereift und wird von BMW seit dem Jahr 2000 in der gesamten Modellpalette eingesetzt, von den japanischen Herstellern aber immer noch vergleichsweise zögerlich nur in einem Teil der Modelle. Man kann aber davon ausgehen, dass in den nächsten Jahren die neuentwickelten Motorräder mit Dreiwegen-Katalysatoren ausgerüstet sein werden und zwar mehr und mehr auch in den unteren Hubraumklassen. Die dazu notwendigen Kraftstoff-Einspritzsysteme sind mittlerweile kostengünstiger geworden

Bei der Betrachtung der Umweltverträglichkeit von Motorrädern darf der vom Auto ausgehende Konkurrenzdruck nicht vergessen werden. Die praktisch abgeschlossene Durchdringung des Gesamtfahrzeugbestandes mit Katalysatorfahrzeugen hat die Schadstoffbilanz von Motorrädern in Relation zum Automobil verschlechtert. Auch das Argument, dass aufgrund der geringeren Jahresfahrleistung Fahrleistungen von Motorrädern deren absolute Emissionen keine Rolle spielen, gerät ins Wanken, weil Automobile mit Verbräuchen von 5 Litern auf 100 km oder darunter mittlerweile Realität sind. Es darf nicht vergessen werden, dass viele Motorräder noch über 6 Liter Kraftstoff konsumieren (allerdings bei sehr viel höheren Fahrleistungen). Auch hier ist ein weiteres Feld für zukünftige Entwicklungen. Motorräder müssen und werden einen sparsameren Kraftstoffverbrauch bekommen. Allein schon die weiter steigenden Kraftstoffpreise werden dafür sorgen.

Ausgeschlossen werden kann der Dieselmotor für Motorräder, denn neben dem hohen Gewicht, dem Bauaufwand und damit den Kosten für einen Hochleistungsdiesel macht dieser Geräuschprobleme, die nicht beherrschbar sind. Eine Vollkapselung wie im Automobil ist beim Motorrad nicht sinnvoll darstellbar und würde das Gewicht noch weiter nach oben treiben. Mangelndes Drehvermögen und insgesamt zu geringe Dynamik sind weitere Gründe, die gegen einen Einsatz im Motorrad sprechen.

Größere Realisierungschancen hat die Benzin-Direkteinspritzung. Sobald diese bei PKW-Antrieben einen entsprechenden Reifegrad erlangt hat, ist die Übernahme auf Motorradmotoren vorstellbar. Daneben werden sicher in absehbarer Zukunft variable Ventilsteuerungen und variable Sauganlagen Einzug in die Motorräder halten.

Elektronik wird es ebenfalls geben. Im nächsten Schritt im Anschluss an die innovativen Bordnetzsysteme, die *BMW* ja in 2004 bereits eingeführt hat, werden erste Regelungssysteme im Fahrwerksbereich in die Serie einfließen.

Möglicherweise erlangt das Motorrad in näherer Zukunft eine zusätzliche Bedeutung als Individualtransportmittel für den innerstädtischen und stadtnahen Bereich. Überlegungen dazu gibt es seit vielen Jahren [14.4 und 14.5]. Ausgangsbasis aller Überlegungen ist der geringe Flächenbedarf, den Motorräder im ruhenden Verkehr (Parken) und bei geringen Fahrgeschwindigkeiten einnehmen, vgl. auch **Bild 1.2** (Kap. 1), so dass auf der gleichen Verkehrfläche eine größere Verkehrsleistung erbracht werden kann. Vorteile werden gesehen, wenn es gelänge, einen Teil der Fahrleistungen vom Auto auf das Motorrad zu verlegen. Das setzt natürlich einen Umdenkungsprozess voraus und bringt nur dann tatsächliche Vorteile, solange der Besetzungsgrad des Autos (derzeit 1,5) nicht ansteigt. Ein weiterer Vorzug des Motorrades ist das schnellere Vorwärtskommen bei hoher Verkehrsdichte, wobei aber zu berücksichtigen ist, dass in Deutschland das Vorbeifahren am Ampelstau neben oder zwischen den Autos zwar praktiziert wird, eigentlich aber verboten ist.

Einig sind sich alle Prognostiker, dass für dieses Umsteigen die Anreize zur Motorradbenutzung gesteigert werden müssten und dieses motorisierte Zweirad deutlich anders konzipiert sein müsste als herkömmliche Motorräder. Das Fahrzeug müsste rollerähnlich gebaut sein mit bequemem Durchstieg, es müsste einen gewissen Witterungsschutz aufweisen, umweltverträglich sein (Katalysator, Lautstärke), dürfte nur einen minimalen Kraftstoffverbrauch haben, sollte bedienungsfreundlich sein (Automatikgetriebe, Aufstellhilfe, Ergonomie), müsste serienmäßig mit ABS ausgerüstet sein und es sollte ein Mindestmaß an passiver Sicherheit aufweisen. Gerade der letzte Aspekt ist für eine breite Akzeptanz bei Nicht-Motorradfahrern eminent wichtig. Vom Herstellaufwand bedeuten all diese Anforderungen sehr hohe Kosten, die der Forderung entgegenstehen, ein solches Fahrzeug müsse deutlich preiswerter als der billigste Kleinwagen angeboten werden.

BMW befasste sich seit 1992 mit dieser Herausforderung und brachte Anfang des Jahres 2000 mit dem BMW C1 ein Zweirad auf den Markt, dass die vorgenannten Forderungen perfekt erfüllte, **Bild 14.2**. Das Fahrzeug stieß auf hervorragende Anfangsresonanz, aber es zeigte sich, dass sich langfristig und dauerhaft die wirtschaftlich notwendigen Stückzahlen nicht würden realisieren lassen. Zum Ende des Jahres 2002 wurde daraufhin beschlossen, die Produktion einzustellen. Es wurden aber weltweit weit über 30.000 Fahrzeuge verkauft. Möglicherweise kam das Fahrzeug einfach zu früh und die Märkte waren noch nicht reif für ein derartig zukunftsträchtiges Konzept.

In der Sicherheit ist der C1 vorbildlich. Es wurde ein im Zweiradbereich völlig neuer Lösungsansatz für die *passive Sicherheit* verfolgt. Ähnlich wie beim Auto verfügt das Fahrzeug über eine formstabile Fahrgastzelle aus Aluminiumprofilen, in der der Fahrer auf einem speziellen Sicherheitssitz angeschnallt wird. Verformbare Aluminium-Längsträger und ein spezielles Deformationselement an der Vorderradführung, **Bild 14.3**, nehmen die Aufprallenergie beim Unfall auf und schützen den Fahrer vor schweren Verletzungen bei einer der häufigsten Unfallarten von motorisierten Zweirädern, dem Aufprall auf ein anderes Fahrzeug. Gegen Verletzungen beim seitlichen Wegrutschen in der Kurve schützen die Fahrzeugstruktur und der spezielle Sitz. Rechnerische Simulationen, reale Crashversuche und die Erfahrung aus der Serie belegen den hervorragenden Schutz des Fahrers beim Aufprall auf ein Hindernis, bei allen anderen (weniger häufigen) Unfallarten ist die Verletzungsschwere deutlich geringer als beim herkömmlichen Motorrad, [13.6].

14 Trends und mögliche Zukunftsentwicklungen

Bild 14.2 BMW C 1

Bild 14.3
Rahmenstruktur des BMW C1

Unabhängig von diesen Sicherheitsüberlegungen scheinen hochwertige Roller mit leistungsstarken Motoren und größeren Hubräumen Fall im Trend zu liegen Auf Messen werden zunehmend sehr attraktive Studien gezeigt, wie die von HONDA auf der Tokyo Motor Show 2003 mit einem 500 cm³ Boxer-Motor, **Bild 14.4.**

Bild 14.4 Rollerstudie von *HONDA*

Auch „cross-over"-Modelle von Rollern und Motorrädern scheinen die Vordenker der Motorradindustrie zu beschäftigen, **Bild 14.5**. Derartige Fahrzeuge vereinen die Leistungsfähigkeit und den Fahrspaß großvolumiger Motorräder mit der Bequemlichkeit und dem leichten handling von Rollern (Durchstieg, niedrige Sitzhöhe). Es bleibt abzuwarten, in welcher Form diese Konzepte Eingang in eine Serienproduktion finden werden und wie die Akzeptanz am Markt sein wird.

Unabhängig davon, ob sich Zweiräder in dieser neuen Form etablieren können, ist die generelle Frage nach mehr Sicherheit und die Entwicklung von passiven Schutzsystemen ganz sicher ein Zukunftsthema für das Motorrad insgesamt. Wenn man den sehr hohen Stand der Unfallsicherheit beim Automobil betrachtet, klafft hier beim Motorrad eine deutliche Lücke. Sicherlich kann sich niemand ein unförmiges, schwerfälliges Sicherheitsmotorrad wünschen, das dem Grundgedanken des Sich-frei-Fühlens beim Motorradfahren widerspricht. Auch dürfen die angedeuteten, grundsätzlichen Probleme nicht verkannt werden. Aber müssen wir es wirklich als unveränderliche Tatsache hinnehmen, dass der Seitenaufprall auf ein Automobil infolge einer Vorfahrtsverletzung, der für den Motorradfahrer auch bei umsichtiger Fahrweise nicht immer vermeidbar ist, nur in Glücksfällen gering verletzt überlebt wird, meist aber schwerste Verletzungen mit bleibenden Folgen nach sich zieht, bzw. in den meisten Fällen den Tod bedeutet?

14 Trends und mögliche Zukunftsentwicklungen

Schneller als die passiven Sicherheitssysteme am Motorrad selbst wird die Helmentwicklung voranschreiten. Neueste Untersuchungen zeigen, dass sowohl in der Konstruktion der Helmschale als auch im Material für die stoßabsorbierende Innenschale noch beachtliches Verbesserungspotential steckt. Zusammen mit Verbesserungen der Fahrer- und Beifahrerergonomie ist dies der nächste Schritt zu mehr Sicherheit und Fahrkomfort und damit zu mehr Fahrfreude.

Bild 14.5 Studie von *SUZUKI* (Tokyo 2003)

Literaturverzeichnis

[1.1] *Spiegel, B.:* Die obere Hälfte des Motorrades. Motorbuch Verlag, Stuttgart, 2002
[3.1] *Urlaub, A.:* Verbrennungsmotoren Band 1. Springer-Verlag, Berlin, Heidelberg, New York, London, Paris, Tokyo 1987
[3.2] *Grohe, H.:* Otto- und Dieselmotoren. Vogel-Verlag, Würzburg 1982
[3.3] *Ximing Dong:* Zur Berechnung des geometrischen Öffnungsquerschnitts von Kegelventilen. MTZ 46 (1985) Heft 6
[3.4] *Bensinger, W.-D.:* Die Steuerung des Gaswechsels in schnellaufenden Verbrennungsmotoren. Konstruktionsbücher Band 16. Springer-Verlag, Berlin, Heidelberg, New York 1955
[3.5] *Lange, K.-H.:* Ermittlung einer Ventilerhebung ausgehend vom Beschleunigungsverlauf. Automobilrevue Nr.20, 1969
[3.6] *Schrick, P.:* Das dynamische Verhalten von Ventilsteuerungen an Verbrennungsmotoren. MTZ 31 (1970)
[3.7] *Straubel, M.:* Beitrag zur Erfassung und Beeinflussung des Schwingungsverhaltens von Nockentrieben. Dissertation TH München, 1965
[3.8] *Kaiser, H.-J., u.a.:* Geräuschverbesserung an Mehrventilmotoren durch Modifikation an der Nockenwelle. 2. Aachener Kolloquium Fahrzeug und Motorentechnik 1989
[3.9] *Maas, H., Klier, H.:* Kräfte, Momente und deren Ausgleich in der Verbrennungskraftmaschine. Die Verbrennungskraftmaschine. Neue Folge Band 2. Springer-Verlag, Wien, New York 1981
[3.10] *Dubbel,* Taschenbuch für den Maschinenbau. Springer-Verlag Berlin, Heidelberg, New York
[3.11] *Lang, O.R.:* Triebwerke schnellaufender Verbrennungsmotoren. Springer Verlag Berlin 1966
[3.12] *Mettig*: Die Konstruktion des schnellaufenden Verbrennungsmotors, Verlag Walther de Gruyter, 1965
[3.13] *Thum, C.:* Zur Spezifik der Kolbensekundärbewegung in luftgekühlten Zweitakt-Kraftradmotoren und daraus resultierende Möglichkeiten und Grenzen bezüglich einer Geräuschreduzierung. Tagungsband 4. Grazer Zweiradtagung,08./09.04.91, Graz. Mitteilungen des Instituts für Verbrennungskraftmaschinen und Thermodynamik der TU Graz, Heft 60a
[3.14] *Walther, F.:* Dokumentarische Zusammenstellung und Bewertung aller wesentlichen Einflußparameter auf die Wärmeabfuhr luftgekühlter Motoren. Diplomarbeit Fachhochschule München, 1991
[3.15] *Pischinger, S..:* Einfluß der Zündkerze auf Funkenentladung und Flammenkernbildung im Ottomotor. MTZ 2/1991.
[3.16] *Ruhr, W.:* Nockentriebe mit Schwinghebel. Dissertation TU Clausthal, 1985.
[3.17] *Adolph, N., Herz, H., Loda, H.-P., Präckel, J., Schmieder, M., Weidele, A.:* Ein historischer Zweitakt-Gegenkolben-Rennmotor. Konstruktive Überarbeitung, Neuaufbau und Erprobung
[3.18] *Yagi, S., Fujiware, K., Kuroki, N.:* Motorgesamtverlust und Motorleistungsmerkmale bei Viertakt-Ottomotoren. Tagungsband 4. Grazer Zweiradtagung, 08./09.04.91, Graz. Mitteilungen des Instituts für Verbrennungskraftmaschinen und Thermodynamik der TU Graz, Heft 60a
[3.19] *Stoffregen, J., Biermeier, F.X.:* Die Katalysatorkonzepte für die BMW Motorräder der K-Baureihe. MTZ 53 (1992) Heft 6 S. 260-267.
[5.1] *Apfelbeck, L.:* Wege zum Hochleistungs-Viertaktmotor. Motorbuch Verlag Stuttgart.
[7.1] *Brunner, Dr.:* Ottokraftstoffe, Anforderungen und Eigenschaften ab 2000. Shell Technischer Dienst.

Literaturverzeichnis 399

[8.1] *C. Riba Romeva, u.a* : Effects of sudden slippage of the driving wheel over a swinging arm in high powered motorcycles. Mechanical solutions to avoid these effects. Tagungsband 5. Grazer Zweiradtagung, 22./23.04.93, Graz.. Mitteilungen des Instituts für Verbrennungskraftmaschinen und Thermodynamik der TU Graz, Heft 65

[9.1] *Weibel, K.-P., Hackbart, E.-O* : Das Motorrad und seine Komponenten im Betriebsfestigkeitslabor. 3. Fachtagung Motorrad, der VDI-Gesellschaft Fahrzeugtechnik, Darmstadt 1989, VDI Bericht Nr. 779, S. 235-258. VDI-Verlag Düsseldorf 1989.

[9.2] *Gersbach, V., Naundorf, H.:* Versuchsmethoden für Mißbrauchstests innerhalb der Betriebsfestigkeit. VDI Berichte Nr. 632, 1987, S. 169-190. VDI-Verlag Düsseldorf .

[10.1] *Wisselmann, D., Iffelsberger, L., Brandlhuber, B.:* Einsatz eines Fahrdynamik-Simulationsmodells in der Motorradentwicklung bei BMW. ATZ 95 (1993) Heft 2

[10.2] *Wisselmann, D., Iffelsberger, L.:* Computergestützte Simulation der Bewegungsformen von Motorrädern im Frequenzbereich von 0-30 Hz. 3. Fachtagung Motorrad der VDI-Gesellschaft Fahrzeugtechnik, Darmstadt 1989. VDI Bericht Nr. 779, S. 205-224. VDI-Verlag Düsseldorf 1989.

[10.3] *Wisselmann, D., Iffelsberger, L.:* Einsatz der Fahrdynamiksimulation zur Analyse und Verbesserung des Motorradlenkverhaltens. 4. Fachtagung Motorrad der VDI-Gesellschaft Fahrzeugtechnik, München 1991. VDI Bericht Nr. 875, S. 23-42. VDI-Verlag Düsseldorf 1991.

[11.1] *Buschmann, H., Koessler, P.:* Handbuch der Kraftfahrzeugtechnik. Taschenbuchausgabe, Band 1. Heyne Verlag München 1976

[11.2] *Henker, E.:* Fahrwerktechnik. Vieweg Verlag Braunschweig/Wiebaden 1993

[11.3] *Tibken, M.:* Das FAG ABS M3 für Motorräder, ein Beitrag für mehr Sicherheit beim Motorradfahren. 5. Fachtagung Motorrad der VDI-Gesellschaft Fahrzeugtechnik, Berlin 1993, VDI Bericht Nr. 1025, S. 205-225. VDI-Verlag Düsseldorf 1993.

[11.4] *Weidele, A.:* Untersuchungen zur Kurvenbremsung von Motorrädern – Gedanken zur Bremssicherheit. 3. Fachtagung Motorrad der VDI-Gesellschaft Fahrzeugtechnik, Darmstadt 1989, VDI Bericht Nr. 779, S. 303-330. VDI-Verlag Düsseldorf 1989.

[12.1] *Heyl, G., Lindener, N., Stadler, M :* Akustische/aeroakustische Eigenschaften von Motorradhelmen. 5. Fachtagung Motorrad der VDI-Gesellschaft Fahrzeugtechnik, Berlin 1993, VDI Bericht Nr. 1025, S. 175-203. VDI-Verlag Düsseldorf 1993.

[14.1] *Stenschke, R.:* Lärm- und Schadstoffemissionen von motorisierten Zweirädern – Stand der Technik und Maßnahmen zur Verminderung. 3. Fachtagung Motorrad der VDI-Gesellschaft Fahrzeugtechnik, Darmstadt 1989, VDI Bericht Nr. 779, S. 133-156. VDI-Verlag Düsseldorf 1989.

[14.2] *Herrmann, R., Gregotsch, K., Groß, G.:* Entwicklung eines lärmarmen Motorrades. FE-Bericht 105 05 209, Umweltbundesamt Berlin, 1987

[14.3] *Heinze, G.W., Kill, H.H.:* Chancen für das Motorrad im Verkehrssystem von morgen. 4. Fachtagung Motorrad der VDI-Gesellschaft Fahrzeugtechnik, München 1991, VDI Bericht Nr. 875, S. 357-368. VDI-Verlag Düsseldorf 1991.

[14.4] *Weidele, A.:* Das Gebrauchsmotorrad der Zukunft – ein Denkansatz. 4. Fachtagung Motorrad der VDI-Gesellschaft Fahrzeugtechnik, München 1991, VDI Bericht Nr. 875, S. 369-382. VDI-Verlag Düsseldorf 1991.

[14.5] *Nurtsch, B., Helm, D.:* C1, Verkehrsmittel der Zukunft, Strukturauslegung eines Zweiradsicherheitsrahmens. 5. Fachtagung Motorrad der VDI-Gesellschaft Fahrzeugtechnik, Berlin 1993, VDI Bericht Nr. 1025, S. 451-477. VDI-Verlag Düsseldorf 1993.

Anhang – Glossar technischer Grundbegriffe

Adhäsion, Adhäsionskräfte (s. S. 8)

Adhäsion kann mit Haftwirkung gleichgesetzt werden. Mit Adhäsion wird eine Kraftwirkung in der Kontaktfläche zwischen zwei Körpern bezeichnet, die bewirkt, dass die Körper aneinander haften wollen. Adhäsionskräfte sind Kräfte, die zwischen den Molekülen *verschiedener* Stoffe, die im engen Kontakt miteinander stehen, auftreten. Die Stärke Adhäsion ist von verschiedenen Stoffeigenschaften und der Oberflächengestaltung abhängig. Die Verklebung von Bauteilen beispielsweise beruht auf Adhäsionskräften.

Bernoulligleichung (s. S. 165)

Die Bernoulligleichung beschreibt das physikalische Grundgesetz von der *Erhaltung der Energie* für den Spezialfall der Strömung. Auf eine idealisierte Strömung angewendet, bedeutet dieses Grundgesetz, dass innerhalb eines betrachteten Strömungsabschnitts der Energiegehalt der Strömung konstant bleibt. Für inkompressible Gasströmungen ohne große Höhenunterschiede wird der Energiegehalt der Strömung durch die Angabe des statischen Drucks p und der Strömungsgeschwindigkeit w gekennzeichnet. Die Bernoulligleichung lautet dann:

$$E = p + \rho/2 \cdot w^2 = \text{konstant}$$

(E = Energie, ρ = Dichte)

Wenn in einem betrachteten Strömungsabschnitt die Strömungsgeschwindigkeit ansteigt (z.B. infolge einer Querschnittsverengung →Kontigleichung), dann *muss* der Druck absinken und umgekehrt. Andernfalls würde die Energie der Strömung nicht konstant bleiben. In Vergasern z.B. wird dieser Effekt ausgenutzt. Die Querschnittsverengung im Lufttrichter erhöht die Strömungsgeschwindigkeit (Kontigleichung), wodurch der Druck absinkt. Der niedrige Druck (Unterdruck) fördert dann den Kraftstoff in den Vergaser.

Blow-by (s. S. 198)

(wörtlich: vorbeiblasen). Übliche Bezeichnung für das deutsche Wort *Durchblasemenge*. Bezeichnet den Volumenanteil von Gas, der bei der Verdichtung und Verbrennung infolge unvollkommener Abdichtung an den Kolbenringen vorbei ins Kurbelgehäuse gelangt (vorbeigeblasen wird).

Dauerfestigkeit (s. S. 200 und 261)

Die Dauerfestigkeit ist die Belastungsgrenze (der auf Dauer ertragene Wert der Belastung) für einen Werkstoff, der bei einer *schwingenden* Beanspruchung *beliebig oft* (auf Dauer) ertragen wird. Die Dauerfestigkeit bezieht sich also auf eine *dynamische* Belastung, und mu*ss* von der rein statischen Bruchfestigkeit (einmalige Belastungsfähigkeit bis zum Bruch) unterschieden werden.

Siehe auch *Wöhlerschaubild*.

Destillation (s. S. 224)

Physikalisches Verfahren bei dem durch Erhitzen Bestandteile aus einer Flüssigkeit ausdampfen und durch anschließendes Abkühlen wieder verflüssigt werden. Da die Verdampfungstemperatur der verschiedenen Stoffe sich unterscheidet, können durch die Wahl der Temperatur beim Erhitzen Flüssigkeitsgemische voneinander getrennt werden.

Duktilität (s. S. 279)

Duktilität bedeutet im weiteren Sinne Verformbarkeit. Ein Werkstoff wird als duktil bezeichnet, wenn er sich unter hoher Belastung zunächst bleibend und sichtbar verformt, bevor es zum Bruch kommt. Eine erlittene Überbelastung wird dann sofort erkennbar. Das Gegenteil von duktil ist spöde. Bei spröden Werkstoffen kommt es bei Überbeanspruchung unmittelbar zum Bruch, ohne vorherige erkennbare Verformung. Hochfeste Werkstoffe zeigen oft ein sprödes Werkstoffverhalten, genauso viele Gusswerkstoffe. Besonders für Sicherheitsbauteile ist eher ein duktiles Werkstoffverhalten erwünscht.

Durchblasemenge

→ siehe *blow-by*

Eigenfrequenz (s. S. 282)

Siehe auch *Schwingung*.

Wird ein schwingungsfähiges System von außen kurz angeregt und sich dann ohne weitere Anregungen oder Zwänge selbst überlassen, dann führt es eine freie Schwingung mit einer festen Frequenz aus. Diese Frequenz, die das Schwingungssystem kennzeichnet, heißt *Eigenfrequenz*. Sie berechnet sich bei einfachen Feder-Massesystemen nach folgender Gleichung:

$$f = \sqrt{\frac{c}{m}}$$

(c = Federsteifigkeit, m = Masse).

Je höher die Steifigkeit und je kleiner die Masse, desto höher ist also die Eigenfrequenz. Wenn die Anregungsfrequenz und die Eigenfrequenz des Schwingungssystems übereinstimmen, dann genügen bereits kleine (energiearme) Anregungen, um sehr große Schwingungsausschläge im System hervorzurufen. Das System kann dann überschwingen und unkontrollierte Schwingungsausschläge ausführen (Resonanz).

Man ist bei vielen technischen Systemen bemüht, eine möglichst hohe Eigenfrequenz zu erzeugen, weil die meisten Anregungen im niedrigen Frequenzbereich liegen. Je größer der Frequenzabstand zwischen Anregung und Eigenfrequenz ist, desto sicherer kann der Resonanzfall ausgeschlossen werden.

Flammpunkt (s. S. 230)

Als Flammpunkt bezeichnet man diejenige Temperatur einer brennbaren Flüssigkeit, bei der sich soviele Dämpfe an der Oberfläche bilden, dass sich diese bei Annäherung einer Zündquelle (Flamme, Funken) entzünden. Der Flammpunkt dient zur Beurteilung der Feuergefährlichkeit einer Flüssigkeit.

→ siehe auch Zündtemperatur

Honen (s. S. 117, 129)

Honen ist eine Oberflächen-Feinbearbeitung für (runde) Bohrungen, bei der die Form der Bohrung nicht verändert und nur wenig Material abgetragen wird. Der Honvorgang ist der abschließende Bearbeitungsgang für die schon auf das Endmaß vorbearbeitete Bohrung. Ziel des Honens ist eine hohe Oberflächengüte, gepaart mit einer definierten Oberflächenfeinstruktur. Beim Honen wird ein spezielles Werkzeug unter einer Drehbewegung mit großem Längsvorschub in der Bohrung hin und herbewegt. Dabei erzeugt das Honwerkzeug eine Oberfläche mit feinsten Riefen, die im schrägen Winkel zur Bohrungsachse verlaufen. Bei Motoren werden vor allem die Zylinder und die Lagerbohrungen im Pleuel gehont. Die spezielle Oberflächenstruktur verbessert auch die Ölhaftfähigkeit, was bei kritischen Schmierverhältnissen sehr wichtig ist. Beim Zylinder beeinflusst die Güte des Honens den Ölverbrauch des Motors, die Abdichtung der Kolbenringe, das Einlauf- und Verschleißverhalten und die Fresssicherheit des Kolbens.

Instationär (s. S. 11 und S. 181 ff.)

Instationär ist ein Vorgang, wenn er von der Zeit abhängig ist. Der Begriff wird häufig in Verbindung mit Bewegungsvorgängen, z.B. bei Gasströmungen oder bei Fahrzuständen verwendet. Ein Fahrzeug (oder eine strömende Gassäule), das (die) sich in *instationärer* Bewegung befindet, hat zu verschiedenen Zeiten unterschiedliche Geschwindigkeiten, d.h. es (sie) wird abgebremst oder beschleunigt.

Interferenz (s. S. 175)

Interferenz bedeutet Überlagerung. Interferenzen gibt es bei der Wellenausbreitung (z.B. Schallwellen). Werden zwei (oder mehr) Wellen gleicher Frequenz mit einer gegenseitigen Verschiebung überlagert (Phasenverschiebung), addieren sich die Wellenamplituden. Es kann zu Verstärkungseffekten oder Abschwächungen bis hin zur Auslöschung kommen. Die folgende Abbildung zeigt diesen Effekt schematisch.

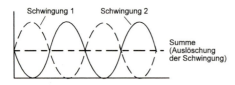

Die Abschwächung bzw. Auslöschung von Wellen wird z.B. bei der Schalldämpfung im Auspuffsystem ausgenutzt.

Kinetische Energie (s. S. 344)

Die kinetische Energie (Bewegungsenergie) ist derjenige Energiegehalt, den ein massebehafteter Körper aufgrund seiner Bewegung inne hat. Sie hängt ab von der Masse (m) und der Geschwindigkeit (v) des Körpers:

$E = \frac{1}{2} m \cdot v^2$

Bei Geschwindigkeitsverdoppelung vervierfacht sich also die Energie der Bewegung. Daraus resultiert z.B. eine Vervierfachung des Bremsweges, wenn die Ausgangsgeschwindigkeit verdoppelt wird.

Kontinuitätsgleichung (s. S. 47, 366)

Die Kontinuitätsgleichung (kurz Kontigleichung) beschreibt das physikalische Grundgesetz von der *Erhaltung der Masse* für den Spezialfall der Strömung. Dieses Grundgesetz besagt, dass innerhalb eines betrachteten Systems (innerhalb der Systemgrenzen) Masse nicht verloren gehen oder hinzukommen kann, unabhängig davon, was in dem System an Veränderungen geschieht. Am Beispiel einer Strömung durch eine Rohrleitung bedeutet dies, dass genau dieselbe Gas- oder Flüssigkeitsmenge, die in eine Rohrleitung eingeströmt ist, auch wieder ausströmen muss. Dabei spielt es dann keine Rolle, ob *innerhalb des Systems* die Gasströmung beschleunigt oder verzögert wird, ob sich der Rohrquerschnitt ändert usw. Wichtig bei der Behandlung von Strömungsvorgängen ist aber die Definition von Systemgrenzen (z.B. Anfang und Ende des Rohres), innerhalb derer man den Strömungsvorgang betrachtet.

Kraft

Obwohl Kräfte und Kraftwirkungen eine selbstverständliche Alltagserfahrung sind, ist für die mechanischen Wirkungen eine Definition notwendig. Denn der Alltags-Kraftbegriff wird oft unexakt verwendet.

Eine Kraft ist eine physikalische Erscheinung, die massebehaftete Körper beschleunigt oder verformt. Eine Kraft wird eindeutig beschrieben durch ihre Größe, ihre Richtung und die Lage ihrer Wirkungslinie (Kraftvektor). Die physikalische Einheit der Kraft ist *Newton* [N]. Es gilt:

Kraft = Masse · Beschleunigung

F = m · a

$[N = kg \cdot m/s^2]$

Im Alltagssprachgebrauch werden Kraft und Masse oft nicht deutlich genug unterschieden. Wenn von einem Fahrzeuggewicht von 200 *kg* gesprochen wird, hat das Fahrzeug eine *Masse* von 200 *kg* und eine Gewichts*kraft* von rund 2000 *N*; dies wäre die korrekte Gewichtsangabe. Die Vermischung der Begriffe geschieht, weil die Gewichts*kraft* aller Körper auf der Erde von der Erdbeschleunigung verursacht wird, die überall gleich groß ist. Jeder Körper wiegt also auf der Erde überall gleichviel, daher ist die Gewichts(kraft)angabe in *kg* zwar unexakt, aber eindeutig. Es gilt:

Gewicht = Masse · Erdbeschleunigung

$G = m \cdot g = m \cdot 9{,}81 \text{ m/s}^2$

$\approx m \cdot 10 \text{ m/s}^2$

$[N = kg \cdot m/s^2]$

Die Unterscheidung zwischen Masse und Kraft muss bei allen physikalischen Vorgängen sehr sorgfältig getroffen werden.

Oszillierend, oszillierende Massenkraft (s. S. 86)

Oszillierend bedeutet hin- und hergehend. Eine Bewegung entlang einer geraden Bahn, an deren Endpunkten eine Umkehr der Bewegungsrichtung erfolgt, nennt man eine oszillierende Bewegung. Die Umkehr der Bewegung verlangt zwingend ein Abbremsen bis zum Stillstand und hernach eine Beschleunigung. Die Beschleunigung (Verzögerung) ruft an dem (massebehafteten) Körper, der die oszillierende Bewegung ausführt, (Massen)kräfte hervor. Diese Kräfte werden allgemein *oszillierende* Massenkräfte genannt. Ein typisches Beispiel für eine oszillierende Bewegung ist die Kolbenbewegung im Zylinder des Verbrennungsmotors zwischen OT und UT. Die Beschleunigungskräfte, die am Kolben wirken, werden als oszillierende Massenkräfte bezeichnet. Sie wirken ausschließlich in Bewegungsrichtung, d.h. in Richtung der Zylinderachse.

Querspantfläche (s. S. 9)

Die Querspantfläche ist die Querschnittsfläche in der Frontansicht eines Fahrzeugs, die vom größten Fahrzeugumriss quer zur Längsachse umschlossen wird. Die Querspantfläche steht senkrecht auf der Längsebene (Ebene durch die Längsachse) des Fahrzeugs. Sie wird häufig auch als *Projektionsfläche* bezeichnet, weil sie der projizierten Fläche in der Frontansicht des Fahrzeugs entspricht.

Sie wird in der Praxis sehr genau und einfach ermittelt, indem man das Fahrzeug vor einer weißen Wand genau senkrecht und mittig von vorn beleuchtet und den Umriss des Fahrzeugschattens auf der Wand nachzeichnet. Die Schattenfläche kann dann durch Ausplanimetrieren genau ermittelt werden. Beim Motorrad gehört der Fahrer mit zum Fahrzeugumriss. Eine moderne Möglichkeit ist die Flächenermittlung aus den Computer-Zeichnungsdaten des Gesamtfahrzeugs.

Potenzreihe

Allgemein bezeichnet man in der Mathematik eine Folge von Zahlen bzw. Ausdrücken, die einer bestimmten Gesetzmäßigkeit unterliegen, als Reihe. Die Glieder der Reihe werden miteinander verknüpft (z.B. als Addition); damit können dann komplizierte mathematische Funktionen durch die Reihe ersetzt werden. Da die Glieder der Reihe meist leicht zu berechnende mathematische Ausdrücke sind, können so komplizierte Funktionen näherungsweise relativ einfach berechnet werden. Die Genauigkeit der Berechnung steigt mit der Anzahl der Glieder der Reihe. Bei einer Potenzreihe sind die Glieder der Reihe Potenzfunktionen in aufsteigender Folge (wie z.B. x, x^2, x^3, usw.)

Projektionsfläche

Siehe *Querspantfläche*.

Resultierende (s. S. 337)

Eine Resultierende ist eine gedachte Ersatzkraft für mehrere Einzelkräfte. Sie gibt mit ihrer Größe und Richtung die Gesamtwirkung an, die mehrere am Körper angreifende Kräfte verursachen. Die Resultierende wird durch geometrische Addition (Vektoraddition) der Kraftvektoren der Einzelkräfte ermittelt (Kräfteparallelogramm). Umgekehrt können durch Kraftzerlegung aus der Resultierenden auch die Einzelkräfte ermittelt werden.

Massenkraft

Jeder massebehaftete Körper (damit in der Realität jedes Bauteil am Fahrzeug) unterliegt einer Kraftwirkung, wenn er beschleunigt wird, d.h. wenn sein momentaner Bewegungszustand sich ändert. Die Kraft unter der Einwirkung einer Beschleunigung wird Massenkraft genannt. Die Massenkraft wird umso größer, je höher Beschleunigung und Masse eines Körpers sind.

Siehe auch *Kraft, Trägheit*.

Massenträgheit

Siehe *Trägheit*.

Polynom, Polynomenfunktion (s. S. 42)

Polynom bzw. Polynomfunktion bezeichnet in der Mathematik eine Summe aus vielen (meist einfachen) Gliedern. Eine Polynomfunktion ist also eine Summierung von mathematischen Funktionsausdrücken. Sie enthält neben Zahlenwerten bzw. Konstanten auch Funktionen von Unbekannten. Mit Polynomfunktionen können z.B. komplizierte Kurven mathematisch beschrieben werden. Die Genauigkeit der Beschreibung hängt dann von der Anzahl der Glieder des Polynoms (und der Komplexität der Funktion der Unbekannten) ab.

Pitting (s. S. 41)

Als Pitting werden kleinste Werkstoffausbröckelungen an der Oberfläche von Werkstücken, die einer Pressungsbeanspruchung ausgesetzt sind, bezeichnet. Pitting ensteht durch Spannungen und Werkstoffermüdung in der Oberfläche, wenn die zulässigen Flächenpressungen langandauernd überschritten werden. Pitting ist also ein Dauerschaden. Es tritt nach wenigen, kurzdauernden Lastspitzen noch nicht auf. Wenn Pittingbildung allerdings erst einmal eingesetzt hat, schreitet die Beschädigung in kurzer Zeit fort.

Schallgeschwindigkeit (s. S. 54)

Die Schallgeschwindigkeit in Gasen ist die Geschwindigkeit, mit der sich eine schwache Störung des Gaszustandes (z.B. des Drucks) im Gas ausbreitet. Die Schallgeschwindigkeit kann dabei die Transportgeschwindigkeit einer Gasströmung überlagern, und die Druckstörung kann sich unabhängig vom Gastransport ausbreiten. Schwache Druckstörungen in Gasen sind z.B. der abgestrahlte Schall in der Luft (Schallwellen in der Akustik), daher der Name. Die Höhe der Schallgeschwindigkeit (a_s) hängt von der Gasart und der Temperatur ab. Für Luft berechnet sie sich nach der Beziehung:

$$a_s = 20{,}1 \cdot \sqrt{T} \quad [m/s]$$

(T = absolute Temperatur in Kelvin)

Bei 0 °C beträgt die Schallgeschwindigkeit in Luft 332 m/s = 1195 km/h.

Schallwellen können sich auch in Flüssigkeiten und in Festkörpern ausbreiten. In Flüssigkeiten beträgt die Schallgeschwindigkeit ein Vielfaches der von Gasen (Wasser z.B. 1485 m/s).

Schwingung

Schwingungen sind fortlaufend wiederkehrende (periodische) Zustandsänderungen. Bei mechanischen Schwingungen wird eine Masse aus ihrer Ruhelage ausgelenkt (Störung des Gleichgewichts), und rückstellende Kräfte versuchen dann, das Gleichgewicht wieder herzustellen. Ein einfaches, anschauliches Beispiel für diesen Vorgang ist ein Gewicht, das an einer Feder aufgehängt ist. Wird die Feder auseinandergezogen und dann losgelassen, schwingt das Gewicht (die Masse) um seine Ruhelage. Die Schwingausschläge aus der Ruhelage werden als die *Amplituden* der Schwingung bezeichnet. Die Anzahl der Schwingungen pro Sekunde ist die *Frequenz* der Schwingung.

Siehe auch *Eigenfrequenz*.

Seitenführungskraft (s. S. 338)

Am rollenden Rad stellt sich als Reaktion auf den Radsturz (Schräglage) eine Kraft in der Reifenaufstandsfläche ein, die rechtwinklig zur Radebene wirkt. Diese Kraft wird als Sturzseitenkraft bezeichnet. Aufgrund der geometrischen Verhältnisse und Verformungen des Reifens läuft dieser auch beim Motorrad etwas schräg ab, wodurch sich ebenfalls eine Kraft rechtwinklig zur Reifenebene einstellt, die Schräglaufseitenkraft. Beide zusammen ergeben die *Seiten(führungs)kraft* am Motorradreifen. Diese hält den Reifen in der Kurve auf der Fahrbahn fest und verhindert das seitliche Wegrutschen. Ohne Aufbau der Seitenführungskraft wäre eine Kurvenfahrt nicht möglich. Ursache der Seitenkraft sind letztlich die geometrischen Abrollverhältnisse am Reifen, aus denen sich Verformungen im Reifengummi beim Einlauf des Reifens in die Aufstandsfläche ergeben. Sie rufen Rückstellkräfte im Gummi hervor, aus denen sich die Seitenkräfte ausbilden.

Thermodynamik

Die Thermodynamik (Wärmelehre) beschreibt u.a. den Ablauf und die physikalischen Gesetzmäßigkeiten von technischen Energiewandlungsprozessen, bei denen aus Wärme mechanische Arbeit gewonnen wird. Man verwendet beim Verbrennungsmotor häufig den Begriff *thermodynamisch günstig* und meint damit, dass die Energiewandlung so gesteuert wird, dass sie gemäß den Gesetzen der Thermodynamik mit bestem Wirkungsgrad (entsprechend den herrschenden Randbedingungen) abläuft.

Trägheit, Trägheitskraft

Jeder Körper, der eine Eigenmasse besitzt und keinen äußeren Kräften ausgesetzt ist, hat das Bestreben, in seinem momentanen Bewegungszustand zu verharren. Das heißt, ein Körper der in Ruhe ist, bleibt ohne äußere Krafteinwirkung unbeweglich an seinem Ort. Ein Körper in Bewegung, behält seine Bewegung nach Richtung und Geschwindigkeit bei, bis ihm äußere Kräfte eine Bewegungsänderung aufzwingen. Grundsätzlich stemmt sich die Massenträgheit eines Körpers bei jeder äußeren Krafteinwirkung gegen die Änderung seines Zustandes. Die Trägheitskraft ist damit der äußeren Kraft entgegengesetzt.

Dieses *Gesetz der trägen Masse* ist ein physikalisches Grundgesetz, das allgemein und überall gültig ist und sich mit allen Beobachtungen in der Natur deckt (von selbst bewegt sich ein Gegenstand nicht). In Umkehrung dieses Gesetzes ergibt sich, dass für die Einleitung einer Bewegung bzw. die Änderung einer vorhandenen Bewegung eine Kraft notwendig ist.

Trägheitsmoment, Massenträgheitsmoment (s. S. 12)

Trägheitswirkungen treten bei jeder Bewegungsänderung, so auch bei der Drehbewegung, auf. Da Drehbewegungen immer durch ein Drehmoment verursacht werden, spricht man bei der Drehbewegung vom Massenträgheitsmoment (MTM). Für das Massenträgheitsmoment spielt nicht nur die Gesamtmasse, sondern auch ihr Abstand vom Drehpunkt eine Rolle. Je größer der Abstand der Masse vom Drehpunkt ist, umso größer ist das Massenträgheitsmoment. Von zwei gleich schweren Schwungrädern (gleiche Masse) hat dasjenige ein größeres MTM, dessen Masse weiter am äußeren Rand angebracht ist.

übereutektisch (s. S. 129)

Metallische Werkstoffe sind in der Regel keine reinen Stoffe, sondern Mischungen verschiedener chemischen Elemente, die zu einem einheitlichen Werkstoff zusammengeschmolzen werden (Legierungen). Die Schmelz- und Erstarrungspunkte dieser Legierungen hängen von der Zusammensetzung der Schmelze (dem Mischungsverhältnis der Elemente) ab. Ist in der Schmelze ein Überschuss eines (oder mehrerer) Elemente vorhanden, so erstarrt die gesamte Schmelze nicht einheitlich bei einer bestimmten Temperatur, sondern vor dem Festwerden scheiden sich feste Kristalle des betreffenden Elementes in der noch flüssigen Schmelze ab. Sie verbleiben als Kristalle in der Schmelze bis zum endgültigen Festwerden der gesamten Schmelze. Im festen Zustand der Legierung sind sie dann als feinverteilte Kristalle gleichmäßig im Werkstoff vorhanden und verleihen der Legierung bestimmte, erwünschte Eigenschaften. Derartige Legierungen werden als *übereutektisch* bezeichnet. Aus übereutektischen Aluminiumlegierungen mit hohem Siliziumgehalt, wie sie z.B. für Zylinderkurbelgehäuse verwendet werden, scheiden sich Primärsiliziumkristalle aus Sie bilden an der Zylinderlaufbahn eine harte Verschleißschicht, auf der die Kolben direkt laufen können.

Vektor

Ein Vektor ist eine physikalische Größe, dessen Wirkung durch den Betrag (Größenwert) *und* die Angabe der Richtung bestimmt wird. Vektoren heißen deshalb auch *gerichtete Größen*. Ein Beispiel für eine Vektorgröße ist die *Kraft*. Um ihre Wirkung zu beschreiben muss man nicht nur die Höhe der Kraft kennen, sondern zusätzlich auch die Richtung, in der sie wirkt. Weitere Beispiele für Vektoren sind die Geschwindigkeit und die Beschleunigung.

Viskosität (s. S. 241 ff.)

Viskosität ist allgemein definiert als der Widerstand, den eine Flüssigkeit ihrer Verformung entgegensetzt.

Zähigkeit, Fließverhalten. Das Maß für das Fließverhalten einer Flüssigkeit ist die Viskosität. Sie wird bestimmt, indem die Durchlaufzeit eines definierten Flüssigkeitsvolumens durch eine Blende (Bohrung) gemessen wird. Je kürzer diese Zeit, umso kleiner ist die Viskosität der Flüssigkeit, d.h. umso dünnflüssiger ist sie. Die Viskosität ist abhängig von der Temperatur, deshalb gehört zur Viskosität immer die Temperaturangabe. Die Viskosität von Flüssigkeiten nimmt mit der Temperatur ab.

Winkelgeschwindigkeit, Winkelbeschleunigung (s. S. 12)

Zur Beschreibung der Geschwindigkeit einer Drehbewegung wird der Begriff Winkelgeschwindigkeit verwendet. So wie bei der geradlinigen Bewegung die Geschwindigkeit die Zeit zum Durchlauf einer Strecke bestimmt, kennzeichnet die Winkelgeschwindigkeit die Zeit zum Durchmessen von Winkelgraden.

Winkelbeschleunigung ist die Änderung der Winkelgeschwindigkeit innerhalb einer Zeitspanne.

Wöhlerkurve,

Wöhlerschaubild (s. S. 319)

Siehe auch *Dauerfestigkeit*.

Die Wöhlerkurven zeigen die Belastungsfähigkeit von Werkstoffen in Abhängigkeit der Belastungshöhe und Anzahl der Belastungen (Lastspielzahl). Sie werden aufgenommen, indem man Werkstoffproben einer Schwingbelastung in abgestufter Höhe bis zum Bruch aussetzt. In Abhängigkeit der Belastung ergeben sich verschiedene ertragene Lastspielzahlen. Je höher die Belastung, umso niedriger ist die Anzahl der ertragenen Lastwechsel bis zum Bruch. Die Belastung, die unendlich oft (mehr als 10 Mio. Lastwechsel) ertragen wird, wird als Dauerfestigkeit bezeichnet. Ein Beispiel für eine Wöhlerkurve zeigt **Bild 9.3**.

Zündtemperatur (s. S. 230)

Ist die niederste Temperatur eines Gas-Luft-Gemisches (z.B. Kraftstoffdampf mit Luft), bei der eine Verbrennung ohne äußere Wärmezufuhr von selbst fortschreitet. Die Verbrennungsgeschwindigkeit ist dann so groß, dass die Wärme aus der Verbrennung die Wärmeabfuhr an die Umgebung überwiegt. Die Verbrennung selbst muss aber auch bei der Zündtemperatur durch eine energiereiche Zündung eingeleitet werden (Funken oder Flamme).

Sachwortverzeichnis

A
Abgasanlage 177, 193
Abgaskatalysator 180
Abgasschadstoffe 76
ABS 348, 351 ff.
Absorptions-Schalldämpfer 177
Achsschenkellenkung 287, 311 f.
Additive 240
Aerodynamik 364, 373
alpha-Technik 385
Aluminiumrahmen 262 f.
Anti-Dive-System 281
Anti-Dive-Wirkung 283
API-Spezifikation 245
Arbeitsprozess 25
Ausgleichswelle 94 f.
Auslassschlitz 49, 50, 52 ff.
Auslasssteuerung 58
Auspuff 25, 392
Auspuffrohrlänge 151
Auspuffschlitzhöhe 58

B
Baugruppe 8
Beschleunigungsklingeln 75
Beschleunigungswiderstand 15 f.
Betriebsfestigkeit 319
Blockieren 349
Blockiergrenze 347
Bohrungsvergrößerung 196
Boxermotor 96 ff., 152
Bremsdiagramm 355
Bremse 344
Bremsenergie 346
Bremsenregelung 348
Bremssattel 301
Brennraum 136
Brennraumform 137
Brückenrahmen 266
Brückenrohrrahmen 271

C
C1 394 f.
Cantilever 291
Chiptuning 205
Crashversuch 394

D
DEKRA 388
Design 364
Designskizze 368 f.
Desmodromik 154
Destillation 227
Detergentien 241
Diagonalkarkasse 318
Diagonalreifen 318
Dieselkraftstoff 227
Dieselmotor 393
Diffazio-Radnabenlenkung 313
Digitale Motorelektronik 175
Direkteinspritzung 61 f.
Dispergentien 241
dohc-Steuerung 141
Doppelschleifenrahmen 274
Doppelzündung 72
Drehmomentmotor 213
Drehmomentschwäche 191
Drehmomentverlauf 213
Drehschieberplatte 57
Drehzahlanpassung 209
Drehzahlgrenze 203
Drehzahlwandler 208
Drei-Wege-Katalysator 179
Dreiwellen-Schaltgetriebe 214
Drosselklappe 170
Drosselklappenvergaser 167 f.
Duolever 267, 286

E
Einarmschwinge 290, 292
Einlasskanal 138 f.
Einlassschlitz 49, 51 f.
Einlasssteuerzeit 187
Einrohrdämpfer 309
Einscheibenkupplung 210
Einspritzdüse 62
Einspritzung 172
Energiewandlung 22
Entdrosselung 198
ESA-Federbein 310

F
Fahrerplatzgestaltung 379
Fahrstabilität 348
Fahrwerk 254

Fahrwiderstand 10, 18
Fahrwiderstandsdiagramm 17
Fahrwiderstandsleistung 19
Feder, lineare 306
–, progressive 306
Federbettrahmen 273
Flachschiebervergaser 172
Flammenfortschritt 66, 73, 75
Flattern 332
Fließverbesserer 241
Fressgefahr 201
Frischgas 184
Full Floater 294

G

Gabelversteifung 278
Gasdruckdämpfer 309
Gasgeschwindigkeit 48
Gaskraft 77 ff.
Gegenkolbenmotor 59 f.
Gemisch 28
Gemischaufbereitung 166
Gemischdichte 28
Gemischheizwert 28, 30, 32
Geradeausfahrt 326
Geradeaustabilität 326
Geräuschabsenkung 392
Geräuschgrenzwert 392
Gesamtansauglänge 193
Gesamttreibungsmoment 29
Getriebeöl 251
Gitterrohrrahmen 270, 271
Gleichdruckvergaser 167 f., 171
Gleitlager 112
Glühzündung 72, 75 f.
GÖTZ 388
Grundöl 239
Gussrahmen 268 f.

H

Halbkugelbrennraum 134
Handling 342
HEIN GERICKE 388
Heizwert 29
high-sider 298
Hinterradführung 289
Hinterradschwinge 293
Hub-Bohrungsverhältnis 105 f.
Hubraumvergrößerung 196
Hubzapfen 108

I

Integral ABS 358 f.

K

Kardanantrieb 217, 218, 299, 303
Karosserie 364
Kastenprofilrahmen 266
Katalysator 179 ff.
Kerosin 227
Kettenantrieb 216, 302
Kipphebel 43
Klingeln 72
Klopfen 72
Klopffestigkeit 74, 234
Kolben 119 f., 122 f.
Kolbenbolzen 121
Kolbengeschwindigkeit 35, 47, 81 f.
Kolbenkippen 201
Kolbenkraft 79
Kolbenmasse 120
Kolbenweg 81 f.
Kompressionshöhe 157
Kompressionsvolumen 29
Kraft, aerodynamische 375
Kraftschluss 351
Kraftstoff 221
Kraftstoffheizwert 29, 32
Kraftstoffmasse 28
Kreiseleigenschaft 328
Kreiselkraft 331
Kreiselwirkung 326
Krümmerohr 193
Kühlung 160 f.
Kupplung 207
Kupplungsgehäuse 209
Kurbelgehäuse 25, 55, 124 ff.
Kurbeltrieb 84
Kurbelwelle 85, 110 f.
–, gebaute 114
Kurbelwellendrehzahl 46
Kurbelwinkel 81
Kurvenbremsung 361 f.

L

Ladungswechsel 26, 32
Ladungswechselschleife 24
Lambdasonde 176
Langarm-Schwinggabel 282
Längskraft 374
Laufbuchse, nasse 131
Leichtbaukolben 157
Leichtmetall-Gussrad 315
Leistungsanhebung 199
Leistungsbedarf 16, 19
Leistungsberechnung 29
Leistungserhöhung 199

Leistungsgewicht 9
Leistungsgewinn 196, 200
Leistungssteigerung 195
Lenkeinschlag 329
Lenkerarmatur 380
Lenkerschlagen 332, 337
Lenkmoment 361
Liefergraderhöhung 198, 200
Literleistung 104 f.
LOUIS 388
LSL 385
Luftfilterkasten 138, 188 f.
Luftkühlung 162 f.
Luftliefergrad 29 ff., 195
Luftmasse 28
Luftströmung 376
Luftwiderstand 12 f., 17, 377

M
MAGURA 385
MARZOCCHI 382
Massenausgleich 86, 88 f., 90, 100 ff.
Massenkraft 21, 78 f., 83, 85
–, freie 87
Mehrscheibenkupplung 210
Mehrscheiben-Ölbadkupplung 211
Membransteuerung 55
Membranventil 56
MIL-Spezifikation 245
Mischungsschmierung 61
Monocross 293
Motor 21
Motordrehzahl 29
Motorenöl 236
Motorhubvolumen 29
Motormoment 207
Motortuning 195 f.
MÜNCH 130

N
Nachlauf 256, 331
NIKASIL 129
Nockenauslegung 45
Nockenberechnung 44
Nockenform 36
Nockengeometrie 197
Nockenwellenauslegung 196
Nockenwellendrehzahl 46

O
ohc-Steuerung 140
ÖHLINS 381
ohv-Steuerung 148

Ölkreislauf 164
Ölpumpe 165
Ölsumpf 164
Ölverbrauch 200
Ölzusatz 253
O-Ringkette 218
Ottokraftstoff 227, 230 ff., 235
Ottomotor 21, 23
Ovalkolben 124

P
Paralever 304, 367
Paraleverschwinge 383
Pendeln 332, 334
Pendelschwingung 335
Plattendrehschieber 57
Pleuel 115 ff.
Pleuel, poliertes 202
Pleuelstangenverhältnis 80, 82 f.
POLO 388
Prozesswirkungsgrad 30
p-v-Diagramm 24, 27

Q
Querkraft 374

R
Rad 314
Radantrieb 216
Radaufhängung 305
Radführung 260
Radialkarkasse 318
Radlastveränderung, dynamische 280
Radlastverlagerung, dynamische 259
Radlauf 257
Radnabenlenkung 312
Radsensor 357
Radstand 256, 259
Radträgheitsmoment 343
Rahmen 260
Rahmenkonstruktion 264
ram air system 193
Reflexion 193
Reflexions-Schalldämpfer 178
Reibungskupplung 208
Reibwert 347
Reifen 314
Reifenbreite 340
Reifenschlupf 350
Rennkraftstoff 236
Rennöl 249
Rollenprüfstand 197
Rollerstudie 396

Rollwiderstand 10 f., 17
ROZ-Wert 74

S

Sauganlage 188, 192, 392
Saugrohr 138
Saugrohrabstimmung 189 f.
Saugrohreinspritzung 174
Saugrohrlänge 189
Saugrohrverlängerung 190
Schall 177
Schalldämpfer 177, 179, 193 f.
Schallgeschwindigkeit 184
Schaltgetriebe 212
Schiebersteuerung 57
Schiebervergaser 167 ff., 170
Schlepphebel 149
Schlepphebelsteuerung 142, 147 f.
Schlitzsteuerung 49
Schlupf 350
Schmieröl 221
Schmierung 164
Schräglage 340 f., 362
Schwerpunktlage 341
Schwinge, geschobene 282
–, gezogene 282
Seitenkraft 349
Shimmy-Effekt 332
Sinterschmiedepleuel 116
Speichenradkonstruktion 316
SPIEGLER 386 f.
Spülgebläse 59
Standardkolben 124
Steigungswiderstand 14
Steuerdiagramm 51, 55
Steuerkopflenkung 311
Steuerzeit 36, 186
Stoßdämpfer 307
Stoßdämpferbauart 309
Stoßstangensteuerung 150
Strömungswiderstand 377
Synthetiköl 239

T

Tassenstößel 38, 42, 153
Telelever 273, 284
Teleskopgabel 276, 279, 382
Titanpleuel 118
Titanventil 204
Tonmodell 371
Torsionsmoment 258
Torsionssteifigkeit 278
TOURATECH 388 f.

Trockensumpfschmierung 165
Tuning 381
Tuningkit 197
Tuningmaßnahme 200
Tunnelgehäuse 130
TÜV 388

U

Überdruckwelle 184
Überströmkanal 51, 54, 61
Umfangskraft 349
Umkehrspülung 52 f.
Umweltverträglichkeit 393
Unterdruckwelle 184
Upside-down-Telegabel 279

V

Ventil 40
Ventilanordnung, radiale 135
Ventilbeschleunigung 40 f., 46
Ventilbetätigung 44
Ventilerhebung 36
Ventilgeschwindigkeit 40
Ventilgröße 199
Ventilhub 37, 40
Ventilöffnung 39
Ventilöffnungsdauer 33
Ventilquerschnitt 34
Ventilsitz 34
Ventilsteuerdiagramm 33
Ventilsteuerung 32 f., 133, 140 f.
–, desmodromische 155
–, variable 156
Ventiltrieb 132, 198
Ventilüberschneidung 35, 193
Ventilwinkel 160
Verbrennung 64, 66 f., 71
–, klopfende 73
Verbrennungsdruck 66
Verbrennungsmotor 21
Verbundrahmen 269
Verdichtungsverhältnis 199
Vergaser 166 f.
Verkehrsflächenbedarf 4
Verkleidung 373
Verschleißschutz 237
Viertaktverfahren 23
Vierventiler 135
Viskosität 243 f.
Viskositätsindexverbesserer 242
Vorderradführung 289

W
Wasserkühlung 161 f.
WHITE POWER 381 f.
WÜDO 381, 385
WUNDERLICH 383 ff.

Z
Zahnriemen 219
Zahnriemenantrieb 216, 220
Zubehör 381
Zugkraft 18
– des Motors 17
Zugkraftdiagramm 18
Zündkennlinie 70

Zündung 63
Zündverstellung 69
Zündwinkel 176
Zündzeitpunkt 71
Zweiarmschwinge 290, 292
Zweirohrdämpfer 308 f.
Zweitaktmotor 25, 32, 48
Zweitaktöl 248
Zweitaktverfahren 25
Zweiventiler 134
Zylinder 124 ff., 131
Zylinderdruck 69
Zylinderkopf 132 f., 137, 143 ff., 156